机械制图

邹凤楼　梁晓娟　吴立军　编著

图书在版编目（CIP）数据

机械制图 / 邹凤楼等编著．—杭州：浙江大学出版社，2014.9

ISBN 978-7-308-13748-5

Ⅰ．①机… Ⅱ．①邹… Ⅲ．①机械制图 Ⅳ．①TH126

中国版本图书馆 CIP 数据核字（2014）第 198706 号

内容提要

本书是根据应用型人才培养目标和"卓越工程师"培养计划编著的。作者总结多年来从事机械装备设计的经验和机械制图教学体会，从生产一线对图样表达和读识能力的要求出发，基于提高教材体系与工程应用吻合度的思想，结合应用型人才培养教学特点编写而成。本教材强调图样表达工程化，并着力传递工程设计理念与制造工艺等关联知识；体系编排遵循图样形成规律，追求课本与工程实际的平顺衔接；图例大量选择工程零件与常用结构，并尽量通俗实用、透彻分析，前后呼应，利于掌握。本书给出了较多的规范完整的零件图、装配图工程图样以及技术要求制定方法，具有良好实用价值。

全书共 11 章，包括绪论、制图基础标准、图样画法基础、轴测图、零件形体构成及其投影表达、机件常用的图样表达方法、零件功能结构与工艺结构画法、尺寸标注与技术要求、装配图、绘制零件图、计算机绘图等内容。

本书可作为普通高等院校应用型本科机械类专业教育的机械制图课程教学用书，也可作为近机类专业本科生的选修课教材，同时可供从事机械制图教学和改革研究的教师及从事机械设计的工程技术人员阅读参考。

机械制图

邹凤楼　梁晓娟　吴立军　编著

责任编辑　杜希武
出版发行　浙江大学出版社
（杭州市天目山路 148 号　邮政编码 310007）
（网址：http://www.zjupress.com）
排　　版　杭州好友排版工作室
印　　刷　德清县第二印刷厂
开　　本　787mm×1092mm　1/16
印　　张　25
字　　数　608 千
版 印 次　2014 年 9 月第 1 版　2014 年 9 月第 1 次印刷
书　　号　ISBN 978-7-308-13748-5
定　　价　48.00 元

浙江大学出版社发行部联系方式：（0571）88925591；http://zjdxcbs.tmall.com

前　言

机械制图是高等院校机械类专业和其他工科专业的重要技术基础课程，旨在培养学生绘制与阅读机械工程图样、运用图样进行交流的工程能力，同时肩负学生工程兴趣的培养建立与引导学生健康成长为工程师的重要责任。随着接受高等教育群体的扩大，对原来面向研究型精英教育的教材及课程体系进行改革的呼声越来越高，实践探索越来越多，尤其是在加强实践能力、应用型人才培养达成共识的今天，格外迫切需要满足这一需求的教材。本书是在总结近年来秉承培养应用型人才理念和遵循"卓越工程师"培养要求所进行的教学改革基础上编写的。作者根据自己多年来从事机械装备设计的经验，从社会生产一线对图样表达与读识能力的要求出发，结合多年教学体会，在借鉴优秀经典教材基础上，对传统制图教材体系进行了调整探索，按照机械工程图在设计、生产中实际运用进行内容编排，将教材内容与教学重心偏向于工程图样绘制，图例大量选择工程零件与常用结构，着力传递符合工程实际及制造工艺的相关知识信息，努力使教材体系合理、内容丰富、样例实用、教学有效。

内容编排调整与改革主要基于提高教材体系与工程实际符合度的思想，具体特色为：

1. 把直线、平面投影等画法几何内容调整作为零件形体构成的辅助理论体系支撑，拆分放在基本立体投影和形体切割投影内容后面，从实体中提取直线、平面的投影规律，拓展化解结构分析疑难与构型创新的思维空间。内容的取舍可由讲授者决定。

在课程学时减少的背景下，对于致力于应用能力培养的院校来说，实践应用相关内容只能加强，只有适当压缩基础理论部分。此种做法在许多高校和教材中已经出现，只是做法各有不同，从教学实践看，这种改革不会影响实践教学目标。

2. 把零件常见的功能结构(如螺纹、轮齿结构)、工艺结构画法单列为一章。

从工程设计角度，螺纹、键槽、轮齿等属于零件的功能结构，或依附于零件结构，或互相依存，总之是在零件构型设计时完成的，在讲授完零件形体表达之后，讲授零件常见功能结构比较顺理成章，尤其螺纹紧固件等标准件在后续其他课程中会有讲授，工程使用中一般要求会选用、正确注写代号即可，此处不必讲述过多。

3. 把尺寸标注、技术要求内容集中单列为一章。

本书把尺寸标注与技术要求内容单列一章凸显对这部分内容的重视。一方面其在工程图样中的地位与内容比重不逊于图样表达，甚至更加体现设计水平和设计素养，另一方面，毕业生刚开始工作出现问题往往是在尺寸标注的完整性与合理性。本书将这一章内容集中放在表达方法之后，既不影响学习图样表达，而且可以避免尺寸标注在虚线上，还可以在见识较多的符合工程规范的图样后标注尺寸。另外，此部分内容的表面结构内容移到极限与配合之后，符合工程使用特点(因为工程上规定表面粗糙度时往往会考虑该表面尺寸的精度，一般不会根据表面粗糙度决定尺寸精度)。尺寸公差与表面粗糙度内容，在介绍注法的同时，也给出了选用的简单方法和途径。

4. 把标准件及其连接、齿轮啮合等装配画法并入装配图一章中。

标准件连接画法、标准件选择以及齿轮啮合等内容，在工程实际中应该属于装配图绘制的内容，放在装配画法中系统讲授比较妥当。本书将其置于系统讲解装配图内容和画法之前，有利于由浅入深、由局部到整体的装配图画法训练。但是，部分内容与功能结构画法略显重叠，有待进一步优化。

5. 调整传统教学内容编排，将零件图与典型零件图读图放在装配图后面。

根据多年教学体会和同行交流的感受，传统教材的零件图一章的教与学的效果很不理想。主要是由于学生对零件用途与功能了解不足，听讲零件表达、典型零件图分析时，如坠雾里。本书将零件图与典型零件图读图放在装配图内容后面，在讲授完装配画法、绘制装配图之后，按工程实际出图的过程，拆熟悉的零件，画出满足工程要求的零件图，完成完整的实践训练。

本书本着通俗易懂、由浅入深、贴合工程实际的原则，对各章节内容进行合理编排。第2章制图基础标准内容按绘图使用顺序排列。第3章重点详述投影原理、工程最常用两种毛坯——长方体与圆柱体的投影。第5章重点讲述长方体与圆柱体的切割、叠加投影，并且将圆柱体切割的重点放在工程最常用的平行轴线的切割。第6章重点放在剖视与表达方法综合运用，压缩剖切面种类，展开剖视图种类，以简单易懂的图例减低学习掌握难度。第7章在介绍结构画法同时，较多地引入工程与工艺的理念。第8章以较多的工程图例及尺寸标注正误对比，详细介绍尺寸标注的工程规范，并从图样尺寸作为检验依据、检验员检测每一个标注尺寸的角度，阐明尺寸标注与质量控制的关系。第9章以一定数量简单装配画法作铺垫，同时给出了标准件选用概念和方法。装配图绘制由简到繁，以工程实际主要使用的设计装配图为重点，通过一个简化的工程案例，介绍设计装配图绘制的完整过程；第10章内容中拆画的零件图是上一章设计或装配画法中使用过的零件，结构与功能清楚，表达方法、尺寸标注及技术要求的依据容易理解和接受。总体来说，本书较多引入工程实例，不追求复杂零件和复杂装配体的表达，插入一定数量的完整规范的工程图例和选用表格，体现实用性和资料性。

本书适合机械类、近机类专业48～96学时的机械制图课程教学使用。

本书由邹凤楼、梁晓娟、吴立军编著。参加编著工作的有邹凤楼（第1、2、6、7、8、9、10章）、梁晓娟（第3、4、5章）、吴立军（第11章、附录和部分插图）、陈冰（参与第3章编写）、王云（参与第2章编写），王宛苹、赵春旭、阮永亮、陈蔚、王逸今参与文字图表校对和二维三维图样绘制。全书由梁晓娟文字润色，邹凤楼统稿。

本书编写中借鉴了图学界一些同仁的著述和观点，也得到其他同事们的支持和帮助，在此表示感谢。

本书进行了一些机械制图体系与内容的改革尝试，由于还处于探索实践中，加上时间仓促，作者水平有限，存在不完善和疏漏之处，欢迎读者批评指正。

编著者

2014年8月于杭州

目　　录

第 1 章　绪　　论 …… 1
1.1　机械制图的研究对象——图样 …… 1
1.2　机械制图课程的学习任务 …… 3
1.3　机械制图课程的难点与学习方法 …… 3
第 2 章　机械工程图与相关国家基础标准 …… 5
2.1　认知机械工程图 …… 5
2.2　机械工程图国家基础标准 …… 7
2.2.1　机械制图图样画法　图线(GB/T 4457.4-2002) …… 8
2.2.2　技术制图　比例(GB/T 14690.1-1993) …… 10
2.2.3　技术制图　图纸幅面与格式(GB/T 14689-1993) …… 11
2.2.4　技术制图　标题栏(GB/T 10609.1-1989)(ZB/T J01 035.3-90) …… 13
2.2.5　技术制图　字体(GB/T 14691-1993) …… 15
2.3　尺规绘图工具及其用法 …… 15
2.4　几何作图方法 …… 17
第 3 章　机械工程图图样画法基础 …… 23
3.1　投影基础 …… 23
3.1.1　投影法 …… 23
3.1.2　投影体系 …… 24
3.2　点的投影 …… 27
3.2.1　点在三投影面体系中的投影 …… 27
3.2.2　两点的相对位置与投影重合 …… 28
3.3　基本平面立体的投影 …… 30
3.3.1　长方体的投影 …… 30
3.3.2　正棱柱的投影 …… 32
3.3.3　棱锥的投影 …… 32
3.4　画法几何学基础(1) …… 33
3.4.1　直线的投影特性 …… 33
3.4.2　直线上的点及点分割线段成定比 …… 37

3.4.3 两直线的相对位置 …… 38
3.4.4 平面的投影 …… 40
3.5 简单曲面立体的正投影图 …… 44
3.5.1 圆柱体的投影 …… 44
3.5.2 圆锥体的投影 …… 46
3.5.3 球体与环体的投影 …… 49
第4章 轴测图 …… 53
4.1 轴测图的基本知识 …… 53
4.1.1 轴测图的形成 …… 53
4.1.2 轴测轴、轴间角和轴向伸缩系数 …… 54
4.1.3 轴测图的直线和平面的投影特性 …… 54
4.2 正等轴测图 …… 55
4.2.1 正等轴测图的轴间角和轴向伸缩系数 …… 55
4.2.2 正等轴测图的画法 …… 55
4.3 斜二等轴测图 …… 60
4.3.1 斜二等轴测图的轴向伸缩系数和轴间角 …… 60
4.3.2 斜二轴测图的画法 …… 60
第5章 零件形体构成及其投影表达 …… 63
5.1 概 述 …… 63
5.2 长方体切割成零件形体的投影图 …… 64
5.3 画法几何学基础(2) …… 69
5.3.1 平面上的直线和点 …… 69
5.3.2 直线、平面及平面间的相对位置 …… 71
5.4 切割类形体的截交线 …… 75
5.4.1 正棱锥切割而成零件形体的投影图 …… 76
5.4.2 正棱柱切割而成零件的投影图 …… 77
5.4.3 圆柱体切割而成零件的投影图 …… 80
5.4.4 圆锥体切割而成零件的投影图 …… 87
5.4.5 球体切割/钻孔形成零件的投影图 …… 90
5.5 叠加与切割混合的零件形体投影表达 …… 91
5.5.1 形体视作叠加时典型表面连接关系及投影 …… 92
5.5.2 叠加切割混合式零件形体中的曲面立体相贯 …… 97
5.6 零件形体三视图的绘制 …… 106
5.7 零件形体三视图的读图方法 …… 112
5.7.1 读图的基本要领 …… 112

5.7.2 形体分析法读图 …… 114

第6章 机件常用的图样表达方法 …… 119

6.1 视 图 …… 119

6.1.1 基本视图 …… 119

6.1.2 向视图 …… 122

6.1.3 局部视图 …… 122

6.1.4 斜视图 …… 122

6.2 剖视图 …… 124

6.2.1 剖视概念 …… 125

6.2.2 剖面符号 …… 126

6.2.3 剖视的画法及标注 …… 128

6.2.4 剖切面的种类 …… 130

6.2.5 剖视图 …… 131

6.3 断面图 …… 140

6.3.1 断面图的概念 …… 140

6.3.2 移出断面图 …… 140

6.3.3 重合断面图 …… 143

6.4 局部放大图 …… 144

6.5 零件表达方式中常用的简化画法 …… 145

6.6 表达方法综合举例 …… 148

第7章 零件常用功能结构与工艺结构画法 …… 149

7.1 零件上常用的功能结构 …… 149

7.1.1 孔类结构 …… 149

7.1.2 螺纹结构 …… 151

7.1.3 键槽 …… 156

7.1.4 花键的画法 …… 157

7.1.5 轮齿画法 …… 159

7.2 零件上常用的工艺结构 …… 165

7.2.1 倒角与倒圆(GB/T 6403.4-2008) …… 165

7.2.2 退刀槽(GB/T 3-1997)、砂轮越程槽(GB/T6403.5-2008) …… 167

7.2.3 铸造工艺相关零件结构 …… 169

7.3 专用功能零件—弹簧 …… 170

7.3.1 圆柱螺旋压缩弹簧的参数及尺寸关系 …… 171

7.3.2 弹簧的规定画法及画图步骤 …… 172

第8章　零件图尺寸标注与技术要求 …… 173
8.1　尺寸标注 …… 174
8.1.1　国家标准对机械制图尺寸标注的相关规定 …… 174
8.1.2　平面图形的尺寸注法 …… 180
8.1.3　简单立体的尺寸标注 …… 183
8.1.4　机件的尺寸标注 …… 185
8.1.5　零件上常见结构的尺寸标注 …… 201
8.2　极限与配合及其注法 …… 209
8.2.1　公差 …… 209
8.2.2　零件的互换性与配合 …… 211
8.2.3　配合的基准制 …… 217
8.2.4　配合的制定 …… 219
8.3　形状与位置公差简介 …… 222
8.4　表面结构(GB/T 131-2006) …… 225
8.5　用文字表述的技术要求 …… 231
第9章　机械装配图 …… 233
9.1　概　述 …… 233
9.2　装配图样的规定画法 …… 236
9.3　常用结构装配画法 …… 237
9.3.1　螺纹连接 …… 237
9.3.2　螺纹防松结构 …… 245
9.3.3　密封连接结构 …… 245
9.3.4　销连接画法 …… 246
9.3.5　键连接画法 …… 248
9.3.6　矩形花键连接的画法 …… 250
9.3.7　导柱定位连接画法 …… 250
9.3.8　齿轮啮合画法 …… 250
9.3.9　轴的支撑结构画法 …… 254
9.3.10　弹簧装配结构画法 …… 260
9.3.11　其他装配结构及合理性 …… 260
9.4　装配图视图的特殊表达方法 …… 263
9.5　装配图的尺寸标注与技术要求 …… 264
9.6　装配图的零件序号和明细栏 …… 266
9.7　装配图的绘制 …… 269
9.7.1　由设计任务绘制装配图 …… 269

9.7.2 由零件图绘制装配图 …… 279
第 10 章 绘制机械零件图 …… 284
10.1 零件图的作用与内容 …… 284
10.1.1 机械零件图的作用 …… 284
10.1.2 机械零件图的内容 …… 284
10.2 零件图的视图表达 …… 285
10.2.1 视图表达方案的要求及确定方法 …… 286
10.2.2 零件图的绘制 …… 286
第 11 章 AutoCAD 制图 …… 304
11.1 AutoCAD 操作基础 …… 304
11.2 基本绘图工具 …… 311
11.3 编辑图形对象的位置 …… 319
11.4 图 层 …… 330
11.5 定义图案填充 …… 334
11.6 图 块 …… 335
11.7 文本标注 …… 336
11.8 尺寸标注 …… 340
11.9 工程图绘制实例 …… 350
附 录 …… 359

第1章 绪 论

1.1 机械制图的研究对象——图样

《机械制图》是介绍机械工程图样绘制与阅读方法的教科书。

“图”是信息的载体之一，而且是一种特殊的重要载体，尤其是工程技术领域，它承载、传递的信息往往更密集、更丰富。比如创新者的创新设计首先是在自己大脑中进行的，是三维立体的，当需要记录、表达的时候，常常是绘制出符合标准规则的二维图样，这样的图样不仅自己清楚，同领域的技术人员也看得懂。当设计者要把自己的设计制造出来时，只要设计者提供的工程图正确、完整，加工者按图制造出的实体一定是设计者大脑中的三维形体。在这

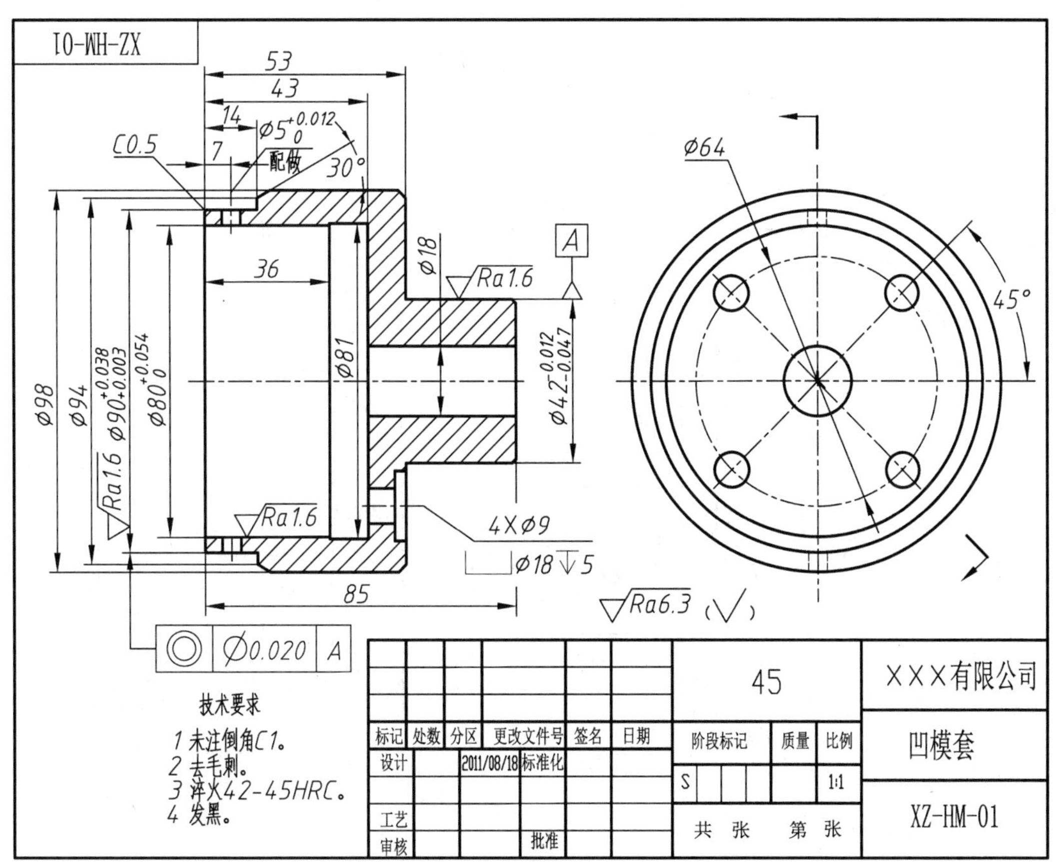

图 1-1 机械工程图样

一过程中并不需要设计者与加工者直接对话，图样清晰地传递了许多用普通语言可能十分繁琐、甚至无法描述的信息。因此工程图样被称为“工程界的语言”，是现代工程界表达设计思想、进行技术交流的重要工具。

工程图样因技术领域不同而有所不同，例如图 1-1 是一幅机械零件图，是机械工程图样，图 1-2 是一幅楼梯建筑图，是建筑工程图样，图 1-3 是一幅电器线路图，是电器工程图

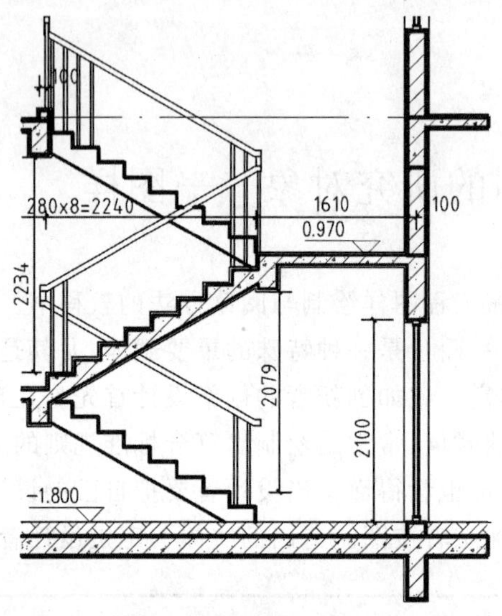

图 1-2　建筑工程图样

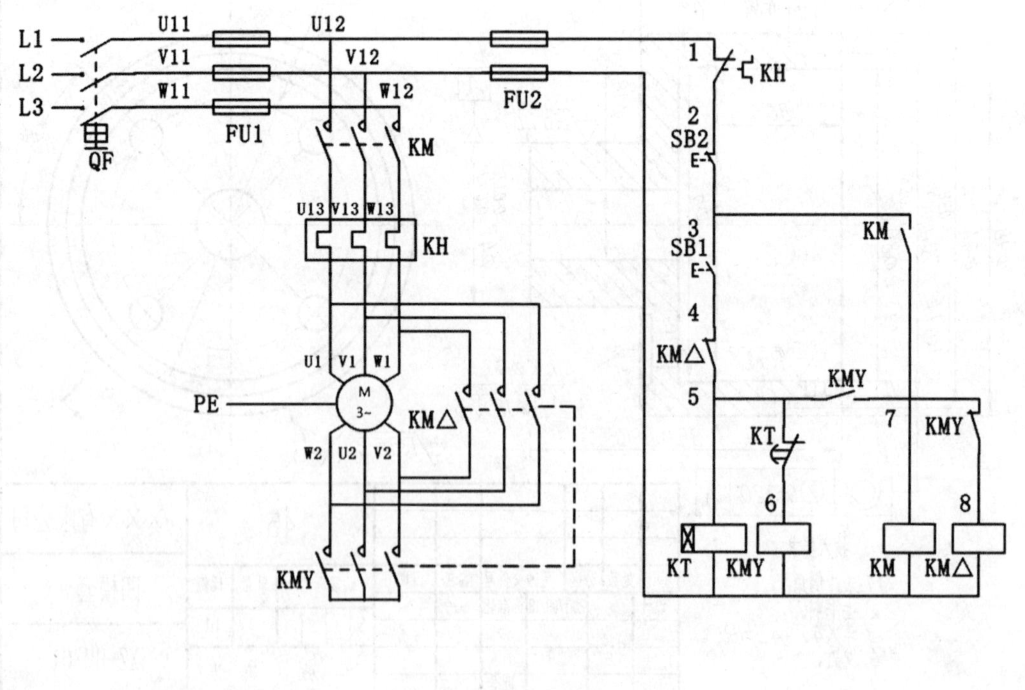

图 1-3　电器工程图样

样。可见，图样是人们传递设计信息、交流创新构思的重要工具，是现代工业生产中的一种重要的技术资料，在不同工程领域中图样表达的内容和方式会略有不同。

机械工程图样在机械工程领域广泛使用。不同企业生产的机械产品不同，生产过程不同，但产品开发模式有所相似，大致分为如下几个阶段：

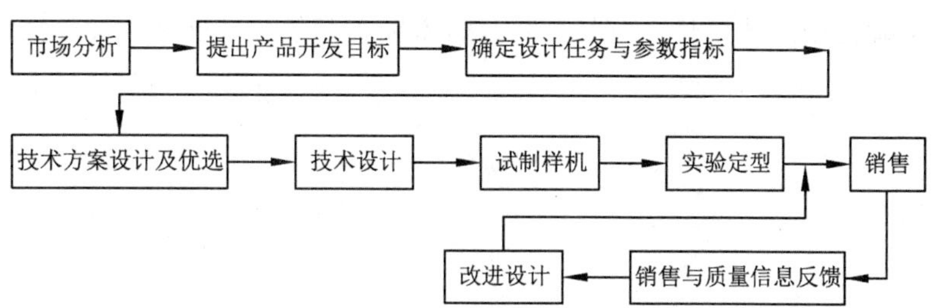

在这种开发模式中，机械工程图样被用作信息载体大量使用，特别是在技术方案设计优选、技术设计、改进设计、实验定型等阶段。机械图样不仅可表达设计思想，是加工装配与维护的依据，也是开发创造性思维的重要手段，因为空间形象思维作为创造性思维不可缺少的模式，需要大量并能熟练的图形阅读来提高多视角、多空间思维能力，需要准确的图形绘制来不断完善设计、优化方案、提高效率。

因此，机械工程图样的绘制与读识能力是机械工程技术人员必备的基本技能，是评判机械技术人员水平的重要指标，也是创新开发、创造性思维能力的重要体现。

1.2 机械制图课程的学习任务

本课程的学习任务包括：

1)学习和掌握用二维图形表达三维空间形体的方法与技能。

2)培养阅读和绘制完整规范机械工程图样的能力。

3)培养使用工具、徒手和计算机绘图的能力。

4)培养空间形象思维能力、分析解决问题的能力。

5)培养熟练地掌握三维绘图技能，进行现代工程设计能力。

6)培养认真负责的工作态度和严谨细致的工作作风。

1.3 机械制图课程的难点与学习方法

本课程是实践性、应用性很强的专业基础课程，空间形象思维能力要求较高，有些内容有一定的难度，对缺乏机械常识和零件形体概念者，学习中难以建立空间感。另外，图样的表达必须严格遵守的标准、规范比较多，因此，要求在机械制图课程学习过程中掌握以下几点方法：

1. 保证听课效率，有问题及时提出、讨论解决，不要让问题成堆。

2. 注重投影原理、简单体投影的基础知识的熟练掌握，循序渐进，多绘图、多联想，注意总结归纳和方法的积累。

3. 学会查阅相关标准与规范，利用相关资料答疑解惑。

4. 在计算机绘图的训练中，应掌握常用绘图设置、编辑和绘图方法，不断提高综合应用各种命令的绘图技能。

5. 注意正确使用绘图工具，掌握绘图方法，不断提高绘图技能和绘图速度。

第 2 章　机械工程图与相关国家基础标准

2.1　认知机械工程图

在机械类产品设计制造中使用的机械工程图主要有两类：一类是装配图，如图 2-1 所示。另一类是零件图，如图 2-2 所示。

装配图 2-1 表达的是一把为人们熟知的挂锁，图中画出了组成这个小机器的全部零件以及它们的安装连接关系，机械专业的人可以读懂每个零件在机器中起的作用，可以清楚知道锁是怎么锁住的，怎么实现一把钥匙开一把锁的。所以说，装配图是多个零件的连接关系的表达图样，是机器的构造和工作原理的表达图样。

零件图 2-2 表达的是图 2-1 所表达挂锁中的一个零件——锁梁，很明显，零件图只表达一个零件，而且表达得比在装配图中详尽得多，它完整地给出了零件的结构、大小与制造要求。

实际上，机械工程图大多是在机器设计过程中绘制的，而机器设计是从合理实现目标功能的两个以上零件组成的机械机构设计开始的，因此在传统的设计方法中，机器设计的图样应该是先从表达零件连接关系等的装配图画起，机器二维整体设计完成的标志就是完成一幅装配图的绘制。同时，在已完成的装配图上，各个零件的基本结构已经设计完成了，需要时，可以依照装配图，逐一"拆解"出机器零件，再做些完善的设计，绘制出一张张零件工程图。显然，工程实际中装配图是诞生在零件图前面的，但由于绘制装配图需要许多包括零件图绘制在内的基础知识和设计知识的支撑，所以，制图类的教科书都只能先讲单个零件的图样绘制等相关内容，后讲装配图的绘制。本书将努力使内容的编排、讲授更好地符合工程设计实际，在介绍图样画法和技术要求内容之后，从简单装配图结构绘制中理解零件功能与作用，再绘制满足工程要求的零件图。

当然，在现代三维设计方法中，装配图与零件图的二维图样都是由三维实体导出的，所以零件图绘制并不那么依赖装配图的有无。

一张完整的机械零件图一般包含四个方面的内容：

(1)表达零件形状结构的图样

(2)表达零件结构大小的尺寸

(3)描述加工要求的技术要求

(4)登载工程图纸信息的标题栏

本书接下来的内容将按机械工程图国家标准、图样画法、尺寸标注与技术要求、装配图、拆画零件图与典型图读图顺序展开。

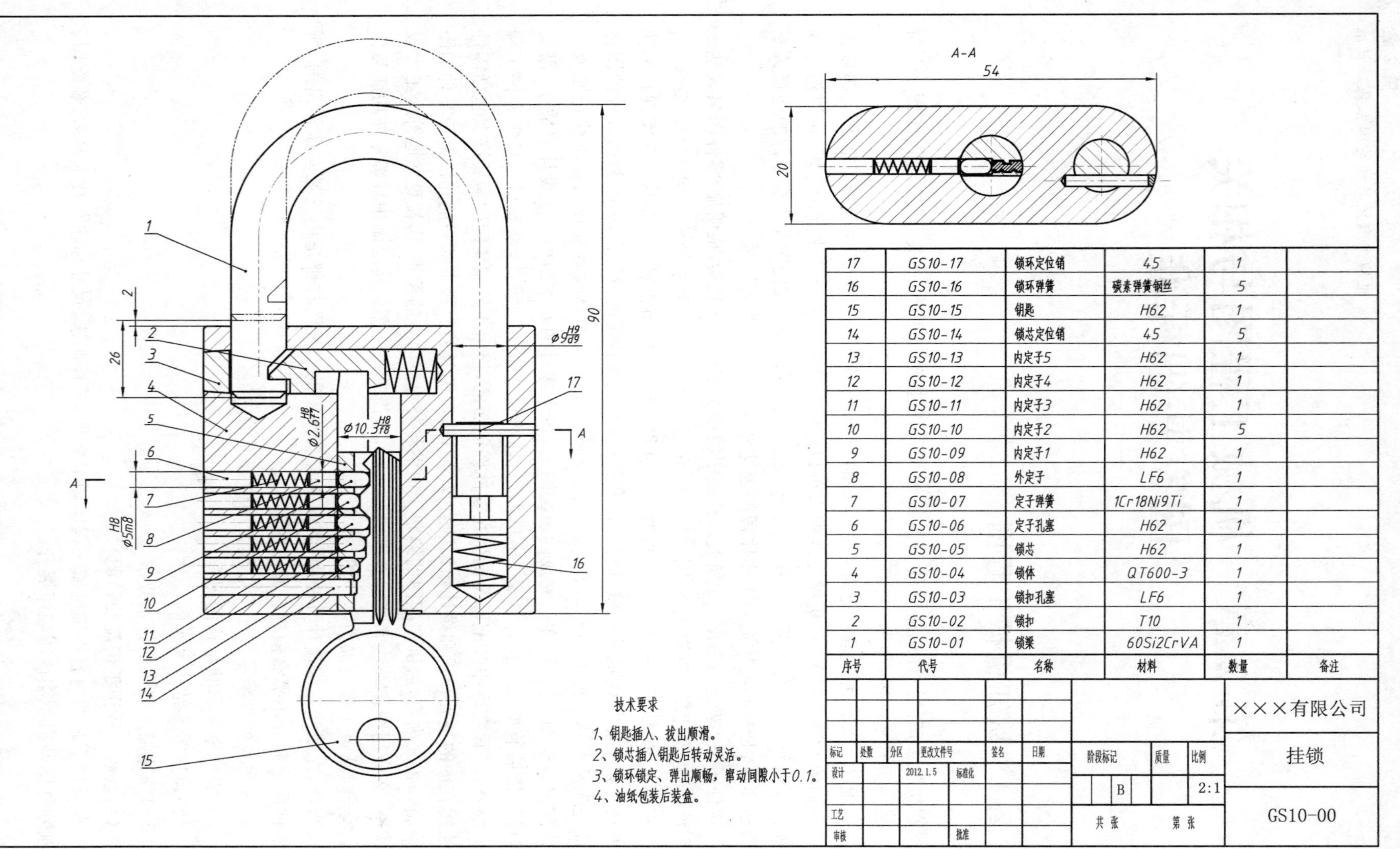

17	GS10-17	锁环定位销	45	1	
16	GS10-16	锁环弹簧	碳素弹簧钢丝	5	
15	GS10-15	钥匙	H62	1	
14	GS10-14	锁芯定位销	45	5	
13	GS10-13	内定子5	H62	1	
12	GS10-12	内定子4	H62	1	
11	GS10-11	内定子3	H62	1	
10	GS10-10	内定子2	H62	5	
9	GS10-09	内定子1	H62	1	
8	GS10-08	外定子	LF6	1	
7	GS10-07	定子弹簧	1Cr18Ni9Ti	1	
6	GS10-06	定子孔塞	H62	1	
5	GS10-05	锁芯	H62	1	
4	GS10-04	锁体	QT600-3	1	
3	GS10-03	锁扣孔塞	LF6	1	
2	GS10-02	锁扣	T10	1	
1	GS10-01	锁梁	60Si2CrVA	1	
序号	代号	名称	材料	数量	备注

图 2-1 挂锁装配图

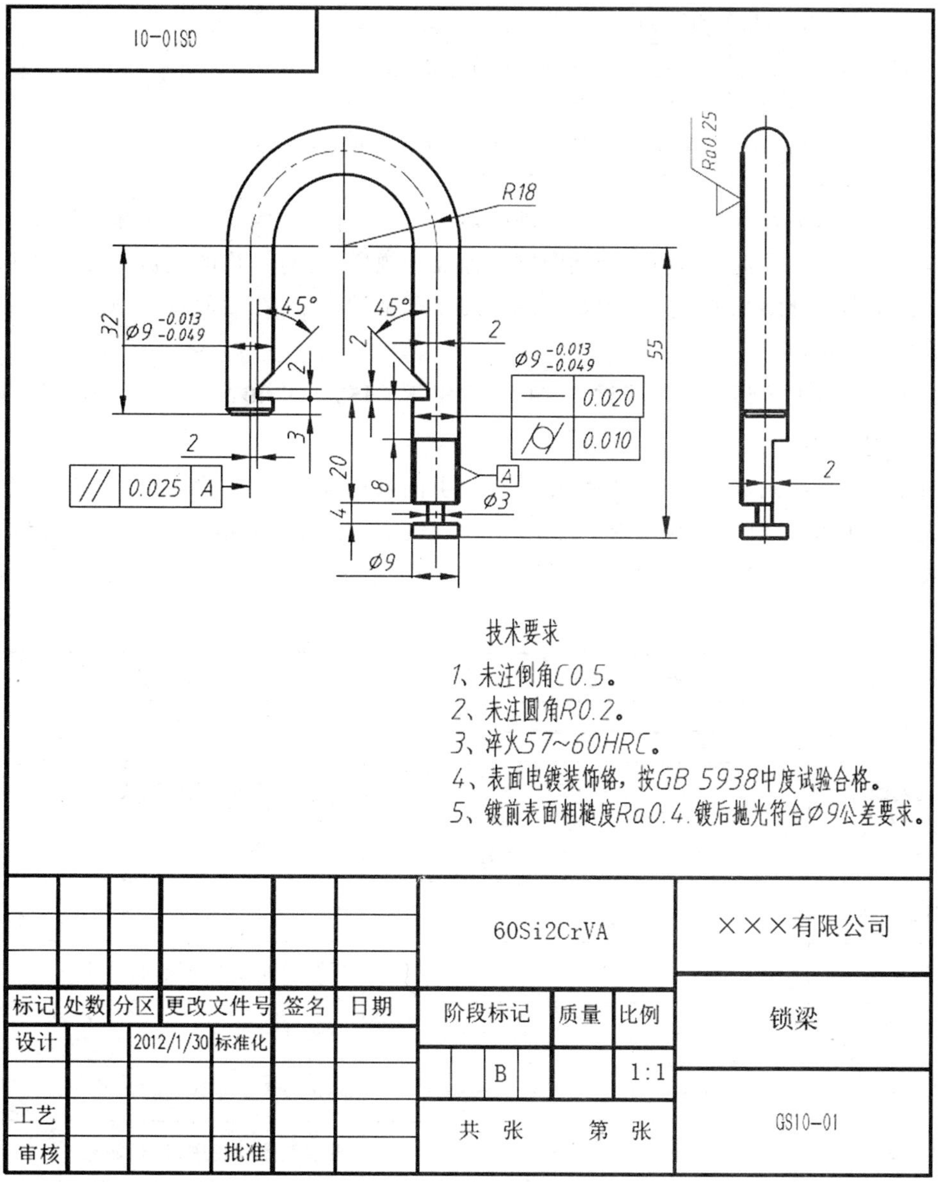

GS10-01

技术要求

1、未注倒角C0.5。

2、未注圆角R0.2。

3、淬火57~60HRC。

4、表面电镀装饰铬，按GB 5938中度试验合格。

5、镀前表面粗糙度Ra0.4.镀后抛光符合⌀9公差要求。

标记	处数	分区	更改文件号	签名	日期
设计		2012/1/30	标准化		
工艺					
审核			批准		

60Si2CrVA

×××有限公司

阶段标记 | 质量 | 比例: B | | 1:1

共　张　　第　张

锁梁

GS10-01

图 2-2　锁梁零件图

2.2　机械工程图国家基础标准

与每一种语言都必然有大家共同遵循的语法规则一样，机械工程界的语言——机械工程图样也有绘制规则，这些规则已有国家标准统一规范，大都收编在国家技术监督局发布的《技术制图》与《机械制图》中。国家标准简称国标，是各行各业都有的规范，有单行本发行，封面上有标准编号与名称。例如关于图线绘制规范的国标为：

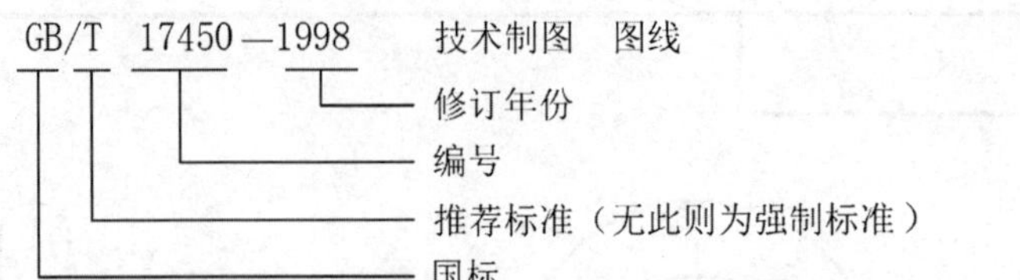

本书的各章内容都是在最新国家标准的规范内展开的，有些就是制图相关国家标准的介绍与宣传贯彻。掌握并严格执行制图国家标准的规定，是对合格的机械工程师的基本要求之一。本节先介绍几个有关制图基本规定的国家基础标准，在后面章节中还会用到和介绍相关其他标准。

2.2.1 机械制图图样画法 图线(GB/T 4457.4-2002)

1. 图线线型

图样是用图线画成的。工程图样中的图线由国家标准用粗、细、实、虚、连续、不连续等分别成不同类型，每种线型被赋予了特定的含义，使得图样传达的信息更丰富、更细致、更明确。表 2-1 中给出了绘制机械工程图样时可以使用的图线线型。

表 2-1 图线线型

图线名称	线型	主要应用
粗实线	————————	可见轮廓线、相贯线、齿顶圆线等
细实线	————————	尺寸线、剖面线、引出线等
细虚线	----------------	不可见轮廓线
细点画线	—·—·—·—·-	轴线、对称中心线、轨迹线
波浪线	～～～	视图局部分输送线、断裂处边界线等
双折线	——∧——∧——	断裂处边界线等
粗点画线	—— - —— - ——	限定位置标示线
双点画线	——··——··——··——	极限位置的轮廓线、相邻轴
粗虚线	— — — — — — — —	允许表面处理的表示线

各类型图线应用综合图例如图 2-3 所示。

2. 图线尺寸

在机械工程图样中，图线线宽只应有粗、细分别统一的两种。粗线 d 一般介于 0.5～2mm 之间，优先选择 $d=0.7$mm、$d=0.5$mm，并且尽量保证图样中不出现宽度小于0.18mm 的图线。粗线与细线之比为 2∶1。图样的图线较密时图线不宜过粗，并应遵从两平行线间的间隙不得小于 0.7mm 的规定。

在建筑工程图样中，图线可以采用粗线、中粗线、细线三种线宽，三种线宽度之比为 4∶2∶1。

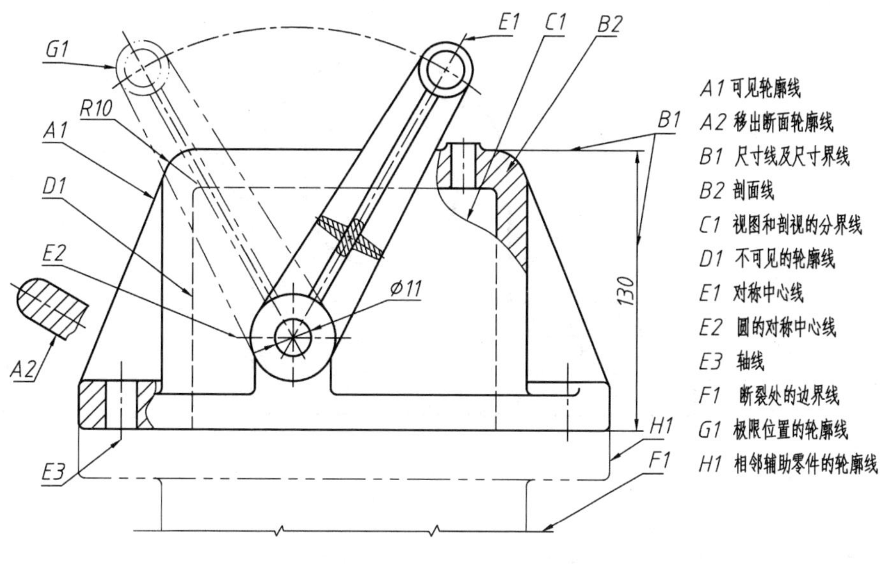

图 2-3 线型应用综合图例

在计算机绘图中，图线宽度设置应在下列数系中选择(单位 mm)：0.18、0.25、0.35、0.7、1、1.4、2。系统默认值为 0.25。

3. 图线画法

不连续线型中的独立部分称作线素，如点、长度不同的画和间隔，手工绘图时宜符合图 2-4 的规定。

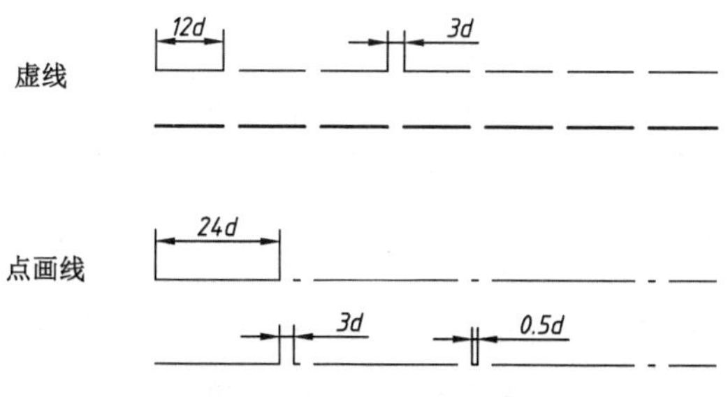

图 2-4 图线规格

为使图面清晰、美观，还应注意几个细节(参见图 2-5 所示图例)：

(1)在一幅图样中，每种线型的点、线段、间隔应各自大体一致。

(2)绘制点画线、双点画线时，应以线段而不是以点起始和结尾，以线段相交(图 2-5 中 *A*)。其所依属图元较小时，可以用细实线代替。点画线要超出其所依属图元轮廓线约 2～3mm(图 2-5 中 *D*)。

(3)绘制虚线时，虚线若以粗实线延长线形态存在，要以间隔与粗实线相连(图 2-5 中 *B*)；虚线若与粗实线相交，要以画与粗实线相交(图 2-5 中 *C*)。

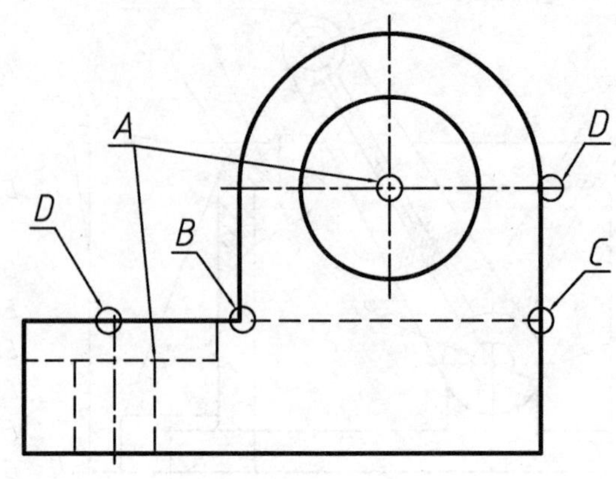

图 2-5　图线画法

2.2.2　技术制图　比例(GB/T14690.1-1993)

绘制图样时，图样与零件大小一致最为方便，但有时机器、零件过小或过大，不可能或不必按真实大小绘图，需要画成放大图，或者缩小图。图样中图形与其实物相应要素的线性尺寸之比就是图样实际采用的比例。比如：

图样的线性长度与实物相应线性要素长度一致，采用比例为 1∶1；

图样的线性长度是实物相应线性要素长度的一半，采用比例为 1∶2；

图样的线性长度是实物相应线性要素长度的 2 倍，采用比例为 2∶1。

需要按比例绘制图样时，应优先采用表 2-2 中规定系列的比例，需要时也可以采用表 2-3 中所列的比例。两表中的 n 均为正整数。

表 2-2　优先采用比例

原值比例	1∶1					
缩小比例	1∶2	1∶5	1∶10	$1:2\times10^n$	$1:5\times10^n$	$1:10\times10^n$
放大比例	5∶1	2∶1	$5\times10^n:1$	$2\times10^n:1$	$1\times10^n:1$	

表 2-3　允许采用比例

缩小比例	1∶1.5	1∶2.5	1∶3	1∶4	1∶6
$1:1.5\times10^n$	$1:2.5\times10^n$	$1:3\times10^n$	$1:4\times10^n$	$1:6\times10^n$	
放大比例	4∶1	2.5∶1	$4\times10^n:1$	$2.5\times10^n:1$	

图样绘制的放大或缩小一般以零件结构表达清晰为原则，工程实际中则常以图样中尺寸的疏密得当为判断依据：尺寸放置过于稀疏，且无细部结构需兼顾表达时应缩小绘制，如图 2-6(a)所示；尺寸放置偏于拥挤时应放大绘制，如图 2-6(b)所示。

一张工程图中的图样大多采用相同的绘图比例，并填写进标题栏中专设的比例一栏。当图中有局部需采用其他比例时，比例用如图 2-7 所示形式标在图面内该视图正上方。

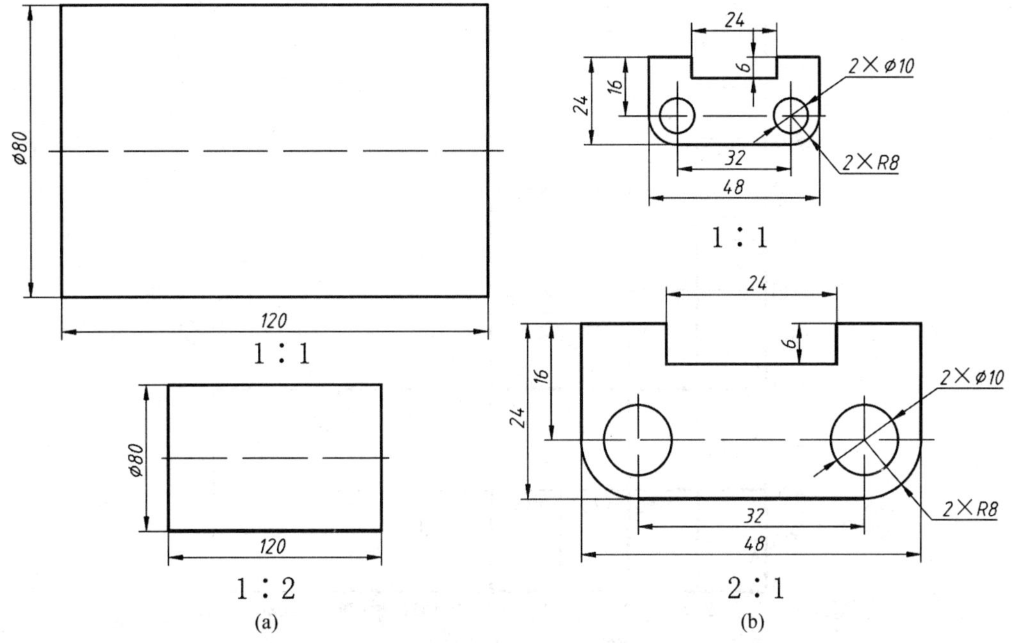

图 2-6　根据尺寸疏密选择绘图比例

$$\frac{1}{2:1} \qquad \frac{1}{2:1} \qquad \frac{A-A}{2:1}$$

图 2-7　非标题栏内比例标注

2.2.3　技术制图　图纸幅面与格式(GB/T 14689—1993)

图样要绘制或者打印在图纸上。由于装订与纸质文档保存的规格需要,国家标准对图纸的大小、式样做出了规定。

(1)图纸幅面与格式

图纸幅面通俗地讲就是绘图纸或打印图纸的大小,基本规格有 A0、A1、A2、A3、A4 五种,宽 $B\times$ 长 L 见表 2-4。需要时各图可沿短边成整数倍加长(图 2-8)。

表 2-4　图幅与框边格式

<table>
<tr><th>图幅代号</th><th>A0</th><th>A1</th><th>A2</th><th>A3</th><th>A4</th></tr>
<tr><td>B×L</td><td>841×1189</td><td>594×841</td><td>420×594</td><td>297×420</td><td>210×297</td></tr>
<tr><td>a</td><td colspan="5">25</td></tr>
<tr><td>c</td><td colspan="3">10</td><td colspan="2">5</td></tr>
<tr><td>e</td><td colspan="2">20</td><td colspan="3">10</td></tr>
</table>

(2)图框格式

在图纸幅面内必须用粗实线画出矩形图框线,用以规定图样与表达字符的绘制范围。

图框分留装订线和不留装订线两种,见图 2-9。同一产品的整套图纸只能用一种图框格式。

选用图幅遵循尽可能采用小规格图纸原则,将比例合适、表达清楚的图样置于合适的图

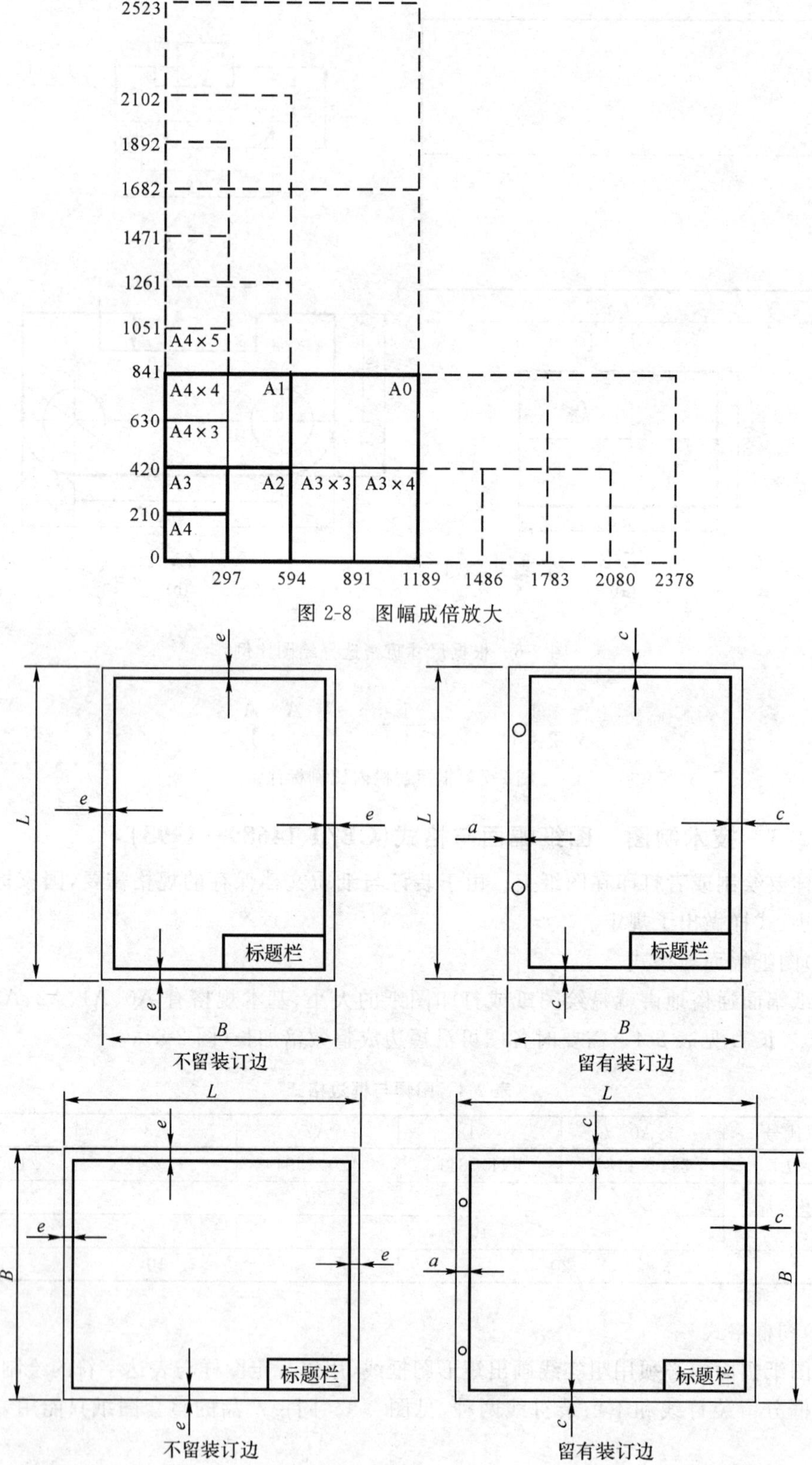

图 2-8　图幅成倍放大

图 2-9　图框格式

幅中。需要指出的是，服从零件表达需要，各规格图幅都是可以横置或竖置使用的，只是 A4 图纸如果横置使用，应按照图 2-10(a)方式，将 A4 图由惯常使用竖置位置左转 90°，并保持标题栏在原图框位置同转，再在转位后的下图框线中位画一倒置三角形，标明绘图与读图方向。图 2-10(b)的使用方式是不符合国家标准的，不应采用。

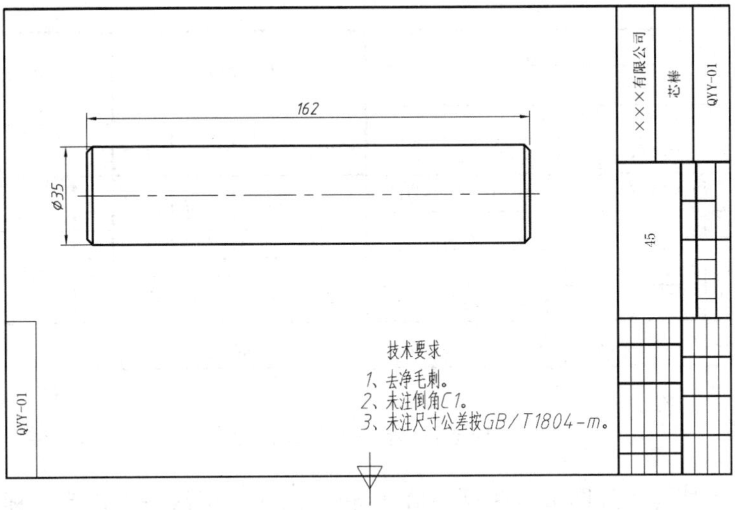

(a) 正确

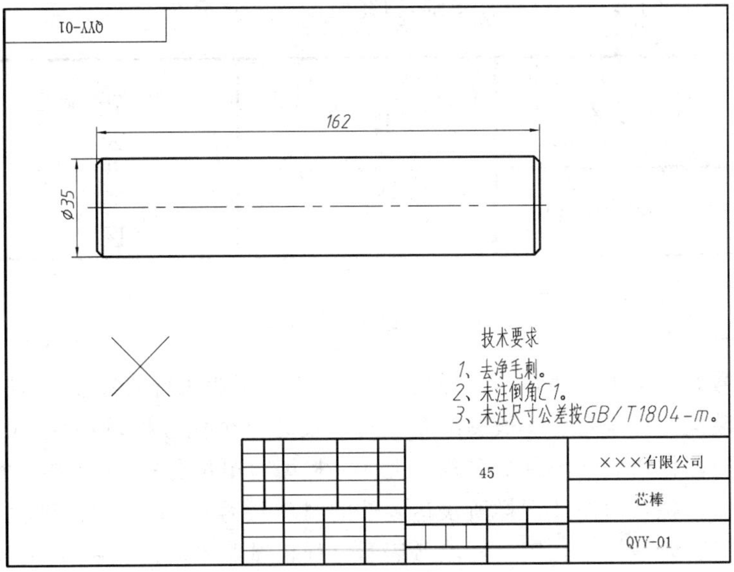

(b) 错误

图 2-10　A4 图横置用法

2.2.4　技术制图　标题栏(GB/T10609.1-1989)(ZB/T J01 035.3-90)

每张图纸上都应有标题栏。除横置使用的 A4 图，标题栏都位于图框的右下角。

国家标准给出的标题栏推荐格式如图 2-11。一些企业由于行业、产品类型需要，用行业或企业标准规定、采用适合自己的标题栏是允许的。除此之外，应采用国家标准推荐的标题栏，并遵守其格式、尺寸的规定。

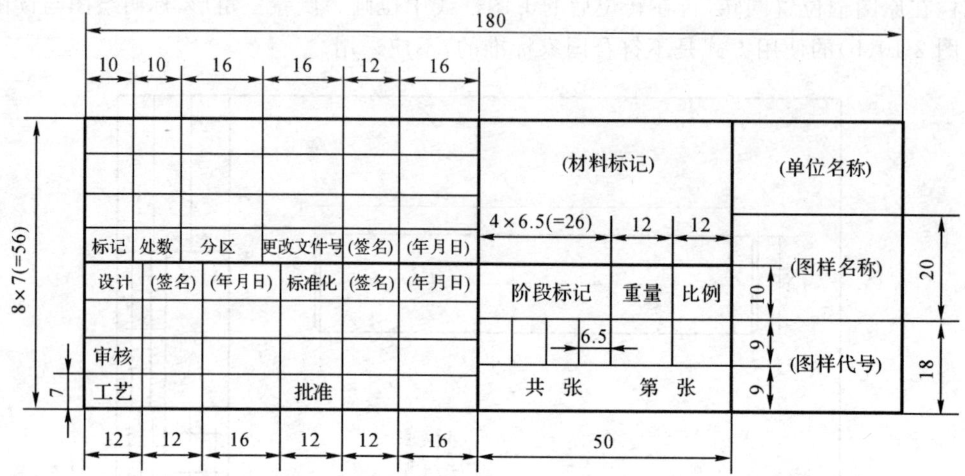

图 2-11 标题栏推荐格式

标题栏用来填写工程图纸一些重要信息，包含图样不可缺少的内容。标题栏如图 2-12 分为名称及代号区、其他区、签字区和更改区，应按规定填写完整。本节介绍零件图标题栏的内容填写，装配图的填写内容稍有差别，留待装配图一章介绍。

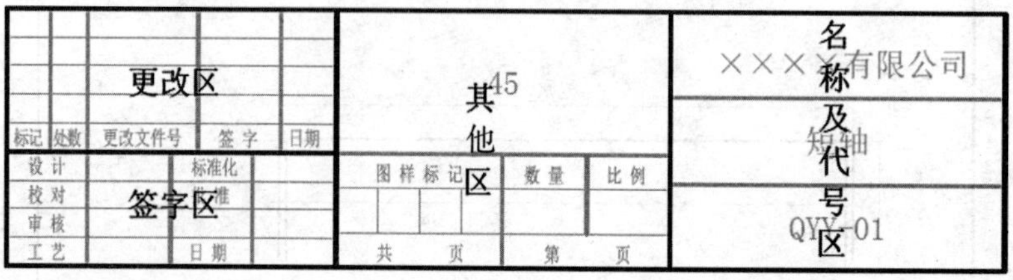

图 2-12 标题栏分区类型

名称及代号区的最下一栏填写图样代号，代号应按企业执行的标准、方法编写。零件图代号实际已在装配图中确定。一般图纸左上角也设有一个代号栏，该栏中代号须倒置。该区中间一栏填写图样所表达零件的名称。上面一栏填写单位名称，标示图样的技术所有权。

其他区上面一栏填写制造图样所表达零件的材料代号；中间栏的比例栏填写图样采用的比例，不能不填；阶段标记在第一栏填 S 表示是样机试制阶段产品图样，在第二栏填 A 表示是小批试制阶段产品图样，在第三栏填 B 表示是正式生产阶段产品图样；重量一栏只有成熟产品才填；下面一栏的“共　　张　第　　张”，用于表达同一零件的图样多于一张时填写，并且这几张图样的代号应当相同。

签字区一般至少应有设计者与审核者手签姓名，表明完成工作、承担责任的人，这一区签名者多则表明技术管理的严格与规范。

更改区用于在印制好的图纸上少量改动设计内容时作记载的区域，图样上改动设计内容较多时应替换图样，并做好记录。

2.2.5 技术制图 字体(GB/T 14691—1993)

文字、数字等字符在图纸中占有特别重要的地位。用标准对字体及其大小等做出规定主要是防止因误写误读导致加工无法进行或产生废品，当然也为了规范有序。

在图纸中书写的字体应做到:字体工整、笔画清楚、间隔均匀、排列整齐。

字体高度(用 h 表示)的尺寸(以 mm 为单位)系列为:1.8,2.5,3.5,5,7,10,14,20。

汉字应写成长仿宋字，并应采用我国正式公布推行的简化字。汉字的高度(h)不应小于 3.5mm，字宽是字高的 2/3 左右。

计算机绘制、输出图纸时，由于所用的软件、字库原因，一些设计单位、企业自定企业标准，采用宋体或楷体，字高常用 4 号字。

数字、字母可写成直体和斜体。斜体字字头向右倾斜，与水平基准线成 75°。

1. 长仿宋体汉字示例

10 号字

字体工整、笔画清楚、间隔均匀、排列整齐

7 号字

字体工整、笔画清楚、间隔均匀、排列整齐

3.5 号字

字体工整、笔画清楚、间隔均匀、排列整齐

2. 斜体数字示例

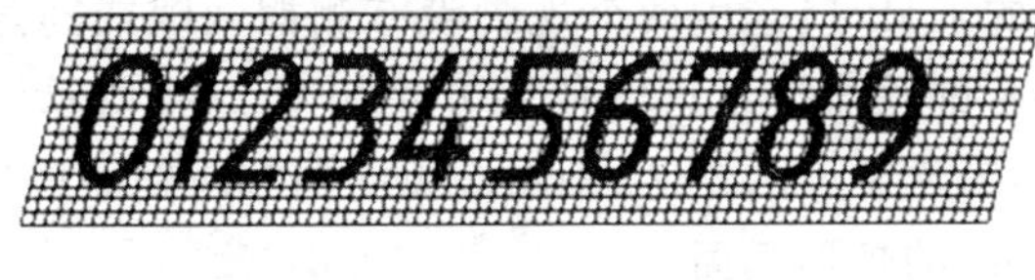

I II III IV V VI VII VIII IX X

3. 斜体拉丁字母示例

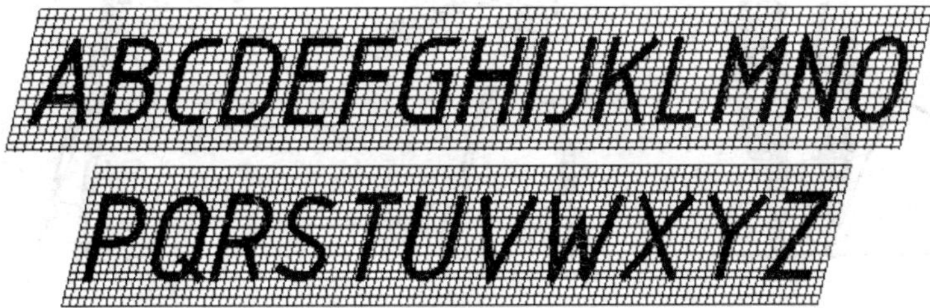

2.3 尺规绘图工具及其用法

绘图尺规是指三角板、丁字尺、绘图板、铅笔等手工绘制图样的工具，尽管目前绘制工程图已广泛采用计算机来做，但正确、灵活使用绘图尺规，快速、整洁地绘制工程图样仍然是工程技术人员应该掌握的基本技能。

常用绘图尺规使用方法如下：

1. 铅笔

绘图时应根据图样中图线、文字等的不同需求，应准备以下 2～3 种硬度不同的铅笔，通常为：

B——画粗实线专用，铅芯削磨成矩形截面；

HB——画箭头和写字用，铅芯削磨成锥形；

H——画各种细线和画底稿用，铅芯削磨成锥形。

铅芯削磨形状如图 2-13 所示。铅芯硬度因绘图者偏好会上下调整，写字与画细线有的也用同一硬度铅笔。

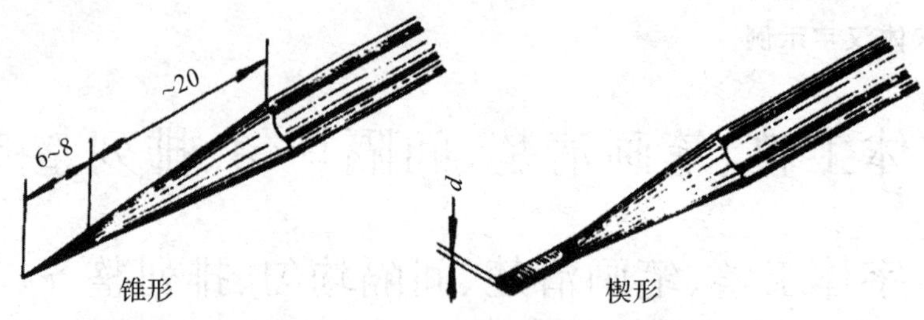

图 2-13 笔芯削磨形状

2. 圆规

圆规是画圆和圆弧的工具，应选用两个规脚没有侧摆间隙或间隙很小的圆规。画图时应调整圆规使钢针和铅芯都垂直于纸面。使用方法如图 2-14 所示。另外，绘制粗、细不同图线时，应更换成相对应铅笔硬度的铅芯，画粗圆弧的铅芯应削磨成比粗线用铅笔芯长边短些的矩形截面，或倾斜轴线的矩形截面。

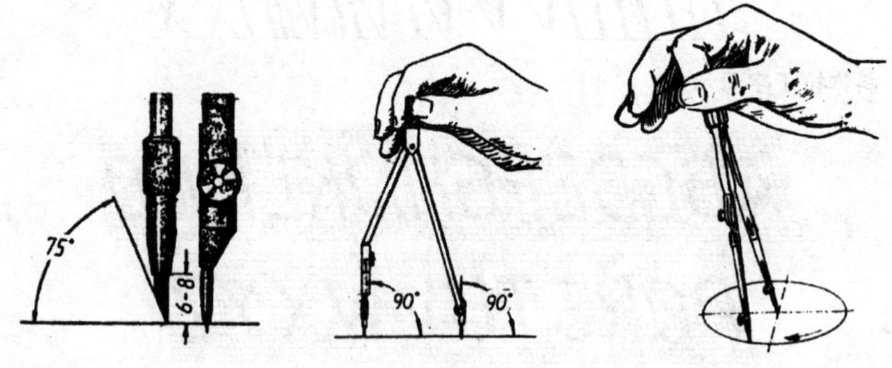

图 2-14　圆规的使用方法

3. 图板、丁字尺、三角板

图板用作图纸的垫板，要求板面平整、光洁，应选择平直光滑的短边当左侧边，用作丁字尺的导边。图纸应该用不妨碍绘图尺移动方式固定在图板上，如图 2-15 所示，并设法保证图框线与左侧边垂直。

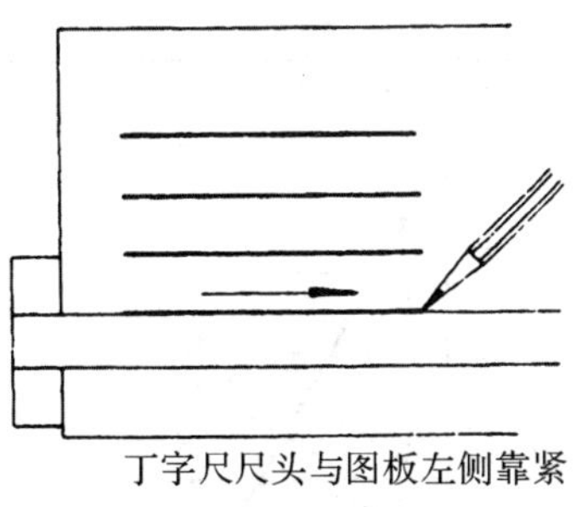

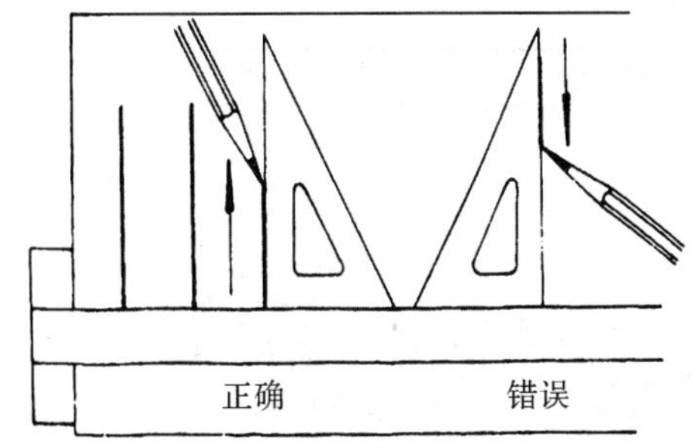

图 2-15　图板、丁字尺、三角板及其图纸固定方法

丁字尺的长尺身可以用来绘制图样中的全部水平线，尤其是在最后做粗实线描深时非常方便。绘图时手握尺头，须将丁字尺短边紧靠绘图板左边，推动丁字尺沿图板上下移动到画线位置，压住长尺沿工作边画线。丁字尺的另一重要作用是为三角板提供水平基准。

三角板可以丁字尺作水平基准，直接绘制铅垂线及三角板具备的 30°、45°、60°斜线，或与丁字尺组合画出 15°倍角的斜线；或用两块三角板配合画任意角度的平行线或垂直线，如图 2-16 所示。

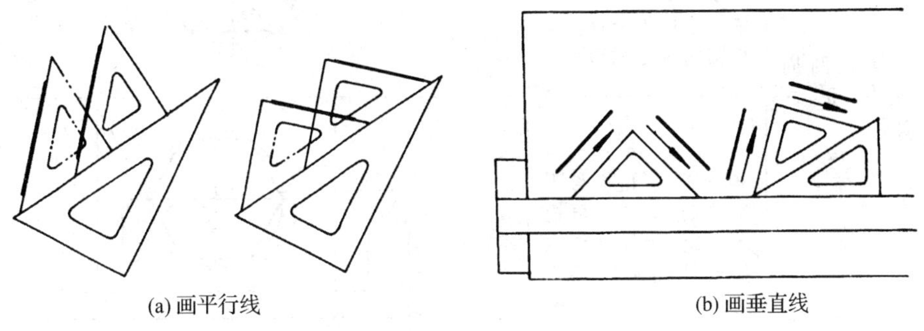

图 2-16　三角板和丁字尺联合作图

2.4　几何作图方法

工程图中的图形都是由直线、曲线连接成的，现代三维设计也是从合理运用直线、曲线构建平面图形开始的，因此，熟练掌握常见的几何图形作图方法是绘制机械图样的重要基础，也是工程技术人员的重要基本功。常见几何作图方法归纳在表 2-5 中。

表 2-5　几何作图方法

	内 容	方法步骤	示 例
直线作图	等分线段	将线段 AB 三等分，过点 A 作任意直线 AB_1，用分规以任意长度在 AB_1 上截取三个等长线段，得 1、2、3 点，连接 $3B$，并过 1、2 点作 $3B$ 的平行线，即得三个等长线段	A 1_1 2_2 B 1 2 3 B_1

续表

	内容	方法步骤	示例
直线作图	过定点 K 作已知直线 AB 的垂线	先使三角板的斜边过 AB，以另一个三角板的一边作导边，将三角板翻转 90°使斜边过点 K，即可过点 K 作 AB 的垂线	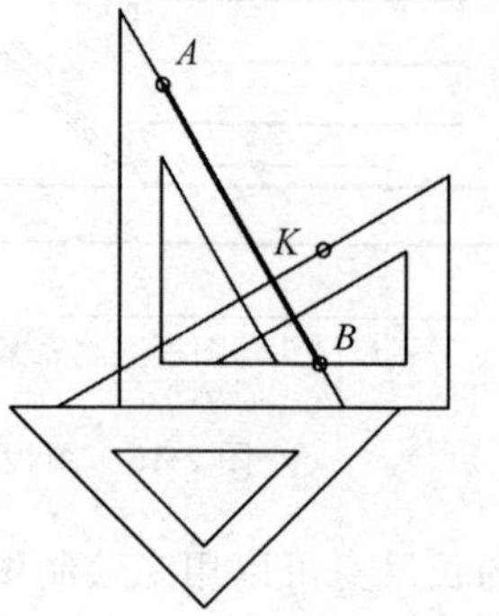 A K B
等分圆周及作内接正多边形	六等分圆周和作正六边形	圆规等分法 以已知圆的直径的两端点 A、B 为圆心，以已知圆的半径 R 为半径画弧与圆周相交，即得等分点，依次连接等分点，即得圆内接正六边形	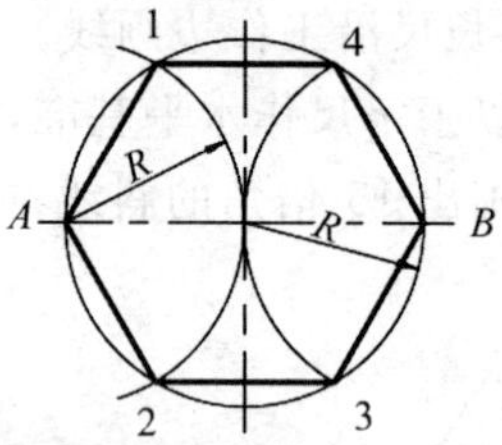 1 4 R A R B 2 3
		30°～60°三角板与丁字尺（或 45°三角板的一边）相配合作内接或外接圆的正六边形	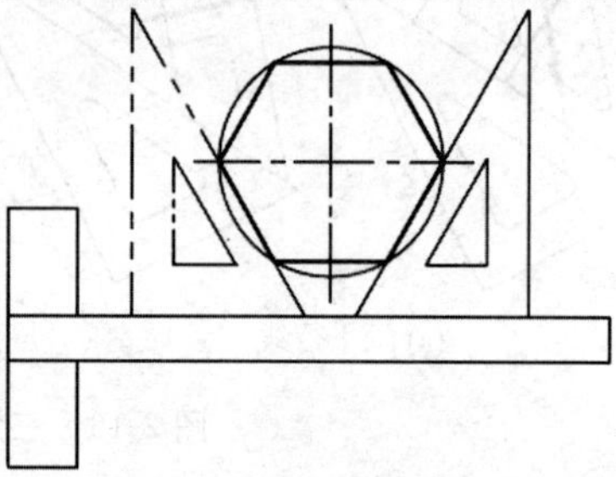
	四等分圆周和作正四边形	用 45°三角板与丁字尺（或 30°三角板的一边）相配合，即可作出圆的内接正四边形	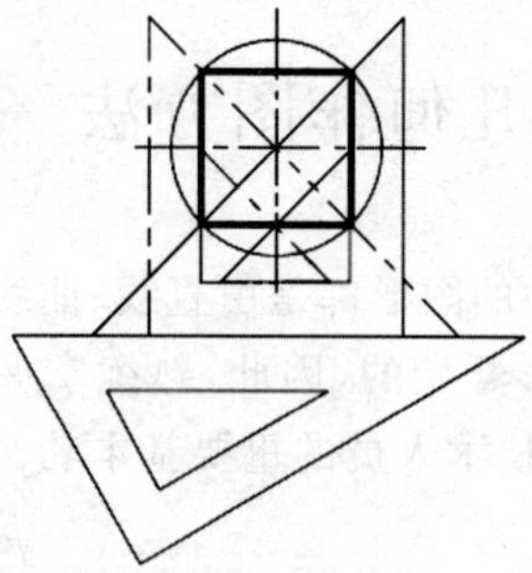
	五等分圆周和作圆内接正五边形	平分半径 OB 得点 O_1，以 O_1 为圆心，以 O_1D 为半径画弧，交 OA 于 E，以 DE 为弦在圆周上依次截取即得圆内接正五边形	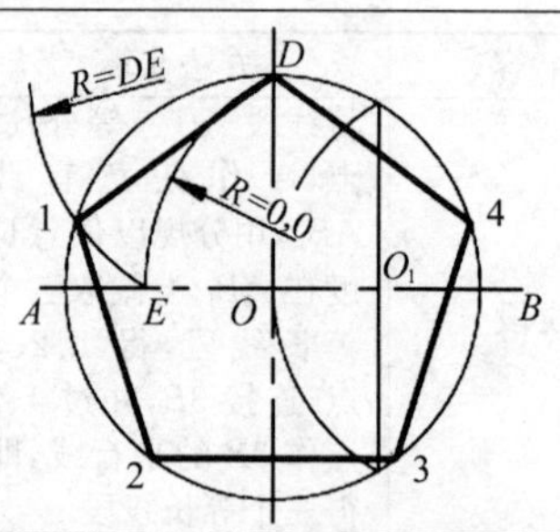 R=DE D R=O₁D 1 4 O₁ A E O B 2 3

续表

	内 容	方法步骤	示 例
斜度与锥度	斜度的作法与标注方法	斜度是指一直线对另一直线或平面对另一平面的倾斜程度，其大小用该两直线（或平面）间夹角的正切来表示，并把比值简化为 1 ∶ n 的形式	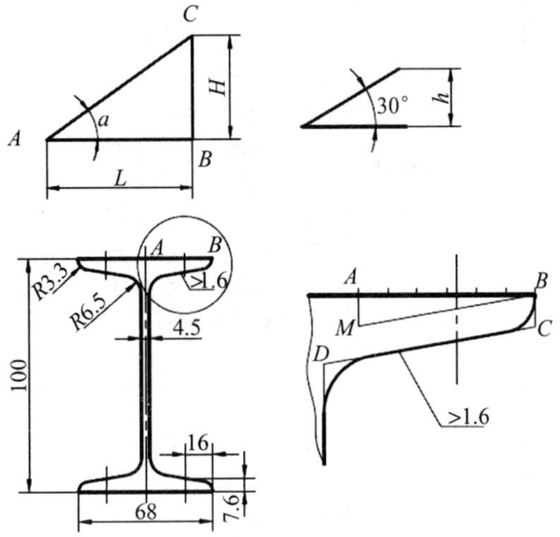
	锥度的定义、作法与标注方法	锥度是指正圆锥体的底圆直径与其高度的比值，如果是锥台，则为上、下两底的直径差与锥台高度的比值，并以 1∶n 的形式表示	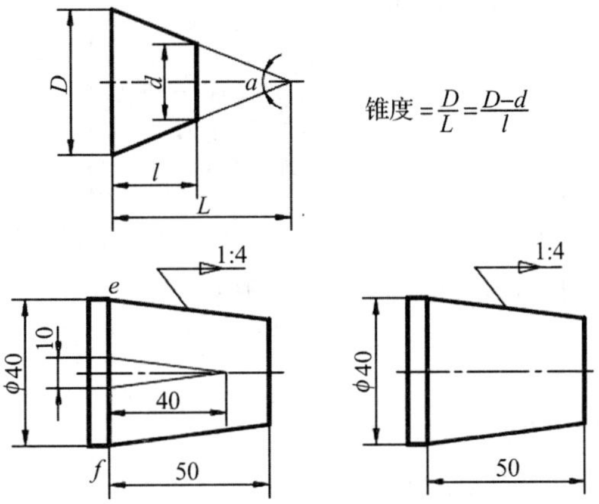 锥度 $=\frac{D}{L}=\frac{D-d}{l}$
圆弧连接	圆弧连接的几何原理	与直线相切的圆弧圆心的轨迹是与已知直线相距圆弧半径且平行的直线 与圆弧相切的圆弧圆心轨迹是已知圆弧的同心圆，外切时轨迹圆的半径为两圆弧半径之和，内切时为两圆弧半径之差	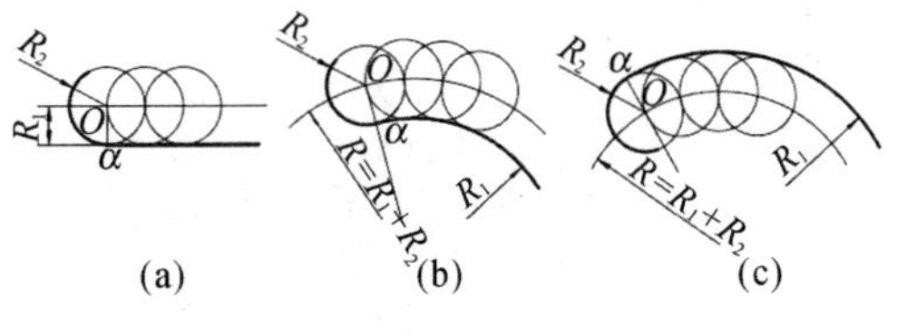 (a) (b) (c)
	圆弧与直线相切	分别作已知直线的直线（距离为 R_2），两平行直线的交点即为圆心 O，自点 O 向已知直线作垂线，垂足即切点 a、b，再用半径为 R_2 的圆弧连接即可	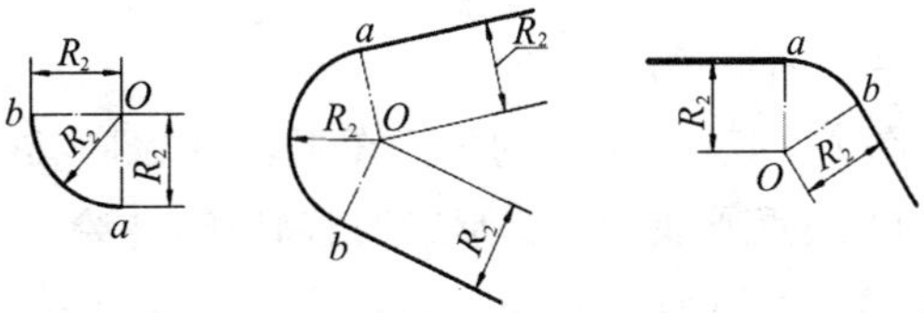

续表

	内容	方法步骤	示例
圆弧连接	与两圆弧相外切	分别过圆心 O_1、O_2 作圆弧 $Ra(R_1+R)$ 和 $Rb(R_2+R)$，其交点即为圆弧 R 的圆心 O，作直线 OO_1、OO_2，它们与已知圆弧的交点即为切点 a、b，再用半径为 R 的圆弧连接即可	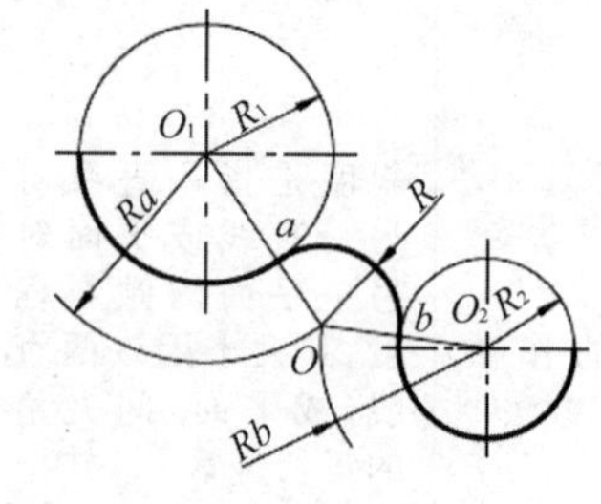
	与两圆弧相内切	分别过圆心 O_1、O_2 作圆弧 $Ra(R-R_1)$ 和 $Rb(R-R_2)$，其交点即为圆弧 R 的圆心 O，作直线 OO_1、OO_2，它们与已知圆弧的交点即为切点 a、b，再用半径为 R 的圆弧连接即可	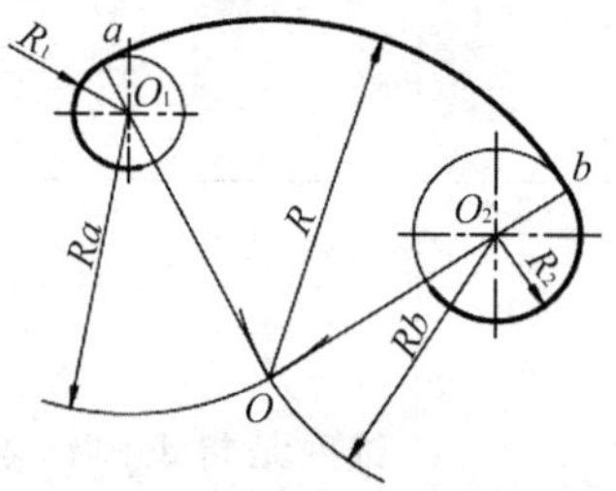
椭圆作图	一动点到两定点（焦点）的距离之和为一常数（等于长轴），该动点的运动轨迹为椭圆	作图椭圆的长轴 AB 和短轴 CD，连 AC、取 $CM=OA-OC$；作 AM 的中垂线，使之与长、短轴分别交于 O_3、O_1 两点；作与 O_1、O_3 的对称点 O_2、O_4。连 O_1O_3、O_1O_4、O_2O_3、O_2O_4，分别以 O_1、O_2 为圆心、O_1C（或 O_2D）为半径，画弧交 O_2O_3、O_2O_4、O_1O_3、O_1O_4 的延长线于 G、H、E、F，再分别以 O_3、O_4 为圆心，O_3A（或 O_4B）为半径，画弧与前所画弧连接即得椭圆	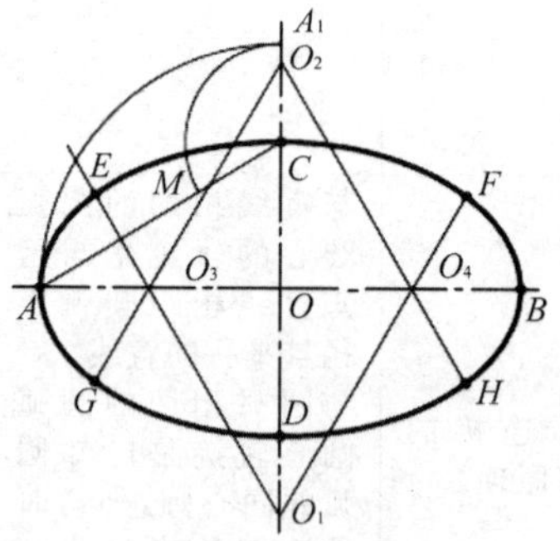

平面图形绘图举例

图 2-17 为一手柄的平面图形，其作图步骤如下：

1）用点画线绘制图形的对称轴线，并绘制通过 $R15$ 圆心的竖直线作为水平方向起始基准，如图 2-18(a)所示。

2）按尺寸绘制基准线左侧已知图线，并确定圆心绘制 $R15$ 与 $R10$ 圆弧，如图 2-18(b)

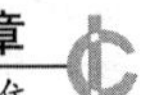

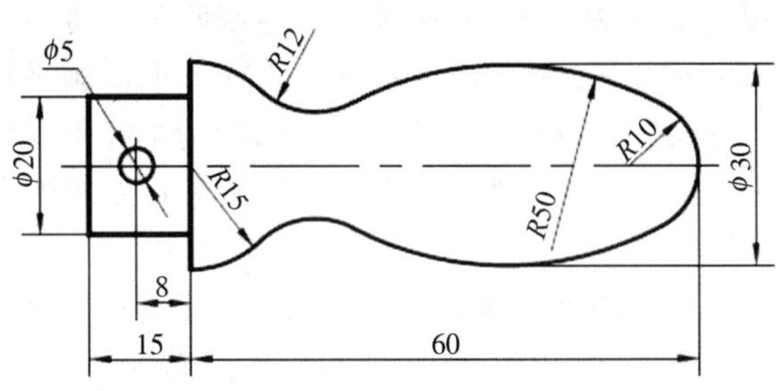

图 2-17　手柄

(a)　(b)

(c)

(d)　(e)

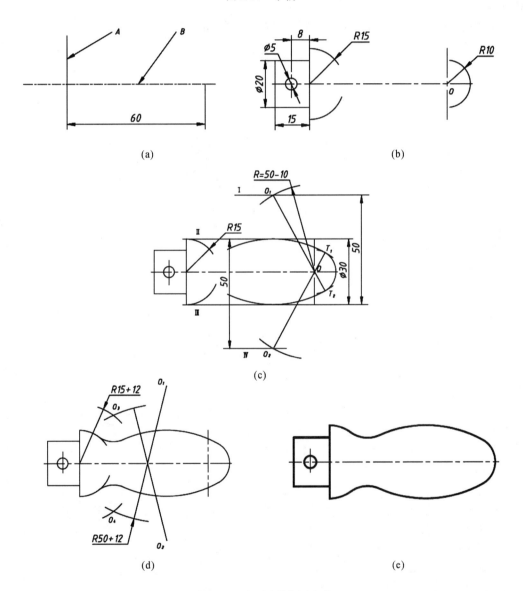

图 2-18　平面图形作图步骤

所示。

3）绘制 $R50$ 大圆弧与 $R10$ 圆弧相切：根据 $\phi30$ 绘制两条距离 30 的平行线Ⅱ与Ⅲ并按轴对称分置对称轴线两侧，再如图 2-18(c)所示按距离直线Ⅱ 50 画平行线Ⅳ，按距离直线Ⅲ 50 画平行线Ⅰ，以 $R10$ 圆弧圆心为圆心，以 $R=(50-10)$ 为半径画圆弧分别交Ⅰ、Ⅳ两平行线得两个交点 O_1、O_2，分别以 O_1、O_2 为圆心，画 $R50$ 圆弧与 $R10$ 圆弧内相切。如图 2-18(c)所示。

4）绘制 $R12$ 过渡圆弧与已有两圆弧相切：以 $R15$ 圆弧圆心为圆心，以 $R=(15+12)$ 为半径，在 $R12$ 圆心大致位置画圆弧，以 $R50$ 圆弧圆心为圆心，以 $R=(50+12)$ 为半径，画圆弧与刚绘制在 $R12$ 圆心大致位置的圆弧相交，以此交点为圆心，画 $R12$ 圆弧同时与 $R15$、$R50$ 圆弧外切。如图 2-18(d)所示。

5）校核作图过程，擦去多余的作图线，描深图形，如图 2-18(e)所示。

第 3 章　　机械工程图图样画法基础

绘制机械工程图的图样是把三维实体表达为二维图形，表达方法所遵循的规则是前辈科学家创立的画法几何学的投影原理。投影原理是由三维实体表达为二维图形、由二维图形读出三维实体的最重要基础，如果不能深入理解和熟练掌握，绘制和阅读工程图将无法完成。相关的国家标准有 GB/T 14692—2008 技术制图投影法、GB/T 17451—1998 技术制图图样画法视图和 GB/T 4458.1—2002 机械制图图样画法视图等。

3.1　投影基础

3.1.1　投影法

日常生活中我们经常遇到投影现象，例如物体在阳光照射下，地面上会留下影子。根据这一自然现象，经过科学的抽象，人类建立了一种用投影图表达空间物体的方法——投影法。由投影中心发出的投射线通过物体向选定的面投射，并在该面上得到图形的方法称为投影法，所得的图形称为物体的投影。投影所在的平面称为投影面，投射线也称为投影线。

如图 3-1 所示，S 称为投影中心，从 S 发出的线 SA、SB、SC 投射线通过空间物体$\triangle ABC$，向选定的平面——投影面 P 投射，得到$\triangle abc$，$\triangle abc$ 称为$\triangle ABC$ 的投影。

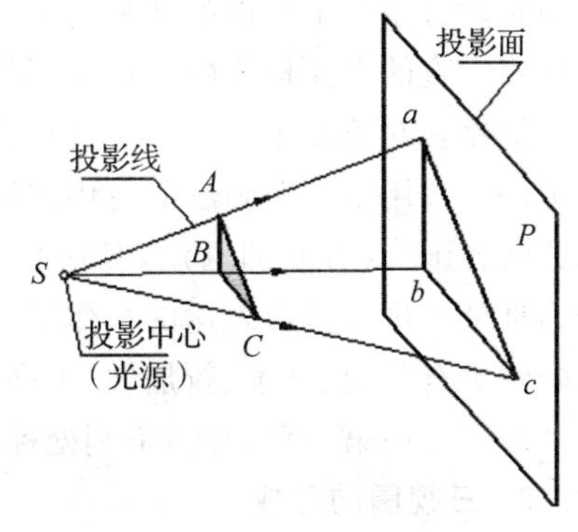

图 3-1　投影法

工程上常用的投影法有中心投影法和平行投影法两类。

中心投影法的投射线由投射中心散射到投影物体上，如图 3-2 所示。中心投影的大小随着投影中心、物体和投影面之间的相对位置变化而变化，一般不能反映物体的实际大小和真实形状，但立体感较强，所以常应用于建筑制图等外形设计中。

平行投影法的投射线平行投射到投影物体上，如图 3-3 所示。在平行投影法中，根据投射线与投影面的倾角不同，又分为斜投影和正投影。投影线垂直投影面称为正投影法，如图 3-3(a)。投影线不垂直投影面(与投影面倾斜)称为斜投影法，如图 3-3(b)。在平行投影法中，如果物体的某个平面与投影面平行，则其投影便能反映该平面的真实形状和大小，而与平面距投影面距离无关。因此，工程领域采用的主要是平行投影法。

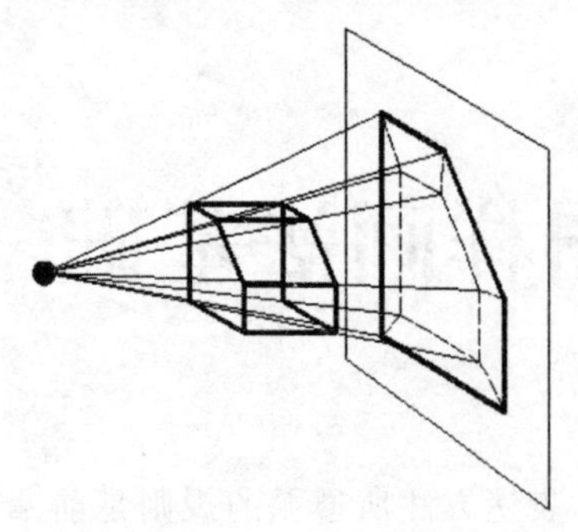

图 3-2　中心投影法

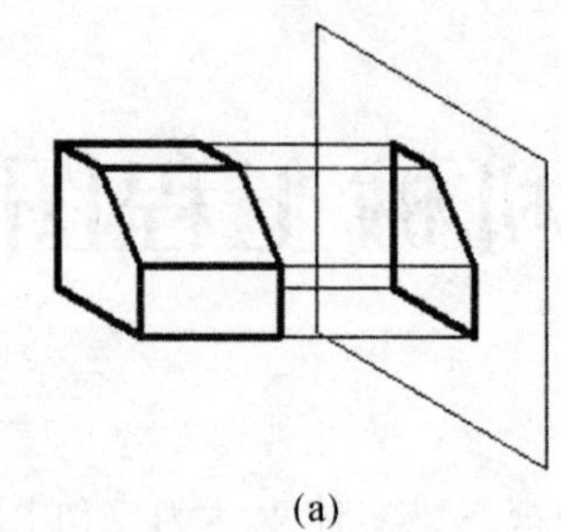

(a)

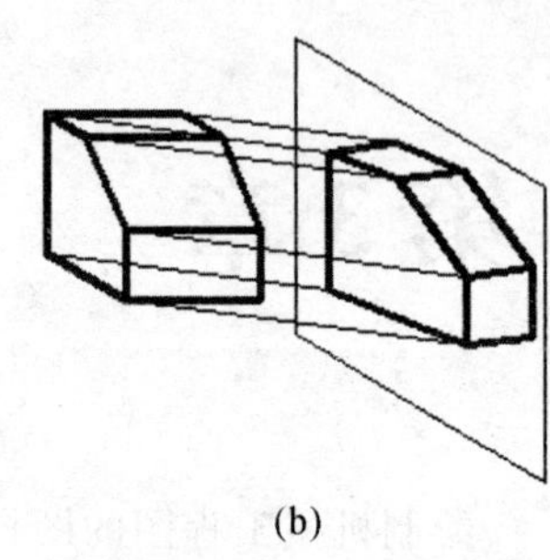

(b)

图 3-3　平行投影法

由于机械零部件的结构特点，采用投影线垂直投影面的正投影法表达投影图，通常会带来许多便利，所以机械工程图样的表达方法中普遍采用正投影法，获取的投影图样均为正投影图。本教材中所称的投影均指正投影。

斜投影在轴测图中使用。

3.1.2　投影体系

1. 三面投影体系

单个投影面上的正投影图样只是被表达对象一个方向上特征的二维图，往往无法满足充分表达三维立体全貌的需求。为此，画法几何学建立了三面投影体系：设立两个互相垂直的平面 H、V 面将空间分成 4 个区域，并依次命名作第Ⅰ、第Ⅱ、第Ⅲ、第Ⅳ分角。再在右侧设立一个同时垂直于两个平面的侧平面 W 面，从而形成了由三个互相垂直的平面构成的三面投影体系，如图 3-4 所示。

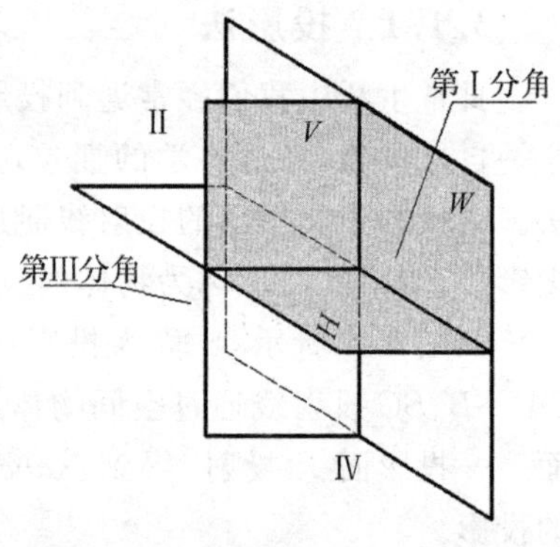

图 3-4　空间 4 分角及三面投影体系

把投影对象置于第Ⅰ分角进行投影表达的称作第一角画法。采用第一角画法的有中国和欧洲的德国、英国、前苏联各国等，有欧洲画法（E 法）之称。把投影对象置于第Ⅲ分角进行投影表达的称作第三角画法。采用第三角画法的有美国、日本、新加坡、中国台湾地区等，有美国画法（A 法）之称。

本书采用第一角画法，个别处标明后采用国家标准允许的第三角画法。

2. 三视图的形成

（1）三视图

第一角画法的三面投影体系如图 3-5 所示。三个投影面分别称作：正投影面，用 V 表示，简称 V 面；水平投影面，用 H 表示，简称 H 面；侧投影面，用 W 表示，简称 W 面。

H 面与 V 面之间的交线为 OX 轴，简称 X 轴；H 面与 W 面之间的交线为 OY 轴，简称 Y 轴；V 面与 W 面之间的交线为 OZ 轴，简称 Z 轴；三个坐标轴的交点 O 称原点。当把三维物体端正地放在投影位置时，投影轴对应了物体长、宽、高三个测量方向。

把三维物体放在投影体系中，以观察者—物体—投影面的位置顺序获得各投影面视图，分别向三个投影面投影，在正投影面上得到从物体前方投影的视图，称作正视图，也称作主视图；在水平投影面上得到从物体上方投影的视图，称作俯视图；在侧投影面上得到从物体左侧面投影的视图，称作左视图。

将三个视图铺展成图纸平面表达的视图的方式如图 3-6 所示：保持正投影面不动，将水平投影面绕 OX 轴向下后旋转，将侧投影面绕 OZ 轴向右后旋转，直至两投影面与正投影面共面。于是，就得到了机械工程中最常用的表达物体结构形状的三视图，如图 3-7 所示。

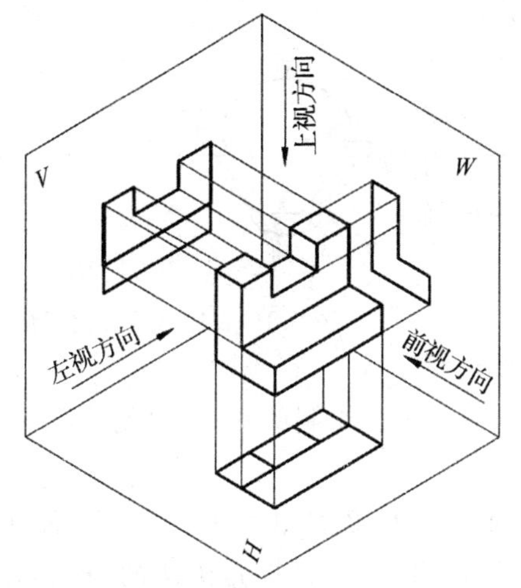

图 3-5　第一角画法的空间投影图

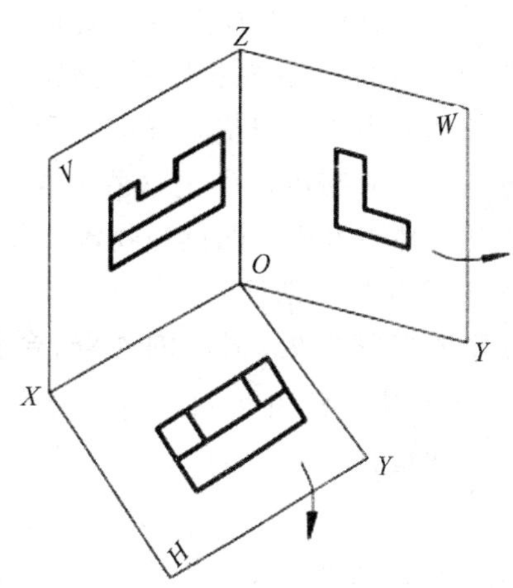

图 3-6　三投影面展平过程

为了便于作图，通常三视图上省略投影面的边框和投影面的标记 H、V、W 以及投影轴。

在绘制三视图时，需要用粗实线绘制出零件的可见轮廓线和棱线，用虚线表达被遮挡住的内、外结构棱线。平面、光滑曲面不需要阴影线等方式表示。当然还有其他表达方法将在后续内容中详述。

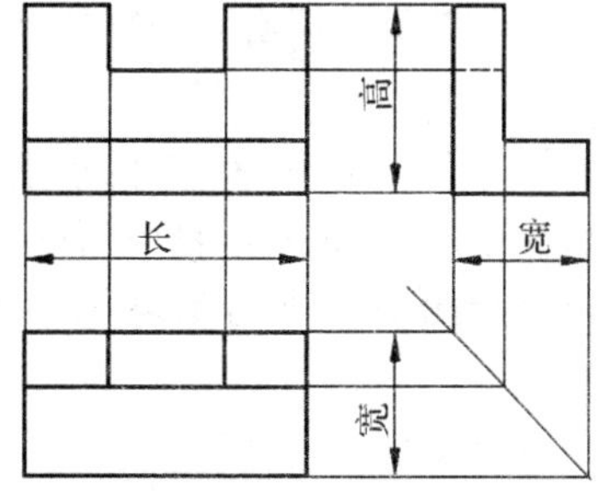

图 3-7　三视图

(2) 三视图的基本规律

结合三个投影面的展开过程和所得三视图，我们不难发现三个视图之间存在着绘图时应注意保持和利用的重要规律。主视图位于 XOZ 平面上，从投影的方向来看主视图可以表达物体长和高两个方向的结构与大小；俯视图位于 XOY 平面上，从投影的方向来看可以表达物体长和宽两个方向的结构与大小；左视图位于 YOZ 平面上，从投影的方向来看可以表达物体宽和高两个方向的结构与大小。显然，三视图中每一个视图只能表达物体的二维特征，第三维的特征需从另外视图上获得。如图 3-7 所示，三个视图遵循如下规律：

1) 长对正：主视图、俯视图同有物体长度方向的表达，长度大小以及长度方向的各局部结构的投影有对正的关系。

2) 高平齐：主视图、左视图同有物体高度方向的表达，高度大小以及高度方向的各局部结构的投影有平齐的关系。

3) 宽相等：左视图、俯视图同有物体宽度方向的表达，宽度大小以及宽度方向的各局部结构的投影有相等的关系。

三视图的三个视图虽然同处一张图纸上，但不同位置的视图对应着空间物体的不同方面，各个视图的上下左右对应着空间物体的不仅仅是上下左右不同方向，有的还对应着物体的前后方向。为了直观和便于记忆，把最具方位感的人头模型置于第Ⅰ分角内进行投影表达，人脸放正、背朝正投影面——面朝前方画出三视图，如图 3-8 所示，则由图可以清楚看出各个视图与物体空间方位的对应关系。绘制三视图中尤其应注意模型的前后方位，在左视图和俯视图中，远离主视图一方是物体的前方——对应鼻子，靠近主视图一方是物体的后方——对应脑后。牢记这些方位，对按第一角画法正确表达物体以及由视图读懂物体十分重要。

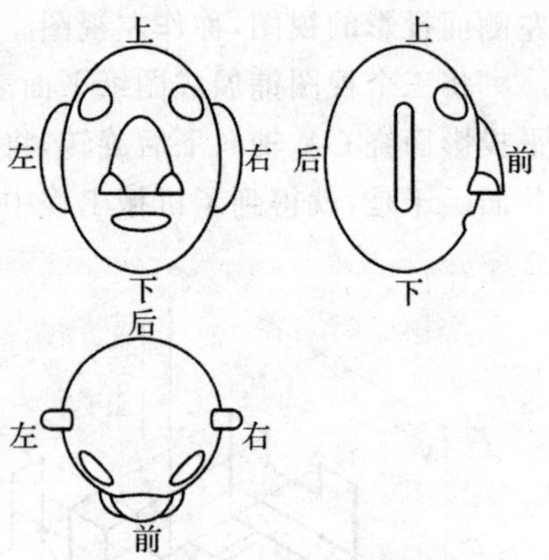

图 3-8　表达对象方位记忆

3. 第三角投影画法简介

如今随着经济发展，国内的外资、台资企业越来越多，国际技术交流日益频繁，工程中经常会遇到用第三角画法绘制的图样，因此学习、掌握第三角投影画法很有必要。

依据图 3-4，取第Ⅲ分角建立第三角画法的三面投影体系如图 3-9 所示。V 面、H 面、W 面三个投影面名称不变。把三维物体放在新投影体系中，与第一角画法的“投影者—物体—投影面”的位置顺序不同，第三角画法三者的位置顺序为“观察者—投影面—物体”。此时，需把投影面看作是透明的玻璃，遵循正投影的规则分别向三个投影面投影，第三角画法如同隔着玻璃板把看到的物体前方轮廓线和结构棱线画在玻璃板上一样。空间投影图画在图 3-9 中。

第三角画法的三个视图铺展成图纸平面表达的三视图的方式如图 3-10 所示：正投影面仍然保持不动，将水平投影面绕 OX 轴向上前旋转，将侧投影面绕 OZ 轴向右前旋转，使水平投影和侧面投影与正投影面共面。于是，就得到了第三角画法的三视图。如图 3-11 所示。

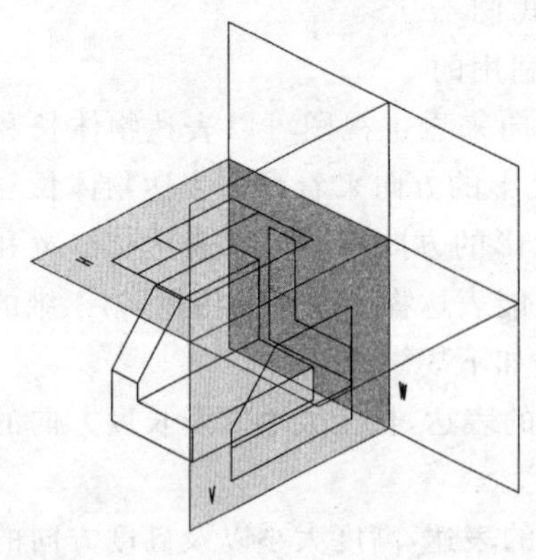

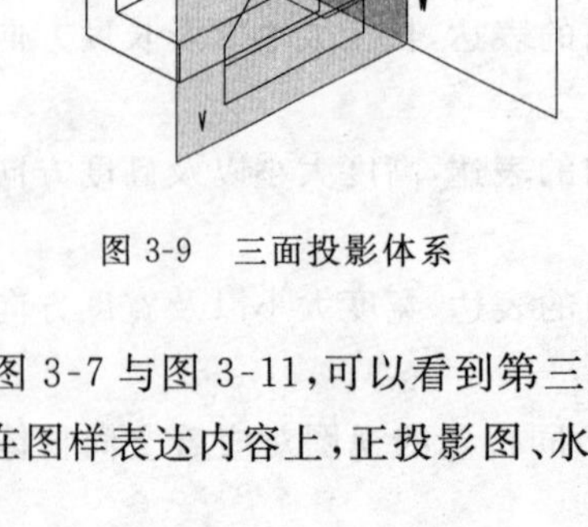

图 3-9　三面投影体系

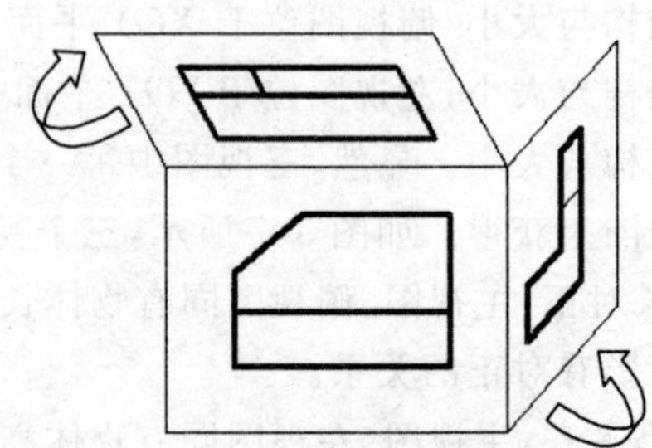

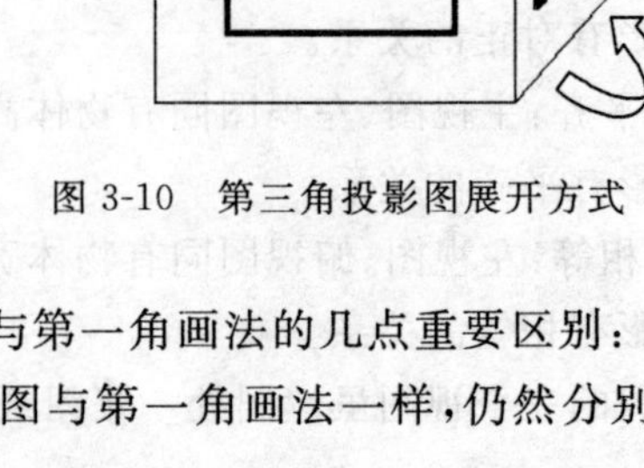

图 3-10　第三角投影图展开方式

比较图 3-7 与图 3-11，可以看到第三角画法与第一角画法的几点重要区别：

(1) 在图样表达内容上，正投影图、水平投影图与第一角画法一样，仍然分别表达物体前面、上面的状况。但第三角画法的侧视图表达的是物体右方状况，与第一角画法表达左方不同。

(2) 图样名称上，第三角画法的正投影图仍称作主视图，但水平投影图称为顶视图，主视图旁边是表达物体右方状况的右视图。

(3) 图样位置上，第三角画法的正投影图、水平投影图与第一角画法相比互换了位置。在绘制主视图时，须在其上方留出绘制顶视图的位置。侧视图(右视图)位于主视图右侧。于是三视图在图面的布局由 ⊞ 变成 ⊞ 。

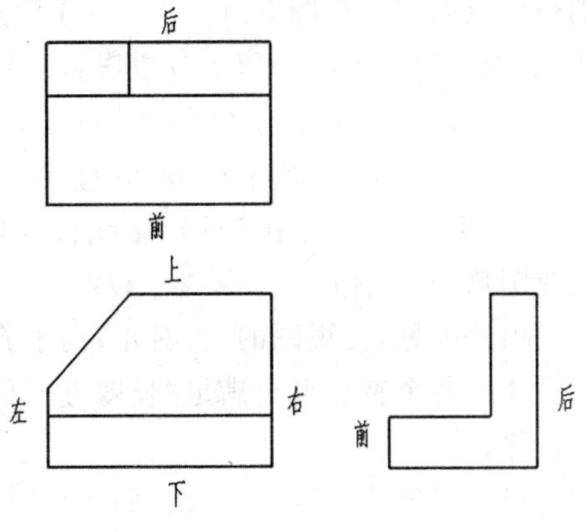

图 3-11　第三角投影的三视图

(4) 视图对应的空间物体方向上，第三角画法的右视图和顶视图远离主视图一侧是物体的后面，靠近主视图一侧是物体的前面。

采用第三角画法的图样上应标注第三角画法的标识符号，如图 3-12(a)所示。第一角画法也有标识符号，如图 3-12(b)所示，国内使用的图纸上一般不标注。

图 3-12　第三、第一角画法标识符号

3.2　点的投影

绘制视图图形，其实都是在绘制起始点、特征点、终结点的连线。因此，学习、掌握点在三面投影体系中的投影规律，是正确绘制工程图样的最重要的基础。

3.2.1　点在三面投影体系中的投影

空间一点 A 在三面投影体系中的投影如图 3-13 所示。点的三视图如图 3-14 所示。

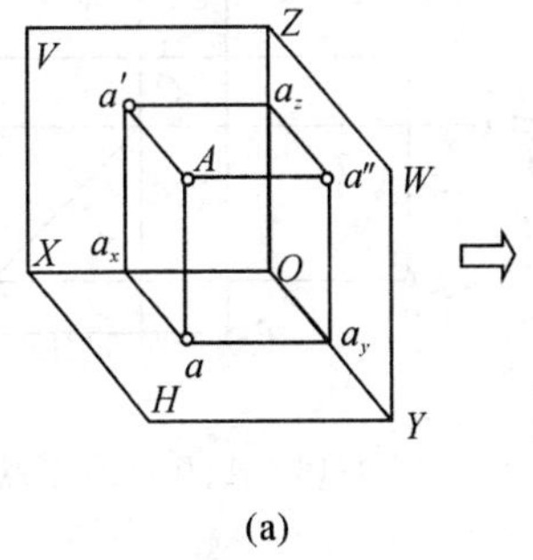

图 3-13　点的空间投影图

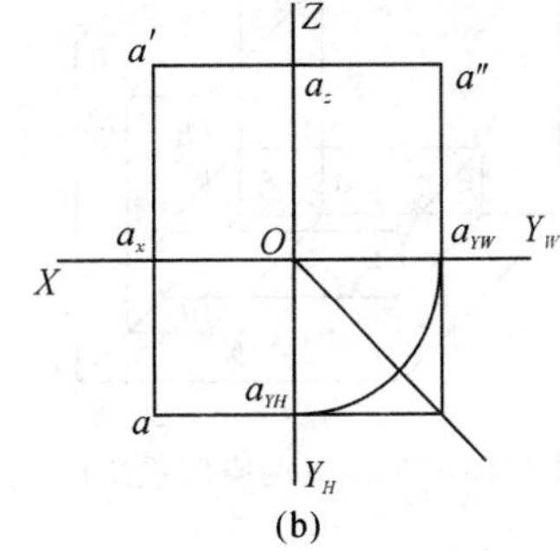

图 3-14　点的三视图

如图 3-13 所示将空间点 A 置于三面投影体系中，过 A 点同时向三个投影面作垂线，分别得到点的三个视图 a、a'、a''。展开后点的三视图如图 3-14 所示。为了便于分析投影规律，此处三视图暂时保留了各投影轴。根据投影原理，可得出点在三视图中的规律：

1）a'、a 同在垂直于 OX 的直线上，即 $aa' \perp OX$ 且 $aa_Y = a'a_Z = A$ 点到 W 面的距离；

2）a'、a'' 同在垂直于 OZ 的直线上，即 $a'a'' \perp OZ$ 且 $a'a_X = a''a_Y = A$ 点到 H 面的距离；

3）点 A 到 V 面距离的投影线长度相等，即 $aa_X = a''a_Z = A$ 点到 V 面的距离，借助 45°斜线或圆弧，$aa_{YH} \perp OY_H$、$a''a_{YW} \perp OY_W$。

由此可见，三视图的"长对正、高平齐、宽相等"的投影关系，不仅体现在物体外形上，而且物体的各个特征点也满足"长度方向位置对正、高度方向位置平齐、宽度方向位置值相等"的规律。

投影图描述了点在三投影面体系中的位置，如果将三投影面体系看作是一个空间直角坐标系，投影轴 OX、OY、OZ 就是三个坐标轴，O 点就是坐标原点，那么点在投影体系中的位置就可以用坐标来确定。

A 到 W 面的距离等于 Aa''，且 $Aa'' = a'a_Z = aa_{YH} = a_XO$ 为 A 的 X 坐标；

A 到 V 面的距离等于 Aa'，且 $Aa' = a''a_Z = aa_X = a_{YH}O$ 为 A 的 Y 坐标；

A 到 H 面的距离等于 Aa，且 $Aa = a'a_X = a''a_{YW} = a_ZO$ 为 A 的 Z 坐标。

由此可见，点的坐标与其投影之间有一一对应的关系，也就是说，已知一点的坐标可以作出点的三个投影，做出三视图；反之，已知点的三个投影（三视图）也可以求出其相应的坐标，从而确定点在空间的位置。

3.2.2 两点的相对位置与投影重合

空间物体投影表达时，会有许多特征点的表达，分析、掌握空间不同特征点投影的位置关系规律，对投影图的正确读识十分重要。

1. 两点的相对位置

两点的相对位置就是指两点间左右、前后、上下的位置关系，可以通过三视图上各组同面投影的坐标差来确定。空间点 A 与 B 在三面投影体系中的投影如图 3-15 所示。两点的三视图如图 3-16 所示。由图 3-16，可知：

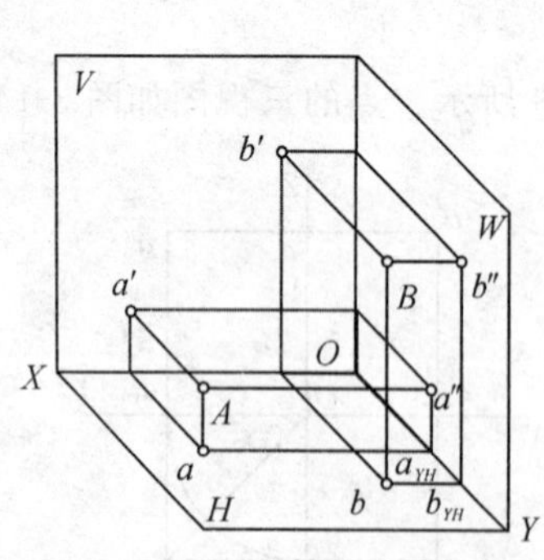

图 3-15　A、B 点的空间投影图

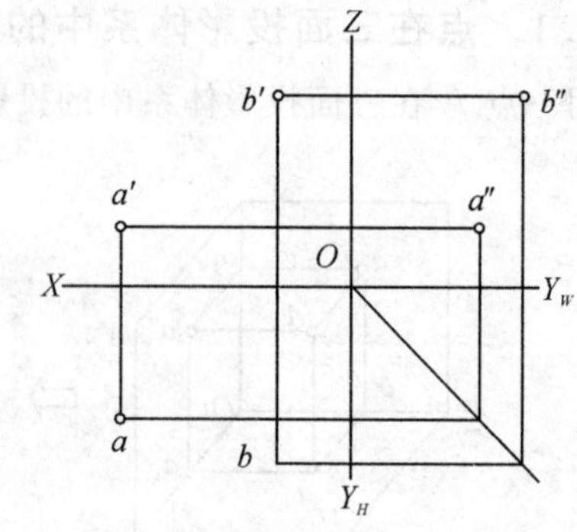

图 3-16　A、B 点的三视图

1）两点间的 X 坐标值确定相对 W 面的远近即左、右位置关系，坐标大者在左边。

2）两点间的 Y 坐标值确定相对 V 面的远近即前、后位置关系，坐标大者在前边。

3）两点间的 Z 坐标值确定相对 H 面的远近即上、下位置关系，坐标大者在上边。

如图 3-16 可知:A 在 B 左边;A 在 B 后面;A 在 B 下面。

判断两点方位时,如果有坐标值可作定量判断,无坐标值可作定性判断。

2. 投影重合

当空间两点的坐标中两个对应坐标值相等时,两点到两个投影面距离相等,同时两点在另一投影面(垂直于两点连线的投影面)上的投影重合,且被称为重影点。利用两点的不同的坐标值,可以判断这对重影点的可见性。如图 3-17(a)所示,E、F 两点 $X_e=X_f$、$Z_e=Z_f$,位于垂直 V 面的同一条垂线上,到 H 面和 W 面距离相等,e' 和 f' 重合,由于 $Y_e>Y_f$,点 E 位于点 F 的前方。根据"前遮后"的原则,可判断 e' 可见,f' 不可见,用(f')表示,如图 3-17(b)所示。

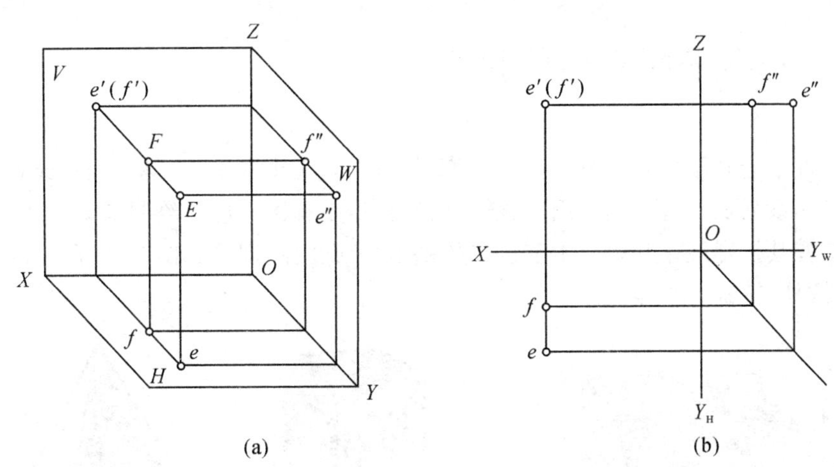

图 3-17　投影重合

同理判断一对 H 面重影点的可见性,需根据 Z 坐标值来确定,Z 坐标大者可见,即"上遮下";判断一对 W 面重影点的可见性,需根据 X 坐标值来确定,X 坐标大者可见,即"左遮右"。

例 3-1　分析空间点 $A(50,30,20)$、$B(50,10,20)$、$C(10,10,20)$、$D(10,30,20)$ 的投影规律。

A、B、C、D 四点的三视图如图 3-18 所示。四个点在三面投影体系空间的投影如图 3-19 所示。

图中可见:A 点与 B 点、C 点与 D 点的 x 和 z 坐标分别相等,因此 A 点与 B 点、C 点与 D 点在主视图中的投影分别重合,因 A、D 点的 y 坐标分别比 B、C 点的 y 坐标值大,A、D 点可见,B、C 点不可见;在左视图中,A 点与 D 点、B 点与 C 点的 y 和 z 坐标分别相等,因此 A 点与 D 点、B 点与 C 点的投影重合,因 A、B 点的 x 坐标比 C、D 点的 x 坐标值大,A、B 点可见,D、C 点不可见。

如图 3-18 所示,点 A、B、C、D 可构成一个矩形平面,处于与 H 面平行的位置,这样的平面在由平面构成的立体投影中非常常见,因此,投影重合现象也是非常常见的。

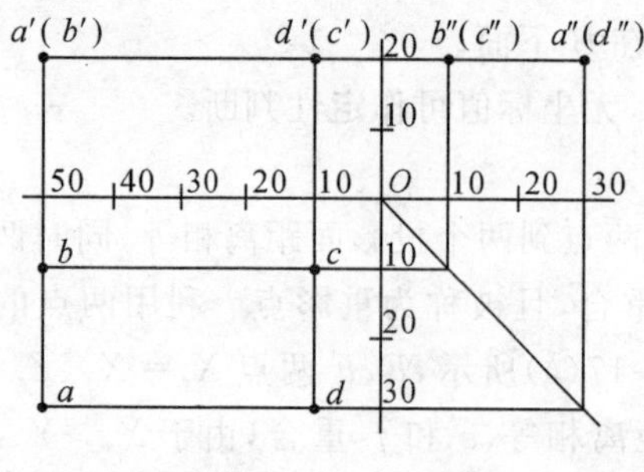

图 3-18　四点三视图

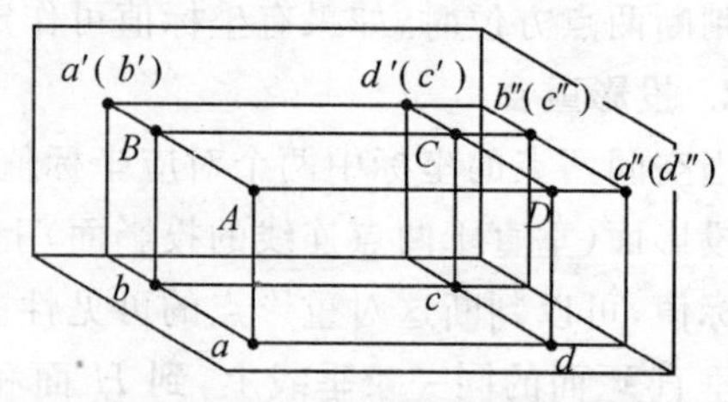

图 3-19　四点空间投影图

3.3　基本平面立体的投影

机器零件不论其结构有多复杂，都可以看作是由若干个基本立体构成的，或者就是由基本立体经过一系列加工得到的。因此，学习绘制机械工程图样应从绘制基本立体的三视图、并且熟练掌握其投影规律开始。本节讲授的基本平面立体，即指如图 3-20 所示的广为熟悉的长方体、棱柱、棱锥等立体。

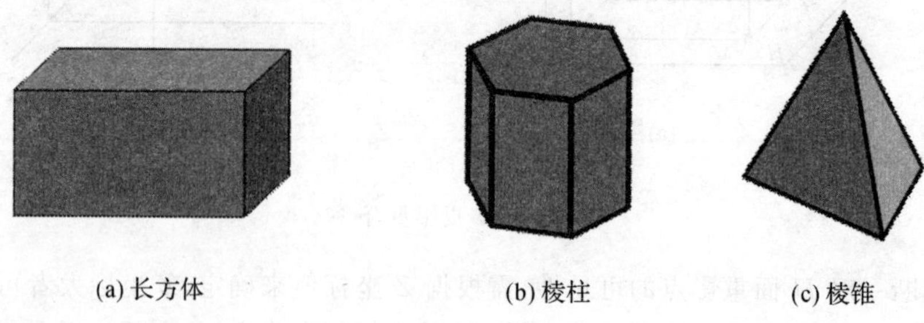

(a) 长方体　(b) 棱柱　(c) 棱锥

图 3-20　简单平面立体

3.3.1　长方体的投影

长方体是制造零件的最基本形体。工程实际中，许多零件的结构形状就是由长方体切削加工获得的，例如图 3-21 所示的零件垫铁和车刀。

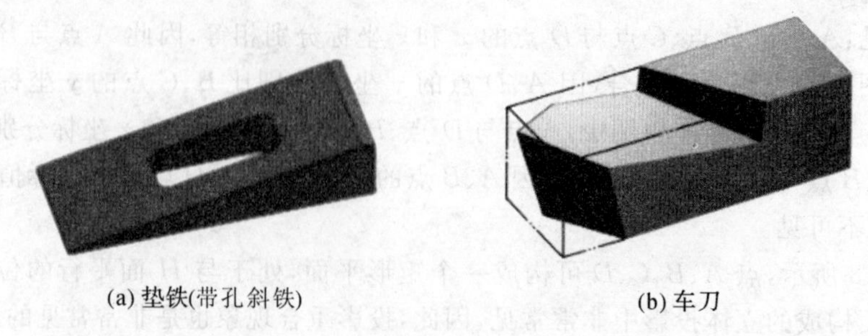

(a) 垫铁(带孔斜铁)　(b) 车刀

图 3-21　由长方体切割成的零件

长方体端正地置于三面投影体系中，使各个端面分别平行于各个投影面，空间投影图如图 3-22 所示。绘制出三视图，如图 3-23 所示。可见主视图是 a'、d'、h'、e' 四端点连成的矩形，左视图是 a、b、f、e 四端点形成的矩形，俯视图是 f、e、h、g 四端点形成的矩形。主视图表达了长方体的长和高，俯视图表达了长方体的长和宽，左视图表达了长方体的宽和高。

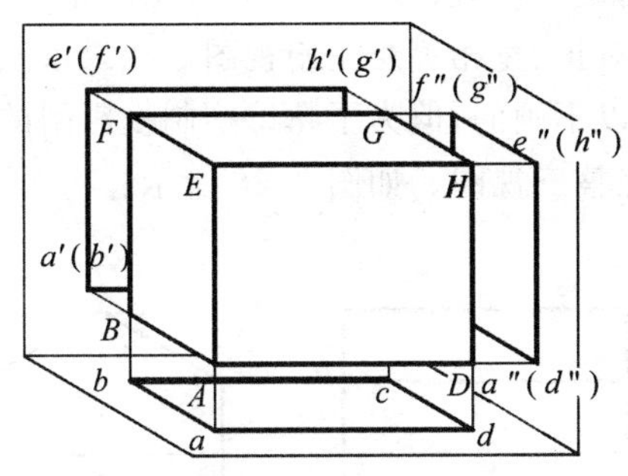

图 3-22　长方体的空间投影图

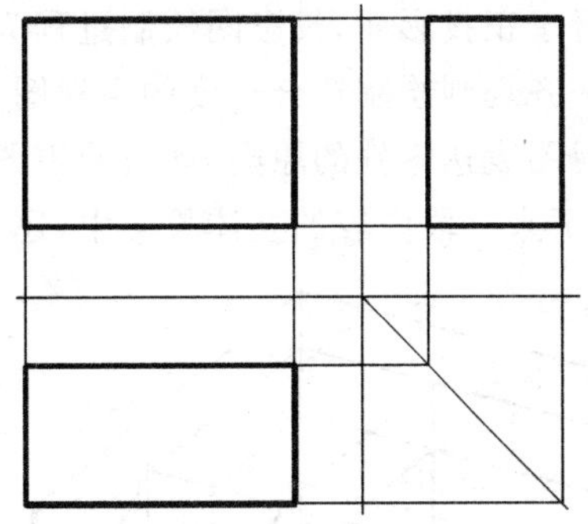

图 3-23　长方体的三视图

稍加分析可知：由于长方体端正地摆放，每条棱边两端点的投影都会在一投影面重合，所以各投影面上的投影非常简单。进一步讨论不难理解，有遮盖关系的其实不只是端点这样的特征点，矩形每条边线后面都遮住了一个侧面上的所有的点，所以前面的端面遮住了后面和它一样的所有的面，这正是用正投影法绘制机械工程图的特点和优点。

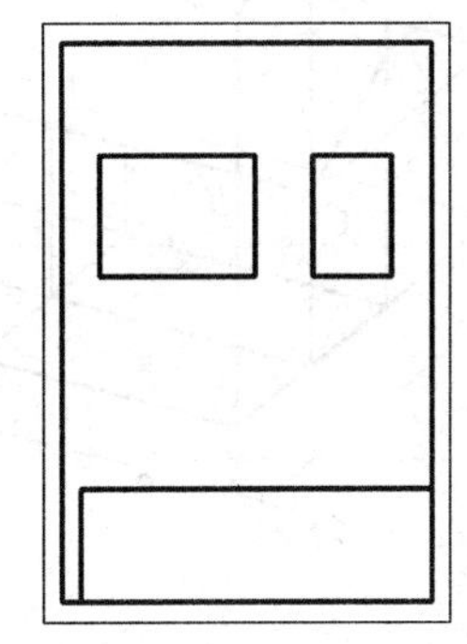

图 3-24　长方体工程投影图

实际上，长方体结构简单，上图主视图中已经表达了长方体的长和高，距离完整表达只缺少宽，根据“明确表达，视图尽量最少”原则，左视图与俯视图只需绘制一个就可以了(如果不是长方体则需都画)。绘制左视图还是俯视图，要视宽度大小和采用几号图纸而定。如图 3-24 所示，工程图形成过程如下：长方体没有细部结构，所需标注尺寸很少，选用最小 A4 图纸；首先在绘图区中上偏左位置取合适比例绘制出主视图：主视图实际是长方体前端面的投影，先确定左上角特征点，接下来可以确定水平或垂直位置的下一点后用直线相连，也可以直接画水平线或铅垂线等于规定长度，直至完成四边形。再遵照高平齐的规则在主视图右侧绘制出左视图，也就是长方体左端面的投影，绘制方法同主视图。不需要绘制投影轴和投影线。

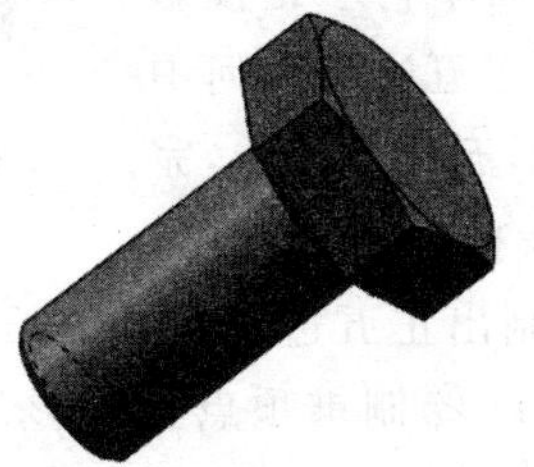

图 3-25　六棱柱形零件

3.3.2 正棱柱的投影

正棱柱形体在零件制造中最为常见，如图 3-25 所示的螺栓的六角头、六角螺母等。

取正六棱柱投影图绘制为例。一般取正六棱柱的正六边形端面平行于侧投影面，侧投影面的投影就是正六边形，同时考虑使主视图能较多地表达物体的特征，选择正六棱柱一个侧面平行于正投影面，投影图绘制过程为：先按选定的位置、方向绘制侧视图的正六边形，然后按高平齐规则绘制符合长度的主视图，再按长对正、宽相等绘制俯视图。如果依照尽可能用少的视图表达零件的原则，此时俯视图也是可以不画的，但为了熟练绘制投影图的思维训练，在接下来一段内容的立体投影中，还是绘制完整三视图。如图 3-26 所示。

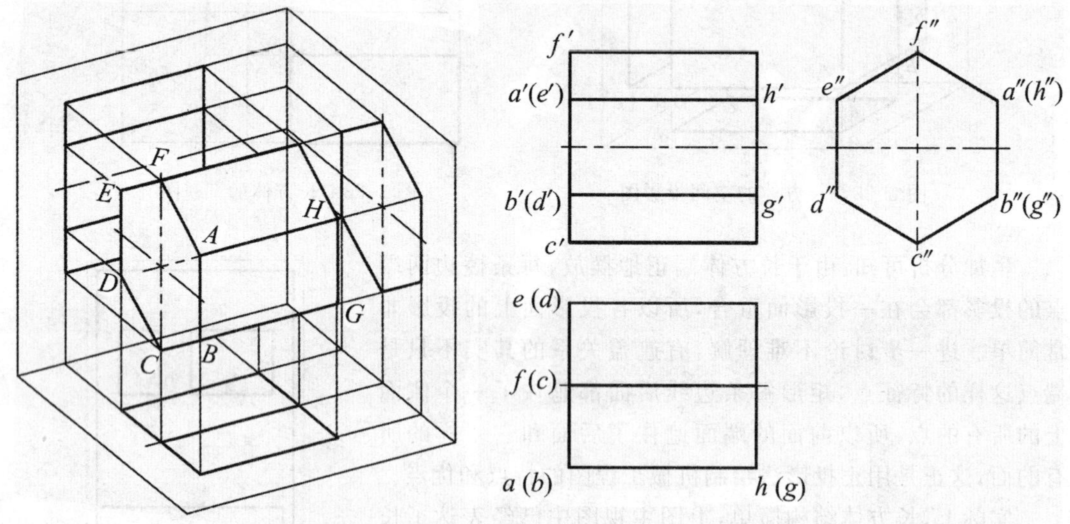

图 3-26 六棱柱投影图

3.3.3 棱锥的投影

在工程实际中，棱锥与棱台绝大多数场合都是通过加工获得的，很少用棱锥或棱台作坯料制造零件。但由于他们是通常意义的简单几何体，在图样绘制中具有一定的代表性，所以还是把棱锥的投影特性单独讨论。

图 3-27 给出的是一个自动化铆接的工作零件：五棱锥压头，工作前端制成省力的棱锥形。投影图绘制过程如下：

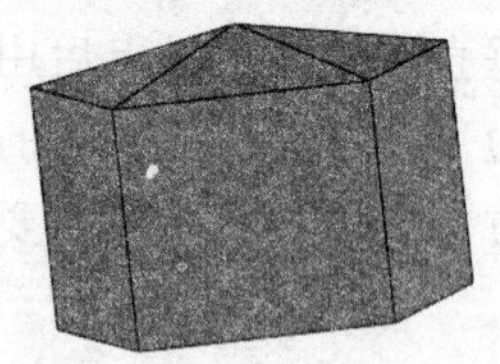

图 3-27 五棱锥压头

使五棱锥底面 $ABCDE$ 平行于水平投影面，取正五边形一条边 CD 平行于正投影面（等于取五棱柱一侧面平行于正投影面）绘制正五棱锥底面水平投影 $abcde$，然后在正五边形几何中心绘制锥顶点水平投影 h，绘制顶点与正五边形五角点连线，完成五棱锥俯视图。如图 3-28(a)所示。接下来按长对正规则，自正五边形 b、e 顶点引投影线，在主视图上绘制出正五边形的投影长 $b'e'$，并在其上标出其余三个角点的正投影 a'、c'、d'，再根据锥体高 H 绘制锥顶点正投影 h'，然后绘制顶点与五角点连线，注意 $c'h'$、$d'h'$ 被遮住，画成虚线，完成五棱锥锥体部分主视图。再接下来绘制零件正五棱柱部分在主视图上的投影：自 $a'b'c'd'e'$ 画垂直 X 轴直线，长度等于棱柱高度，注意将被遮住的线画成虚线，连接各下端点成平行 $b'e'$ 直线，完成主视图。如图 3-28(b)所示。

再接下来按高平齐、宽相等规则绘制左视图。如图 3-28(c)所示。最后检查无误后，擦除投影线，描实轮廓线，完成全图。如图 3-28(d)所示。

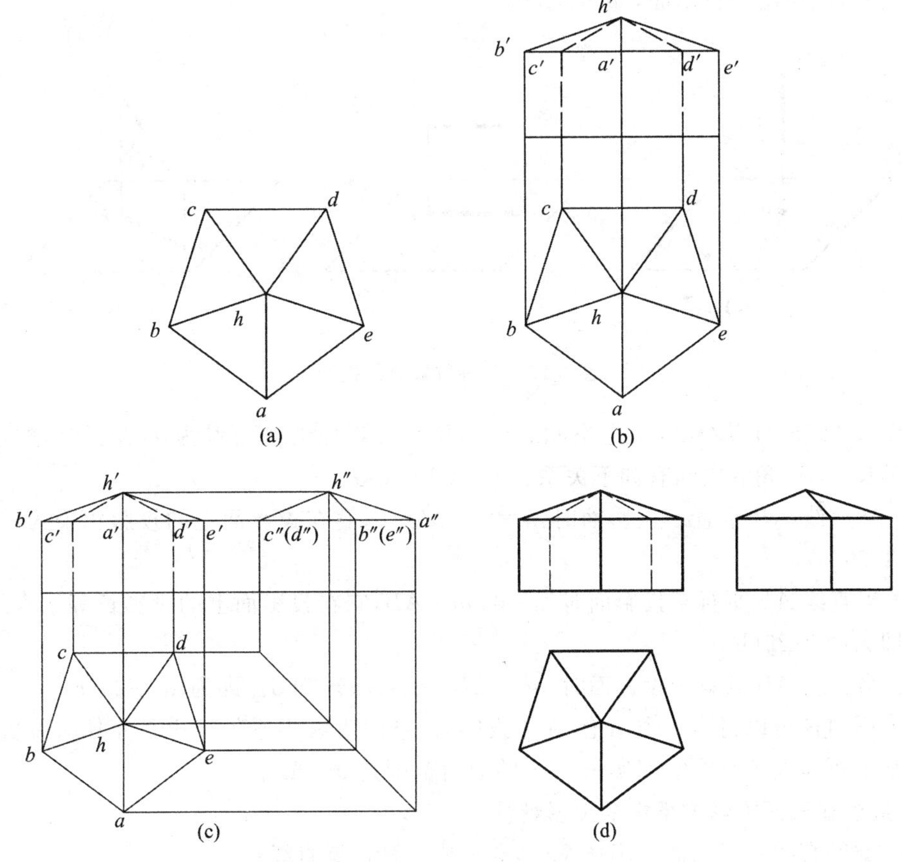

图 3-28 五棱锥压头投影图

3.4 画法几何学基础(1)

画法几何学是由法国科学家蒙日于 18 世纪末叶系统提出的一门科学理论，经过后来国外国内诸多学者应用发展，奠定了当今工程图样绘制规则的坚实理论基础。熟悉并能运用画法几何学的知识和方法，不仅有利于学习理解工程图样绘制规则，解决图样表达的疑难问题，而且对于研究计算机图形学、发展图学学科具有重要意义。

事实上，本章前面部分已经讲授了画法几何学投影体系、点的投影等内容，直线、平面的投影规则已在平面立体的投影中隐含应用。本节系为保持本书系统完整性而列，学时少时可酌情少讲或不讲。

3.4.1 直线的投影特性

空间不重合的两个点决定一条直线。要绘制线段的投影，只要绘制两个端点在同面上的投影，连起来就可以了。

1. 直线对一个投影面的投影特性

将空间直线向单一投影面投影时，直线与投影面有三种相对位置关系：垂直于投影面、平行于投影面、倾斜于投影面，如图 3-29。

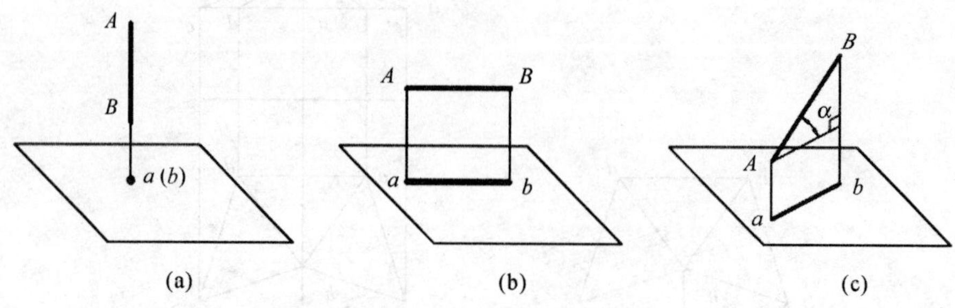

图 3-29　三种位置直线投影

从图 3-29(c)可以看出，当把空间直线 AB 与投影面的倾角设为 α，投影时，空间直线 AB、投影长 ab、倾角 α 之间有如下关系：$ab=AB\cdot\cos\alpha$

(1) 当直线 AB 垂直于投影面时，$\alpha=90°$，$ab=0$，它在投影面上的投影积聚为一个点。即为图 3-29(a)；

(2) 当直线 AB 平行于投影面时，$\alpha=0$，$ab=AB$，它在投影面上的投影长等于直线实际长度。即为图 3-29(b)；

(3) 当直线 AB 倾斜于投影面时，$ab=AB\cdot\cos\alpha$，$ab<AB$。即为图 3-29(c)。

由上面讨论可以得出一个结论：在正投影时，空间直线不论位于投影面什么位置，其投影长度都不可能大于直线空间实长。ab 的数值范围是 $0\sim AB$。

2. 直线在三面投影体系中的投影特性

将一空间直线置于三面投影体系中，会形成三种位置直线：

(1)投影面垂直线——垂直于某一个投影面。如图 3-30 所示。

空间直线垂直于哪个投影面，在该投影面的投影积聚成点，如图 3-30 中的侧面投影。由于三个投影面相互垂直的关系，此时直线必然平行于另两个投影面，则在另两个投影面上的投影等于直线实长，如图 3-30 正面投影和水平投影。

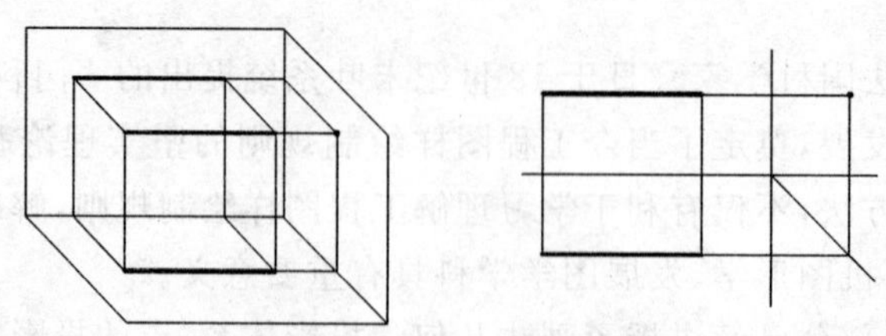

图 3-30　侧垂线的投影图

三面投影体系中的投影面垂直线有三种，即正垂线、铅垂线、侧垂线，它们的三面投影图及投影特性一起归纳为表 3-1。

表 3-1 垂直投影面位置直线的投影规律

名称	空间投影图	投影图	投影规律
正垂线 (垂直 V 面)			垂直于 V 面，平行于 H 面和 W 面 ①正投影积聚成点，A 点遮盖 B 点； ②水平面投影 ab∥OY 轴； ③侧面投影 $a''b''$∥OY 轴，且均反映 AB 实长，即：$ab=a''b''=AB$
铅垂线 (垂直 H 面)			垂直于 H 面，平行于 V 面和 W 面 ①水平投影积聚成点，A 点遮盖 B 点； ②正面投影 $a'b'$∥OZ 轴； ③侧面投影 $a''b''$∥OZ 轴，且均反映 AB 实长，即：$a'b'=a''b''=AB$
侧垂线 (垂直 W 面)			垂直于 W 面，平行于 V 面和 H 面 ①侧投影积聚成点，A 点遮盖 B 点； ②正面投影 $a'b'$∥OX 轴； ③水平投影 ab∥OX 轴，且均反映 AB 实长，即：$a'b'=ab=AB$

(2)投影面平行线——只平行于三面投影体系中的某一个投影面，例如图 3-31 所示。空间直线平行于哪个投影面，在该投影面的投影等于直线实长，如图 3-31 中的正面投影。而直线与另两个投影面倾斜，在另两个投影面的投影是比直线实长缩短了的直线，如图 3-31 中的水平投影与侧面投影，只不过此直线在投影图中是以水平的直线和铅垂的直线存在，这是因为该空间直线上的所有点距离所平行的投影面的距离都是相同的，所以它的另两个投影一定是平行于投影轴的。

三面投影体系中的投影面平行线有三种，即正平线、水平线、侧平线，它们的三面投影图及投影特性一起归纳为表 3-2。

投影面垂直线与投影面平行线也称为特殊位置直线，是表达空间实体轮廓、棱边最多的存在形态，因此在工程图样中最为常见。

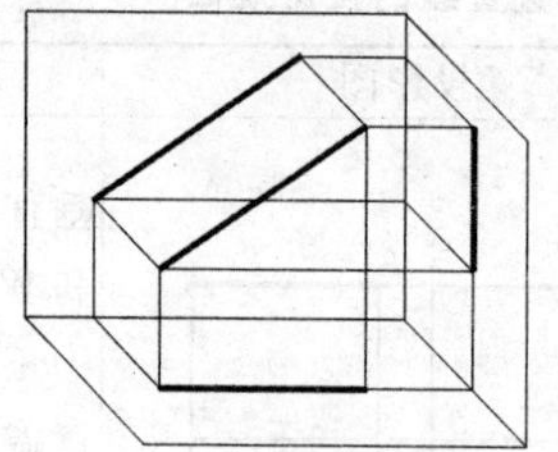
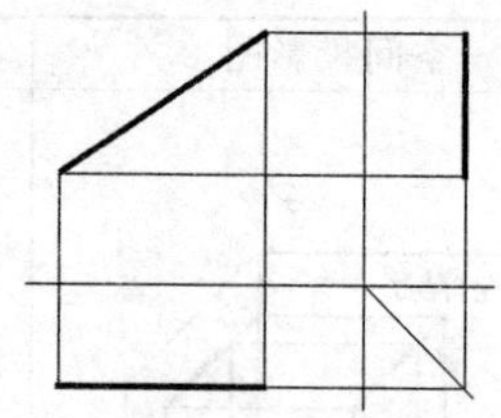

图 3-31　正平线的投影图

表 3-2　平行投影面位置直线的投影规律

名称	空间投影图	投影图	投影规律
正平线（平行 V 面）	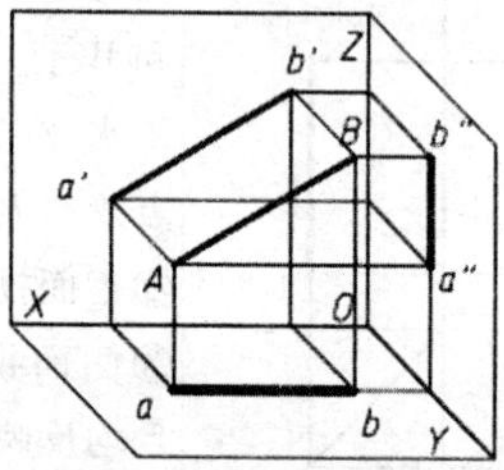	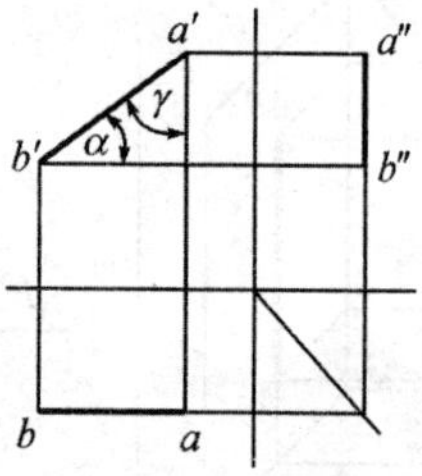	平行于面 V，倾斜于 H、W 面 ①正面投影 ab 反映空间线段的实长，即 $ab=AB$；α、γ 分别反映空间直线与 H 面 W 面的夹角。②水平投影 ab 平行于 OX 轴，侧面投影 $a''b''$ 平行于 OZ 轴。长度均小于 AB。
水平线（平行 H 面）	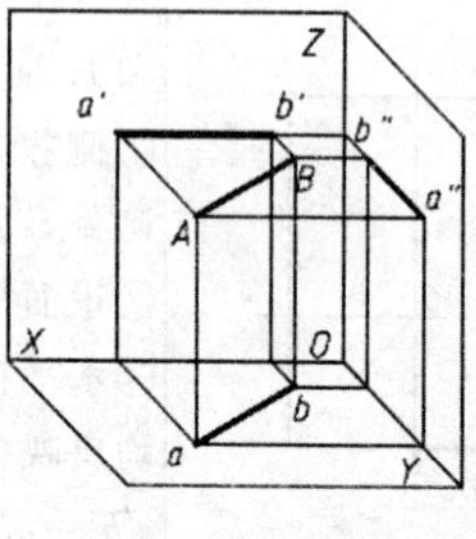	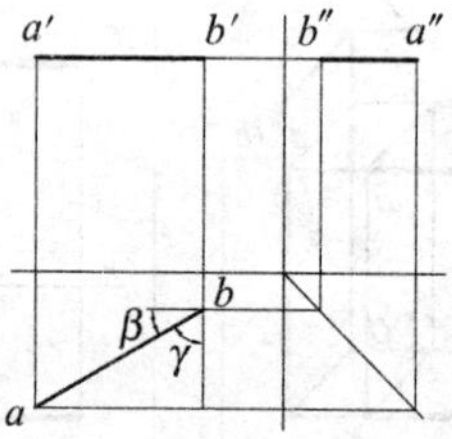	平行于 H 面，倾斜于 V、W 面 ①水平投影 ab 反映空间线段的实长，即 $ab=AB$；β、γ 分别反映空间直线与 V 面 W 面的夹角。②正面投影 $a'b'$ 平行于 OX 轴，侧面投影 $a''b''$ 平行于 OY_W 轴。长度均小于 AB。
侧平线（平行 W 面）	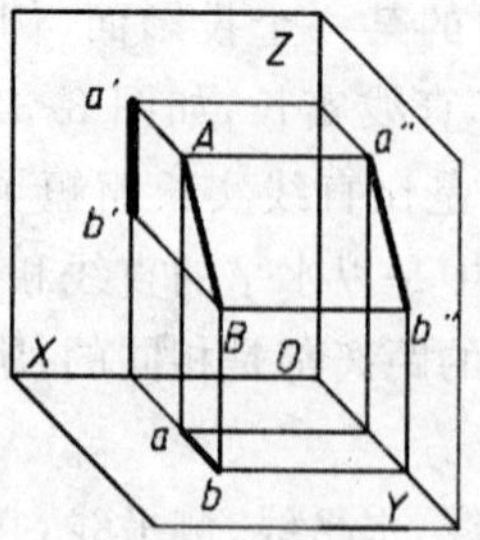	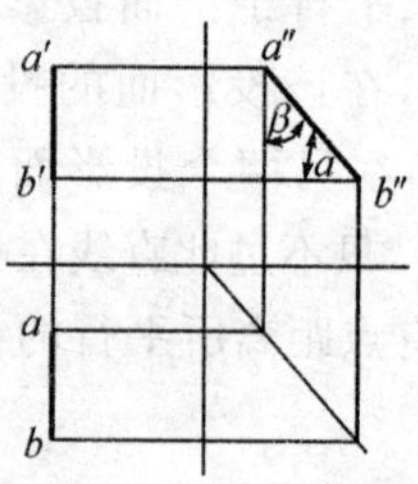	平行于 W 面，倾斜于 V、H 面 ①侧面投影 $a''b''$ 反映空间线段的实长，即 $a''b''=AB$；α、β 分别反映空间直线与 H 面 V 面的夹角。②正面投影 $a'b'$ 平行于 OZ 轴，水平投影 ab 平行于 OY_H 轴。长度均小于 AB。

（3）一般位置直线

与三个投影面既不平行也不垂直的直线称为一般位置直线。如图 3-32 所示，一般位置

直线的投影特性为：

①一般位置直线的三面投影与三个投影轴之间均不平行也不垂直；

②一般位置直线的任何一个投影均不反映该直线的实长，且小于实长；

③一般位置直线的任何一个投影与投影轴的夹角，均不能真实反映空间直线与投影面的倾角。

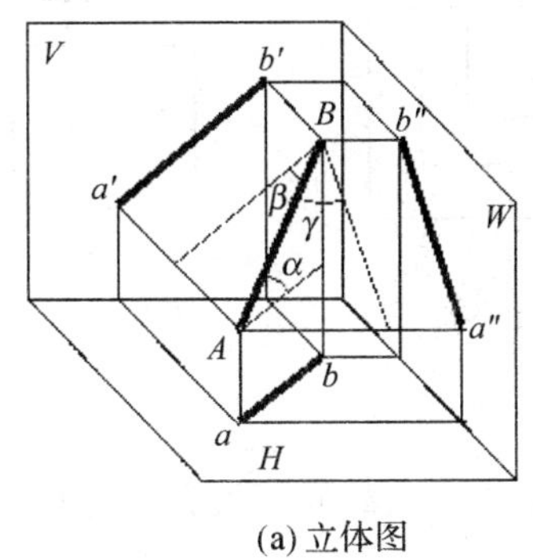

(a) 立体图

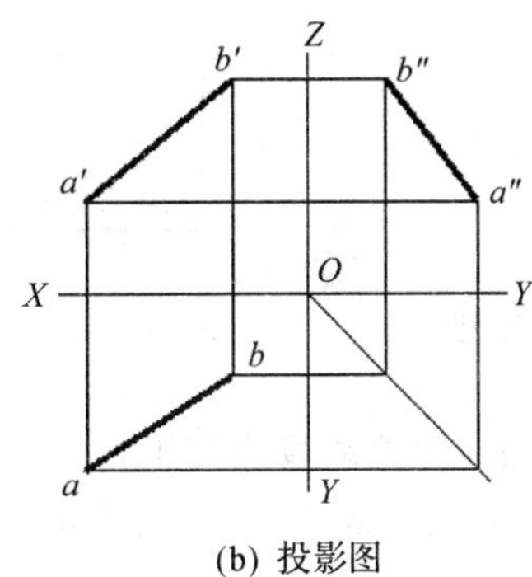

(b) 投影图

图 3-32　一般位置直线

再以图 3-28 的五棱锥空间投影图为例，结合表 3-1、表 3-2、图 3-32 来看实体投影中不同位置直线的投影应用。

(1)五棱锥底边的直线 *CD* 垂直于侧投影面，是一条侧投影面垂直线，其在各投影面的投影特性为：在侧投影面的投影积聚成点；在其余两个投影面的投影均平行于 *X* 轴，并且长度与 *CD* 的实际长度相等。

(2)五棱锥底边的直线 *AB*、*BC*、*DE*、*EA* 平行于水平投影面，是四条水平投影面平行线，其在各投影面的投影特性为：在水平投影面的各投影长度分别与 *AB*、*BC*、*DE*、*EA* 的实际长度相等，但与位于该面的投影轴成不同夹角；在其余两个投影面的各投影分别平行于一条投影轴，但长度各自都比他们对应的空间直线实际长度短。

(3)五棱锥的侧棱线 *HA*、*HB*、*HC*、*HD*、*HE* 与任一投影面既不平行也不垂直，均属于一般位置直线，其在各投影面的投影特性为：在任一投影面的各投影均不平行于该面的任一投影轴；长度各自都比他们对应的空间直线实际长度短。

3.4.2　直线上的点及点分割线段成定比

1. 直线上的点

若空间点在空间直线上，则该点的投影必在该直线的同面投影上，如图 3-33 所示。但反过来，如果空间直线是条倾斜线，在两面投影上点的投影落在直线的投影上，那么该点必定是直线上的点，如图 3-34 所示。如果空间直线是投影面平行线时，则须在三面投影上点与直线的投影都重合，才能断定该点是直线上的点，如图 3-35 所示。

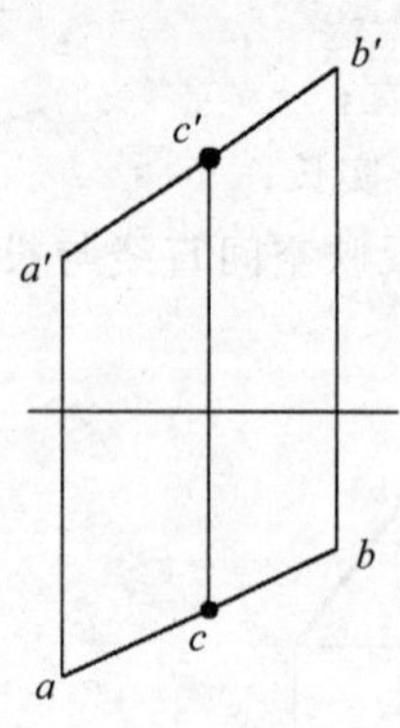

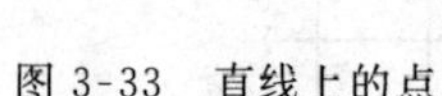
图 3-33　直线上的点

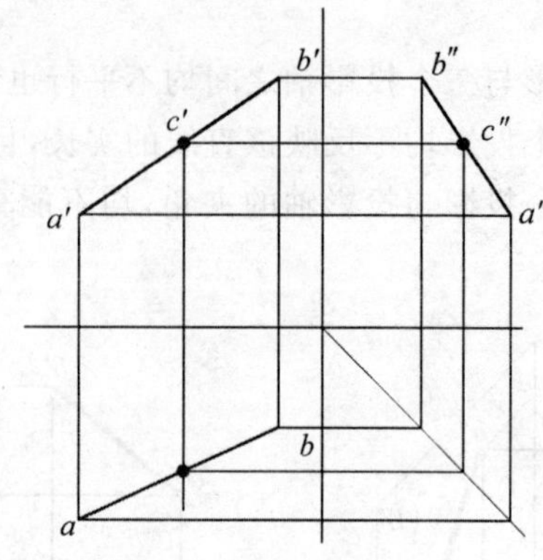

图 3-34　倾斜线上的点

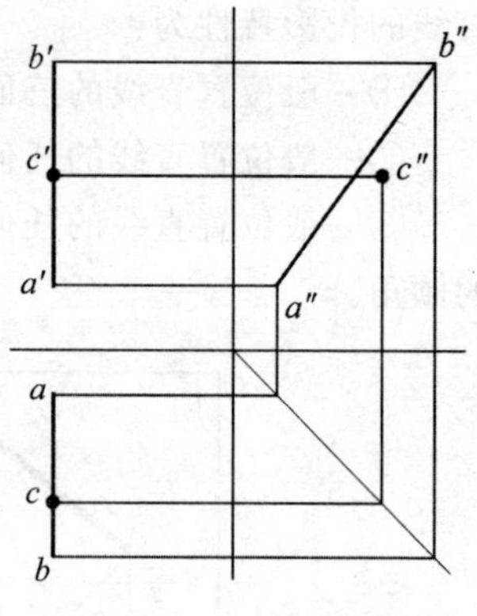

图 3-35　平行线上的点

2. 直线上的点分割线段成定比

点在直线上分割直线成线段，线段长度之比必在直线的同面投影上得到对等反映，此称作分割线段成定比。

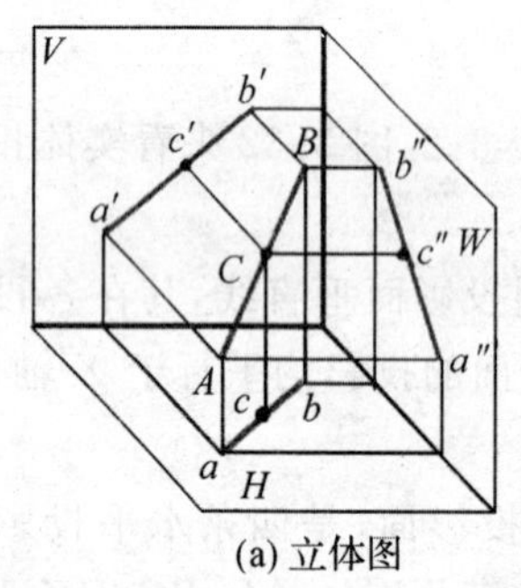

(a) 立体图

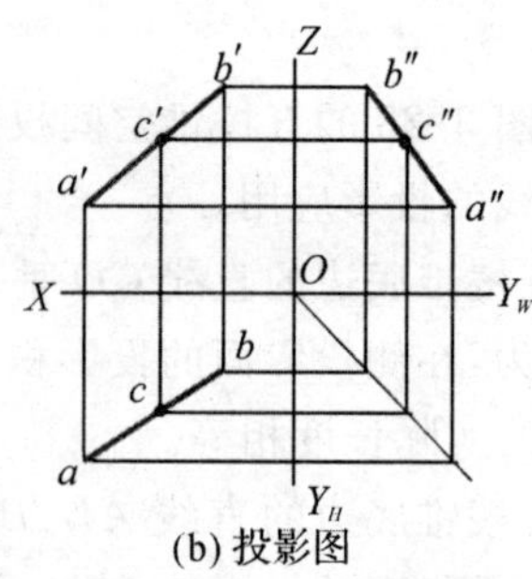

(b) 投影图

图 3-36　点在直线上分割

如图 3-36 所示，点 C 在直线 AB 上，将直线 AB 分成 AC、CB 两段，该两线段的空间之比与其各投影面上对应投影线段之比一定成定比。即 $AC:CB=ac:cb=a'c':c'b'=a''c'':c''b''$。简称“定比定律”。定比定律可以用来判别点是否在直线上，在分析复杂图样时也能提供帮助。

3.4.3　两直线的相对位置

空间两直线的相对位置有三种情况：平行、相交、交叉(异面)。

1. 两直线平行

两直线平行的投影特性：若空间两直线平行，则它们的同面投影也一定平行。

如图 3-37(a)所示，已知 $AB/\!/CD$，则：$ab/\!/cd$、$a'b'/\!/c'd'$、$a''b''/\!/c''d''$。

如果通过两直线的投影判断一般位置的两条直线是否平行，只需看其两面投影即可做出结论。判断特殊位置的两条直线是否平行，不能仅根据两面特殊投影，必须看其第三面投影，方可给出定论，如图 3-37(b)所示。

2. 两直线相交

若空间两直线相交，则它们的同面投影也必定相交，两直线的交点在投影面上投影一定

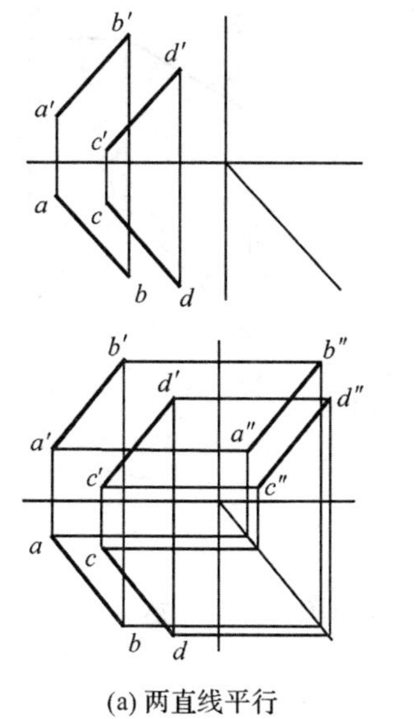

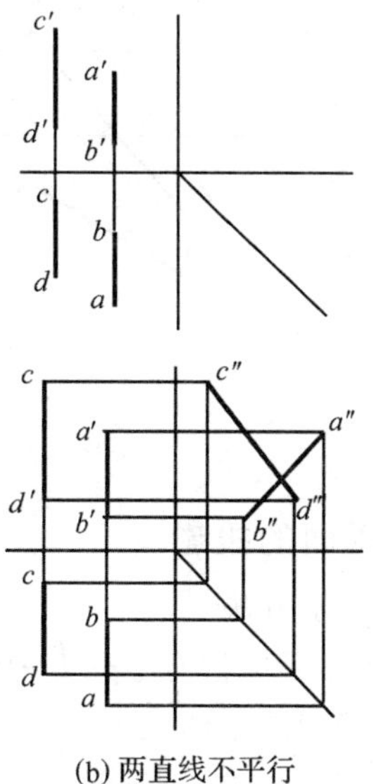

(a) 两直线平行　　(b) 两直线不平行

图 3-37　两直线平行

满足点的投影规律。如图 3-38 所示，若直线 AB 与 CD 相交于点 K，则其水平投影 ab 与 cd 必交于 k，正面投影 $a'b'$ 与 $c'd'$ 必交于 k'。而 $k\ k'$ 连线必满足点的投影规律，即 $k\ k' \perp OX$ 轴。

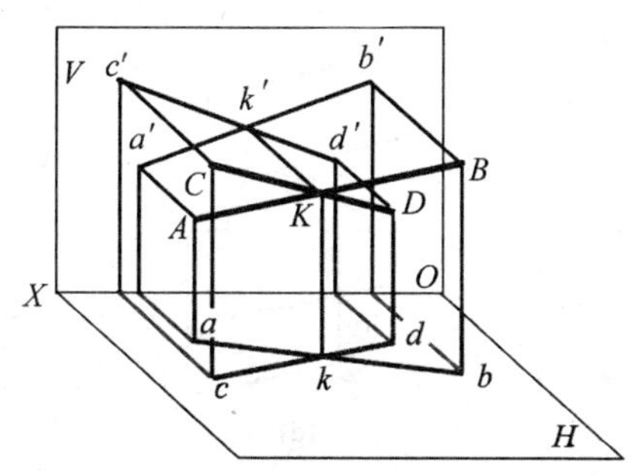

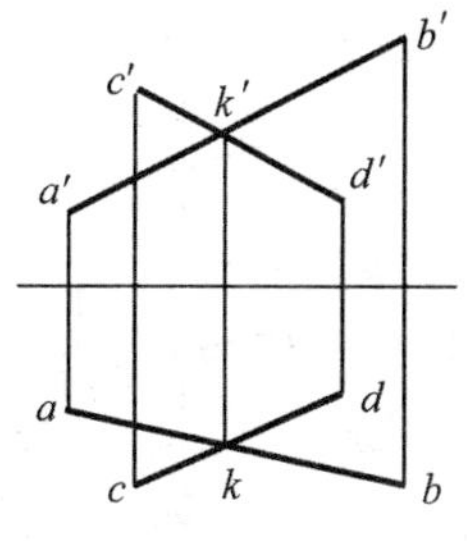

图 3-38　两直线相交

3. 直角投影原理

空间两直线相交的一种特例是互相垂直成直角。由于两直线与投影面的相对位置关系，直角的投影未必仍表现为直角，投影时表现为直角的空间两相交直线未必垂直。直角的投影原理给出的规律是：空间相交成直角的两直线投影时，只要其一条直线平行于投影面，则该直角将在该投影面上如实反映。直角投影原理是画法几何学重要原理，常用于有关在空间几何问题的图示与图解，在图样表达与解读也有应用价值。

如图 3-39 所示，直线 AB 与 BC 相交成直角，即直线 AB 与 BC 为两直角边，两直角边中，有一条直角边 BC 是平行于水平投影面的水平线，那么，在水平投影面上，两交线的投影一定反映直角，而与另一条直角边 AB 相对于投影面的位置无关。

直角投影原理同样适合空间直线异面垂直的场合。

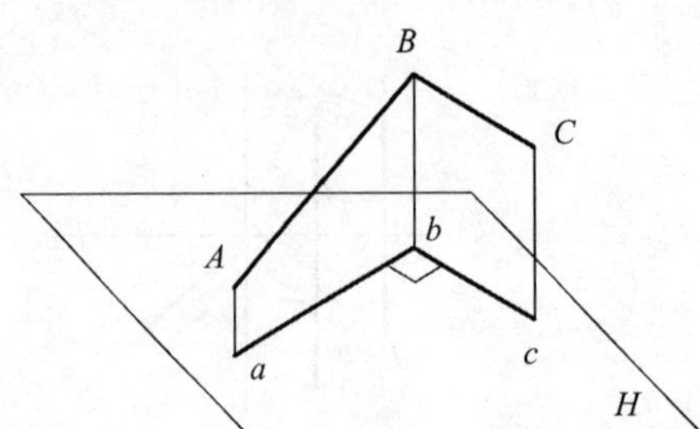

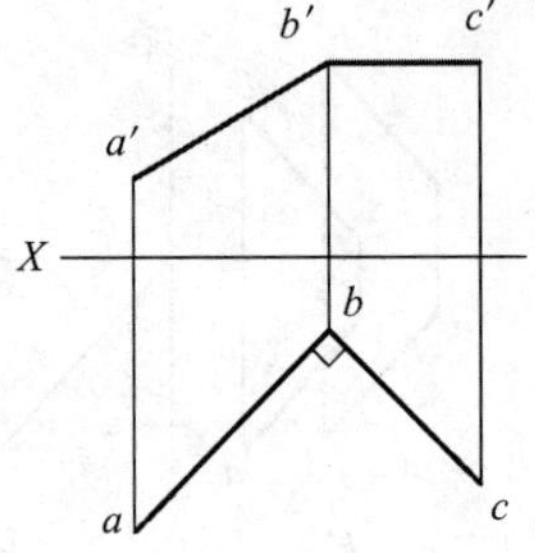

图 3-39　直角投影原理

3.4.4　平面的投影

1. 平面的表示方法

空间平面的表示方法有下列五种最常见的形式，如图 3-40 所示。

(1)不在一条直线上的三个点(图 3-40(a))；

(2)一条直线及线外一点(图 3-40(b))；

(3)相交两直线(图 3-40(c))；

(4)平行两直线(图 3-40(d))；

(5)一有限的平面图形(图 3-40(e))。

以上各种情况在讨论平面投影规律时都可能使用，但出现在工程图中一定是一个有限的平面图形。

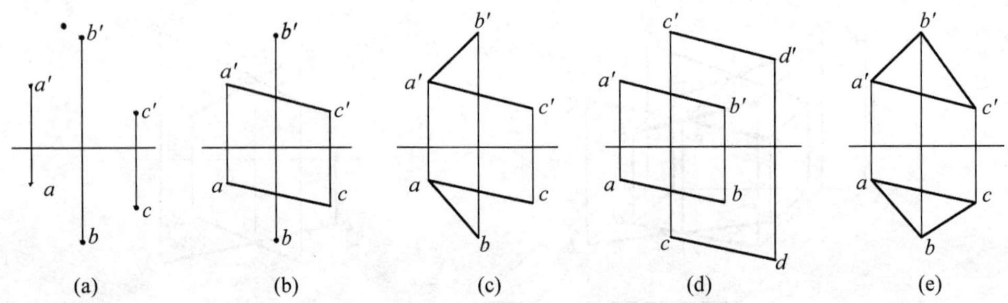

图 3-40　平面的表示方法

2. 平面的投影特性

将平面向单一投影面投影，根据平面与投影面的相对位置可以分为三种类型：

(1) 投影面平行面，即空间平面与投影面平行，此时投影面上的投影反映空间平面的实际形状。如图 3-41(a)所示。

(2) 投影面垂直面，即空间平面与投影面垂直，此时投影面上的投影积聚成直线。如图 3-41(b)所示。

(3) 投影面倾斜面，即空间平面与投影面倾斜，此时投影面上的投影既不反映实形，也无积聚性，但平面与投影具有类似性：边数相等、凸凹位置对应。如图 3-41(c)所示。

前两类称为特殊位置平面，是被表达空间实体平面最多的存在形态，因此在工程图样中最为常见。在表达零件时，我们总是力求物体上的平面尽可能多地处于投影面平行面位置。

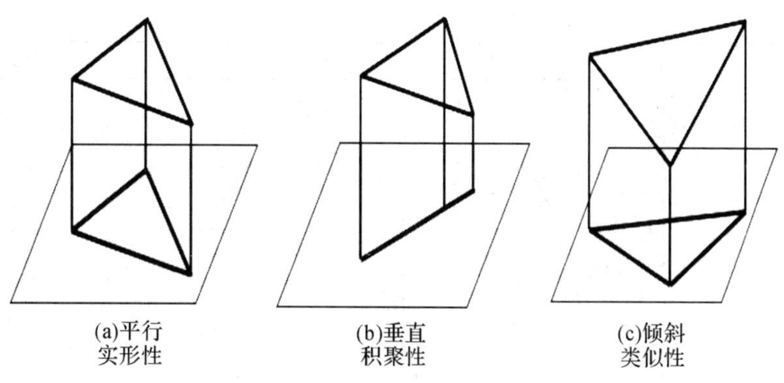

(a)平行 实形性　(b)垂直 积聚性　(c)倾斜 类似性

图 3-41　平面对一个投影面的相对位置

3. 平面在三面投影体系中的投影特性

由于三面投影体系构成特点，空间平面如果平行于三面投影体中的一个投影面，其一定垂直于三面投影体中的另两个投影面；如果只垂直于三面投影体中的一个投影面，其一定对另两个面倾斜；如果不垂直于三面投影体中的任何一个投影面，其一定对三个投影面都倾斜。

工程图样中最常用投影面平行面与投影面垂直面的投影规律分别归纳于表 3-3、表 3-4。

表 3-3　投影面平行面的投影规律

名称	空间投影图	投影图	投影规律
正平面 (平行 V 面)	b′ B b″ a′ A a″ c′ C O c″ c b a	b′ b″ a′ a″ c′ c″ c b a	平行于 V 面，垂直于 H 面和 W 面，其投影特性为： ①正投影反映实形。 ②水平投影、侧投影积聚成直线，分别平行于 X 轴与 Z 轴，均垂直于 Y 轴。
水平面 (平行 H 面)	a′ b′ c′ b″ B a″ A c″ C O b a c	a′ b′ c′ b″ a″ c″ b a c	平行于 H 面，垂直于 V 面和 W 面，其投影特性为： ①水平投影反映实形。 ②正投影、侧投影积聚成直线，均平行于 X 轴、垂直于 Z 轴。

续表

名称	空间投影图	投影图	投影规律
侧平面 （平行 W 面）			平行于 W 面，垂直于 V 面和 H 面，其投影特性为： ①侧投影反映实形。 ②正投影、水平投影积聚成直线，分别平行于 Z 轴与 Y 轴，均垂直于 X 轴。

表 3-4　投影面垂直面的投影规律

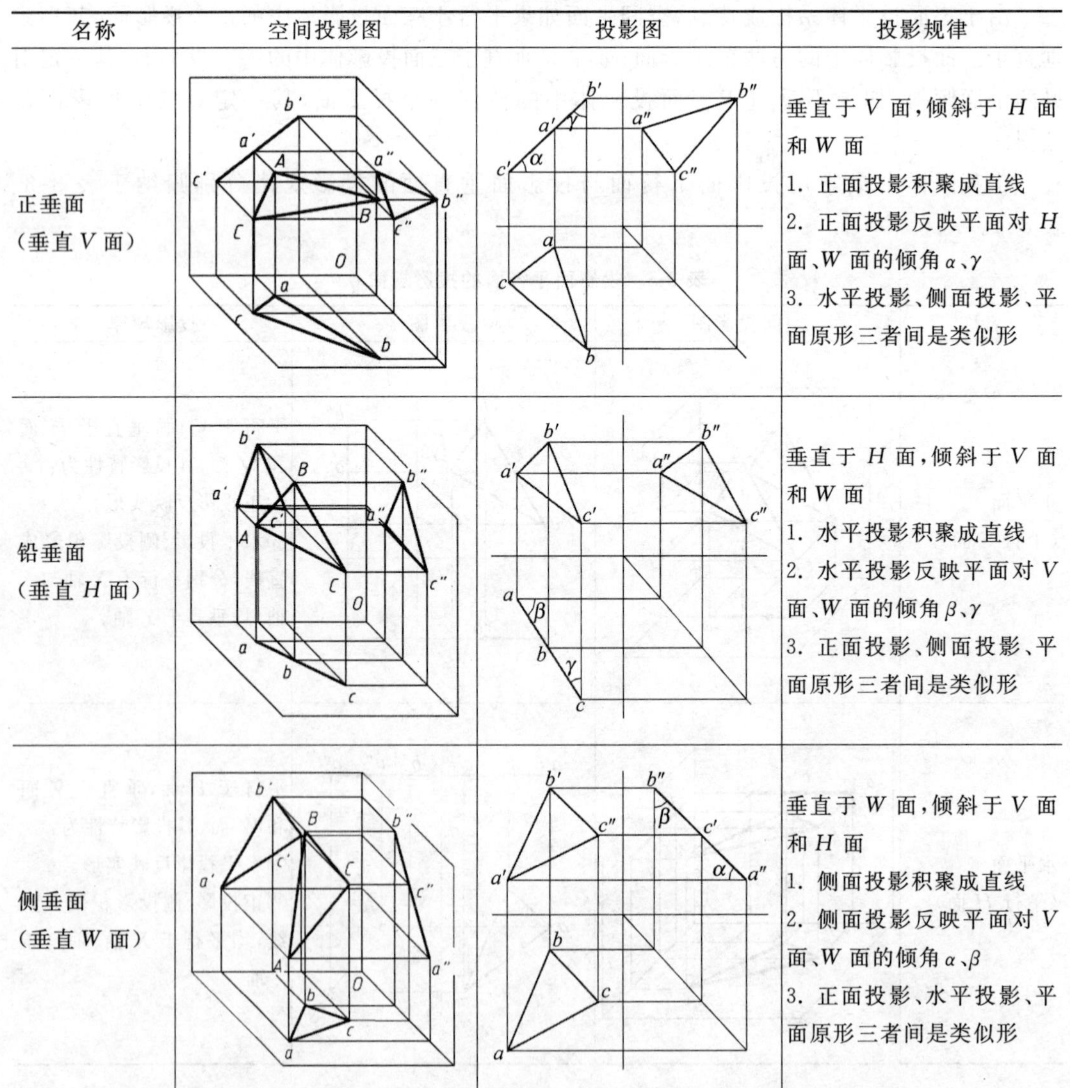

名称	空间投影图	投影图	投影规律
正垂面 （垂直 V 面）			垂直于 V 面，倾斜于 H 面和 W 面 1. 正面投影积聚成直线 2. 正面投影反映平面对 H 面、W 面的倾角 α、γ 3. 水平投影、侧面投影、平面原形三者间是类似形
铅垂面 （垂直 H 面）			垂直于 H 面，倾斜于 V 面和 W 面 1. 水平投影积聚成直线 2. 水平投影反映平面对 V 面、W 面的倾角 β、γ 3. 正面投影、侧面投影、平面原形三者间是类似形
侧垂面 （垂直 W 面）			垂直于 W 面，倾斜于 V 面和 H 面 1. 侧面投影积聚成直线 2. 侧面投影反映平面对 V 面、W 面的倾角 α、β 3. 正面投影、水平投影、平面原形三者间是类似形

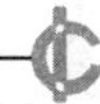

例 3-2 利用类似性求解图 3-42(a)所示平面的第三面投影：

分析作图：

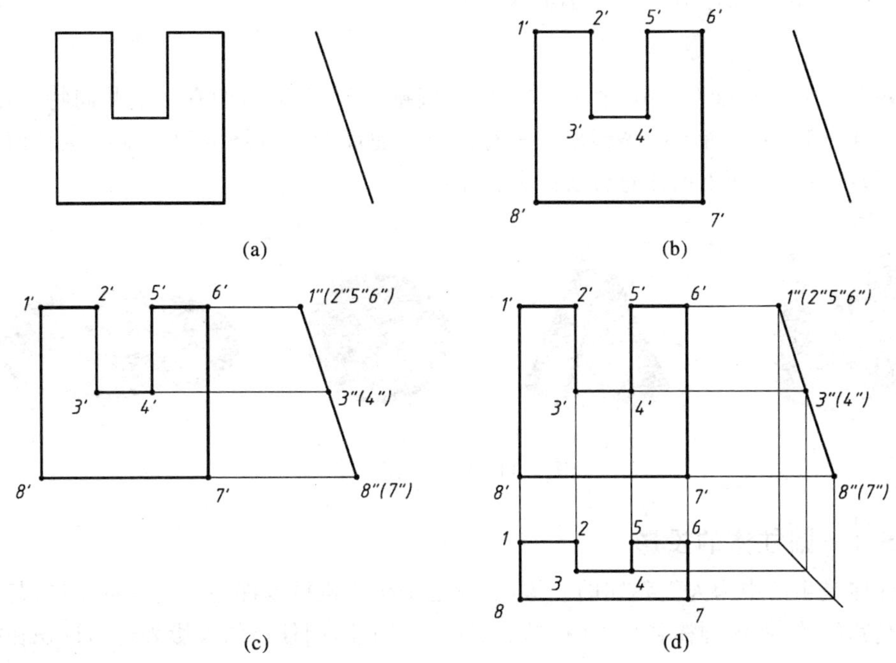

图 3-42 用类似性求投影面垂直面的投影

图 3-42(a)所示平面为一凹字形，且为侧垂面，平面的侧投影积聚成一条直线。根据投影面垂直面的两非积聚投影具有类似性的性质，求作的水平投影应该与主视图类似，也应该是一个凹字形。绘制这个凹字形的关键是找出各个特征点，这可以根据主视图的对应特征点积聚在左视图直线上，位置保持高平齐求得。

(1)顺次标出平面正投影的各个特征点，如图 3-42(b)所示。

(2)按高平齐规律，在平面的侧投影面积聚投影上标出各个特征点的侧面投影。如图 3-42(c)所示。

(3)根据各个特征点的两面投影画出它们的水平投影，顺次连接并描实，完成题目。如图 3-42(d)所示。

进一步讨论：平面在水平投影面的投影宽度及凹口朝向跟平面与正投影面的倾角有关，倾角为 45°时两非积聚投影全等。

一般位置平面的投影如 3-43 所示，其特性如下：

(1)三个投影面上的投影都没有积聚性；

(2)三个投影面上的投影都不反映实形；

(3)三个投影面上的投影均不反映空间平面相对投影面的倾角；

(4)三个投影面上的投影都是空间原图形的类似形，各投影间具有类似性。

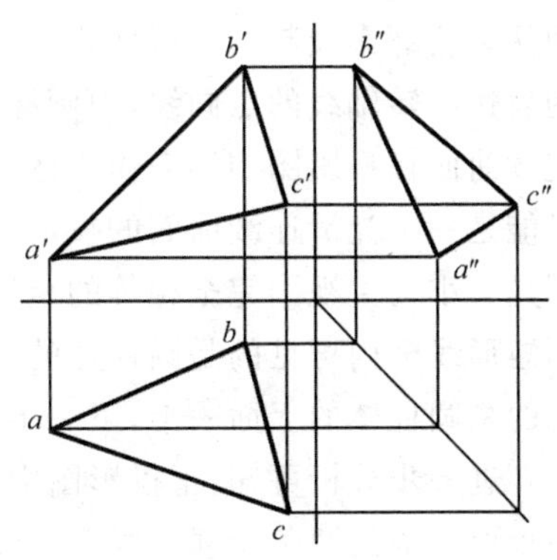

图 3-43 一般位置平面

3.5 简单曲面立体的投影

简单曲面立体包括图 3-44 中所列的圆柱、圆锥、球、圆环，他们有一个共同特点：都是回转曲面立体，即它的曲面是一条线段——称作回转曲面的母线绕空间一轴线旋转而成的光滑曲面，母线在回转面上的任意位置线称为素线。

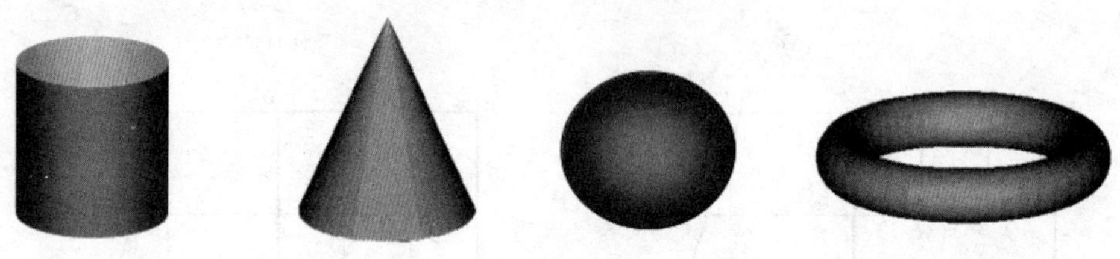

图 3-44 简单曲面立体

3.5.1 圆柱体的投影

圆柱体是生活中为人们熟知的立体，实际也是构成机械零件的重要基本立体，甚至有些零件就是圆柱体，例如圆棒料坯、圆柱销、光轴等。因此，圆柱体的投影表达与读识在机械制图中具有突出地位。需要指出的是，呈圆柱形体的零件大多数场合都是以轴线成水平位置切削加工的，所以工程图中表达这类零件时都以轴线在正投影面水平放置，即轴线是一侧垂线来绘图的，故以下圆柱体的投影表达都遵照这一常规。

1. 圆柱体的投影

圆柱体由圆柱面和两个端面组成。圆柱面是由线段 AA_1 绕着与它平行的轴线 OO_1 旋转而成的，如图 3-45(a)所示。直线 AA_1 称为母线，圆柱面上与轴线 OO_1 平行的任一直线称为圆柱面的素线。取回转轴线在正投影面水平放置方位，绘制圆柱体三视图如图 3-45(b)所示。圆柱体两端面平行于侧投影面，左视图是反映端面的真实大小的圆形，圆柱面此方向上无数个圆也都积聚投影在此圆上。圆投影不可缺少十字中心符号。主视图是由圆柱面两条轮廓素线与两个端面积聚投影成直径长度的两直线投影构成的矩形，再加一条居中的表达回转轴线的点画线，而圆柱曲面在视图中并未作特别表达。由此可知两点，一是光滑连续曲面在投影图中不需作表达，二是投影为矩形线框时不一定是前面学习的平面投影，也可能是一个光滑连续曲面的投影，判别时要看线框中有无轴线投影，以及端面的投影。俯视图是大小与主视图完全相等的矩形，但应当清楚两个线框表达的圆柱体方位是不同的：主视图矩形线框内可见的是圆柱体的前一半，后一半被遮盖在它的后面。俯视图矩形线框内可见的是圆柱体的上面一半，下一半被遮盖在它的后面。

进一步分析可知，正投影图中矩形线框的两条轮廓边线 1′-2′与 5′-6′，以及水平投影图中矩形线框的两条轮廓边线 7-8 与 3-4，是圆柱体上 4 条处于特殊位置的素线投影得到的，这四条素线被称为这一投影位置轮廓素线。如图 3-45(c)所示。四条轮廓素线在左视图投影圆上积聚于 4 个象限点，最能直观显示四条素线的特殊位置。结合左视图很容易知道，主视图上表现为上下轮廓的两条素线的投影，在俯视图中重叠到了回转轴线的位置上，只是因

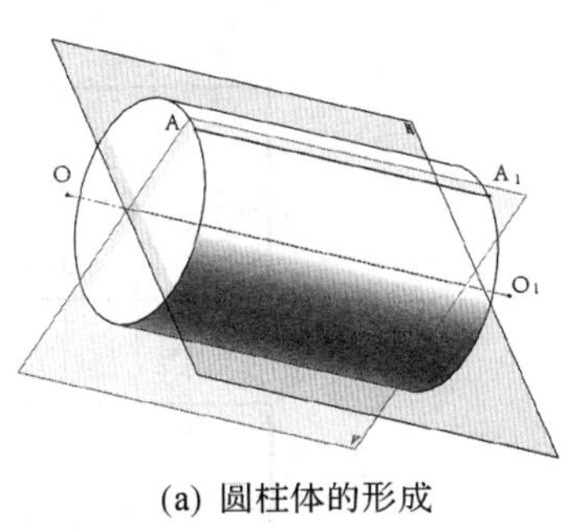

(a) 圆柱体的形成

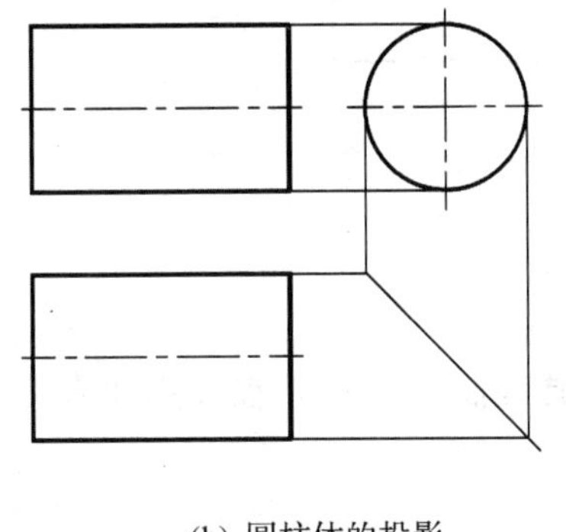

(b) 圆柱体的投影

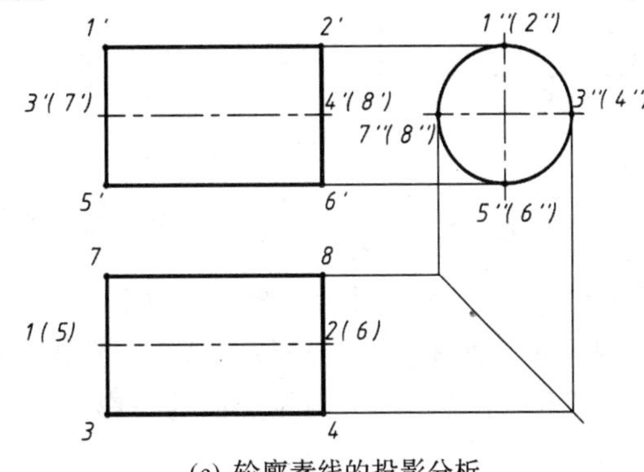

(c) 轮廓素线的投影分析

图 3-45 圆柱体

为水平投影时位于非轮廓的光滑曲面上而不需表达;同样地,俯视图上表现为前后轮廓的两条素线的投影,在主视图中也重叠到了回转轴线的位置上,也因为正投影时位于非轮廓的光滑曲面上而未表达。熟练掌握圆柱体空间方位及其投影特点,对由圆柱体乃至其他回转体切割成零件形体的正确表达十分重要。

2. 圆柱体表面取点

对圆柱体切削加工会产生新的结构轮廓,这些轮廓必是许多点构成的,所以应熟练掌握圆柱体表面上的点的投影规律。圆柱体表面上的点分为特殊点与一般点,特殊点是指位于轮廓素线上的点,可以利用轮廓素线投影的特殊性,由点的一个已知投影直接获得其他投影。一般点是指位于普通素线上的点,需要利用普通素线的投影特性,借助圆柱面投影成积聚的圆,来求解点的其他投影。

例 3-3 如图 3-46(a)所示,已知圆柱体三面投影及其表面 A、B 点的正面投影和 C 点的水平投影,求各点的另两投影面的投影。

分析解题:A、B、C 三点都是轮廓素线上的点,都属于特殊点。A 点的已知投影 a' 在主视图长方形上方侧垂线边框上,这条边框的水平投影虽然未作表达但是在与轴线重合的位置,因此可以按长对正规律,直接在中轴线位置注出 A 点的水平投影 a。A 点的侧投影会随主视图 a' 所在侧垂线边框积聚在圆柱圆投影的上端象限点上,也可以在该位置直接注出 a''。(b')点注写在轴线位置,但不是轴线上的点,而是与轴线重合的圆柱面后侧素线上的点,该素线的水平投影为俯视图长方形上方侧垂线边框,因此可以按长对正规律,直接在该边框上注出 B 点的水平投影 b。依照对 A 点的分析,也可以在左视图圆投影的对应象限点上直接注出 b''。依照对 A 点 B 点的分析,可以在主视图中轴线位置和侧视图右端象限点位

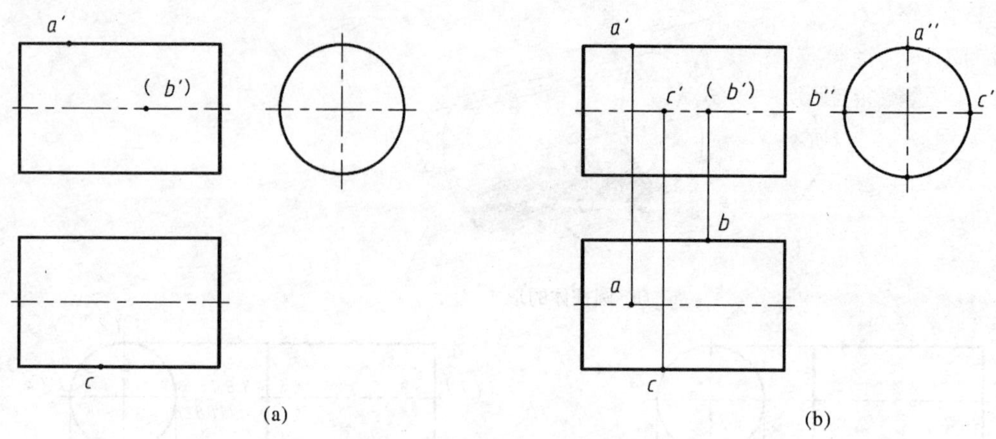

图 3-46　圆柱体表面特殊点投影

置直接注出 C 点对应投影 c' 与 c''。解题结果如图 3-46(b)所示。

例 3-4　如图 3-47(a)所示，已知圆柱体三面投影及其表面 A 点的正面投影和 B、C 点的水平投影，求各点的另两投影面的投影。

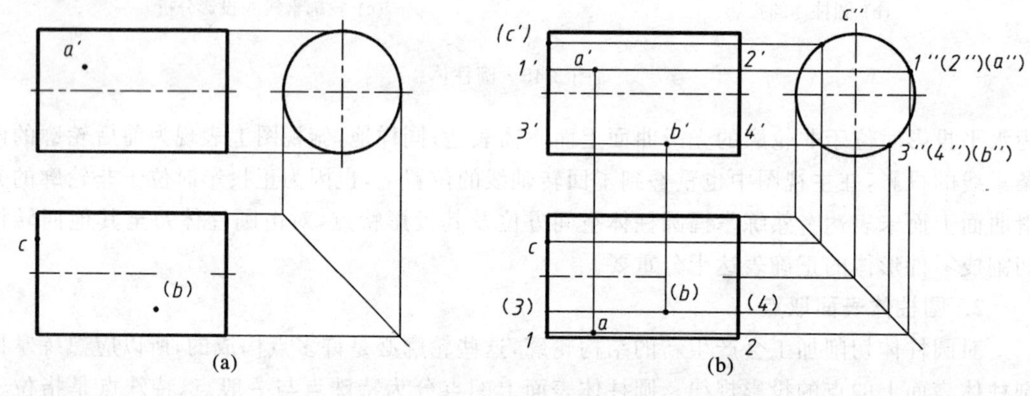

图 3-47　圆柱体表面一般点投影

分析解题：A、B、C 三点都是普通点，不能直接注出。过 a' 点作素线 $1'2'$，A 点位于这条普通的素线上。此素线的水平投影不能直接获得，但它的侧投影全部积聚在圆周上的一点 $1''(2'')$ 上，其中当然包含 A 点的投影，由此便可求出 A 点的水平投影了。当然也可以先画出普通素线的水平投影 1-2，再作出投影 a。用同样的方法，可以作出 B 点的另两面投影，只是需注意 B 点的已知投影是带括号的(b)，位于俯视图轴线下方，说明 B 点位于圆柱体前半部的下部，虽然在水平投影时是被遮盖住的，但在正投影面上的投影是可见的。C 点位于左端面的外圆周上，位置虽然比较特殊，但也属于一般点，它的求解方法：可以按 C 点在圆周上，所以在左视图可见圆上来作图。也可以按 C 点是一条普通素线的端点，再利用投影积聚于左视图圆周上一点来作图。各点的另两面投影面投影如图 3-47(b)所示。

3.5.2　圆锥体的投影

圆锥体虽然也是人们熟知的立体，但在机械图样表达中数目远不及圆柱体，而且大都是由圆柱体加工得到的。常见零件有吊线锤(如图 3-48 所示)、顶尖、洋冲冲头、锥阀芯、锥形磨头等。

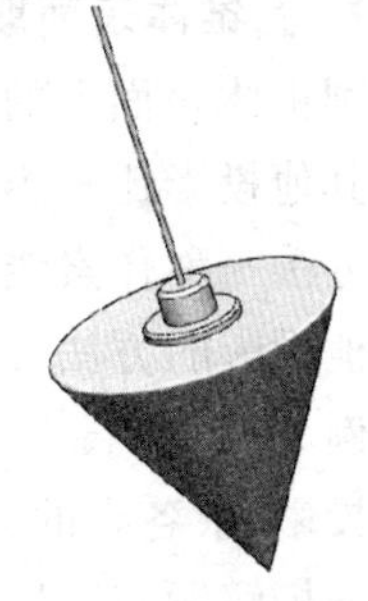
图 3-48 吊线锤

1. 圆锥体的投影

如图 3-49(a)所示,圆锥体由圆锥面和底面组成。圆锥面是由线段 SA 绕与它相交的轴线 OO_1 旋转而成。S 称为锥顶,线段 SA 称为母线。圆锥面上过锥顶的任一直线称为圆锥面的素线。取圆锥底面平行于侧投影面,作圆锥体的投影图如图 3-49(b)所示。圆锥体与圆柱体同属于回转体,必有一个投影为圆,此时圆锥的侧投影为圆锥底面圆的实形圆带十字中心符号,另两个投影为大小相同的、居中画有表达回转轴线的点画线的等腰三角形。锥体曲面不作表达,而且锥顶点 S 在圆投影上仅作代号标注。侧投影虽然只画了锥底外圆,但却隐含着锥体表面上无数个平行于底面的圆的投影。等腰三角形此时表达的也不是平面而是曲面;两个等腰三角形线框表达的圆锥体方位也是不同的:主视图三角形线框内可见的是圆柱体的前一半,后一半被遮盖,俯视图三角形线框内可见的是圆锥体的上方,下方一半被遮盖。

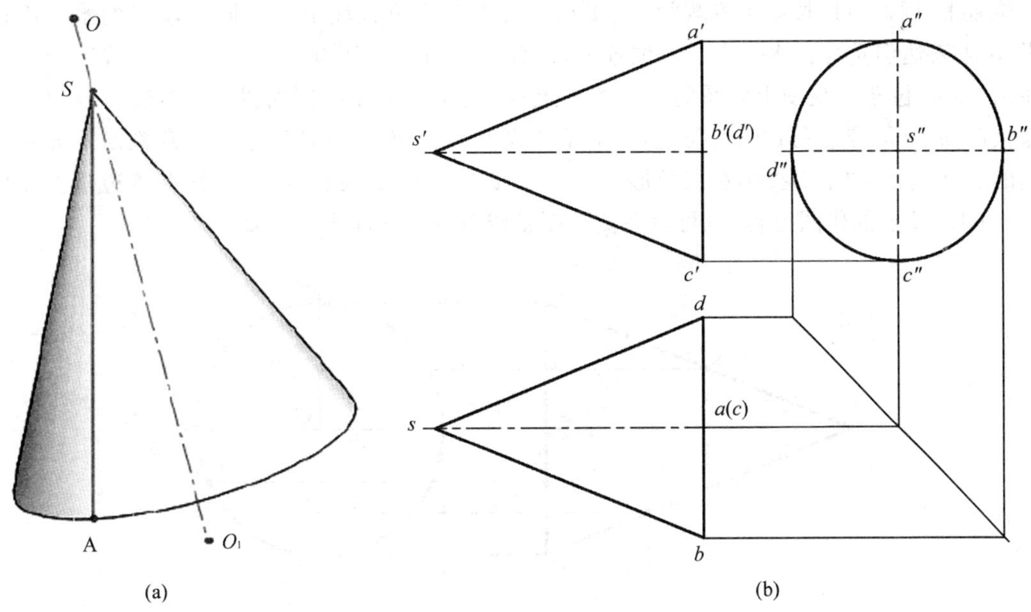

图 3-49 圆锥体

与分析圆柱体投影一样,正投影图中等腰三角形线框的两腰线 $s'a'$ 与 $s'c'$,以及水平投影图中等腰三角形线框的两腰线 sd 与 sb,是圆锥体上的四条轮廓素线。四条轮廓素线的侧面投影一端分别位于圆的 4 个象限点,另一端交于锥顶点。同样地,主视图上表现为上下轮廓的两条素线的投影,在俯视图中重叠到了回转轴线的位置上,在左视图中重叠到了圆的竖直中心线的位置上,只是因为位于非轮廓的光滑曲面上而不需表达;俯视图上表现为前后轮廓的两条素线的投影,在主视图中也重叠到了回转轴线的位置上,在左视图中则重叠到了圆的水平中心线的位置上,也因为位于非轮廓的光滑曲面上而未表达。

2. 圆锥体表面取点

圆锥体表面上的点也分为位于轮廓素线上的特殊点与位于普通素线上的一般点，特殊点的其他投影比较容易求得，一般点的求解有两种方法：一是利用点在普通素线上的投影规律的方法—称作素线法；二是根据已知点总是在一个平行于底圆的圆周上的属性来求解点的其他投影的方法—称作辅助圆法。

例 3-5 如图 3-50 所示，已知圆锥体三面投影及其表面 K、M 点的正面投影和 N 点的水平投影，求各点的另两投影面的投影。

分析解题：K、N 两点是轮廓素线上的点，M 是底面圆周上的点，都属于可以直接标注出各点的另两面投影特殊点。k' 位于 $s'a'$ 上，$s'a'$ 的侧面投影 $s''a''$ 未表达但重合在竖直中心线位置上，因此可以按高平齐规律，直接在中心线对应位置注出 k''。同理，$s'a'$ 的水平面投影 sa 未表达但重合在水平中心线位置上，因此可以按长对正规律，直接在中心线对应位置注出 k。m' 位于主视图上底圆的可见投影上，必须先直接注出侧面投影 m''，然后求出第三点投影 m。(n)点注写在轴线位置，但不是轴线上的点，而是与轴线重合的圆锥面下方素线上的点，该素线的正面投影在三角形下边框，因此可以按长对正规律，直接在该边框上注出 n'。依照 M 点的作图过程，也可以在侧视图轴线位置直接注出 n''。如图 3-50 所示。

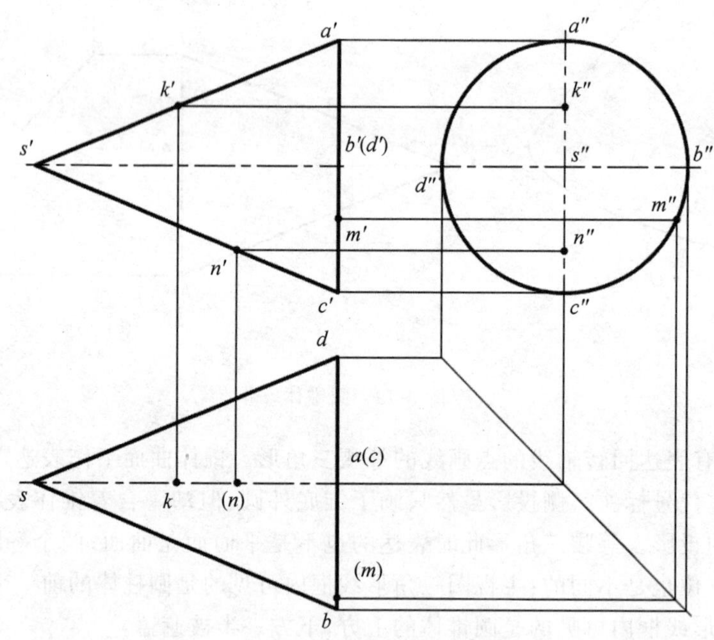

图 3-50 圆锥体表面特殊点求法

例 3-6 如图 3-51 所示，已知圆锥体三面投影及其表面 m 点的正面投影和 n 点的水平投影，求两点的另两投影面的投影。

分析解题：M、N 两点都是普通点，不能直接注出。

M 点采用素线法解题：

1)在正投影图上过 m' 点作素线 $s'a'$。

2)自 a' 点引投影线到侧面投影的圆上得到 a''。

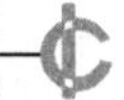

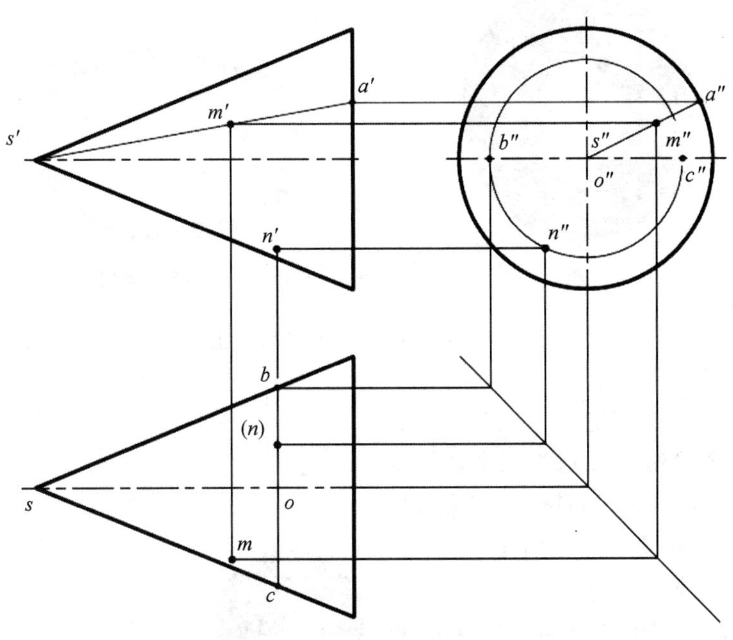

图 3-51　圆锥体表面一般点求法

3)作出素线 $s'a''$ 的侧面投影 $s''a''$ 并投影 m' 点作出 m''。

4)再由 m' 和 m'' 求出 m。

N 点采用辅助圆法解题：

1)在水平投影图过(n)点作辅助直线交两轮廓素线于 b、c，其实辅助直线 bc 是圆锥体表面上一个圆周的积聚投影，跟圆锥体底圆积聚成等腰三角形底边是一样的，只是因为它位于轮廓以内的光滑曲面上而未表达出来。这也就是说，(n)点在这个圆周上，圆的直径等于 bc 的长度。

2)按投影关系，在侧投影图中作出这个与底圆同心、直径等于 bc 的辅助圆，注意 N 点位于圆锥体的后下部，在辅助圆上投影出 n''。

3)再由 n 和 n'' 求出 n'。

解题结果如图 3-51 所示。

关于辅助圆法，还可以用另一种思路分析：假定过(n)点以平行于圆锥底面的方式切掉圆锥体的以下部分，就会得到一个小的圆锥体，N 点就在这个小圆锥体的底圆上，作出这个底圆的三面投影，就可以像如图 3-50 的 M 点一样，把 N 点当作特殊点求解了。

3.5.3　球体与环体的投影

零件形体就是球体的典型实例是钢球，大量用作轴承的滚动体。零件形体就是环体的典型实例是密封用 O 型圈。如图 3-52 所示。

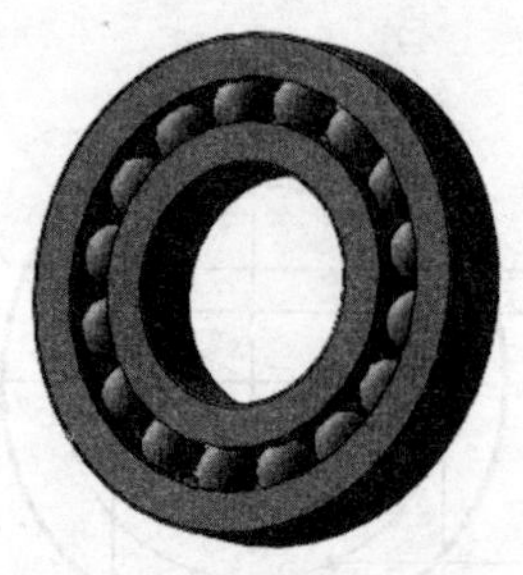
(a)滚动轴承

(b)O型密封圈

图 3-52 球体与环体零件实例

1. 圆球的投影

(1)圆球为圆母线以它的直径为轴旋转而成。圆球三个投影图分别为三个和圆球的直径相等的圆,它们分别是圆球三个方向轮廓素线的投影,如图 3-53 所示。

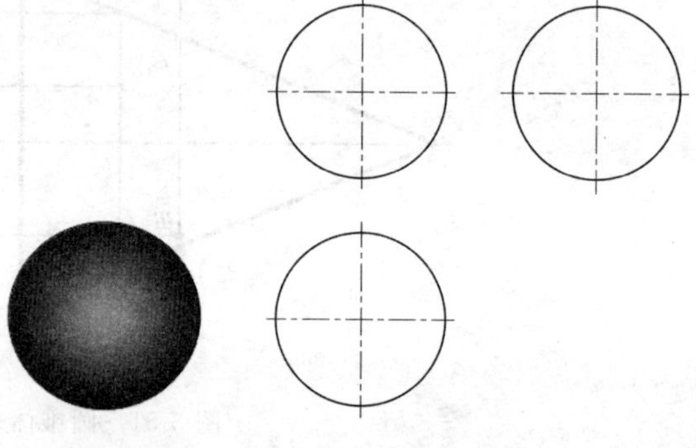
图 3-53 圆球及其投影图

(2)圆球面上取点

圆球面轮廓素线上的点属于特殊点,可利用点在素线上的投影规律直接求出,其他位置点的投影可通过作辅助圆来求解。

例 3-7 如图 3-54(a)所示,已知圆球体三面投影及其表面的 M 点与 N 点的正面投影 m'、(n'),求两点的另两投影面的投影。

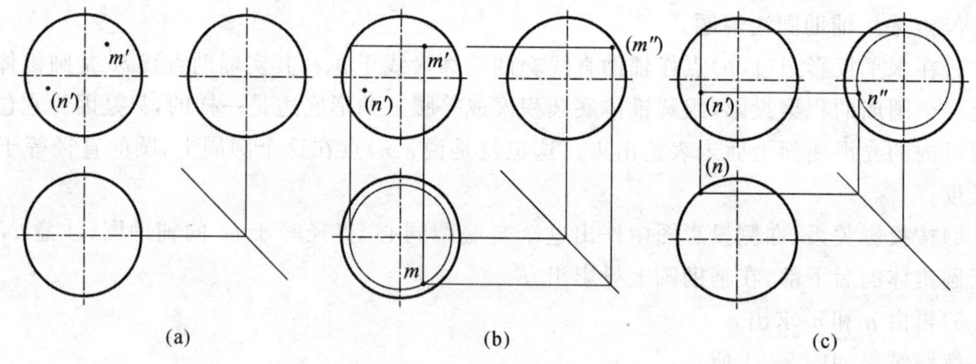

图 3-54 圆球面一般点投影

分析解 M 点:采用辅助圆法解题。

1)在正投影图过 m' 点作平行于 X 轴的辅助直线交圆球轮廓素线,其实此辅助直线是圆球体表上一个平行于水平投影面的圆周的积聚投影,因此 m' 点在这个圆周上,圆周的直径等于辅助直线的长度。

2)按投影关系,在水平投影图中作出这个与轮廓素线圆同心、直径等于辅助直线的长度的辅助圆,M 点位于圆球体的上部,在辅助圆上投影出 m 为可见。

3)再由 m' 和 m 求出(m''),因为 M 点在侧投影时为不可见。

解题结果如图 3-54(b)所示。

分析解 N 点：同样采用辅助圆法解题，但也可以选择过(n')点作平行于 z 轴的辅助直线来解题。

1)在正投影图过 n'点平行于 z 轴的辅助直线交圆球轮廓素线，得辅助圆积聚投影。

2)按投影关系，在侧投影图中作出直径等于辅助直线的长度的辅助圆，N 点位于圆球体的左后部，在辅助圆上投影出 n''为可见。

3)再由 n'和 n''求出(n)，因为 N 点在水平投影时被遮盖在下面。

解题结果如图 3-54(c)所示。

2. 环体的投影

(1) 圆环面的形成

圆环面是一个以圆作母线、以与圆同平面但位于圆周之外的直线为轴线回转而成的，如图 3-55 所示。圆环面上有直径最大和最小的圆，分别称为最大圆和最小圆。圆环外侧的一半表面称为外环面；内侧的一半表面称为内环面。

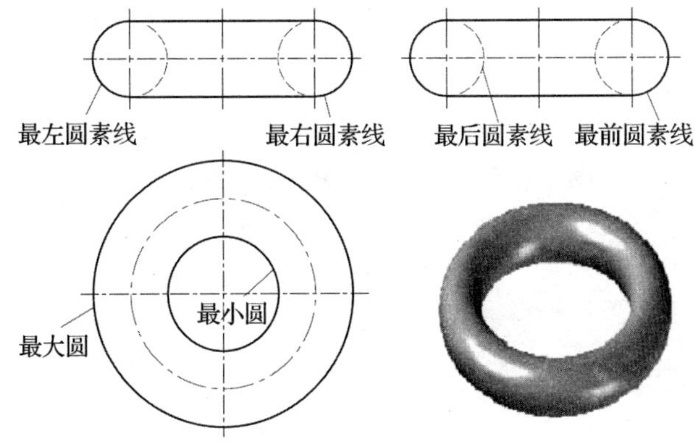

图 3-55　圆环的视图

(2) 圆环面上的点的投影

圆环面上特殊点的投影可直接作出，一般点的投影要通过作辅助圆来求解。

例 3-8　如图 3-56(a)所示，已知圆环面上的 M、N 点的正面投影 m'、(n')，求两点的另两投影面的投影。

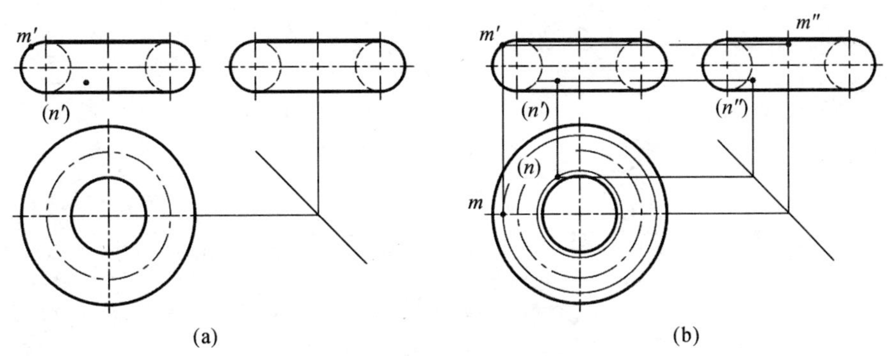

图 3-56　圆环面上的点的投影

M 点比 N 点特殊，正面投影位于母线圆左外轮廓线上，侧面投影 m'' 可以直接在左视图中轴线对应位置注出，水平投影 m 也可以直接在俯视图中轴线对应位置注出。N 点位于内环面上，过(n')作水平辅助圆，用投影关系在辅助圆上作出(n)，再由(n')和(n)求出(n'')，可见，内环面上的点的三面投影都是不可见的。如图 3-56(b)所示。

也许有读者会注意到，只给投影(n')时，N 点的另两面投影应该还会有另外答案，请读者自己分析。

第 4 章　轴测图

4.1　轴测图的基本知识

轴测图是用平行投影的方法作出的一种单面投影图。相比较正投影图在一个投影面上只能表达物体一个方向结构而言，轴测图能在一个投影面上同时给出物体三个坐标面的形状，更接近于人们的视觉习惯，有立体感。但是，轴测图所反映出的物体各表面较实际形状有变形，影响其度量性，并且背面如果有结构也无法兼顾，结构复杂时作图也比较繁琐，因而制约了它的应用，在三维设计方法采用越来越广的今天更是如此。尽管这样，轴测图还是因其所具备的优点而在一些场合有重要应用，比如帮助设计构思、临场快速记录、技术交流等，尤其在三维形象思维训练方面，轴测图更有非常重要的作用。另外，如今由三维导出的工程图中常常也导出一个轴测图作为辅助图样，对正确理解复杂零部件结构很有帮助。

4.1.1　轴测图的形成

将物体连同确定其空间位置的直角坐标系，沿不平行于任一坐标面的方向，用平行投影法将其投射在单一投影面上所得的具有立体感的图形叫作轴测投影图，简称轴测图，如图 4-1 所示。形成轴测图的这个单一投影面称为轴测投影面。根据投射线方向与轴测投影面相对位置的不同，轴测图可分为两大类：用正投影法形成的轴测图叫正轴测图，如图 4-1(a)所示。用斜投影法形成的轴测图叫斜轴测图，如图 4-1(b)所示。

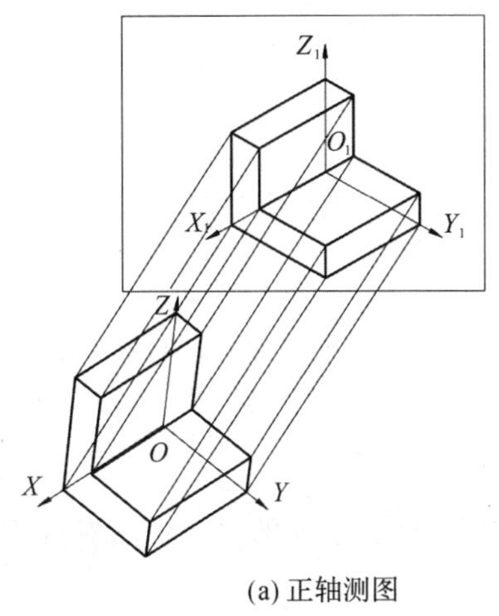

(a) 正轴测图

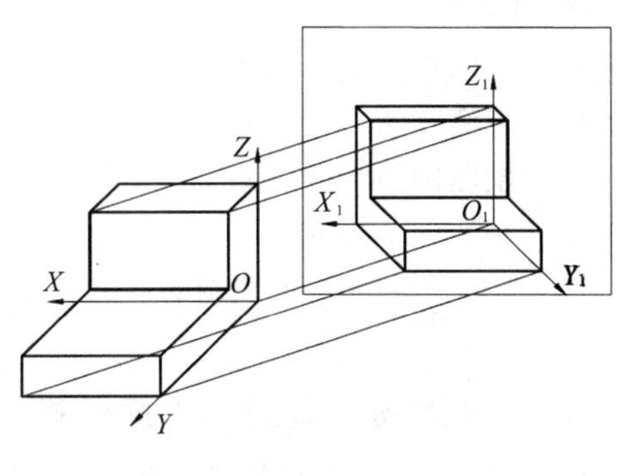

(b) 斜轴测图

图 4-1　轴测图的形成

4.1.2 轴测轴、轴间角和轴向伸缩系数

1. 轴测轴和轴间角

建立在物体长、宽、高三个方向上的坐标轴(OX,OY,OZ)在投影面上的投影称作轴测轴,如图 4-2 中的O_1X_1、O_1Y_1、O_1Z_1。

三条轴测轴的交点称为原点,轴测轴间的夹角称作轴间角,如图 4-2 中投影面上$\angle X_1O_1Y_1$、$\angle X_1O_1Z_1$、$\angle Y_1O_1Z_1$即称为轴间角。

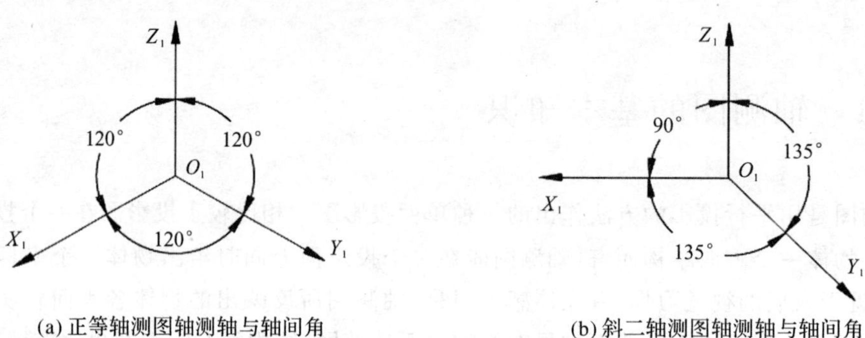

(a) 正等轴测图轴测轴与轴间角　　(b) 斜二轴测图轴测轴与轴间角

图 4-2　轴测轴与轴间角

2. 轴向伸缩系数

轴测轴上的单位长度与物体相应坐标轴上的单位长度比值称作轴向伸缩系数。O_1X_1、O_1Y_1、O_1Z_1 轴上的伸缩系数分别用 p_1、q_1、r_1 表示,为了便于作图,各轴向伸缩系数宜简化采用简单的数值,简化后的系数称作简化轴向伸缩系数,分别用 p、q、r 表示。

3. 轴测图的分类

(1)正轴测图

正轴测图按三个轴向伸缩系数是否相等分为三种:

1) 正等轴测图 $p_1=q_1=r_1$

2) 正二轴测图 $p_1=r_1\neq q_1$

3) 正三轴测图 $p_1\neq q_1\neq r_1$

(2)斜轴测图

斜轴测图也相应分为三种:

1) 斜等轴测图 $p_1=q_1=r_1$

2) 斜二轴测图 $p_1=2q_1=r_1$

3) 斜三轴测图 $p_1\neq q_1\neq r_1$

国家标准规定使用的轴测图有正等轴测图($p_1=q_1=r_1$)和斜二轴测图($p_1=2q_1=r_1$)两种。

4.1.3 轴测图的直线和平面的投影特性

由于轴测图是采用平行投影法获得的,故在轴测图上直线、平面的投影仍然保持着平行投影的一些特性,其中主要有:

(1)直线的轴测投影仍然为直线。

(2)相互平行线段的轴测图投影仍然相互平行;与坐标轴平行的直线,其轴测投影也仍

然平行于相应的轴测轴。

(3)物体上两平行线段或同一条直线上两线段长度之比值，在轴测图上保持不变。

4.2 正等轴测图

轴测图中各轴向伸缩系数(p、q、r)相等，称为正等轴测图。

4.2.1 正等轴测图的轴间角和轴向伸缩系数

正等轴测图的各轴间角均为 120°，即：$\angle X_1O_1Y_1 = \angle X_1O_1Z_1 = \angle Y_1O_1Z_1 = 120°$，如图 4-2(a)所示。

正等轴测图上各坐标轴的轴向伸缩系数相等，约为 0.82。为了画图方便，将其简化取整数 1，即采用简化的伸缩系数：$p=q=r=1$，作图时沿轴向尺寸按实长量取。这样，沿各轴向的长度均被放大 1/0.82≈1.22 倍，轴测图也就比实际物体大。

4.2.2 正等轴测图的画法

1. 长方体的正等轴侧图画法

例 4-1 画出图 4-3(a)视图表达的长方体的正等测图。

分析作图：

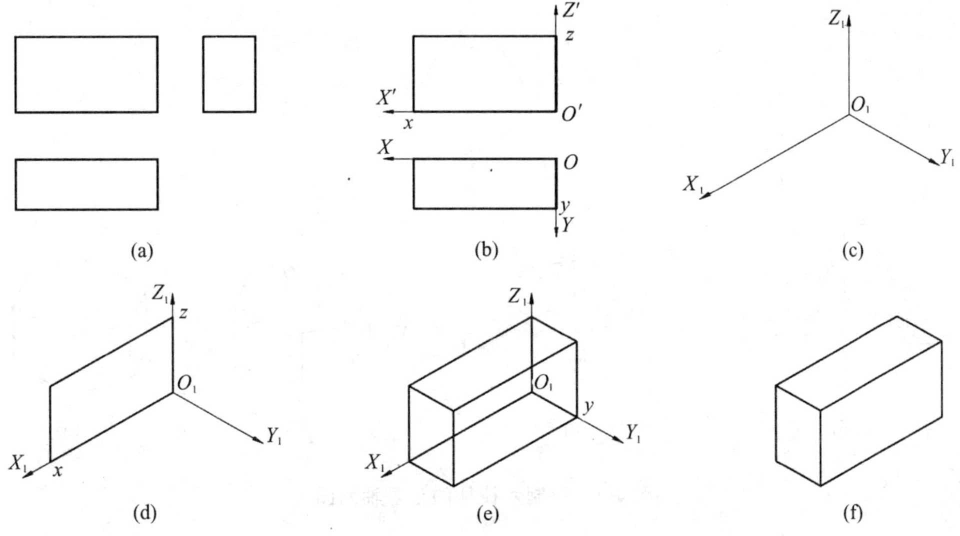

图 4-3 绘制长方体的正等轴测图

(1)根据视图或实物或思维构型绘制轴测图，首先要确定原点。原点位置不同，画图会有繁简差别。本题采用最基本方式，原点与坐标轴位置确定如图 4-3(b)所示。

(2)画出轴测轴 O_1X_1、O_1Y_1、O_1Z_1，如图 4-3(c)所示。

(3)在 O_1X_1 轴上按 $p=1$ 标注长方体长度位置 x，绘制 O_1x 等于长方体长度边；在 O_1Z_1 轴上按 $r=1$ 标注长方体高度位置 z，绘制 O_1z 等于长方体高度边；自 x、z 分别作对边平行线，完成长方体后端面轴测投影，如图 4-3(d)所示平行四边形。

(4)在 O_1Y_1 轴上按 $q=1$ 标注长方体宽度位置 y，绘制 O_1y 等于长方体宽度边；接下来有两种画法：

1)可以自后端面轴测投影的另外三个顶点绘制与 O_1y 等长且平行于 O_1y 的长方体宽度方向棱边投影，顺次连接新获得的四个顶点，完成长方体前端面轴测投影；

2)也可以以 y 点为右下顶点，绘制与长方体后端面各边轴测投影对应平行的前端面轴测投影平行四边形，然后对应连接前后平行四边形其余三对顶点。均可完成长方体轴测投影，如图 4-3(e)所示。

(5)擦除轴测轴、标注字母和被遮挡的棱线，完成长方体的正等轴测图，如图 4-3(f)所示。

例 4-2 画出图 4-4(a)视图表达的正六棱柱的正等测图。

分析：绘制六棱柱的正等测图有三个要点：其一，原点位置不能像绘制长方体轴测图那样放置在角点上，而应该放置在正六边形中心点上。其二，原点位置确定后，注意正六边形与 X、Y 轴关系：一对顶点在 X 轴上，两条对边平行于 X 轴且中点位于 Y 轴上，这些关系在轴测图中保持不变。其三，自上向下画图比自下向上简便。

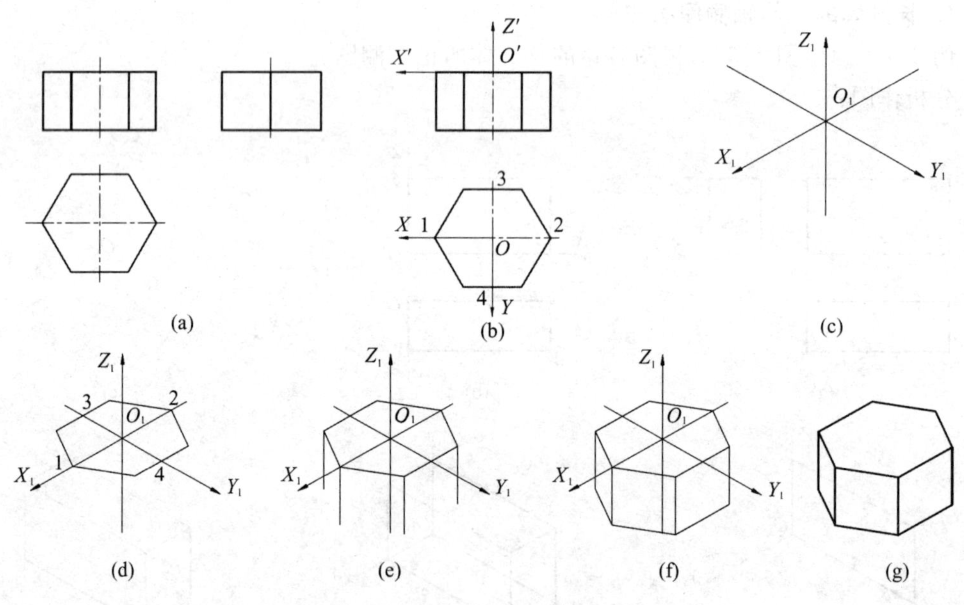

图 4-4 绘制六棱柱的正等轴测图

作图如下：

(1)按原点 O 在正六棱柱上端面中心点绘制坐标轴，并在水平投影图上注出 1、2、3、4 点。如图 4-4(b)所示。

(2)按关于原点对称方式画出轴测轴 O_1X_1、O_1Y_1、O_1Z_1，如图 4-4(c)所示。

(3)在 O_1X_1 轴上取 1、2 距离，按关于原点对称方式注出 1、2 两点。在 O_1Y_1 轴上取 3、4 距离，按关于原点对称方式注出 3、4 两点，并分别以 3、4 为中点绘制长度为正六边形边长的直线平行于 O_1X_1 轴。连接 1、2 与两直线近端点得六棱柱上端面轴测投影六边形，如图 4-4(d)所示。

(4)自六边形前四个顶点向下绘制长度等于六棱柱高度的棱边投影,如图 4-4(e)所示。

(5)顺次连接新获得的四个下端点,如图 4-4(f)所示。

(6)擦除轴测轴和标注字母,描实轮廓线,完成正六棱柱的正等轴测图,如图 4-4(g)所示。

2. 回转体的正等轴测图画法

(1)平行于坐标面的圆的正等测图画法

零件形体上平行于坐标平面的圆的正等测图都是椭圆,圆所平行的坐标平面不同,其长短轴的方向也不同,如图 4-5 所示。

其规律性为:

平行于 $X_1O_1Y_1$ 面的椭圆长轴$\perp O_1Z_1$轴。平行于 $X_1O_1Z_1$ 面的椭圆长轴$\perp O_1Y_1$轴。

平行于 $Y_1O_1Z_1$ 面的椭圆长轴$\perp O_1X_1$轴。

在实际作图时,一般不要求准确地画出椭圆曲线,经常采用"四心椭圆法"进行近似作图,用四段圆弧连接成椭圆。

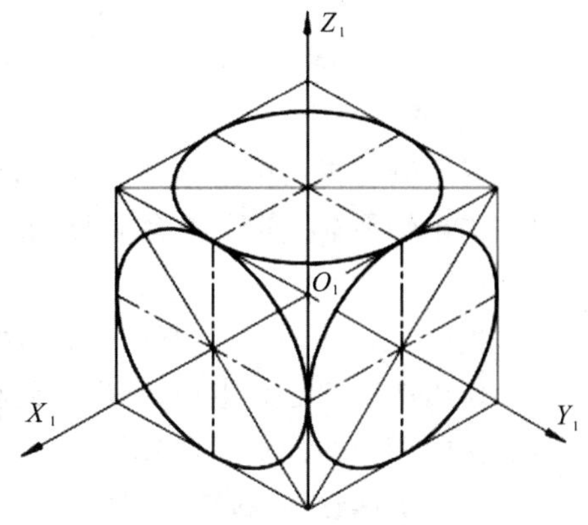

图 4-5 圆的正等轴测图

例 4-3 以平行于 H 面的圆为例,用四心法绘制椭圆。

(1)如图 4-6(a)所示,原点置于圆心,确定水平圆 X、Y 坐标轴,再作圆的外切正方形,切点为 a、b、e、f。

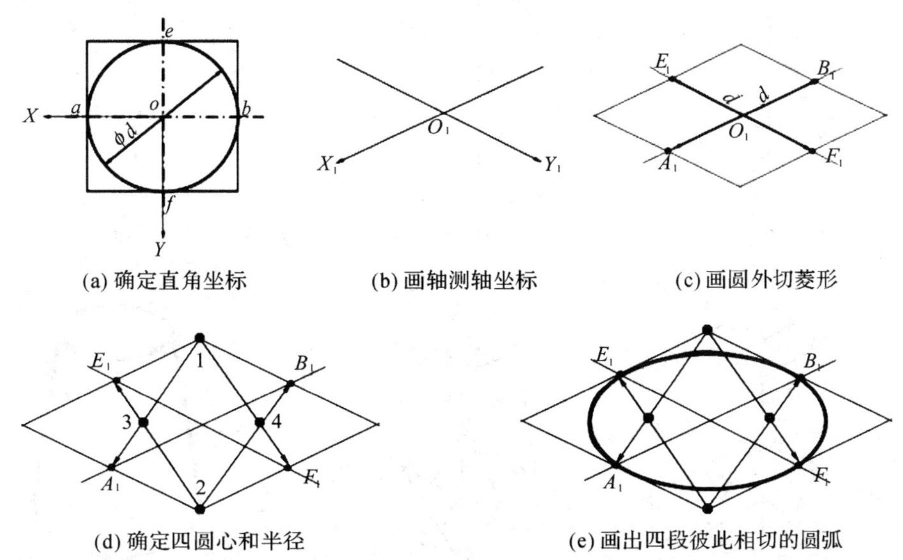

图 4-6 平行于 H 面的圆的正等轴测图画法

(2)画出相应 X_1、Y_1 的轴测轴,轴间角$\angle X_1O_1Y_1$为 120°,如图 4-6(b)所示。

(3)取长度等于水平圆直径ϕd,中点在原点 O,沿两轴量得切点 A、B、E、F,过这四点作轴测轴的平行线,得到菱形,要作的椭圆必然内切于该菱形。如图 4-6(c)所示。

(4)连接 $1A_1$ 和 $1F_1$，连接 $2E_1$ 和 $2B_1$，如图 4-6(d)所示。产生的四个交点 1、2、3、4 即为四心椭圆法的四个圆心。如图 4-6(d)所示。

(5)分别以 1、2 为圆心，以 $1A_1$($1F_1$、$2E_1$、$2B_1$ 均相等)为半径作圆弧连接 A_1F_1、E_1B_1，分别以 3、4 为圆心，以 $3A_1$($3E_1$、$4F_1$、$4B_1$均相等)为半径作圆弧连接 A_1E_1、F_1B_1，画出的四段圆弧彼此相切，如图 4-6(e)所示。

例 4-4　作出圆台的正等轴测图，圆台形状如图 4-7(a)所示。

作图步骤：

(1)确定圆台视图中坐标轴的位置，如图 4-7(a)所示。

(2)画出轴测轴，量取圆台高度，确定圆台的上、下端面两圆心的位置，如图 4-7(b)所示。

(3)量取上、下端面两圆直径，确定两圆外切菱形，如图 4-7(c)所示。

(4)作出四个圆心和半径，画出彼此相切的四段圆弧完成两椭圆，如图 4-7(d)所示。

(5)作两椭圆的公切线，如图 4-7(e)所示。

(6)整理加深轮廓线，轴测图中不可见的轮廓不画，如图 4-7(f)所示。

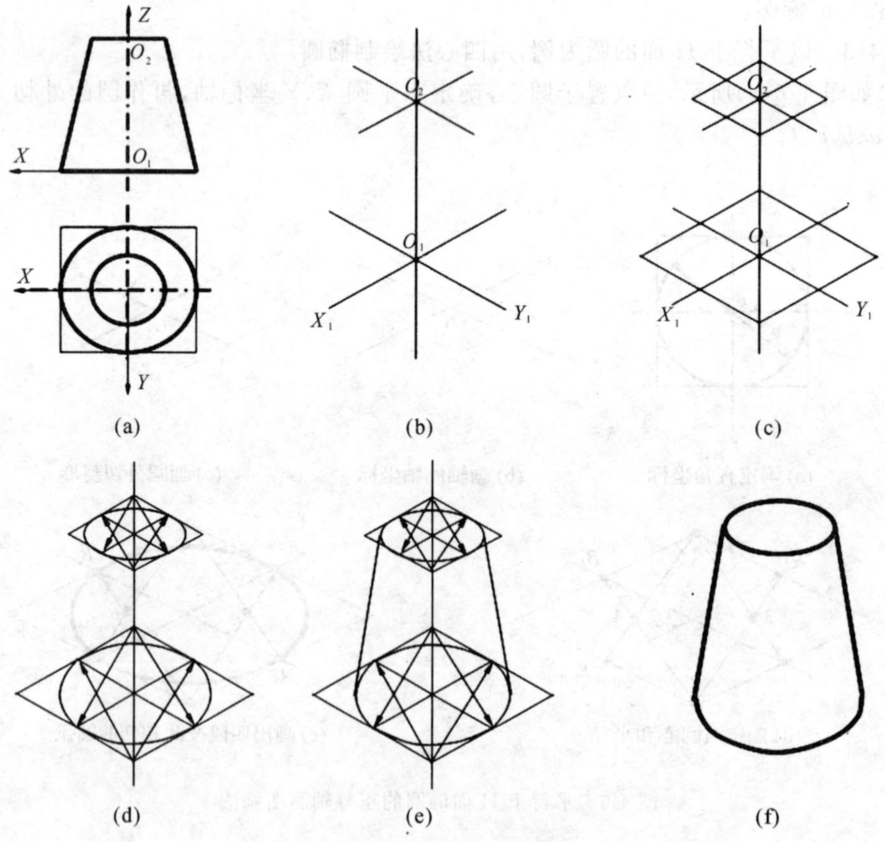

图 4-7　圆台轴测图的画法

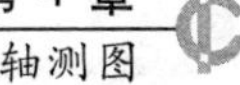

例 4-5 画出如图 4-8(a)所示电机座正等轴测图。

(1)按原点 O 在底板上端面右边线中点绘制坐标轴。如图 4-8(b)所示。

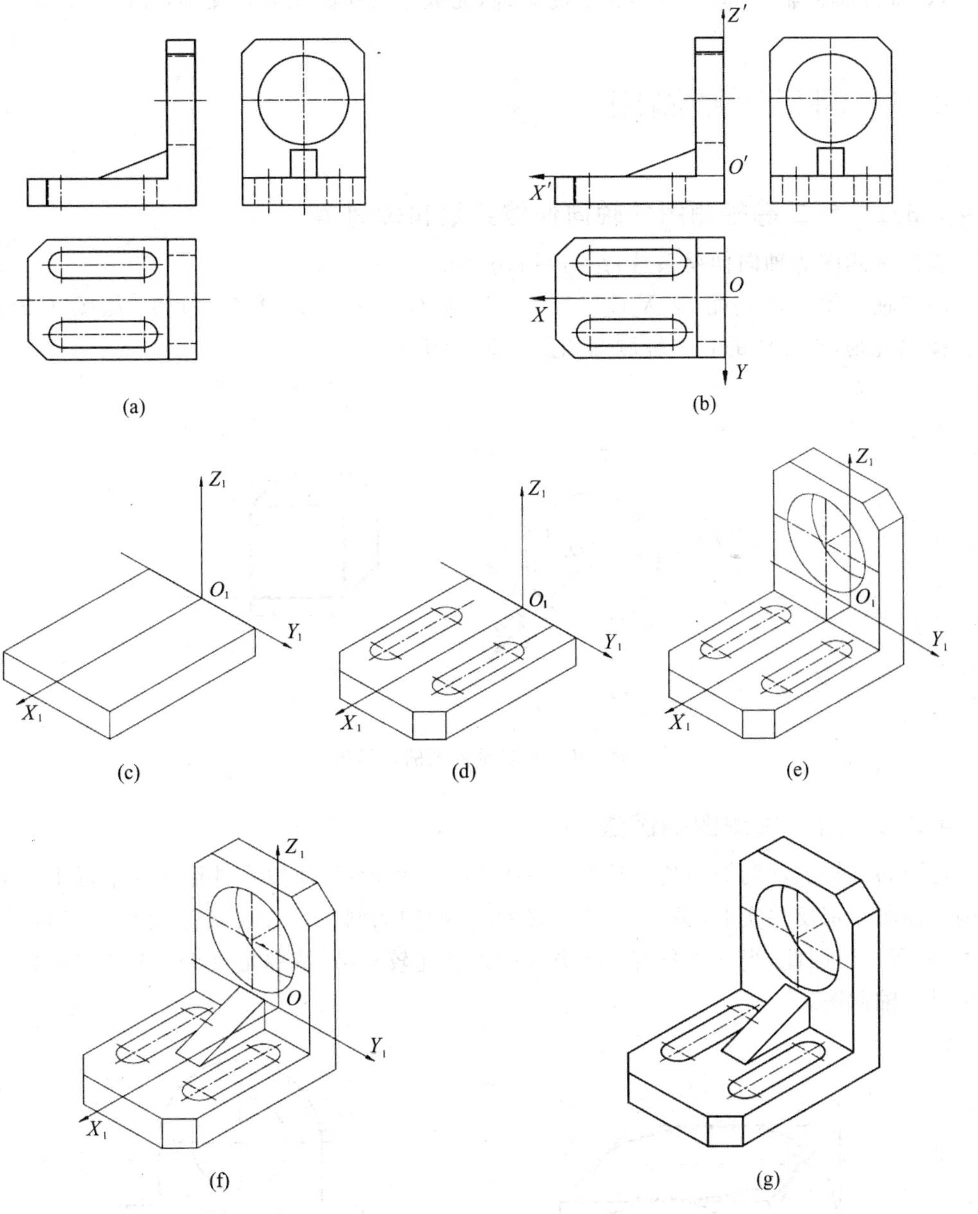

图 4-8 电机座正等轴测图绘制

(2)画出轴测轴 O_1X_1、O_1Y_1、O_1Z_1，自原点向 Z_1 轴负方向绘制底板长方体毛坯轴测图，如图 4-8(c)所示。

(3)绘制在底板长方体上切除两处腰形螺栓连接孔和倒角。其中腰形孔两端半圆按长轴垂直于 O_1Z_1 轴、用四心法绘制半个椭圆。如图 4-8(d)所示。

(4)自原点向上绘制立板长方体，再在其上切除电机安装孔和倒角。其中电机安装孔按

长轴垂直于 O_1X_1 轴、用四心法绘制椭圆。如图 4-8(e)所示。

(5)绘制肋板,如图 4-8(f)所示。

(6)擦除轴测轴和标注字母,描实轮廓线,完成电机座的正等轴测图,如图 4-8(g)所示。

4.3 斜二等轴测图

4.3.1 斜二等轴测图的轴向伸缩系数和轴间角

斜二轴测图的轴向伸缩系数:$p=r=1, q=0.5$。

斜二轴测图的轴间角:$\angle X_1O_1Z_1=90°$,$\angle X_1O_1Y_1=\angle Y_1O_1Z_1=135°$,如图 4-9(a)所示。按此规则,正方体的斜二轴测图如图 4-9(b)所示。

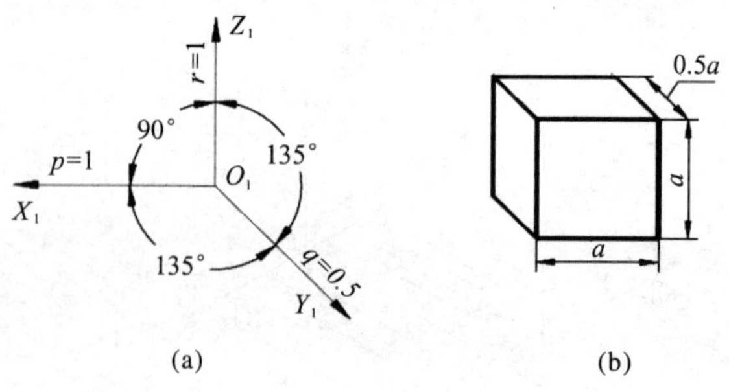

图 4-9 斜二轴测图的轴间角

4.3.2 斜二轴测图的画法

由于斜二轴测轴的轴间角$\angle X_1O_1Z_1=90°$,且 $p=r=1$,所以零件形体上平行于 $X_1O_1Z_1$ 面的平面图形都反映实形,平行于 $X_1O_1Z_1$ 面上的圆的斜二测投影还是大小不变的圆。如图 4-10 所示。因此,当物体只有一个方向的形状比较复杂,特别是只有一个方向有圆时,常采用斜二轴测图。

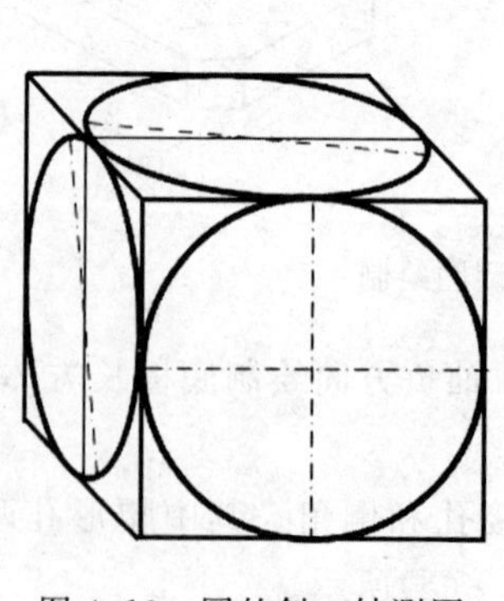

图 4-10 圆的斜二轴测图

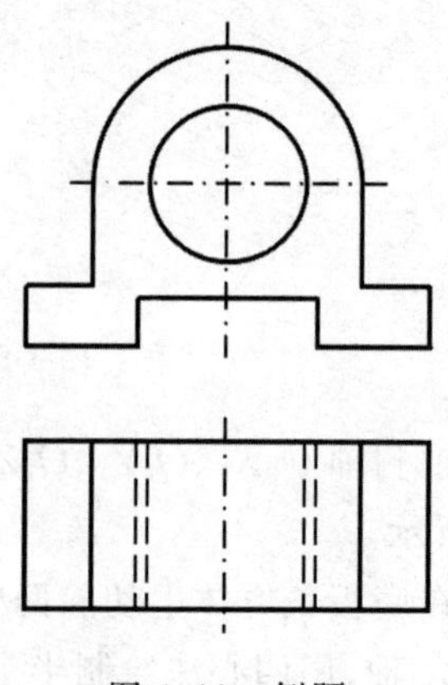

图 4-11 例题

例 4-6 已知如图 4-11 所示两视图，画出其所表达形体的斜二轴测图。

作图如下：

(1)按实形绘制主视图图样，如图 4-12(a)所示。

(2)按轴向伸缩系数 $q=0.5$，自圆心沿 Y_1 轴方向向后(斜向左、右均可)画直线，长度等于形体宽度一半。如图 4-12(b)所示。

(3)以直线后端点作后端面圆心，再次按实形绘制主视图图样，并连接前后对应顶点，明显被遮住部分可不画。如图 4-12(c)所示。

(4)擦除后端面中被前端面遮挡的线段，如图 4-12(d)所示。

(5)作前、后端面重叠圆弧的公切线，擦除后端面圆弧公切线以下部分，如图 4-12(e)所示。

(6)擦除辅助线，加粗轮廓线，完成作图，如 4-12(f)所示。

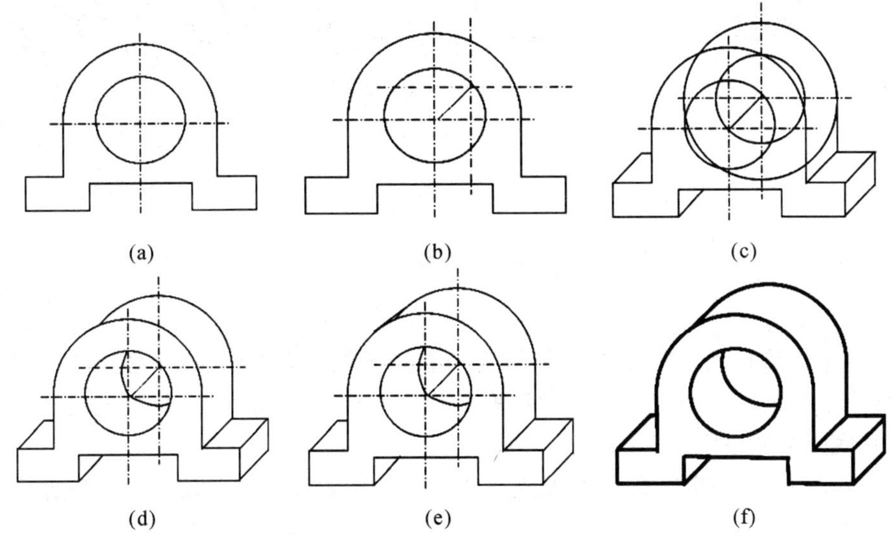

图 4-12 斜二轴测图的画法

例 4-7 画出如图 4-13(a)所示带法兰导套的斜二轴测图。

带法兰导套是个典型的适合采用斜二轴测图的零件形体，当把圆形端面置于平行于 XOZ 面时，各圆形结构都可按实形绘制。

作图如下：

(1)取原点 O 在法兰右端面圆心绘制左视图 Y''、Z''坐标轴，绘制主视图 X'、Z'坐标轴。如图 4-13(a)所示。

(2)绘制十字中心线获得原点 O_1，自圆心沿 Y_1 轴方向画直线，向前取长度等于导套凸出段一半，获得圆心 O_2，向后取长度等于法兰厚度一半，获得圆心 O_3。如图 4-13(b)所示。

(3)分别以 O_2、O_1 为圆心，绘制导套凸出段一内孔圆和两外柱面圆。如图 4-13(c)所示。

(4)绘制导套凸出段两外柱面圆两条公切线，并清理图线。分别以 O_1、O_3 为圆心，绘制法兰前后端面外形圆和导套底孔圆，并绘制两外形圆的两条公切线，清理图线。如图 4-13

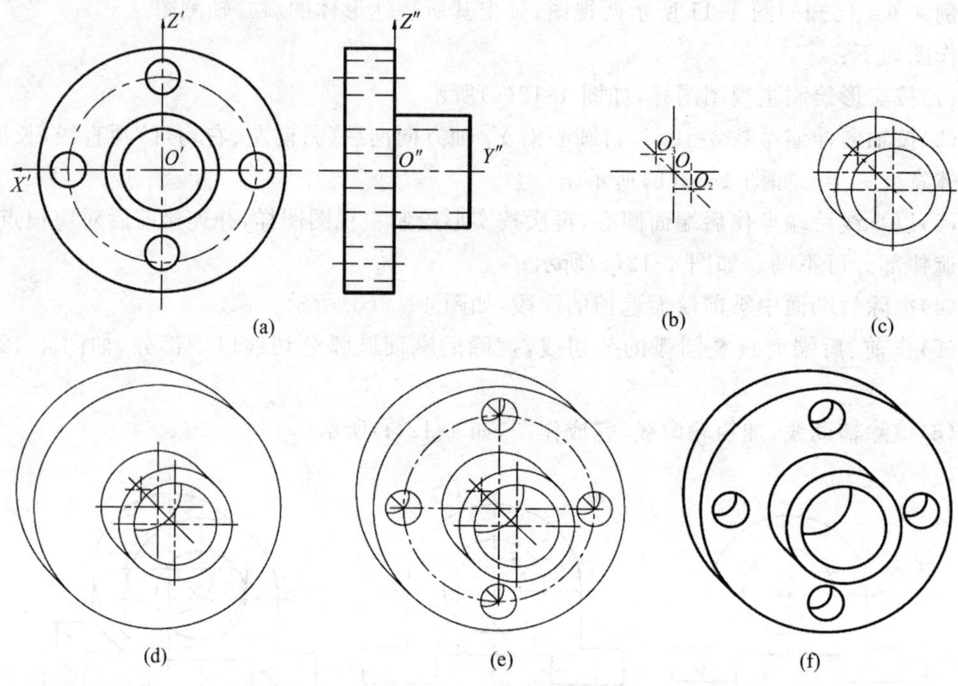

图 4-13　带法兰导套的斜二轴测图

(d)所示。

(5)以 O_1 为圆心，绘制法兰连接孔圆心所在点画线圆，并在其四个象限点位置绘制连接孔。自圆心沿 Y_1 轴方向向后画直线，取长度等于法兰厚度一半，获得连接孔后端面圆心，绘制孔底圆可见部分，如图 4-13(e)所示。

(6)擦除辅助线，描实轮廓线，完成带法兰导套的正等轴测图，如图 4-13(f)所示。

第 5 章　零件形体构成及其投影表达

5.1　概　述

机械零件形状多种多样，最常使用两大类加工方法来制造，其一是去除材料的切削加工方法，大多是在简单形状毛坯上铣削、刨削、车削等，如图 5-1 所示。二是非去除材料的连接加工方法：焊接、铸造、模具成型等。如图 5-2 所示。

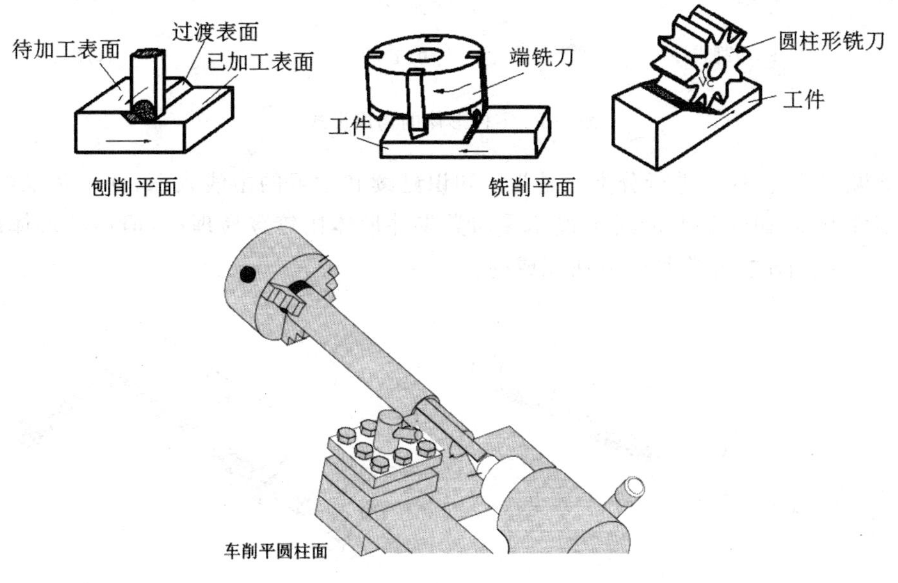

图 5-1　切削方法加工零件

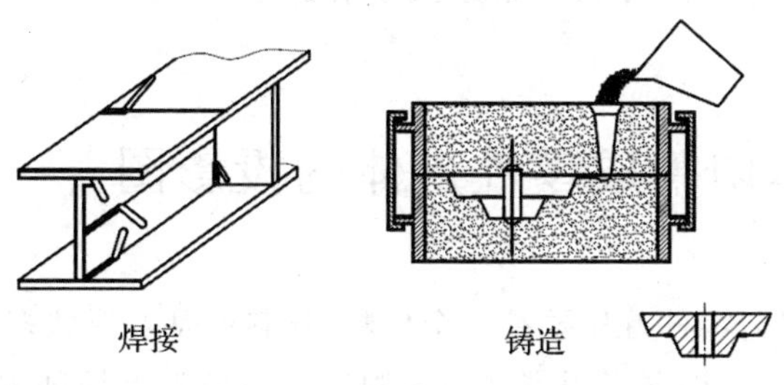

图 5-2　连接方法加工零件

用这两类加工方法制造的零件形体在结构特征上有一些较明显的不同，在投影表达上分作两类较为利于理解和掌握：一类对应为简单立体切割成的零件形体，一类看作是由简单立体叠加而成的零件形体。需要强调的是，与用切削方法可以由简单立体加工完成零件不同，由简单立体叠加直接构成的零件种类不多，而且大多是以通过连接加工方法获得如简单立体叠加般的零件形体作型坯，再经切削加工成为零件。例如先铸造再切削加工，或先切削加工再焊接、再切削加工等等。为了将形体结构区别分类和传达制造工艺信息，这里把零件形体构成按如图 5-3 所示的切割式、叠加式、切割叠加综合式三类来讨论他们的投影表达规律。

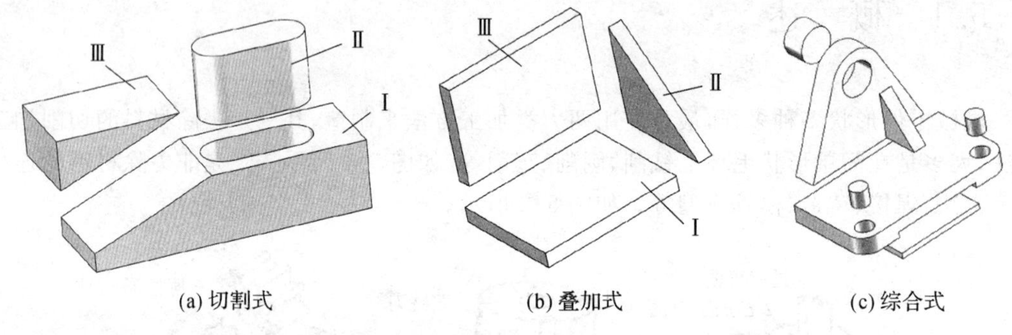

(a) 切割式　　(b) 叠加式　　(c) 综合式

图 5-3　零件形体的构成形式

应该说明的是，这样进行分类只是为了知识延续和学习的由浅入深，并不苛求严密，比如轴类零件形体，如图 5-4(a)所示视作叠加类零件形体比较容易理解，但他的形体却主要是如图 5-4(b)所示由车削加工方法完成的。

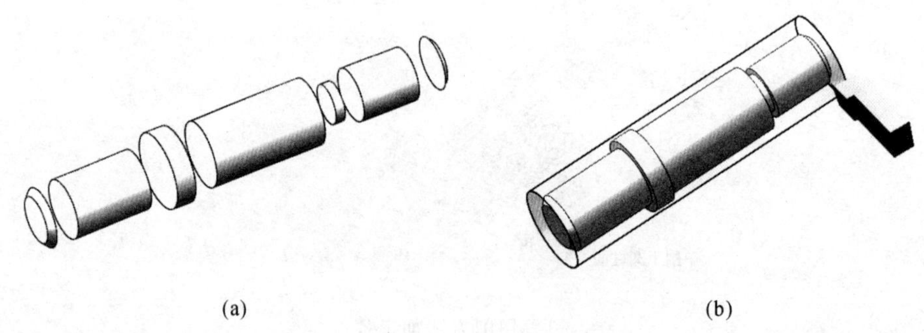

(a)　　(b)

图 5-4　轴类零件形体的构成形式

5.2　长方体切割成零件形体的投影图

用切削加工方法制造零件首先要有一个坯料，坯料的基本形状多为长方体(通常为厚板料)和圆柱体(俗称棒料)。许多工程零件的结构就是在坯料上切削去一部分或几部分而成的。如图 5-3(a)所示。该零件可看作是由一长方体Ⅰ切去一个腰形柱Ⅱ和三棱柱Ⅲ而成。

需要说明的是，切削加工时去除的部分大多成为碎屑，而非图例中为了表明坯料与所得到的零件形体的关系所保持的整齐块状。

用图样表达切割式零件时，初学者一般应按照先整体、后切割的原则来分析，即先推想出形体的“母体”，然后再从母体上切割下各个部分，每进行一次切割，都要分析形体有哪些变化，视图应有哪些变化。以下介绍几种常见的由基本形体切割成零件的方式以及作投影图的方法。

长方体是一种常见的简单形体，由其切割而成的零件形体在工程实际中十分常见，如图 5-5所示的 V 型铁、高度尺座、冲模楔形导板，以及图 3-21 所示的垫铁、车刀等等。

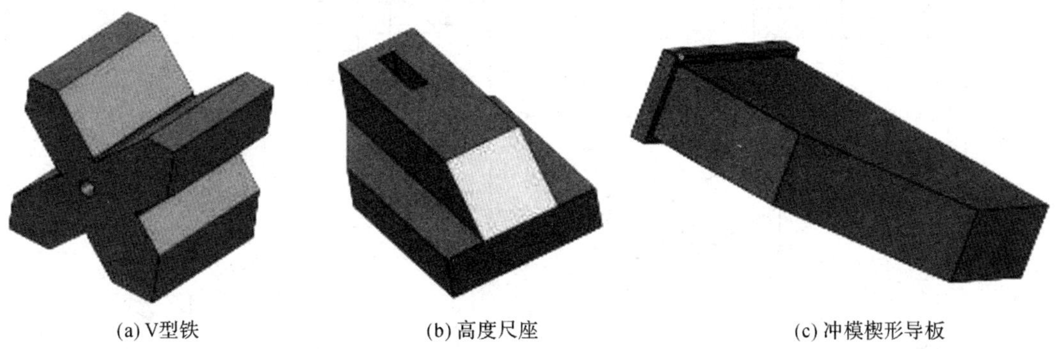
(a) V型铁　(b) 高度尺座　(c) 冲模楔形导板

图 5-5　常见由长方体切割成的零件形体

例 5-1 完成如图 5-5(a)所示的切割式零件—V型铁的三视图。

V 型铁是机械加工中常用的圆棒防转动定位工具零件，如图 5-6 所示。作图时，可假定 V 型铁是由长方体形毛坯加工而成的，按切割方式分步完成三视图：

(1)画出长方体三视图，如图 5-7(a)；

(2)在长方体上侧、左侧切割 V 型槽，结合轴测示意图分析，注意切割时新生成平面与原平面相交、新生成平面间相交将生成直线棱边，画出三视图如图 5-7(b)所示。

图 5-6　V 型铁定位圆棒

(3)在长方体下侧、右侧切割 V 型槽，如(2)所分析，也将生成新的直线棱边，由于这些棱边在俯视图、左视图中属于被遮住的直线而应画成虚线。画出三视图如图 5-7(c)所示。

需要指出的是，今后绝大多数场合，虚线所表达的内容是完全可以在各视图的实线图样中读出的，所以工程图中这些虚线都是省略不画的。

例 5-2　完成如图 5-8(a)所示切割式零件形体的三视图。

该零件可视作由一长方体切割而成。省略长方体三视图，作图过程如图 5-8(b)、(c)、(d)所示。过程分析可参照例 5-1。其中左视图中的虚线也是可以省略不画的。

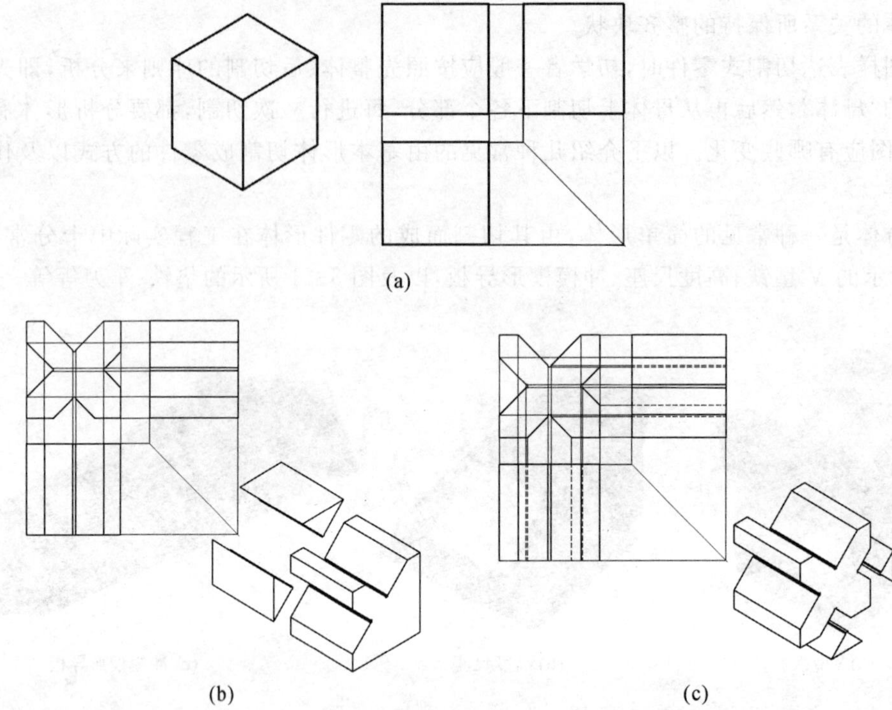

(a)

(b) (c)

图 5-7 切割式零件形体三视图(一)

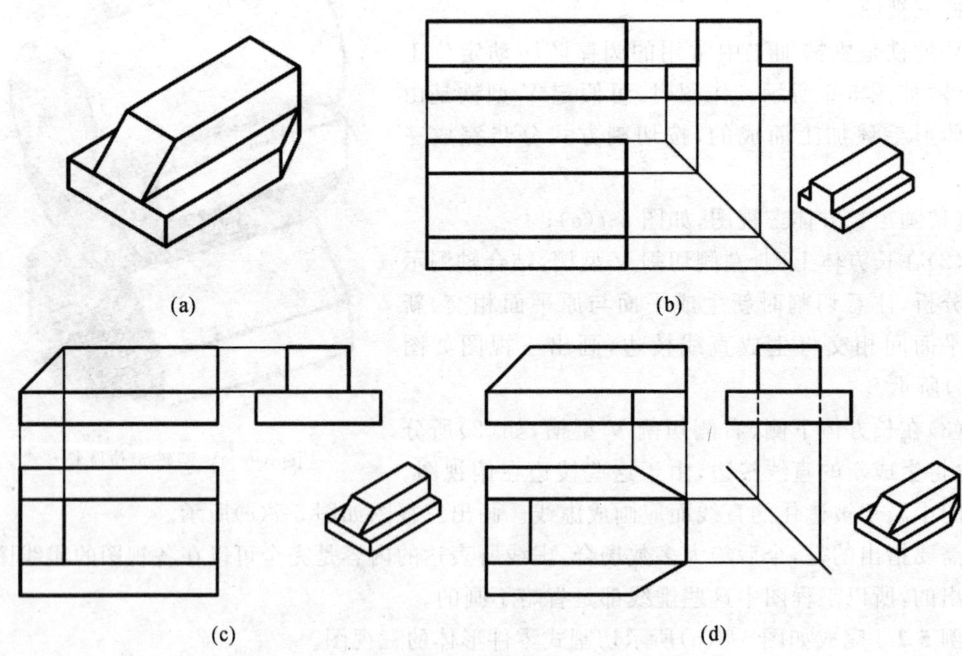

(a) (b)

(c) (d)

图 5-8 切割式零件形体三视图(二)

例 5-3 完成如图 5-9(a)所示的切割式零件形体的三视图。

此题目也是可视作由一长方体切割而成零件形体的例子，省略长方体的三视图，作图过程详解如下：

(1)画出在长方体上切除形体Ⅰ后的三视图。切除形体Ⅰ时是沿垂直于长方体前后端面方向切到底的，投影成主视图就是原来的长方形去掉了一个三角形，生出一条斜线。由于长方体的底面并没有被切及，所以俯视图原来的长方形外形保持不变，但长方体顶部的长方形被切短了，短的长方形的新生成边线会反映在俯视图中。平面 *ABCD* 是本次切割加工产生的新平面，*AB*、*CD* 两条边在俯视图中投影长度就是他们的真实长度。*BC* 与 *AD* 两条边在俯视图中的投影则变短了，但由于他们分别位于长方体前后端面上，故投影重合在原长方形边线上。左视图分析过程与上述基本相同，只是左视图中新增的是一条水平的轮廓线，反映的是长方体左端面在高度方向上被切短了而新生成的边线。三视图如图 5-9(b)所示。

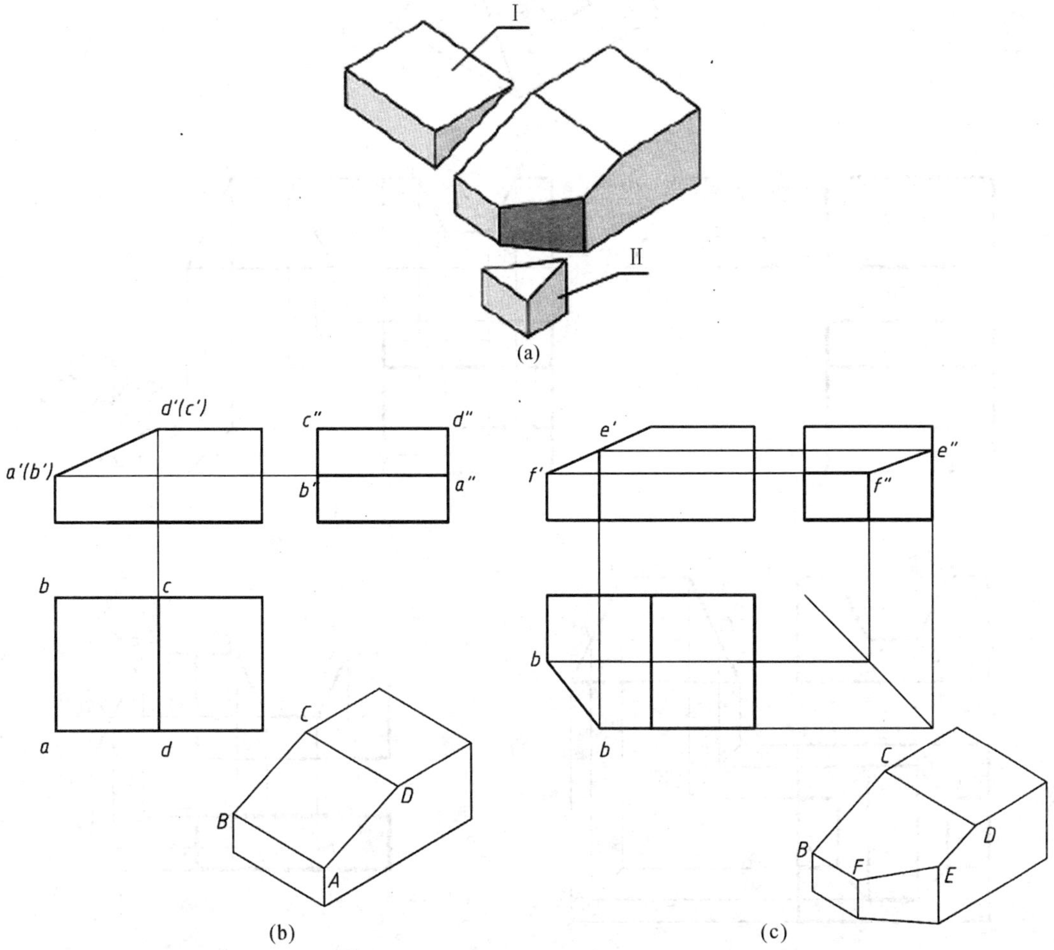

(a)

(b)

(c)

图 5-9　切割式零件形体三视图(三)

(2)画出在长方体上切除形体Ⅱ后的三视图。切割三棱柱Ⅱ时是沿垂直于长方体上下端面方向切到底的，结果在俯视图原长方形上去掉了一个小三角形，生出一条斜线。新生成的平面与前端面的交线是一条铅垂线，应反映在主视图上。这次切割给左视图带来的变化：一是原左视图下部分长方形切短了，新矩形边位置依与俯视图斜线上端点宽相等确定，擦除切掉的线段。二是会新增一个带斜边的四边形，斜线一端起自新矩形边上边端点，另一端终止于属于前端面的新的铅垂交线上边端点，点位置按与主视图铅垂线上端点高平齐确定。完成的零件形体三视图如图 5-9(c)所示。

例题 5-3 在有轴测图情况下绘图并不算困难，但却很典型。读者可以用此题作补画左视图或补画俯视图练习，直到理解、熟练。

例 5-4 完成如图 5-10(a)所示的形体开槽的三视图。

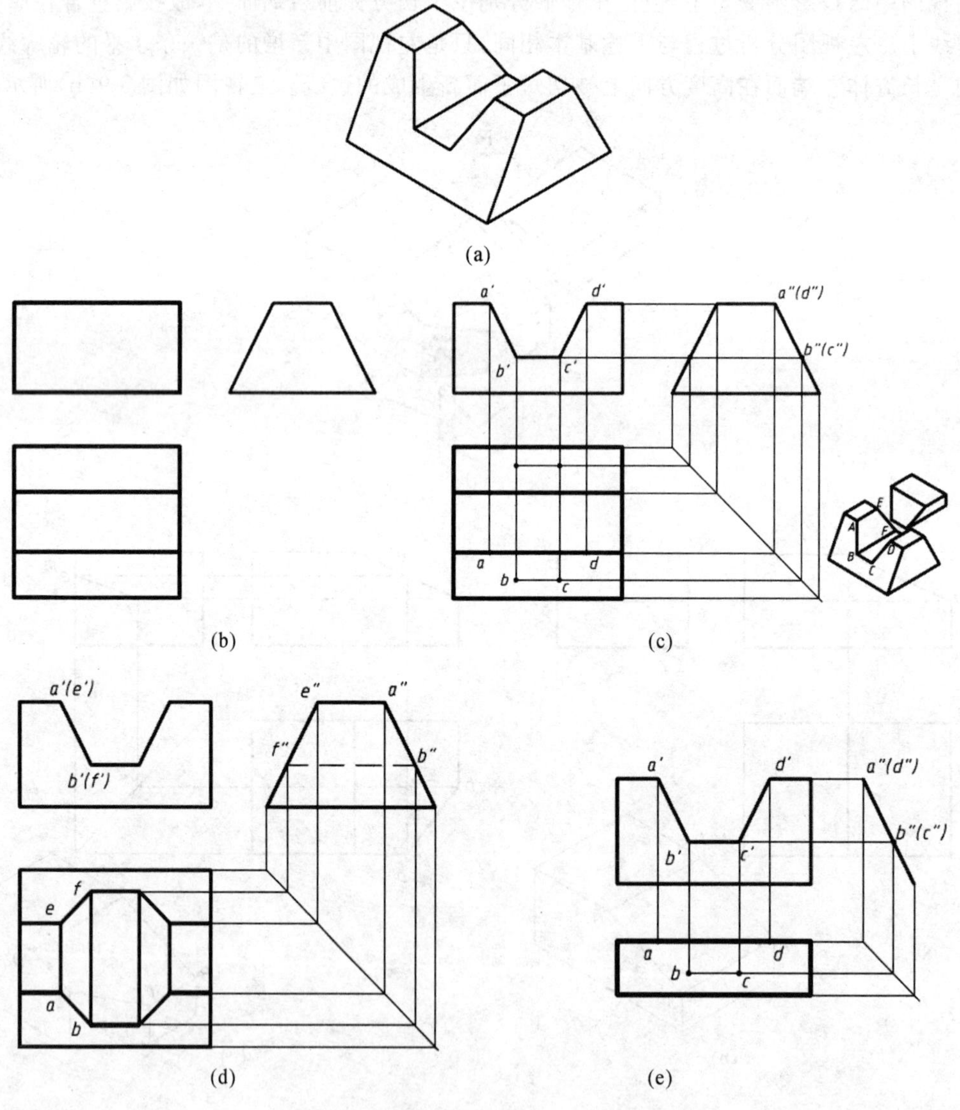

图 5-10 棱柱切割平底 V 槽形体三视图

图 5-10(a)所示形体如果批量生产，就会采用梯形截面的棱柱形(甚至带槽)毛坯，本题按单件加工，以长方体为毛坯母体，如图 5-10(b)首先绘制出棱柱毛坯三视图，然后绘制切

割倒梯形槽后形体的三视图。先在主视图上按左右对称位置切出倒梯形，左视图与槽底对应位置生成一条虚线，为了正确绘制俯视图，可先在主视图上标出倒梯形 4 个顶点 a'、b'、c'、d'，这 4 个可见点均位于棱柱的前侧面上，而棱柱的整个前侧面积聚投影成左视图右侧的斜直线，也就是说，棱柱前侧面上所有的点都积聚投影在这条斜直线上，当然也包括倒梯形 4 个顶点，于是依高平齐规则从 4 个顶点画投影线交积聚直线，在其上标出 4 点的投影 a''、b''、c''、d''。被遮盖的点加括号表示。接下来在俯视图中逐一画出各点的第三面投影 a、b、c、d，并注意 a、d 其实是可以直接在棱边上注出的。由于形体结构前后对称，因此可以画出与 a、b、c、d 对称的 4 个点投影，如图 5-10(c)所示。连接 a、b、c、d，对称点也作同样连接，并且它们位于 a、d 之间的原有棱线被切除。进一步分析可知，前面的点与对称点应该连成的直线，因为对应位置切割时新生成了棱边，直线即为棱边的投影。在注出 a''、b''后，根据结构对称应该可以注出 e''、f''，然后根据注出 a''、b''、e''、f''积聚于主视图一条直线求出俯视图上的 e、f，也可以获得各条新生成棱线的投影。于是可画出完整俯视图如图 5-10(d)所示。

在画完俯视图中点的第三面投影 a、b、c、d 后，也可以按求出 e、f 点的方法绘制出各条新生棱线投影。这样，投影 a、b、c、d 与投影 a、b、e、f 的求解都利用了投影面垂直面非积聚投影间具有类似性的性质，略有不同的是，空间 A、B、C、D 是侧垂面，A、B、E、F 是正垂面。如图 5-10(e)所示。

在画俯视图时，左视图的 b''、f''两个投影点是必须利用的，但工程图中两点间的虚线是省略不画的。以后内容中的虚线在一个阶段还是要画出，但只要没有强调必须保留就可以省略。

5.3 画法几何学基础(2)

在求解简单切割类零件形体投影过程中已经知道，绘图是通过找到棱(直)线上、平面上的一些特征点进行的。画法几何学中点、直线、平面的关系的知识，在理解和求解复杂形体表达时会提供重要的支持和帮助。

5.3.1 平面上的直线和点

1. 平面上取任意直线

画法几何学中，直线与平面的关系与初等几何是相一致的，常在投影图中直接应用。例如，直线是否在平面上的判断依据：

(1)如果一直线过平面上的两个点，则此直线必在该平面内。如图 5-11(a)所示的 M、N 为平面 P 上的两个点，过 M、N 作的直线必定在 P 面上。

(2)如果一直线过平面上的一个点且平行于该平面上的另一直线，则此直线必在该平面内。如图 5-11(b)所示，直线 AB 与点 M 均在平面 P 上，过 M 点作直线平行 AB，该直线必定在 P 面上。

例 5-5 如图 5-12(a)所示，在平面 ABC 内作一条距离 H 面为 10mm 的水平线。

分析：因为要求在平面内所做的直线为水平线，因此首先要应用水平线的投影特性：其正面投影平行 OX 轴，因此作图要从正面投影图开始；其次，距离 H 面为 10mm 的条件表明，直线上所有的点的 Z 坐标同为 10，而平面内满足此条件的水平线只有一条。作图步骤为：

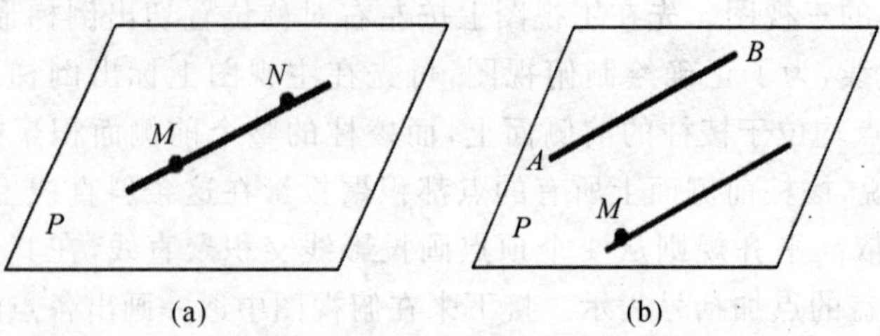

图 5-11 直线在平面上的判别依据

1)先在正投影面标定一距 OX 轴为 10mm 的点,自此点作 OX 轴的平行线与平面边界轮廓线相交,如图 5-12(b)所示;

2)标出平行线与平面的交点的正面投影 m'、n',再遵循点在直线上的投影规律,作出交点的水平投影 m、n;

3)用粗实线分别连接 m'、n'及 m、n,完成水平线 MN 的投影。如图 5-12(c)所示。

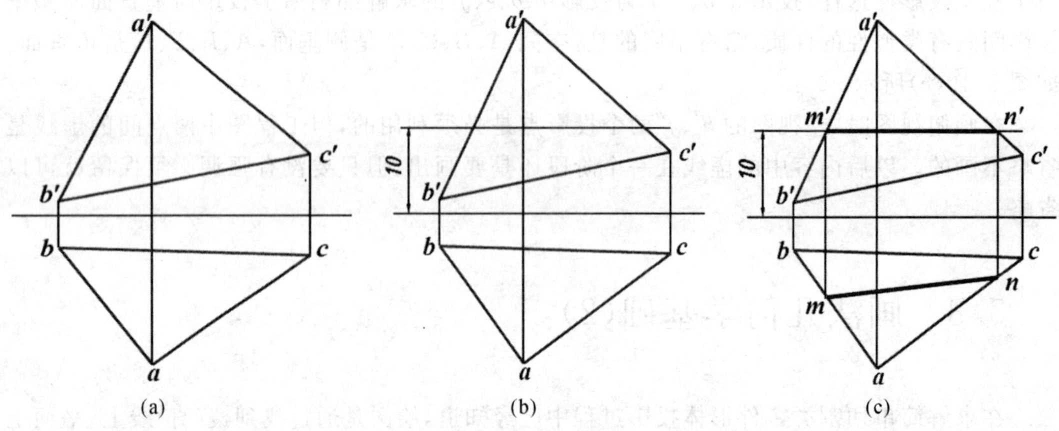

图 5-12 在已知平面上取水平线

2. 平面上取点

点在平面上的判断依据:如果一个点位于平面内一条直线上,该点必定属于平面。在平面上取点,最直接的方式是取在边界轮廓上,若要取在平面内部,则需先要在平面上取直线,再在直线上取点。

例 5-6 如图 5-13(a)所示,已知 K 点在平面 ABC 上,求 K 点的水平投影。

分析:既然 K 点在平面 ABC 上,那它一定位于过该点的平面上的直线上,在平面的正投影内过已知 K 点作任一平面内辅助直线,再作出它们的水平投影均可解题。不过,为了作图方便,通常使过 K 点的辅助直线引自一个已知点。

作图步骤如下:

1) 过已知 K 点的正面投影 k' 作辅助直线正面投影 $a'd'$,如图 5-13(b)所示;

2) 作出辅助直线水平投影 ad,如图 5-13(b)所示;

3) 在 ad 上作出 K 点的水平投影 k,如图 5-13(c)所示。

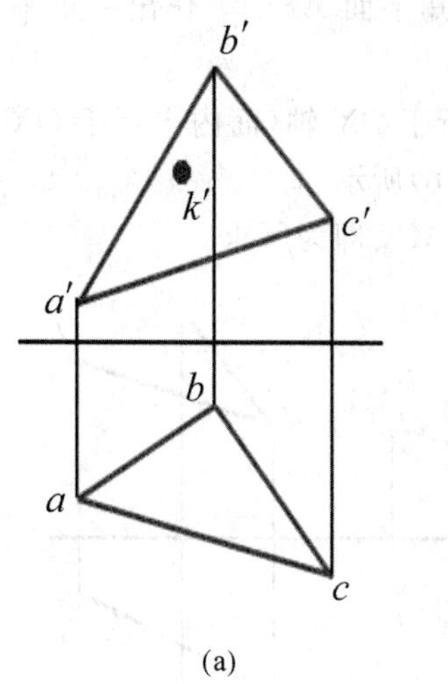

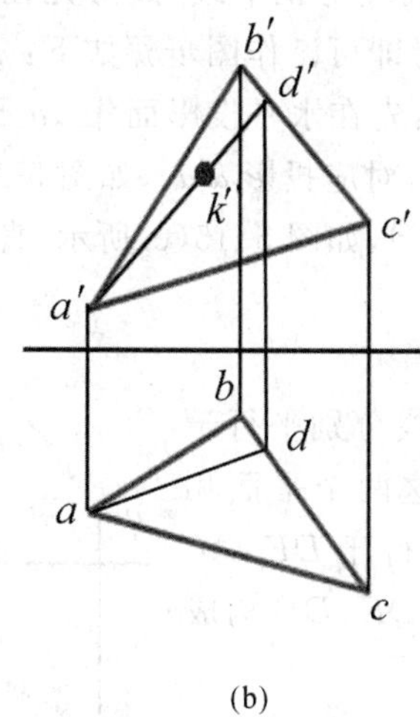

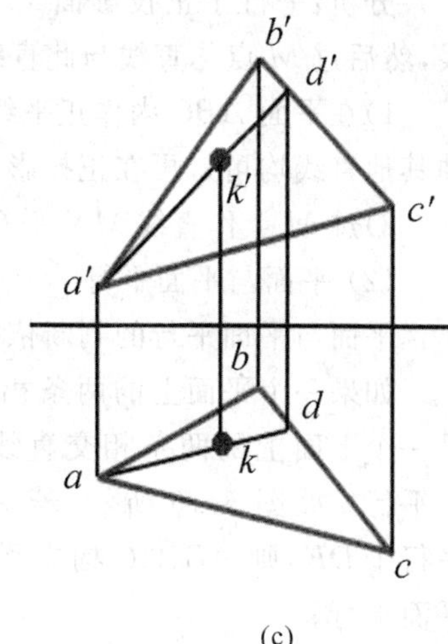

图 5-13　在已知平面上取点

5.3.2　直线、平面及平面间的相对位置

直线与平面及平面与平面之间的相对位置都有两种:平行与相交,垂直是相交中的特例。

1. 平行关系

(1) 直线与平面平行

直线与平面平行的判断依据:如果平面外的一条直线平行于平面内的某一直线,则此直线与该平面平行。如图 5-14 所示,直线 AB 位于平面 P 面外,在平面内可找出一条直线 CD 与直线 AB 平行,故直线 AB 与平面 P 平行。

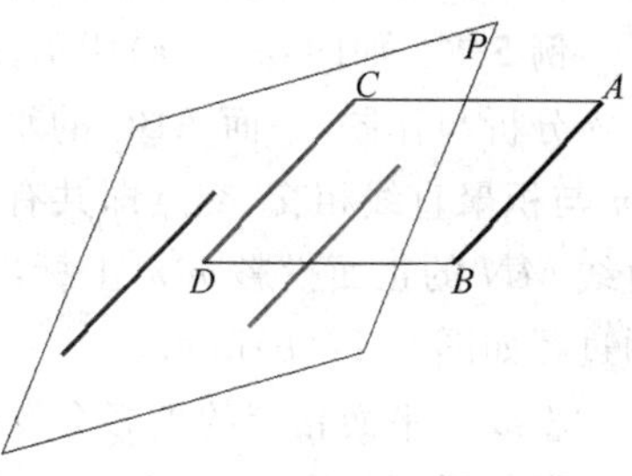

图 5-14　直线与平面平行

例 5-7　已知倾斜平面 ABC 及面外一点 M,如图 5-15(a)所示。求作过 M 点直线 MN,使其平行于平面 ABC,且平行于正投影面 V。

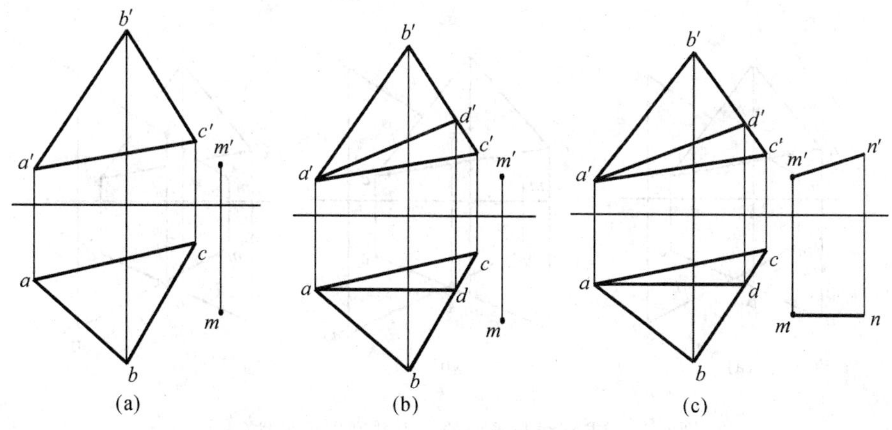

图 5-15　作直线平行于平面

分析：平行于正投影面 V 的直线应为正平线，故可先在已知平面 ABC 上作出一正平线，然后过 M 点作直线与此直线平行即可。作图步骤如下：

1)在平面 ABC 内作正平线 AD：先在水平投影面作 ad 平行于 OX 轴(面内平行于 OX 轴其他直线均可)，再在正投影面作出对应投影 $a'd'$，如图 5-15(b)所示。

2)过 M 点作直线 MN 平行于 AD，如图 5-15(c)所示，直线 MN 即为所求。

(2) 平面与平面平行

平面与平面平行的判断依据：

如果一个平面上的两条相交直线分别平行于另一个平面上的两条相交直线，则这两个平面相互平行。如图 5-16 所示，若 AB 平行于 DE，AC 平行于 DF，则 AB、AC 构成平面与 DE、DF 构成平面平行。

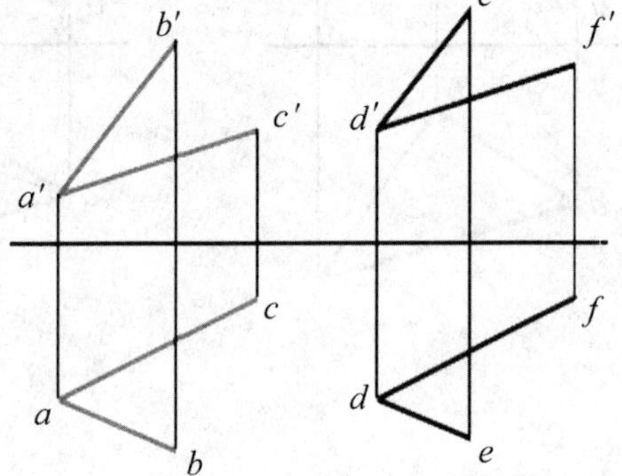

图 5-16 平面与平面平行

2. 相交关系

(1) 直线与平面相交

如果一直线与一平面相交，其交点必为直线与平面所共有，即：交点既在直线上又在平面上。

例 5-8 如图 5-17(a)所示，求直线 MN 与平面 ABC 的交点 K 并判别可见性。

分析与作图：平面 ABC 的水平投影积聚为一直线，故为铅垂面，直线 MN 的水平投影 mn 与积聚直线相交，交点即共有点的位置具有唯一性，即为 k 点，再按点在直线上规则，在直线 MN 的正面投影 $m'n'$ 上标出投影 k'，k' 点即为平面上的交点在正投影面上的位置，作图过程如图 5-17(b)所示。

直线与平面相交的投影会发生平面遮挡直线的表达情形，本题正面投影图中直线的一段投影与平面投影重叠，且被穿过平面的 k' 点分为位于平面前后的两部分。要判断哪段被遮挡在平面后方，需要分析水平投影。从水平投影可以看出；线段 nk 始终处于平面 abc 之前，线段 mk 则始终处于平面 abc 之后。故直线正面投影 $m'k'$ 一侧的一段被平面投影 $a'b'c'$ 所遮挡，用虚线表示，直线其余正面投影均用粗实线表示。作图过程如图 5-17(c)所示。

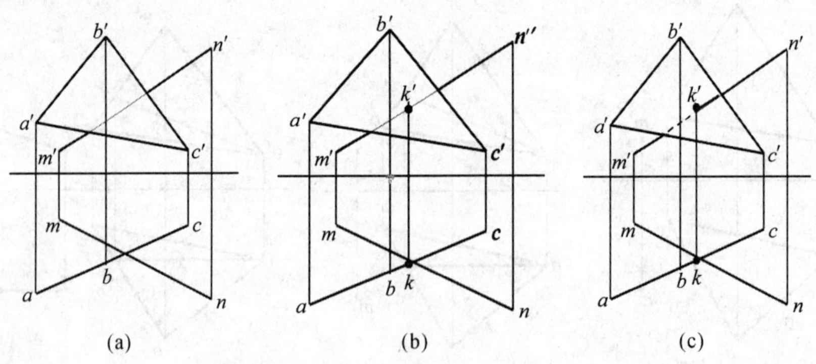

图 5-17 求直线与平面的交点并判别可见性(一)

例 5-9 如图 5-18(a)所示,求直线 MN 与平面 ABC 的交点 K 并判别可见性。

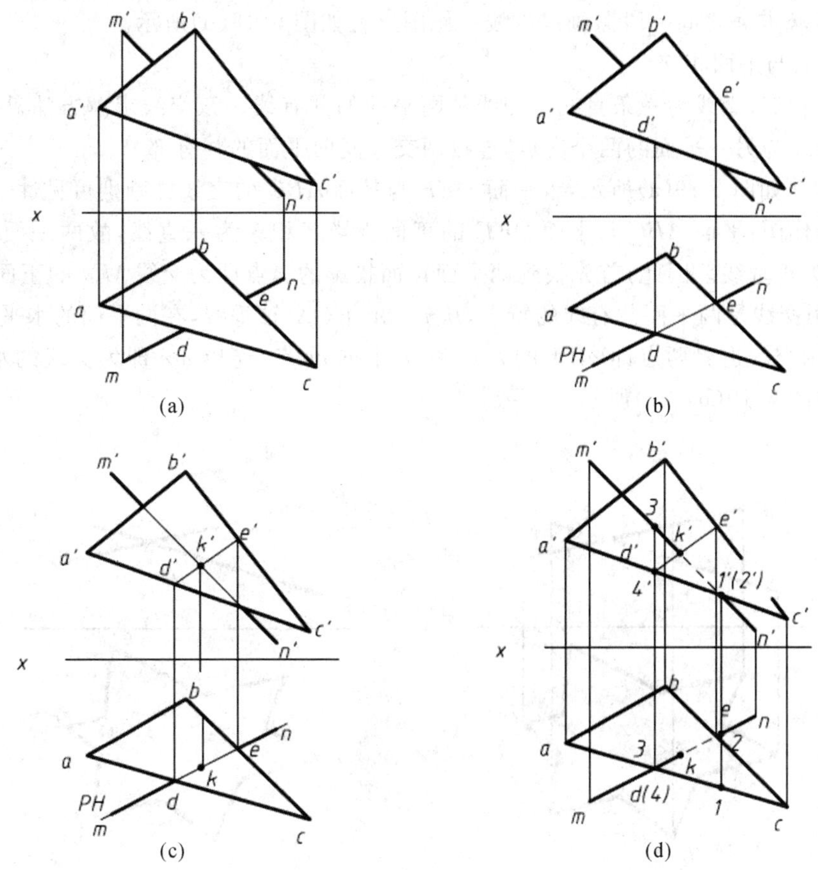

图 5-18 求直线与平面的交点并判别可见性(二)

分析与作图:平面 ABC 与直线 MN 均为一般位置,需要用辅助平面法求解:过直线 MN 作一铅垂面 P,则铅垂面 P 积聚成直线的水平投影处重叠着 MN 的水平投影 mn 和平面 P 与平面 ABC 的交线 de,其中必包含着平面 ABC 与直线 MN 的交点 K。在正投影面出 $d'e'$,$d'e'$ 与 $m'n'$ 必不再重合而表现为相交,交点即为所求的 K 点,在两投影面上作出 k' 与 k。作图过程如图 5-18(b)、(c)所示。

如果选择过直线 MN 作一正垂面为辅助平面,解题方式也是一样的,只是先求得 k 点。另外,如果不引入辅助平面,只要确信平面 ABC 在水平投影面上与直线 MN 的水平投影 mn 重叠的投影中必包含着平面 ABC 与直线 MN 的交点 K,再在正投影面上把平面上与 MN 重叠的投影画出,同样可以求得交点 K。

判断正投影中直线的可见性,可从线面重影的 $1'(2')$ 点位置向水平投影面引投影线,找出直线与平面上点的水平投影,看投影点距离正投影面的远近:显然平面上点的投影远于直线上点的投影,平面上的点标记作 1,直线上的点标记作 2,直线正投影的 kn 段位于平面的后方,k' 与 $2'$ 之间一段需画成虚线,mk 段用粗实线绘制。判断水平投影中直线的可见性,可从线面重影的 3、4 点位置向正投影面引投影线,找出直线与平面上点的正投影,看投影点的高低：显然直线上点的投影高于平面上点的投影，直线上的点标记作 $3'$，平面上的点标记作 $4'$，因此，直线水平投影的 mk 段位于平面的上方，用粗实线绘制；直线正投影的 kn 段位于平面的下方，k 与 e 之间一段需画成虚线。作图过程如图 5-18(d)所示。

(2) 平面与平面相交

两平面相交，交线为一条直线。交线是两平面的共有线。该交线求解方法就是求解一平面两边界线与另一平面的两个交点，连接两交点间两平面的共有部分。

例 5-10 如图 5-19(a)所示，求平面 DEF 与平面 ABC 的交线并判别可见性。

分析与作图：平面 ABC 与平面 DEF 的正面投影各积聚为一直线，故两平面均为正垂面，其交线为正垂线。因此，首先找到两平面正面投影的交点即为交线 MN 的正面投影 m'、n'；然后利用交线是两平面共有线的特点，从 m'、n' 作 OX 轴垂线，在两平面的水平投影相交部分，找到相交的边界两点即 ac 上的 n 点和 bc 上的 m 点，连接 mn 即为交线的水平投影。作图过程如图 5-19(b)、(c)所示。

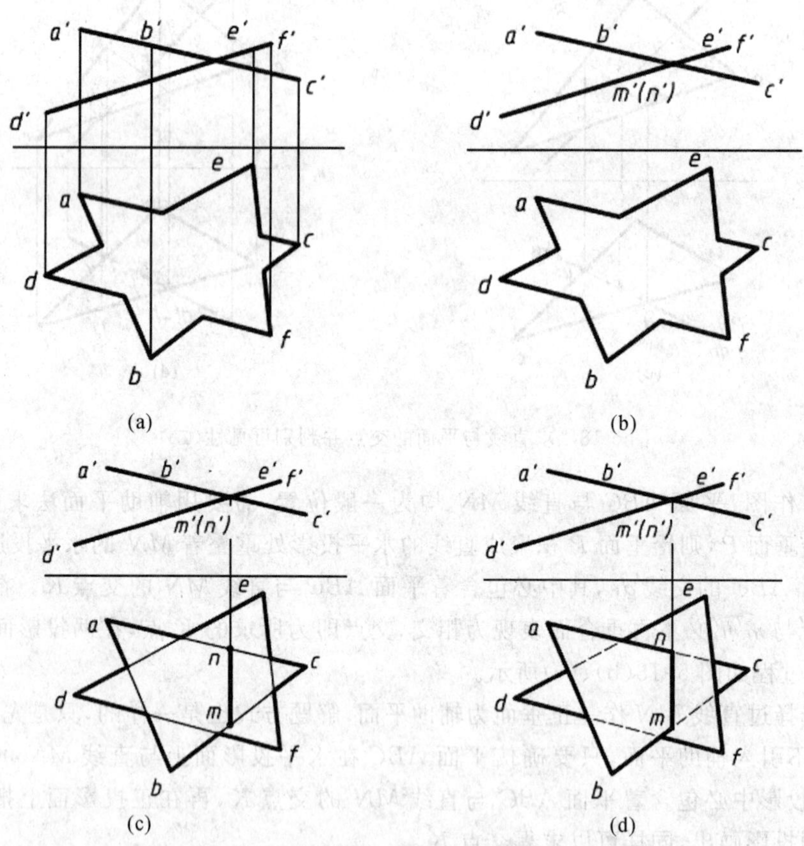

图 5-19 求平面与平面的交线并判别可见性

判断水平投影中平面的可见性，可从两平面的正面投影分析。在正面投影交线 $m'n'$ 的左侧，平面 ABC 的投影在上，DEF 在下，故在水平投影中由于上遮下规律，故交线 mn 左侧的平面 ABC 的水平投影可见，轮廓用粗实线绘制，平面 DEF 被 ABC 遮住部分用虚线表

示；同理，在正面投影交线 $m'n'$ 的右侧，平面 ABC 的投影在下，DEF 在上，故在水平投影中交线 mn 右侧的平面 DEF 的水平投影可见，轮廓用粗实线绘制，平面 ABC 被 DEF 遮住部分用虚线表示；其余用粗实线绘制。作图过程如图 5-19(d)所示。

5.4 切割类形体的截交线

对基本立体的切割过程也可以看作是用一个平面或者几个组合平面切割掉了原几何体的部分形体，形成了新的形体轮廓。画法几何学中把截切立体的平面称为截平面，截平面截切空间形体得到的平面与形体的交线定义为截交线。如图 5-20 所示。掌握和正确地运用截交线的概念及其画图方法对绘制与读识较复杂的切割式零件视图，会有很大帮助。

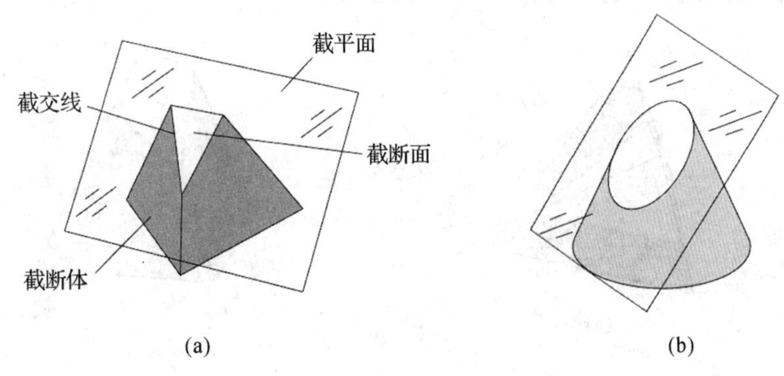

图 5-20 截交线概念

截交线具有下列基本性质：

1) 截交线是截平面与形体表面的共有线，截交线上的点是截平面与形体表面的共有点；

2) 由于形体是有一定的范围的，因此截交线应为封闭的平面图形。如图 5-20 所示。当空间形体表面由若干个平面组成时，截交线是一个多边形；当空间形体表面是曲面时，截交线通常是一条平面曲线。

图 5-21 所示平面立体的表面是由若干个平面图形所组成的，所以它的截交线均为封闭的、直线段围成的平面多边形。用一个截平面截切平面形体时，截交线的每一条边都是平面与截平面的交线，各顶点都是棱线与截平面的交点。如图 5-22 所示，用多个截平面组合截切平面形体时，切口由多个相交的截断面组成，相邻两个截断面的交线的端点也是形体表面截交线的端点，故它们都在形体的表面上。因此，求截交线的投影可利用形体表面取点的方法求出截交线上各顶点的投影，然后依次连接，完成作图。

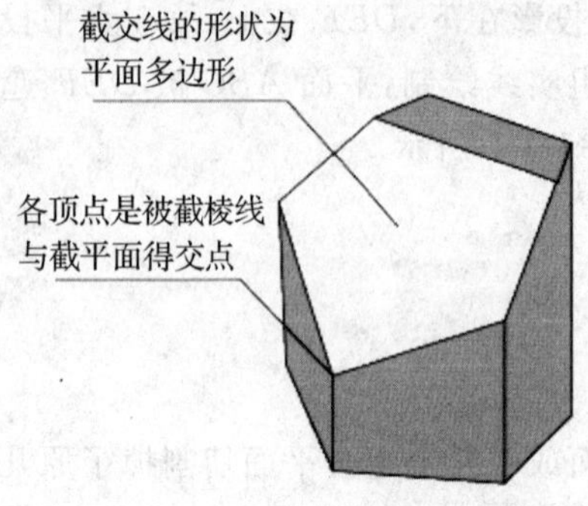
截交线的形状为
平面多边形
各顶点是被截棱线
与截平面得交点

图 5-21 用一个截平面截切平面形体

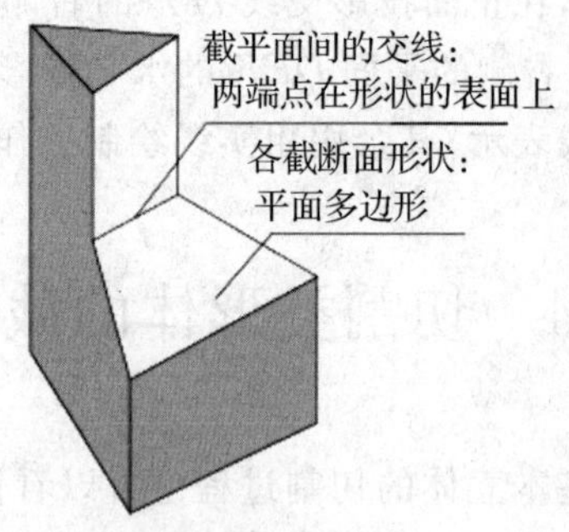
截平面间的交线:
两端点在形状的表面上
各截断面形状:
平面多边形

图 5-22 用多个截平面组合截切平面形体

5.4.1 正棱锥切割而成零件形体的投影图

常见正棱柱的切割举例如图 5-23 与 5-24 所示。

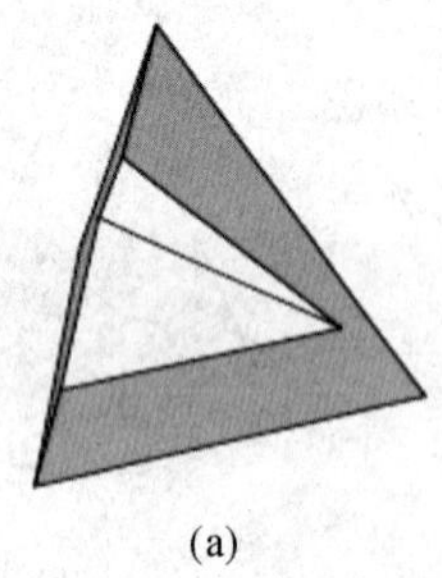

(a)

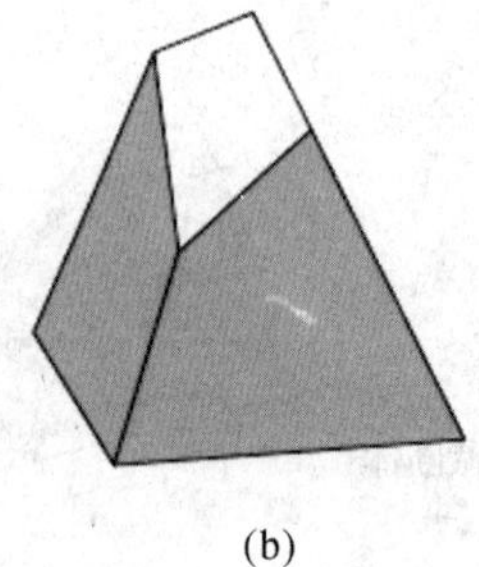

(b)

图 5-23 常见正棱锥切割

例 5-11 完成如图 5-24(a)所示三棱锥被截切后零件的三视图。

分析:单一截平面与棱锥 3 个侧棱面相交,故截交线由 3 条交线组成,截断面为三角形。三角形的各顶点分别是截平面与棱锥表面的 3 条被截棱线的交点。由于截平面为正垂面,故截断面的正面投影积聚成直线段,截交线水平投影与侧面投影为三角形。

作图过程如下:

1) 取锥底面平行于水平投影面,取一棱锥面垂直于侧投影面,按截平面为正垂面作出三棱锥三视图,注出各顶点 A、B、C、S 的投影点代号,在正投影面按截平面截切棱边位置正确注出截交线 3 个顶点的投影:$1'$、$2'$、$3'$。如图 5-24(b)所示。

2) 按点在棱边对应投影位置上,求出 3 个顶点的水平投影 1、2、3 点和侧面投影 $1''$、$2''$、$3''$,并分别连出三角形截交线。如图 5-24(c)所示。

3) 确认、描粗截切后形体各投影轮廓线。如图 5-24(d)所示。

例 5-12 完成如图 5-25(a)所示切槽的正三棱锥的三视图。

分析:本例为三个截平面组合截切正三棱锥,一个截平面平行于锥底面,另两个截平面同时垂直于锥底面和锥体背面。

作图:

1) 同上例,取锥底面平行于水平投影面,取一棱锥面垂直于侧投影面作出三棱锥三视图,注出各顶点 A、B、C、S 的投影点代号。

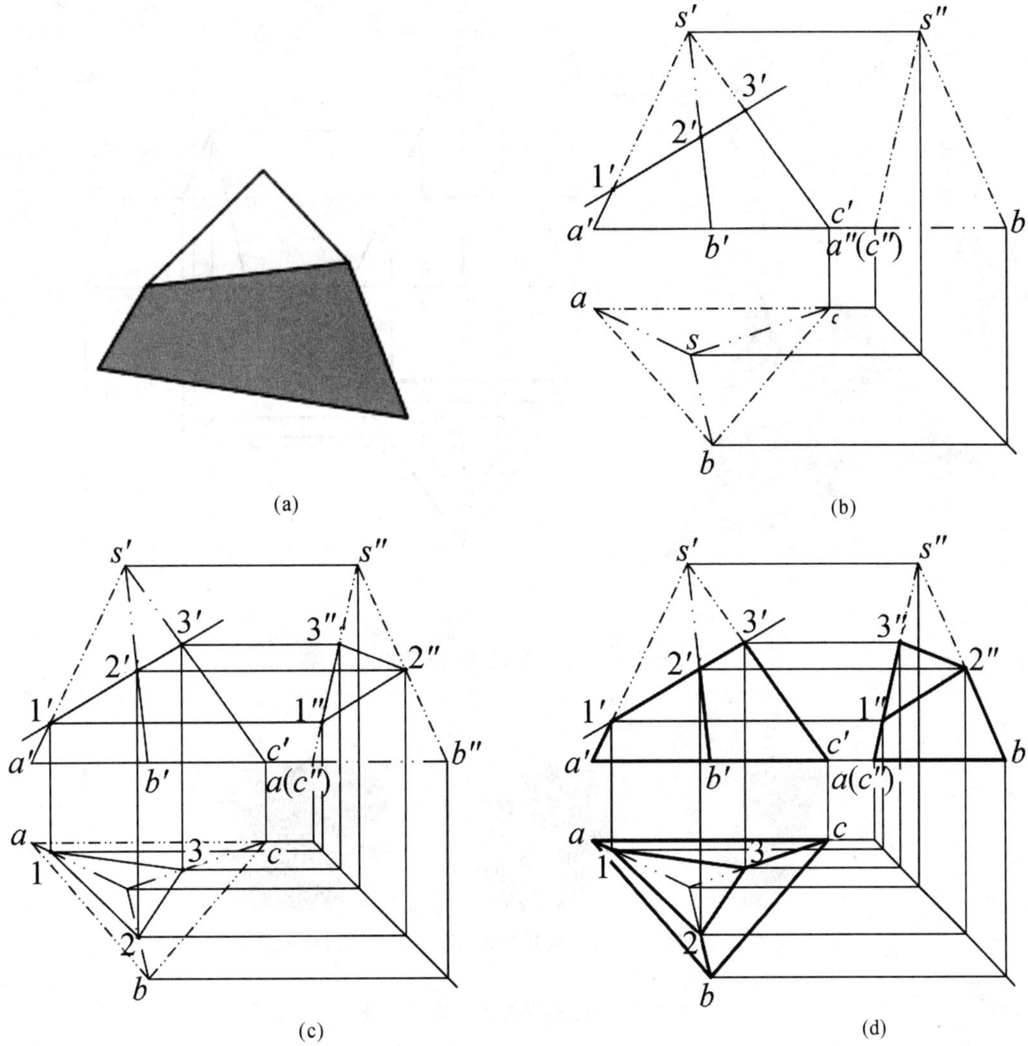

(a)

(b)

(c)

(d)

图 5-24 三棱锥切割

2）因三个截平面均垂直于正投影面，故可直接在正投影面画出截切得的槽形积聚性投影，并注出槽形半边特征点 $1'$、$2'(3')$、f'，另半边可按对称性画出。

3）按水平截平面截得正三棱锥的三角形交线均平行于底面各对应边，可在俯视图得到三角形 edf，再根据侧平截平面与 edf 相交，可注出 1、2、3、f 点，于是可得截交线水平投影的 5 边形。

4）按投影关系注出各点的侧面投影 $1''$、$2''$、$3''$、f''，正确连接成截交线投影。

5）判别截切后原图线的去留，有虚线要画出，确认无误后描粗截切后形体各投影轮廓线。如图 5-25(b)所示。

5.4.2 正棱柱切割而成零件的投影图

正棱柱是一种常见的简单形体，由其切割而成的零件在工程实际中也较常见，如图 5-26所示的正六棱柱切割成的六角开槽螺母坯、带定位槽六角棒和五棱锥压头等等。

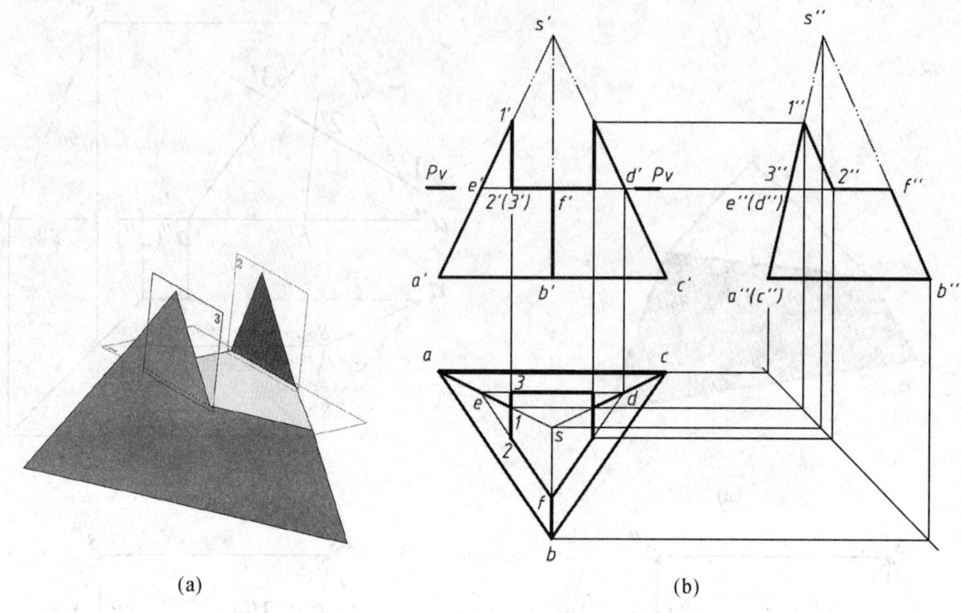

(a) (b)

图 5-25　正三棱锥切槽投影图

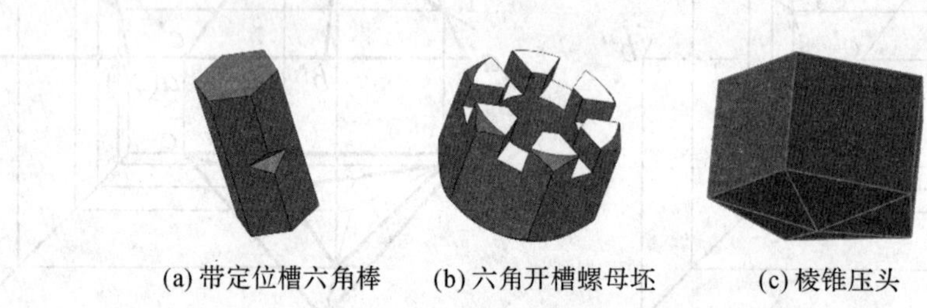

(a) 带定位槽六角棒　(b) 六角开槽螺母坯　(c) 棱锥压头

图 5-26　正六棱柱切割成的零件

例 5-13　已知如图 5-27 所示切口的正面投影,完成被切正六棱柱的三视图。

分析:截平面与正六棱柱端面及 6 个侧棱面相交,故截交线由 7 条交线组成,形成为 7 边形。7 边形的各顶点分别是截平面与端面两棱边、与棱柱的 6 条棱线的交点。由于截平面为正垂面,故截交线的正面投影积聚成直线,水平投影与侧面投影皆为 7 边形。

作图:

1) 取正六棱柱轴线垂直于侧投影面、棱柱一对侧面平行于正投影面位置作出棱柱三视图,注出截切端面两棱边及棱柱的 6 条棱线的各交点的正面投影:1′(7′)、2′(6′)、3′(5′)、4′。如图 5-27(a)所示。

2) 注出各点的侧投影面:1″、2″、3″、4″、5″、6″、7″。如图 5-27(b)所示。

3) 按投影关系求得各点的水平投影:1、2、3、4、5、6、7。在左、俯视图分别依次连接各点成截交线投影。如图 5-27(b)所示。

4) 判别截切后原图线的去留,有虚线要画出,确认无误后描粗截切后形体各投影轮廓线。如图 5-27(c)所示。

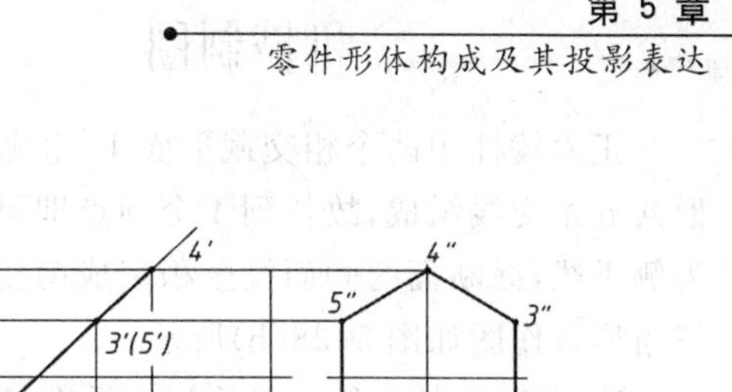

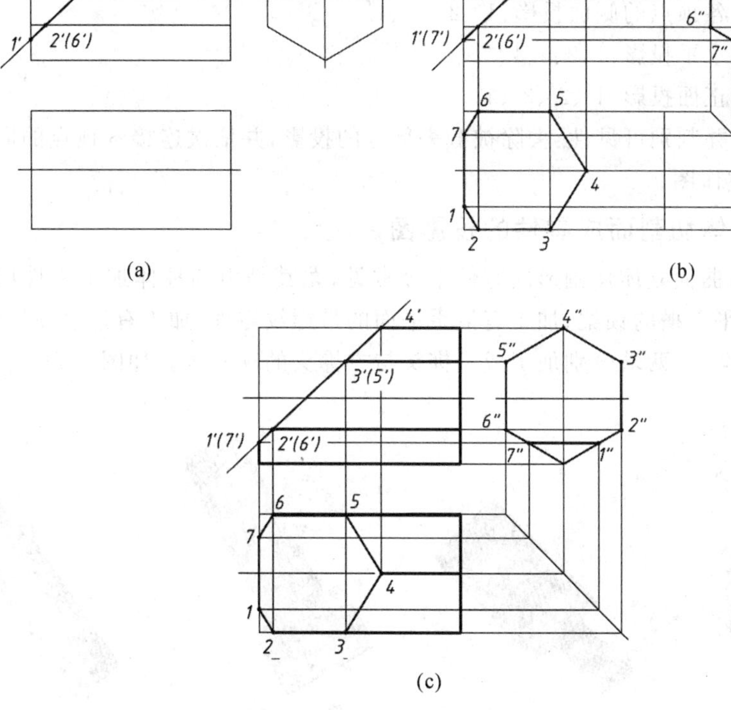

图 5-27　截切正六棱柱

例 5-14　完成如图 5-28(a)所示带定位槽六角棒的三视图。

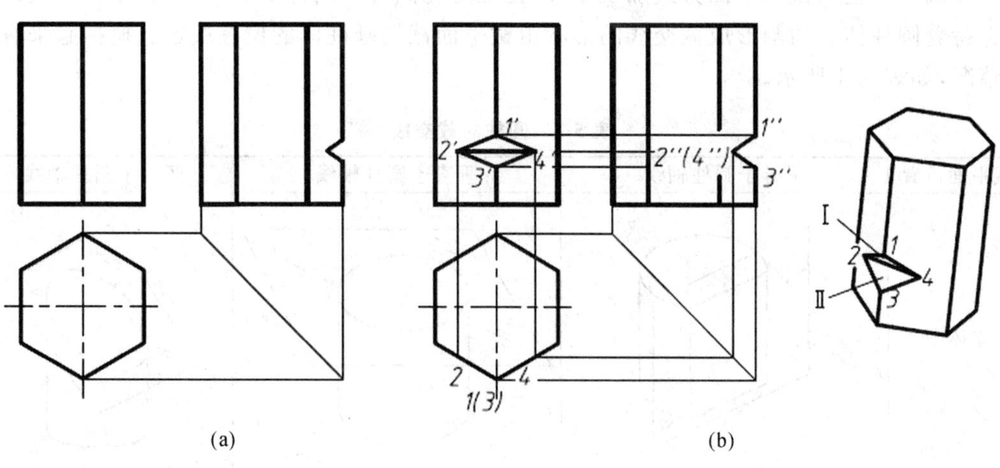

图 5-28　带定位槽六角棒

正六棱柱用两个相交截平面Ⅰ、Ⅱ截切，分别与两个侧棱面相交，故截交线由两个三角形共五条交线组成，故找到4个顶点即可作出投影。由于两个截平面均为侧垂面，故其交线为侧垂线，截断面的侧面投影积聚成两直线段，正面投影为两个三角形，水平投影为不可见三角形。作图如图5-28(b)所示：

1）求出截断面各顶点的侧面投影：1″、2″、3″、4″。

2）求出各点的水平投影：1、2、3、4。

3）求出各点的正面投影：1′、2′、3′、4′。

4）整理轮廓线并判别可见性：去除被截去部分的投影，并依次连接各顶点的同面投影，补画图示虚线，完成作图。

5.4.3 圆柱体切割而成零件的投影图

工程实际中，由曲面立体切割形成零件十分常见，尤其是由圆柱体加工零件居多，例如头部与尾部加工有平面槽的锁梁、加工有扳手平面的带螺纹零件、加工有连接通槽和方便孔加工的平面的凸模柄座、两端分别加工成扁榫头与方榫头的阀杆等。如图5-29所示。

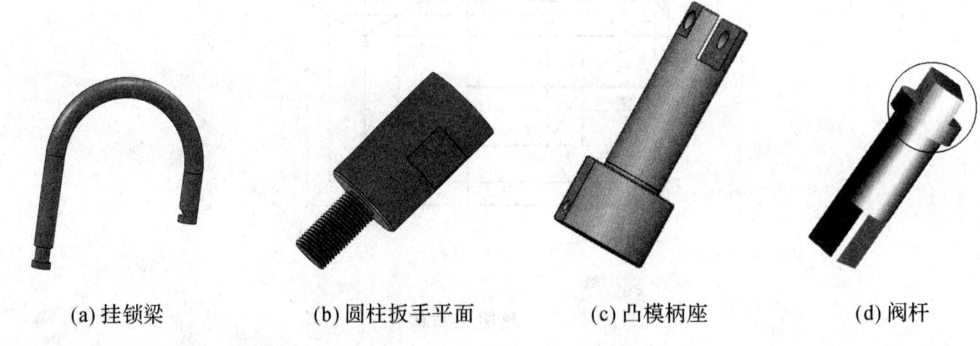

(a) 挂锁梁　(b) 圆柱扳手平面　(c) 凸模柄座　(d) 阀杆

图5-29　圆柱体切割零件

在圆柱体上以截切平面方式加工零件，往往是在圆柱体局部加工出平面，零件一些部分仍保持着圆柱体。切割形成截交线的形状由截平面截切圆柱体的位置决定。概括起来有三种情况，如表5-1所示。

表5-1　圆柱的截交线

截平面位置	平行于圆柱轴线	垂直于圆柱轴线	倾斜于圆柱轴线
立体图	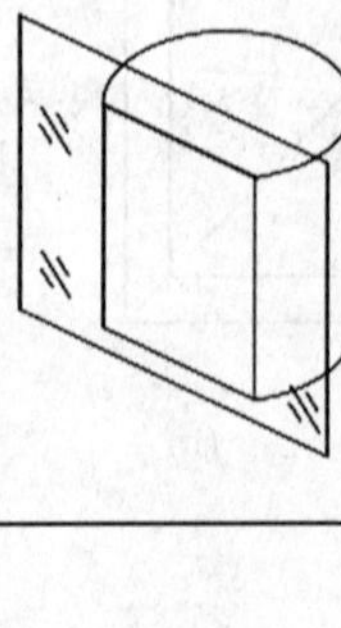	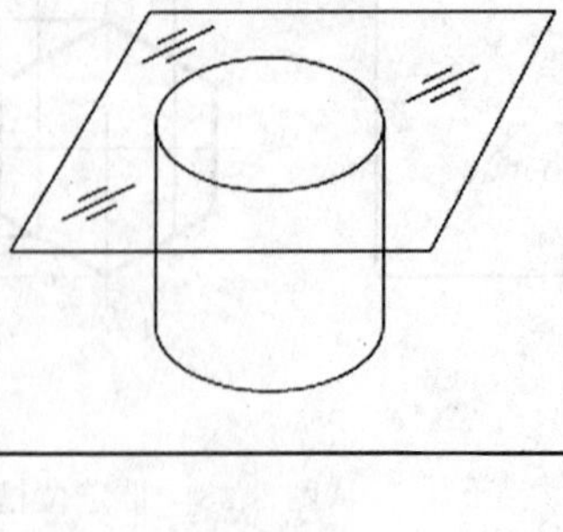	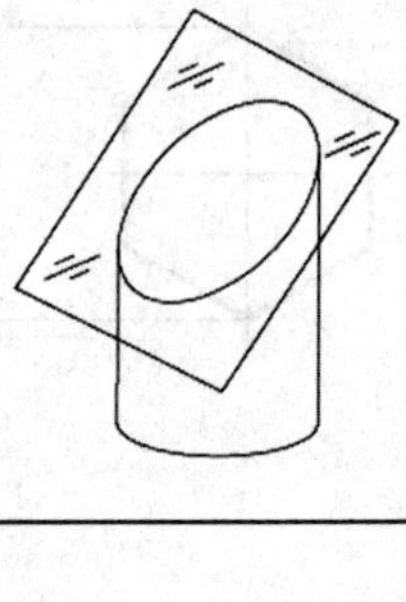

续表

圆柱面上的截交线形状	两平行线（截断面为矩形）	圆	椭圆
三视图			

其中，第一种情况在工程实际中远远多于另两种情况，且多以图 5-29(b)、(c)、(d)及其相近形态存在。第二种情况单独列出是因为它的局部常与另两种情况组合应用，如图 5-29(a)。

曲面立体的截交线是曲线或与直线的组合。绘制方法是：先找出截交线上决定截交线的形状和范围的特殊特征点，然后根据需要求出若干一般特征点，再判别可见性，最后依次光滑连接各点的同面投影，可见的用实线，不可见的用虚线。在允许简化的工程图场合，常常可以只找到特殊点，近似连接即可。

例 5-15 完成如图 5-30 所示的、以平行回转轴线平面截切的圆柱体的三视图。

分析：平行于回转轴的平面截切圆柱曲面的交线，必平行于回转轴线，必是圆柱的两条素线，它们与截切圆柱两端面的交线构成了一个矩形。两条由素线构成的截交线之间的距离 l 取决于 h 的大小，数学上有关系式：$l=2\sqrt{h(2r-h)}$，所以：h 由其最大值的圆柱直径 $2r$ 减小到圆柱半径 r 时，l 由 0 增加到等于直径 $2r$；h 由圆柱半径 r 减小到 0 时，l 由其最大值的圆柱直径 $2r$ 减小至 0。

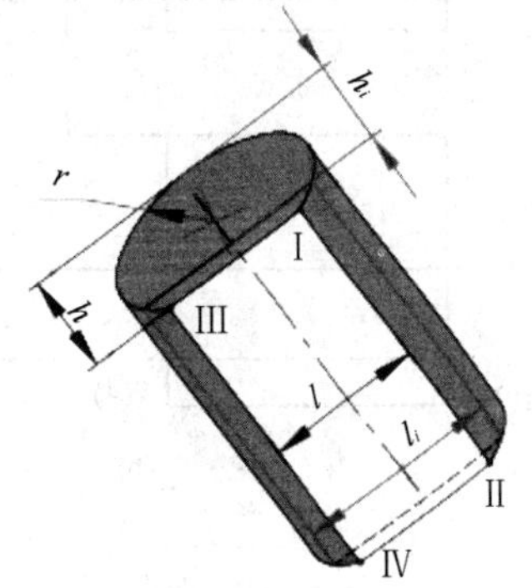

图 5-30 圆柱体截切实体图

在工程设计与加工时，常常用到和控制的是面边高 h 或中心高 h-r，平面宽 l 是间接生成的。即使对 l 有使用要求，也是通过控制 h 实现。画图时也要先根据 h 值确定截切位置，再按照投影关系画出截交线，不可从量取 l 绘制出平行的截交线开始画图。

作图过程：

1) 取回转轴线在正投影面水平放置作出圆柱三视图，并取截平面平行正投影面，按 h 值在左视图画出截切位置线。如图 5-31(a)所示。

2) 截切位置线与圆弧交点实际是截交线的积聚投影，注出投影：1″(2″)、3″(4″)。

3) 按 h 值(也可按投影关系)求得各特征点的水平投影：1(3)、2(4)。

4) 按可按投影关系求得各特征点的正面投影：1′、2′、3′、4′。如图 5-31(b)所示。

5)擦除视图中被截去部分的投影，描实粗实线完成全图。如图 5-31(c)所示。

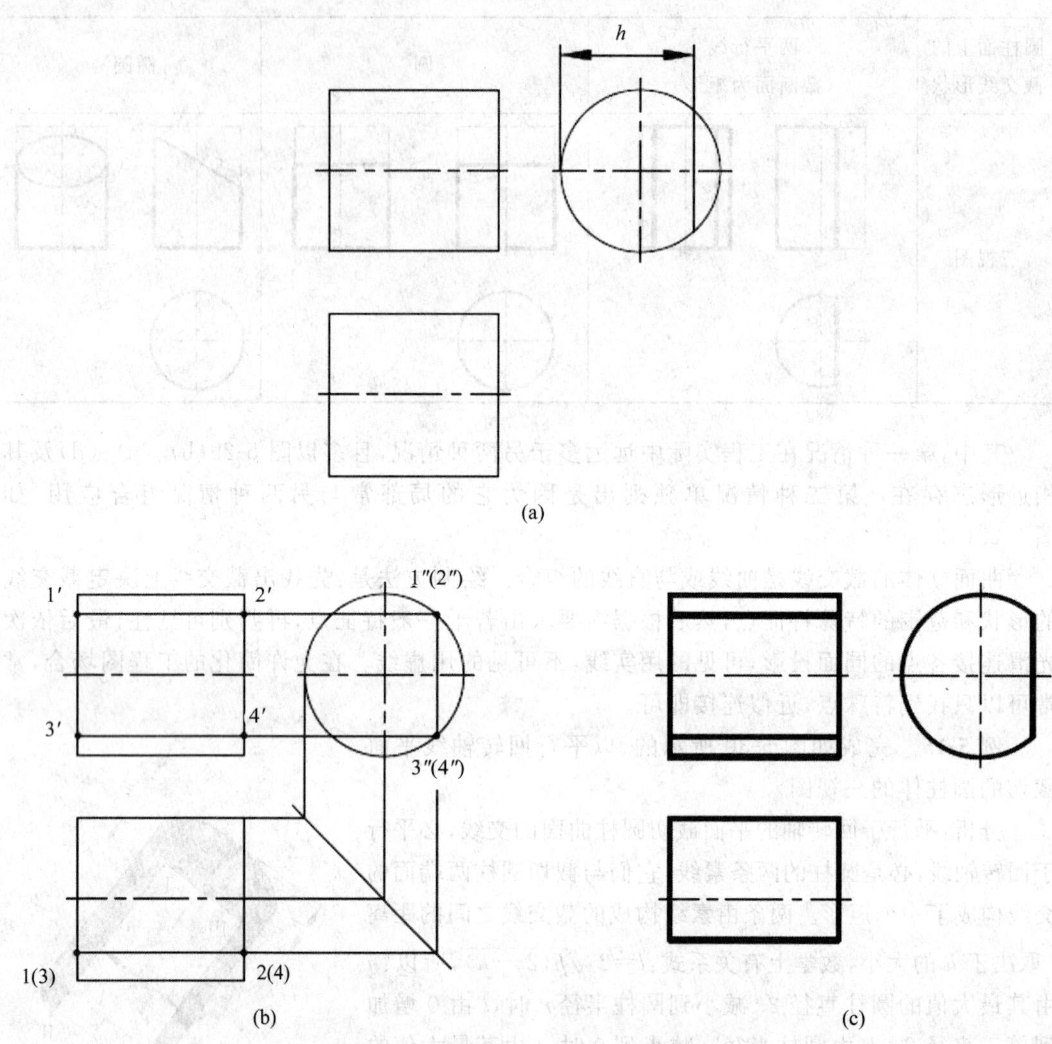

图 5-31　平行截切圆柱体三视图

例 5-16　完成如图 5-32(a)所示阀杆头部的三视图。

分析：榫头结构的阀杆头部的每半边，可看作是由一个平行于回转轴的平面 P 与一个垂直于回转轴的平面 Q 组合截切圆柱体获得的，P 面截切圆柱体得到的截交线是一个矩形，Q 面截切圆柱体至 P 面为止，得到的截交线是圆弧与一直线构成的部分圆形。由于两截交线所在两平面空间互相垂直，它们的实形投影应当出现在不同的投影面上。零件设计加工控制的是榫头的宽度，画图也应该从宽度开始。如图 5-32(b)所示。

作图过程如图 5-33 所示：

1）作出圆柱体三视图，取 P 面平行正投影面截切，在左视图按榫头宽度画出 P 面截切位置线，得到 Q 面横截圆柱体至 P 面位置所产生截交线的实形投影——部分圆，P 面截切的截交线积聚于该实形的直线边，依照前一例题可以注出两条由素线构成截交线的积聚投影：1″(2″)、3″(4″)。

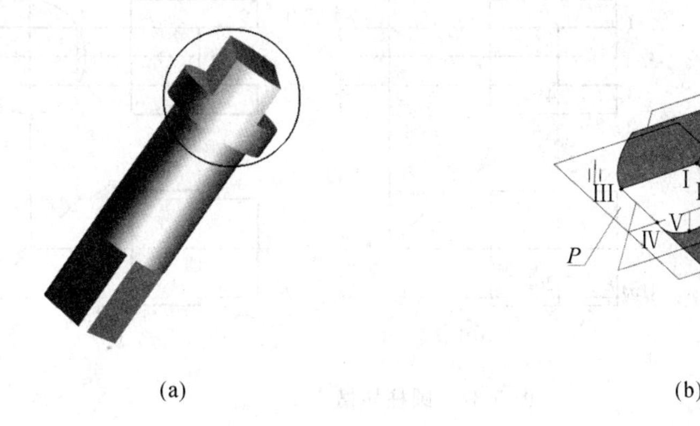

图 5-32　圆柱体截切实体图

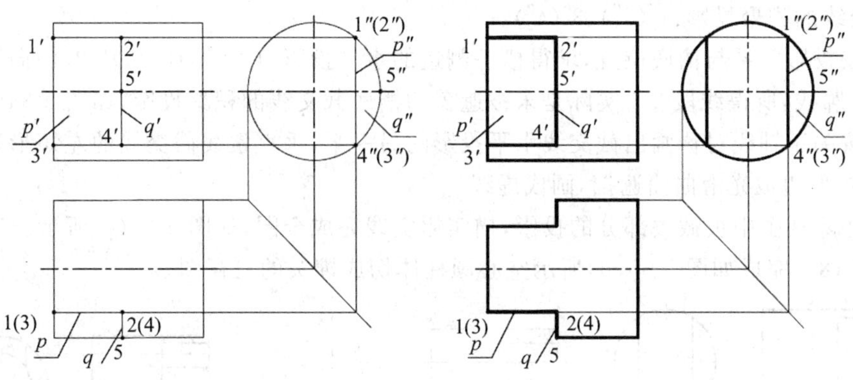

图 5-33　阀杆头部的三视图

2）按榫头宽度（也可按投影关系）与 Q 面截切位置，求得 P 面截交线的水平积聚投影：1-2、(3)-(4)，从 2 向下引直线交圆柱轮廓线，所得线段 2-5 实际是 Q 面横截圆柱体所生截交线的积聚投影。

3）按投影关系求得各特征点的正面投影：1′、2′、3′、4′，依次连接各点，得到 P 面平行轴线截切圆柱体至 Q 面位置所产生截交线的实形投影——矩形。Q 面截切的截交线积聚于该实形的右边直线。

4）按关于轴线对称画出截交线侧面投影与水平投影的另一半。正投影中后半截交线的投影则被前面投影完全对应遮盖。

5)擦除视图中被截去部分的投影，描实粗实线完成全图。

例 5-17　完成如图 5-34(a)所示切槽圆柱体的三视图。

分析：圆柱体的凹槽是用两个平行于轴线的平面和一个垂直于轴线的平面切割而成。凹槽向平行于轴线平面方向投影的截交线与前两例题一样同为矩形，但不同的是截得的是内表面，垂直素线的矩形边将被遮挡；凹槽底面的截交线由两段圆弧和两条平行的直线构成。

作图：

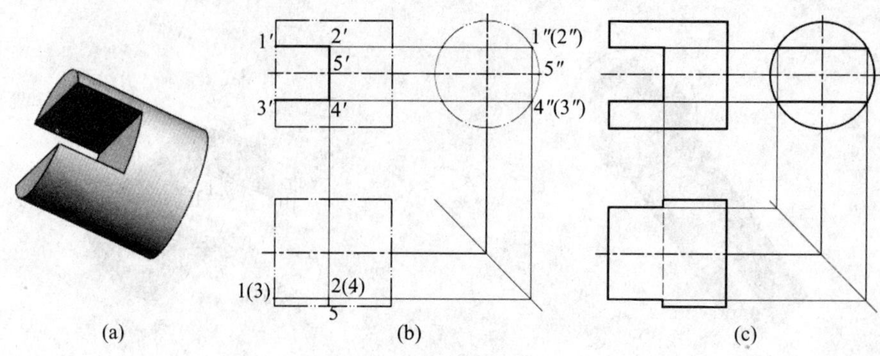

图 5-34　圆柱切槽

1）作出圆柱体三视图，使与轴线平行的截平面平行水平投影面，可直接画出槽的正面投影，接着在左视图按槽宽画出切槽位置线，得到槽底截交线的实形投影，注出两条由素线构成截交线的积聚投影：1″(2″)、3″(4″)。

2）按投影关系与槽底位置，求得槽一侧边的水平投影：1-2、(3)(4)，从 2(4)向下引直线交圆柱轮廓线，所得线段 2-5 实际是未被遮盖的槽底截交线的积聚投影，如图 5-34(b)所示。

3）按关于轴线对称画出截交线水平投影的另一半，垂直素线截交线的左矩形边与端线重合，右矩形边被光滑曲面遮挡，画成虚线。

4）擦除视图中被截去部分的投影，描实粗实线完成全图，如图 5-34(c)所示。

例 5-18　完成如图 5-35(d)所示空心圆柱体切成榫头的三视图。

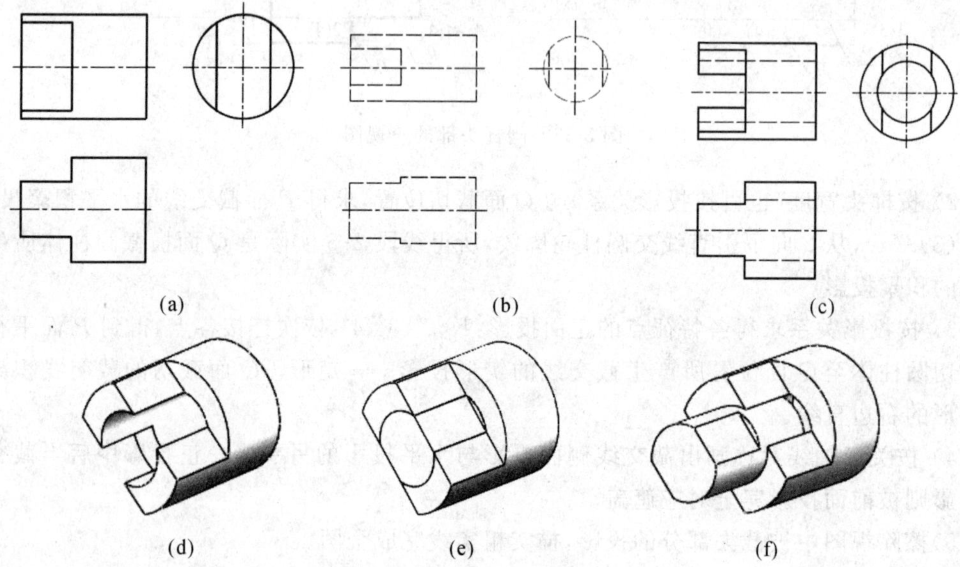

图 5-35　空心圆柱体切榫头

分析：空心圆柱体上切出榫头或切出槽形在工程上经常用到，由于截平面与内、外圆柱面都有交线，画图显得较为复杂，作图方法其实与实心圆柱相同。初学者可以把内、外圆柱面都当作实心圆柱切榫头，分别用虚线、实线画图，再按从大圆柱中减去小圆柱判别截切后轮廓线的通断以及截交线的可见性。如图 5-35(a)、(b)、(c)所示。参考图 5-35(e)、(f)所示

的实体示例将有助于对前述图样绘制的理解。

用同样的方法,可以分析绘制空心圆柱体上切槽形体的三视图。如图 5-36 所示。

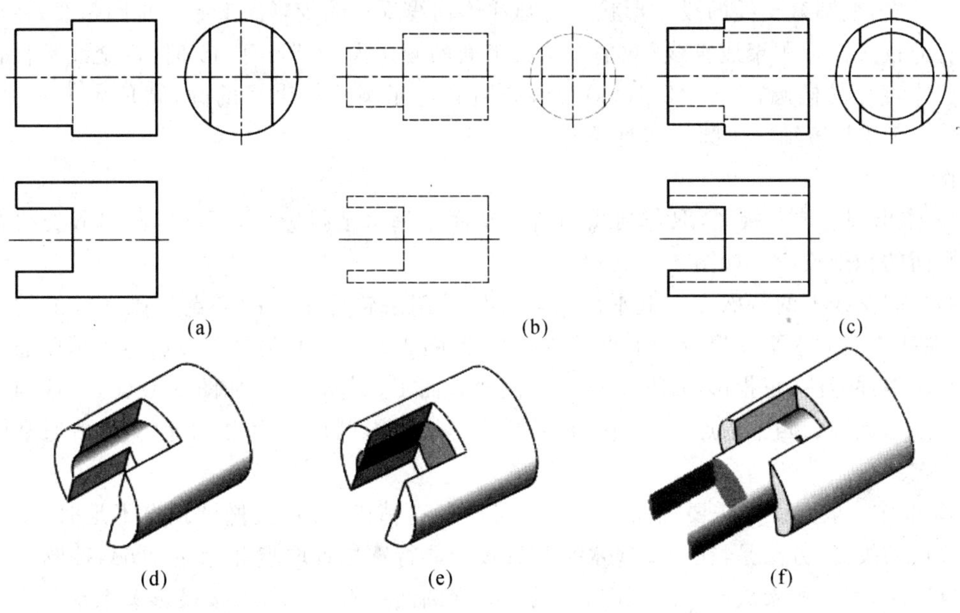

图 5-36　空心圆柱体切槽

例 5-19　完成如图 5-37(a)所示被与回转轴线成倾斜的截平面截切后的圆柱体的三视图。

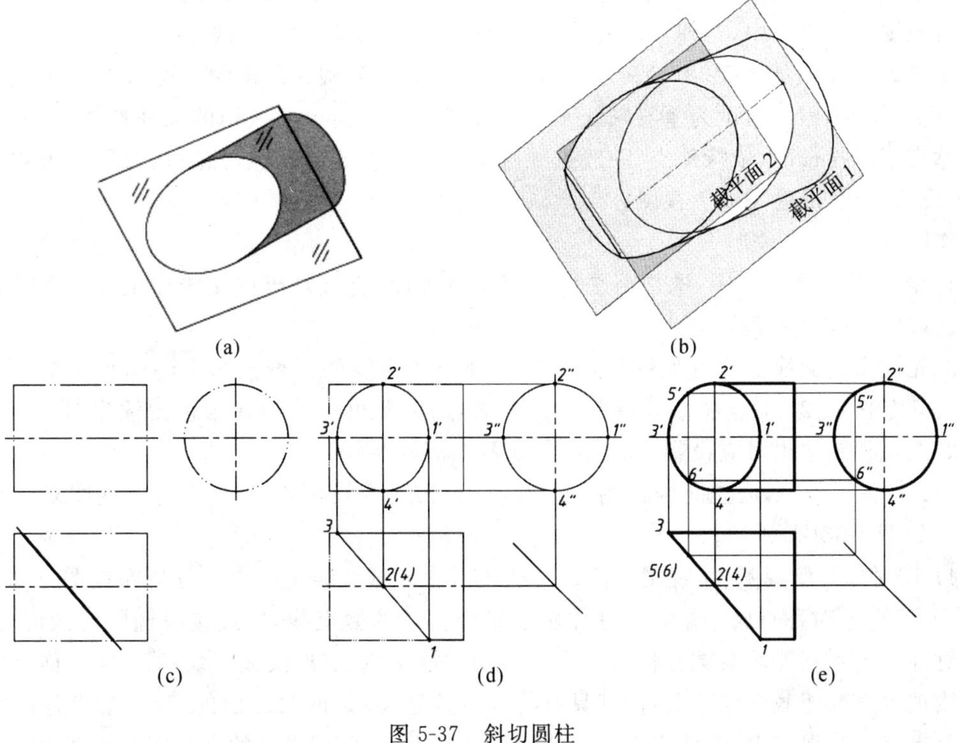

图 5-37　斜切圆柱

分析：首先，与回转轴线倾斜的截平面截切圆柱体，曲面上的截交线除一特殊位置外，一定是椭圆曲线。如果截交位置切过圆柱端面，则截交线中会相应含有直线段，如图 5-37(b)所示。其次，椭圆截交线的投影形状在与圆柱体轴线垂直的投影面上始终是圆弧线；在截平面垂直的投影面上积聚成直线；截平面与投影面的倾角大于 0°小于 45°时，截交线是长轴等于圆柱体直径的椭圆，等于 45°时，截交线是直径等于圆柱体直径的圆，倾角大于 45°小于 90°时，截交线是短轴等于圆柱体直径的椭圆。

作图：

1) 作出圆柱体三视图，取与轴线倾斜截平面铅垂水平投影面，可直接画出截交线在水平投影面的积聚投影。如图 5-37(c)。

2)求截交线上的特殊点。截平面与圆柱体的四条轮廓素线的交点是截交线上的特殊点，可在截交线的水平积聚投影上直接找到并标注：1、2、3、(4)，另两面投影也可据此通过简单投影获得并标注：正投影面 1′、2′、3′、4′，侧投影面 1″、2″、3″、4″。如图 5-37(d)。这四个特殊点实际是椭圆的四个顶点，有了它们，椭圆截交线投影已可以画出，工程实际中通常已能满足要求。

3) 求作一般点。当需要椭圆截交线投影绘制得精确些时，或椭圆顶点不足时，就要作出一般点的投影，方法是：在截交线水平积聚投影非特殊位置取点并标注 5(6)，按圆柱体上一般点取法，先向积聚成圆的左视图画投影线，交圆两点得 5″、6″，再按投影关系求得 5′、6′。用同样方法可以求得多个一般点，按椭圆轨迹光滑连接各点。

4) 擦除视图中被截去部分的投影，描实粗实线完成全图如 5-37(e)所示。

从前面几个例题可以总结出一个规律：在轴线垂直于一个投影面的圆柱体三视图中绘制截交线时，只要取截平面垂直于一个投影面，则圆柱体的截交线只在一个投影图中不会重合到有积聚性的投影中，亦即只需要在一个投影图中绘制非积聚的截交线。

例 5-20 完成如图 5-38(a)所示类似锁梁头部的被截圆柱形体的三视图。

分析：图 5-38(a)所示为垂直轴线平面与倾斜轴线平面组合截切的圆柱形体，可取两截平面垂直于一投影面，依特殊点、一般点顺序先求出前面的可见点，然后按对称获得被遮盖点，连成截交线，最后完成三视图。

作图：

1) 作出圆柱体三视图，取两截平面垂直正投影面，直接画出截交线在正投影面的积聚投影。如图 5-38(b)所示。

2)先注出截交线上的可见特殊点。在主视图截交线的积聚投影上注出可见的 1′、2′、3′、4′点，其中 1′、2′、4′点显然是特殊位置上的点，因此可以直接在俯视图注出对应投影 1(4)、2，在左视图注出对应投影 1″、2″、4″。如图 5-38(c)所示。

3)3′点是一般点，需先向俯视图积聚圆投影，得对应投影点 3，再求得左视图对应投影点 3″。如图 5-38(d)所示。

4) 按对称在俯视图、左视图上注出圆柱体后半的截交线上的点。分析左视图可知，1″、2″、3″及与 2″、3″对称点属于倾斜圆柱体轴线平面截切的截交线，应连接成椭圆的大部分；3″及其对称点与 4″属于垂直圆柱体轴线平面截切的截交线，应连接成直线；3″与其对称点的连接直线被垂直截切截交线遮盖，但其具有特殊位置意义：是两截平面的交线，端点是两截交线的分界点。俯视图中，圆柱表面截交线积聚于圆投影，两截平面的交线因被遮挡须画成虚

(a) (b) (c)

(d) (e)

图 5-38　锁梁头部截交线

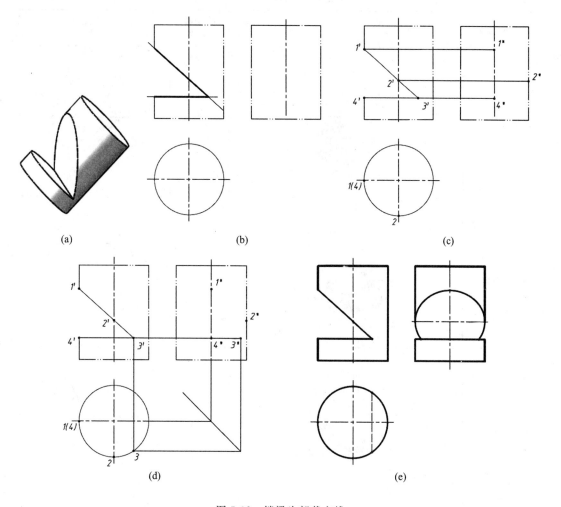

线。光滑连接左视图椭圆曲线，绘制各直线、虚线，擦除视图中被截去部分的投影，描实粗实线完成全图。如图 5-38(e)所示。

5.4.4　圆锥体切割而成零件的投影图

圆锥体切割成的实体有机床顶尖、锥阀芯等，常见的螺母倒角、卷笔刀削出的铅笔前端也属于要按圆锥体切割绘图的形体，如图 5-39 所示。

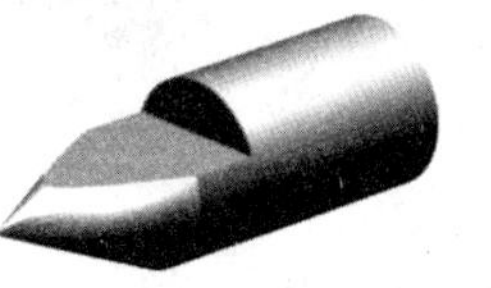

(a) 顶尖

(b) 铅笔体图

图 5-39　圆锥体切割形成的实体

由于截平面与圆锥体的相对位置不同，圆锥面上的截交线的形状也不同，可分下列为五种情况，见表 5-2。

表 5-2　圆锥的截交线

截平面位置	立体图	截交线形状	三视图
过圆锥顶点	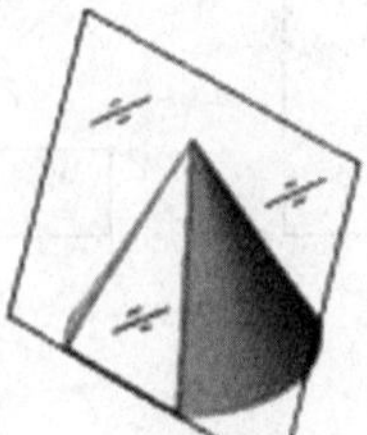	两相交直线	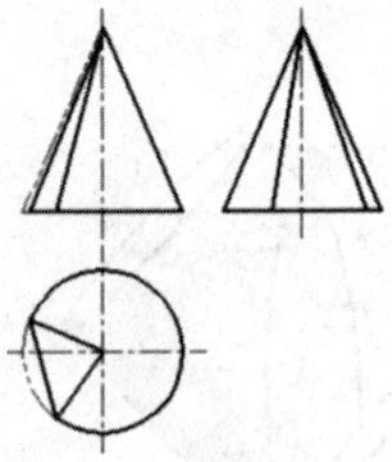
垂直于圆柱轴线	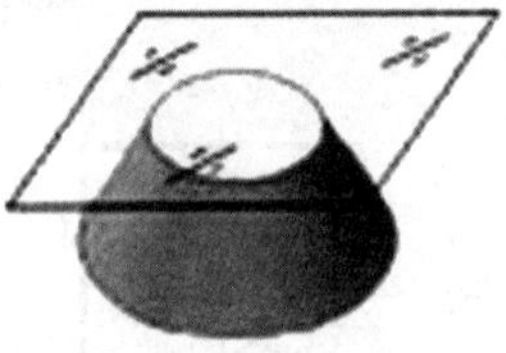	圆	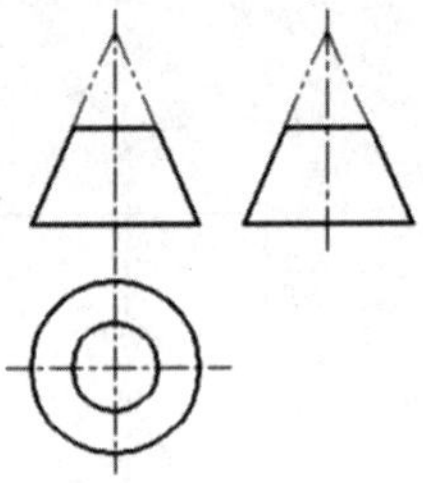
倾斜于圆柱轴线	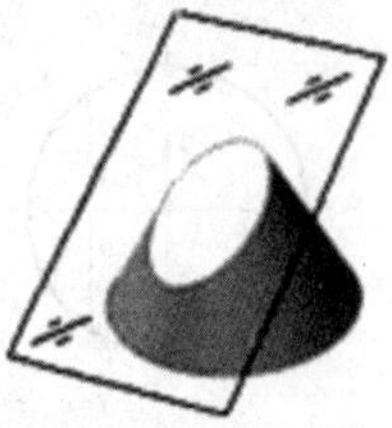	椭圆	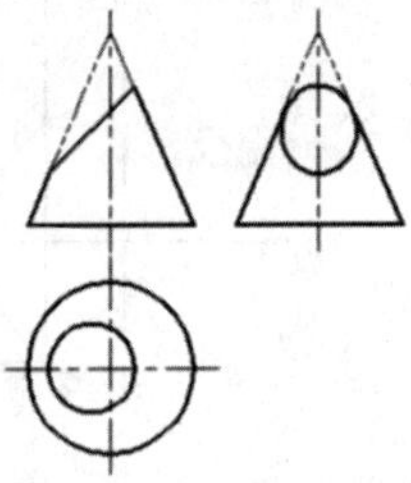
平行于圆柱轴线	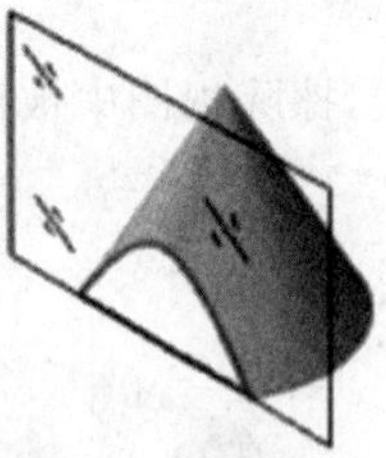	双曲线	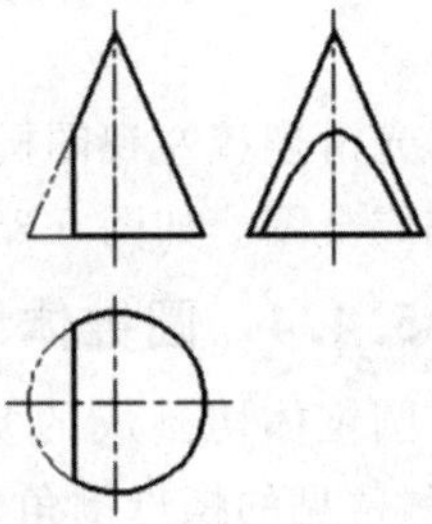
平行于任一圆锥表面素线	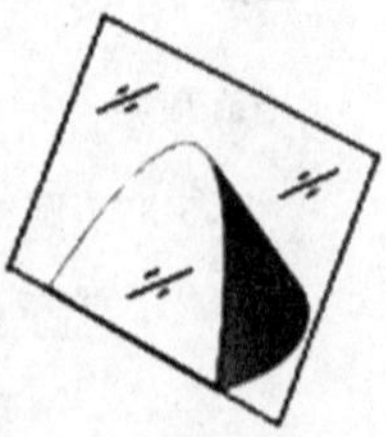	抛物线	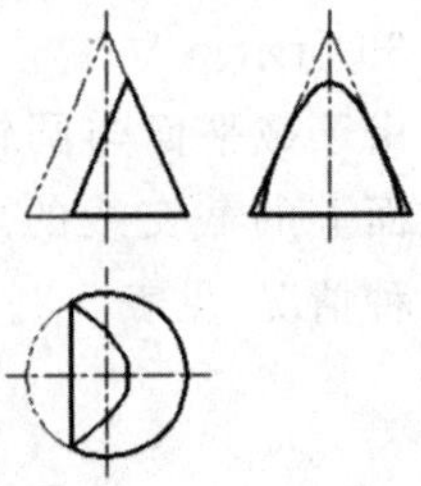

例 5-21 如图 5-40(a)所示,已知切口的侧面投影,完成被正平面截切的圆锥的三视图。

由于截平面与圆锥的轴线平行,所以截交线为双曲线。切口的水平投影和侧面投影分别积聚成直线段,正面投影反映切口的实形。

作图:

1) 作切口的水平投影。量取左视图所示尺寸,作出俯视图中切口的投影。

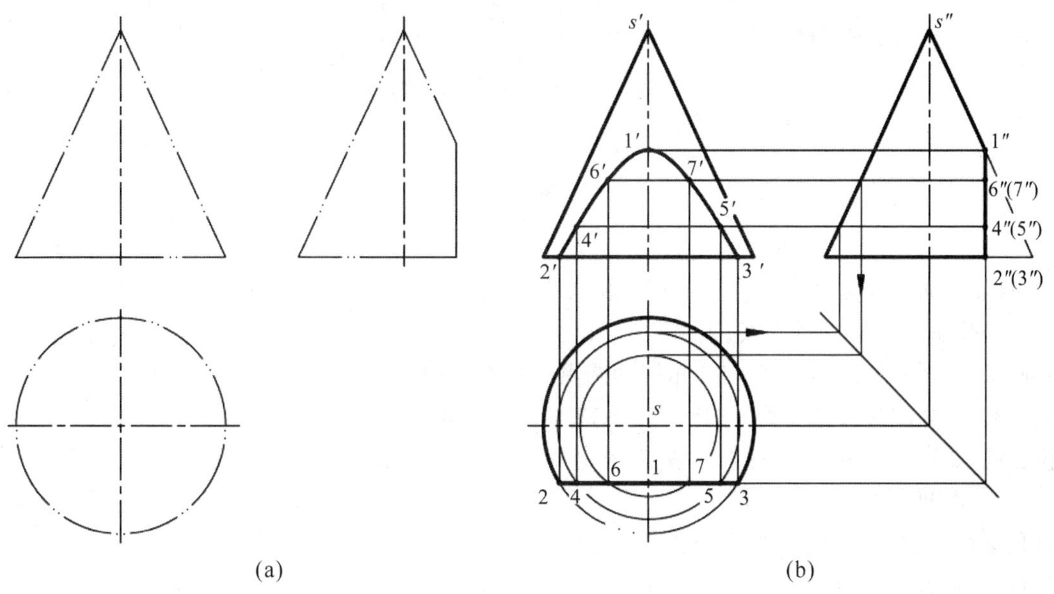

图 5-40 被正平面截切的圆锥

2) 求特殊点。截平面与轮廓素线的交点构成截交线上的顶点Ⅰ,截平面与锥底面的交点构成截交线上两个底角的点Ⅱ、点Ⅲ,分别作出它们的各面投影。

3) 求需要的一般点。采用辅助圆法,在水平投影面截交线积聚投影上取一般点 4,过点 4 以 s 为圆心作辅助圆并得点 5,自辅助圆象限点引投影线向侧面投影交轮廓素线,从交点画底边平行线交截交线积聚投影,得投影 4″(5″),再按投影关系画出 4′、5′。作图也可以从侧面投影开始,读者可以自己分析另两个一般点的求法。当然,求一般点还可以采用素线法,读者可以自己练习。

4) 擦除视图中被截去部分的投影,描实粗实线完成全图。如图 5-40(b)所示。

例 5-22 完成如图 5-41(a)所示顶尖的三视图。

分析:顶尖基体由圆锥和直径不同的两段圆柱同轴地组合而成,再由一个平行于轴线的平面和一个倾斜于轴线的平面组合截切。根据已学过的圆柱体切割、圆锥体切割知识,结合实体轴测图,可知顶尖截交线由双曲线+矩形+矩形+椭圆弧组成,只是结合处有的有交线,有的没有交线。

作图:如图 5-41(b)所示。

1) 作出顶尖基体三视图,取两截平面垂直正投影面,直接画出截交线在正投影面的积聚投影,并注出各重要特征点的投影:双曲线顶点 1′、双曲线两底角点 2′(3′)、椭圆弧顶点

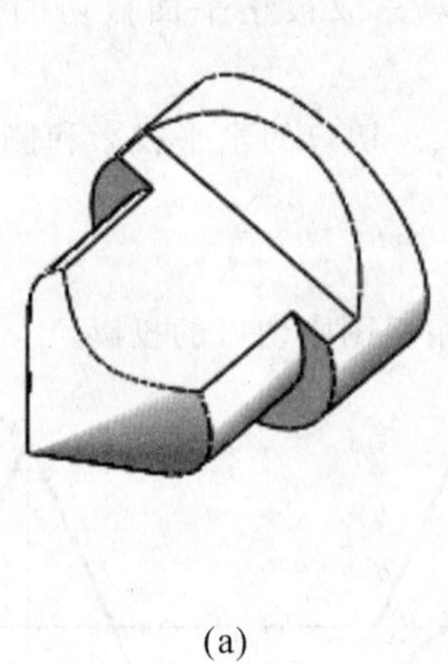

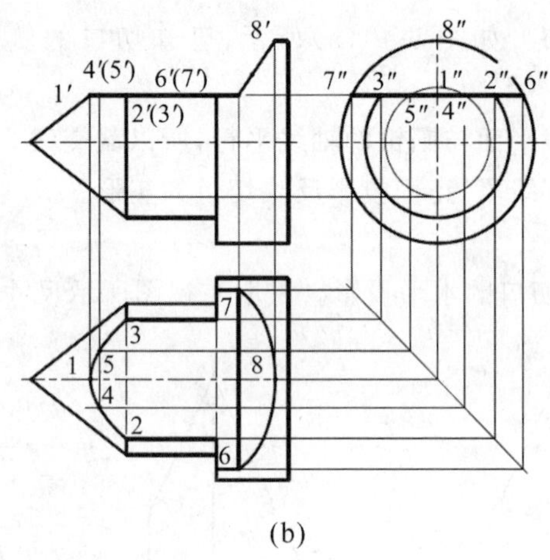

(a) (b)

图 5-41　顶尖

8′、两截平面在大圆柱面的交点 6′(7′)和双曲线上的一般点 4′(5′)。如图 5-41(b)。

2)作圆锥部分的截交线。先由 1′注出特殊点的另两面投影;接下来由 2′(3′)通过交锥底圆求 2″、3″与 2、3;再由 4′(5′)作辅助圆求得一般点的另两面投影,光滑连接得到双曲线。

3) 作椭圆弧段截交线,先由 8′注出特殊点的另两面投影。接下来由 6′(7′)通过圆柱面投影圆求 6″、7″与 6、7,不再求一般点,注意椭圆长轴应的位置,光滑连接三点成椭圆弧。

4) 作两圆柱面的平行轴线截交线——各两个矩形。这两个截交线只有水平投影不具有积聚性,而且前面得到的投影点 2、3 与 6、7 分别就是小圆柱和大圆柱素线截交线的左右起点,相向画轴线的平行线至大小圆柱台肩端面即得素线截交线。由于圆锥、小圆柱、大圆柱被同一平面所截,三者截交线之间便没有交线了。大圆柱截交线的右矩形边处在两截平面相交的位置,是必须画出的交棱线。

5) 擦除视图中被截去部分的投影,补画俯视图中截平面下不再有重叠轮廓线的两条虚线,描实粗实线完成全图。

5.4.5　球体切割/钻孔形成零件的投影图

由球体切割成的零件实体在工程实际中常见的有手柄或球阀芯等,如图 5-42 所示。

(a) 球阀芯

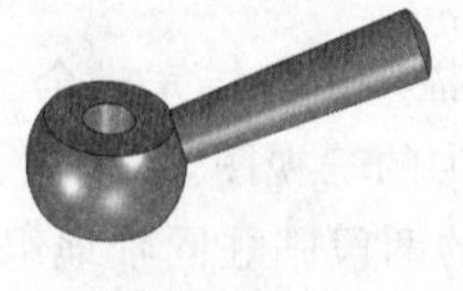

(b) 手柄球套　(c) 手柄

图 5-42　圆球切割形成的实体

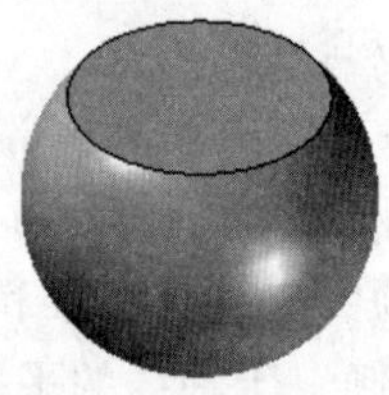

图 5-43　圆球截切

圆球被截平面截切,其截交线都是圆,如图 5-43 所示。截交线圆的大小与截平面的位置有关:当截平面到球心的距离由球半径 sr 变化至 0 时,截交线圆直径由 0 变到球直径 $s\phi$。投影时,当截平面平行于一投影面时,截交线在该投影面上的投影为圆的实形,在其他两投

影面上的投影都积聚为直线。当截平面为投影面垂直面时，截交线在该投影面上的投影积聚为一直线，另两面投影为椭圆。

例 5-23 已知如图 5-44(a)所示球阀芯及其主视图，完成球阀芯的三视图。

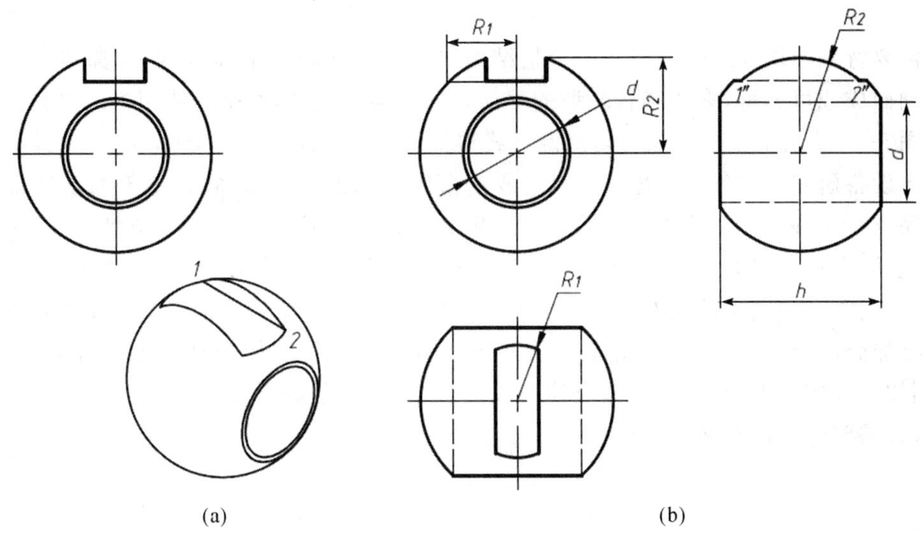

(a) (b)

图 5-44 球阀芯三视图

分析：球阀芯绘图重点在供阀杆扭转的槽。按主视图投影位置，槽的两个侧面是侧平面，它们截圆球的交线为两段圆弧，在侧投影面反映实形；槽底是水平面，其截圆球的交线也是两段圆弧，在水平投影面反映实形。贯穿球阀芯的通孔轴线垂直正投影面，孔口加工有小平面(利于保护密封件)，形成与孔同心、直径为 d 的圆。

作图如图 5-44(b)所示。

1) 完成圆球的三视图。

2) 完成通孔的三面投影，并由 d 确定 h(工程上正相反，是由 h 决定 d)。

3) 作矩形槽的水平投影，R_1 由主视图所示槽底面到球心距离亦即槽深决定。

4) 作矩形槽的侧面投影，R_2 由主视图所示槽侧面到球心距离亦即槽宽决定。槽底投影的中间部分 1″2″不可见，应画成虚线。

5.5 叠加与切割混合的零件形体投影表达

有一类工程零件，如果采用从坯料母体上切割去一部分或几部分获取，不论从耗用材料，还是从花费工时方面考虑都是不划算的，或者工艺上是不可行的。此时一般采用焊接、铸造、挤压、冲压等其他非切削加工方法制造；或者先用这些方法获得一个坯件，再经过加工得到零件。这类零件形体不管结构多复杂，每个局部都是熟悉的简单体，因此不妨可看作是由熟悉的简单体叠加成坯件—叠加式形体、再经过加工而成的叠加切割混合式零件形体。

事实上，从形体分析的角度来看，任何复杂的零件形体常被认为是由若干简单形体所组成的，这种由两个或两个以上的简单形体按一定的方式（叠加、切割和混合）所组成的物体，亦可称为组合体。组合体的概念常用于机械制图课程中学习图样的绘制步骤和尺寸标注方法。例如，用图样表达叠加式形体时，初学者一般应按照先分解、后组合的原则来分析，即先拆解出组成形体的"子体"并正确表达之，然后注意叠加组合时各局部间连接关系的正确表达。

需要特别强调：叠加、分解只是分析结构与绘制图样的一个虚拟方法，真实零件并非真的叠加而成或可拆解，多数场合所谓的叠加处并不会有接缝，而是一体相溶的材料内部。

图 5-45 给出了三个叠加与切割混合式零件，(a)图的摆杆支座与(b)图的步进电机座属于单台设备研制的单件生产零件。摆杆支座采用线切割加工形体后，钳工加工底板孔和螺纹孔完成。步进电机座是先加工底板、立板和两块小肋板形体后焊接成型坯，再加工基准面、安装面和钻孔完成的。(c)图的齿轮泵体属于大批量生产零件，先铸造型坯，再加工基准面、工作面等。这些零件显然比前面学习的形体复杂许多，但如果把它们的形体看作是由简单体叠加而成的，则各个局部就都是熟悉的。例如把齿轮泵体形体作如图 5-46 所示的拆分，例如把如图 5-47 所示轴支座形体加以拆分，分解后的局部都可以用已掌握的投影方法表达，只需要进一步掌握各局部相结合部位的表达方法。

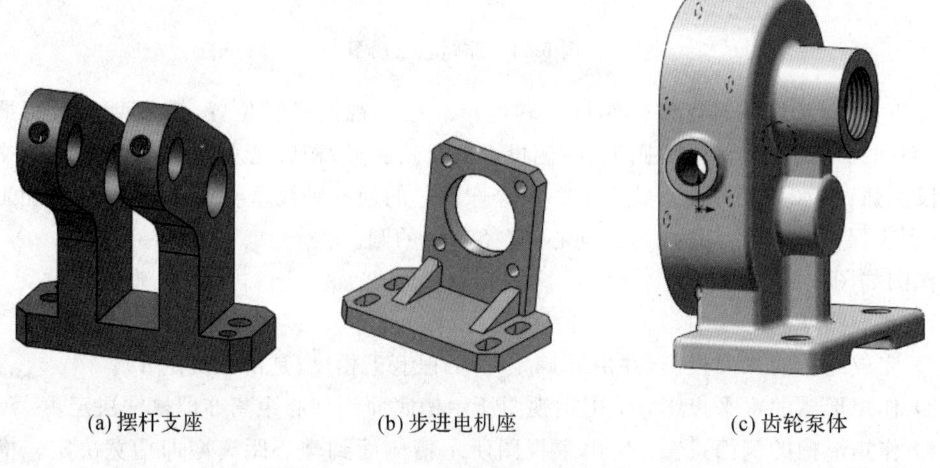

(a) 摆杆支座　　(b) 步进电机座　　(c) 齿轮泵体

图 5-45　叠加与切割混合零件

5.5.1　形体视作叠加时典型表面连接关系及投影

1. 典型表面连接关系

局部形体连接形成的表面结合关系中较为典型的有四种，以图 5-48 为例，当把图中各零件形体都看作是分别由Ⅰ、Ⅱ两个局部连接而成时，四种关系为：平齐、不平齐、相切、相交。

2. 典型表面连接关系的投影

(1) 连接平齐时无交线，不平齐时有交线

视作叠加而分解只是假想的方法，因此平齐处同为一个平面，不可以把假想的分界线画成真实的轮廓线。当没有轴测图参考补画视图时，判断与同一投影面平行的两面间是否要

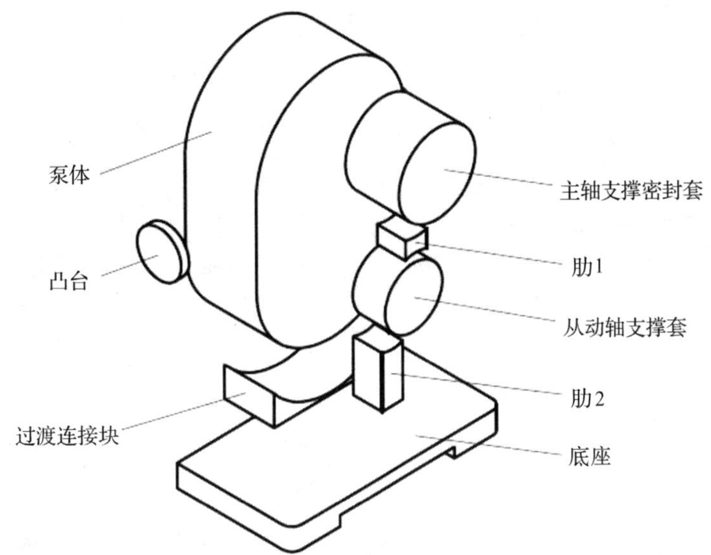

图 5-46　齿轮泵体形体分解

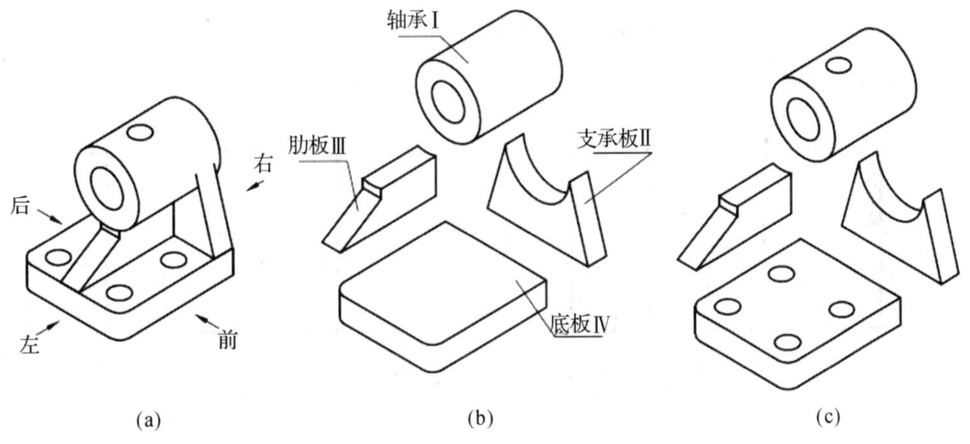

图 5-47　轴支座形体分解

画线，要看相邻视图中它们是否积聚于同一直线。图 5-49(a)中左视图唯有一条右边线，表明形体前端上下平齐，因此主视图中不应有上下分界的轮廓线；主视图唯有一条左边线，表明形体左端上下平齐，因此左视图中不应有上下分界的轮廓线。

用同样的判据，图 5-49(b)中左视图上下右边线明显错开，表明形体前端上下不平齐，因此主视图中应有上下分界的轮廓线；主视图上下右边线明显错开，表明形体右端上下不平齐，因此左视图中应有被遮住的上下分界的轮廓线。通常也会反过来判别：一个投影中大的平面被一条直线分割开，其积聚投影必定是错开的或相交的直线。

(2) 相切无交线

平面与曲面相切属于光滑连接，相切位置切线客观存在，但按光滑曲面不表达原则并不

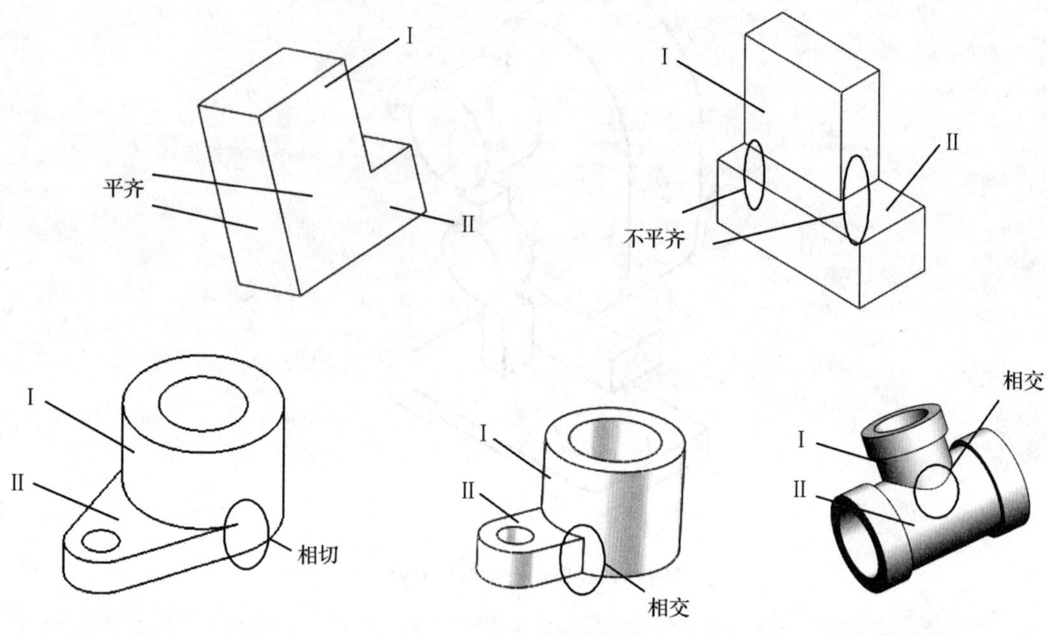

图 5-48 典型表面连接关系

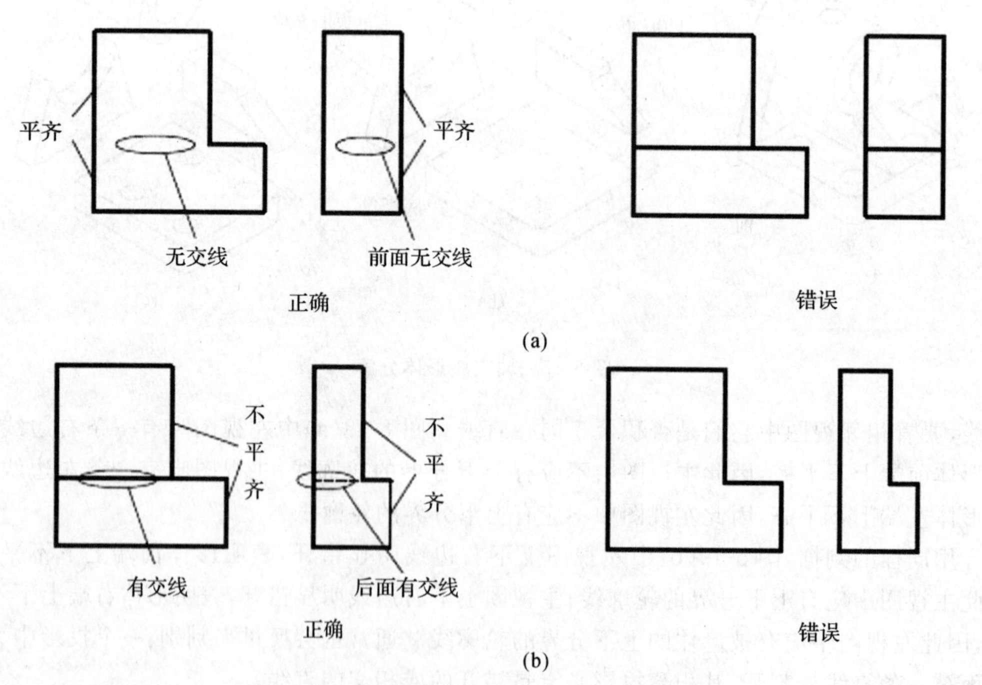

图 5-49 平齐与不平齐关系

要画出，于是出现粗实线插入图框中，端点没有图线相接的情形，这是切线投影的独有特征。如图 5-50(a)所示。

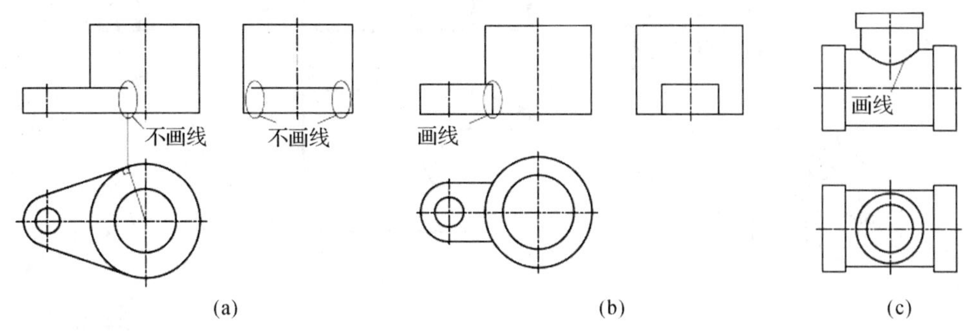

图 5-50 相切与相交关系

(3)相交处有线

当至少有一个曲面的两个形体表面相交时，必然存在凹棱形式交线，应在视图中正确画出其投影。如图 5-50(b)所示。图 5-50(c)所示的两曲面交线画法将在稍后讲述。

3. 混合式零件形体的投影

例 5-24 完成如图 5-51(a)所示连接座的三视图。

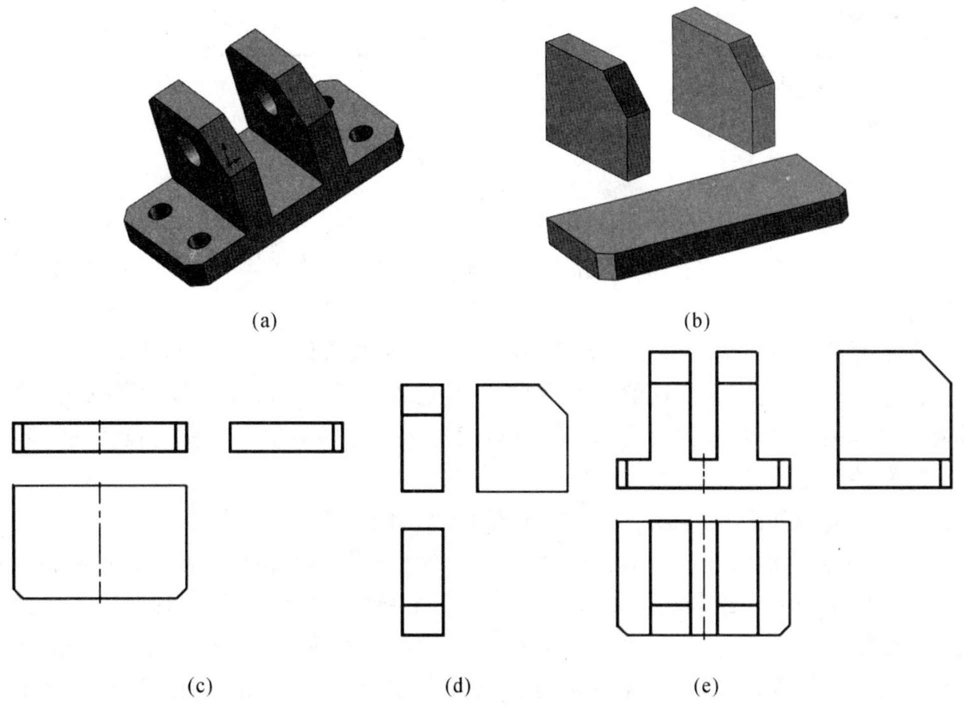

图 5-51 连接座分解与绘图

分析与绘图：连接座是典型的切割与叠加混合的零件形体，暂时忽略切割孔，可分解成如图 5-51(b)所示的三个简单形体，分别绘制它们的视图如图 5-51(c)、(d)，然后按零件形体叠加成三视图，注意正确处理平齐与不平齐关系，如图 5-51(e)所示。

例 5-25　完成如图 5-52(a)所示支脚的三视图。

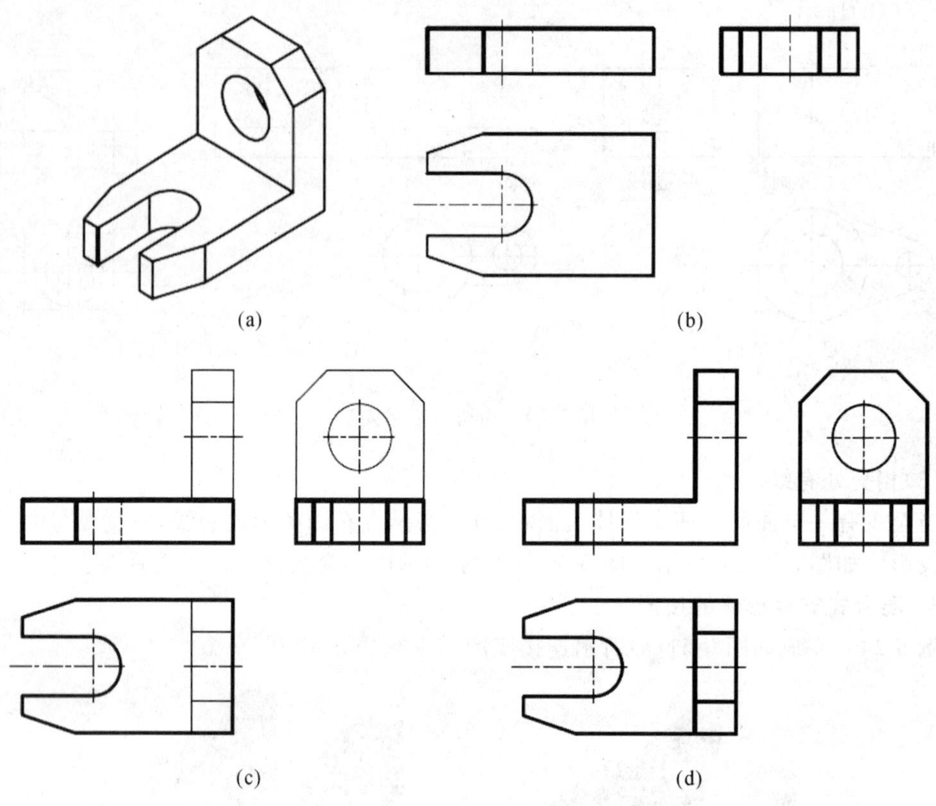

图 5-52　支撑座分解与绘图

分析与绘图:本混合体零件形体可分解成上下两部分——也称上下结构形体,可依次绘制它们的视图如图 5-52(b)、(c),然后正确处理平齐与不平齐关系,完成三视图,如图 5-52(d)所示。

零件下面部分虽为典型的切割形体,但不一定要从长方体型坯切割绘制,因为在所选择的水平投影方向,它有完全相同的截面形状,因此在俯视图画出截面投影,再按长度、宽度绘出另两面视图边界轮廓,画齐可见与不可见棱线即可。这一方法在绘图与读识具有这类结构特征的零件形体时经常采用。

例 5-26　完成如图 5-53(a)所示的轴形体的投影图。

分析:轴是典型的需经车削加工的零件形体,这里视作由几段轴线重合的圆柱体连接而成,如图 5-53(b)所示。绘制轴形体以非圆投影作主视图,轴线水平,按轴对称依次画出矩形或梯形线框。不过,真实设计中的工程图上,呈现为圆锥面的倒角及中间短小圆柱的凹槽往往是较后确定数值,所以图样中一般也是修改添加的。另外,虽然轴形体有时其上或有槽、孔结构,但其俯视图只要与主视图区别不是太大,一般都省略不画。左视图表现为一组同心圆,视情况也可以省略。轴形体投影图绘制过程如图 5-53(c)、(d)、(e)所示。

一般地,切割与叠加混合体零件的绘图与读识方法是:先分解、叠加,处理连接关系,后切割局部,画齐新生棱线。

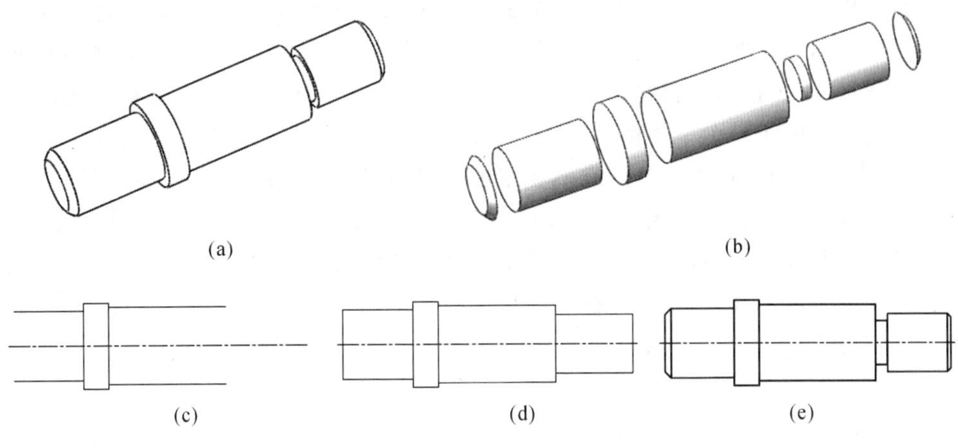

(a) (b)

(c) (d) (e)

图 5-53　轴形体投影图

5.5.2　叠加切割混合式零件形体中的曲面立体相贯

两立体相交称为相贯，其表面产生的交线称为相贯线。由于平面立体相贯可回归结到平面与平面相交，因此本节只讨论至少一个立体是曲面立体的情形。另外，在曲面立体上加工孔或槽本属于切割形体，但其交线绘制方法与绘制相贯线相同，所以也纳入本节讨论。

工程上，立体相贯类零件形体属于常见形体，尤其在管道类、曲面复杂箱体零件中大量采用，且大多数形体由铸造、挤压等工艺加工形成。例如图 5-54 中，(a)铸造的管道三通零件形体，(b)铸造的阀体零件形体，(c)锥阀芯的锥体曲面上加工带圆角的孔，都是曲面相贯线画法结构。

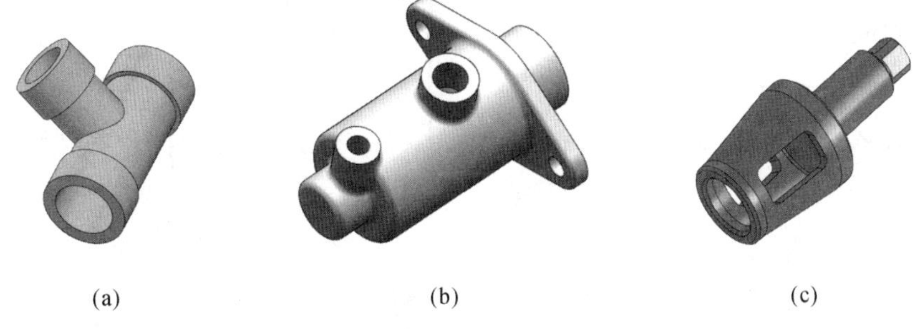

(a) (b) (c)

图 5-54　立体相贯类零件形体

1. 相贯线的作图方法

相贯线是两相贯形体表面的分界线，也是两相贯立体表面的共有线。相贯线上的所有点都是两形体表面的共有点。可见画相贯线的投影实质上就是求两形体表面共有点的投影。但相贯线在一般情况下是封闭的空间曲线。但立体不同以及相贯位置不同，相贯线的形状不同。

(1) 圆柱体相贯

例 5-27　如图 5-55(a)所示，两圆柱正交，求作相贯线的投影。

分析：两圆柱正交，其轴线垂直共面，以此共有面平行正投影面投影，所得相贯线投影图前后、左右分别对称。分析可知，大圆柱曲面在侧投影面积聚成大圆，圆上必然包含曲面上相贯线的所有点，且这些点只能位于小圆柱两轮廓素线投影之间——即两圆柱共有的那段圆弧上；同样地，小圆柱曲面在水平投影面积聚成一个小圆，圆上必然包含小圆柱曲面上相贯线的所有点，且由于整个小圆都位于大圆柱两轮廓素线投影之间，所以小圆弧上处处包含相贯线的共有点。画相贯线应该从它们积聚性的共有点入手，本题求解从左视图或俯视图开始均可以，方法与绘制截交线相同，也是先求特殊点，需要时再求一般点，最后光滑连接。实际上，作正交两圆柱相贯投影图时，相贯线只会在一个投影面的视图中绘制空间曲线的非积聚投影，而在另两个视图中，相贯线必积聚于圆投影。

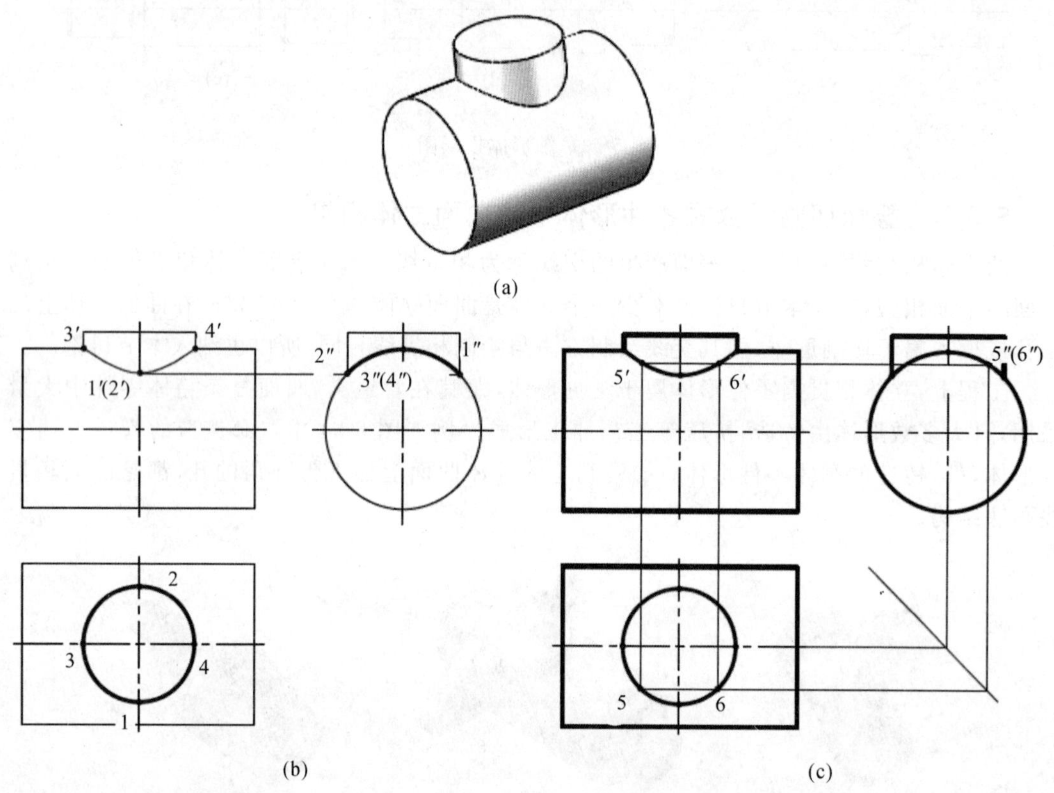

图 5-55　两圆柱正交的相贯线

作图：

1）求特殊点　从左视图入手，先在相贯线积聚的那段圆弧上标注出两个端点 1″、2″和中点 3″，然后把它们当作小圆柱上的特殊点（继续当作大圆柱上的点无法求解）。特殊点因为它们位于小圆柱轮廓素线和与轴线重合的素线的投影上，于是知道 3″点后应该遮盖有 4″点。再在俯视图上直接注出四个特殊点的水平投影 1、2、3、4，在主视图上直接注出四个特殊点的正投影 1′(2′)、3′、4′。如图 5-55(b)所示。如果仅仅满足一般工程图的要求，将三点光滑连接成曲线就可以了。

2）求一般点　在左视图相贯线积聚的那段圆弧上的非特殊点位置任取两点标注出 5″（其后应该遮盖有 6″点），把它们当作小圆柱上的点，按圆柱上一般点求解方法画出它们的另两面投影：向小圆柱水平投影引投影线，交小圆柱积聚投影圆于 5、6，再将两点从两视图

向主视图投影，得相贯线两一般点的正面投影 5′、6′。

3）判断可见性　相贯线只在正投影面有可见性判别问题，且前后对称，所以画出的可见部分将后面不可见部分完全遮盖。

4）光滑连接各点　在主视图上依次光滑连接各点，描实图线，完成作图，如图 5-55(c)所示。

观察正投影图上相贯线的非积聚投影可知，大小两圆柱相贯时，相贯线曲线顶点是凸向大圆柱中心线的，也可以形象地说，总是小圆柱穿进大圆柱，或者说大圆柱冲断小圆柱。

仍以图 5-55 所示大小两圆柱正交为例，且令小圆柱上下均相贯，保持大圆柱直径不变，当增加小圆柱直径时，两相贯线曲线进一步凸向大圆柱中心线，顶点趋于靠近，形式仍与图 5-55 相同，如图 5-56(a)所示。当小圆柱直径增加到超过大圆柱时，相贯线形式发生突变：两相贯线曲线变成了从原来的大圆柱凸向新的大圆柱中心线。由于两圆柱直径大小发生转换，也还符合小圆柱穿进大圆柱，不过此时被冲断的已是原来的大圆柱了。如图 5-56(c)所示。由图 5-56(a)图与(c)图两方向趋向两圆柱直径相同，就比较容易理解两条相贯线在轴线共有面平行投影面上投影成相交直线了。如图 5-56(b)所示。

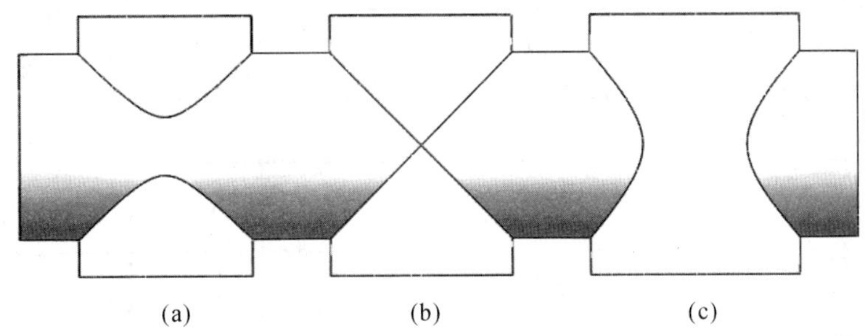

图 5-56　不同相对直径的圆柱相贯线变化趋势

(2) 圆柱体上加工孔

工程零件设计中，经常会有圆柱体上加工孔的结构，在圆柱体表面也会产生交线。虽然带孔结构大多由切削加工获得，但从图 5-57 可以看出，孔口轮廓线形状与以孔为截面立体与圆柱体相贯的交线是一样的，实际上投影画法也是一样的，因此也可认为它是一个立体(空心)与圆柱体贯穿——虚实相贯的结果，这样就可以与相贯线一样称谓、一样对待了。

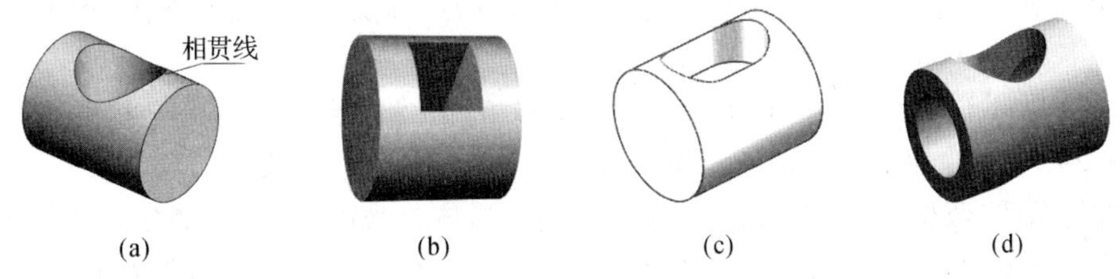

图 5-57　圆柱体表面穿孔

例 5-28　完成如图 5-57(a)所示加工有圆孔圆柱的三视图。

分析：先以大圆柱轴线为侧垂线绘制不含相贯线的三视图。与分析实实相贯一样，左视图上相贯线的所有点只能位于圆孔两轮廓素线投影之间——即圆柱与圆孔共有的上下两段圆弧上;俯视图圆孔投影圆上处处包含相贯线的共有点。绘制相贯线从左视图或俯视图开始均可以,方法也是先求特殊点,需要时再求一般点,最后光滑连接。

作图:

1) 求特殊点。本题从俯视图入手,先画上端孔口。首先在相贯线积聚的孔圆投影上标注出四个象限点 1、2、3、4,然后把它们当作大圆柱表面上的点,在左视图大圆柱积聚投影圆上找对应的投影。因为这几个点位于圆孔轮廓素线和与轴线重合的素线的投影上,于是不用引投影线就可以注出既在大圆弧上又在特殊素线上的投影 1″、2″、3″、4″,并且知道 4″点被遮盖在 3″点后面。有了四个特殊点的两面投影,只需从左视图 1″点引一条投影线便可以在主视图上注出四点的正投影 1′、2′、3′、4′。如图 5-58(a)所示。同样,将三点光滑连接成曲线,就可以满足一般工程图的要求了。下端孔口可根据对称画出。

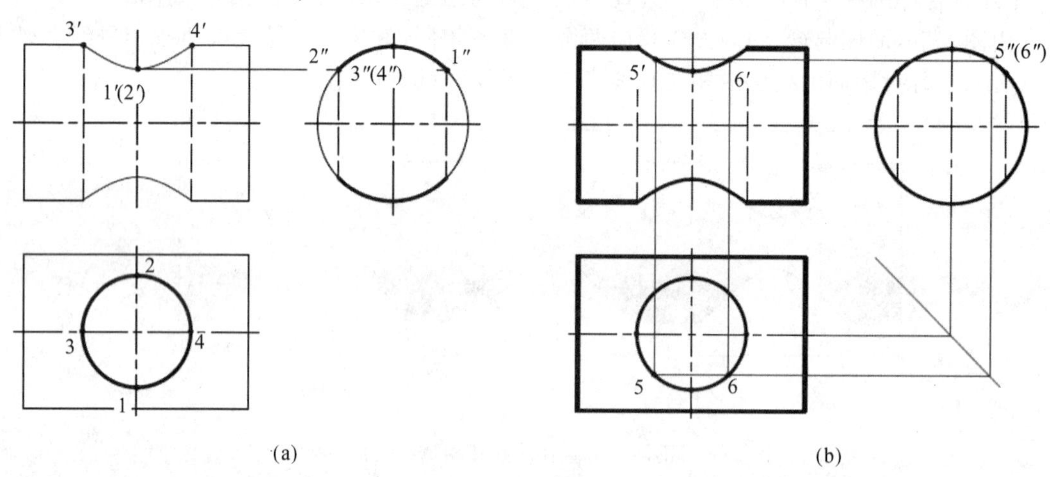

图 5-58　圆柱穿孔

2) 求一般点。在俯视图中相贯线积聚圆的非特殊点位置任取两点标注出 5、6,同样要把它们当作大圆柱上的点,向左视图引投影线,交大圆柱积聚投影圆于 5″(6″),再将两点从两视图向主视图投影,得相贯线两一般点的正面投影 5′、6′。

3) 判断可见性。此相贯线与前一例题完全相同。

4) 光滑连接各点。在主视图上依次光滑连接各点,描实图线,完成作图,如图 5-58(b)所示。

比较图 5-55 与图 5-58 可知,实虚相贯与实实相贯时相贯线画法是完全相同的。

例 5-29　完成如图 5-57(b)所示加工有长方形孔的圆柱体的投影。

分析与画图:假想沿长方形孔一端位置将例题形体分为两部分,一部分是圆柱体,另一部分便是如图 5-34 所示的切槽圆柱体,绘图时只要注意两者实为一体,长方形孔两端投影画法应该一样即可。投影图如图 5-59 所示,画法读者自己读解。

例 5-30　完成如图 5-57(c)所示加工有腰形槽——键槽的圆柱体的投影。

分析与画图:例题形体可以看作将如图 5-57(a)带有圆孔圆柱沿孔轴向一分为二,中间插入如图 5-57(b)圆柱体中段,只是它们的孔都未加工通,所以称作槽,槽口的投影是两图

上部相加。绘图时注意直槽两侧面与孔柱面因相切而不画线。如果希望槽口两端部相贯线画得准确些，可以按整圆孔注出三个特殊点再只连接要用的两点。投影图如图 5-60 所示。

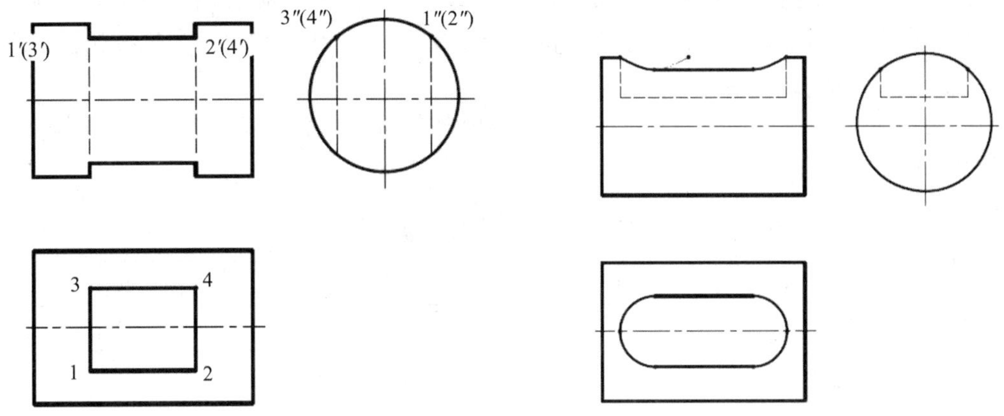

图 5-59　圆柱体上开长方形孔　　图 5-60　圆柱体上加工键槽

例 5-31　完成如图 5-57(d)所示的圆孔穿通空心圆柱的三视图。

空心圆柱(也称圆筒)上加工圆孔是工程中常见的结构，作图方法与例 5-28 相似，但应特别注意内部相贯线与其他轮廓线的绘制。

分析：空心圆柱上穿通圆孔，圆孔曲面与空心圆柱内外表面都会产生相贯线，这从图 5-57(d)中可以分辨出。绘图思路可以借鉴例 5-18 空心圆柱体切榫头的方法，把内、外圆柱面都当作实心圆柱穿孔，分别用虚线、实线画图，再按从大圆柱中减去小圆柱绘制内部相贯线与其他轮廓线。如图 5-61 所示，(a)图是圆筒外径实心圆柱穿圆孔的情况，作图方法与例题 5-28 相同。(b)图是圆筒内径实心圆柱穿圆孔的情况，由于孔径大于圆筒内径，所以此时相贯线与大圆柱上的相贯线方向是不同的。(c)图是从(a)图中减去(b)图的示意图。(d)图是剖切开穿孔圆筒后内外相贯线直观、清晰地展现。

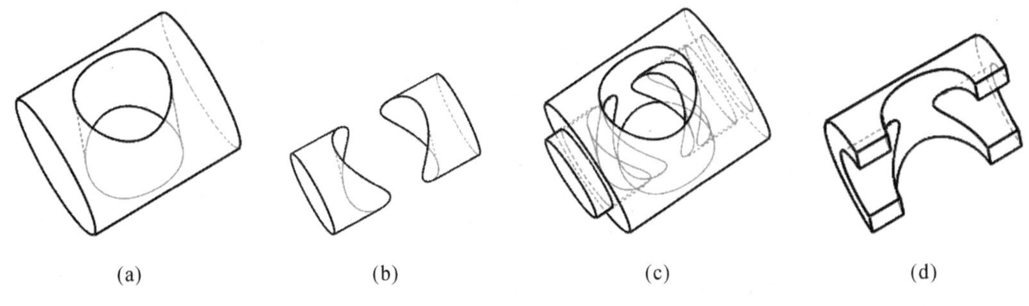

图 5-61　圆柱、圆筒穿孔

作图：

1) 按例题 5-28 作图方法，作出圆筒外径实心圆柱穿圆孔的三视图。如图 5-62(a)所示。

2) 淡化已有视图，把圆孔内孔与加工的正交圆孔的相贯——虚虚相贯当作实心圆柱相贯，用虚线绘制它们的相贯线。在画相贯线之前，要注意到与前面外径圆柱穿圆孔的重要区别：由于正交圆孔直径大于圆筒内径，变成了筒内径圆柱水平穿进正交圆孔圆柱，使得相贯线在左视图积聚于整个筒内径圆投影，而不像外径圆柱穿圆孔时的积聚于筒外径圆投影的一部分；也由于正交圆孔圆柱垂直穿破筒内径圆柱，使得相贯线在俯视图积聚于正交圆孔圆投影的一部分，而不是先前的积聚于整个圆投影。这样的话，虚虚相贯的相贯线就会正确画成弯向正交圆孔轴线了。如图 5-62(b)所示。

3）分别光滑连接实、虚相贯线，正确绘制内外轮廓线，擦除多余的线，完成作图，如图 5-62(c)所示。

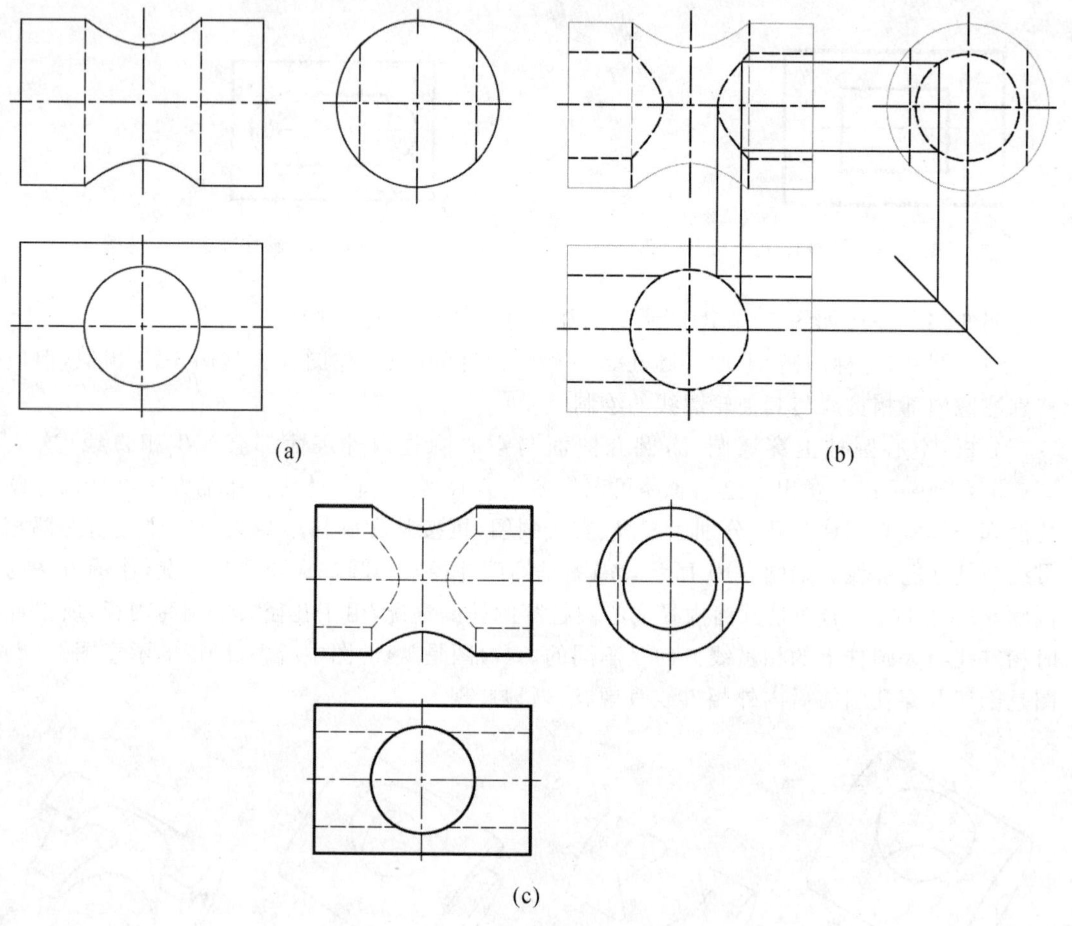

图 5-62　空心圆柱加工有圆孔的相贯线

（3）其他曲面立体相贯

圆柱体相贯线的绘制方法在曲面立体相贯线求解上具有普遍意义，其他曲面立体相贯线绘制也同样是根据曲面立体的结构特点，先求特殊点，再根据必要性求一般点，光滑连接。

例 5-32　求作如图 5-63(a)所示类锥阀芯孔口的相贯线。

分析：图示形体是一个简化的锥阀芯，孔口处形成圆锥曲面与孔圆柱曲面正交的相贯线。选择孔轴线垂直于侧投影面，则相贯线在侧投影面的投影将积聚于孔圆柱面的投影圆，相贯线在正投影面和水平投影面都不具有积聚性，需求解画出。锥体相贯线求解方法如圆锥上求截交线基本相同，也是先求特殊点，再根据需要求几个一般点。

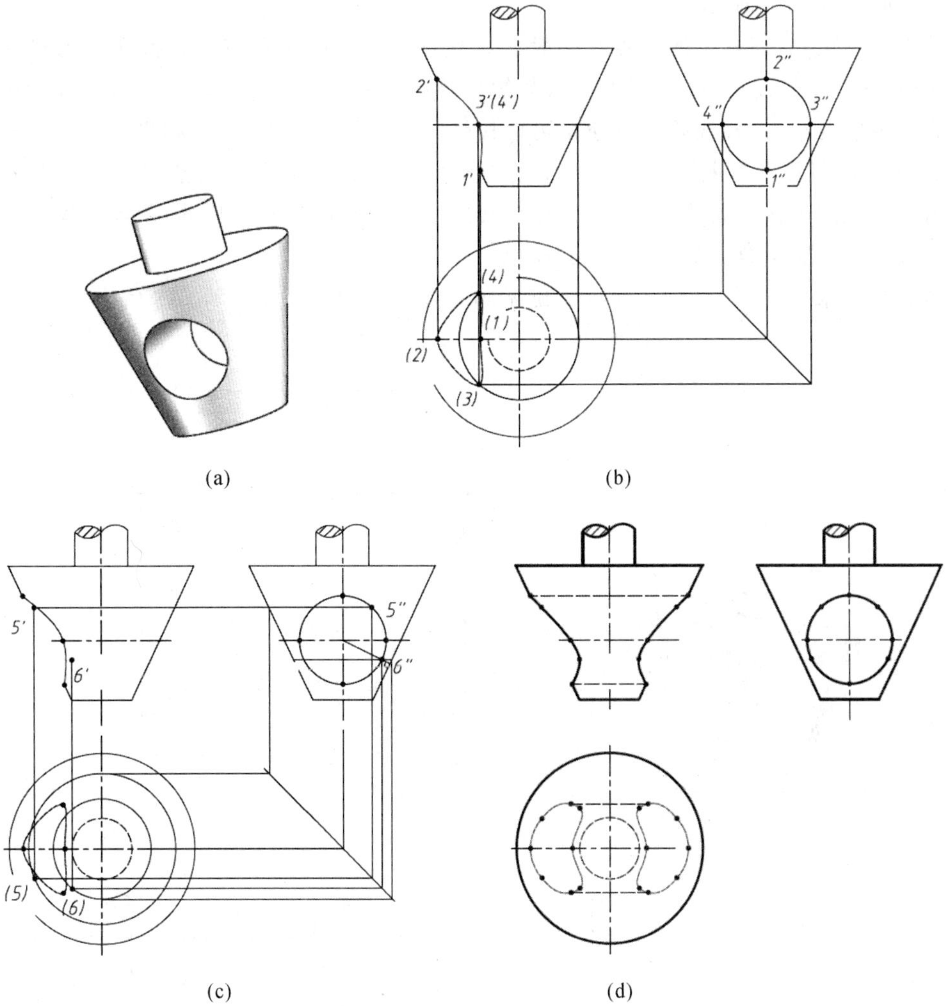

(a) (b)

(c) (d)

图 5-63 圆锥体加工正交圆孔

作图:先画一侧,再按对称画出另一侧。

1) 求特殊点。在左视图孔柱面积聚投影圆的四个象限点取 1″、2″、3″、4″,其中在 1″、2″两点是典型的特殊点,它们在锥体与中轴线重合的素线上,在主视图和俯视图中可直接注出 1′、2′以及 1、2,并且成为相贯线最低、最高点的投影。3″、4″点虽在孔柱面轮廓素线上,却是锥体表面一般素线上的点,这里采用辅助圆法求出它们在另两投影面的对应投影 3′、4′以及 3、4,并在各投影面分别连接四点投影。如图 5-63(b)所示。

2) 求曲线顶点。仔细观察图 5-63(b)主视图可以发现,3′、4′点并不是相贯曲线弯向中轴线的顶点,这是与圆柱间正交相贯的明显不同。相贯线的顶点应该是曲线上离中轴线最近的点,在左视图中就应该是相贯线积聚圆距锥体边界轮廓最近的点。在左视图中由积聚圆心作圆锥轮廓线的垂线,得交点 6″即为圆上距锥面轮廓最近的点。采用辅助圆法求出它的另两投影面对应投影 6′以及 6。如图 5-63(c)所示。

3) 求一般点。在左视图积聚圆上取点 5″,用辅助圆法求出它的另两投影面对应投影 5′

以及 5。如图 5-63(c)所示。

手工绘图可知,新求出的顶点与一般点的投影往往都不在先前仅凭特殊点画出的如图 5-63(b)所画的相贯线上,说明原来少点数简单连接的曲线误差较大。尽管如此,工程实际中除非有精确要求,这种误差通常还是可以接受的,即可仅用特殊点画相贯线。

4) 画全相贯线并判断可见性。按对称画全另一侧各特征点并光滑连线相贯线。由于三视图是按阀芯工作位置绘制的,所以相贯线的水平投影都是不可见的,用虚线绘制。相贯线的正面投影前后重合。如图 5-63(d)所示。

例 5-33 求作如图 5-64(a)所示类旋塞阀芯孔口的相贯线。

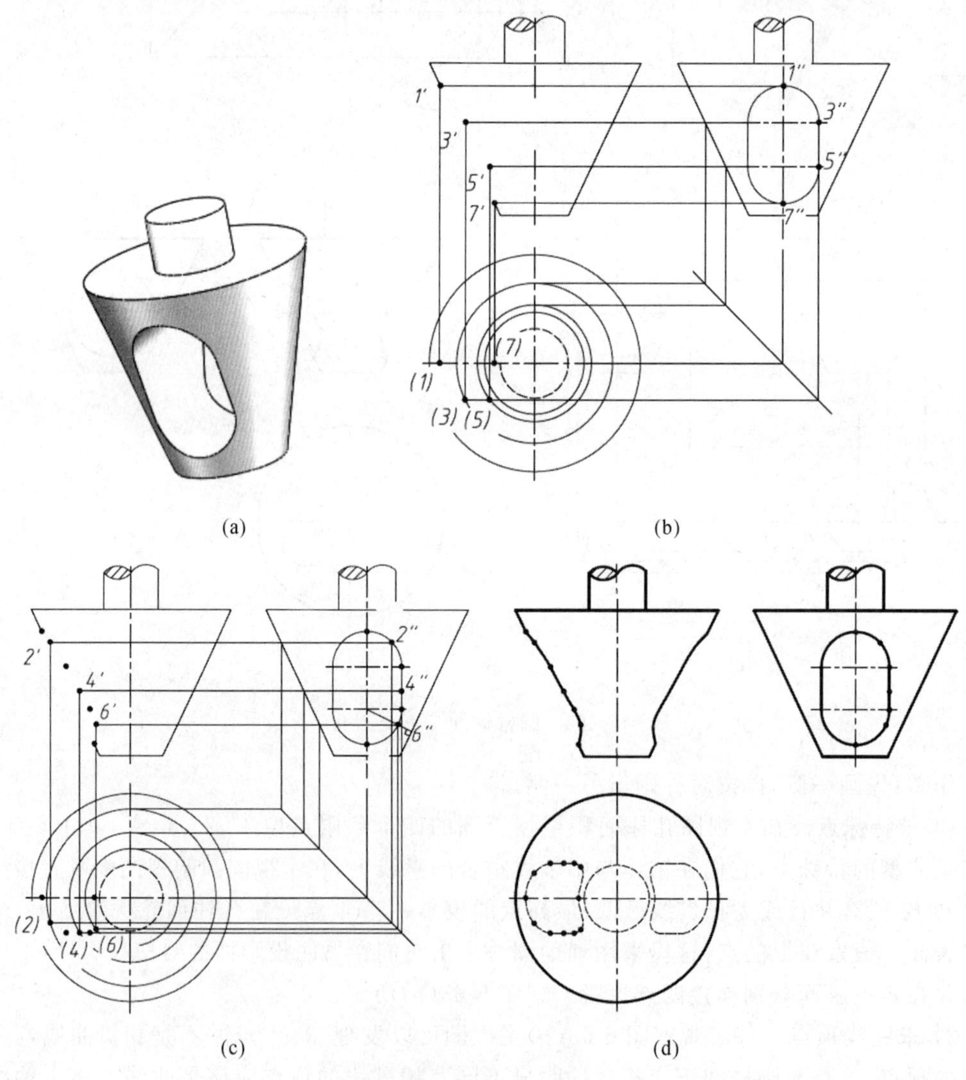

图 5-64 类旋塞阀芯

分析与作图:图示形体是一个简化的旋塞阀芯,阀口呈腰型,相贯线投影画法与前例基本相同。需要指出的是,阀口两侧平面除了在左视图积聚成直线外,相贯线在另两投影面的投影都由曲线构成,没有直线。作图工程如图 5-64 所示,请读者自己解读。

（4）相贯线求解的辅助平面法

用描点的方式绘制相贯线还有一种辅助平面法，这是继承曲面立体截交线求解方法的分析方法。如图 5-65 所示，假想一个平面沿相贯线一般点位置截切开相贯形体，在两相贯形体上都会获得截交线，而一般点正是两截交线的交点。以轴测图方式给出相贯实体截切的直观图，会有利于理解相贯线上点的特征，也有利于结合截交线绘制知识求解相贯线。采用辅助平面法分析绘制相贯线时会发现，作图过程与曲面立体表面取点方法是一样的。

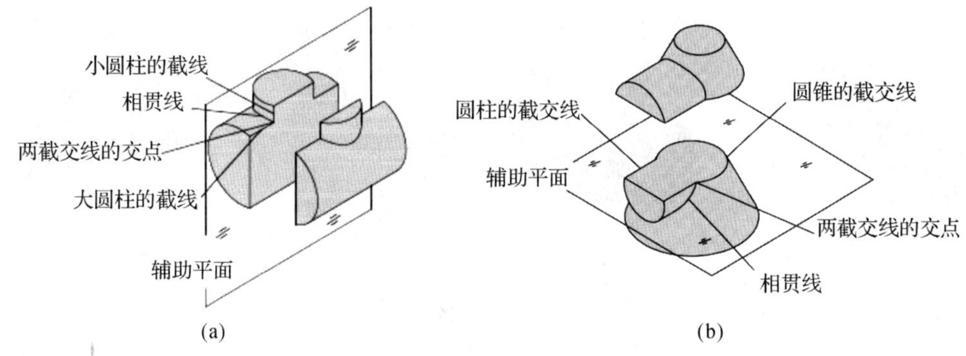

图 5-65　相贯线求解的辅助平面法

（5）相贯线的简化画法

除了切削加工的内孔相贯，相贯线多数情况下出现在铸造、锻造、挤压等非切削加工的零件形体上，它们往往由在模具型腔加工中自然形成的交线决定，因此图样中投影画法的准确度要求并不高，所以不但可以仅凭特殊点勾勒，也可以以圆弧、交点或者直线简化代替。图 5-66 给出几个简化的图例。

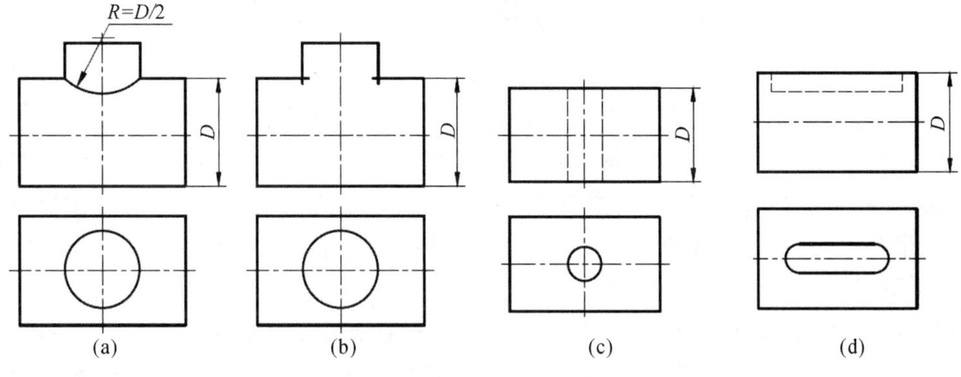

图 5-66　相贯线的简化画法

图(a)表示用半径等于大圆柱半径的圆弧连接相贯线两端点，代替相贯线的非圆曲线。

图(b)表示用仅以延长的两立体轮廓线画出相贯线两端的交叉点，省略相贯线。这种表达方法也称作模糊画法。

图(c)表示一个相贯体投影较小时可用直线代替相贯线。

图(d)表示一个槽口投影较窄时可用原轮廓线代替相贯线。

（6）特殊相贯线

两回转体相交存在特殊情况，此时相贯线可能是平面曲线或是直线。

如图 5-67(a)、(b)、(c)、(d)所示，当圆柱与圆柱、圆柱与圆锥轴线相交，表面公切于一圆球时，其相贯线为椭圆，该椭圆在平行于两轴构成平面的投影面上投影为直线段，称作特殊相贯线。

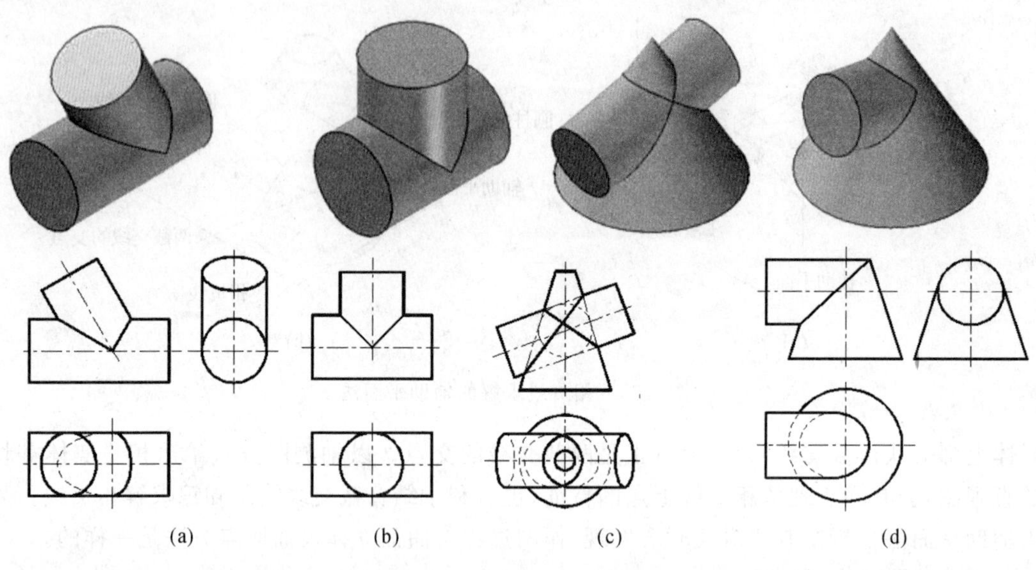

图 5-67　相贯线的特殊情况

画特殊相贯线时，可直接将两特殊端点连成直线，不必用前面介绍的描点方法求解相贯线，描点的误差反倒容易导致画成曲线。

5.6　零件形体三视图的绘制

零件形体三视图的绘制方法归纳为两种。一种称作形体分析法，就是在绘制叠加式零件形体或组合体时使用的、把相对复杂的形体分解成简单的子形体，再按它们正确的相对位置和表面连接关系画出整体投影图样的方法。形体分析法是对复杂组合形体作图样表达时最常用、最基本的方法，一般初学时应对组合体分解到最基本的长方体、圆柱体等，较熟练后可不分解到最简，直至不分解可以画图。

另一种方法称作线面分析法，主要用于形体上有截平面为投影面垂直面的局部切割、将产生较为复杂的截交线的零件表达时，应利用“形体截得垂直面上所有点积聚于一条直线、它的另两个展开为平面的未积聚投影具有类似性”的特性，绘制形体视图。少数截平面为一般平面时，也可以利用一般平面的三个投影均类似的性质画图。

1. 形体分析法作图

(1) 形体分解

图 5-68(a)所示为一轴支座。按形体分析法，轴支座可分解为空心圆柱Ⅰ、底板Ⅱ、支承板Ⅲ和肋板Ⅳ四部分，它们的位置关系是：底板前后面关于空心圆柱回转轴线对称；回转轴线到底板下底面距离称作中心高，是零件及画其表达图的重要尺寸；支承板板面外侧与底板的短端面平齐，空心圆柱右端面伸出其外支承板两斜侧面与空心圆柱外柱面相切；肋板上端

支撑在空心圆柱的下部，与外圆柱面为相交关系，右侧面靠在支承板的内板面上，下端立在底板的上表面。整个零件形体前后对称。另外，空心圆柱与底板上有切割的圆孔、圆角结构。如图 5-68(b)所示。

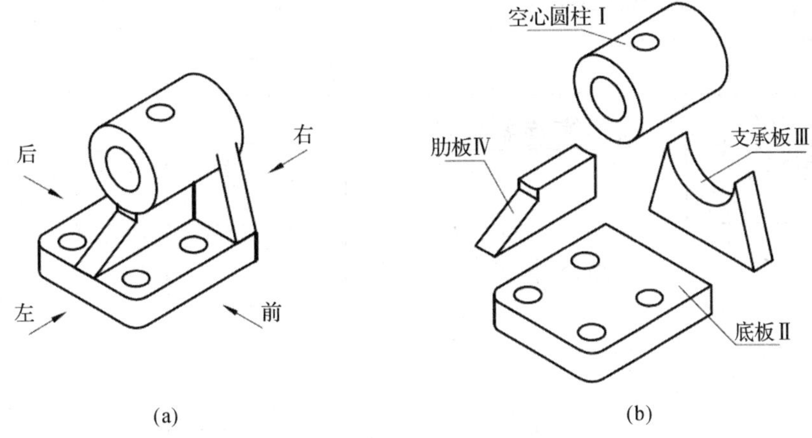

(a)　　(b)

图 5-68　轴支座及其形体分析

(2)视图的选择

主视图就是图样的最主要视图，恰当选择对零件的正确、合理表达至关重要。机械工程图中主视图的选择应考虑以下三方面的要求：

1)符合零件的工作位置，使零件图样尽量保持其在装配图上的位置。在机器上，轴支座空心圆柱内是用来安装水平轴的，底板底面支撑安装面，底板上的四个圆孔是螺钉连接孔。因此，轴支座主视图应该使空心圆柱轴线水平、底板在下。在不了解零件工作位置时，选择带连接孔底板底面为主视图下边，将车削的回转体形的轴、轮、盖以及需镗削的圆孔轴线水平放置通常是正确的。

2)符合零件的加工位置，便于工人按主要视图、按工艺顺序加工。将回转体形的轴、轮、盖的轴线水平放置即符合加工位置。

3)以最能反映形体主要特点、尽可能多地表达形体结构特征原则选择主视图的投影方向。

比较图 5-69 所示(a)、(b)、(c)、(d)四个视图，(a)图最符合上述几条原则，因此应该选择图 5-69(a)方案作为轴支座的主视图的投射方向。

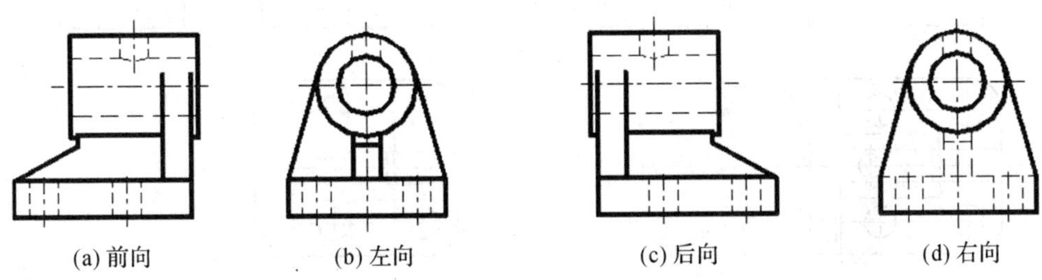

(a) 前向　　(b) 左向　　(c) 后向　　(d) 右向

图 5-69　观察方向不同的主视图方案比较

(3) 绘制三视图

轴支座三视图的作图过程如图 5-70 所示。

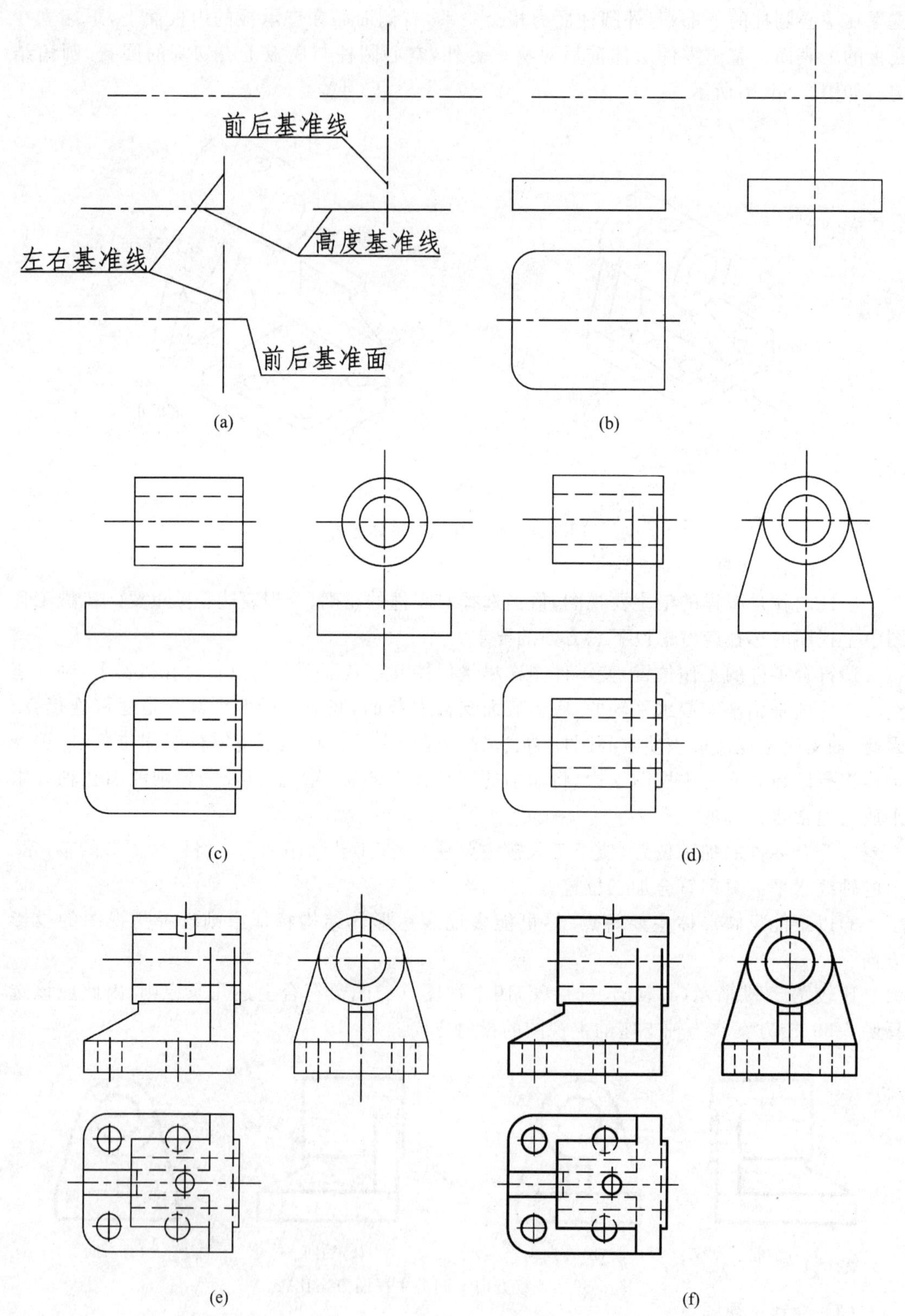

图 5-70　轴支座三视图的画图过程

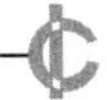

由此，可归纳出组合体三视图的绘图步骤如下：

1）视图布局。视图布局包括整体布局和图间布局。合理的视图整体布局应该是图样所占空间在整个绘图空间内视觉匀称，一般应使图样空间的几何中心位于绘图空间几何中心稍左、稍上的位置。图间布局应使各向视图之间距离恰当。绘制不标注尺寸的三视图时，各向视图间最近点距离宜控制在 15mm 左右，如需标注尺寸，则必须考虑在视图间可能标注尺寸的数量，留足尺寸线及尺寸数字的空间。视图间距用相邻视图边界轮廓线控制，如果视图有对称中心线、回转轴线，应根据距离测算先画出这样的视图位置基准线，如图 5-70(a)所示。

2）绘制三视图。区分所分解的各部分形体的主次，先画决定图样边界的主要图线和主要形体投影，再按叠加体方式依次画其他各部分投影，然后再绘制各子形体上的孔、槽、圆角、切口等局部结构。

为了保证各向视图之间每个形体的相应投影的对正、平齐及相等，提高画图效率和准确性，画图时应注意以下几点：

① 按确定的主次先后，绘制完一个子形体的三个视图后，再按子形体间关系绘制下一个子形体的三个视图，不主张画完整个形体一个投影方向的完整视图后，再去画它的另一投影方向视图。如图 5-70 所示，先画完底板的三个视图，再画完圆筒的三个视图，再继续画后面一个个子形体的三个视图。

② 画每一个形体时，应先从反映该形体形状特征的视图画起，然后再画其他视图。如图 5-70 所示，确定好布局后，底板应先画俯视图，因为这个方向它的特征最明显，它可以看作是以俯视图轮廓为截面的有一定高度的形体。圆筒应先画左视图的同心圆，首先圆形是最典型的形状特征，其次圆筒是以其左视图轮廓为截面的有一定长度的形体。

③ 各子形体上切割类结构的投影，可先从具有积聚性的投影图画起，再完成其余视图。

绘制零件形体的顺序也可以简要归纳为：一般先实(实形体)、后虚(切除的形体)；先大、后小；先轮廓、后细节。

3）检查、描深、完成全图。为了便于修改图中的错误，保证图面整洁，应该先用细实线绘制图样底稿。检查一要按形体排查和纠正底稿中的错误，二要擦除过长的、延长过短的轴线与圆上的十字中心线，使之符合超出轮廓线 2～5mm 的规定。确认无误后描深粗实线，保证各图线正确、粗细分明，完成全图。

例 5-34　求作如图 5-71(a)所示组合体三视图。

该组合体可如图 5-71(b)所示分解为四种子形体，其中主柱腔虽可进一步拆分而因其已不难理解和绘图不再分解。

1)主视图选择。形体有底板构造，底板两端 U 型槽是典型可调位安装连接孔，因此主视图应以底板为下端，符合工作位置原则。整个形体关于腔体轴线所在基准面前后、左右对称，应选择柱腔外曲面上的带孔凸台在前、形体左右对称为主视图投影方向，符合尽可能多地表达形体结构特征原则。

2)绘制三个视图轴线与底板底边。如图 5-71(c)所示。

3)绘制主柱腔三视图；先画俯视图，再画其他视图。如图 5-71(d)下部分主体所示。

4)绘制主柱腔上端凸台三视图，先画俯视图，再画其他视图。如图 5-71(d)上端所示。

5)绘制底板三视图，先画俯视图，再画其他视图，注意与柱腔外表面相切关系的图线画

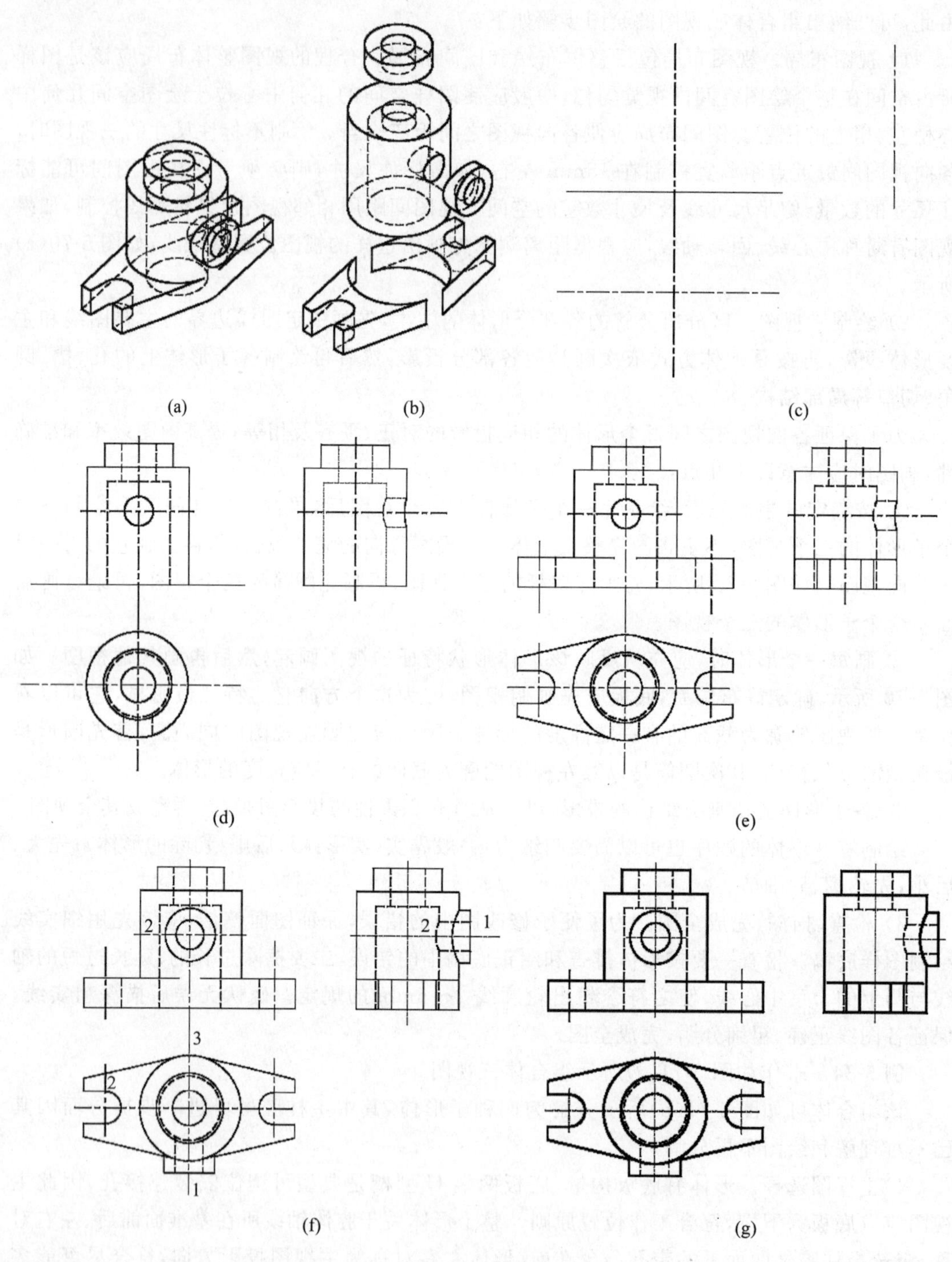

图 5-71　所示立式腔体的三视图

法。如图 5-71(e)所示。

6)绘制主柱腔前端凸台三视图,先画主视图,再画其他视图。如图 5-71(f)所示。

7)检查、描深、完成全图。需调整的点画线标注在 f 图中,1 为过长;2 既过长又超出所

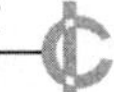

属特征轮廓线；3 为两视图不能共用一条轴线。绘制主柱腔前端凸台三视图，先画主视图，再画其他视图。如图 5-71(g)所示。确认无误后描深粗实线，完成全图。

2. 线面分析法作图

例 5-35 求作如图 5-72 所示燕尾拖板的三视图。

1）形体分解。燕尾拖板虽然可以分解成上下两个子形体，但也可以看作单纯的切割体而不分解。

2）主视图选择。形体下部的燕尾构造有导向功能，大多以水平移动方式工作，因此应选择其工作位置作主视图：燕尾工作底面平行水平面作为下轮廓，燕尾槽与侧面垂直(即燕尾导向对称而平行正投影面)。这样，燕尾一端为避免干涉而加工的斜面将垂直于正投影面，对称的前后斜面将垂直于侧投影面。

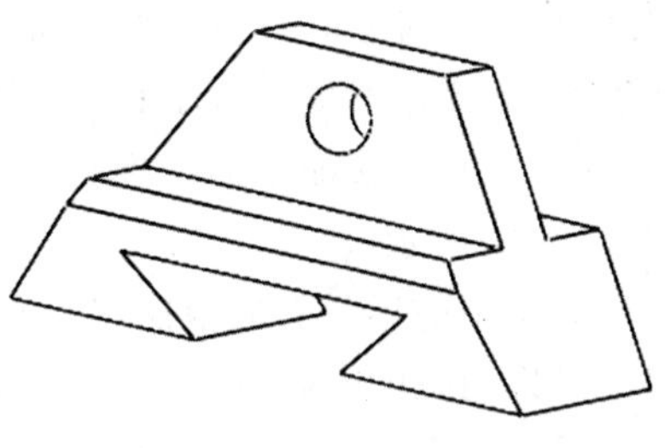

图 5-72 燕尾拖板

3)绘制主视图底边线和俯视图、主视图对称中心线。如图 5-73(a)所示。

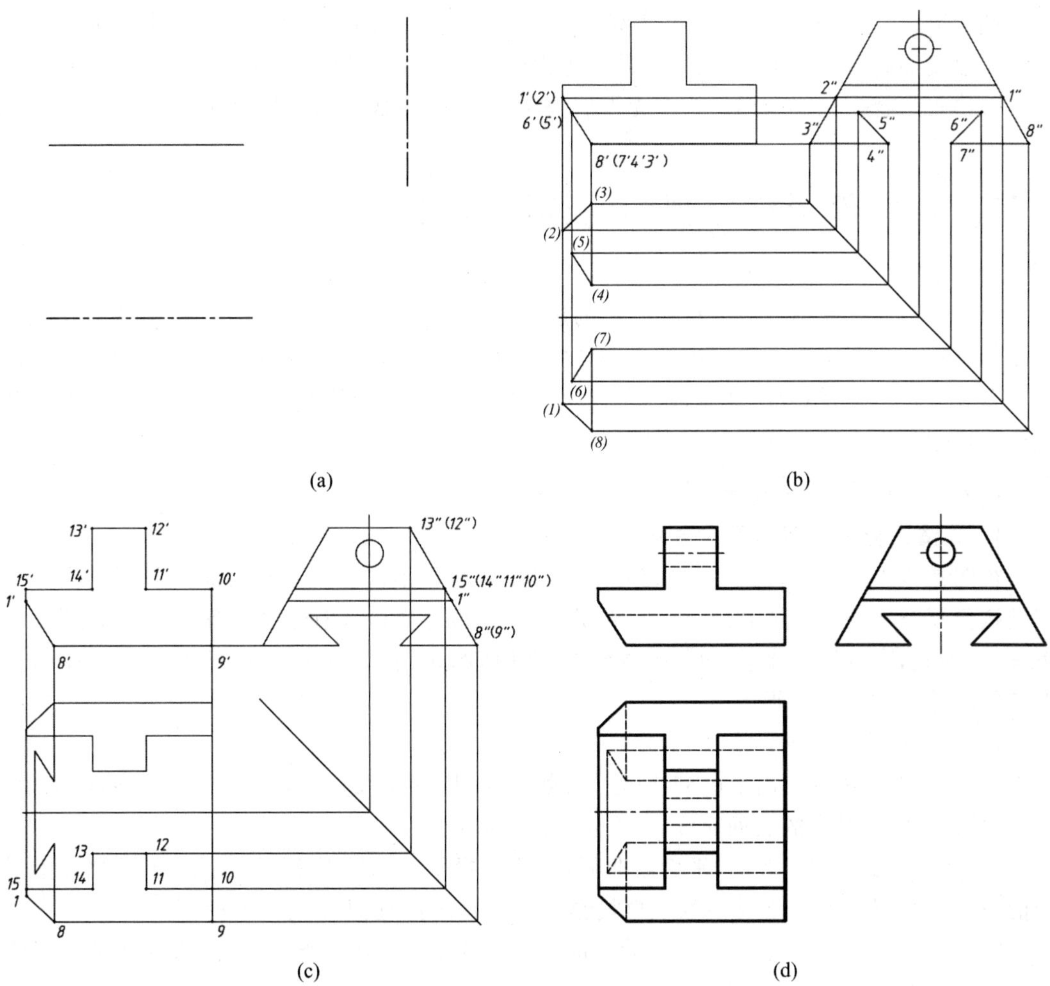

(a)

(b)

(c)

(d)

图 5-73 燕尾拖板三视图绘制过程

4)先画反映燕尾实形的左视图,再画主视图,然后绘制燕尾所在斜面的俯视图。主视图上的斜线是一个正垂面的积聚投影,其展开的平面投影在左视图为1″、2″、3″、4″、5″、6″、7″、8″,它在俯视图上也会展开为平面,并且与左视图对应投影类似。将这些特征点向主视图斜线上投影,注出对应位置1′(2′)、6′(5′)、8′(7′4′3′),再逐点投影得到各点水平投影(1、2、3、4、5、6、7、8),连接成平面得到斜面的水平投影。因其上方有形体遮挡,所以用虚线绘制。如图5-73(b)所示。

5)绘制前后斜面的俯视图。左视图上的两对称斜线是两个正垂面的积聚投影,先取前斜面讨论,其展开的平面投影在主视图为1′、8′、9′、10′、11′、12′、13′、14′、15′,它在俯视图上也会展开为平面,并且与主视图对应投影类似。将这些特征点向左视图斜线上投影,注出对应位置1″、8″(9″)、15″(14″11″10″)、13″(12″),再逐点投影得到各点水平投影1、8、9、10、11、12、13、14、15,连接成平面得到斜面的水平投影。按前后对称绘制另一斜面的水平投影。如图5-73(c)所示。

6)绘制俯视图其他图线:①将点12及点13与它们各自的轴对称点连接。②绘制俯视图两端轮廓线,左端原来虚线被粗实线覆盖。③绘制俯视图、主视图中燕尾槽不可见轮廓线。④绘制圆孔另两面不可见投影,并在主视图上画出孔中心线。⑤修剪过长点画线。

7)检查、描深、完成全图。检查无误后描深粗实线,完成全图。如图5-73(d)所示。

5.7 零件形体三视图的读图方法

画零件形体三视图是由三维到二维的过程,而读图(这里仅限于读形体)则是由二维到三维的过程。读图实质上是根据给出物体的三视图,通过对视图中轮廓线、特征点、封闭线框等含义分析理解,结合已经掌握简单体及其切割、组合的投影规律,正确运用读图方法和逻辑推理想象出空间物体形状的大脑思维活动过程。

5.7.1 读图的基本要领

1. 分清图样中几何图元的含义

视图是投影而来的,图样中相同的几何图元可能是不同空间结构要素的投影。同一空间结构要素在不同的投影方向上时常表现为不同的几何图元,图样中线型也包含着结构、位置含义,因此,有意识地梳理、分类归纳图样中几何图元、线型的含义,对于准确、高效地判别对应的形体特征具有重要作用。

(1)图线的多重含义

1) 实线表示物体表面上的交线(棱线、截交线、相贯线)的投影。如图5-74(a)所示,直线a'、b''是物体上对应的表面交线A和棱线B的投影。

2) 实线表示物体上表面(平面或曲面)的积聚投影。如图5-74(b)所示,g'是物体上对应的正垂面G及其与柱面交线的积聚投影,e是物体上圆柱面E的积聚投影。

3) 实线表示回转体的转向轮廓素线的投影。如图5-74(b)所示,主视图上直线f'是物体上圆柱的转向轮廓最左素线F的投影。

4) 点画线表示形体结构对称,或回转体的轴线。如图5-74(b)所示,主视图上点画线m'既是圆柱体的回转轴线,又是形体左右对称轴线;点画线n'是形体前后对称轴线。

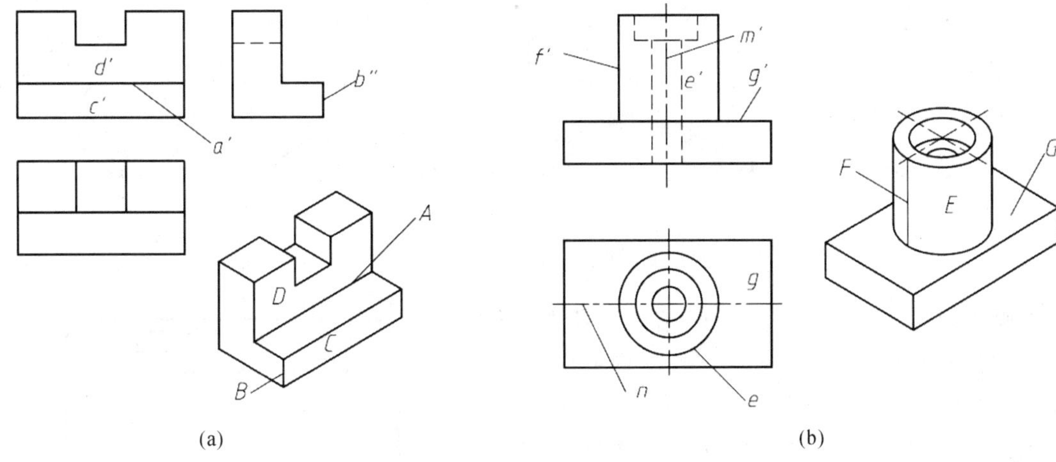

图 5-74 线条和线框的含义

5）虚线表示相对位置关系，用虚线绘制的部分通常表示被遮挡。或在形体内部。其相对位置在主视图上往往位于后面，在俯视图上往往位于下面，在左视图上往往位于右面，如图 5-75 所示。

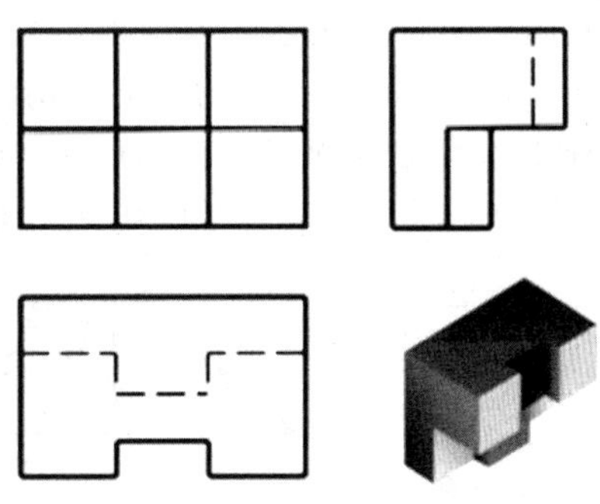

图 5-75 虚线的位置含义

(2)线框的多重含义

1）一个线框代表形体的一个连续表面，这个表面可以是平面、曲面或曲面和它的相切面。如图 5-74(a)中的 c'、d'为四边形和凹字形封闭线框，分别代表物体上 C、D 两平面的投影；而图 5-74(b)中的 e'（粗实线的四边形线框）则代表着圆柱面 E 的投影。

2）相邻的两个封闭线框，代表着两个不同的表面。如图 5-74(a)中的 c'、d'代表着前后不平齐的两个平面的投影。

3）在大的封闭线框中包含有小的封闭线框，代表大表面上有不平齐结构，或凸起，或凹进，或穿通。如图 5-74(b)所示，俯视图的四边形中间包含用圆形 e，结合主视图，知道其表示在平面 G 上有凸起的圆柱体。e 圆内还有两个圆形线框，表示圆柱端面含有不平齐结构，请读者进一步分析。

2. 从典型、熟悉特征图元入手，联系其他视图确定结构特征

图样中最典型、最熟悉特征图元莫过于圆和长方形。

多种回转体及其组合在垂直回转轴线方向的投影都是圆，但由于机械加工工艺的原因，零件形体上投影为圆的结构绝大多数场合都是圆柱面或圆孔，因此读到圆首先想到是圆柱或圆孔的投影是正常、合理的选择。当然，究竟是哪种结构的投影，还是要结合其他视图确定。如图 5-76 所示。另外，当已知圆柱（孔）的圆投影和一个非圆投影时，另一个非圆投影与已知非圆投影一模一样只是投影方向不同这一规律，在由两个视图补画第三个视图练习时应该有效利用。

投影为长方形的形体结构较多，实测时分析长方形投影的一般规律是：没有对应的圆或

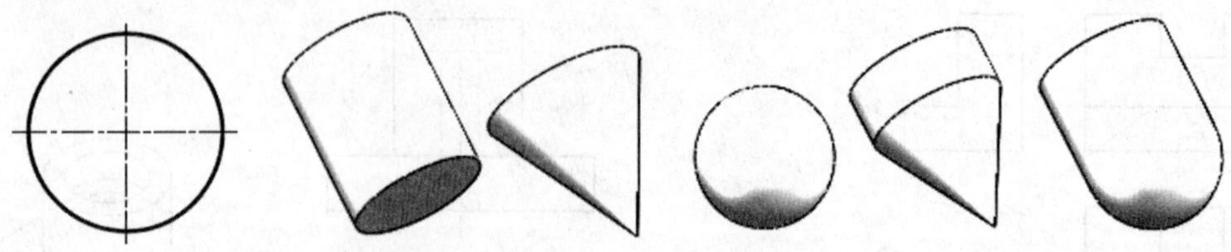

图 5-76　投影为圆的回转体及组合

曲线弧投影时，应该对应着平面；俯视图长方形外形(可以含切角、缺口)往往对应零件底面或底板；机器上(不包括模具)较少设计小的矩形槽、矩形孔，如图 5-77所示的(a)、(b)矩形槽、方形孔属与少见结构。

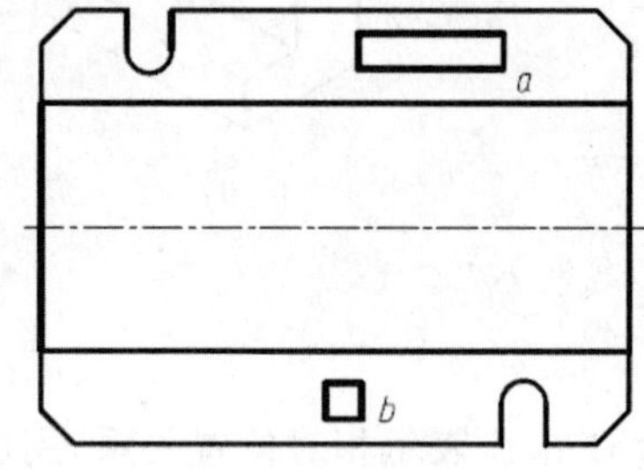

图 5-77　投影为长方形的形体结构

3. 注意识别结构形状特征和位置特征

如图 5-78 所示视图，尽管主、俯视图始终一样，但左视图不同时所表达的零件形体是不同的。因为左视图中包含了零件形体的主要结构特征和位置特征，因此也把左视图称为这个形体这一表达方向的特征视图。读图时找到特征视图或视图中特征线框，会有利于读图的准确和迅速。

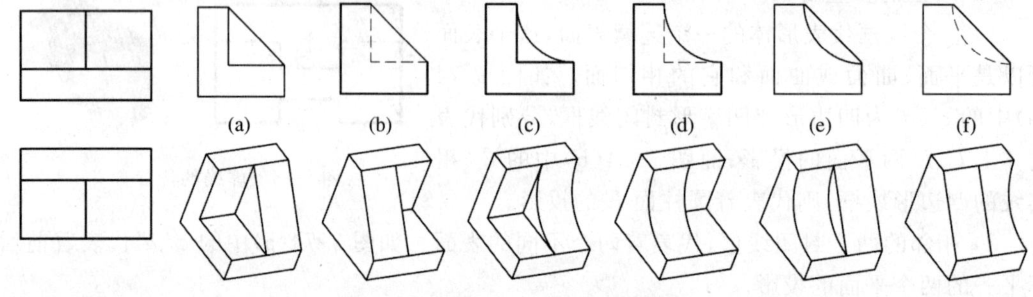

图 5-78　结构形状特征和位置特征

5.7.2　形体分析法读图

用形体分析法读图时，首先应找出位置特征视图，并对视图按封闭线框拆分形体；再依照投影的“三等”对应关系逐个找出这些封闭线框所对应的其他投影；然后根据读图的基本方法想象出各部分形体的形状；最后按各基本形体之间的相对位置，综合想象出零件形体的整体形状。

例 5-36　根据图 5-79(a)所示的零件形体三视图想象出物体形状。

(1)分析视图，划分线框

如图 5-79(a)所示，该零件形体三视图中，主视图反映位置特征，由图可以看出整个形体各部分之间的组合方式是以叠加为主，分为 3 部分形体。因此，先在主视图中按封闭线框将它划分为三个部分。然后，根据各视图间的投影关系，分别找出各部分在俯、左视图中相应的投影，如图 5-79(b)～(f)所示。

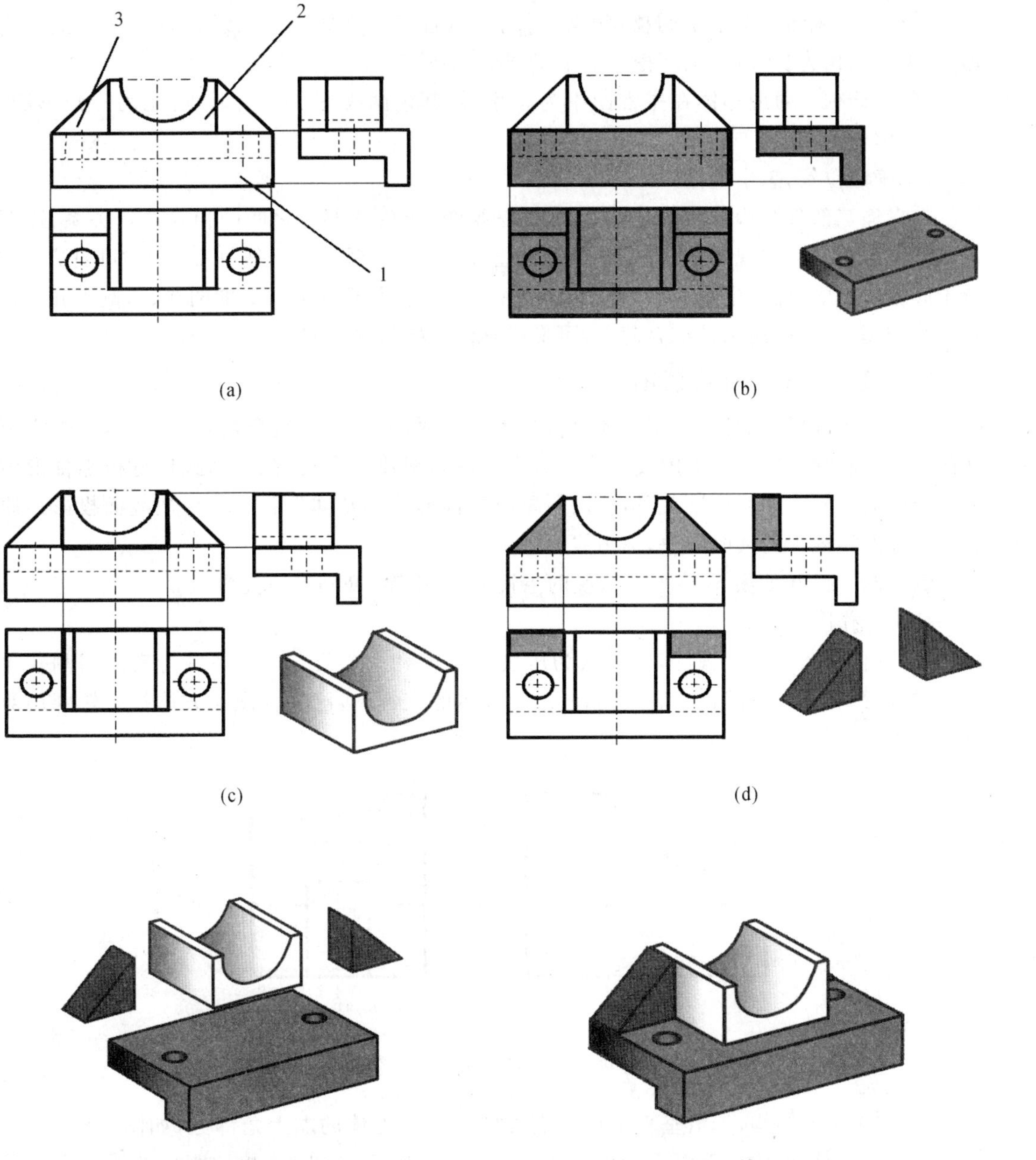

3
2
1

(a)

(b)

(c)

(d)

(e)

(f)

图 5-79　形体分析法读图

(2)对照投影,想出形体

根据读图的基本方法分析各组成部分的形状如下:

线框1在主视图上为矩形,左视图中反映了其总体结构特征,配合主、俯视图可以看出是带弯边的四方底板,其上左右两个孔。如图5-79(b)所示。

线框2主视图中有个半圆槽,为其特征视图,且三个视图中的投影外轮廓基本上为矩形,可见其结构为长方体,上部挖了一个半圆槽,如图5-79(c)所示。

同样,线框3对应形体在主视图中为三角形,其余两视图中为矩形,可见为三角形肋。如图5-79(d)所示。

(3)确定位置,想出整体

在看懂三部分结构形状的基础上,根据三视图,想象三部分之间的相互位置关系,逐渐汇成整体形状。在主视图中,线框2位于线框1上方,线框3位于线框2两侧,可见方块2位于底板1上面,位置中间靠后,后面平齐,左右对称。肋板在方块2的两侧、后侧平齐。位置关系如图5-79(e)所示。综合起来,可形成整体结构形状。如图5-79(f)所示。

5.7.3 线面分析法读图

切割类零件形体的读图,用形体分析法不够方便,尤其多面组合切割的形体,往往需要从面、甚至线的投影性质,去解读形体投影中线框和图线的含义,深入细致地分析零件形体的各个表面性质及相互位置关系,从而想象出零件形体的整体形状。这种从线面投影性质分析零件形体视图的读图方法,称为线面分析法。

例5-37 已知如图5-80所示压块的主视图、左视图,补画出俯视图。

分析与作图:

(1)分析已知的两个视图,可以认为压块是通过对一个长方体毛坯进行三次切割获得的,结构前后对称。先淡化原有结构,画出长方体的三视图,已知视图长方体投影轮廓用双点画线表示,如图5-81(a)所示。

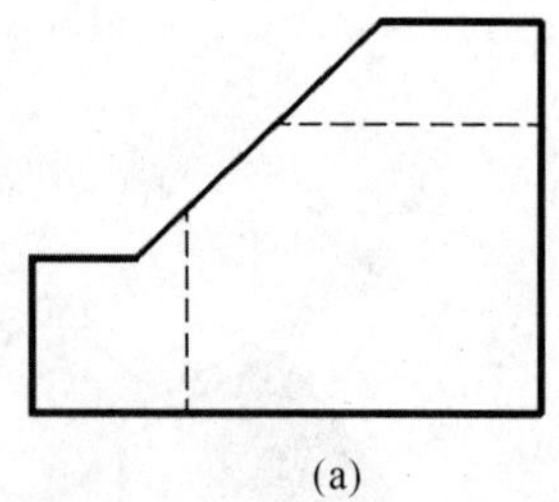

(a)

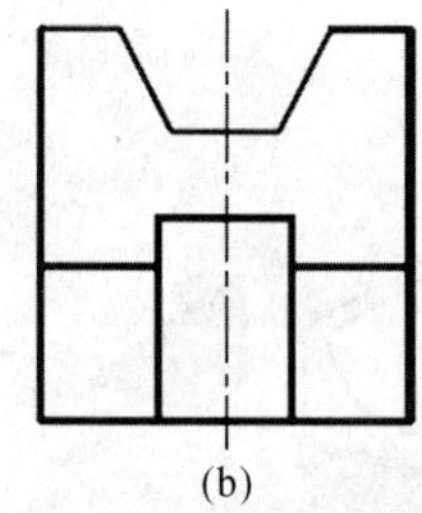

(b)

图5-80 线面分析法读图

(2)按主视图结构,先沿垂直正投影面方向切除长方体的左上角部分,如图5-81(b)中轴测图所示,获得形体正垂面B和水平面A,并形成交线Ⅰ、Ⅱ,画出切割后的线面水平投影,如图5-81(b)所示。

(3)左视图上方的梯形槽可以看作是在第1次切割后形体上切去一个梯形棱柱形成的,如图5-81c中轴测图所示。切去棱柱后,首先将上表面的水平面切剩成P_1、P_2两部分,又切出一个槽底水平面D,先画出P_1、P_2及D在俯视图中的投影,D面左端与主视图的投影虚线对正,如图5-81(c)所示。梯形棱柱的两个侧面是两个前后对称的侧垂面,在形体上切出

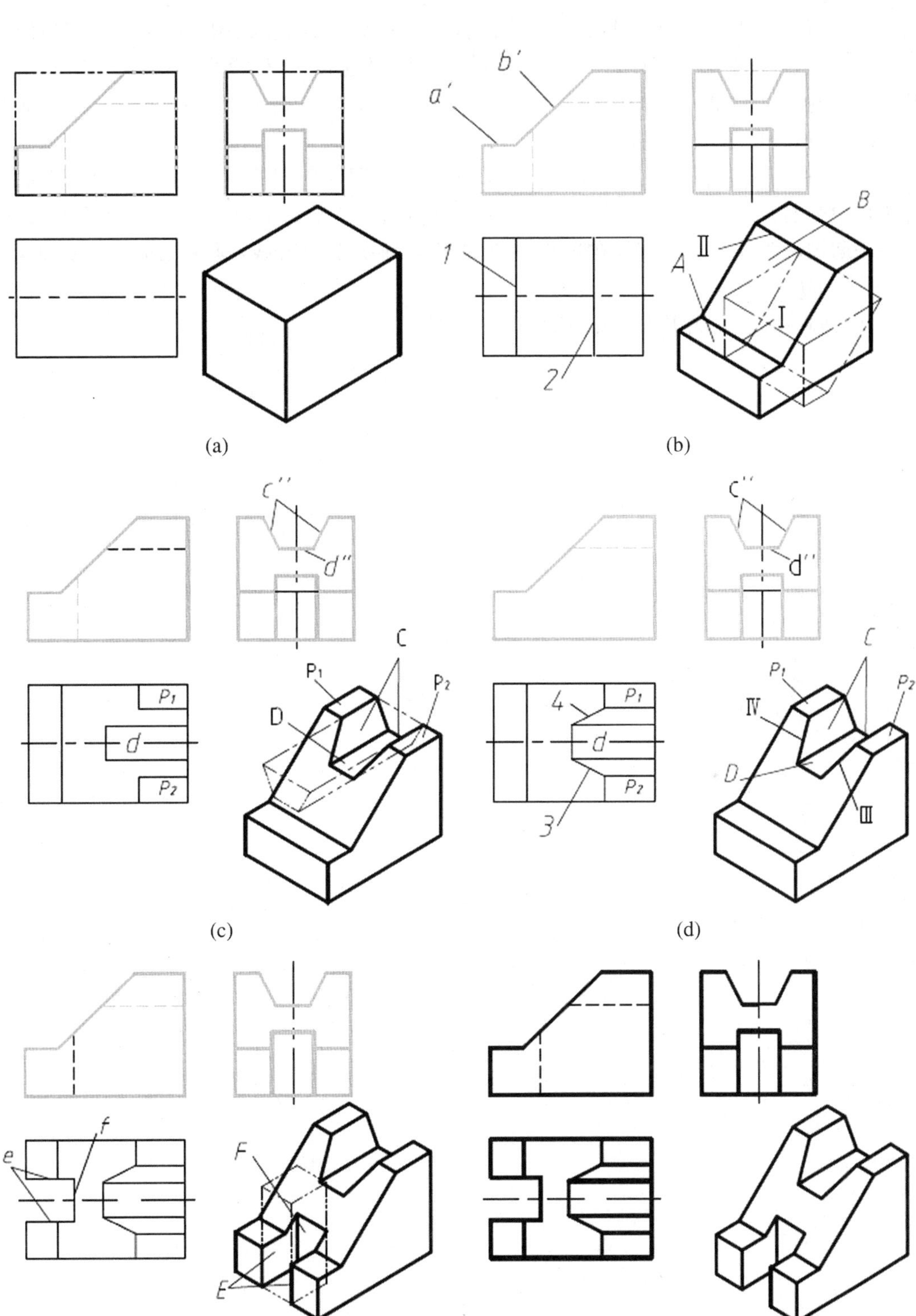

图 5-81　线面分析法读图绘图

的两个 C 面在左视图上积聚成两条对称直线，其水平投影应与主视图上以虚线为底边的四边形相类似，按投影关系可以画出 C 面的水平投影，即连接 P、D 投影的相近角点、画出交线Ⅲ、Ⅳ的投影。如图 5-81(d)所示。进一步分析可知，Ⅲ、Ⅳ是侧垂面 C 和正垂面 B 的交线，为一般位置直线。

(4)左视图居中靠下有一矩形线框，其高度与主视图左下方的虚线对应，说明在零件形体上居中朝右开了一个矩形的上下通槽，矩形槽由两个正平面 E 和一个侧平面 F 组成，这三个平面同时垂直于水平面，在俯视图上是投影均积聚为直线，画出矩形槽的投影，如图 5-81(e)所示。

(5)清理图线，完成压块三视图如图 5-81(f)所示。

第 6 章　机件常用的图样表达方法

工程实际中的机器种类繁多,组成机器的各种零件因承担功能不同,其结构和大小也千差万别。对许多零件,采用三视图的方法都能满足其表达的需要,但对部分结构复杂零件,时常出现三视图无法完整表达零件结构的情况,还有许多时候,采用三个视图就会产生表达内容重复的状况。工程图样最基本的要求是零件结构表达完整、准确,排除产生歧义理解的可能。同时还应当力求图样最简:视图尽量最少、最简;已在其他视图中表达清楚的不可见棱线不再绘制虚线——除非可以省画一个视图等。国家标准《技术制图》与《机械制图》中规定了视图、剖视图、断面图、局部放大图和简化画法等各种画法,在实际绘图中,应根据不同物体的形状和结构特点,灵活而恰当地运用这些表达方法,画出完整、清晰、简洁的零件图样。

6.1　视　图

在《机械制图图样画法视图》(GB/T 4458.1—2002)中规定,用于零件形体外形充分表达的视图有基本视图、向视图、局部视图和斜视图四种。

6.1.1　基本视图

基本视图是将物体向基本投影面投影所得到的视图。

基本投影面是在原有三个投影面的基础上,再增加与它们对面平行的三个投影面,得到相当于正六面体表面的六个投影面。如图 6-1 所示,将形体放在六面之内,按第一角投影,由内分别向六个基本投影面投影,得到六个基本视图。

六个基本视图是在三视图基础上,新增三个基本视图,其名称为:

右视图——由形体右侧向左方投影面投射得到的视图,反映形体右端面及其后结构;仰视图——由形体下方向上方投影面投射得到的视图,反映形体底面及向上的结构;后视图——由形体后方向前方投影面投射得到的视图,反映形体后面及向前的结构。

六个投影面按图 6-1(a)所示的方式展开,展开后各视图位置按图 6-1(b)所示方式配置,称作按基本位置配置,这是定义基本视图的一个重要意义所在。按规定位置配置的视图所表达的形体投影方向及内容是确定的,不需要任何标注说明,当然也不能把非该位置视图以对正方式画在基本位置上。

六个基本视图仍要保持"长对正、高平齐、宽相等"的投影规律,即:

主视图、俯视图、仰视图、后视图之间长对正;

主视图、左视图、右视图、后视图之间高平齐;

俯视图、左视图、仰视图、右视图之间宽相等。

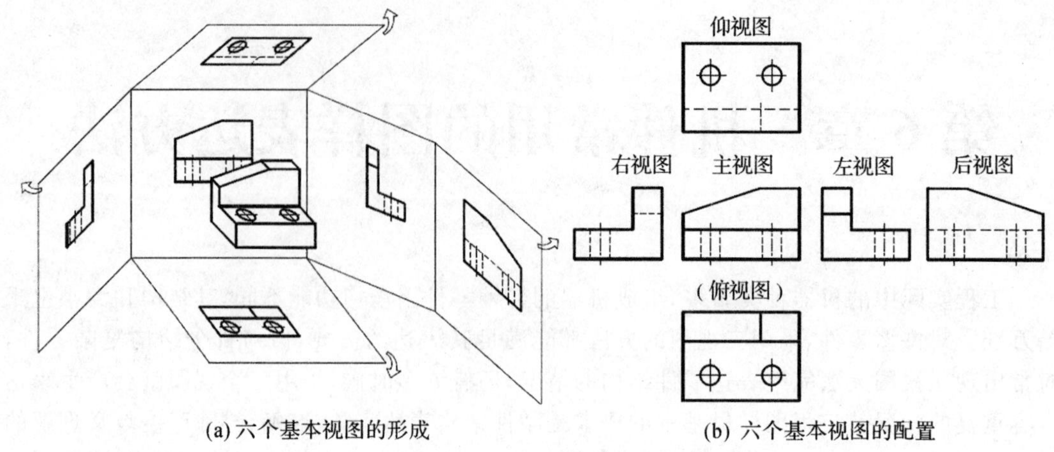

(a) 六个基本视图的形成　　(b) 六个基本视图的配置

图 6-1　基本视图

另外，除后视图外，新增视图依然是靠近主视图一侧对应形体的后面，而远离主视图的一侧，对应形体的前面。

在实际绘图时，大多数形体表达都不需要画出全部基本视图，而应根据形体的结构特点按需选择视图，首先主视图是不可缺少的，再优先选用俯视图、左视图，并应在完整、清晰表达前提下使用图量最少，图样最简。

图 6-2 所示是一个箱体机件，它的主要结构集中在内腔和两个端面上。在绘制图样时，采用三视图表达方法如图 6-3，出现机件右端面的结构无法表达、俯视图虚线较多且表达的内容与其他视图重复等问题。如果根据零件结构特点，采用如图 6-4 所示的主视图、左视图再加右视图的三个基本视图来表达机件，则既清晰又合理。

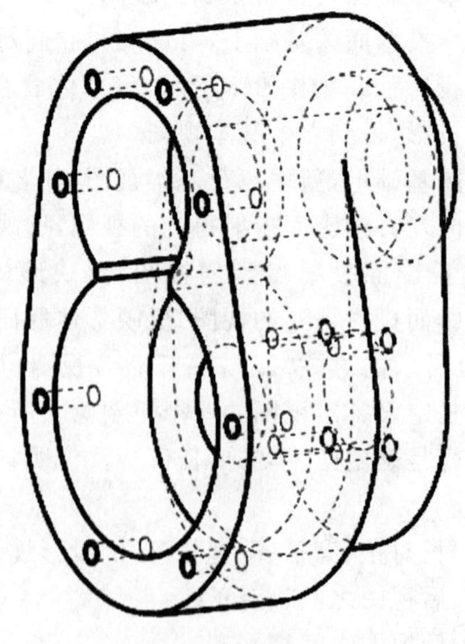

图 6-2　箱体零件

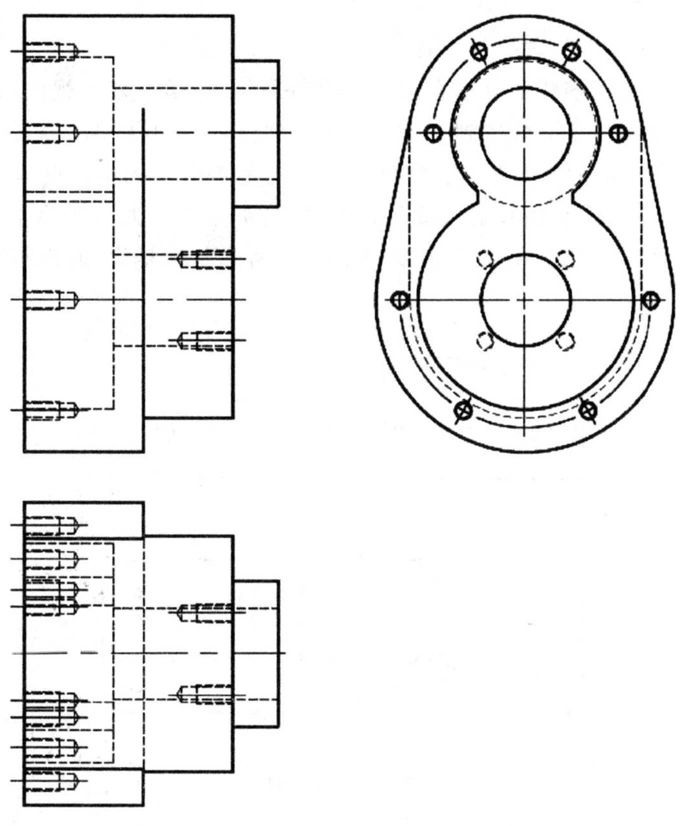

图 6-3　箱体零件的三视图表达

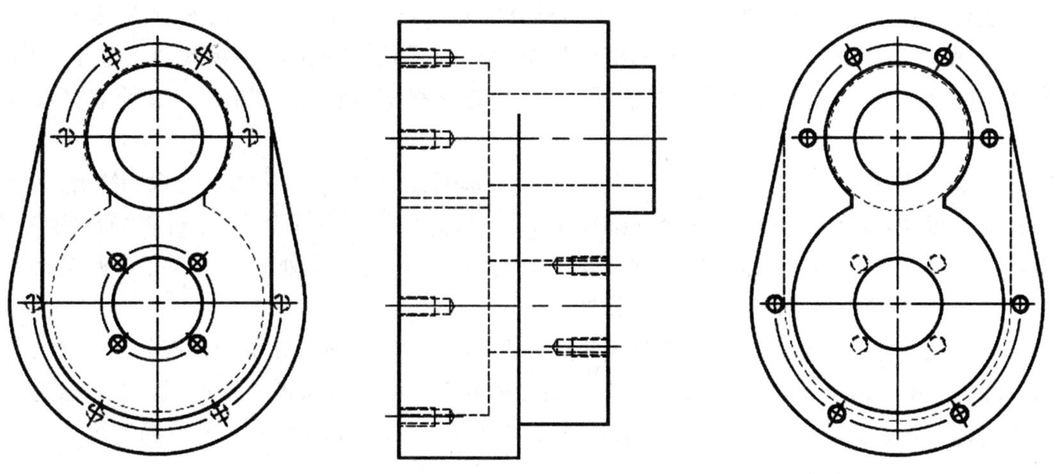

图 6-4　箱体零件的主、左右三个基本视图表达

6.1.2 向视图

向视图是离开了基本位置的基本视图。

在工程图样中，为了图幅的合理利用和图样布局匀称，某个基本视图(例如仰视图或后视图)常常会离开基本位置而配置到一个合适的其他位置，这时该视图就不再叫作基本视图而被称作向视图了。向视图表达某个投影方向上的基本视图的移位配置，必须明确标注。首先用箭头把投射方向在相应投射位置明确注出，箭头旁边用大写的拉丁字母标注出代号“×”，然后在向视图上方注上相同的字母，如图 6-5 所示。就是说，向视图代号字母总是成对使用的。

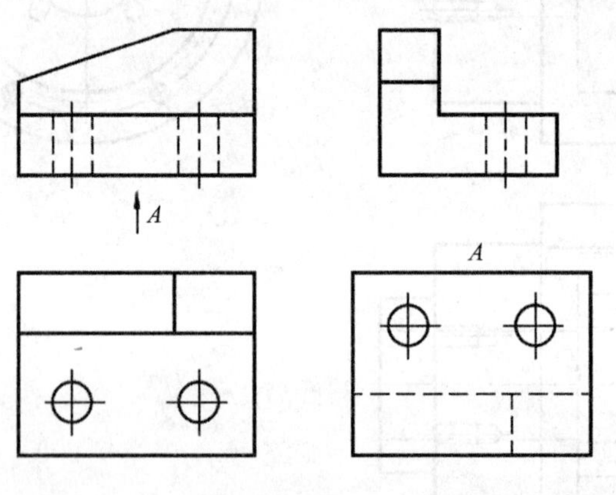

图 6-5　向视图

6.1.3 局部视图

将形体的某一部分向基本投影面投射所得到的视图称作局部视图。在零件形体表达过程中，时常遇到其整体结构通过其他图形已经表达清楚，只有局部结构尚需表达的场合，此时最适合采用局部视图。图 6-6(a)所示的形体表达图样中，绘制了主视图与俯视图后，仅有 A 向和 B 向两处局部结构没有表达清楚，如果为此采用左视图与右视图两个基本视图，整体结构的表达重复而且多余，采用 A、B 两个局部视图，既简化了作图，又使表达简单明了。

局部视图尽量按基本视图位置或简单投影关系配置，且当中间又无其他视图隔开时，不需作标注说明，如图 6-6(b)的两个局部视图的放置；如果为了布局合理，也可将局部视图配置在其他适当的位置，但此时应同向视图一样，用箭头和写在两处的大写拉丁字母进行标注。如图 6-6(a)中 A 向和 B 向局部视图。

局部视图上用波浪线或双折线表示与省略部分的分界，视图边界至少含有一段图样轮廓线，如图 6-6(a)中的 A 向局部视图，一般不能像图 6-7 所示全部由波浪线围成。当所表达的局部结构形状完整，且外轮廓线成封闭时，波浪线可省略不画，如图 6-6(a)中 B 向所示。

6.1.4 斜视图

将零件形体向不平行于基本投影面的平面(斜投影面)投射所得到的视图称作斜视图。

工程零件形体上时常会设计出倾斜结构，其在基本视图上的变形投影既不利于画图和标注尺寸，也不利于读图。绘制图样时可设置一个与形体倾斜面平行的投影面，将倾斜结构

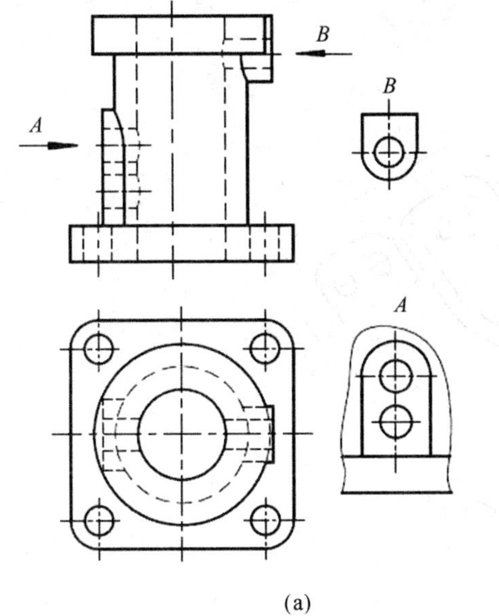

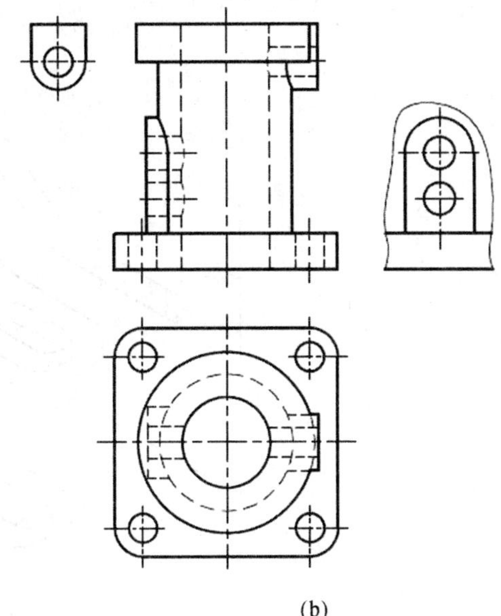

图 6-6　局部视图

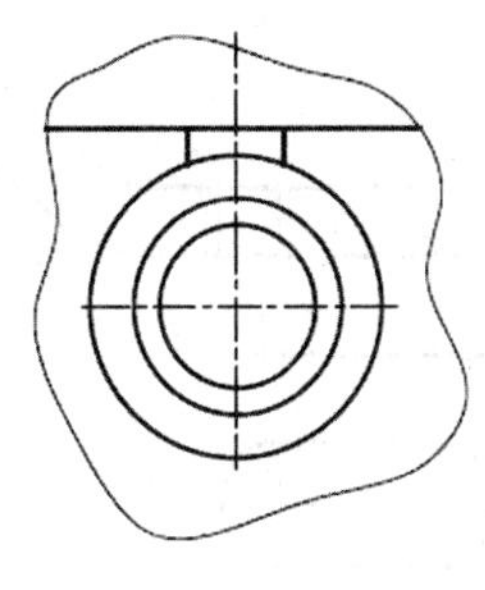

图 6-7　局部视图边界错误

向该投影面投射，即可得到反映其实形的视图，如图 6-8(a)所示。

斜视图只为将形体倾斜部分表达成实形，其余部分用波浪线或双折线为界省略不画。画图时，必须在斜视图上方用大写拉丁字母标出视图名称，并用垂直斜面的箭头指明投影方向，标上同样的字母，字母一律水平书写，如图 6-8(b)所示。

斜视图可按投影关系配置，也可以画在其他合适位置，在不致引起误解时，还可以旋转成主要轮廓线竖直或水平放置。旋转放置时应该用带箭头的旋转符号(半径为字高的半圆弧)标注出旋转方向，表示视图名称的字母靠近箭头前端。旋转角度应遵循就近成竖直或水平原则，需要时也可以将旋转角度标注在字母之后。如图 6-8(c)所示。

工程图样中，因各零件的类型、结构、复杂程度不同，图样的表达方法也不尽相同，有些图样只需一个主视图即可清晰表达，有些图样需要用到几种视图，甚至不同的设计者采用的视图表达方法也会有差异。绘制图样时，灵活选用视图和所选视图的合理性关系到图样的质量，体现了设计者的技术素养。视图选用的原则归纳如下：

1)基本视图主要用于零件形体六个主面方向上的全貌的集中表达，因其占用图幅面积大，应遵循必要时用的原则。

2)向视图主要在优化视图布局时使用，常用于仰视图、后视图移位放置，或用于图幅长度方向不足时的左、右视图移位放置，以及图幅高度方向不足时的俯视图移位放置。

3)局部视图在表达局部结构又避免重复表达的场合使用，是基本视图、向视图简略后的局部，体现图样合理简洁，图样不是很大时，一般不应在同一投射方向上截取两个以上的局部视图。

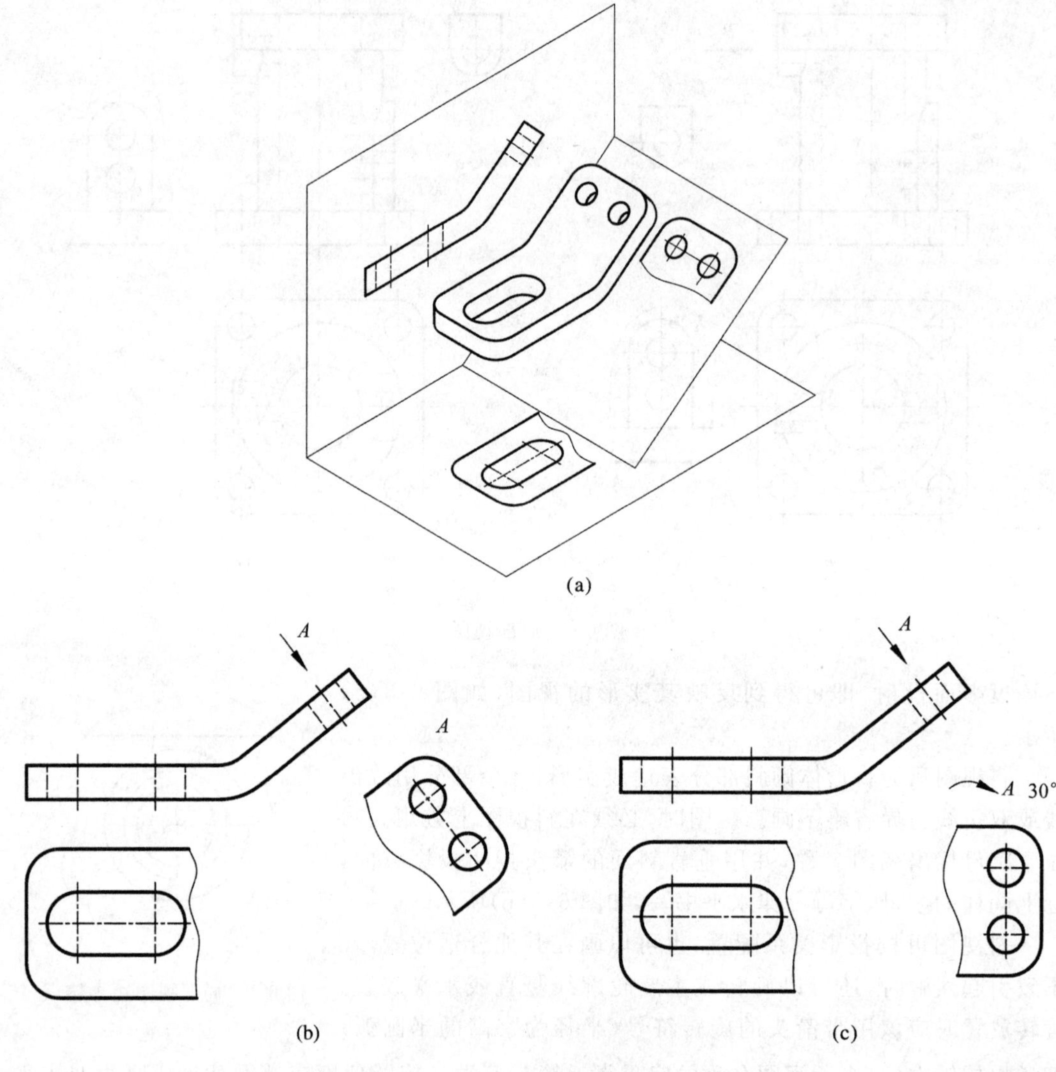

图 6-8 斜视图

4)斜视图在机件上有倾斜面并且需要表达时使用,而且表达仅限于倾斜部分,绝大多数场合都表现为局部视图,工程图中一般都旋转。

6.2 剖视图

用视图表达方法绘制工程图样时,零件形体的内部结构用虚线表示。如图 6-9(a)所示零件图样,其内部构造复杂,图中虚线很多,不适合标注尺寸,也不利于读图。工程中用一种专门的表达方法——剖视图来表达零件形体的内部结构,如图 6-9(a)图样可以绘制成如图 6-9(b)所示,使图样变得清晰、简明。

零件因功能与连接的需要,设计有内孔、槽、空腔等内部结构非常常见,按国家标准规

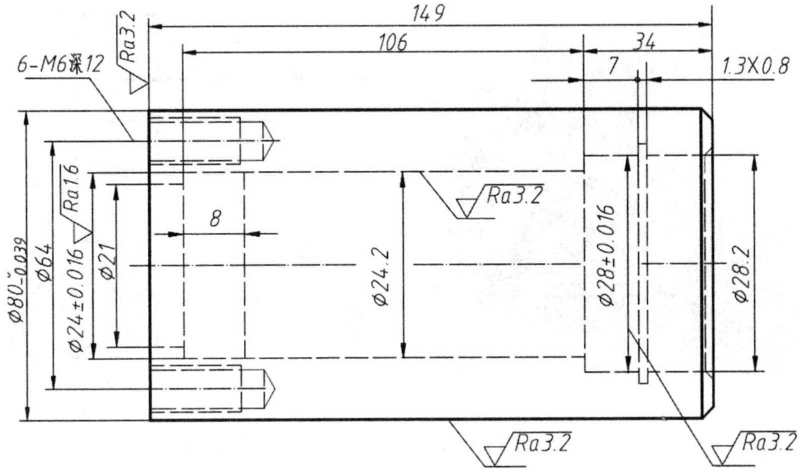

(a)

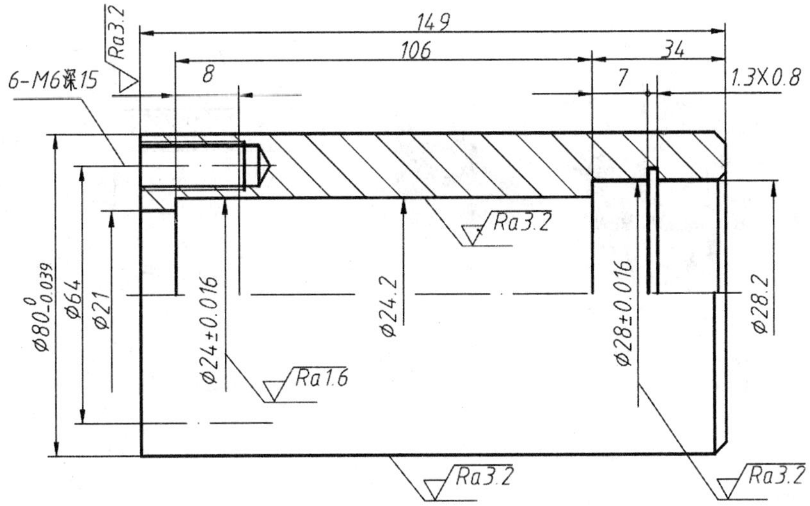

(b)

图 6-9　内部结构的视图与剖视图

定，凡属内部结构都要作代表性剖视——同一规格内部结构剖切一处，所以，工程图样中十之八九都含有剖视画法。因此，剖视是图样表达十分重要的方法，应该熟练掌握。

6.2.1　剖视概念

假想用剖切平面剖开含有内部结构的零件形体，将位于观察者和剖切面之间的部分移去，而将余下部分向投影面投射后，在剖面内画上剖面符号，这样得到的图形称作剖视图，也可简称剖视，如图 6-11 所示图样为图 6-10 所示机件的剖视表达。

剖视是基于视图的新表达方法，是在确定视图表达方案基础上对有需要的视图进行剖切表达，通过将表达内部的图线由不可见变为可见，使图样更明晰、细致，一般不必改变表达方案及增加或减少视图数量。比较图 6-10(b)与 6-11(b)可知，绘制剖视图时并未增画图线，只是将剖开后可见的虚线提升成了粗实线，但剖视可能因有移走部分和省略虚线而减少

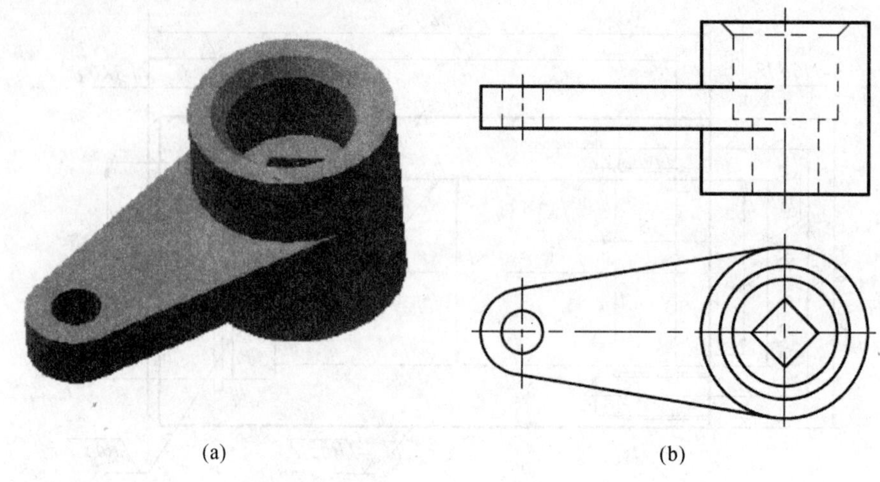

图 6-10　机件的视图表达

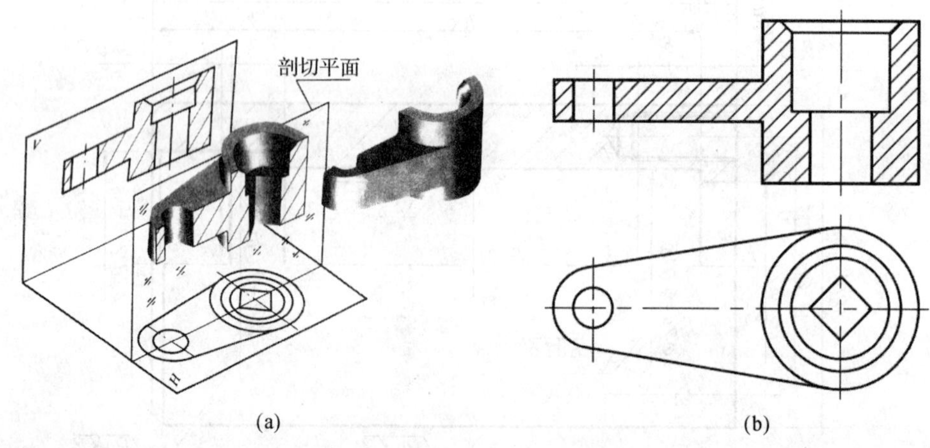

图 6-11　剖视图的基本概念

图线。

采用剖视方法应注意以下规则：

1）需要将一个视图画成剖视图时，一定是该零件形体含有需要表达的内部结构，实心零件不作剖视。

2）假想地移走遮挡部分不能影响形体外形表达和理解，即不能顾及了内部忽视了外部。

3）剖切与移走都是假想的，不能把其余视图画成不完整零件的表达图。

6.2.2　剖面符号

剖视图最明显的特征是图样中画有带剖面符号的线框，这首先是为了明示该线框内为假想剖切时形体分离而产生的面(称剖面区域)，也可以理解其为剖切过程中形体与剖切面相接触的面。如果剖切位置处于内部结构空腔处，剖切面接触不到的面内不能画剖面符号。

另外，剖面符号还被赋予了表征被剖零件材料类型的功能。机械制图国家标准《剖面符

号》(GB/T 4457.5-1984)中规定了不同材料的剖面符号的画法，常用材料的剖面符号列于表6-1中。当不需在剖面区域表示材料的类别时，可采用通用剖面符号。通用剖面符号即为非特别规定的金属材料剖面符号，用细实线画成与水平方向成45°的平行线，简称剖面线。

表 6-1 剖面符号

材料	符号	材料	符号	材料	符号
金属材料(已有规定剖面符号者除外)		木材(纵断面)		液体	
型砂、填砂、粉末冶金、砂轮、陶瓷刀片、硬质合金刀片等		线圈绕组元件		砖	
转子、电枢、变压器和电抗器等的叠钢片		钢筋混凝土		玻璃	

当剖面线方向与图形的主要轮廓线趋于平行时，应适当调整剖面线的方向，可按图6-12的方式绘制；图6-13中的剖面线为使其与主要轮廓线交角明显，画成了30°方向的平行线，而倾斜方向和间隔仍应与俯视图的剖面线保持一致。由于剖面线的方向与间隔疏密可以用于区分一幅图样中的不同零件，因此同一图样上的同一机件的剖面线的方向、间隔必须保持一致。

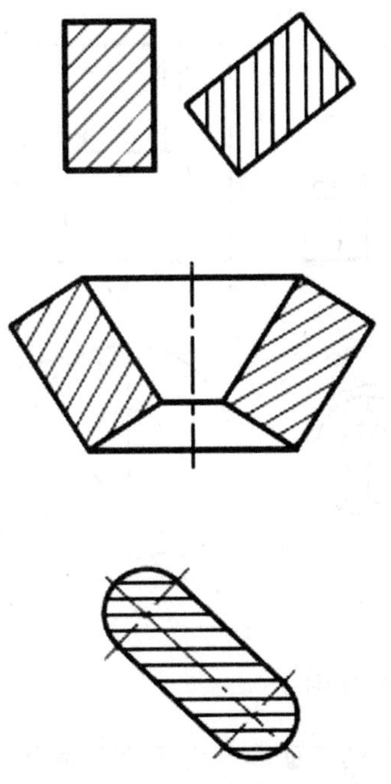

图 6-12 剖面线的画法(一)

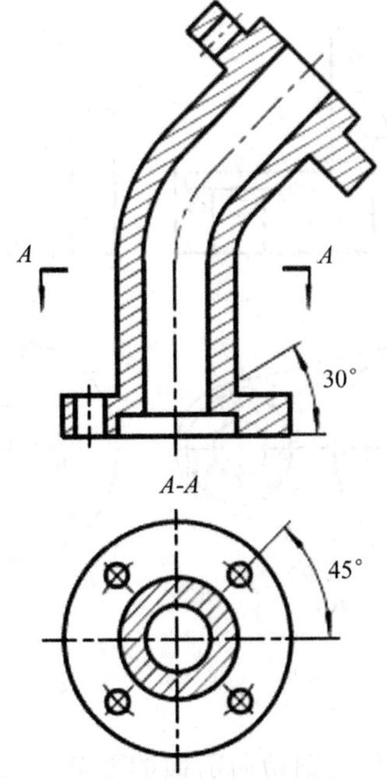

图 6-13 剖面线的画法(二)

6.2.3 剖视的画法及标注

结合图 6-14 介绍剖视图绘制过程。

1. 选择剖切结构对象,确定剖切平面的位置

图 6-14(a)所示形体中有两处圆孔类内部结构,两者回转轴线又同处于主孔槽型结构的对称面上。为了把它原有内部结构的虚线轮廓线提升为粗实线,假想的剖切平面选择在过它们的轴线且与投影面平行的前后对称面位置,这样只要在原来按视图画法的主视图,如图 6-14(b)中应画虚线的位置画上粗实线就可以了。在工程实际中,内部结构以具有回转轴线或对称面的结构居多,所以,使假想的剖切平面过它的轴线并与投影面平行,以表达机件内部结构的真实形状,是画剖视图的基本选择。

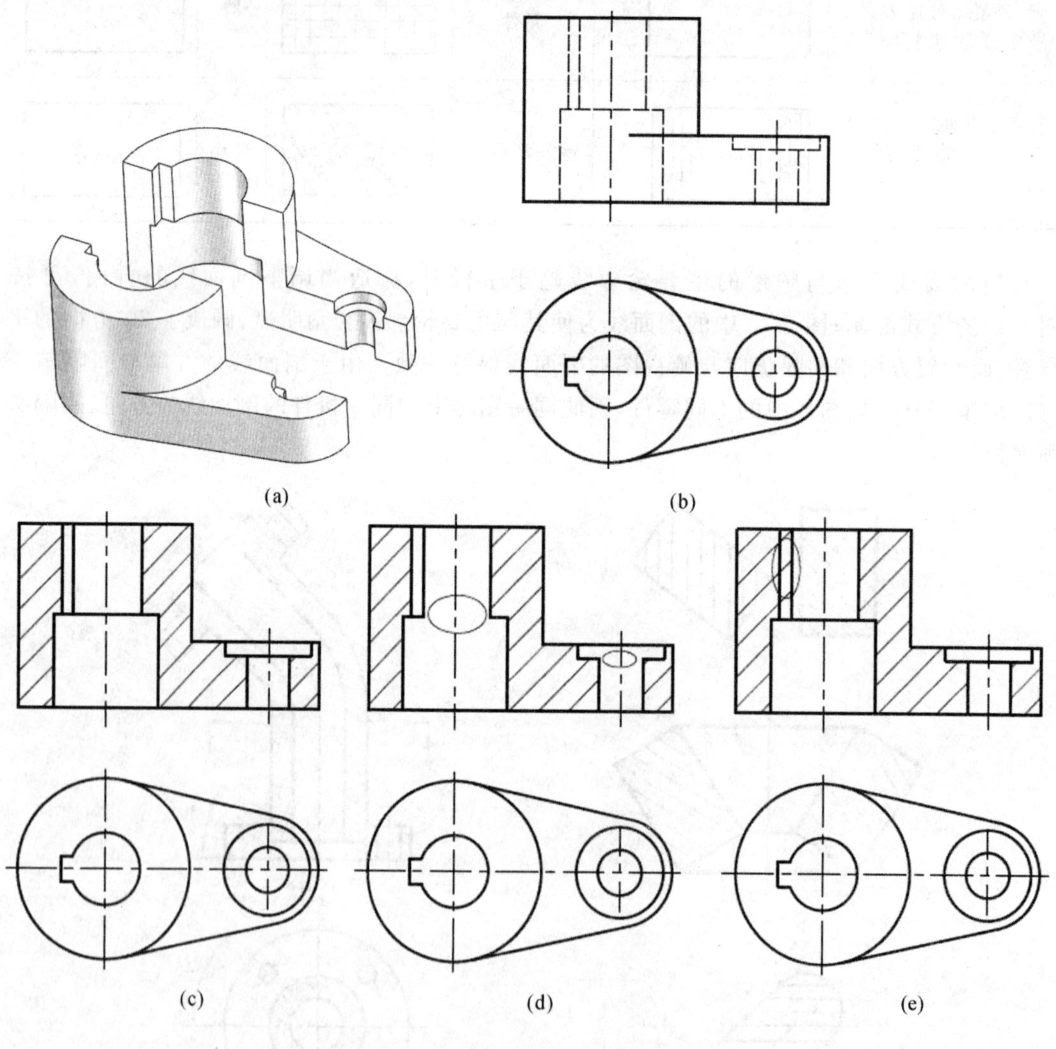

(a) (b) (c) (d) (e)

图 6-14 剖视图的画法和标注

2. 假想移走剖切面前面的形体,画出形体接触剖切平面和剖切平面后面所有可见部分的投影轮廓,并在剖面区域内画上剖面符号。如图 6-14(c)所示。

这里还需要强调两点:

1)剖视并非仅仅为了表达假想剖开处剖切面所切过面上的结构,而是由原来从形体前面向投影面投射,改由从剖切处向投影面投射,表达从剖切处切开后后面部分立体的结构,因此,剖视图应该画出剖切平面及其后面所有可见的轮廓。图 6-14(d)中圈定位置有剖切面后面的积聚直线未画,是错误的。

2)剖面符号是区分剖与未剖、剖切面所切过面跟剖切面接触与未接触的标记,因此有剖切时一定要按规定绘制,并且只能绘制在剖切面剖切中接触面的投影区域内。图 6-14(e)中圈定位置在剖切面未接触的槽侧面上绘制了剖面符号,是错误的。

3. 剖视图的标注及配置

一般说来,剖切位置不同则剖切结果往往不同,因此应明确注出剖视图的剖切位置。剖视图的完整标注方式是用剖视标注三要素:剖切线+剖切符号+字母,标注在剖切平面位置明显的视图上,如图 6-15 所示。

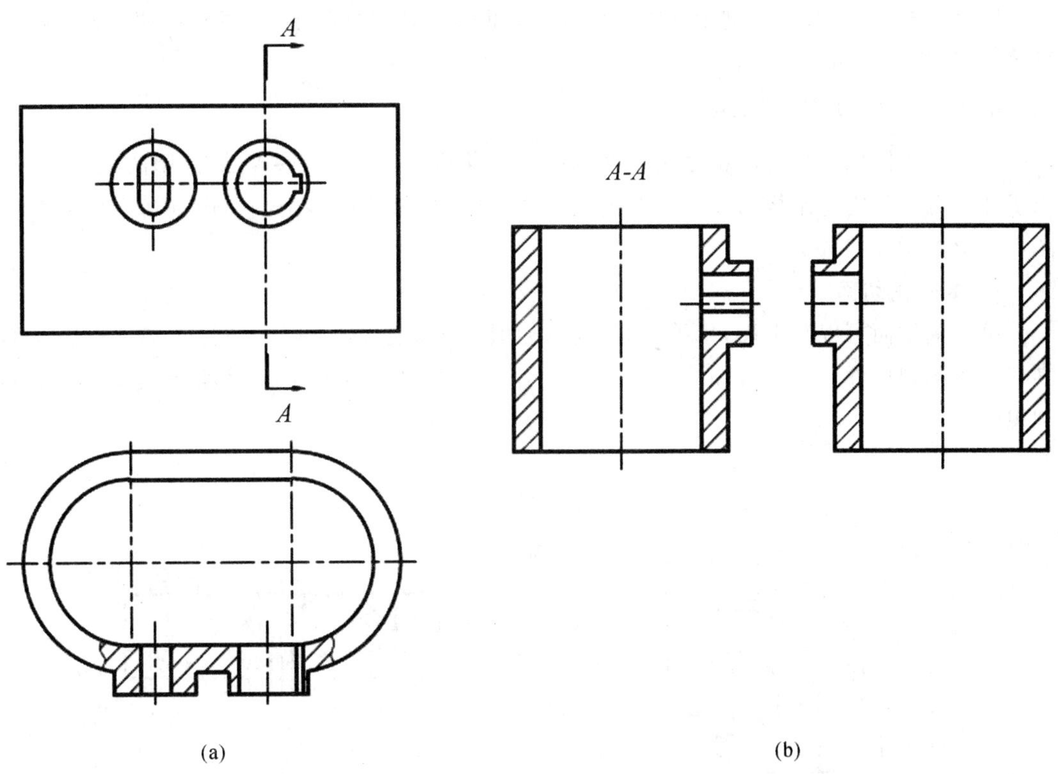

图 6-15　剖视图的标注

剖切线用细点画线绘制,如果剖切位置有点画线可直接借用,如图 6-15 中延长了一条十字中心线。剖切线可以省略不画,所以实际工程图中很少使用。

剖切符号表示剖切面的起始、终止和转折位置及投射方向,表示起、讫位置符号分布在视图的两侧,为一对长度约 5～10mm 的粗实线。投射方向用与起、讫符号垂直的交于其外端的细实线与箭头表示。表示转折位置符号布置在视图内部。有剖切线时,粗实线与剖切线相接,省略剖切线时,粗实线对正剖切位置。

字母是用一对相同大写阿拉伯字母分别写在两侧剖切符号的近处。字母使用与视图中一样也必须是成对的，例如图中某剖切位置剖切符号处标注了两个字母 A，一定要在另一处对应的剖视图上标注 $A—A$。

因为剖视画法在工程图中十分常用，为方便画图者，剖视标注在多数情况下遵循能省则省原则，当视图按基本位置配置、剖切平面位置明显可以看出时，即无需对从哪里剖切进行特别注明。但在可能产生歧义理解时则必须加以标注。如图 6-15 中 $A—A$ 剖视图采用了完整的标注方式，如图 6-15(a)所示。注出剖切位置是由于在同方向上另一处有类似结构，避免理解歧义；剖切线为了完整标注而未省略；用箭头注明投射方向是因为向反向投射结果会有不同，如图中 6-15(b)所示；剖切符号上标注了两个字母 A 及剖视图中注明 $A—A$，是因为剖视图并未配置在基本投影位置。俯视图中采用了局部剖视图，因为剖切位置十分明显，视图配置在基本位置，则所有的剖视标注都可以省略。按投影关系配置的剖视图省略标注时，视图中间不应有其他图形隔开。

应该说明一下，视图与剖视图中应该标注的但未标注是错误的，可以省略的而未省略不算错，只是不够简明。

6.2.4 剖切面的种类

前面几个图例的剖视图都是用一个剖切平面获得的，这是最基本、最常用的剖视方法。当机件上有多处内部结构需要在一个剖视图中集中时，可以用多个剖切面剖切。以下结合图例介绍剖切面的种类。

1. 单一剖切面

单一剖切面可以是平面，也可以是柱面。如图 6-16 是用单一的、平行于基本投影面的剖切平面剖切机件获得剖视图。如图 6-17 是用单一的柱面剖切，再展开绘制到投影面上的剖视图。

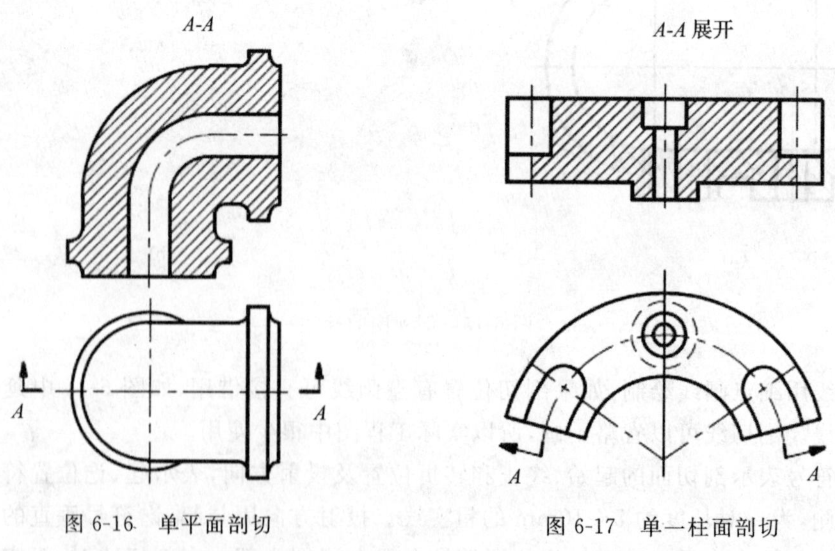

图 6-16 单平面剖切　　图 6-17 单一柱面剖切

2. 几个平行的剖切平面

如图 6-18 是用两个平行的剖切平面剖切机件获得剖视图。

3. 几个相交的剖切平面

如图 6-19 是用两个相交的剖切平面剖切机件获得剖视图。

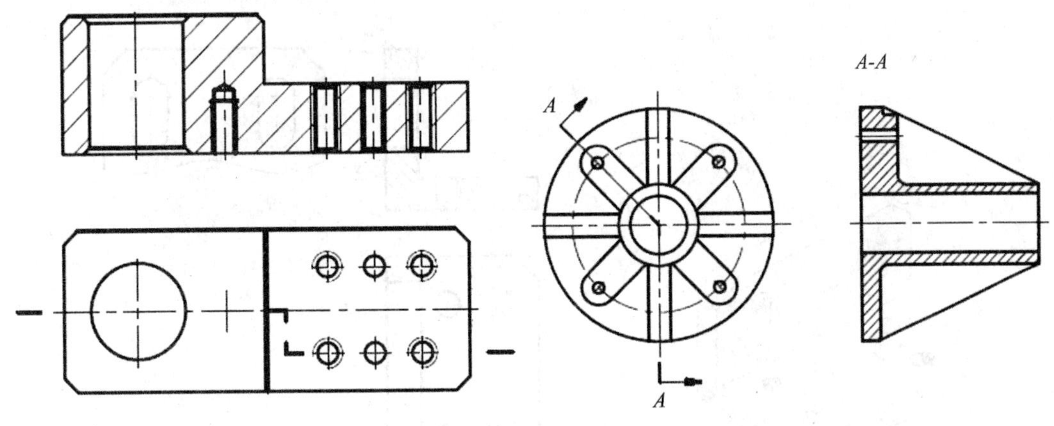

图 6-18　两个平行平面剖切　　　图 6-19　相交的平面剖切

6.2.5　剖视图

国标规定，剖视图分为全剖视图、半剖视图和局部剖视图三种。

1. 全剖视图

用剖切面完全地剖开机件得到的剖视图称为全剖视图。

全剖视图用于该投影方向上外形简单、内部有结构需要表达的不对称机件，见图 6-11 主视图。对于外形能在其他视图中表达清楚的机件，也常采用全剖视图，如图 6-11 及图 6-13 所示。

例 6-1　图 6-20(a)是个压块零件，外形简单，内部结构的 2 个沉孔和 2 个销孔的轴线位于同一个平面，绘制图样时用单一剖切平面作全剖视图即可，绘制图样如图 6-20(b)所示。由于主、俯两视图按基本位置配置，剖切位置又十分明显，故无需进行剖视标注。

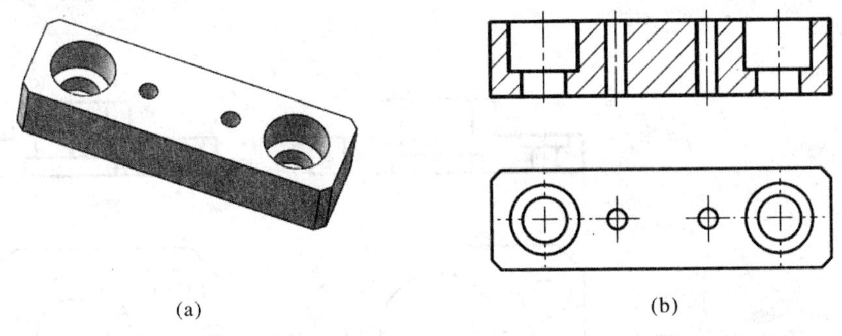

图 6-20　压条的全剖视图

例 6-2　图 6-21(a)是个安装脚零件，外形简单，立板上的 1 个腰形连接孔和底板上的 1 组连接孔刚好轴线位于同一个平面，适于采用全剖视图，绘制图样如图 6-21(b)所示。俯视图上不必再重复剖切腰形孔，也不应用虚线表达，但应画出孔的轴线位置。左视图位置用局部视图画出必画部分，省略了重复表达部分。由于俯视图上有两个剖切位置均可选择，但两个位置的剖切结果却不相同，因此应注明所选择的剖切位置。主、俯两视图按基本位置配置，故不需标注投影方向。

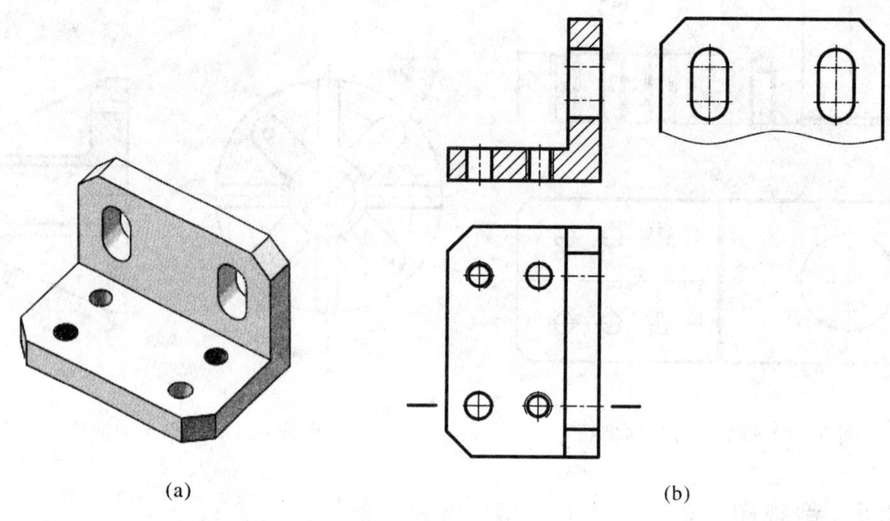

(a) (b)

图 6-21 安装脚的全剖视图

例 6-3 图 6-22(a)是个带安装底板零件，由于底板上的两个沉孔不在主圆柱孔轴线所在的前后对称面上，要想把内孔和槽结构都剖切表达在主视图上，就应该采用两个平行的剖切面作全剖视图，如图 6-22(b)所示。两视图按基本位置配置，故不需标注投影方向，但须注明起、讫、转折剖切符号，并在每处注上字母，主视图也作相应标注。

绘制采用几个平行的剖切平面剖切机件所得的剖视图时，应注意以下几个问题：

1）相互平行的剖切平面在转折剖切符号处衔接各自剖得面，既非某个剖切面在此处有转折，此处也不存在垂直原剖切面的其他剖切面，因此，剖视图上对应转折剖切符号处不应画线，如图 6-22(c)中圈定位置。顺便指出，零件图的连续剖面符号内绘制有粗实线一定存在表达错误。

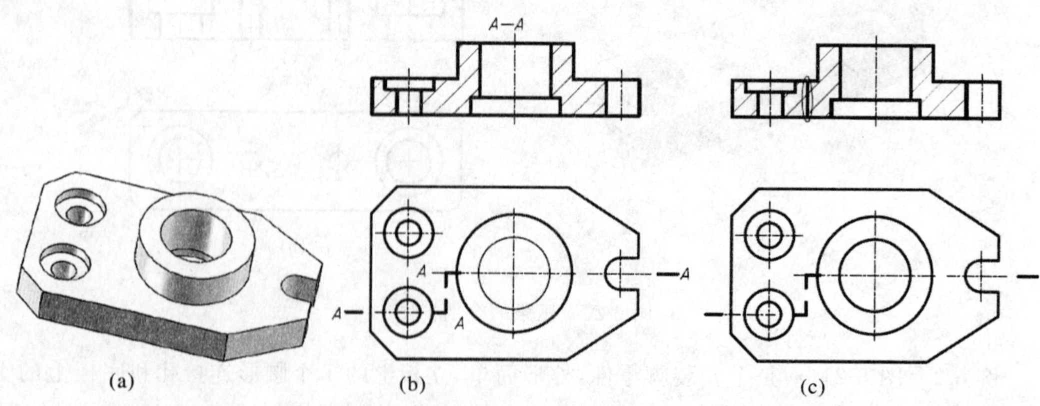

(a) (b) (c)

图 6-22 平行平面剖切的全剖视图

2）不同剖切平面剖得的剖切面须在它们间没有内部结构和实体轮廓处衔接，即转折剖切符号间与剖视投影面垂直的剖切线不应与视图中的轮廓线重合或相交。

3）在剖视图内不应出现不完整的要素，如图 6-23 所示。但当两个要素在图形上具有公共对称中心线或轴线时，可各画一半，此时应以对称中心线和轴线为界，如图 6-24 所示。

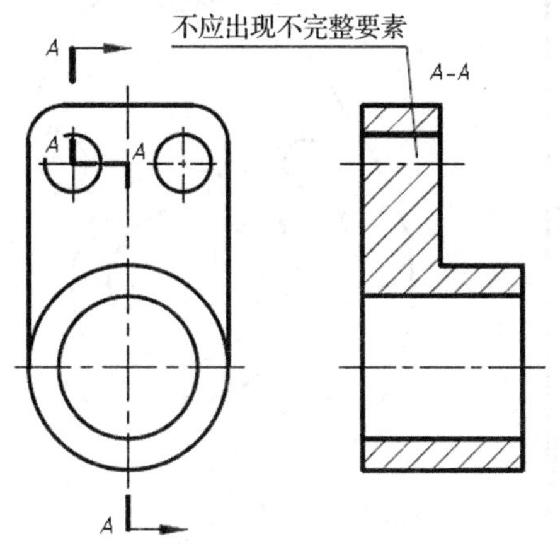

图 6-23　剖视图内不应出现不完整的要素

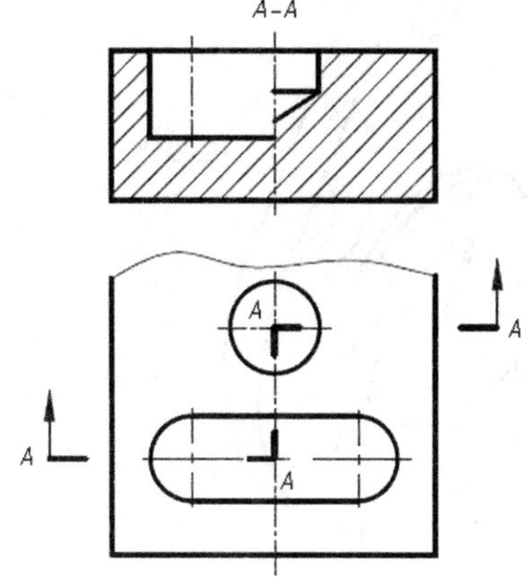

图 6-24　两个要素有公共对称中心线或轴线剖视画法

4)必须进行标注。

因其剖切平面超过一个，至少应标注起、迄和转折剖切符号，并在各位置注上字母，主视图也作相应标注。当转折符号处的位置有限且不会引起误解时，允许省略该处字母。视图按投影关系配置，而中间又没有其他图形隔开时，可以省略表示投射方向的箭头，如图 6-22 所示。

例 6-4　图 6-25(a)是个与图 6-22(a)所示零件功用相近的零件，要想把不在主对称面上的连接孔与其他内孔结构都剖切表达在主视图上，此时不能同样用平行的剖切面剖切，而应该采用相交剖切面获得，因为连接孔分布在与主轴孔同心的圆周上。适合采用相交剖切面的机件在结构上还有一个典型特征，就是具有可作为剖切面相交线的公共轴线，其中一个剖切面所切出的面需绕此轴线转动，直至与投影面平行的所切出的面共面后一起投影，因此旧标准也称这种剖视为旋转剖。

绘制相交剖切面剖切的剖视图时，应注意以下几个问题：

1）绕公共轴线旋转后的所切出面的投影，是其旋转前向其所平行投影面的实形投影，而不再符合原来视图画法的投影位置。如图 6-25(b)和图 6-26(b)所示。

2）在剖切平面后的其他结构一般仍按原来投影绘制，如图 6-26 中的小油孔的画法。当剖切后产生不完整要素时，该部分按不剖处理，如图 6-27 所示。

3）剖视图也必须标注，省略原则与平行剖切面剖视图相同。

2. 半剖视图

全剖视图要把剖切面前面部分全部假想移走，大家很容易就会想到，一定有很多机件或机件的某个投影方向是不可以作全剖视图的，例如图 6-28 所示的有内部结构机件，如果主视图画成全剖视图，其位于机件前部的一处外部结构因被移去而不能在主视图中表达，而且这一外部结构的特征只有在主视图投影方向上最为显著，在主视图中表达最清晰，最合理，

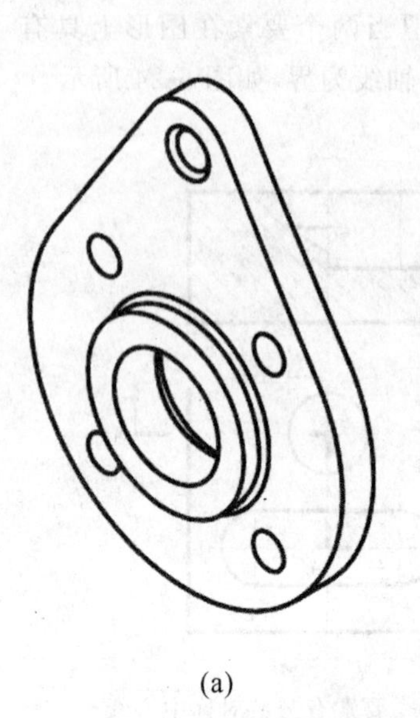

(a)

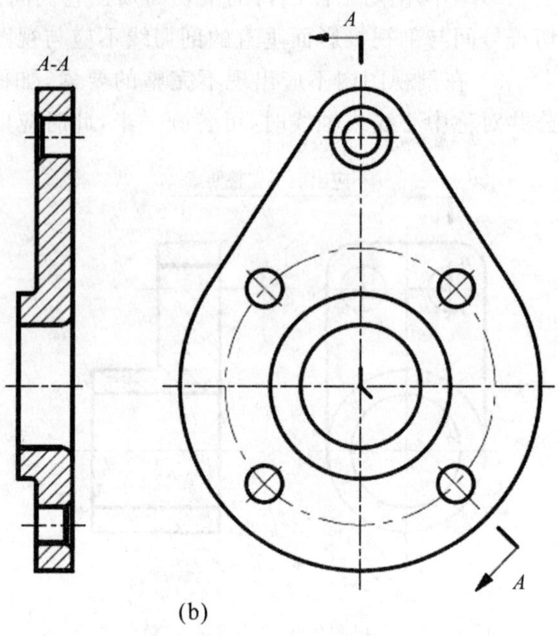

(b)

图 6-25　相交平面剖切的全剖视图(一)

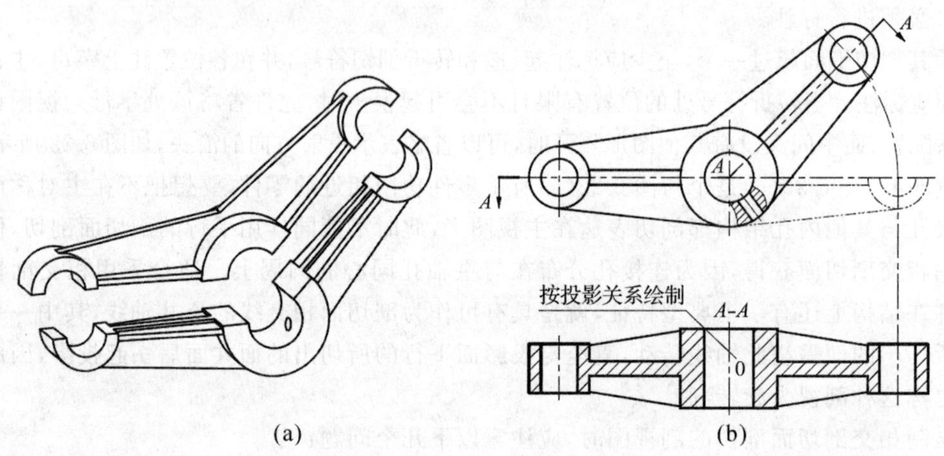

(a)　(b)

图 6-26　相交平面剖切的全剖视图(二)

因此,主视图全剖视不是此机件最合适的表达方法。

分析此机件可知,它在正投影方向上左右对称,这使它适合采用国标规定的另一种剖视图——半剖视图:当机件具有对称平面时,以对称中心线为界,一半画成剖视图,另一半画成视图,如图 6-29 所示。当机件的形状基本对称,且不对称部分已另有图形表达清楚时,也可以画成半剖视图,如图 6-30 所示。

画半剖视图时应注意:

1) 半剖视图是剖切后假想移走半边获得的,而不是用互相垂直的两个剖切面切得的,因此,视图与剖视图在对称轴位置用原来的点画线分界,不要画成粗实线。如图 6-29 所示。

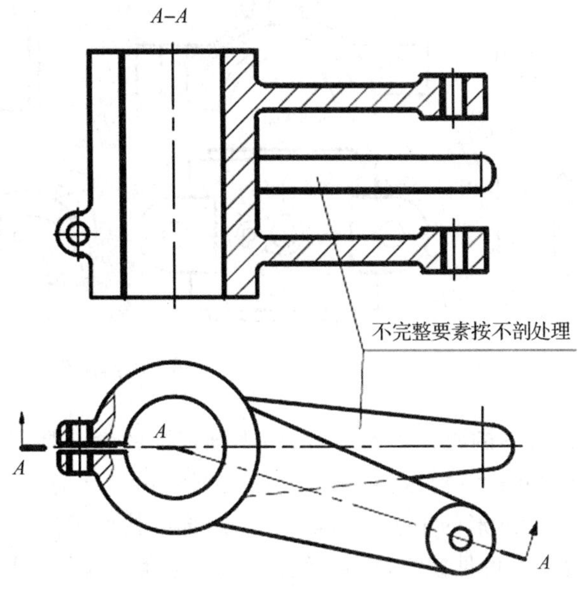

图 6-27 两个相交的剖切平面剖切(三)

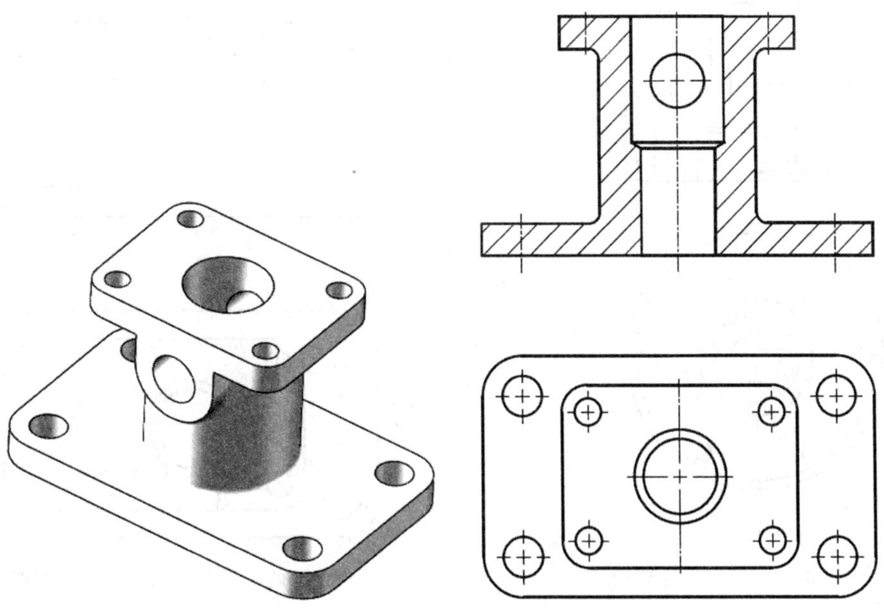

图 6-28 不适合全剖视图机件

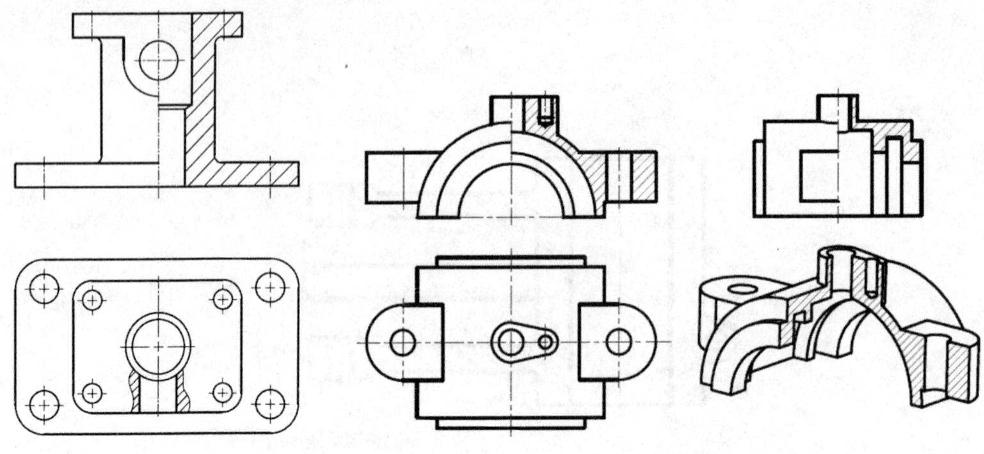

图 6-29　半剖视图(一)　　图 6-30　半剖视图(二)

2) 由于适合画半剖视图的机件具有对称性,半剖视图的含义是:假想移去的外部结构与保留的半边视图形状相同,结构对称;未剖开的内部结构与已剖切开的半边视图形状相同,结构对称。所以在表达外形的半个视图中,表达内部结构的虚线应该省略不画,并且已在其他视图中表达清楚的不可见棱线也不再绘制虚线。实际上,在引入剖视图之后,需要画虚线的场合就很少了,所以,规范的工程图样中很少见到虚线。

3) 剖切符号的起、讫线通常都绘制在图样以外,这不影响假想移走一半或者多大部分。单一剖切面获得的半剖视图不可以标注成起、讫符号垂直。如图 6-31 所示。

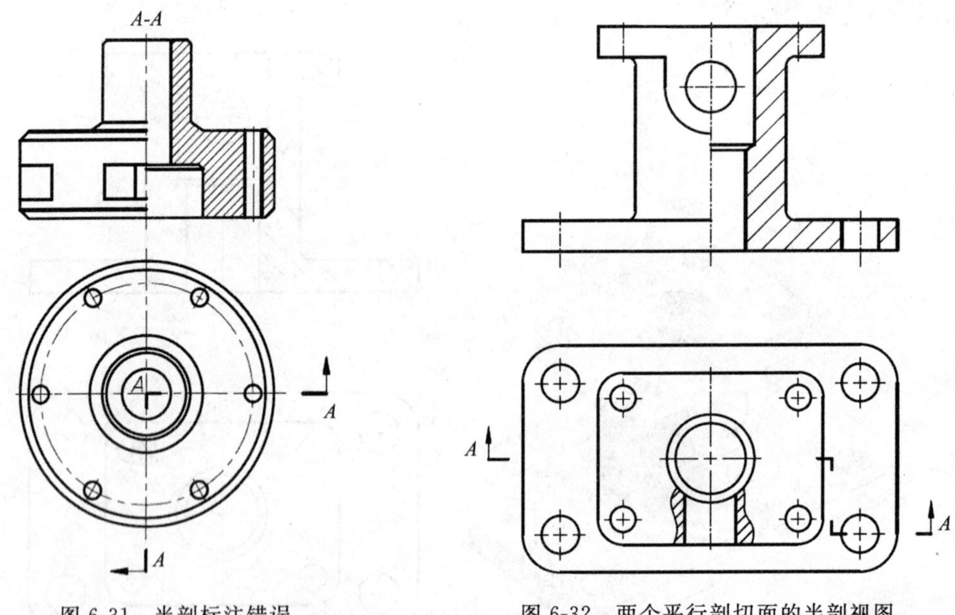

图 6-31　半剖标注错误　　图 6-32　两个平行剖切面的半剖视图

例 6-5　图 6-28 所表达的机件上有 3 处适合在主视图中剖视表达的内部结构,图 6-29 采用单一剖切面只能表达其中一处,此时可以采用两个平行的剖切面剖切,把符合合并条件的两处内部结构集中剖视表达,图样更有效率。如图 6-32 所示。

例 6-6 图 6-33 的机件同样有 3 处适合在主视图中剖视表达的内部结构，它们的分布适合采用相交的剖切面剖切，可以把 3 处内部结构集中剖视表达，如图 6-34 所示。图中有转折符号处因空间不足而省略了字母。

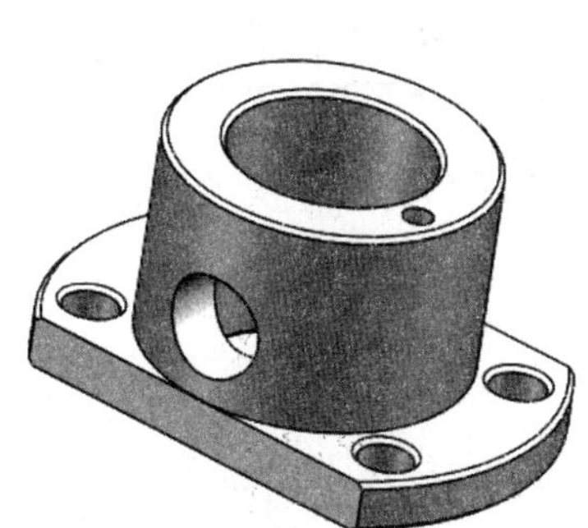

图 6-33　适合半剖机件 2

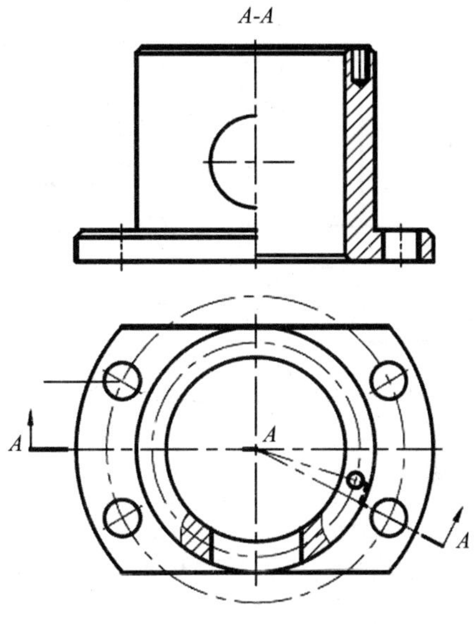

图 6-34　相交两个平行剖切面的半剖视图

3. 局部剖视图

用剖切面局部地剖开机件得到的剖视图称为局部剖视图，如图 6-35 所示。

局部剖视图是使用最为灵活的剖视表达方法，如果不拘泥于全剖视、半剖视的规定，任何需要剖视表达的内部构造都可以绘制成局部剖视图。

局部剖视通常用于下列情况：

1）内、外结构形状都需兼顾，结构又不对称的情况，如图 6-36 所示。图中绘制了虚线是合适的，可以节省一个仰视图，尺寸也可以不完全注在虚线上。

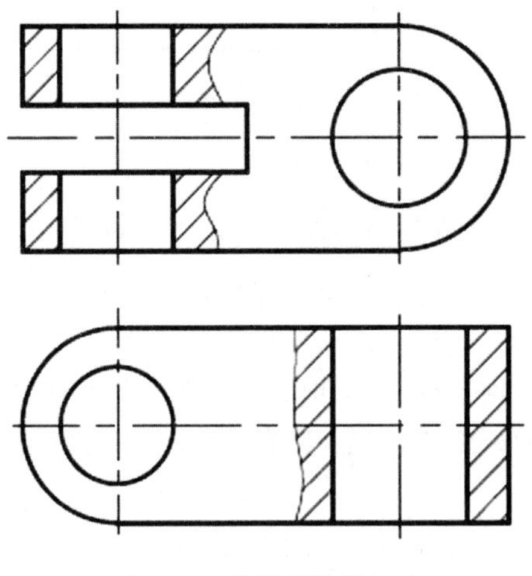

图 6-35　局部剖视图(一)

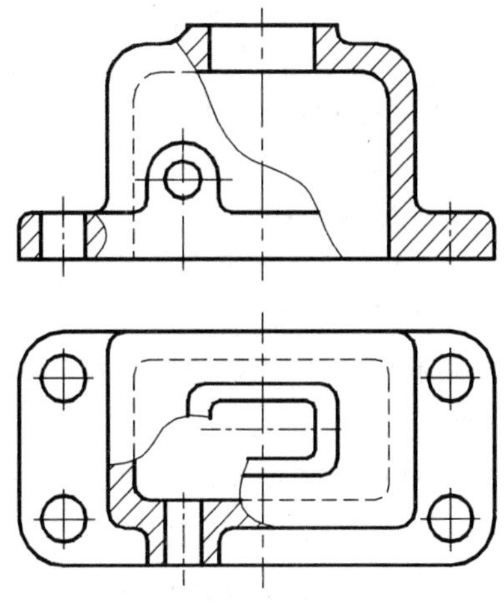

图 6-36　局部剖视图(二)

2）机件上大部分内部结构形状已表达清楚，只需补充剖切小的局部的场合。如图 6-36 主视图左下小局部。

3）机件上有部分内部结构需要表达，又没必要作全剖视的场合。如图 6-37 所示。图中表达的是工程上常用的连杆零件，中段有一定长度，常多为变截面，一般不必作全剖视。

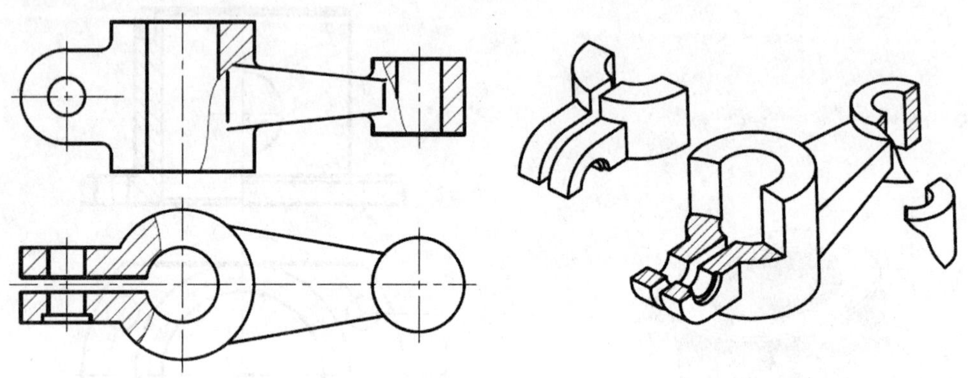

图 6-37　局部剖视图(三)

4）机件虽对称，但不宜采用半剖视场合。如图 6-38 所示零件，作半剖图将会出现以粗实线为分界线状况。

5）实心零件上有孔、凹坑和键槽等需要表达时，如图 6-39 所示。

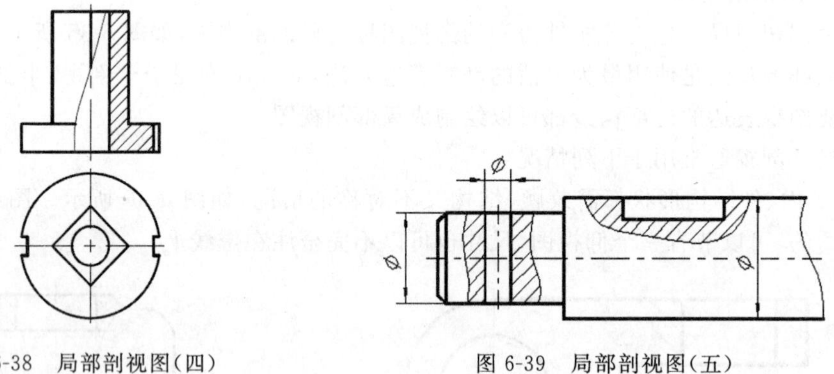

图 6-38　局部剖视图(四)　　　　图 6-39　局部剖视图(五)

绘制局部剖视图时应注意以下几个问题：

1）局部剖视图的一个典型特征是以波浪线作为剖与不剖的分界线，波浪线可以形象理解成移去局部的“断茬”，它不能用其他规则的图线代用，也不能与图形中其他图线重合，如图 6-40 所示。虽然有规定当被剖结构为回转体时，允许将该结构的中心线作为局部剖视图的分界线（如图 6-41 所示），双折线可以作为局部剖视分界线，但机械工程图中较少使用。

2）波浪线不能穿空而过，也不能超出视图的轮廓线，正如“断茬”不会出现在空断处，也不会出现在实体以外。如图 6-42 所示。

3）波浪线也不要画在其他图线的延长线上，以免误解。如图 6-43 为错误画法。

4）局部剖视图一般不用标注。

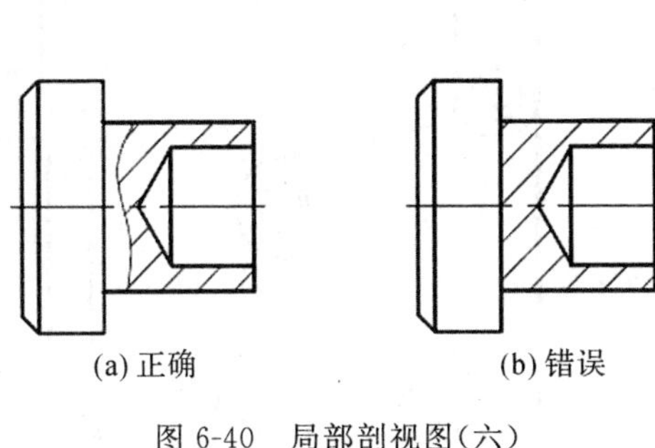

图 6-40　局部剖视图(六)

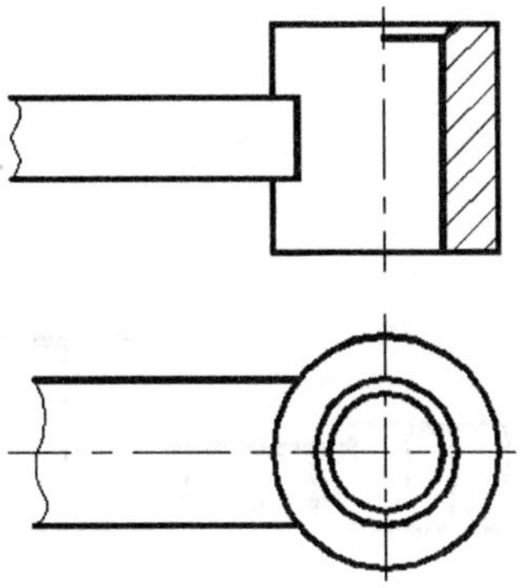

图 6-41　中心线作局部分界线

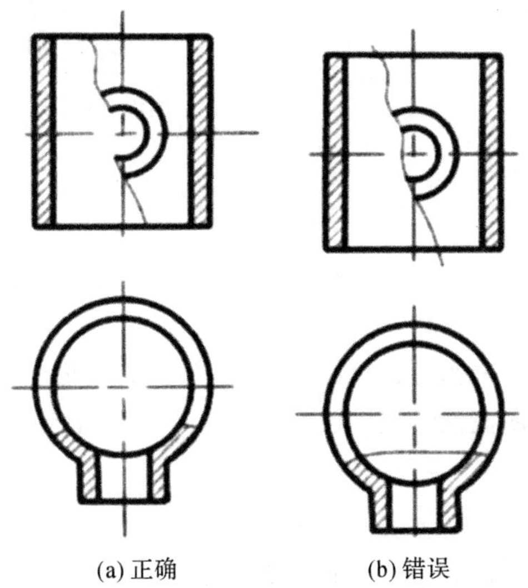

图 6-42　局部剖视图(七)

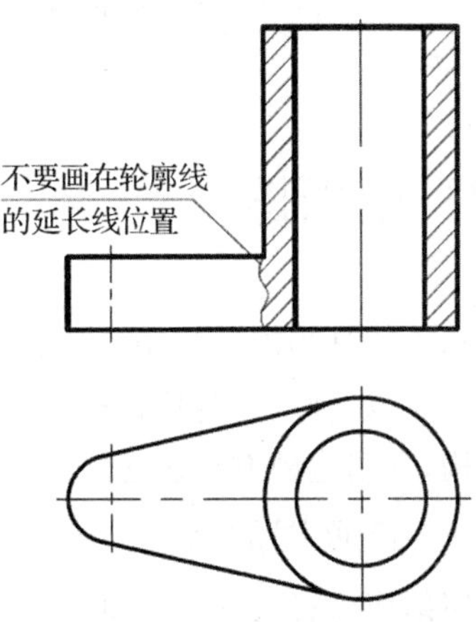

图 6-43　局部剖视图(八)

4. 剖切方法的综合运用

当机件的内部结构较为复杂,单一地采用以上各种剖切方法都不能简单而又集中的表达时,可根据机件的结构特点,将以上三种剖切方法综合起来运用到机件的表达方案上,但必须完整标注,如图 6-44、图 6-45 所示。图 6-45 是把剖切的结构展开成同一平面后,再向投影面投射的,标注时,剖视图的名称应标注成“×—×展开”的形式。

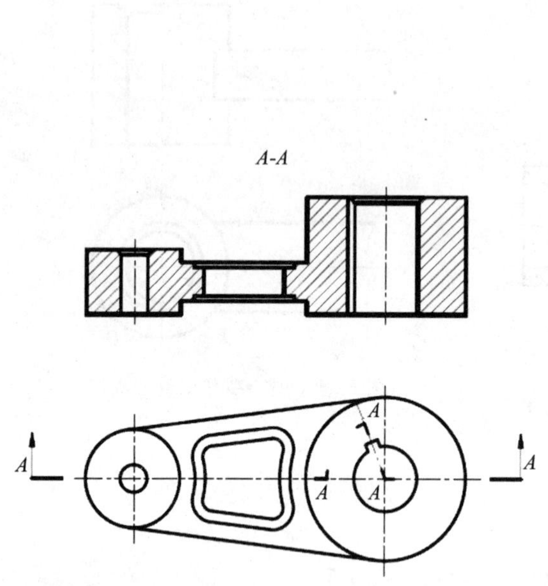

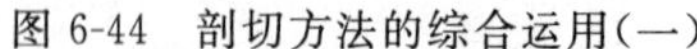

图 6-44　剖切方法的综合运用(一)

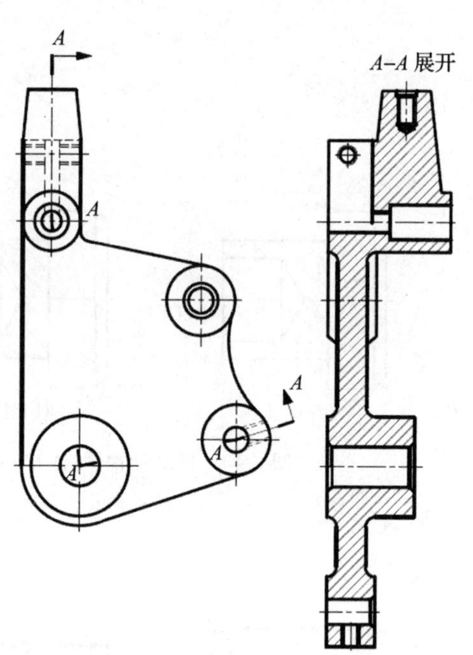

图 6-45　剖切方法的综合运用(二)

6.3　断面图

断面图主要是为不方便用前面各剖视方法表达的、机件上某些结构的断面形状规定的一种表达方法,如轴上的键槽横截面、型材的横截面,以及其他机件上的肋板、轮辐、杆件的断面等结构,常用这种方法表达。

6.3.1　断面图的概念

假想用剖切面将机件的某处切断,仅画出该剖切面与机件接触部分的图形,称为断面图,简称断面。例如图 6-46(a)所示为带有键槽结构的轴类零件,在绘制主视图后,为了补充表达键槽的深度和宽度,再画一个如图 6-46(b)所示的断面图,使键槽表达既清晰又完整简洁。

断面图与剖视图的主要区别在于:断面图仅画出机件被剖切断面的图形,而剖视图则要求画出剖切平面后面所有部分的投影,即断面图是面的投影,剖视图为体的投影。如图 6-46(b)为 *A-A* 位置切断的断面图,图 6-46(c)为 *A-A* 位置剖切的全剖左视图。

根据配置的位置不同,断面图可分为移出断面图和重合断面图两种。

6.3.2　移出断面图

画在视图之外的断面图称移出断面图。

1. 移出断面图的画法与配置

1) 移出断面图的轮廓线用粗实线绘制,并在断面上画上剖面符号,如图 6-46(b)所示。

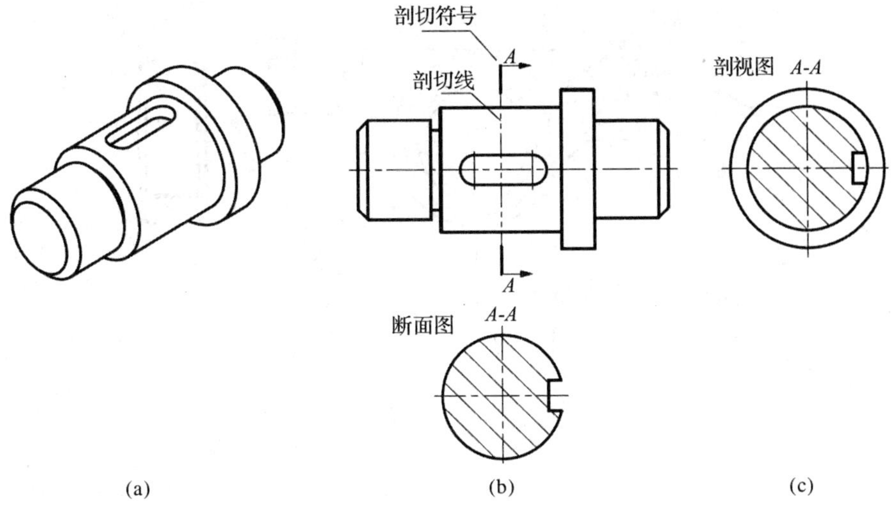

图 6-46 断面图及与剖视图的区别

2）移出断面图应尽量配置在剖切线的延长线上，如图 6-47 所示。必要时可将移出断面图配置在其他位置，在不致引起误解时，也允许将斜放的断面图旋转放正，如图 6-48 所示。当断面图形对称时，也可画在视图的中断处，如图 6-49 所示。

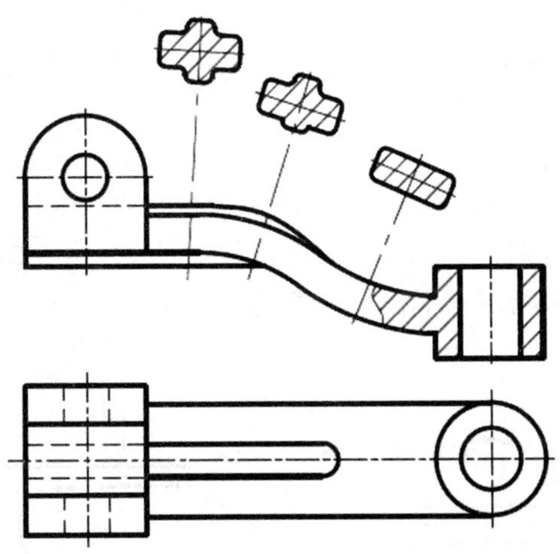

图 6-47 布置在剖切线延长线上的断面图

3）为了能够表示断面的真实形状，剖切平面一般应垂直机件的轮廓线（直线）或通过圆弧轮廓线的中心，如图 6-47 所示。

4）由两个或多个相交的剖切平面剖切得出的移出断面图，中间一般应断开，如图 6-50。

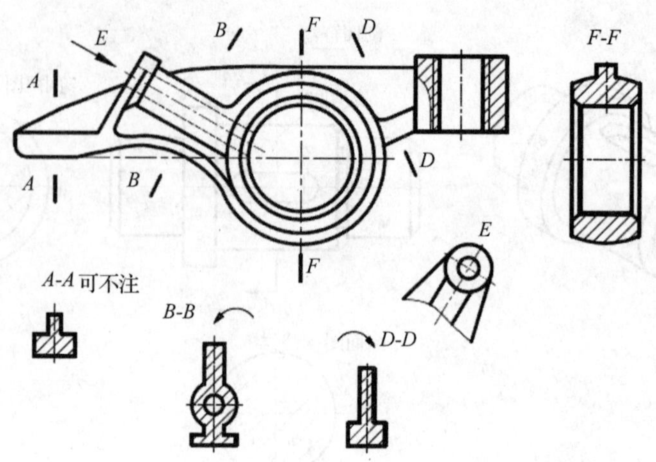

图 6-48 布置在其他位置的断面图

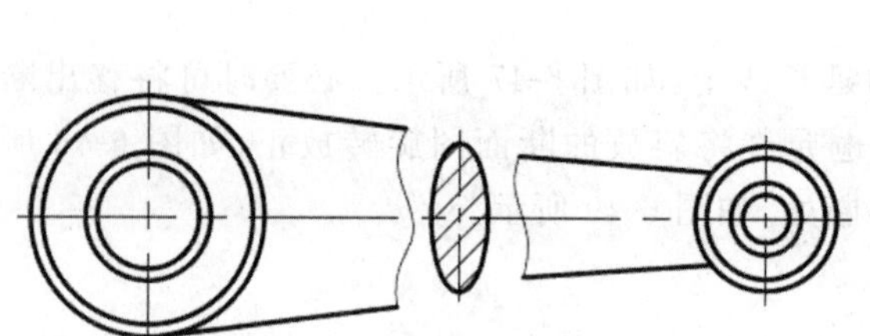

图 6-49 布置在视图中断处的断面图

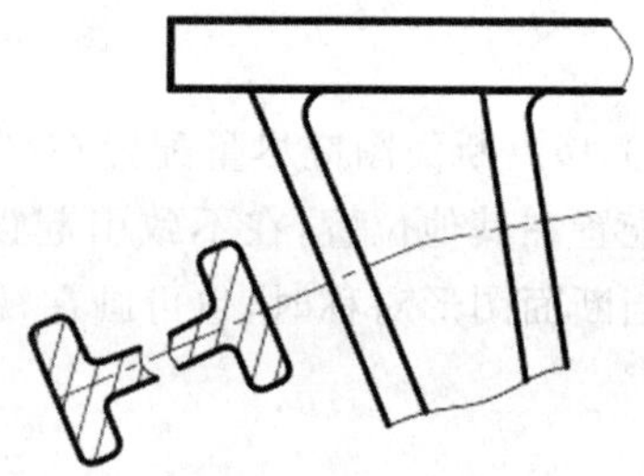

图 6-50 几个相交的剖切平面剖开的移出断面图

5）当剖切平面通过回转面形成的孔、凹坑的轴线时或当剖切平面通过非圆孔会导致出现完全分离的两个断面时，则这些结构应按剖视图处理，如图 6-51 所示。“按剖视图处理”是指被剖切的结构，并不包括剖切平面后的结构。

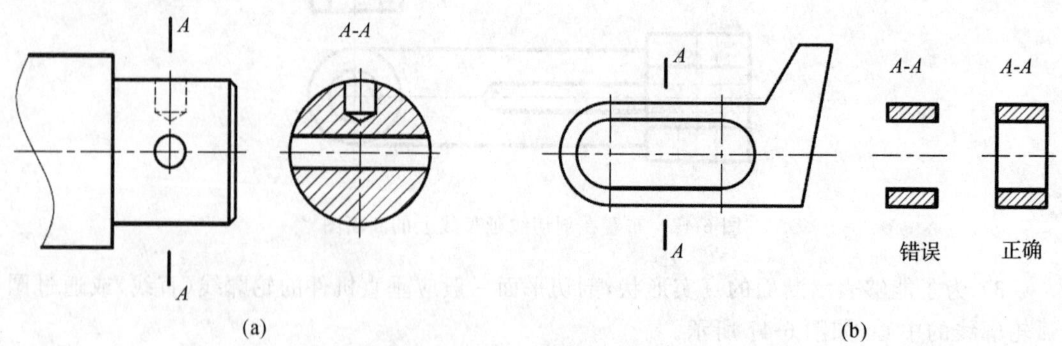

图 6-51 断面图按剖视图处理结构

2. 移出断面图的标注

1）当移出断面图不配置在剖切线延长线上时，一般应用剖切符号表示剖切位置，用箭头表示投影方向，并注上字母；在断面图的上方应用同样字母标出相同的名称“×—×”，如图 6-46 中的“*A*—*A* ”。

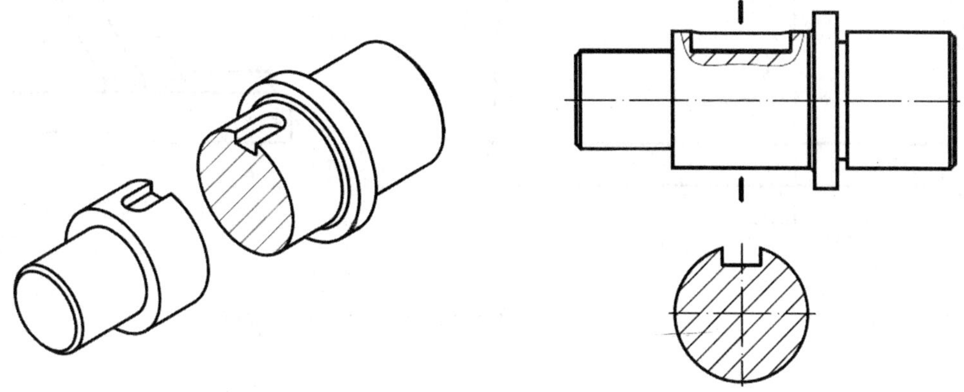

图 6-52　移出断面图的标注

2）配置在剖切线延长线上的不对称移出断面图，可省略字母，如图 6-46 的字母是可以省略的。配置在剖切线延长线上的对称移出断面图，字母、箭头均可省略，如图 6-52 所示。

3）不配置在剖切线延长线上的对称移出断面图，以及按投影关系配置的不对称移出断面图，均可省略箭头，如图 6-51(a)、图 6-51(b)所示。

4）配置在剖切线延长线上的对称移出断面图及配置在视图中断处的移出断面图，均可省略标注，如图 6-47、图 6-49 所示。

6.3.3　重合断面图

画在视图内的断面图称为重合断面图，其轮廓线用细实线画出，如图 6-53(a)所示。当视图中的轮廓线与重合断面图的图形重叠时，视图中的轮廓线仍需连续画出，不可间断，如图 6-54(a)所示。因重合断面图直接画在视图内剖切位置处，在标注时，对称的重合断面图不必标注，如图 6-53(b)、(c)所示；不对称的重合断面图可省略字母，如图 6-54 所示。

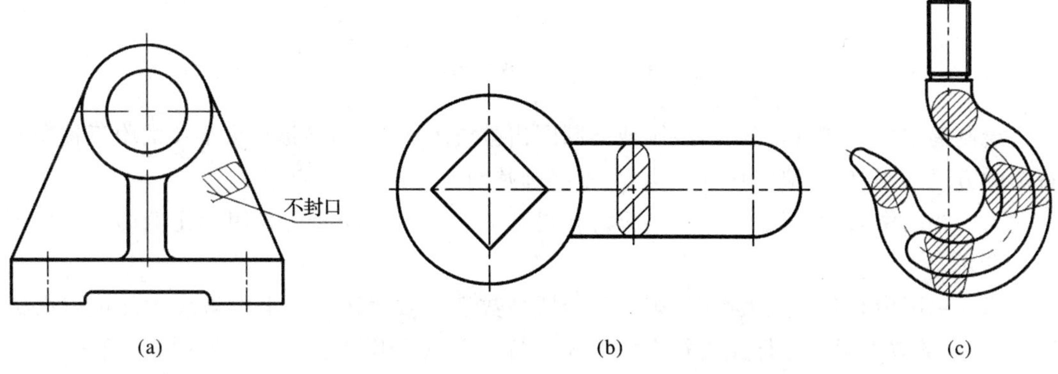

图 6-53　对称的重合断面图

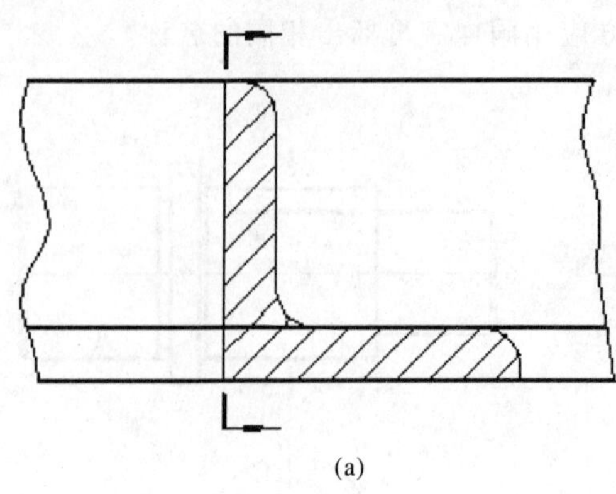

(a)

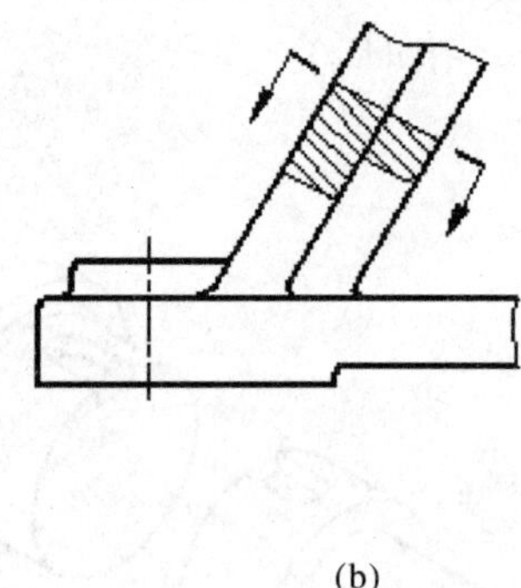

(b)

图 6-54　不对称重合断面图

6.4　局部放大图

机件上有时会有局部细小的结构，选择图样比例时，一般不会为使该局部表达清楚而将全图放大绘制，而是在按全图合适比例共同表达后，再“取出”机件的这部分结构，用大于原图形采用的比例画出，这样获得的图形称为局部放大图，如图 6-55、6-56 所示。

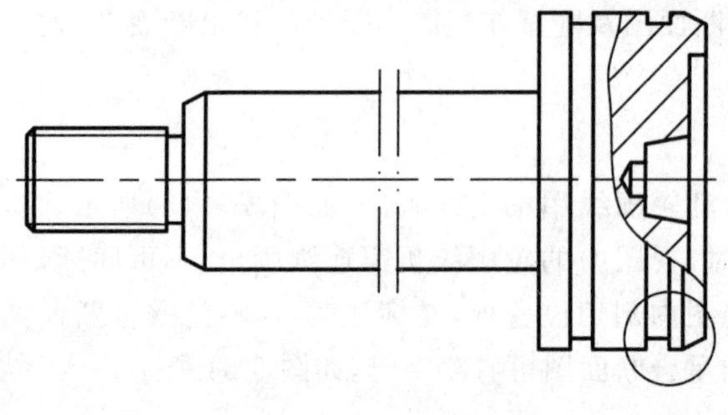

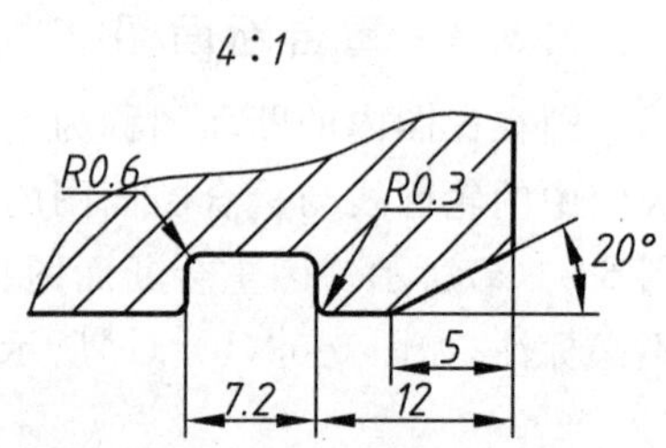

图 6-55　局部放大图(一)

绘制局部放大图时，用细实线圆或长圆圈出被放大的部位，在被放大部位的附近按局部视图的方式绘制，以波浪线作部分边界，不必画整圆。

当一幅图中只有一处放大图时，只需在局部放大图上方注明所采用的比例即可。如图 6-55 所示。

当一幅图中有多处放大图时，则必须用罗马数字在被表达对象上将被放大部位依次标明，并在局部放大图上方标注出相应的大写罗马数字和采用的比例。如图 6-56 所示。

局部放大图上标注的比例是指该放大图形与实物相应要素的线性尺寸之比，而与原图采用比例无关。局部放大图可画成视图，也可画成剖视图或断面图，它与被放大部分的原表达方式无关。若为剖视图和断面图时，其剖面线的方向和间隔应与原图相同。如图 6-55 所示。

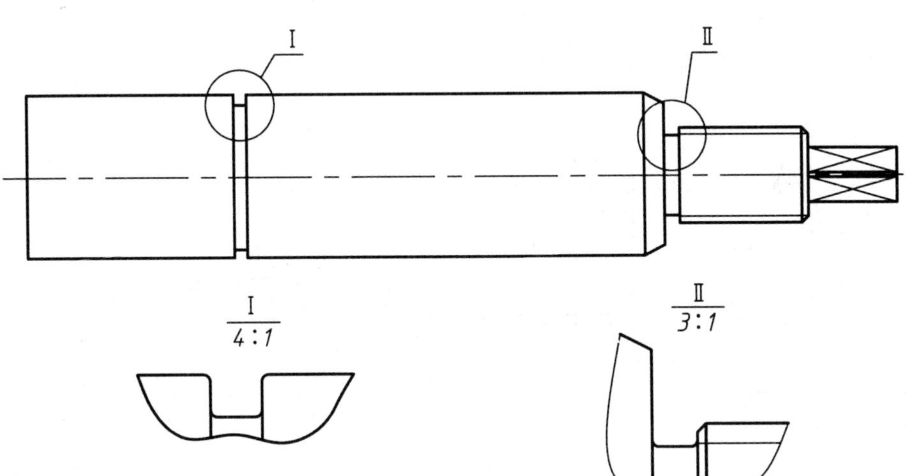

图 6-56　局部放大图(二)

6.5　零件表达方式中常用的简化画法

(1) 重复结构要素的简化画法

当机件具有若干形状相同且规律分布的孔、槽等结构时，可以仅画出一个或几个完整的结构，其余用点画线表示其中心位置，并将分布范围用细实线连接，如图 6-57(a)、(b)所示。

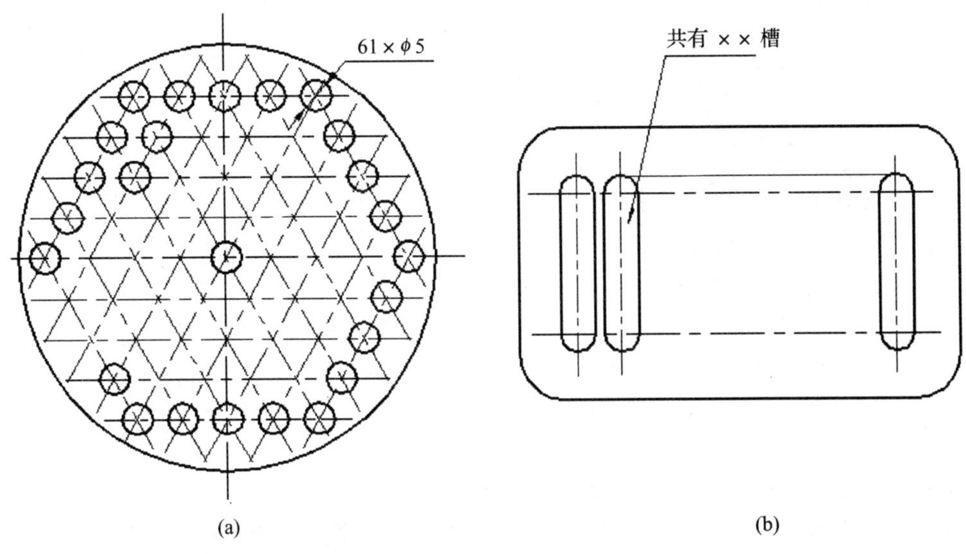

图 6-57　相同结构的简化画法

(2) 剖视图中的肋、轮辐等结构的简化画法

对于机件的肋、轮辐等，如按纵向剖切(即剖切面通过其对称面)，通常按不剖绘制(不画

剖面符号)，而用粗实线将其与邻接部分分开，如图 6-58 中左视图和图 6-59 中左视图所示；如果横向剖切，按照剖视绘制，如图 6-58 俯视图所示。

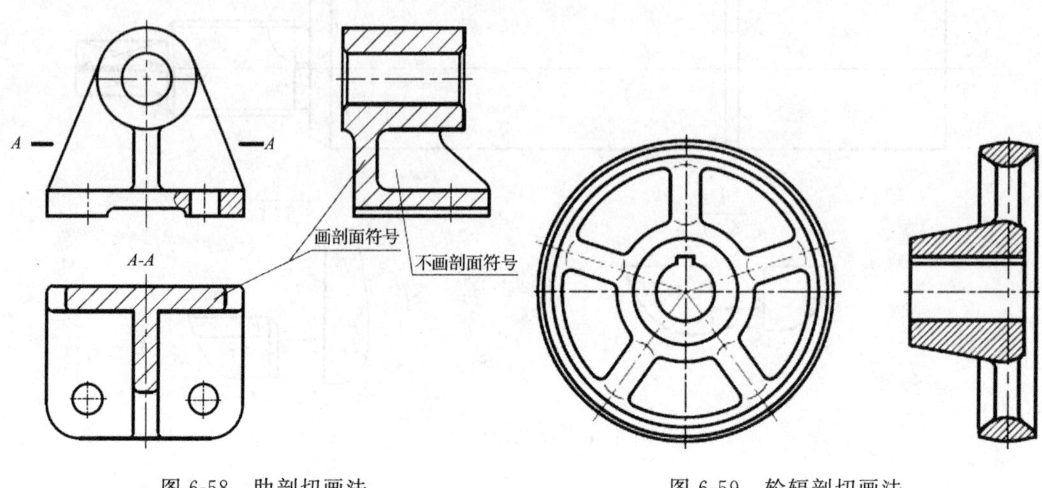

图 6-58　肋剖切画法　　图 6-59　轮辐剖切画法

当机件回转体上均匀分布的肋、轮辐、孔等结构不处于剖切平面上时，可将这些结构旋转到剖切平面上画出，如图 6-59、图 6-60、图 6-61 所示。

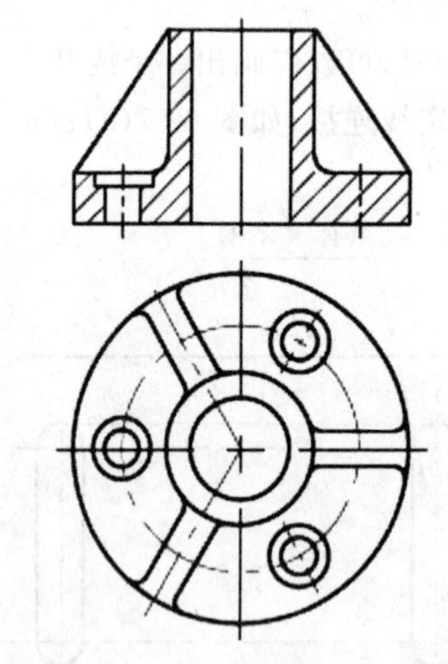

图 6-60　均匀分布的肋、孔等结构的简化画法(一)

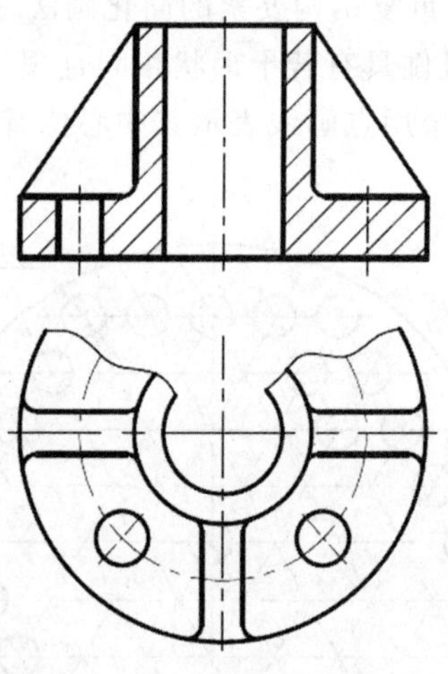

图 6-61　均匀分布的肋、孔等结构的简化画法(二)

(3) 较长机件的简化画法(断裂画法)

当较长的机件，如轴、杆、型材、连杆等，沿长度方向的形状一致或按一定规律变化时，可断开后缩短画出，但要标注实际尺寸，如图 6-62 所示。

(4) 小圆角、小倒角的简化画法

在不至于引起误解时，零件图中的小圆角、锐边的倒角或 45°小倒角允许省略不画，但必须注明尺寸或在技术要求中加以说明，如图 6-63 所示。

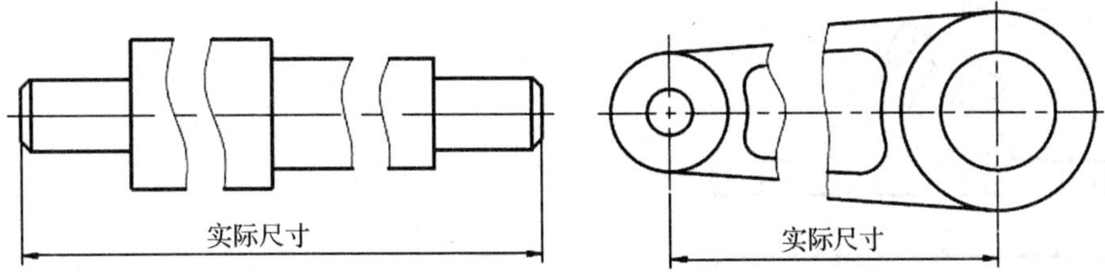

图 6-62　较长机件的简化画法

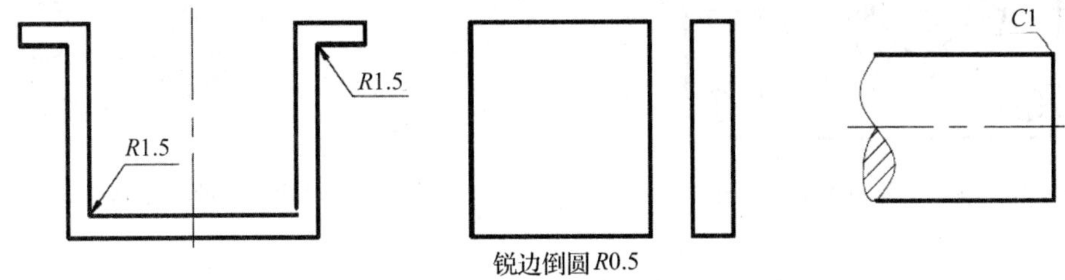

图 6-63　小圆角、小倒角的简化画法

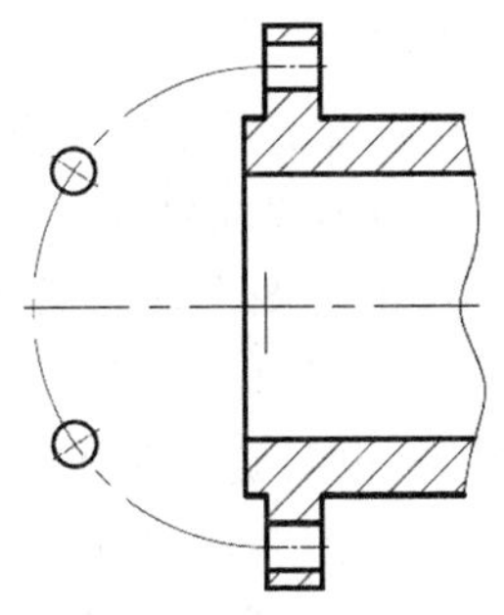

图 6-64　均匀分布的孔的简化画法

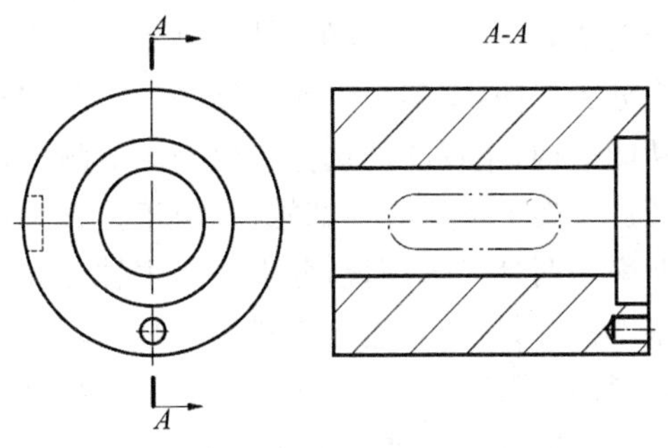

图 6-65　剖切平面前的结构的表达方法

(5) 圆柱形法兰和类似的机件上均匀分布的孔可按图 6-64 所示方法表示。

(6) 在需要表示位于剖切平面前的结构时，这些结构用双点画线绘制，如图 6-65 所示。

(7) 在不至于引起混淆的情况下，允许将交线用轮廓线代替，但必须有其他视图清楚表示其孔、槽的真实形状，如图 6-66 中用轮廓线代替了槽口相贯线，并采用第三角画法表达了槽的真实轮廓。

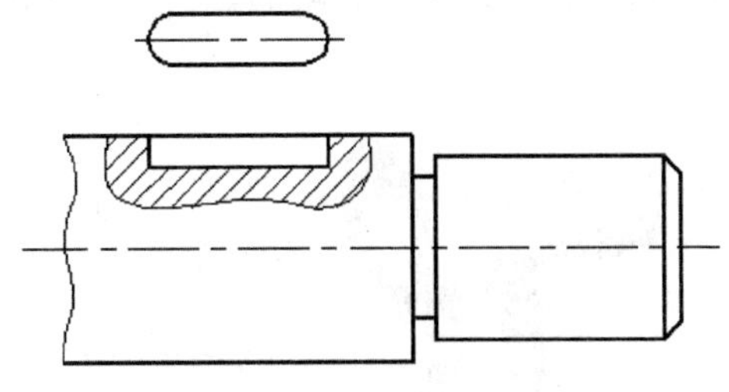

图 6-66　轮廓线代替槽口相贯线

(8) 与投影面倾斜角度小于或等于 30°的圆或圆弧，其投影可用圆或圆弧代替，如图 6-67所示。

(9) 对称机件的画法。对于对称机件的视图可只画一半或 1/4，并在对称中心线的两端画出两条与其垂直的平行细实线，如图 6-68 所示。

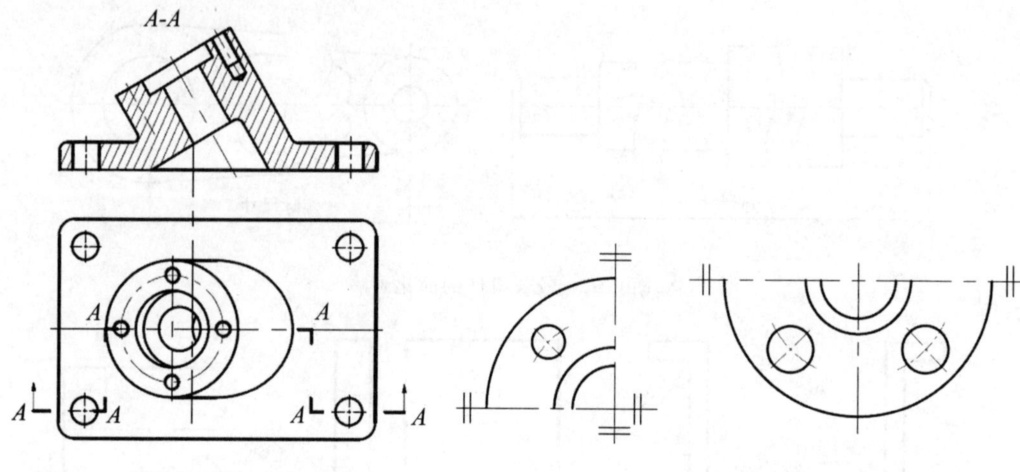

图 6-67　倾斜的圆或圆弧的简化画法　　　图 6-68　对称机件的简化画法

6.6　表达方法综合举例

例 7-1　选择合适的方法表达如图 6-69(a)所示的支架零件。

分析作图:支架由工作圆筒、安装底板与它们的连接肋板三部分构成。上部的圆筒是主要功能结构,主视图的选择应以它的清晰表达为主,所以以圆筒轴线为侧垂线方式用绘制主视图。支架上下均有内部构造,由于位置关系和连接肋构造,主视图不适合采用全剖视图,因此采用两处局部剖视,分别表达主轴孔和安装孔。由于支架结构关系,已不再适合采用其它基本视图,尚需表达的斜置的底板可以采用 A 向斜视图,斜视图旋转至轮廓线水平或铅垂,进行必要的标注。连接肋板截面形状呈十字型,用移出断面图表达,省略标注。为了确切表达圆筒形状及其与十字肋板的连接位置关系,再绘制一个向侧投影面投影局部视图,由于它位于基本视图位置,投影关系明了,也可以省略标注。实际上,待学习了尺寸标注后会知道,这个视图是可以省略的。支架表达图如图 6-69(b)所示。

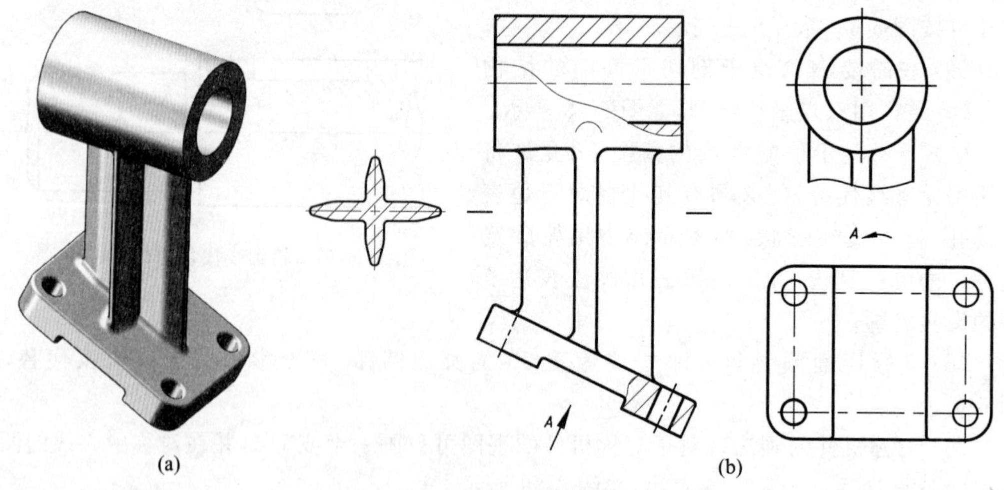

图 6-69　局部放大图的画法

第 7 章　零件常用功能结构与工艺结构画法

机器零件的形状结构，主要是为了满足它在机器中承担的功能的实现，还有一些是为零件装配连接需要而设计的。有些功能结构具有广泛的通用性，常见如螺纹、键槽、齿轮轮齿等结构。另外，零件上还有一些结构形状是出于加工工艺、安全、外观等方面考虑的设计，或有兼顾功能和工艺需要的结构，比如倒角、圆角、退刀槽等。零件上的这两类结构应用非常广泛，而且这些结构已经成为标准结构，其形状、大小和画法都有规定，因而有必要掌握其表达方法，学会查阅有关手册，按标准绘图。

7.1　零件上常用的功能结构

7.1.1　孔类结构

零件上孔结构非常常见，这里主要讨论切削加工孔的画法和规格尺寸。

1. 通孔

通孔一般包括普通孔、连接孔、定位销孔和其他配合孔。如图 7-1 所示。

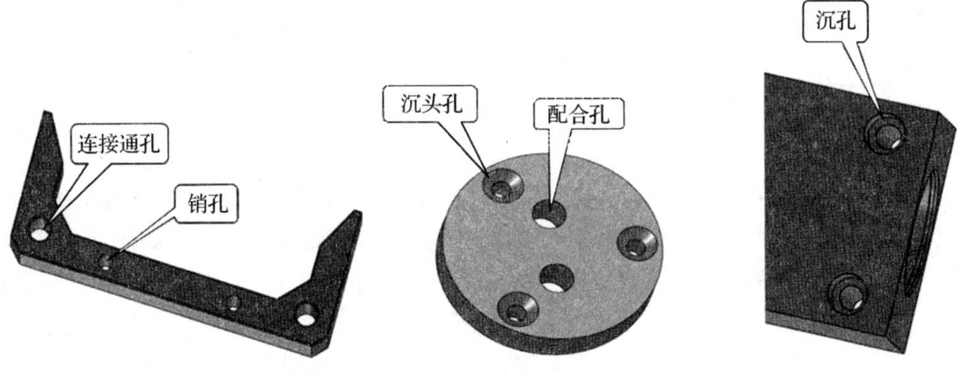

图 7-1　常用通孔结构

1)普通孔

用于穿线、穿管、减重等用途，直径由设计者根据需要确定，如需钻削加工应注意选择常用钻头规格直径。

2)连接通孔

连接通孔主要用于螺纹紧固件连接用通孔，画法如图 7-2 所示。连接通孔尺寸大小根据所用紧固件规格设计，需要先查阅有关机械设计手册 GB/T 5277-1985、GB/T 152-1988 等规定的参数后绘制。表 7-1 节选通孔参数表一段为例，更多参数见附录表 26。

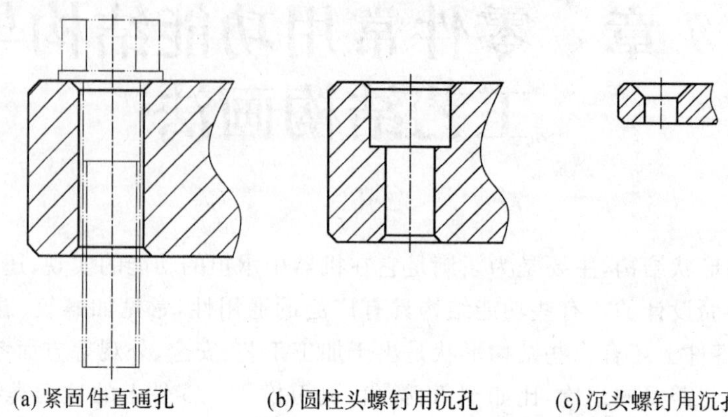

(a) 紧固件直通孔　　(b) 圆柱头螺钉用沉孔　　(c) 沉头螺钉用沉孔

图 7-2　连接通孔

表 7-1　紧固件通孔参数表(节选)

螺纹规格 d				3	4	5	6	8	10	12	14	16
通孔直径		精装配		3.2	4.3	5.3	6.4	8.4	10.5	13	15	17
		中等装配		3.4	4.5	5.5	6.6	9	11	13.5	15.5	17.5
		粗装配		3.6	4.8	5.8	7	10	12	14.5	16.5	18.5
圆柱头用沉孔		用于 GB70	d_2	6.0	8.0	10	11	15	18	20	24	25
			t	3.4	4.5	5.7	6.8	9	11	13	15	17.5
			d_3	—	—	—	—	—	—	16	18	20
			d_1	3.4	4.5	5.5	6.6	9	11	13.5	15.5	17.5
		用于 GB2671 及 GB65	d_2	—	8	10	11	15	18	20	24	26
			t	—	3.2	4	4.7	6	7	8	9	10.5
			d_3	—	—	—	—	—	—	16	18	20
			d_1	—	4.5	5.5	6.6	9	11	13.5	15.5	17.5

3）销孔和其他配合孔

定位销孔与配合孔属于跟所安装销或轴的基本尺寸相同的孔，画法与普通孔相同，但尺寸精度要求较高。当两零件需用销定位时，销孔与销规格尺寸需一致。如图 7-3(a)所示。一般位于上方零件上的销孔先钻好但须留出铰削余量，下方零件上的销孔必须在装调好后才加工，有时会加工成盲孔，条件允许时为方便拆装也可在底部加工如图 7-4(c)所示的工艺孔。同时，零件图上除注出销孔的定形和定位尺寸外，必须注明“配作”两字。锥销孔要按 1∶50 锥度由铰刀铰制，下件小端直径略小于锥销小端直径。如图 7-3(b)、图 7-3(c)所示的连接销孔两件都必须在装调时配做。

2. 钻削盲孔

盲孔是不通孔的俗称，常作为不通的销孔、螺纹孔的底孔，一般用钻头钻削加工。因为标准钻头前端有 118°的锥角，会在孔底自然产生一锥面，画图时须按 120°角度画出，如图 7-4(a)、(b)所示。锥角大小不要标注，孔的深度也不包括锥形部分。钻削孔底部形成台阶时锥角也保持原样，如图 7-4(c)所示。

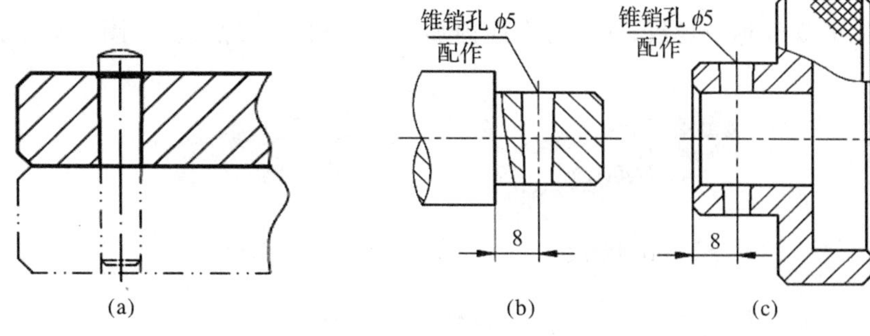

图 7-3　定位销孔与连接销孔

钻削如图 7-4(d)所示。平底盲孔需特制钻头，如果不是特别需要，应尽量少用。

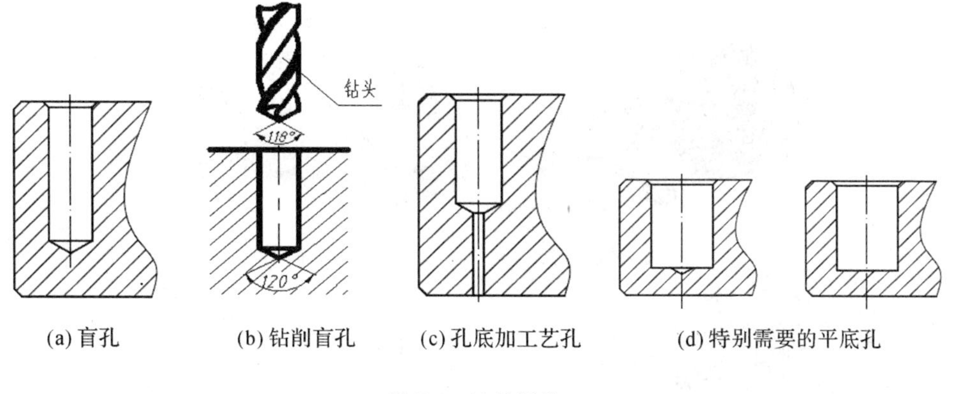

(a) 盲孔　(b) 钻削盲孔　(c) 孔底加工艺孔　(d) 特别需要的平底孔

图 7-4　连接通孔

7.1.2　螺纹结构

在很多场合，零件之间是用成对的螺纹紧固件或利用零件自身的螺纹连接的，因此螺纹结构作为重要的、常用的连接功能结构，大量出现在零件及工程图样中。如图 7-5 所示。

(a) 螺纹紧固件之螺栓

(b) 泵体上的螺纹结构

图 7-5　零件上的螺纹结构

一、螺纹的形成和螺纹的要素

1. 螺纹的形成和加工方法

螺纹是指在圆柱(或圆锥)表面上，沿着螺旋线所形成的具有相同断面的连续凸起和凹陷的沟槽。在圆柱面上形成的螺纹为圆柱螺纹；在圆锥面上形成的螺纹为圆锥螺纹。在零件外表面加工的螺纹称外螺纹；在零件孔腔内加工的螺纹称内螺纹。如图 7-6 所示。

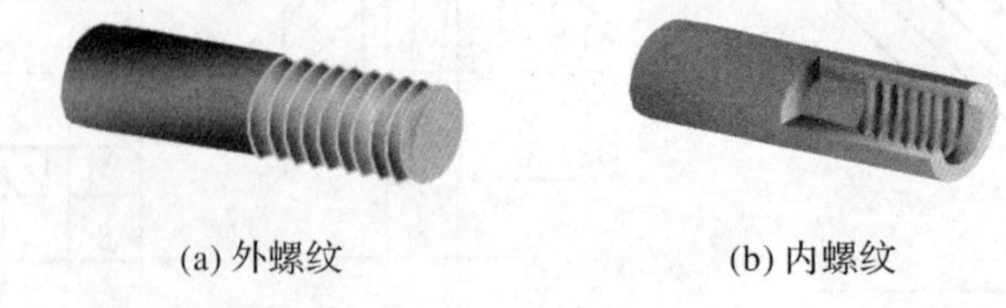

(a) 外螺纹　　(b) 内螺纹

图 7-6　内螺纹和外螺纹

螺纹的加工方法有多种，如图 7-7(a)、图 7-7(b)是在车床上加工外、内螺纹的示意图。卡盘夹持工件作等速旋转运动，车刀作等速轴向移动，刀尖切入工件即切削出螺旋沟槽。切削至螺纹合格需分几次进刀。改变刀刃的形状，可加工出各种不同的螺纹。

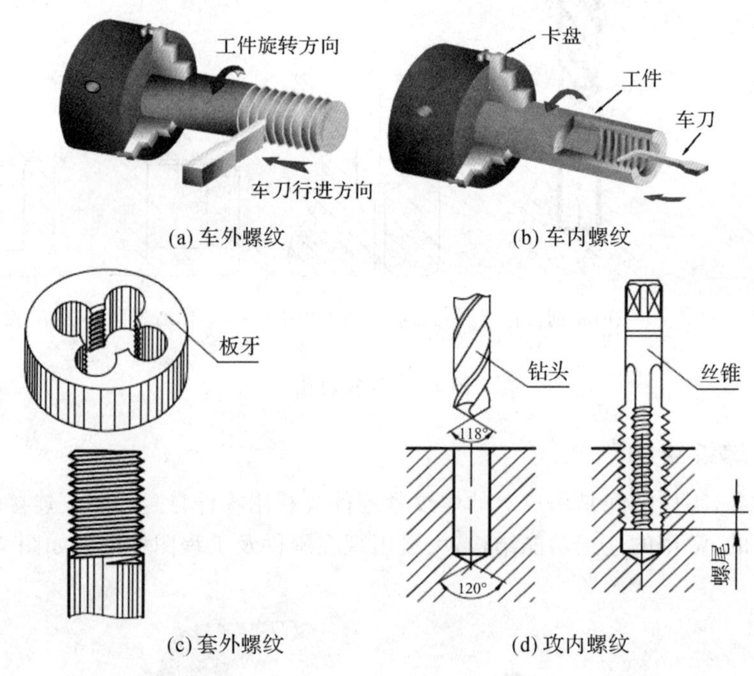

(a) 车外螺纹　　(b) 车内螺纹

(c) 套外螺纹　　(d) 攻内螺纹

图 7-7　螺纹加工方法

图 7-7(c)表示用板牙加工直径较小的外螺纹，俗称套扣。

图 7-7(d)表示用丝锥加工直径较小的内螺纹，俗称攻丝。

2. 螺纹结构要素

螺纹有五个结构要素，全部要素一致的内、外螺纹才能旋合工作。

(1) 牙型

牙型是指在通过螺纹轴线的断面上的螺纹的轮廓形状，其凸起部分俗称螺纹的牙，顶端称为牙顶，沟底称为牙底。常见的螺纹牙型有三角形、梯形、锯齿形和矩形等，如图 7-8 所示。

图 7-8　螺纹的牙型

（2）螺纹直径

与外螺纹牙顶或内螺纹牙底相重合的假想圆柱面的直径称为螺纹大径，又称为公称直径。外螺纹大径用 d 表示，内螺纹大径用 D 表示，管螺纹大径用尺寸代号表示。与外螺纹牙底或内螺纹牙顶相重合的假想圆柱面的直径称为螺纹小径（d_1、D_1）；通过牙型上沟槽和凸起宽度相等处的一个假想圆柱的直径称为螺纹中径（d_2、D_2）。如图 7-9 所示。螺纹公称直径应按国家标准优先系列设计，数值参见附录表 6。

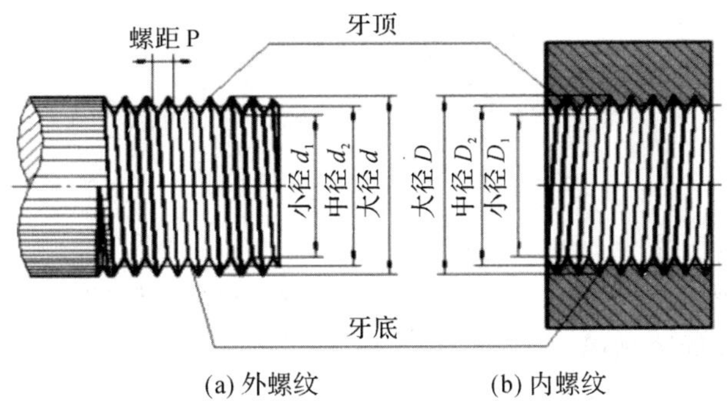

(a) 外螺纹　　(b) 内螺纹

图 7-9　螺纹的公称直径

（3）线数（n）

螺纹有单线与多线之分。沿一条螺旋线所形成的螺纹称单线螺纹；沿两条或两条以上在轴向等距分布的螺旋线所形成的螺纹称多线螺纹。如图 7-10 所示。

（4）螺距（P）和导程（P_h）

相邻两牙在中径线上对应两点间的轴向距离称为螺距；同一条螺旋线上的相邻两牙在中径线上对应两点间的轴向距离称导程，如图 7-10 所示。

$$螺纹导程(P_h)=螺距\times线数=P\cdot n$$

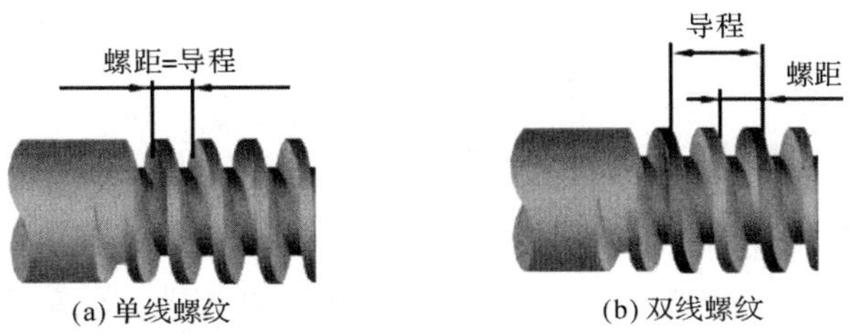

(a) 单线螺纹　　(b) 双线螺纹

图 7-10　螺纹的线数、螺距、导程

（5）旋向

内、外螺纹的旋合方向称旋向，分左旋和右旋两种。向下顺时针方向旋转时旋入的螺纹称右旋螺纹，反之，向下逆时针方向旋转时旋入的螺纹称左旋螺纹。判定螺纹旋向可将外螺纹轴线垂直放置，螺纹的可见部分是右高左低者称右旋螺纹，左高右低者称左旋螺纹，如图7-11所示。

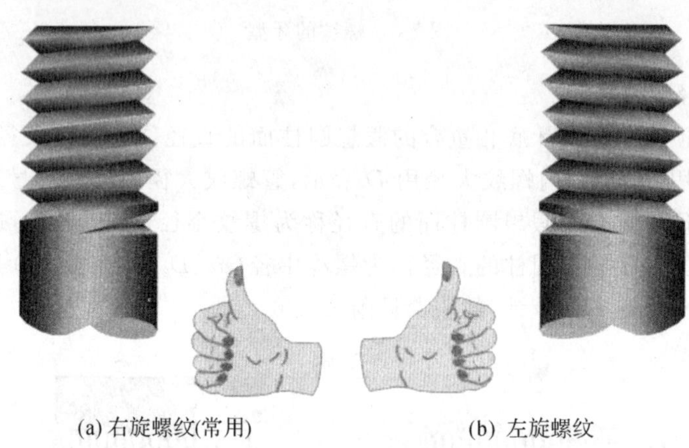

图 7-11　螺纹的旋向

二、螺纹的规定画法

在螺纹的规定画法中，图形只反映螺纹公称直径和有效螺纹长度，一般不绘制牙形，其他结构要素通过尺寸标注描述。

1. 外螺纹的画法

1）不剖视的外螺纹的画法如图7-12所示。在平行螺杆轴线的投影面视图中，螺纹大径用粗实线表示；小径用细实线表示，可按大径投影的0.85倍绘制，不用查表。并画至倒角轮廓线。

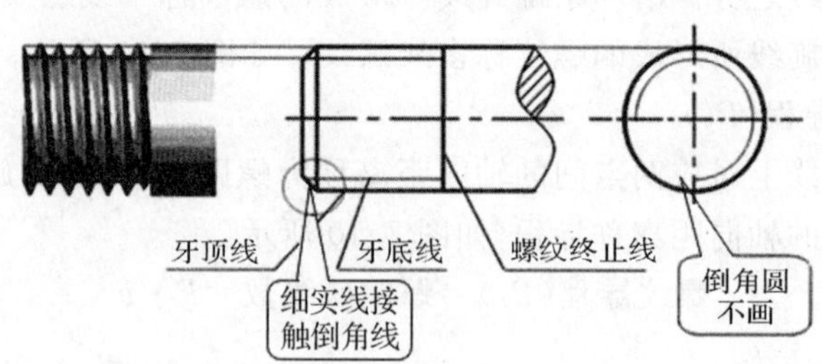

图 7-12　外螺纹的画法

2）螺纹终止线用粗实线绘制，表示有效螺纹终止位置。

3）在垂直于螺纹轴线的投影面的视图中，螺纹大径用粗实线圆表示，小径用约3/4圈的细实线圆表示，直径为大径圆的0.85倍。此时，螺杆或螺孔上倒角圆的投影省略不画。

4）剖视的外螺纹的画法如图7-13所示。当螺纹加工在空心件上需作的剖视图中，剖面线必须穿过小径细实线，画至大径的粗实线处；螺纹终止线表现为螺纹深度线，用粗实线画在大径线与小径线之间。

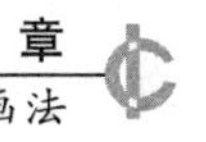

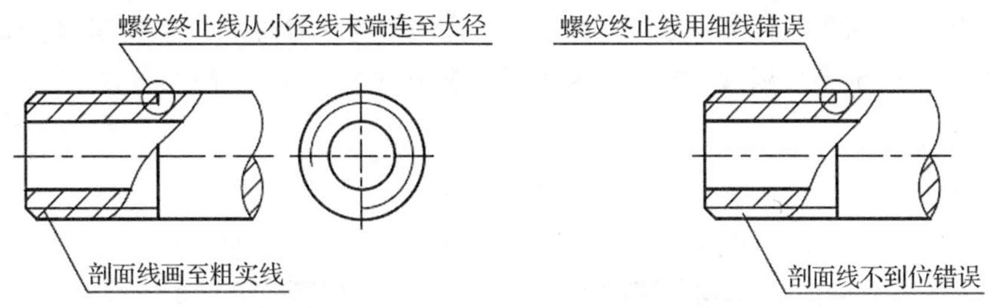

图 7-13 外螺纹剖视画法

2. 内螺纹的画法

1) 内螺纹通孔的画法如图 7-14 所示。在平行螺纹孔的轴线的剖视图中,内螺纹大径用细实线表示,小径用粗实线表示,直径按大径的 0.85 倍绘制;螺纹终止线用粗实线表示,剖面线必须穿过大径细实线,画至小径的粗实线处。

2) 在垂直于螺纹轴线的投影面的视图中,内螺纹大径用约 3/4 圈的细实线圆表示,小径用粗实线圆表示,直径同样为大径圆的 0.85 倍。倒角圆的投影省略不画。

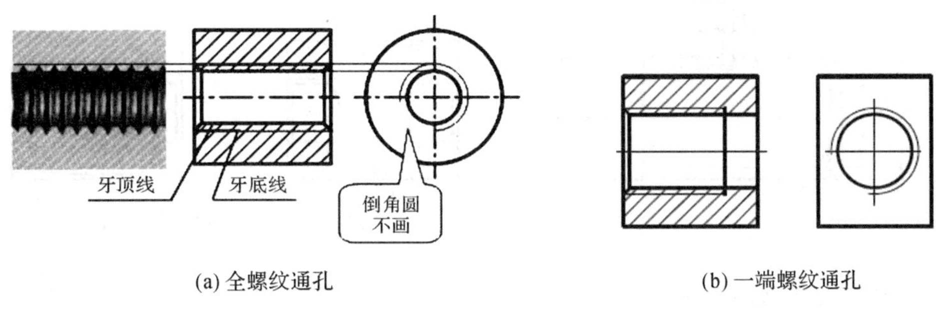

(a) 全螺纹通孔　(b) 一端螺纹通孔

图 7-14 内螺纹通孔的画法

3) 绘制零件上不穿通的攻丝螺纹孔时,应注意按钻削绘制等于小径的螺纹底孔,底部的锥顶角画成 120°,钻孔深度工程上要求比有效螺纹深度深 3 个螺距,约合 $0.5D$ 以上,图样可按比有效螺纹深 $0.2 \sim 0.5D$ 绘制。如图 7-15(a)所示。

4) 内螺纹为不可见时,其除轴线外的所有图线均绘制成虚线。如图 7-15(b)所示。

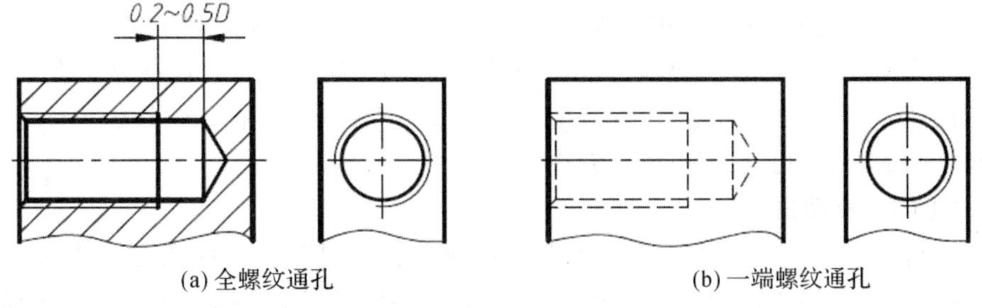

(a) 全螺纹通孔　(b) 一端螺纹通孔

图 7-15 内螺纹不通孔的画法

3. 圆锥螺纹的画法

圆锥螺纹常用于流体器械连接，如加工在管端的圆锥管螺纹。画法如图 7-16 所示。

圆锥螺纹的锥度一般为◁1：16，真实绘制角度不明显，图样允许夸大绘制，一般画成10°左右。

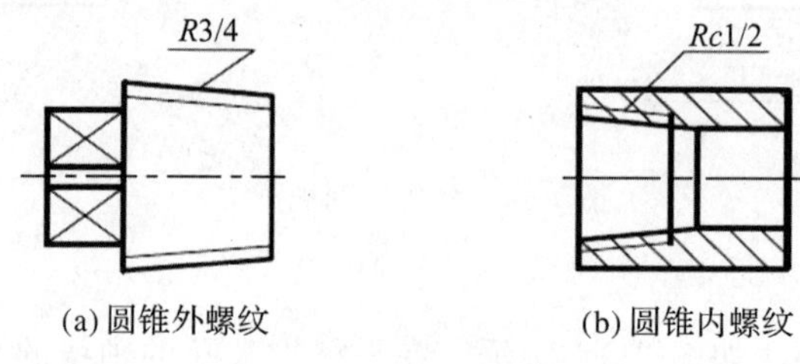

(a) 圆锥外螺纹　　(b) 圆锥内螺纹

图 7-16　锥螺纹的画法

4. 当需要表示螺纹牙型时，或对于表示非标准螺纹（如矩形螺纹）的画法，如图 7-17 所示。

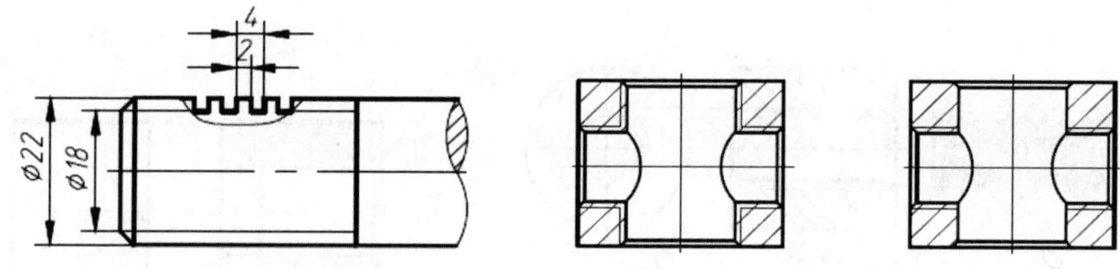

图 7-17　螺纹牙型和非标准螺纹的画法　　图 7-18　螺纹孔相贯线的画法

5. 螺纹孔相贯线的画法

两螺纹孔或螺纹孔与光孔相贯时，其相贯线按螺纹小径画出。如图 7-18 所示。

7.1.3　键槽

键槽结构也是零件上一种常用的连接功能结构。

键是使轴与轴上的零件（如齿轮，带轮等）一起转动的联接标准件。采用键连接时，如图 7-19所示轴上必须加工出键的镶嵌槽，轮孔上必须加工出既能与键配合、又方便轮类件装配和拆卸的通槽。这里以 A 型平键为例介绍键槽的画法。

特别需要指出的是，平键槽的宽度和深度大小应按国标《平键键槽的剖面尺寸》（见附录表 23），根据轴直径查表确定参数后绘制。例如：轴的直径为 55mm，查得应用键规格为：键宽b=16；键高 h=10；键长范围 L=45～180，同时查得轴上键槽深度尺寸为t= 6.0，孔上键槽深度尺寸为 t_1= 4.3。长度由设计者决定。

1. 轴上的键槽画法

轴上的键槽常见画法有如图 7-20 所示几种：(a)用视图＋断面图方式表达，最常用。(b)用局部剖视图＋假想画法方式＋断面图表达。(c)用局部剖视图＋第三角画法局部视图方式表达。

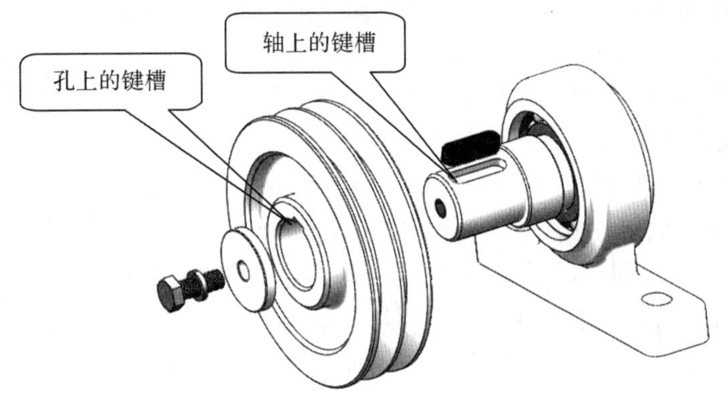

图 7-19　轴上键槽以及轮孔内键槽

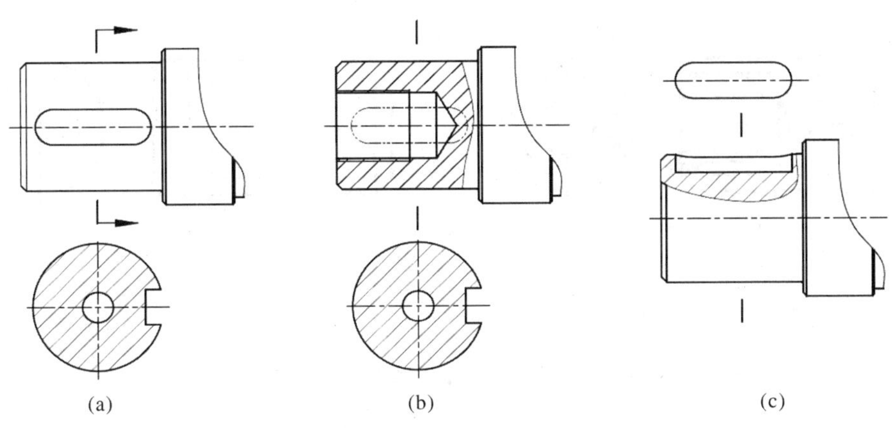

图 7-20　轴上键槽画法

2. 内孔的键槽画法

内孔的键槽画法如图 7-21 所示。这里强调三点：一是孔上的键槽一定是通槽；二是轮零件其他结构一般都能在主视图上表达清楚，所以左视图可以只画孔和槽的局部视图；三是带键槽的孔口必定倒角，但此倒角圆投影省略不画。

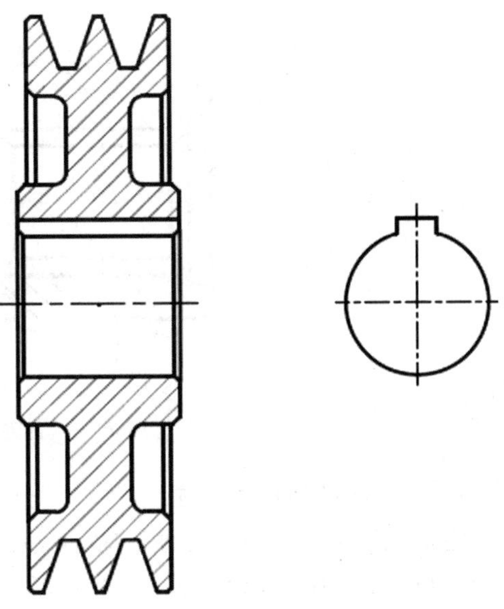

图 7-21　内孔键槽画法

7.1.4　花键的画法

采用键连接时，如果一个键的连接力不够，可以在周向增加键。如果同时需要带键槽的轮件工作时沿键长方向滑动，那就演变成新的连接结构——花键结构了。如图 7-22 所示，轴上多个键形结构与轴一体，形成外花键轴；轮孔上对应有多个键槽，形成内花键孔，工作时，主要靠键侧面、轴与孔的花键的小径间隙配合滑动导向，定心精度较高。花键是标准化连接结构，有矩形花键、直齿渐开线花键等，这里以应用较广的矩形花键为例介绍连接画法。

图 7-22　花键连接

1. 矩形花键的画法

(1) 外花键(花键轴)的画法 在平行于花键轴线的投影面的视图中，大径用粗实线绘制；小径用细实线绘制，并要画入倒角内。花键工作长度的终止线和尾部长度的末端均用细实线绘制，尾部用细实线画成与轴线成 30°的斜线。如采用局部剖视，齿按不剖处理，此时小径用粗实线绘制，如图 7-23(a)所示。在垂直于轴线的投影面的视图中，可画出部分或全部齿形，也可按图 7-23(b)绘制。

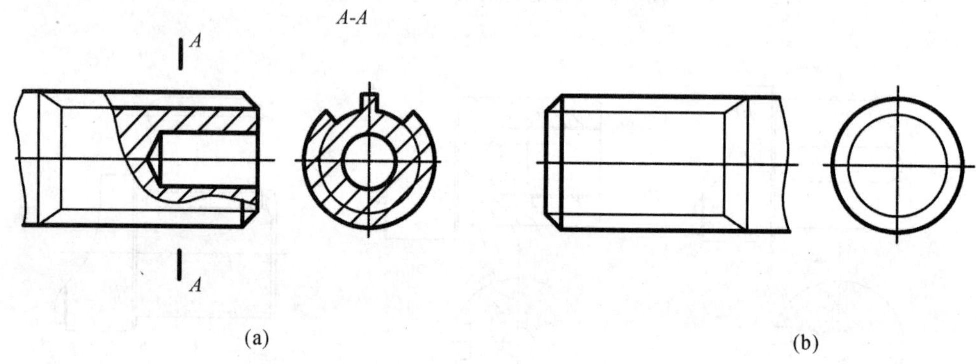

图 7-23　外花键画法

(2)内花键(花键孔)的画法 在平行于花键轴线的投影面的剖视图中，大径和小径均用粗实线绘制，轮齿按不剖画出；另用局部视图画出部分或全部齿形，如图 7-24 所示。

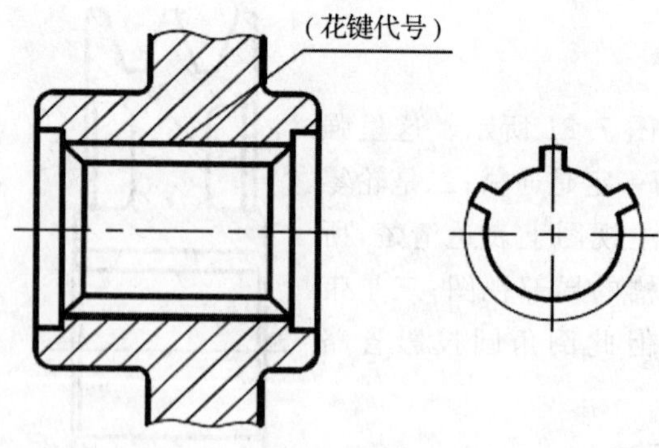

图 7-24　内花键的画法与代号标注

2. 矩形花键的尺寸标注

矩形花键采用一般尺寸注法时，应注出大径 D、小径 d、键宽 B(及齿数)、工作长度等数据，有时还加注尾部长或全长，如图 7-25 所示。

矩形花键也可采用代号标出。代号指引线用细实线自大径引出，如图 7-24、图 7-25(b)所示。代号包含的项目需按序排列。例如：

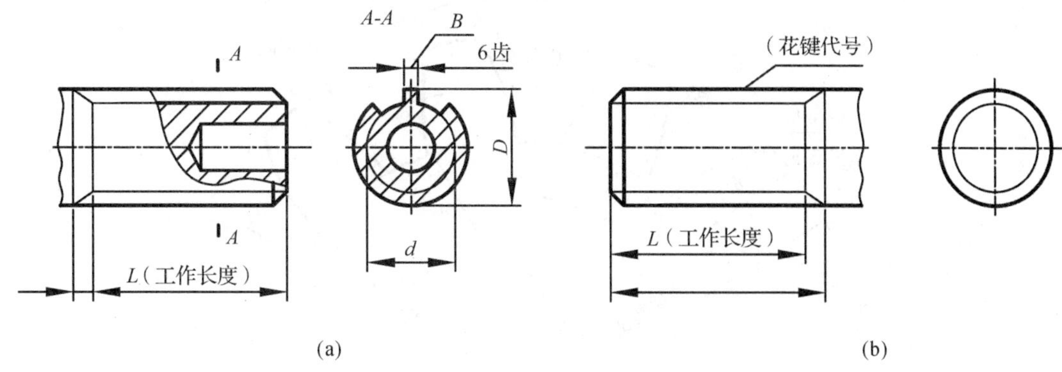

图 7-25 外花键标注

外花键代号 6×23f7×26a11×6d10

内花键代号 6×23H7×26H10×6H11

其中,第一项表示齿数,第二、三、四项分别表示小径、大径、齿宽及其公差代号。

7.1.5 轮齿画法

齿轮、同步带轮、链轮是广泛应用与机器中的常用传动功能零件,图 7-26 给出了几种常见的齿轮传动形式。

(a) 圆柱直齿齿轮传动

(b) 圆柱斜齿齿轮传动

(c) 圆锥齿轮传动

(d) 蜗轮与蜗杆传动

图 7-26 常见齿轮传动

各种轮的轮身结构因其传动速度、受力、与相邻零件连接关系等的不同而不同,但轮齿结构已经系列化、标准化,其图样表达方法也有了专门的规定。轮齿的规定画法一般不表达齿形,这与螺纹画法不表达牙型是一致的。

一、圆柱齿轮轮齿画法

1. 圆柱齿轮轮齿参数

圆柱齿轮轮齿结构如图 7-27 所示,各参数的含义为:

分度圆直径 d:分度圆直径等于齿轮齿数与齿轮模数之积:$d = m \cdot z$

齿数 z(基本参数):一个齿轮的轮齿总数,是设计者根据直径、传动比确定的。

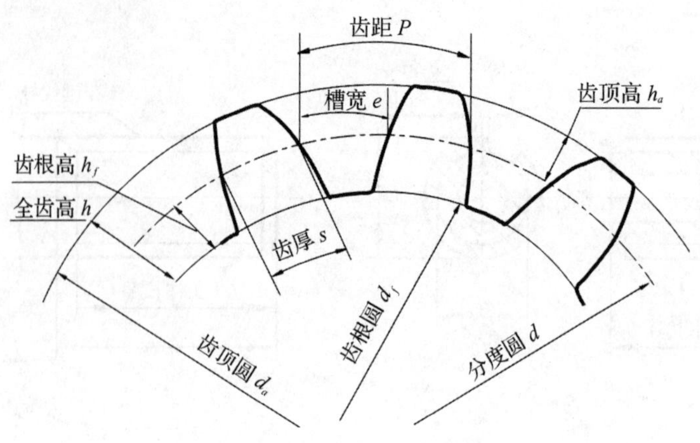

图 7-27　轮齿的各部名称及代号

模数 m（基本参数）：由 $m=d/z$ 知：模数能表征齿大小、承载能力，设计者进行强度、寿命等设计计算后，向上选定标准模数 m。

表 7-2　圆柱齿轮标准模数 m (GB/T 1357-1987)

圆柱齿轮	第一系列	1　1.25　1.5　2　2.5　3　4　5　6　8　10　12　16　20　25　32　40　50
	第二系列	1.75　2.25　2.75　(3.25)　3.5　(3.75)　4.5　5.5　(6.5)　7　9　(11)　14　18　22　28　36　45

（模数的由来：轮齿参数有如下关系：分度圆周长 $l=\pi d=z\cdot p$，则 $d=z\cdot p/\pi$　令：$p/\pi=m$，取有理数并定标准系列，可得 ：$d=m\cdot z$）

压力角 a：齿廓曲线在分度圆上接触点处的受力方向与运动方向的夹角。（压力角已经标准化，我国规定为 20°）

齿数 z、模数 m、压力角 a 作为齿轮基本参数要和其他精度参数一起注写在图纸的右上角。

2. 标准直齿圆柱齿轮的几何尺寸计算

标准直齿圆柱齿轮各部分的几何尺寸的具体计算公式见表 7-3。

表 7-3　标准直齿圆柱齿轮轮齿的各部分尺寸关系

名称及代号	计算公式	名称及代号	计算公式
模数 m	$m=d/\pi$ 并按表 7-2 取标准值	分度圆直径 d	$d=mz$
齿顶高 h_a	$h_a=m$	齿顶圆直径 d_a	$d_a=d+2h_a=m(z+2)$
齿根高 h_f	$h_f=1.25m$	齿根圆直径 d_f	$d_f=d-2h_f=m(z-2.5)$
齿高 h	$h=h_a+h_f=2.25m$		

3. 单个齿轮的规定画法

表达方法：一般用主视图、左视图两个视图来表示齿轮的结构形状，如图 7-28(a)所示的简单结构齿轮，工程上最常见的是由全剖主视图(b)与键槽孔左视图(c)表达：齿顶圆和齿顶线用粗实线绘制，分度圆和分度线用细点画线绘制，不论齿数是偶数还是奇数，轮齿一律按不剖处理——轮齿区域内不画剖面线，齿根线画成粗实线。(c)图是由(d)图简化来的，所以也可以由(b)图与(d)图来表达，并且(d)图中齿根圆也可以省略不画。

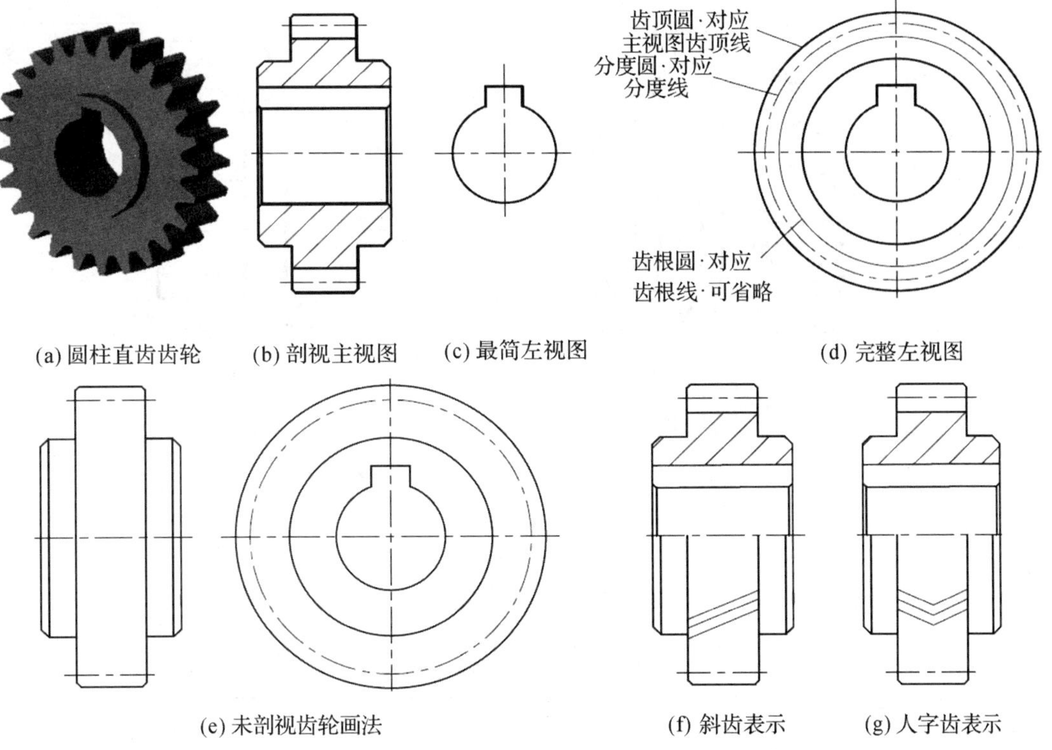

图 7-28　圆柱齿轮画法

齿轮不剖视时通常按图(e)图绘制。图中齿根圆和齿根线都已省略。

绘制斜齿和人字齿的齿轮图样时，其他画法相同，只需用三条与齿线方向一致的相互平行的细实线表示齿线特征，如(f)图与(g)图所示。

齿轮零件图参见第 8 章图 8-48、第 10 章图 10-10 所示。

二、锥齿轮

1. 直齿锥齿轮的结构要素和尺寸关系

(1) 结构要素

由于锥齿轮的轮齿分布在圆锥面上，因此，其轮齿一端大另一端小，其齿厚和齿槽宽等也随之由大到小逐渐变化，其各处的齿顶圆、齿根圆和分度圆也不相等，而是分别处于共顶的齿顶圆锥面、齿根圆锥面和分度圆锥面上。轮齿的大、小两端处于与分度圆锥素线垂直的两个锥面上，分别称为背锥面和前锥面，如图 7-29 所示。

(2)尺寸关系

模数 m、齿数 z、压力角 α 和分锥角 δ 是直齿锥齿轮的基本参数，是决定其他尺寸的依据。只有锥齿轮的模数和压力角分别相等，且两齿轮分锥角之和等于两轴线间夹角的一对直齿圆锥齿轮才能正确啮合。为了便于设计和制造，规定以大端端面模数为标准模数来计算大端轮齿各部分的尺寸。直齿锥齿轮的尺寸关系见表 7-4。

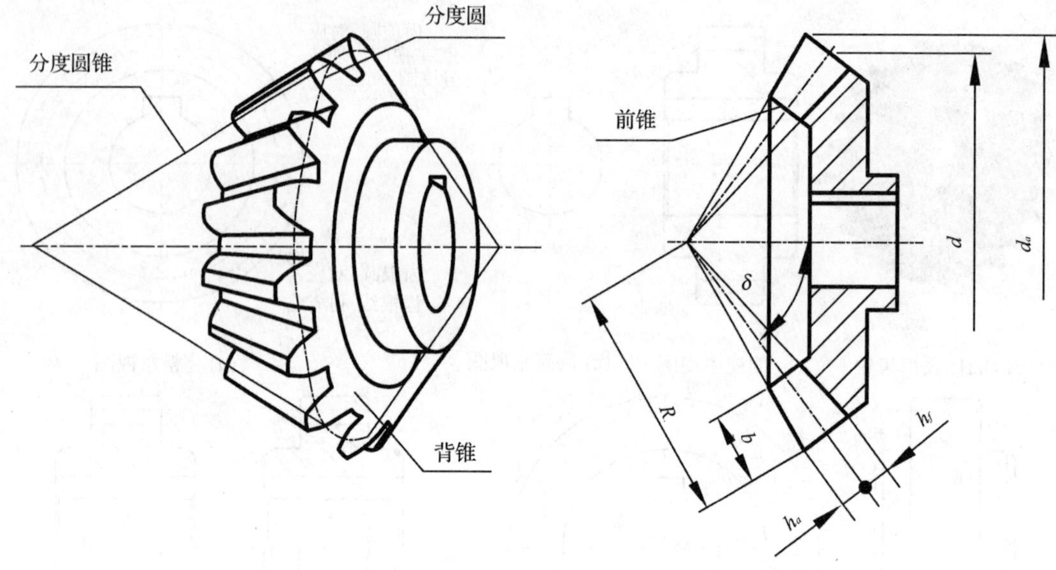

图 7-29　圆锥齿轮各部分名称及代号

表 7-4　直齿圆锥齿轮的计算公式

名称	代号	计算公式
齿顶高	h_a	$h_a=m$
齿根高	h_f	$h_f=1.2m$
齿高	h	$h=h_a+h_f=2.2m$
分度圆直径	d	$d=mz$
齿顶圆直径	d_a	$d_a=m(z+2\cos\delta)$
齿根圆直径	d_f	$d_f=m(z-2.4\cos\delta)$
外锥距	R	$R=mz/(2\sin\delta)$
分度圆锥角	δ_1	$\tan\delta_1=z_1/z_2$
	δ_2	$\tan\delta_2=z_2/z_1$
齿高	b	$b\leqslant R/3$

2. 直齿锥齿轮的规定画法

锥齿轮和圆柱齿轮的画法基本相同。

单个锥齿轮的规定画法如图 7-30 所示。齿顶线、剖视图中的齿根线和大、小端的齿顶圆用粗实线绘制，分度线和大端的分度圆用点画线绘制，齿根圆及小端分度圆均不必画出。

三、蜗轮蜗杆

1. 螺轮蜗杆的结构

蜗轮蜗杆共同组成一个传动副，如图 7-26(d)所示。通常用于垂直交叉的两轴之间的传动，蜗杆是主动件，蜗轮是从动件。它们的齿向是螺旋形的，为了增加接触面积，蜗轮的轮齿顶面常制成圆弧形。蜗杆的齿数称为头数，相当于螺杆上螺纹的线数，有单头和多头之分。在传动时，蜗杆旋转一圈，蜗轮只转一个齿(单头)或两个齿(双头)。蜗轮蜗杆副传动比较大，且传动平稳，但效率较低。

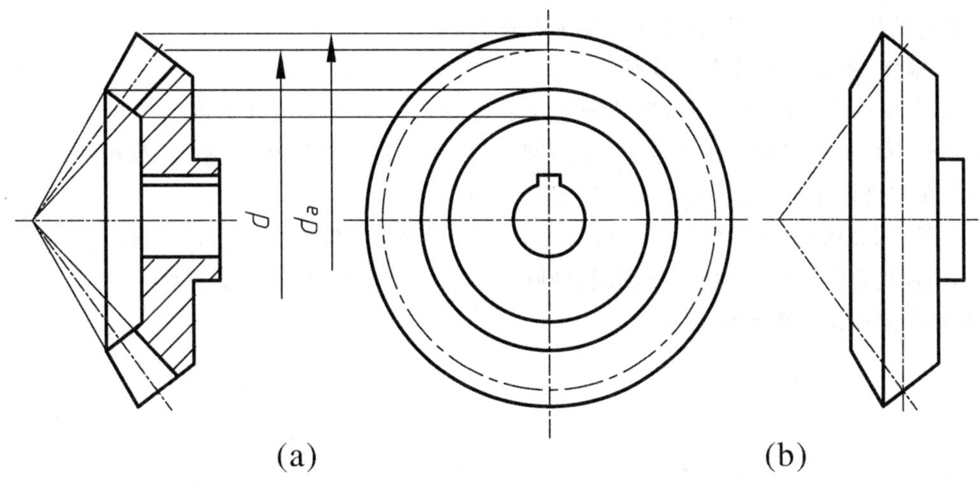

图 7-30　锥齿轮画法

相互啮合的蜗轮蜗杆，其模数必须相同，蜗杆的导程角与蜗轮的螺旋角大小相等，方向相同。

蜗杆实体图如图 7-31(a)所示。蜗杆实质上是一个圆柱斜齿轮，只是齿数很少，其齿数相当于螺纹的线数，一般制成单线或双线。

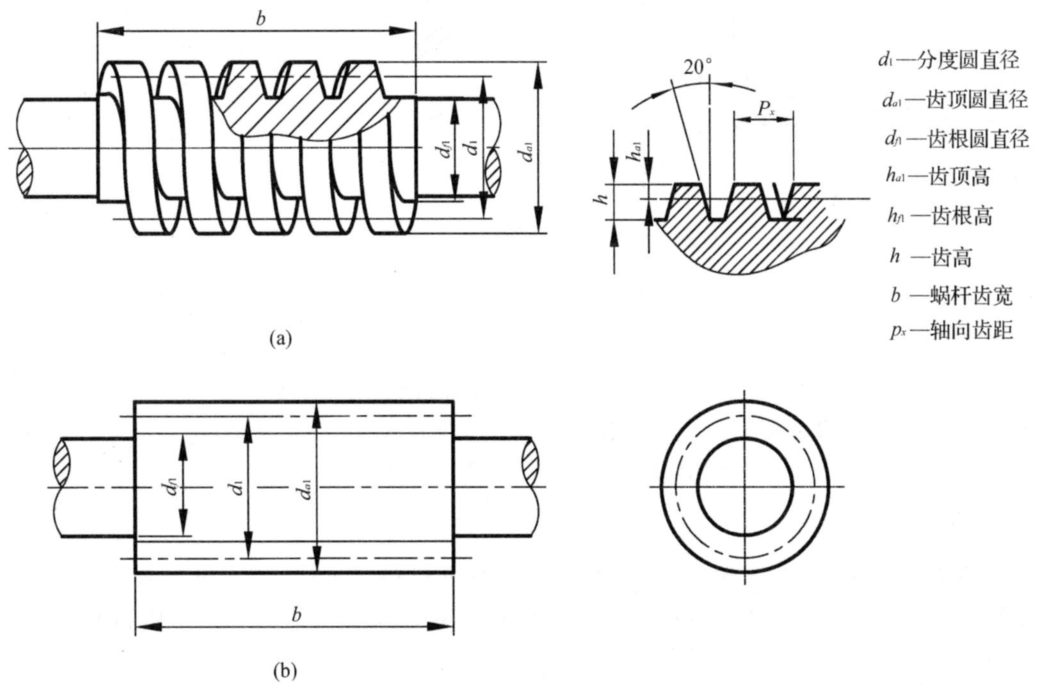

图 7-31　蜗杆各部分的名称和画法

蜗轮实体图参考图 7-26(d)。蜗轮实质上也是一个圆柱斜齿轮，所不同的是为了增加它与蜗杆的接触面积，将蜗轮外表面做成环面形状。

2. 蜗杆、蜗轮各部分名称及画法

如图 7-31(b)所示，蜗杆齿形部分的尺寸以轴向剖面上的尺寸为准。主视图一般不作剖视，分度圆、分度线用点画线绘制；齿顶圆、齿顶线用粗实线绘制；齿根圆、齿根线用细实线绘制。在零件图中，左视图同心圆一般省略不画。

如图 7-32 所示，蜗轮的齿形部分尺寸是以垂直蜗轮轴线的中间平面为准。主视图一般画成全剖，其轮齿为圆弧形，分度圆用点画线绘制；喉圆和齿根圆用粗实线绘制。在零件图中，左视图同心圆一般省略不画。

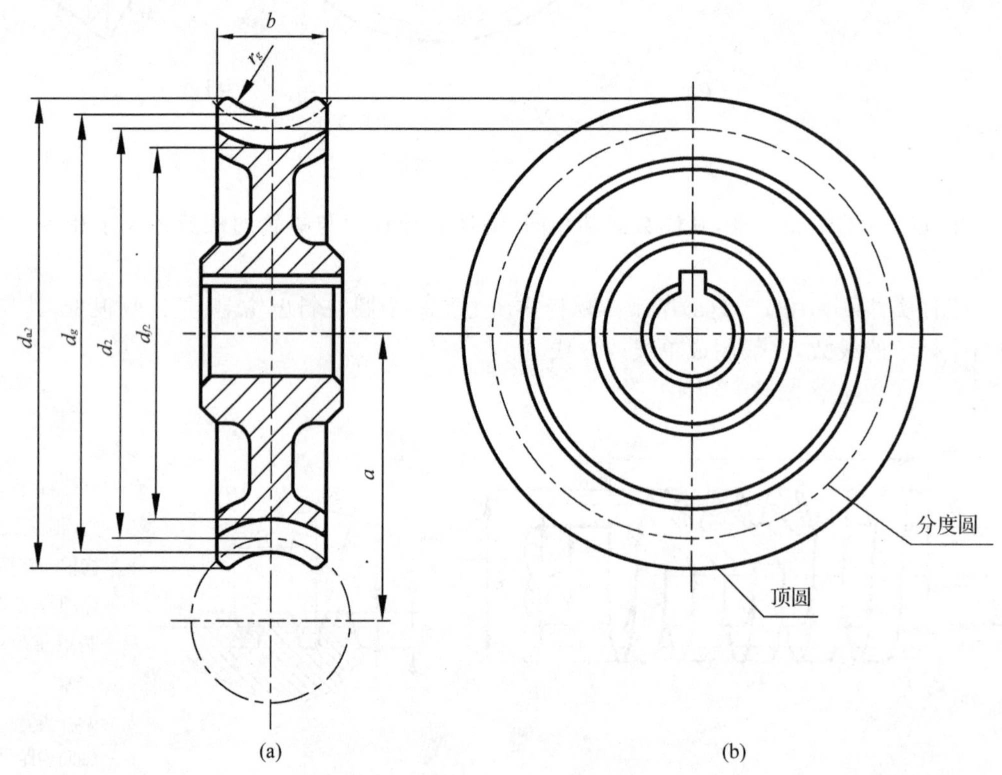

图 7-32 蜗轮各部分名称和画法

d_2—分度圆直径 d_g—喉圆直径 d_{f2}—齿根圆直径 d_{a2}—外圆直径

b—蜗轮宽度 r_g—喉圆半径 a—中心距

四、同步带轮

同步带传动是由齿形带轮与齿形带组成柔性传动机构，如图 7-33 所示。如今，机器装备中同步带传动应用越来越多，虽然同步带轮不需要表达齿形参数，但由于常用和表达方法独特，列在这里一起介绍。

同步带轮既不需绘制齿形，也不需要标注齿形参数，只需给出根据传动力矩、速比、结构的确定的带型与齿数，标注轮身结构尺寸。齿形由厂家用专用的刀具加工。画法上注意节圆线在外。如图 7-34 所示。

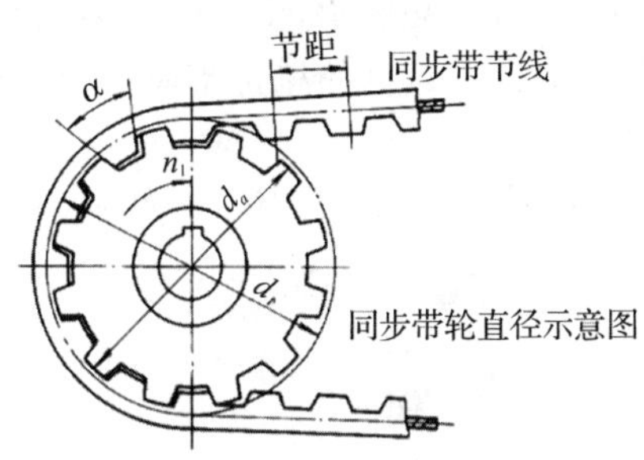

图 7-33　同步带传动

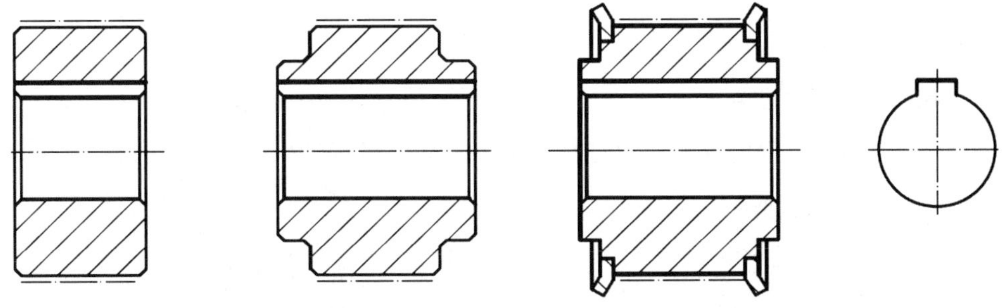

图 7-34　同步带轮画法

7.2　零件上常用的工艺结构

7.2.1　倒角与倒圆(GB/T6403.4-2008)

1. 倒角

将零件轴端、孔口、其他棱边的锐边按一定尺寸去除，形成规则的坡角，称为倒角。如图 7-35所示为倒角零件实例。如图 7-36 所示为一零件倒角的图样。倒角大多为 45°，也有 30°等角度。

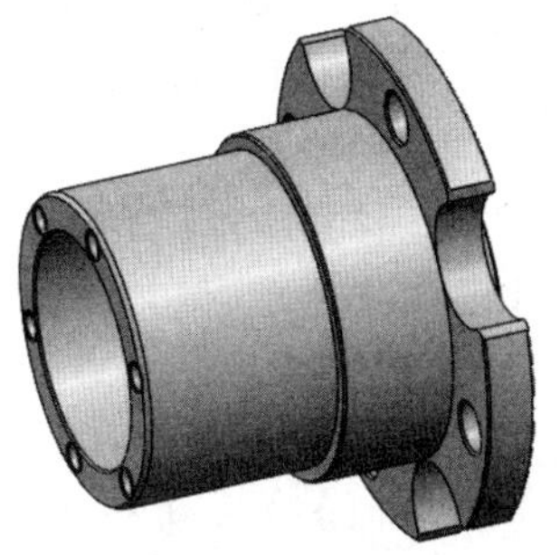

图 7-35　轴承套上的倒角

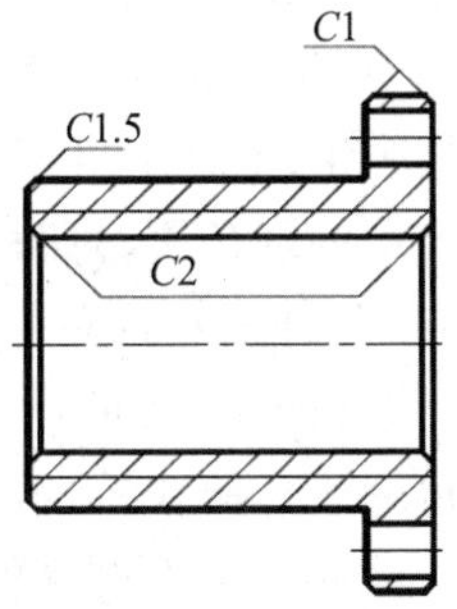

图 7-36　倒角零件图样

零件外形、普通孔倒角，主要是去毛刺和美观考虑。如图 7-37 所示台板零件。一台外观有所要求的机器，可见的棱边都应该加工倒角。倒角大小主要考虑美观、协调，由设计者合理确定。

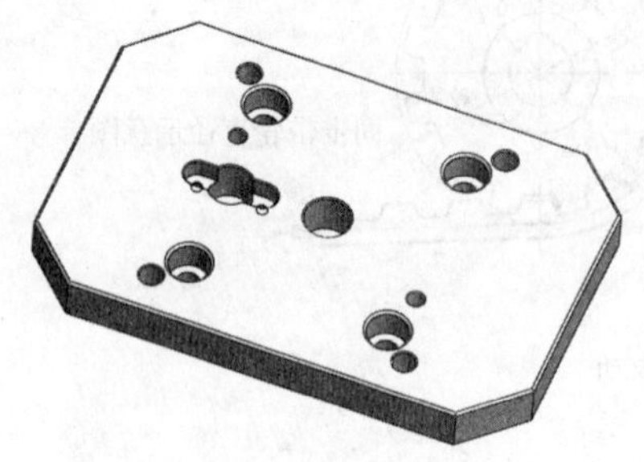

图 7-37　台板外观倒角

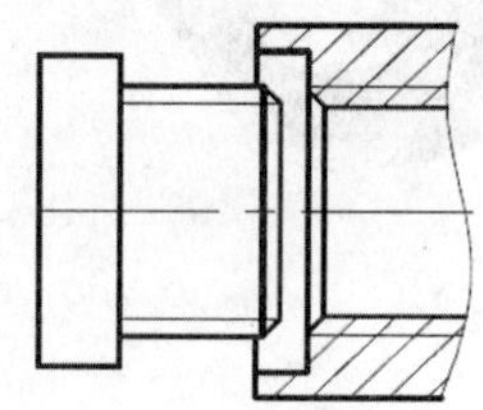

图 7-38　外螺纹端部、螺纹孔口倒角

在外螺纹端部、螺纹孔口倒角，主要是为了方便旋入，其次保护加工者和零件。如图 7-38所示待旋合内、外螺纹件。设计螺纹端部、螺纹孔口都应该要求加工倒角。

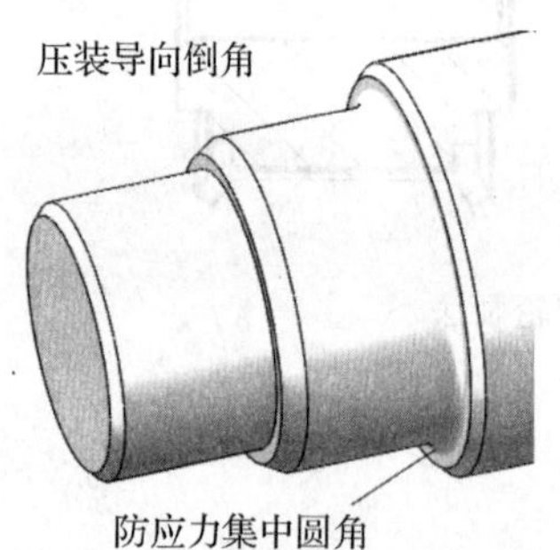

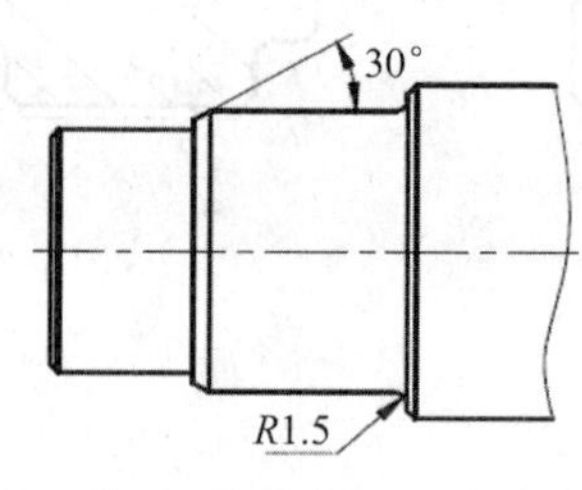

图 7-39　为压装导向倒角成 30°

紧配合轴的轴端及配合孔口倒角成 30°角，主要为了压装导向。如图 7-39 所示外观倒角大小主要考虑美观、协调，由设计者合理确定。与圆角配用的倒角，按标准设计。

2. 倒圆

倒圆也称倒圆角。圆角也分为功能圆角与工艺圆角。功能圆角是设置在台肩根部，主要是轴肩根部的圆角，把大小轴径衔接处加工成用圆角过渡，为了避免因受力工作时产生应力集中而导致裂纹。如图 7-39 中的 $R1.5$。工艺圆角主要用在铸造、挤压、模锻等非切削加工零件或毛坯上，如图 7-40 所示的铸造泵体上，就有多处外凸、内凹的铸造圆角结构。

设置倒角与圆角要注意以下几点：

1）与倒角配用的圆角要参照标准设计，因为除用于有特殊要求的倒角、倒圆外，对用于一般机械加工零件的外角和内角的倒角和倒圆，其尺寸已标准化了，倒角 C 和倒圆 R 的数值随零件直径的变化而变化，可查附录表 30。

2）工艺圆角一般只用在铸、锻、挤压等非切削加工场合。

3）切削加工零件一般不设置外观圆角，这是由普通机械加工工艺决定的。如果不是零件功能需要，不考虑线切割等特种加工，一般轴外凸棱、直棱边不绘制圆角；槽角要绘制圆角而不能设计棱角。如图 7-41 所示图样把图 7-39 零件两处倒角画成圆角是很难准确加工

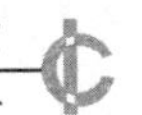

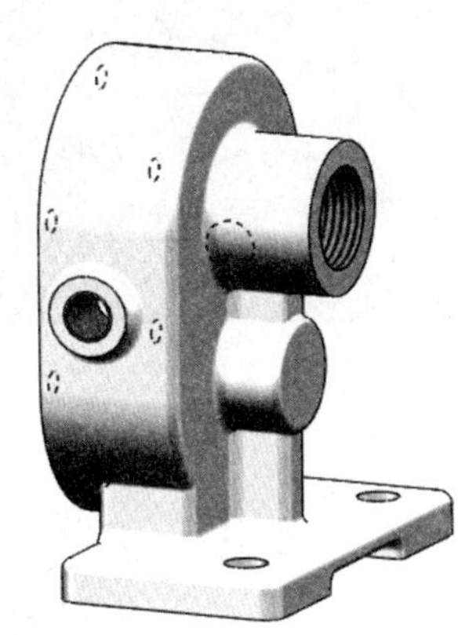

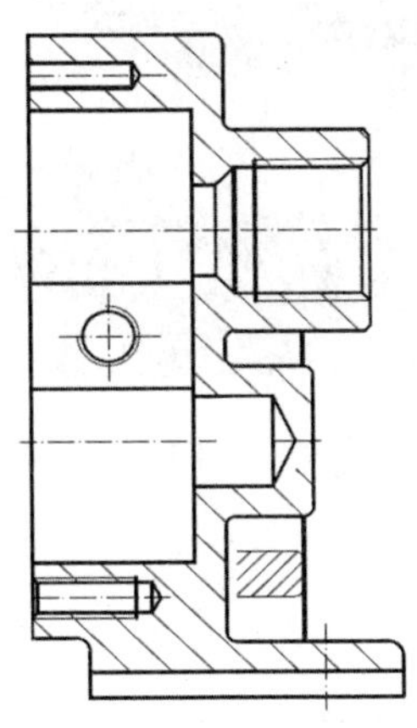

图 7-40 带倒圆结构的泵体零件

的，而且往往是不必要的。如图 7-42 所示零件主要用铣削加工，由于铣刀是圆形的和铣床直线进给，四周三处大的倒角和一处棱边倒角是正确的，一处大圆角和一处棱边圆角都很难保证加工质量；内长孔(槽)交角处圆角是正确的，倒角或尖角是无法实现的。

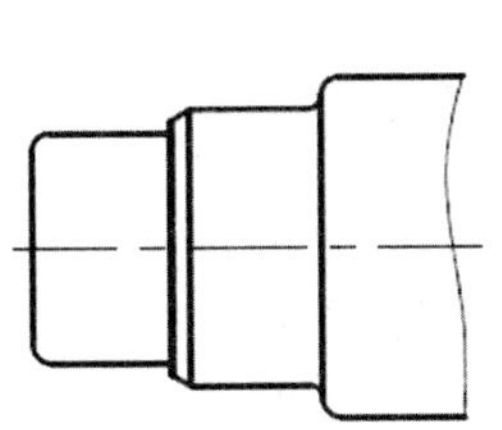

图 7-41 外观圆角错误

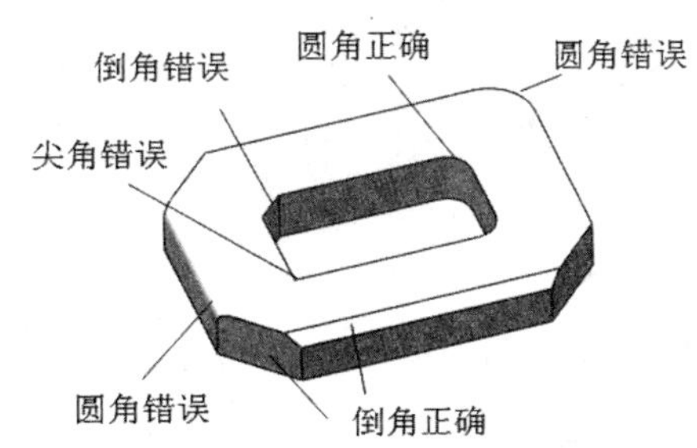

图 7-42 倒角、圆角设置正误

7.2.2 退刀槽(GB/T 3-1997)、砂轮越程槽(GB/T6403.5-2008)

退刀槽和砂轮越程槽都是在零件台肩的根部或孔的底部先加工出的沟槽，是保证加工质量和安全性的工艺结构。

1. 退刀槽

一般用于车削加工中的环形沟槽(如车外圆，镗孔等)叫退刀槽，为自动走刀(例如车削螺纹)时的末段留出停车的缓冲距离，防止撞刀和保证端面质量。主要在加工带轴肩、带其他可能发生撞刀的端面的零件时使用。如图 7-43 所示。

螺纹退刀槽的型式和尺寸有国家标准规定，可查附录附表 32(GB/T3—1997)。画图和标注尺寸时须注意两点：

(1)退刀槽要有足够的缓冲距离，距离过小会影响走刀速度，影响切削表面质量。因此绘图时退刀槽宽度不能画得过窄，如图 7-44 中 b 的取值，外螺纹时约为 3 倍螺距。内螺纹时按 4 倍螺距取值，最小不能小于 2 倍螺距。另外，退刀槽宽度还与车刀宽度有关。

(2)退刀槽深度不能画得过浅，槽底不能高于或平齐于螺纹小径的细实线，否则起不到

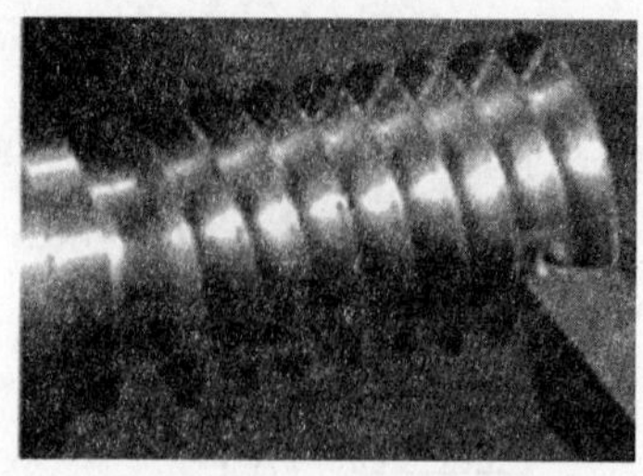
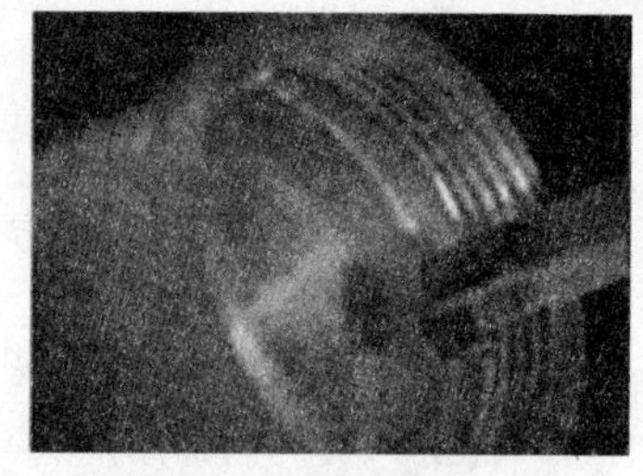

图 7-43　车削螺纹时末端留出退刀槽

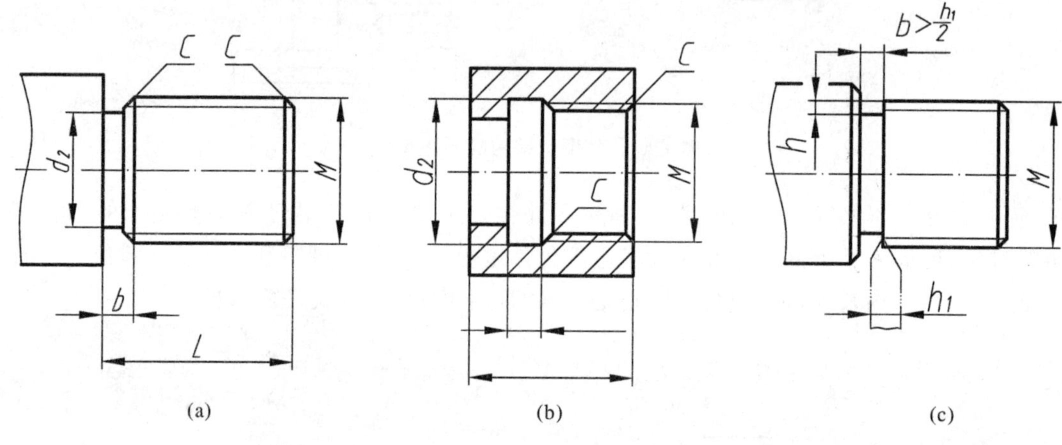

图 7-44　退刀槽的画法

退刀槽的作用。如图 7-44(c)中 h 的取值应大于螺纹深度，至少 $h>(\frac{5}{8}\times\frac{\sqrt{3}}{2})p$。$p$ 为螺距。

2. 越程槽

越程槽多用于磨削加工，其他非车削的切削工艺中行程末端有需要时也会设置。磨削的越程槽如图 7-45 所示，设置在需磨削加工面的末端，其宽度和结构应能保证砂轮磨削时，砂轮的圆角和砂轮有效工作面越过被加工表面一定距离，但不碰到前方端面，确保不留磨削死角。如图 7-46 所示。

砂轮越程槽的型式和尺寸有国家标准规定，可查附录附表 31 回转面及端面砂轮越程槽的尺寸(GB/T6403.5-2008)。画图和标注尺寸时需要注意的是：通常情况下，越程槽比退刀槽浅。

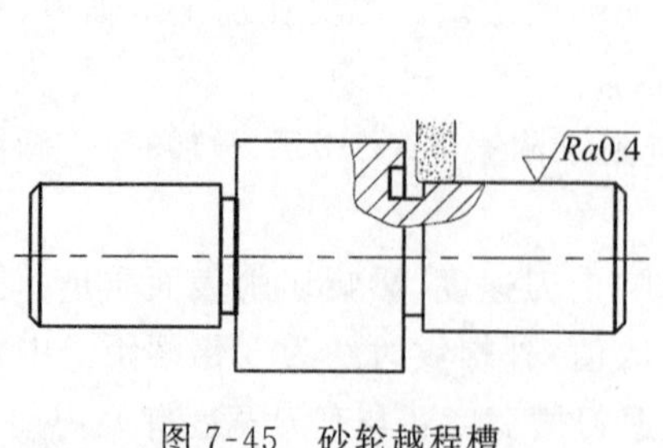

图 7-45　砂轮越程槽

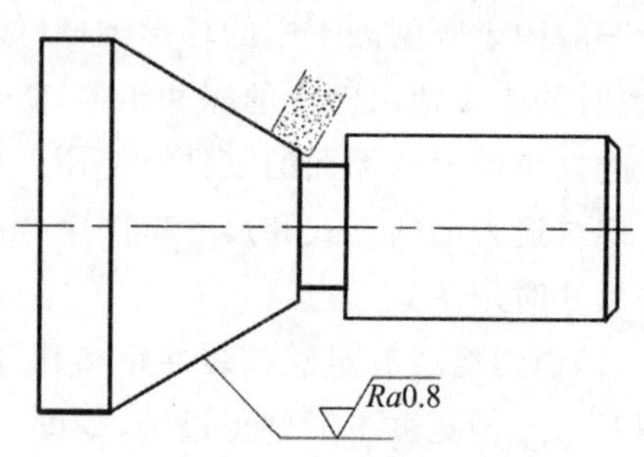

图 7-46　砂轮越程槽的作用

7.2.3 铸造工艺相关零件结构

在零件的结构特点、生产量以及零件材料特性允许情况下，制造零件时一般会先采用铸造工艺获得零件毛坯，再对毛坯进行必要的机械加工获得零件。因此，零件结构设计与图样绘制需要注意铸造工艺特性，避免可能产生的零件铸造缺陷和残余变形。

1. 铸造圆角与铸件壁厚

当零件的毛坯为铸件时，铸件各表面相交的转角处都应设计成圆角——称作铸造圆角，铸件壁厚应尽量均匀，厚薄不同的部位应逐渐过渡，以免铸件冷却时产生缩孔或裂纹，同时防止砂型落砂，如图 7-47 所示。铸造圆角的半径一般取 $R = 3\sim5$(mm)，通常在图纸上文字技术要求中统一注明，如“未注圆角 $R3\sim5$”。

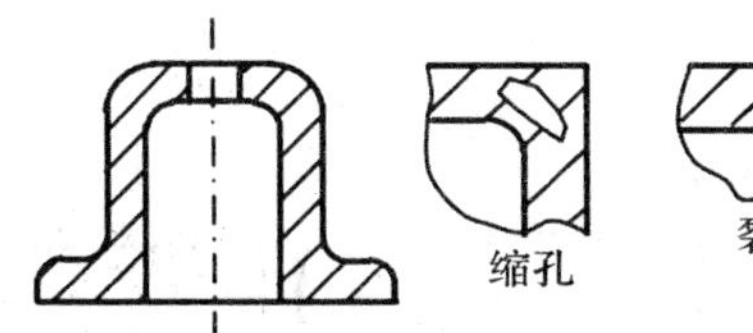

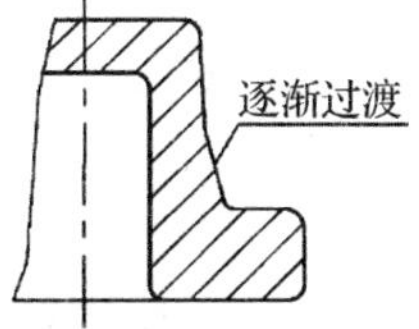

图 7-47 铸造圆角与铸件壁厚

由于铸造圆角的存在，使得铸件表面的相贯线变得不明显，为了区分不同表面，以过渡线的形式、用细实线画出，如图 7-48 所示。

铸造圆角是铸造毛坯的典型特征，图样中与圆角相接的表面为不加工表面，两端圆角被去除的表面为机械加工后表面。如图 7-49 所示。

(a) 三通毛坯

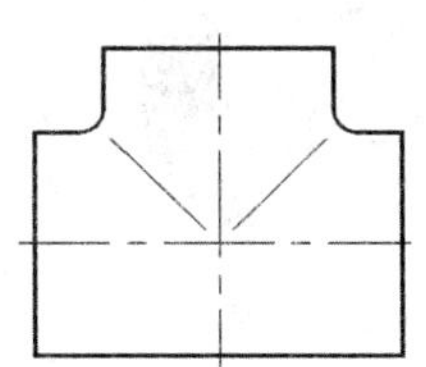

(b) 过渡线

图 7-48 过渡线

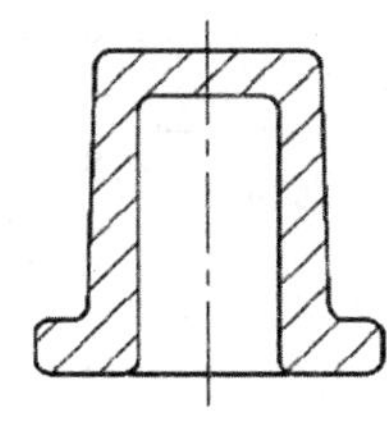

(a) 未经加工毛坯

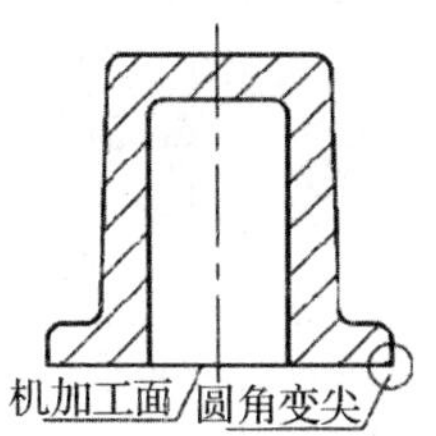

(b) 底面经机械加工

图 7-49 铸坯加工前后

2. 拔模斜度

为了便于在砂型中取出零件的毛坯，铸件在内外壁沿起模方向应有约 1∶20 斜度，称为拔模斜度，如图 7-50 所示。拔模斜度在零件图上一般不画出也不标注，必要时在技术要求中统一注写“拔模斜度 1∶20”。

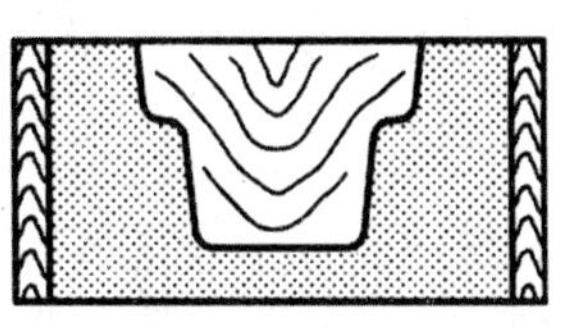

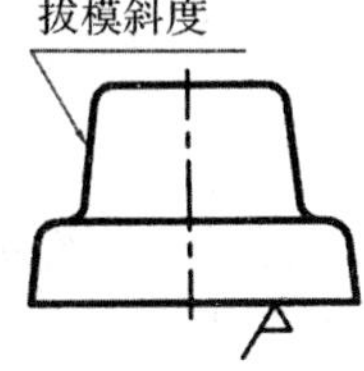

图 7-50 铸件拔模斜度

3. 钻孔端面

铸件，也包括其他坯件，应在需要钻孔部位提供使钻头轴线尽量垂直于被钻孔的端面，以避免钻孔偏斜和钻头折断，如图 7-51 表示了前三种钻孔端面的正确结构和后两种错误结构。

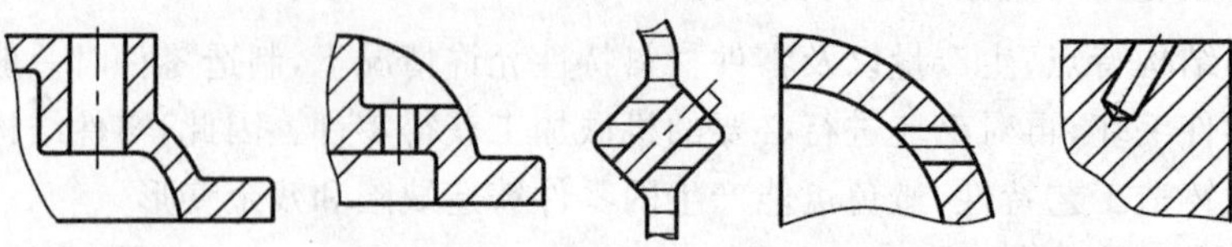

图 7-51　钻孔端面的工艺结构

4. 凸台和凹坑

为了能减少机械加工量，又能保证零件表面之间良好的接触性，通常在铸坯上设计出凸台和凹坑，后面仅对用作工作面的凸台和凹坑进行加工，以减少加工面积，降低加工成本，如图 7-52 所示。

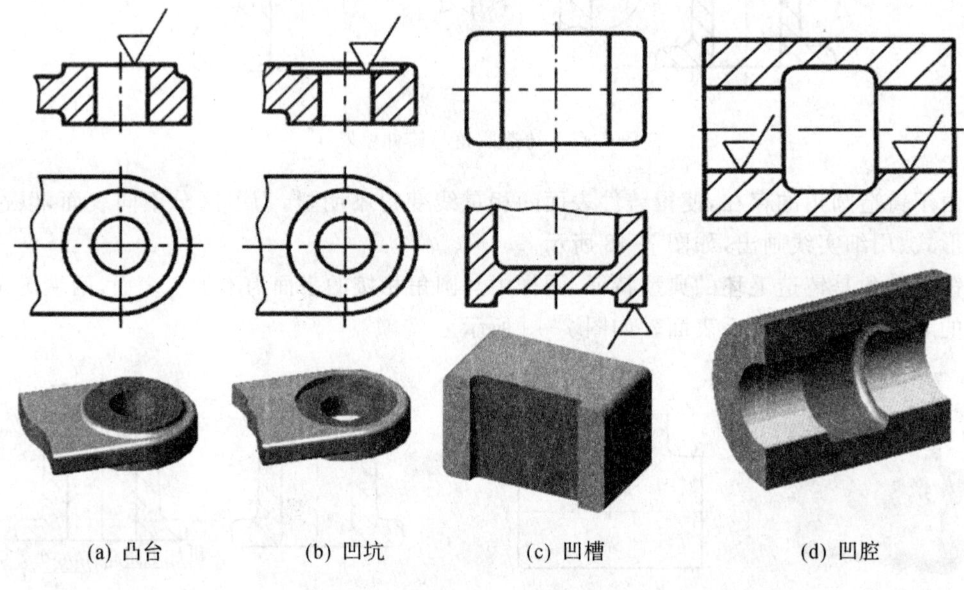

(a) 凸台　(b) 凹坑　(c) 凹槽　(d) 凹腔

图 7-52　凸台和凹坑

7.3　专用功能零件—弹簧

弹簧是工程中和生活中都十分常见的零件，由于其受力后能产生较大的弹性变形，从而能提供弹性力，因此常作为减震、夹紧、测力和储能的功能零件广泛使用。弹簧的种类很多，其中应用最多的是圆柱螺旋弹簧，如图 7-53 所示。

圆柱螺旋弹簧的规格与技术参数已经系列化、标准化，其图样绘制方法也在国家标准中有具体规定，一般根据需要在有关手册上按标准选择规格与参数，需要表达端部安装、连接结构时才绘制零件图。另外，在装配图中弹簧需要按规定表达。以下以圆柱螺旋压缩弹簧为例，介绍有关知识和画法。

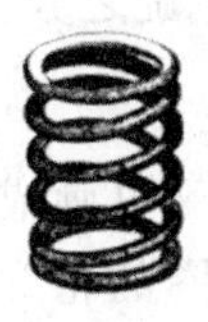
(a) 压缩弹簧

(b) 拉伸弹簧

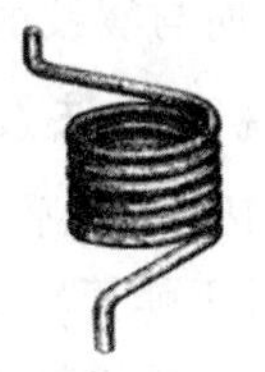
(c) 扭转弹簧

图 7-53　常用圆柱螺旋弹簧

7.3.1　圆柱螺旋压缩弹簧的参数及尺寸关系

圆柱螺旋压缩弹簧的参数及尺寸关系见图 7-54。

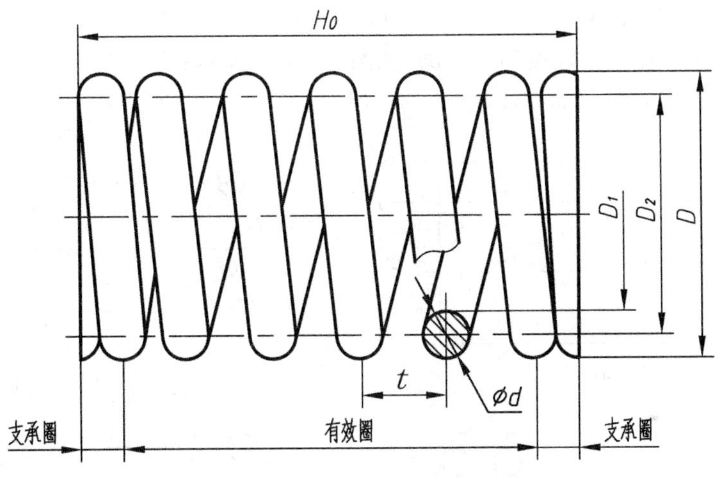

图 7-54　弹簧的参数

(1) 材料直径 d　制造弹簧的钢丝直径。

(2) 弹簧直径　分为弹簧外径、内径和中径。

弹簧外径 D——即弹簧的最大直径。

弹簧内径 D_1——即弹簧的最小直径，$D_1=D-2d$。

弹簧中径 D_2——即弹簧外径和内径的平均值，$D_2=(D+D_1)/2=D-d=D_1+d$。

(3) 圈数，包括支承圈数、有效圈数和总圈数。

支承圈数 n——为使弹簧工作时受力均匀，弹簧两端并紧磨平而起支承作用的部分称为支承圈，两端支承部分加在一起的圈数称为支承圈数(n_2)。当材料直径 $d\leqslant 8$mm 时，支承圈数 $n_2=2$；当 $d>8$mm 时，$n_2=1.5$，两端各磨平 3/4 圈。

有效圈数——支承圈以外的圈数为有效圈数。

总圈数 n——支承圈数和有效圈数之和为总圈数，$n_1=n+n_2$。

(4) 节距 t——除支承圈外的相邻两圈对应点间的轴向距离。

(5) 自由高度 H_0——弹簧在未受负荷时的轴向尺寸。

(6) 展开长度 L——弹簧展开后的钢丝长度。有关标准中的弹簧展开长度 L 均指名义尺寸，其计算方法为：当 $d\leqslant 8$mm 时，$L=\pi D_2(n+2)$；当 $d>8$mm 时，$L=\pi D_2(n+1.5)$。

(7) 旋向 弹簧的旋向与螺纹的旋向一样，也有右旋和左旋之分。

7.3.2 弹簧的规定画法及画图步骤

弹簧的规定画法包括：螺旋弹簧均可画成右旋，左旋弹簧可画成左旋或右旋，但一律要注出旋向“左”字；在平行于弹簧轴线的投影面的视图中，各圈的轮廓线画成直线；压缩弹簧在两端并紧磨平时，不论支承圈数多少或末端并紧情况如何，均按支承圈数 2.5 圈的型式画出；有效圈数在 4 圈以上的螺旋弹簧，中间部分可以省略。中间部分省略后，允许适当缩短图形长度。

已知圆柱螺旋压缩弹簧的外径 D、簧丝直径 d、节距 t、圈数 n，算出中径 D_2，自由高度 H_0，再画出弹簧的视图。画图步骤如图 7-55 所示。

(1)根据中径 D_2 和自由高度 H_0 作矩形，如图 7-55(a)所示；

(2)根据簧丝直径画支撑架，如图 7-55(b)所示；

(3)根据节距 t 画出有效圈的 5 个圆，如图 7-55(c)所示；

(4)按照右旋方向作圆的切线，并画剖面线，如图 7-55(d)所示；

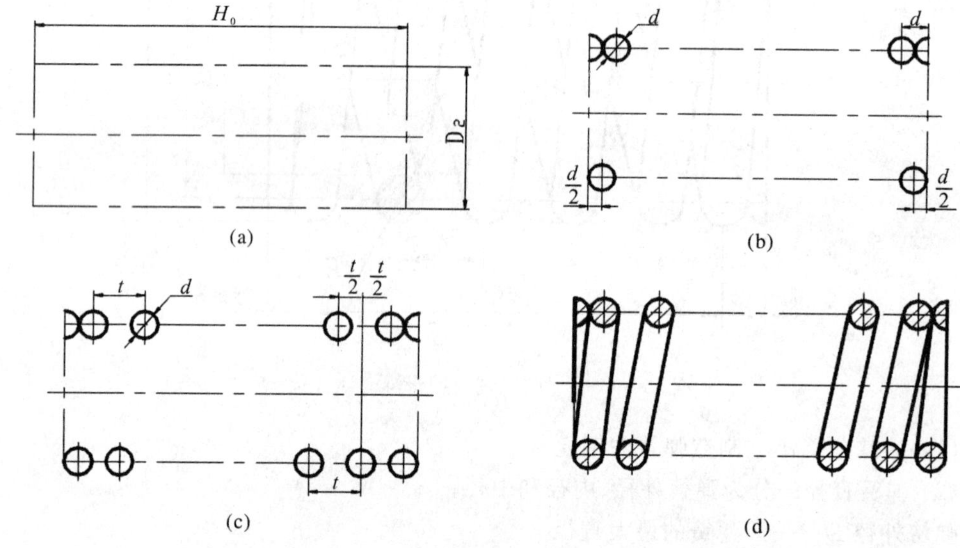

图 7-55 弹簧的画图步骤

(5)另外，工程图中圆柱螺旋弹簧可画成视图、剖视图或示意图的表达形式，如图 7-56 所示。

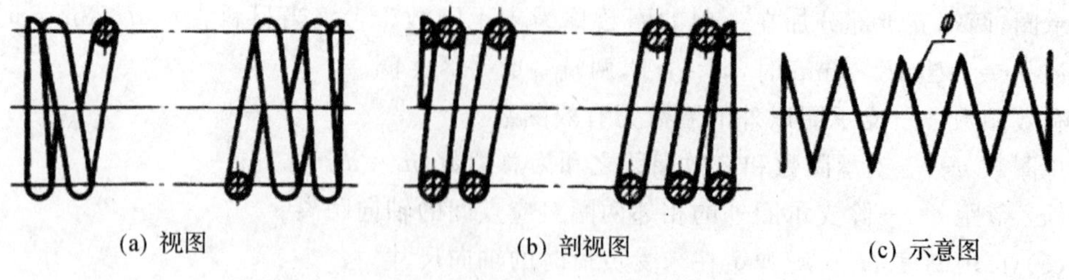

图 7-56 弹簧的简化画法

第 8 章　零件图尺寸标注与技术要求

加工制造机器零件，光凭图样是不够的，图样上还必须注明全部尺寸与技术要求，例如图 8-1 所示。零件尺寸与技术要求规定每一处结构的大小、精度及其他加工要求，是零件顺利加工、达到功能要求、实现设备精度与寿命等的重要保证。工程图样尺寸标注的数值及技术要求往往比图形精准度更具有权威性。

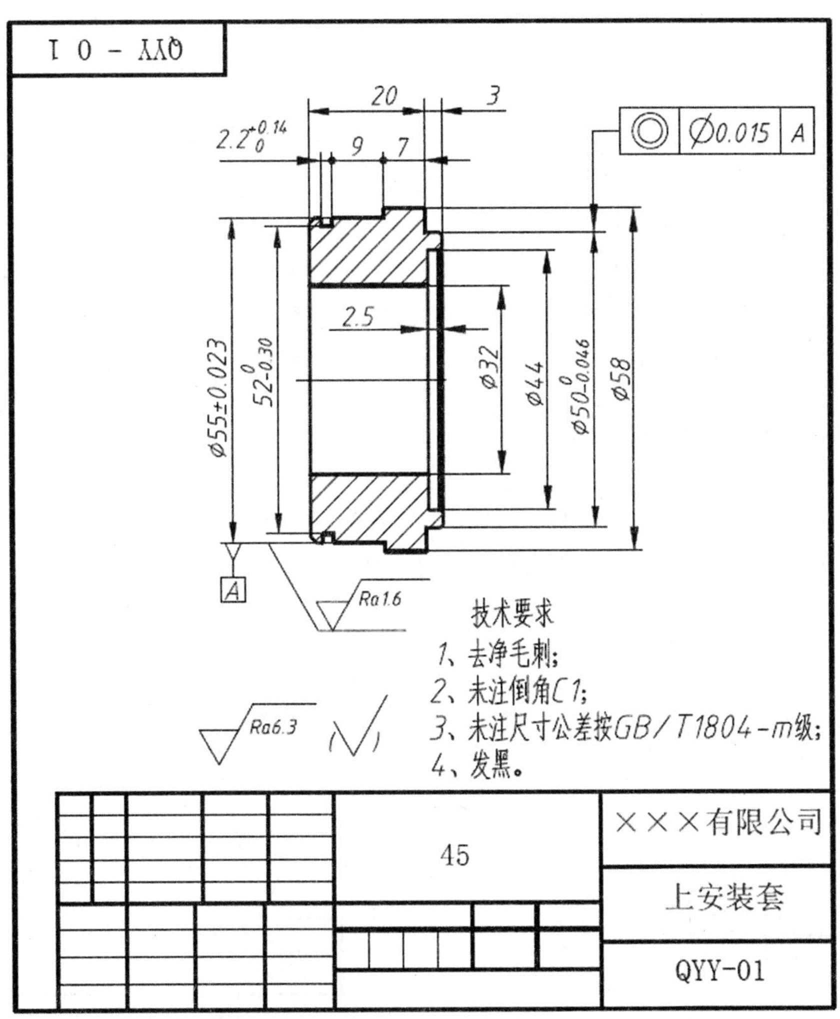

图 8-1　尺寸与技术要求标注完整图例

8.1 尺寸标注

8.1.1 国家标准对机械制图尺寸标注的相关规定

国家标准机械制图 尺寸注法(GB/T 4458.4-2003)对尺寸标注的方法、规则作了一系列规定,应该认真遵守。

1. 基本规定

(1) 机件的真实大小应以图样上所注的尺寸数值为依据,与图样的大小及绘图的准确度无关。

(2) 图纸中的尺寸以 mm 为单位时,不需标注计量单位的代号或名称;如采用其他单位,则应注明相应的单位符号,如 30°20′。

(3) 机件的每一尺寸,一般只标注一次,并应标注在反映该结构最清晰的图形上。

(4) 图样中所标注的尺寸,为该图样所示机件的最后完工尺寸,否则应另行说明。

2. 尺寸要素

图样上所标注的每个尺寸实际上是一个成组使用的要素组,包含有尺寸数字、尺寸界线、尺寸线与终端三个构成要素,如图 8-2 所示。三者一般保持依次垂直关系:尺寸数字垂直尺寸线,尺寸线垂直尺寸界线。

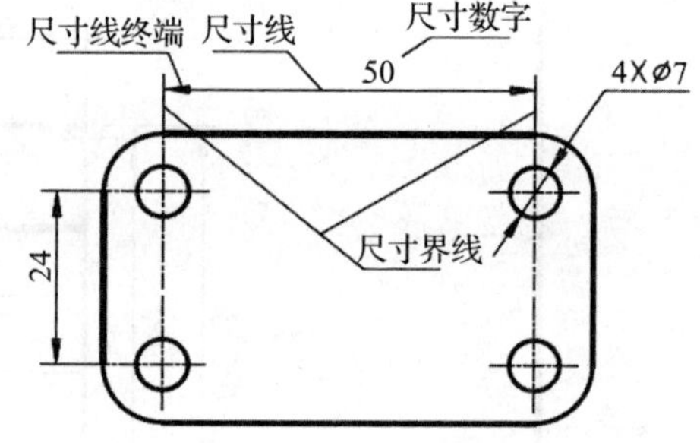

图 8-2 尺寸标注要素

(1) 尺寸界线

尺寸界线用细实线绘制,应由图形的轮廓线、轴线或对称中心线处引出,也可利用轮廓线、轴线或对称中心线作尺寸界线,标注时应尽量避免与其他尺寸界线相交。尺寸界线长度超出尺寸线 2～3mm,一般与尺寸线垂直,特别需要时允许倾斜。如图 8-3、图 8-4 所示。

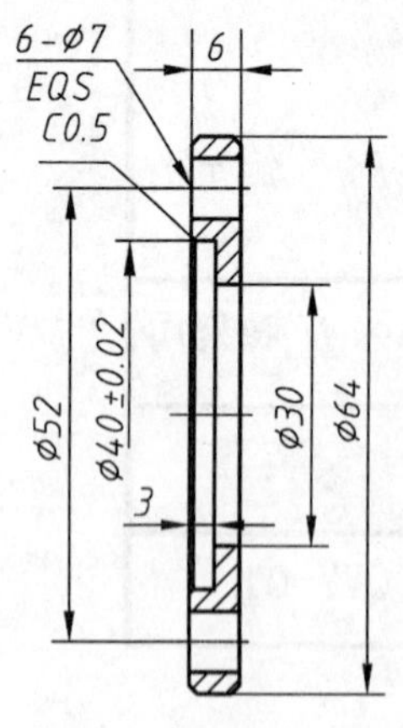

图 8-3 尺寸界线

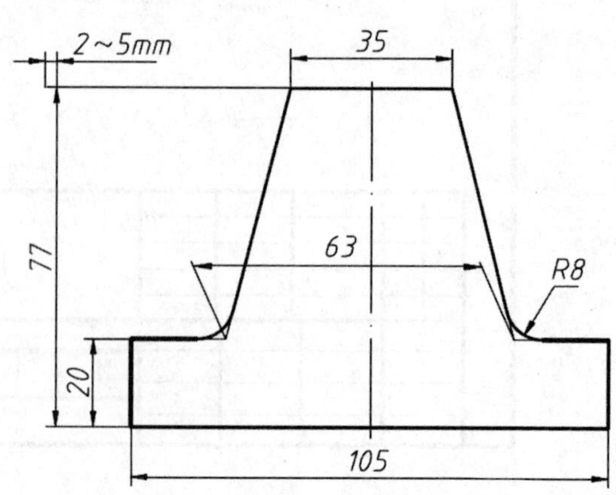

图 8-4 尺寸界线倾斜场合

例图 8-3 中，尺寸 6、ϕ64、ϕ30 的两侧尺寸界线都是引自轮廓线，ϕ52 尺寸界线引自中心线，尺寸 3 的一侧直接用轮廓线作尺寸界线。图 8-4 中尺寸 63 的尺寸界线倾斜于尺寸线。

图 8-5 中，尺寸 28 与尺寸 19 的尺寸界线相交，应该调整。图 8-3 中，尺寸 6 的尺寸界线过长，不符合尺度超出尺寸线 2～3mm 的规定。

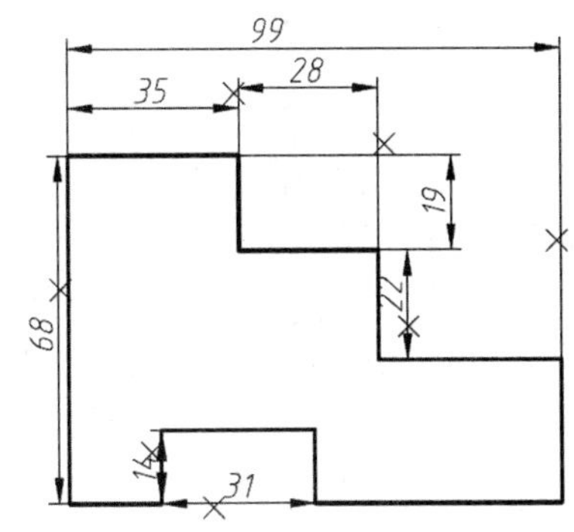

图 8-5 尺寸线错误图例(一)

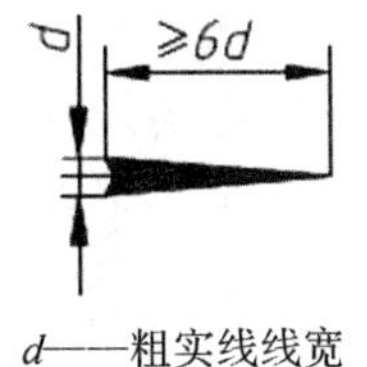

d——粗实线线宽

图 8-6 尺寸终端箭头画法

(2) 尺寸线与终端

尺寸线用细实线绘制，尺寸线终端形式在机械工程图样中一般采用箭头。箭头与尺寸界线接触，但不能超出。箭头画法如图 8-6 所示。

尺寸线位于图形轮廓外时，与图形轮廓线距离应略大于文字高度，约控制在 5～7mm。标注线性尺寸时，尺寸线应与所标注的线段平行。多个尺寸线平行时，分布要均匀，间距略大于文字高度，约控制在 5～7mm。连续标注应对齐在一条线上。图 8-5 中尺寸 28 应调整到与尺寸 35 的尺寸线对齐。

尺寸线要单独注出，不能用其他图线代替，一般也不得与图线其他重合或画在其延长线上，也应避免与剖面线平行。尤其标注直径、半径的尺寸线，不能与其纵横中心线重合。图 8-5 例图中尺寸 14 的尺寸线与轮廓线重合、尺寸 31 的尺寸线画在轮廓线延长线上、尺寸 68 及尺寸 22 的尺寸线靠轮廓线过近，这些画法和位置是错误的。图 8-7 例图中尺寸ϕ65 尺寸线重合在横向中心线上或与剖面线平行，也是错误的。

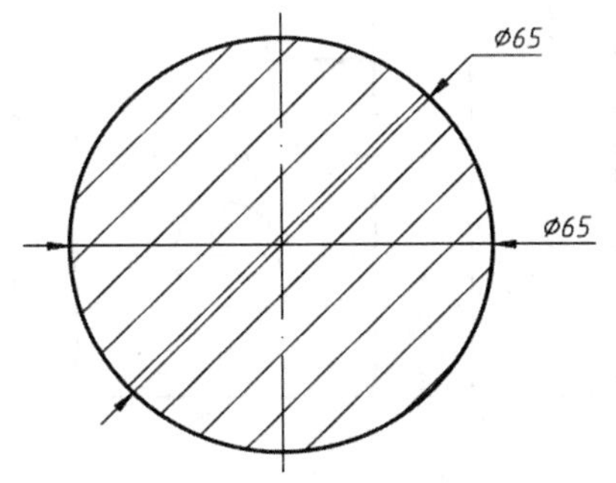

图 8-7 尺寸线错误图例(二)

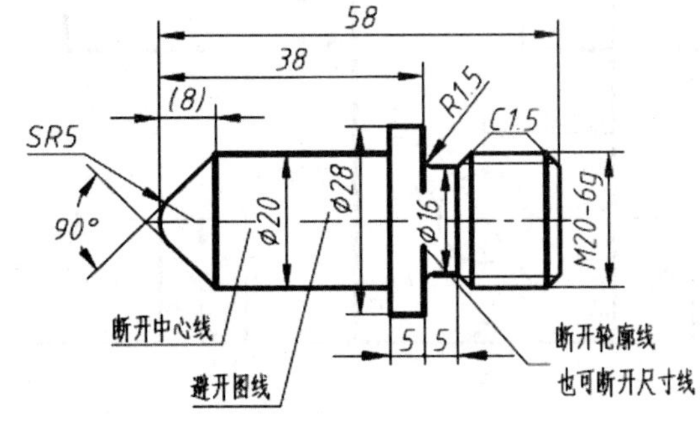

图 8-8 尺寸数字图例(一)

(3) 尺寸数字

尺寸数字在图样中指示大小、精度等，其重要性非常突出，应按国家标准的要求认真书写，尤其要防止尺寸数字误写，或与图线交叠，或潦草不清，以避免造成误读。视图上任何图线不能穿过尺寸数字，拥挤时可使数字避开图线或断开不影响读图的图线。如图 8-8 所示。

尺寸数字的方向按图 8-9 所示的方向注写，总趋向朝上、朝左，并尽可能避免在图示 30°范围内标注尺寸，当无法避免时可按图 8-10 的引出形式标注。

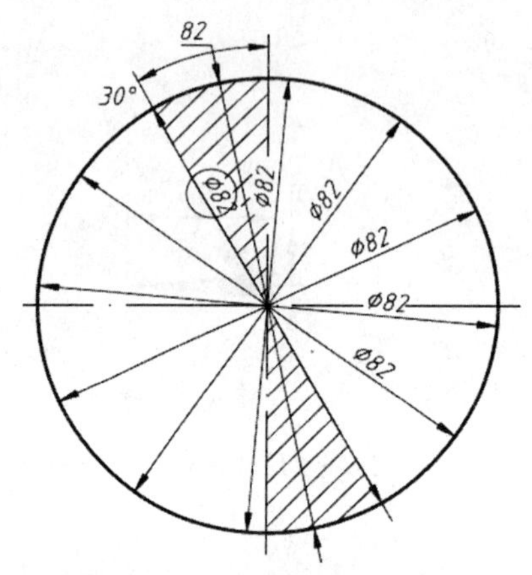

图 8-9　尺寸数字图例(二)

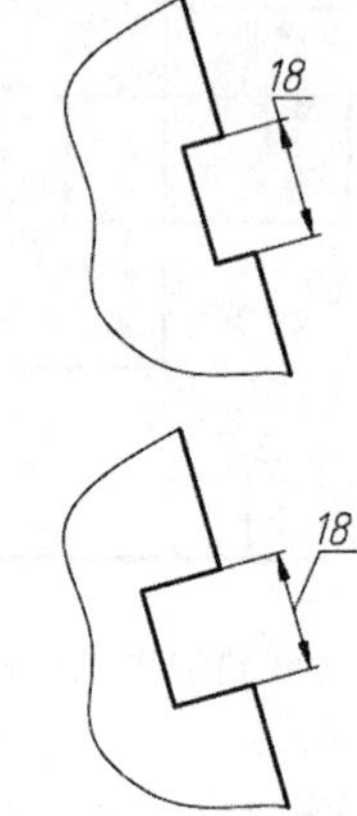

图 8-10　尺寸数字图例(三)

尺寸数字摆放方式可以有以下几种：①在机械工程图中，尺寸数字一般都居中放置在尺寸线上方并与尺寸线垂直，即使尺寸线倾斜时也保持这种形态。需要时不受居中限制。如图 8-11(a)所示。②在采用①种方式时，非水平方向的尺寸，其数字也可水平地注写在尺寸线的中断处，不过，此时该图样中全部非水平方向的尺寸都应该采用这一种注法。如图 8-11(b)所示。③也允许在整图中都将尺寸数字注写在尺寸线的中断处，同时遵循①种规则。如图 8-11(c)所示。

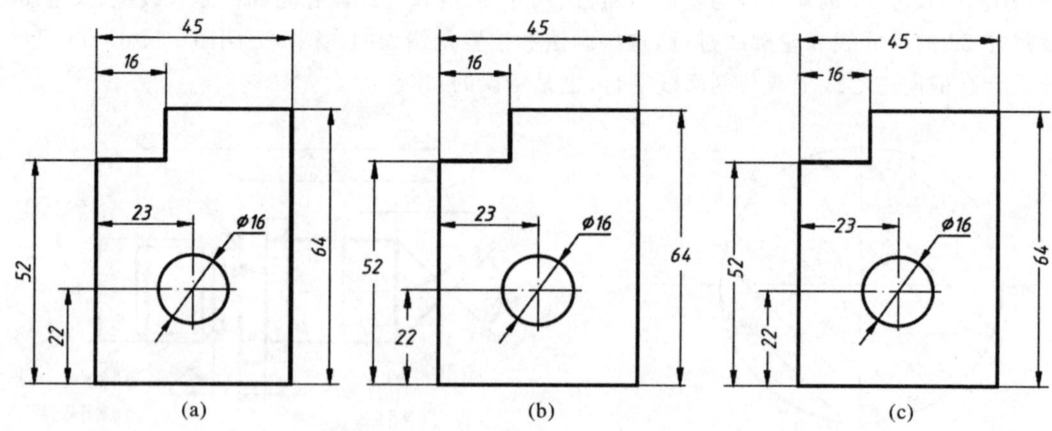

图 8-11　尺寸数字图例(四)

3. 标注尺寸的符号及缩写词

有些尺寸在标注时，需要在尺寸数字前添加常用符号和缩写词，表达所标结构类型或简

化标注。例如图 8-8 中的ϕ20 表示该处结构是直径为 20mm 的圆柱形,字符ϕ即为缩写词。标注尺寸的符号及缩写词应符合表 8-1 的规定。应用示例如图 8-12 所示。

表 8-1 常用尺寸的符号及缩写词

ϕ — 直径	t — 板状零件的厚度
R — 半径	C — 45°倒角
S — 球面	± — 正负偏差
M — 普通螺纹	⌴ — 沉孔或锪平
G — 管螺纹	∨ — 埋头孔(90°沉孔)
□ — 正方形	↧— 深度
◁ — 锥度	
∠ — 斜度	EQS — 均布。

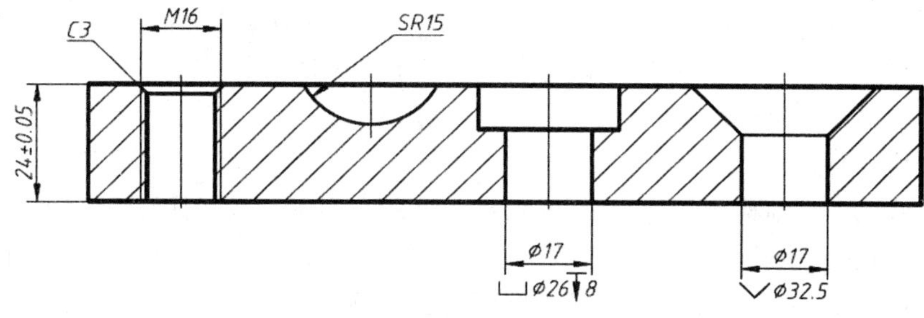

图 8-12 尺寸数字图例(五)

4. 通用标注示例

(1)直径的注法

标注圆、圆孔或者圆柱等直径时,尺寸数字前加ϕ,尺寸线应通过圆心。大于半圆必须注直径。圆弧不完整时可省一侧箭头,此时尺寸线须超过圆心或回转轴线。如图 8-13 所示。

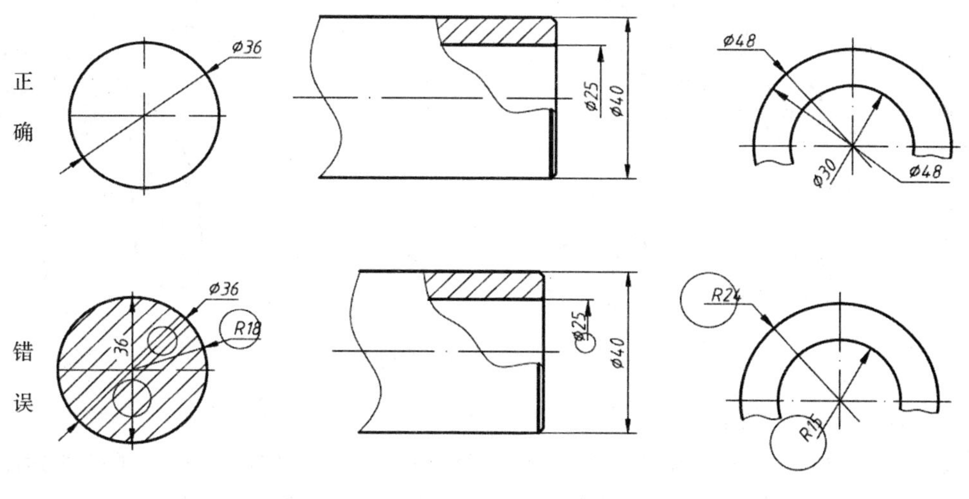

图 8-13 直径的标注

(2)圆弧半径及球面尺寸的注法

当圆弧度数小于等于 180°时,应标注圆弧半径,即在尺寸数字前加注符号"R"。圆弧尺寸必须标注在反映圆弧的视图上,如图 8-14 所示。

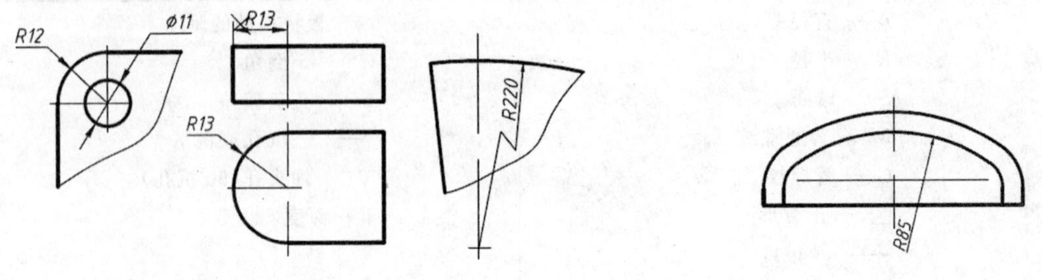

图 8-14　圆弧尺寸注法

图 8-15　大圆弧尺寸注法

当圆弧半径过大或在图纸范围内无法注出圆心位置时的标注方法如图 8-15 所示。

当标注球面的直径或半径时,应在符号"ϕ"或"R"前加注符号"S",如图 8-8 中的 $SR5$。在不致引起误解时,允许省略 S。

(3)小尺寸的标注

对于一些机件小结构尺寸的标注,在没有足够的空间画箭头或注写数字时,箭头可画在外面,或用小圆点替代两个箭头,尺寸数字也可采用旁注或引出标注,图 8-16 所示为小线性尺寸标注示例。图 8-17 所示为小圆及小圆弧标注示例。

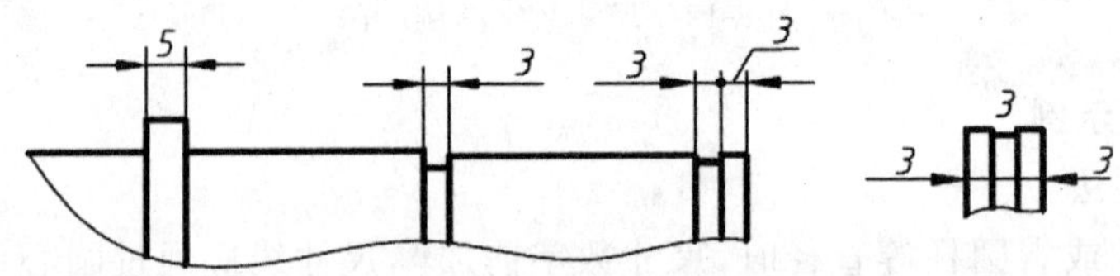

图 8-16　小线性尺寸标注

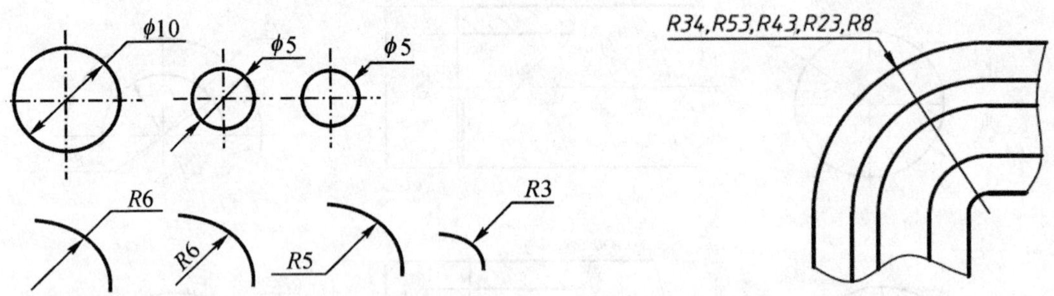

图 8-17　小圆、小圆弧尺寸标注

(4) 均匀分布的孔的标注

沿直线均匀分布的孔的尺寸标注,如图 8-18(a)所示 ,沿圆周均匀分布的孔的标注,如图 8-18(b)所示。图样中有尺寸大小相近但要求不同的孔时,可以用如图 8-19 所示的记号方式区分。

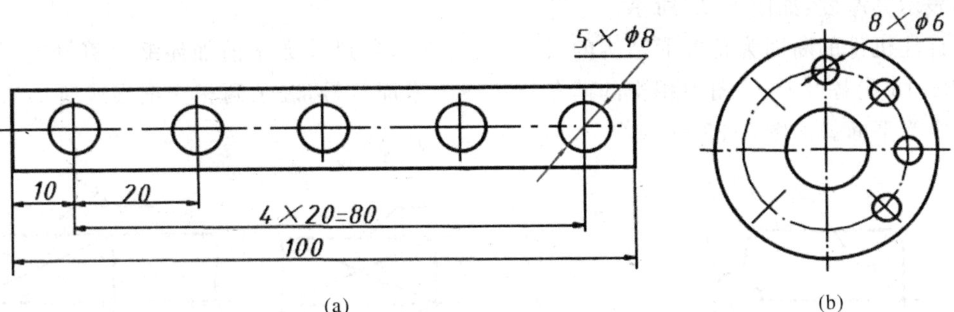

图 8-18　均匀分布的孔的标注

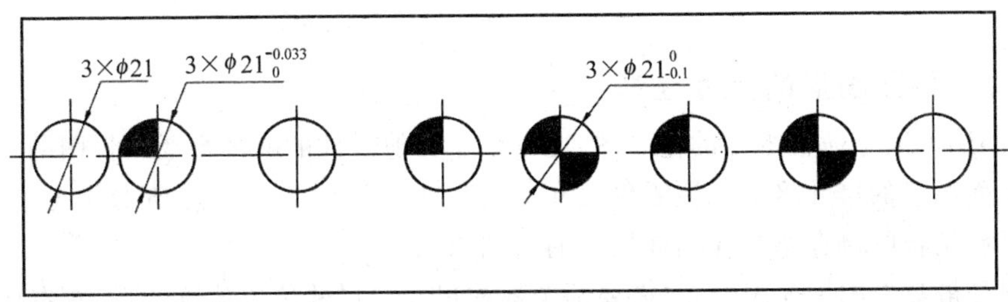

图 8-19　相近孔的记号区分

(5)角度的标注

角度标注的最特别之处是尺寸数字一律水平书写，而且须注明单位。角度的尺寸界线应沿径向引出，尺寸线应画成圆弧，其圆心是该角的顶点。角度的尺寸数字一般应注写在尺寸线的中断处，必要时也可写在尺寸线的上方、外面或引出标注。如图 8-20(a)所示。从同一基准出发的角度尺寸也可如图 8-20(b)所示标注。

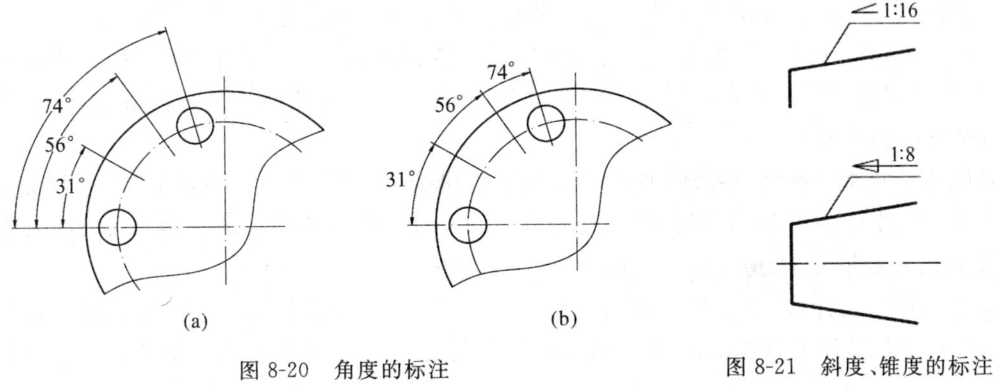

图 8-20　角度的标注　　图 8-21　斜度、锥度的标注

(6)斜度、锥度的标注

斜度与锥度的标注如图 8-21 所示。注意斜度与锥度的标注符号须与标注对象的倾斜方向一致。

(7)薄板零件厚度和正方形结构的标注

标注均匀厚度薄板零件的尺寸时，在厚度的尺寸数字前加注缩写符号“t”，不必再另画视图表示其厚度，如图 8-22 所示。

标注机件的断面为正方形结构的尺寸时，可在边长尺寸数字前加注缩写符号“□”，或用 18×18 代替“□”。图中相交的两条细实线为平面符号，表示两相交细实线所示的封闭线框内为平面。如图 8-23 所示。

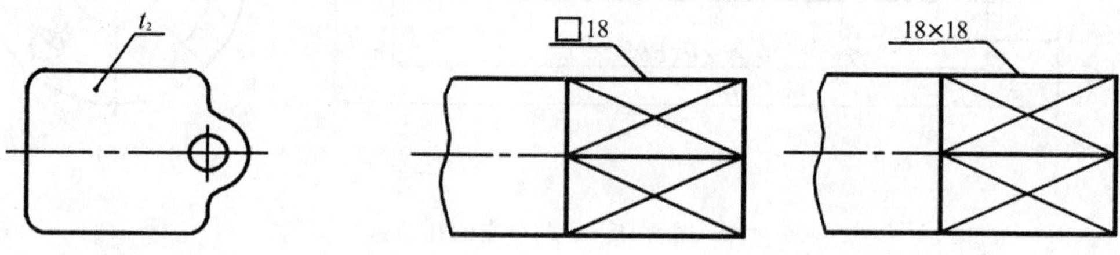

图 8-22　板状零件厚度的标注　　　　图 8-23　正方形结构的尺寸标注

8.1.2　平面图形的尺寸注法

平面图形可以是薄板零件的投影图，也可以是其他零件的一个视图或视图的一部分，因此，标注平面图形的尺寸将为标注零件尺寸奠定基础。图 8-24 给出了部分常见平面图形尺寸标注图例，结合图例介绍标注图样尺寸的基础知识。

(a)图是最基本的平面图形，只需要两个标注尺寸。尺寸位置放置上下、左右均可，图样内部空旷时也允许放在内部，但不能尺寸线出现相交。

(b)图把(a)图的四个直角变成了圆角，作为外形结构，它是铸造、冲压等成型加工零件常用构型，或者用数控加工方法也可获得此结构。但是，如果用普通切削加工获得的外形结构应采用(c)图结构，以方便加工。(b)图和(c)图需要在(a)图的两个尺寸基础上再加注圆角、倒角。

(d)图和(e)图、(f)图和(g)图图样结构相同但尺寸注法不同，它们的加工结果就会有差异。究竟应该选择哪种标注，取决于零件工作方式。这里首先介绍三点标注尺寸常识：

1)机械加工一定会有误差，但标注尺寸的地方比不标尺寸的地方误差控制严格。

2)图样上标注了尺寸的地方一定是设计者着意控制的地方。加工者依据图样尺寸加工零件，首先要保证有尺寸要求的地方，检验者对照每一个标注尺寸检验是否合格，未注尺寸的地方绝不会被检验。

3)尺寸不能注成封闭形式，例如(f)图左侧不能接续 14 加注尺寸 7，(g)图也不能接续 7 加注尺寸 14，因为封闭尺寸将导致误差检验冲突。但是一般也不应因此去掉尺寸 21，因为 21 是重要的外形尺寸，上道工序要先依据 21 加工型坯。

按照(d)图，设计者、加工者控制的是 14 与 17 两个尺寸，不会关心加工后形成多大角度。按(e)图加工，加工者控制、检验者测量的都会是尺寸 14 与 30°角，而不会关心直边剩余多少。

(f)图和(g)图尺寸的不同注法，可以是设计者对零件的不同要求，如果(f)图零件按如图 8-25(a)所示形式工作，为了防止 *B* 零件顶住 *C* 零件，就应该控制好尺寸 14；如果(g)图零件按如图 8-25(b)所示形式工作，为了防止 *B* 零件顶住 *A* 零件的台阶，就应该控制好尺寸 7，让误差累计到开放尺寸。

(h)图、(i)图左右台肩共用一条尺寸界线统一标注为 7，如果只标注一侧而让加工者凭

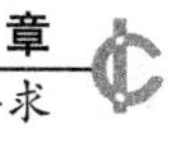

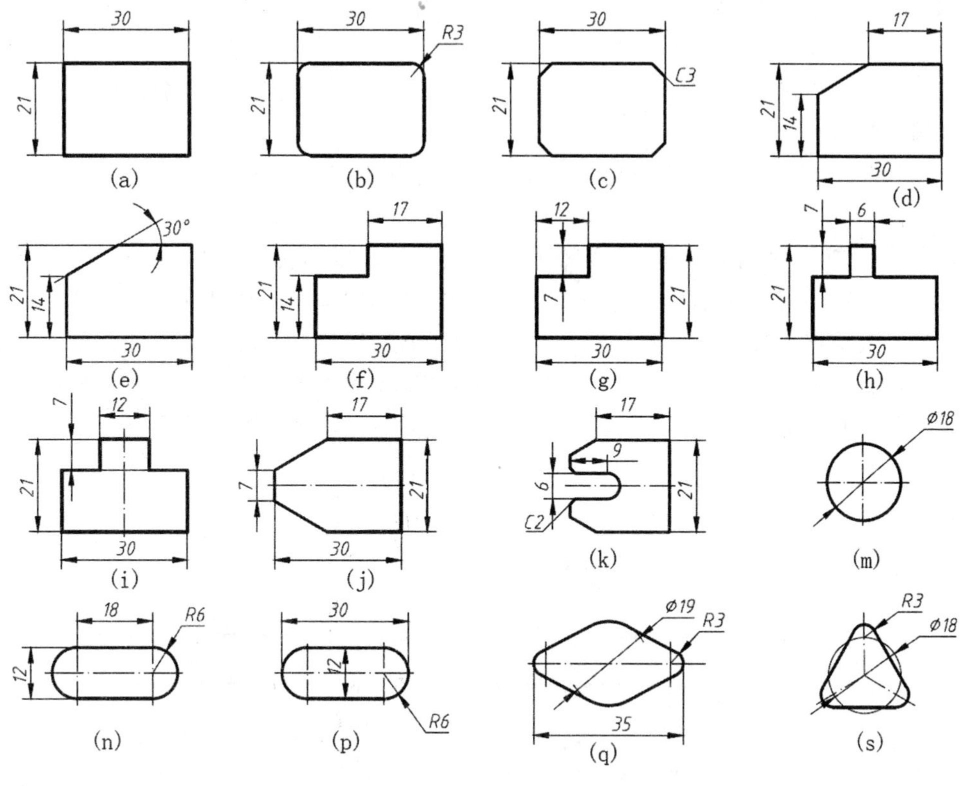

图 8-24　平面图形的尺寸标注

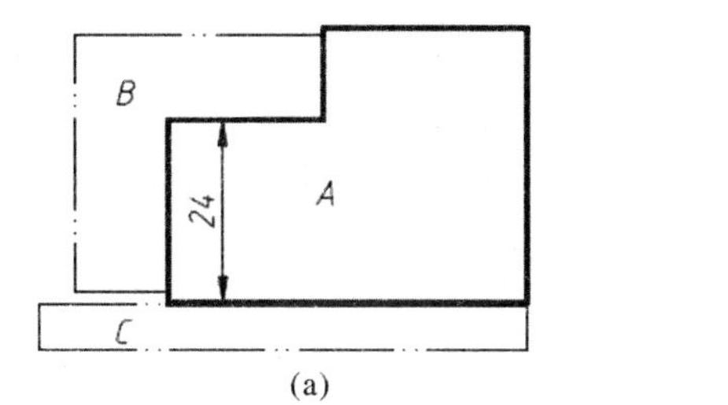

(a)

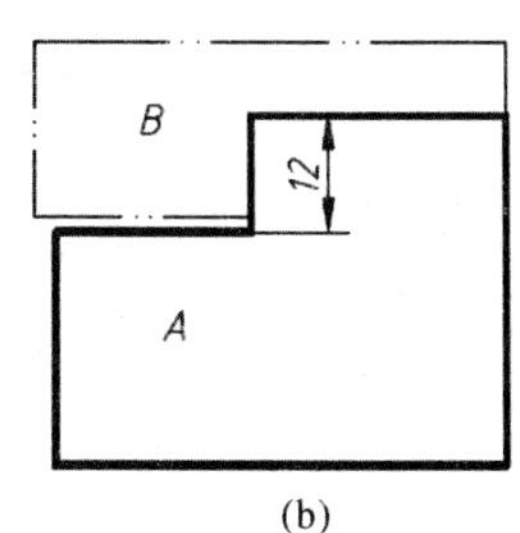

(b)

图 8-25　同方向开放不同尺寸含义

看上去一样高来加工是不正确的。

(k)图尺寸 9 自图形左端面标注比自图形右端面标注要好,因为将槽结构的宽度 6 与长度 9 集中标注,符合尺寸标注的清晰性要求。

(m)图是紧固件连接孔、较小孔、点画线圆、较薄零件外形或孔等的常用标注形式,厚些的功能孔,尤其是配合孔,一般主张标注在非圆投影上,尺寸形式类似线性尺寸。

(n)图是腰形外形、孔或槽的常用标注形式,其中的尺寸 12 与 $R6$ 同时标注不算重复。标注 12 后,$R6$ 标注与不标注的区别在于:标注 $R6$ 的图样表明设计者对 R 处的误差有控制要求,加工后应该用"R 规"检验是否合格;不标注 $R6$ 的图样表明设计者对 R 处的误差并不在意,加工后检验者也不会去检验,更不会凭 R 处的误差判别零件是否合格。所以,类似结

构的 R 标注与不标注由设计者根据零件的质量需求决定。另外,工程上一般不会只标注两端 R(此例 $R6$)而不标注腰宽(此例 12)。

(p)图与(n)图相比,只有尺寸 18 改注成尺寸 30,一般用于键槽等少数需要控制腰形两端尺寸误差场合。

(q)图 $\phi 19$ 尺寸标注的圆弧设计成同圆上的弧有利于加工,长度尺寸也可以选择注两端圆弧中心距,含义会有区别。

(s)图图样为正三角形结构,两个尺寸已标注清楚,不需再标注角度等。

(i)、(j)、(k)、(n)、(p)、(q)图都是一个方向的对称图形,有一条对称轴线,此时,关于轴线对称的尺寸应该直接注出,例如 $\phi 30$、21、12 等尺寸,这样的标注隐含了对称性要求。如果标注了一边到轴线的距离,则表示优先保证这个距离,对称性无要求。下面举例说明。

表 8-2 给出了压条零件平面投影的两种尺寸标注图样,以及按普通机械加工钳工工艺方法的划线钻孔过程。由此可以清楚轴线到边尺寸标注与不标注的差别:希望对称不要标注,希望一边定位则标注。

表 8-2 压条零件平面投影的两种尺寸标注

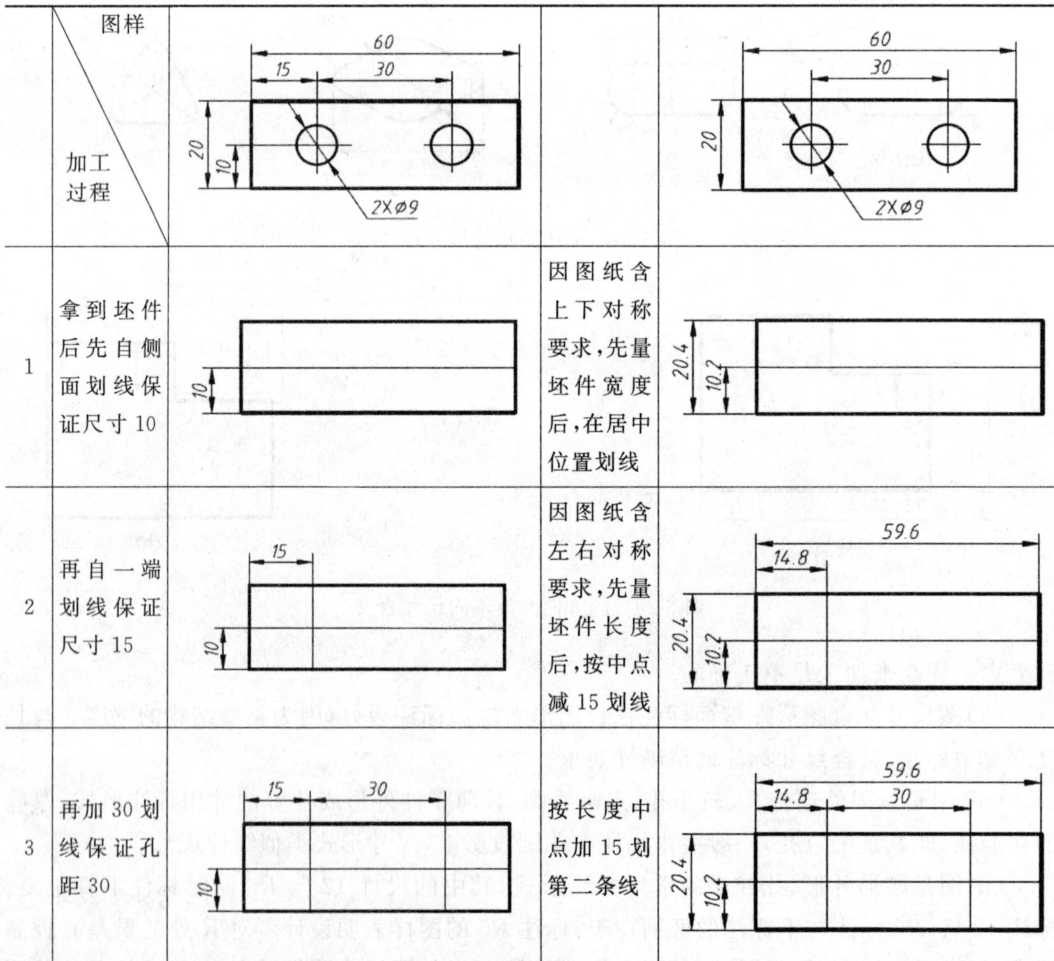

	图样 加工过程			
1	拿到坯件后先自侧面划线保证尺寸 10		因图纸含上下对称要求,先量坯件宽度后,在居中位置划线	
2	再自一端划线保证尺寸 15		因图纸含左右对称要求,先量坯件长度后,按中点减 15 划线	
3	再加 30 划线保证孔距 30		按长度中点加 15 划第二条线	

续表

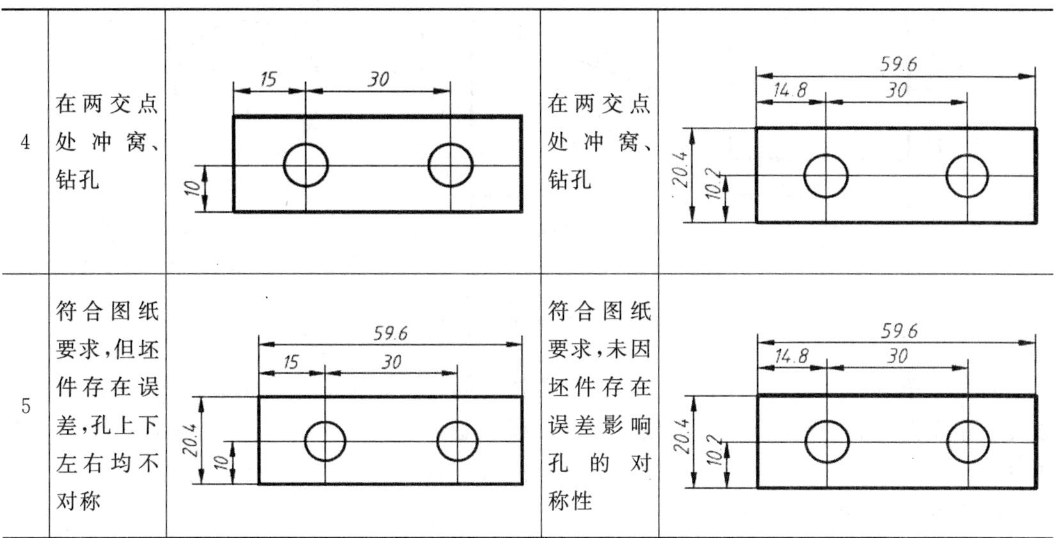

4	在两交点处冲窝、钻孔	15　30　10	在两交点处冲窝、钻孔	59.6　14.8　30　20.4　10.2
5	符合图纸要求，但坯件存在误差，孔上下左右均不对称	59.6　15　30　20.4　10	符合图纸要求，未因坯件存在误差影响孔的对称性	59.6　14.8　30　20.4　10.2

8.1.3 简单立体的尺寸标注

相对平面图形，立体的尺寸标注多了一个方向的尺寸。因此，对于简单平面立体应注出长、宽、高三个方向的尺寸。对于简单曲面立体，由于可以用字符ϕ等表示直径等某些形状尺寸，往往可以减少一个方向的尺寸。例如圆柱体的尺寸标注，只需标注直径和长度。

图 8-26 给出常见平面立体的尺寸注法。图 8-27 给出常见曲面立体的尺寸注法，供学习和参考。

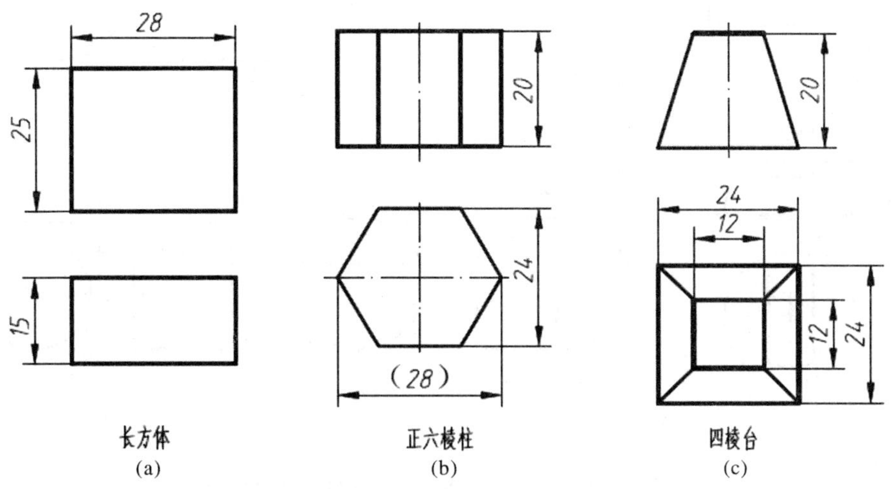

长方体　(a)　　正六棱柱　(b)　　四棱台　(c)

图 8-26　常见平面立体尺寸注法

简单立体在较多情况下会作为结构单元出现在零件的外形或局部，因此，上述尺寸注法经常出现在图样中，特别是在对比较复杂的图样作尺寸标注时，为了确保标注完整，通常先把这些单元逐一标注完成，并称之为定形尺寸。图中有两处带括号的尺寸称作参考尺寸，供备料等参考，不作加工和检验依据，可以不标注。参考尺寸一般不会出现在图样内部。

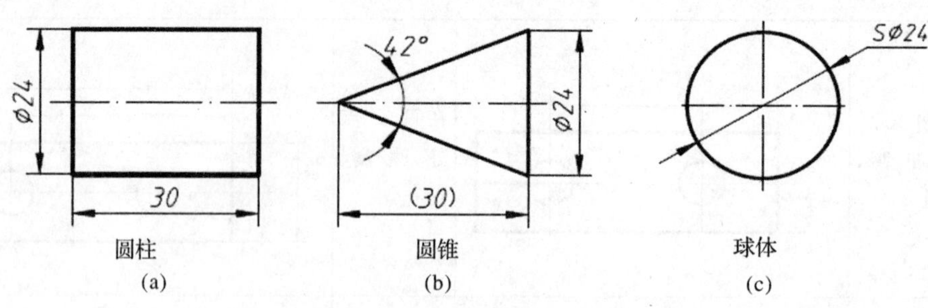

图 8-27 常见曲面立体尺寸注法

当在简单立体上进行切削加工，或使简单体之间相交相贯获得所需结构时，表面会产生截交线和相贯线。应当注意，这些截交线相贯线只是加工的衍生线，往往不是设计者刻意想获得的，因此，不应该给截交线、包括相贯线标注尺寸，标注了也很难控制、很难检验。

图 8-28 中列出了几个常见的标注错误，解析如下：

(a)图图样要求自正六棱柱左端加工一个槽，标注槽宽 12、槽深 15 两个尺寸即可，不应该在加工槽时生成的棱边处标注尺寸 29.1，因为没有这个尺寸不影响获得槽形结构，标注了 29.1 反而可能干扰槽宽的控制。

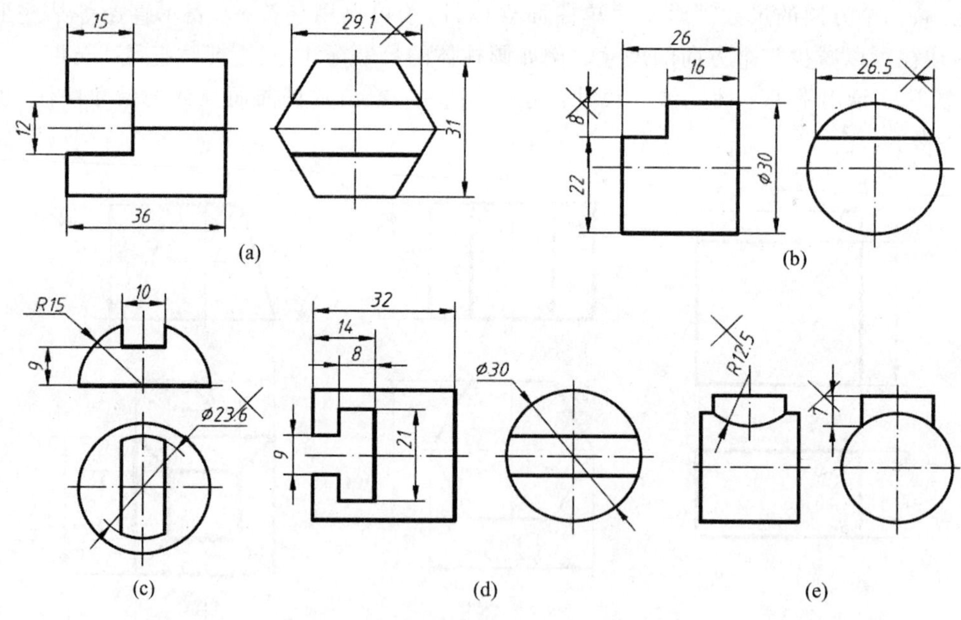

图 8-28 简单立体截切、相贯的尺寸标注

(b)图图样要求自圆柱体左端在一侧加工一个台肩，对于与轴线平行的平面的位置尺寸，标注 22 比标注 8 要合理，这主要是由于检验量具的原因，测量 22 比测量 8 容易测量得准。在衍生棱边处标注尺寸 26.5 图样是多余的。即使在其他场合，这样与曲面相接的棱边也不要标注尺寸，因为很难测量得准，容易引起是否合格判别的争议。

(c)图中尺寸ϕ23.6 也是一个既多余又很难测得准的尺寸。

(d)图的尺寸标注比较合理。

(e)图中标注 R12.5 尺寸的相贯线根本就不是圆弧,虽然简化画法中允许用圆弧代替,但也不必标注尺寸,因为它是相贯时自然形成的交线,不必用尺寸控制它。尺寸 7 也一样无需标注,交线的位置是由两个圆柱的直径确定下来的。

8.1.4 机件的尺寸标注

工程图样尺寸标注有四个基本要求:

1) 尺寸标注的完整性要求——不缺尺寸,这是图样零件加工完成的基本保证。

2) 尺寸标注的正确性要求——符合标准,这是技术素养和图样规范性的体现。详细内容见 8.1.1。

3) 尺寸标注的清晰性要求——尺寸注写排列整齐、布局合理、尺寸集中,便于读图。

4) 尺寸标注的合理性要求——准确体现设计思想,符合精度设计和加工工艺、检验要求,最大限度保证零件功能与精度实现。

一、完整地标注尺寸

除了少数简单体机件以外,大多数机件都是由若干个外形的、内形的结构单元构成,完整地标注图样尺寸就是把每一个结构单元的结构尺寸,以及各单元之间的相对位置尺寸全部标注齐全。

1. 尺寸的分类

尺寸按其作用分为三类:

(1)定形尺寸——用于标注机件各结构单元的形状和大小的尺寸;

(2)定位尺寸——用于标注机件各结构单元之间相对位置的尺寸;

(3)总体尺寸——用于标注机件长、宽、高三个方向的最大外形尺寸。

各类尺寸的图例如图 8-29(a)所示。

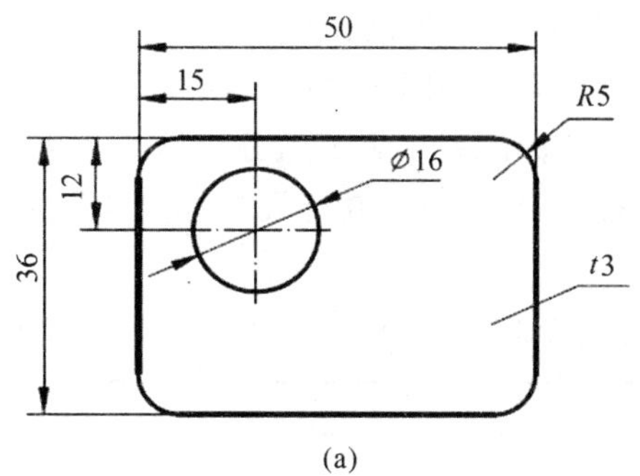

(a)

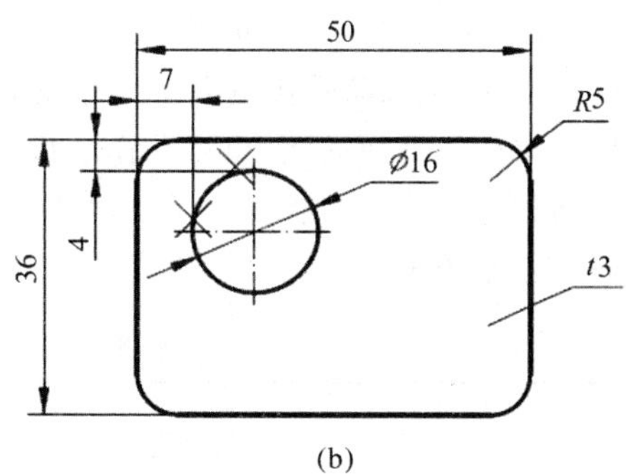

(b)

图 8-29 定形尺寸与定位尺寸(一)

图中的尺寸 50、36、$R5$ 共同规定了平板零件的外形结构大小,$t3$ 规定了厚度,$\phi16$ 规定了零件上圆孔结构大小,都是定形尺寸。

图例中的尺寸 15、12 规定了圆形结构在零件两个方向上的位置,都是定位尺寸。顺便指出,除个别场合外,圆与圆弧的定位尺寸总是标注在圆心上,图 8-29(b)中的尺寸 7 和 4 标注在圆弧上是错误的。

尺寸 50、36、$t3$ 又分别是长度、宽度及厚度方向的总体尺寸。

理论上讲，机件上每一个结构单元都应有三个定形尺寸，每增加一个结构单元都应有三个定位尺寸，最终应有三个总体尺寸。但实际上由于有直径符号 ϕ，有穿通、同轴、平齐等结构和关系，有些尺寸会被共享，因此会省去一些尺寸。不过，总体尺寸应尽量给出，或可采用加括号的参考尺寸形式，以便备料。

例 8-1 标注如图 8-30(a)所示平板类零件的尺寸。

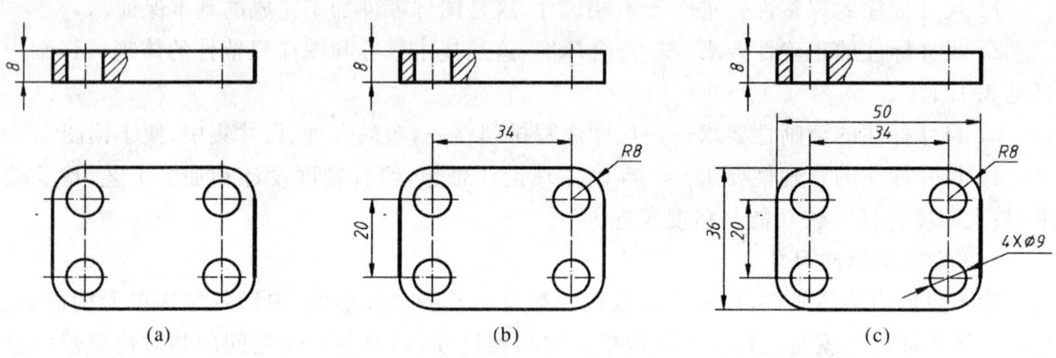

图 8-30 定形尺寸与定位尺寸(二)

分析：图样表达的是一平板零件，加工有 4 个圆孔，除了厚度尺寸，其余长度和宽度尺寸均可直接标在俯视图上，先作为平面图形标注其尺寸。首先，零件外形视图——即带圆角的长方形，类似图 8-24(b)所示图形，需长、宽和圆角半径 3 个尺寸。长方形较靠近周边带有四个位置对称、结构相同的圆孔，需增加表示圆孔大小的尺寸 1 个，表示圆孔对称位置的尺寸 2 个。最后参考图 8-22 增加板零件厚度尺寸 1 个。

标注尺寸时，应该如图 8-30(b)所示，先标注小尺寸即定位尺寸 20 和 34，以及圆角 $R8$（这里不算封闭尺寸），以避免尺寸界线和尺寸线等相交；然后标注长度尺寸 50、宽度尺寸 36 和圆孔尺寸 $4\times\phi9$；最后在主视图上标注板厚尺寸 8。完成如图 8-30(c)所示。

典型零件的平面视图（也可看作平板零件）的尺寸标注列于表 8-3，分作推荐注法、错误或不佳与讨论分析。若有另一方向视图并且零件有一定厚度时，功能孔尺寸建议标注在剖视的非圆投影图中。

表 8-3 典型平板零件尺寸注法

推荐注法	错误或不佳	分析
26　20　$\phi14_{0}^{-0.027}$　$2\times\phi7$　15　25　R12.5	26　6　R12.5　$\phi14$　15　25　43　$2\times\phi7$	5 个定形尺寸：$\phi14$、$2\times\phi7$、25、26、$R12.5$。3 个定位尺寸：20、15、26（与定形尺寸重合）。 错误：长度方向具有回转结构，注了定形、定位尺寸后，不应再注长度总体尺寸；主孔 $\phi14$ 过于拥挤。

续表

推荐注法	错误或不佳	分析
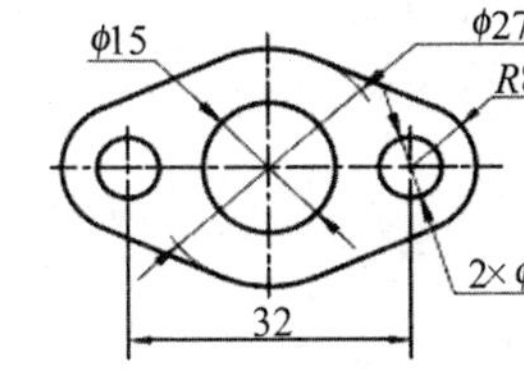	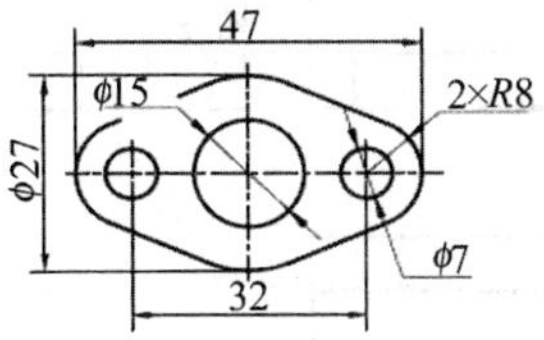	5 个定形尺寸：φ15、φ27、2×φ7、R8 及两 R 中心距 32。由于双向对称，只有一个定位尺寸 32 并与两 R 中心距重合。 错误：长度方向不应再注总体尺寸 47；φ7 数量不能注 R8 上。
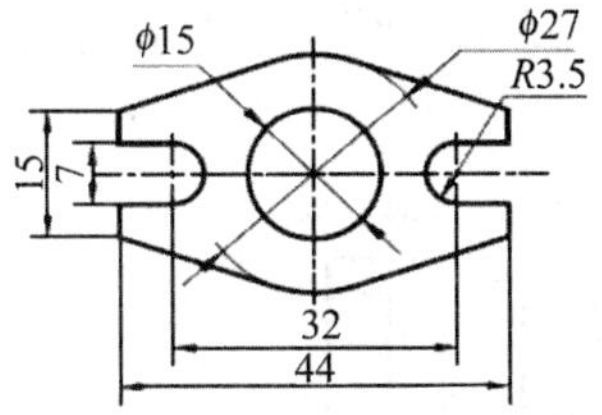	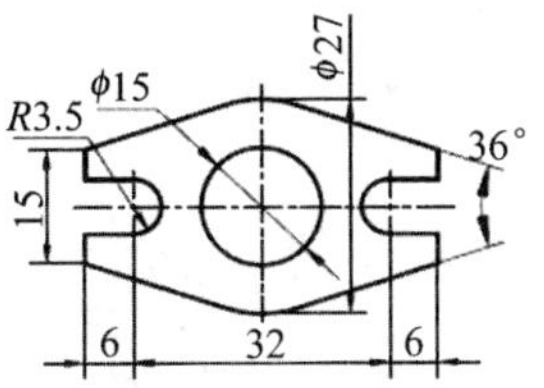	7 个定形尺寸：φ15、φ27、R3.5、7、15、44 及两 R 中心距 32。由于双向对称，只有一个定位尺寸 32 并与两 R 中心距重合。 错误：槽深 6 不应标注；槽宽 7 标注为宜；外形 φ27 标注不佳；36°不应标注。
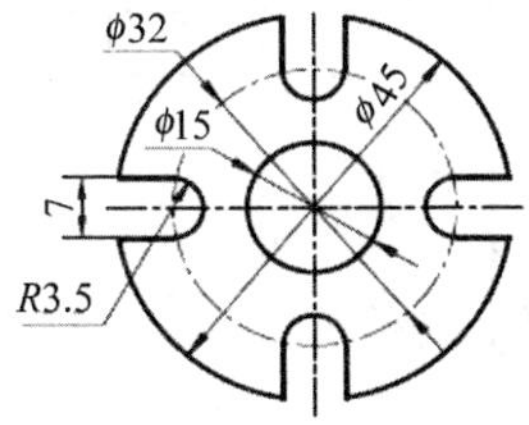	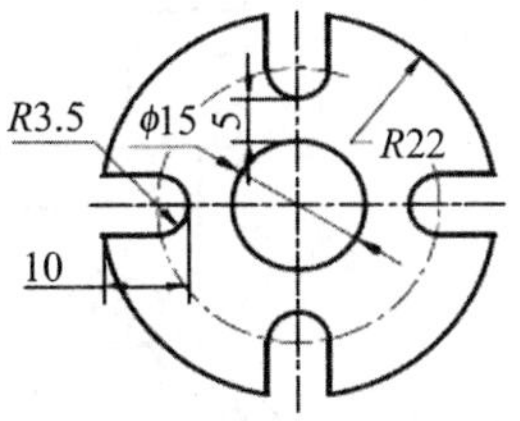	5 个定形尺寸：φ15、φ45、φ32、R3.5及 7。定位尺只有φ32，并与 R 定形尺寸重合。 错误：不应以尺寸 10 方式注槽深；外形φ45 不能注成 R；尺寸 5 不能定位在两个弧顶。
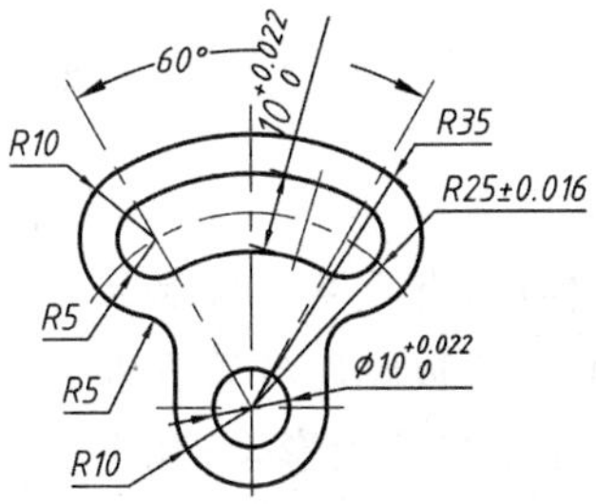	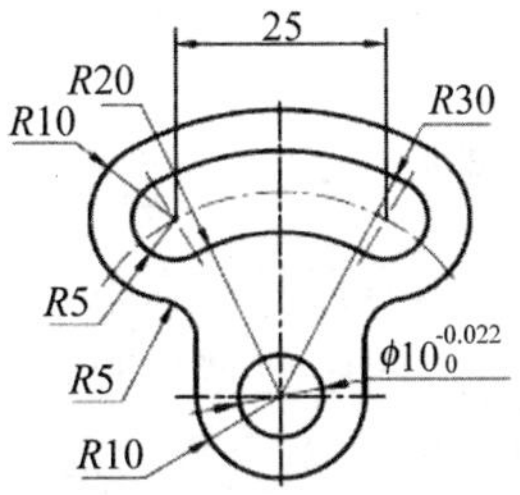	弧形槽与φ10 孔是最重要功能结构，槽宽 10 要直接注出，与定位尺寸 R25 一起严格控制。 错误：R25、R35 不应不注；不应通过控制 R20、R30 控制槽宽；弧形槽长度应用角度控制而不是线性长度 25。

例 8-2 请标注如图 8-31(a)所示零件的尺寸。

图 8-31(a)图样表达零件为一个 L 形支脚，可以看作是由两块平板与 4 个圆孔构成，按长方体有三个定形尺寸，增加一个结构增加三个定形尺寸和三个定位尺寸，理论上它应有尺寸数量为：

$$[(2\times3)+(4\times3)]+[3+(4\times3)]+3=18+15+3=36$$

实际定形尺寸：两平板各有 2 个倒角，尺寸相同，定形尺寸加 1；4 个圆孔两两相同且为通孔，可标直径，定形尺寸减 10。

实际定位尺寸：两平板间有两个方向平齐，一个方向定形尺寸接续，不仅定位尺寸全减，还要减掉 1 个底板宽度尺寸 1 个共享长度尺寸(－3、－2)；4 个圆孔两两有间距要求，定位尺寸加 2，两两成排减 2，关于对称面对称分布且为通孔再减 8。

总体尺寸的长和宽与底板长宽重合，标注总高将去掉立板高度尺寸。

$$(18+1-10-2)+(15-3+2-2-4-4)+(3-2)=7+4+1=12$$

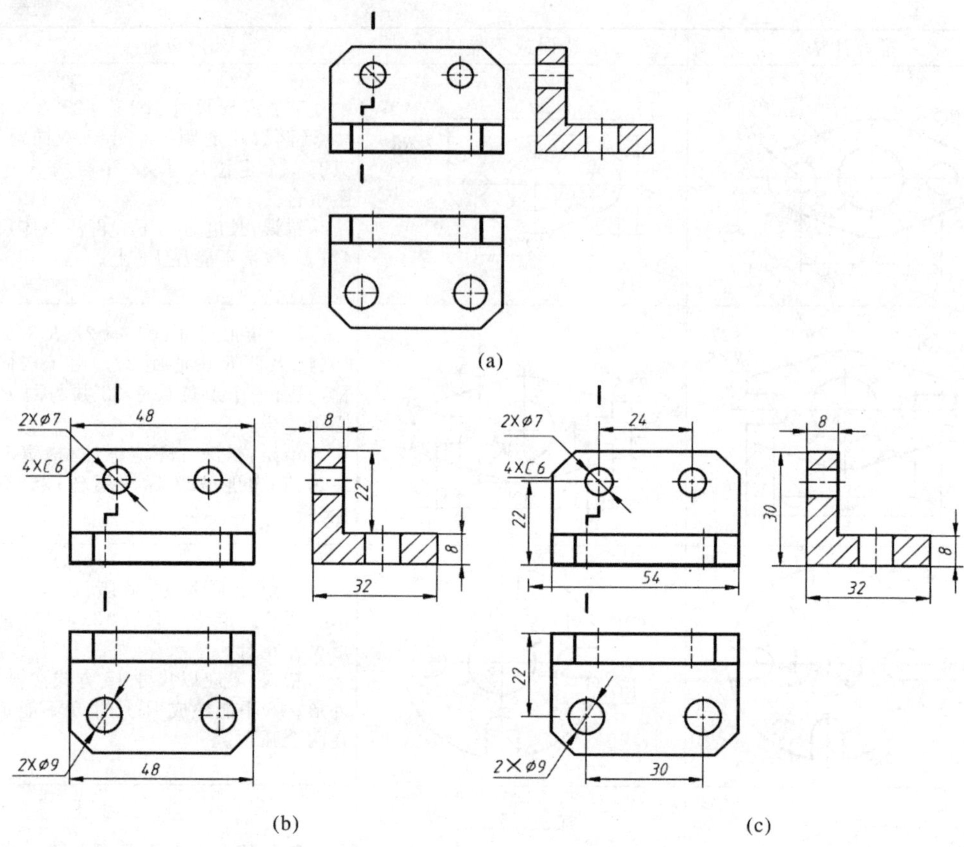

图 8-31　定形尺寸与定位尺寸(三)

图 8-31(b)是分解成 3 个结构单元、未考虑尺寸布局的尺寸标注，有重复尺寸和尺寸相交，整理后的正确标注如图 8-31(c)所示。图中把零件总高、总宽及两板厚度放置在左视图上比较直观；连接圆孔及其定位尺寸 24、30 与两个方向的 22 也标注在圆投影上；几个引出标注引在同一侧，节省图纸空间。

例 8-3　请标注如图 8-32(a)所示零件的尺寸。

要在一个相对复杂的图样上标注好尺寸，首先要读得懂图。如果根据图 8-32(a)所示图样，能够分析出该零件可以如图 8-32(b)所示看作由 3 块简单平面立体构成，它们上面加工了 3 种内孔结构，就可以按图 8-32(c)、图 8-32(d)的步骤，完整、同时尽量清晰地标注尺寸了。

1）标注底板 4 个定形尺寸 70、38、10 及 *C*6，并将其上连接孔的定形尺寸 2×φ11 标注在特征及分布明显的俯视图上。

2）标注立板的定形尺寸 52、15、40 及 *C*5，其上主轴孔直径尺寸φ20 一般标注在剖视的非圆视图上。4 个φ6 孔定形尺寸标注在其特征及分布明显的左视图上。

3）标注肋板的定形尺寸。18 尺寸虽然也可以放在主视图上，但会造成尺寸相交。

4）标注底板上孔的定位尺寸。零件前后对称，孔距尺寸 50 直接注出即可。孔的长度方向从左端面定位，注出 28。

5）标注立板上孔的定位尺寸。首先标注本零件最重要定位尺寸——φ20 孔中心高，尺

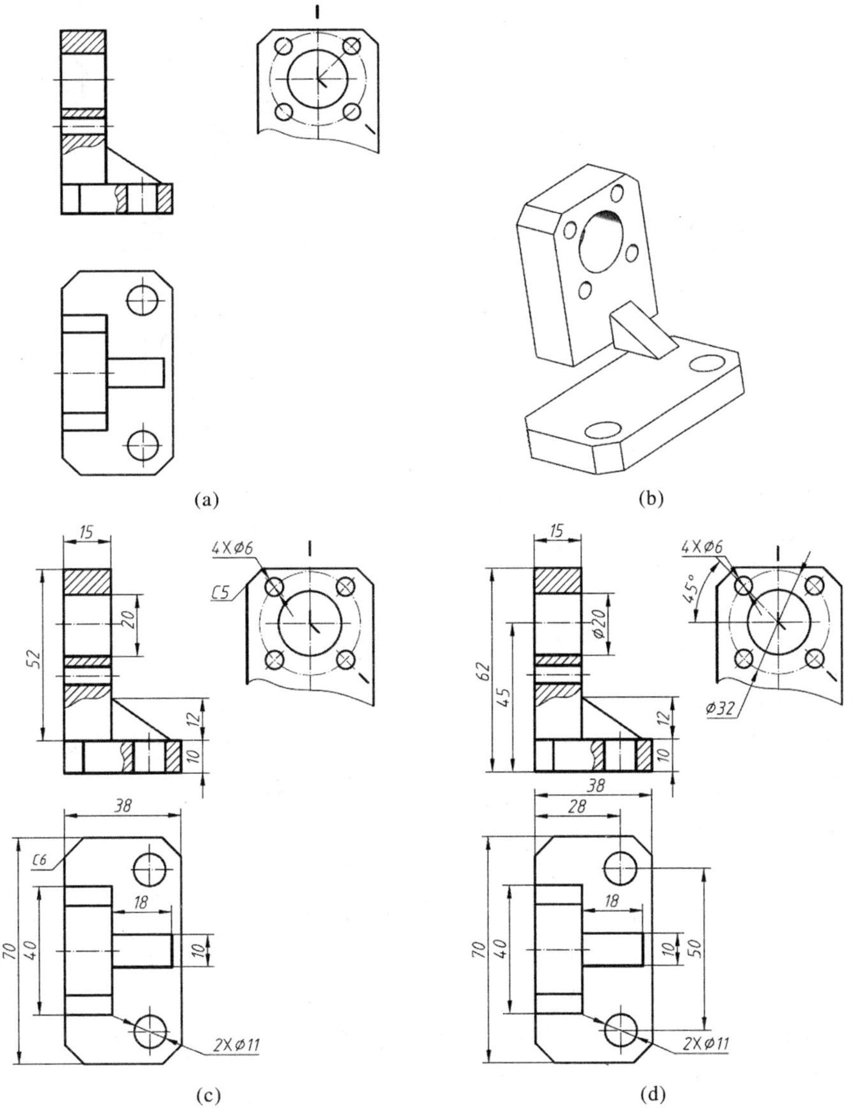

(a) (b)

(c) (d)

图 8-32 定形尺寸与定位尺寸(四)

寸 45 自底面引出。ϕ20 孔位于前后对称面上,又为通孔,另两方向不需定位。4 个ϕ6 孔所均布圆周与ϕ20 孔同心,在左视图注圆周直径最好。ϕ6 孔不在水平、铅垂中心线位置,还需注出起始定位角度 45°。

6) 最后标注总体尺寸,总长、总宽已有,加注总高 62,去掉立板高度尺寸 52。如图 8-32(d)所示。

标注尺寸较熟练后,也可按图 8-33(a)、(b)的步骤标注尺寸。

1) 4 个ϕ6 孔及其均布圆直径ϕ32、与中心线夹角 45°,还有立板倒角 *C*5 或标注在左视图上最好,或只能标注在左视图上,先注出。如图 8-33(a)所示。

2) 由于左视图画成了局部视图,零件高度尺寸只有标注在主视图一个选择,于是在高度方向上画出全部可能的尺寸界线 1～5。在长度方向上也先画出全部可能的尺寸界线 6～

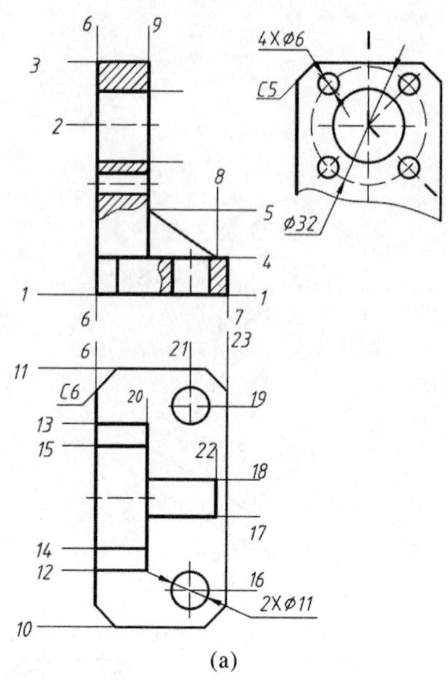

(a)

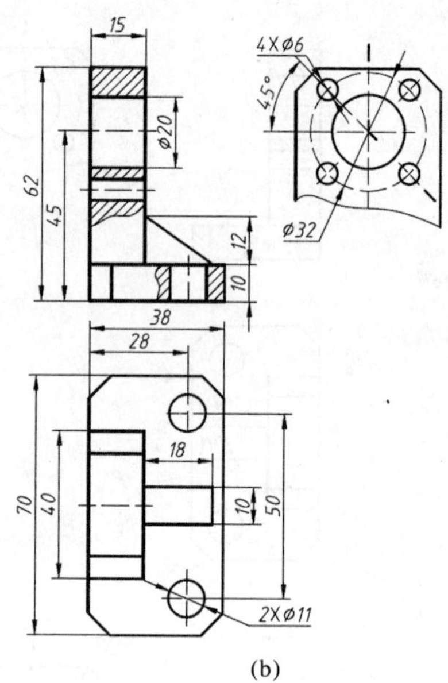

(b)

图 8-33　定形尺寸与定位尺寸(五)

9。如图 8-33(a)所示。

3)虽然左视图上也可以标注一个宽度尺寸,但考虑集中标注原则,把宽度方向上可能的尺寸界线 10～19 全部标注在俯视图上。再在俯视图上也注出长度方向上全部可能的尺寸界线 6、20～23。如图 8-33(b)所示。

4) 整理尺寸界线:①尺寸界线 8 与 22 重复,8 又与 5 相交,去除 8;②主视图尺寸界线 6、8 与俯视图 6、23 重复,保留 6、23 较直观,又符合集中标注原则;③9 与 20 重复,保留哪个都可以,由于俯视图尺寸拥挤,保留 9;④14、15 所注线是倒角衍生线,不应标注,去除。

最终结果与图 8-32(d)相同。

需要指出的是,图 8-32 中一些尺寸界线是为了说明过程和作为错误例子画出的,如果标注时合理统筹、注意布局,将会更快捷、清晰。

2. 尺寸基准

定位是一个相对位置的概念,定位尺寸涉及用哪个几何要素作尺寸起点比较合理。在图样中,用作定位尺寸起点的几何要素称作尺寸基准,简称基准。机件的各结构单元在长、宽、高三个方向上都需用定位尺寸确定其相对位置,因此机件在长、宽、高三个方向上都要有尺寸基准。尺寸基准的选择相当重要,若因标注不当导致用错基准,可能造成机件无法实现原设计功能。通常尺寸基准选择在机件主要的结构单元的底面、端面、对称平面、回转体的轴线等位置。

正确使用基准标注尺寸属于尺寸标注合理性范畴,可以随着知识、能力增长达到准确自然。一个初学者、甚至一个有一定设计经验的专业人员,如果无法判别某个零件的功用,也有可能无法断言某个方向的基准位置。这里根据零件结构的一般规律,介绍哪些特征面或轴线常常成为基准,哪些不可以作为基准。

根据作用不同,尺寸基准可分为:

(1) 设计基准 在设备设计中形成的保证零件功能、决定零件间装配、定位、支撑等重要位置关系的基准称为设计基准。

(2) 工艺基准 零件在加工和测量时使用的基准称为工艺基准。

为了减少误差,应尽可能使设计基准和工艺基准重合。

基准还有主要基准和辅助基准之分。每个零件都需标注长、宽、高三个方向的尺寸,因此每个方向上都有一个主要基准。辅助基准是从主要基准传递下来的次级的基准,上下级基准之间尺寸必须直接注出。一般情况下,主要基准为设计基准,辅助基准为工艺基准。

从图 8-34 为例,此图尺寸标注时有两个方向的尺寸基准是很容易确定的,就是高度方向与宽度方向:

高度方向的尺寸基准为主视图的下端面,也称作零件的底面。从零件上的沉孔结构很容易知道,零件底面是与某个零件连接安装的接触面,而顶面多数情况下是自由面——与谁也不接触。零件高度方向只有底和顶两个面,按照基准的定义,显然底面比顶面更有资格作基准面。"底面常常作为高度方向的尺寸基准面。"可以作为一个规律记忆。由于高度方向只有 14 一个尺寸,如果把沉孔改为普通直通孔,底面与顶面就互为基准了,但现在不是。

宽度方向的尺寸基准为零件的前后对称面,即贯穿俯视图的水平点画线对应的铅垂面。通常情况下,这种结构的零件的前后端面不会是接触面或定位面,因此以前后对称面作为宽度方向的尺寸基准是不二的选择。"零件整体对称面常常作为与该面垂直方向的尺寸基准面。"也可以作为一个规律记忆。图中宽度尺寸 36 和孔中心距 20 就是以对称面为基准的标注方式,它们等同于图 8-35(a)的标注方式。如果宽度尺寸改成如图 8-35(b)的标注,则意味着直径φ24 孔及沉孔在宽度方向以后端面为基准,这将破坏零件的前后对称性,其道理前面曾通过表 8-2 的压条图样讨论过。

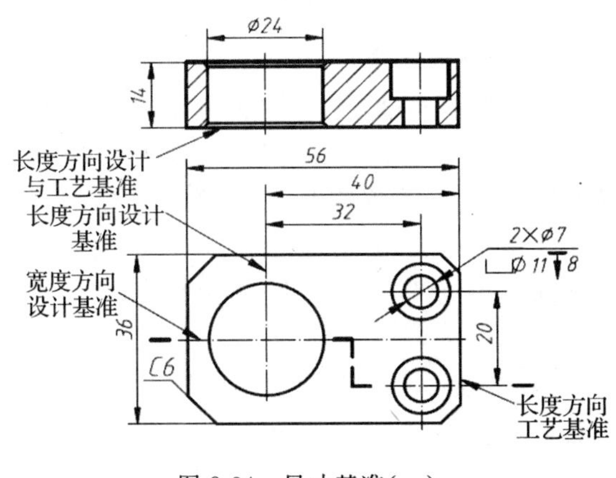

图 8-34 尺寸基准(一)

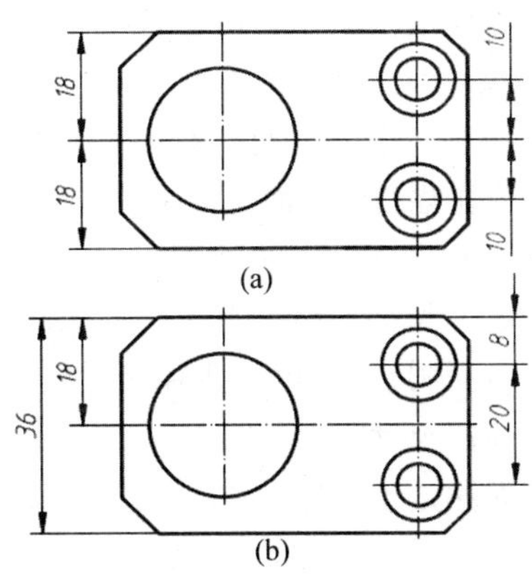

图 8-35 尺寸基准(二)

长度方向的基准讨论如下:φ24 孔是零件的主功能孔(如果孔上有较高质量要求的标注将会更鲜明些),它四周端面应该都是自由表面,沉孔是典型的有较大间隙的螺钉连接孔,所以,相比之下,φ24 孔轴线所在的正垂面最有资格作长度方向的尺寸基准面。事实上,φ24 孔是支撑安装一个轴形件的,本零件上其他结构都是为这个孔服务的,孔轴线所在的正垂面就是零件设计基准,因此尺寸多从此出发是合理选择。图 8-34 中首先从φ24 孔中心线直接注出了沉孔与其的中心距尺寸 32,目的是减少安装误差。图中还从该基准面注出了尺寸

40，以右端面作工艺基准。

如果长度尺寸标注改成如图 8-36(a)所示，则意味着选择右端面作长度方向的主要尺寸基准，这样标注将使φ24 孔与沉孔的水平中心距的误差增大。当然，如果安装本零件的零件上为本零件右端面设置一个定位台肩(参见图 9-72 中的 10 号零件左端装配结构)，选择右端面作长度方向的尺寸基准将会提高φ24 孔的定位精度，但这里仅凭此零件图无法判断。如图 8-36(b)所示的标注方式没有基准的概念，是安装误差最大、也是最差的标注方案。如图 8-36(c)所示的标注方式也是不合理的，零件设计是不会选择此方向作基准面而在反方向支撑安装的，这样还可能造成安装端面严重不平齐。

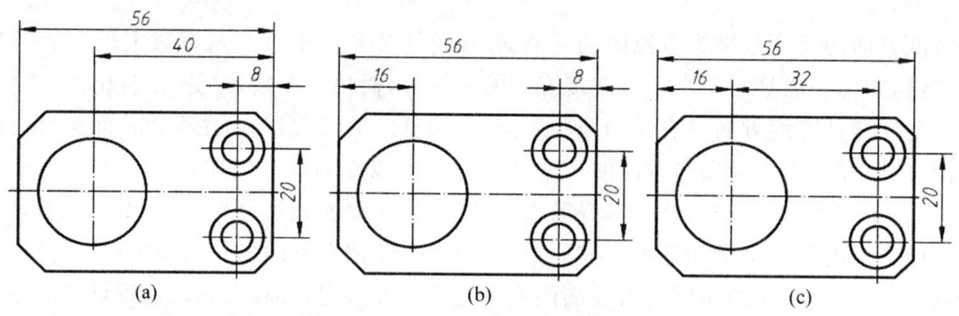

图 8-36　尺寸基准(三)

例 8-4　请标注如图 8-37(a)所示零件的尺寸。

分析：先找出容易确定的尺寸基准面——前后对称面为宽度方向主要尺寸基准面。

零件高度方向上有 4 个实体水平面和 1 个含水平孔轴线虚水平面，最下平面与螺纹孔所在平面的下面是自由面，最上端面也看不出有定位或安装的功用，它们首先排除在作高度尺寸基准面之外。所剩两个面中，螺纹孔所在平面是个连接安装面，一定有另外一个零件通过此面支撑起本零件，这个平面对零件本身和零件上通过轴孔安装的其他零件关系重大。含水平孔轴线虚平面主要影响装在这个孔上的轴与另一孔内主轴的关系，重要性应不及另一平面。因此，高度方向主要尺寸基准面应确定为螺纹孔所在安装平面。如图 8-37(a)所示。

零件长度方向上有 3 个实体侧平面和 1 个含铅垂孔轴线虚侧平面，3 个实体侧平面都是自由面，只有含铅垂孔轴线虚侧平面有资格作长度方向主要尺寸基准面。

标注尺寸：

先注定形尺寸：φ36、φ50、φ25 注在剖视的主视图上，4×M8 注在俯视图上。

宽度方向尺寸：直接标注螺纹孔中心距 42、零件宽度 55、切角后剩余宽度 25、切角角度 60°。

高度方向尺寸：在主视图上自高度基准面向下直接注出φ25 孔轴线到基准面距离 36，再以基准面为起点标注 32、20、54 各尺寸。另外标注总高 86 为参考尺寸。

长度方向尺寸：先从基准面直接标注尺寸 50，将零件右端面作为工艺基准(次级基准)，再自工艺基准标注φ25 孔板厚度 20 和零件总长 80，最后自基准面为螺纹孔注定位尺寸 36，再注螺纹孔长度中心距 60。

标注完成图样如图 8-37(b)所示。

分析图 8-37(c)图样中的尺寸标注，高度方向以零件筒形上端面为尺寸基准，螺纹孔所

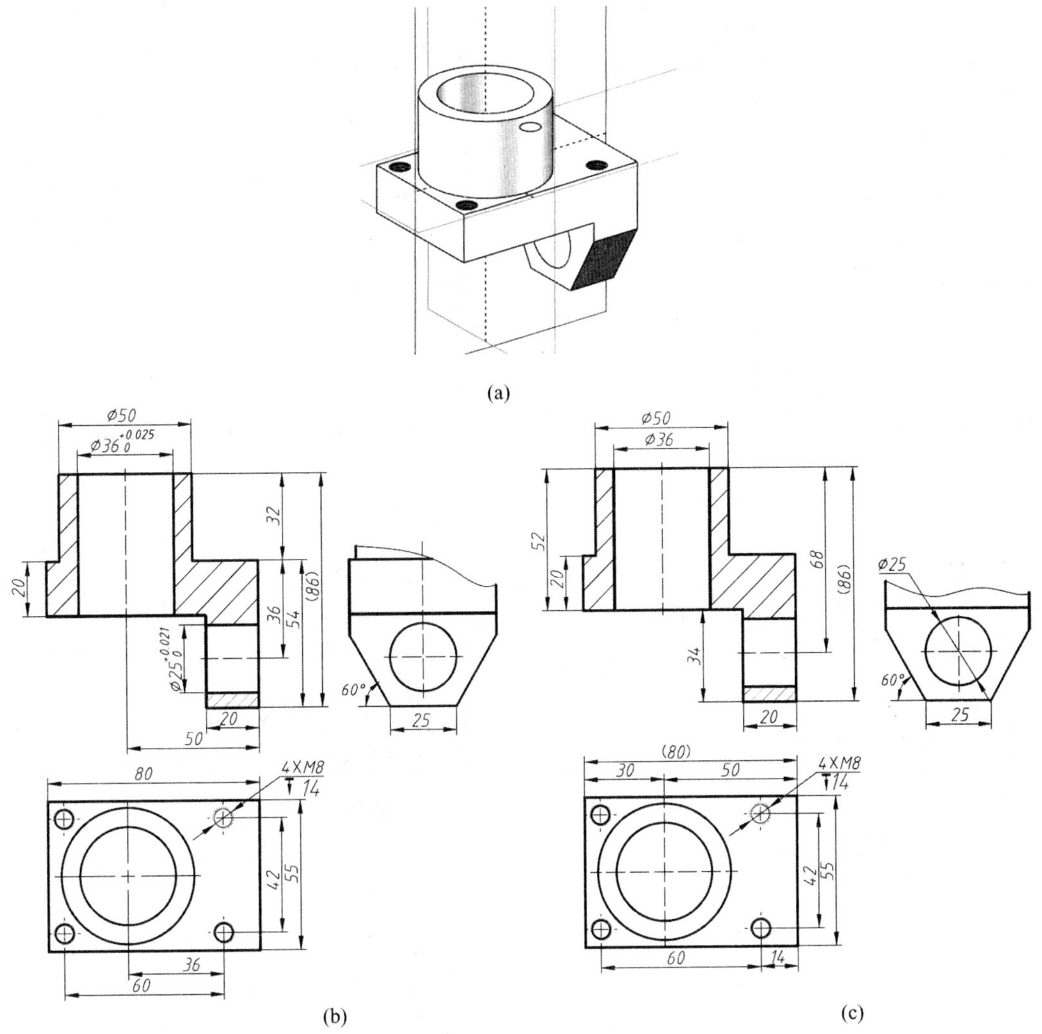

(a)

(b)

(c)

图 8-37 尺寸基准(四)

在安装面是从次级基准注出的,会给安装面增加误差。长度方向以右端面为基准,螺纹孔与主轴孔间接定位,如果筒形外圆有配合要求,则有造成螺纹连接困难可能。

3. 尺寸标注实例

以图 8-38(a)所示的轴支座为例,练习完整标注尺寸,进一步讨论尺寸基准的使用(尺寸标注省略尺寸数字)。

(1)形体分析。将轴支座形体分解成底板、圆筒、支撑板、肋板四部分。

(2)依次标注各形体的定形尺寸。

①底板 4 个定形尺寸,其上 1 个圆孔定形尺寸;圆筒 3 个定形尺寸。如图 8-38(b)所示,②支撑板只需 2 个定形尺寸,因为与圆筒相切,高度及两切点间距都不再需要标注。肋板虽然形状不规则,但由于上下与圆筒、底板相接,左靠支撑板右一棱边与底板一边平齐,也只需 3 个定形尺寸。如图 8-38(c)所示。

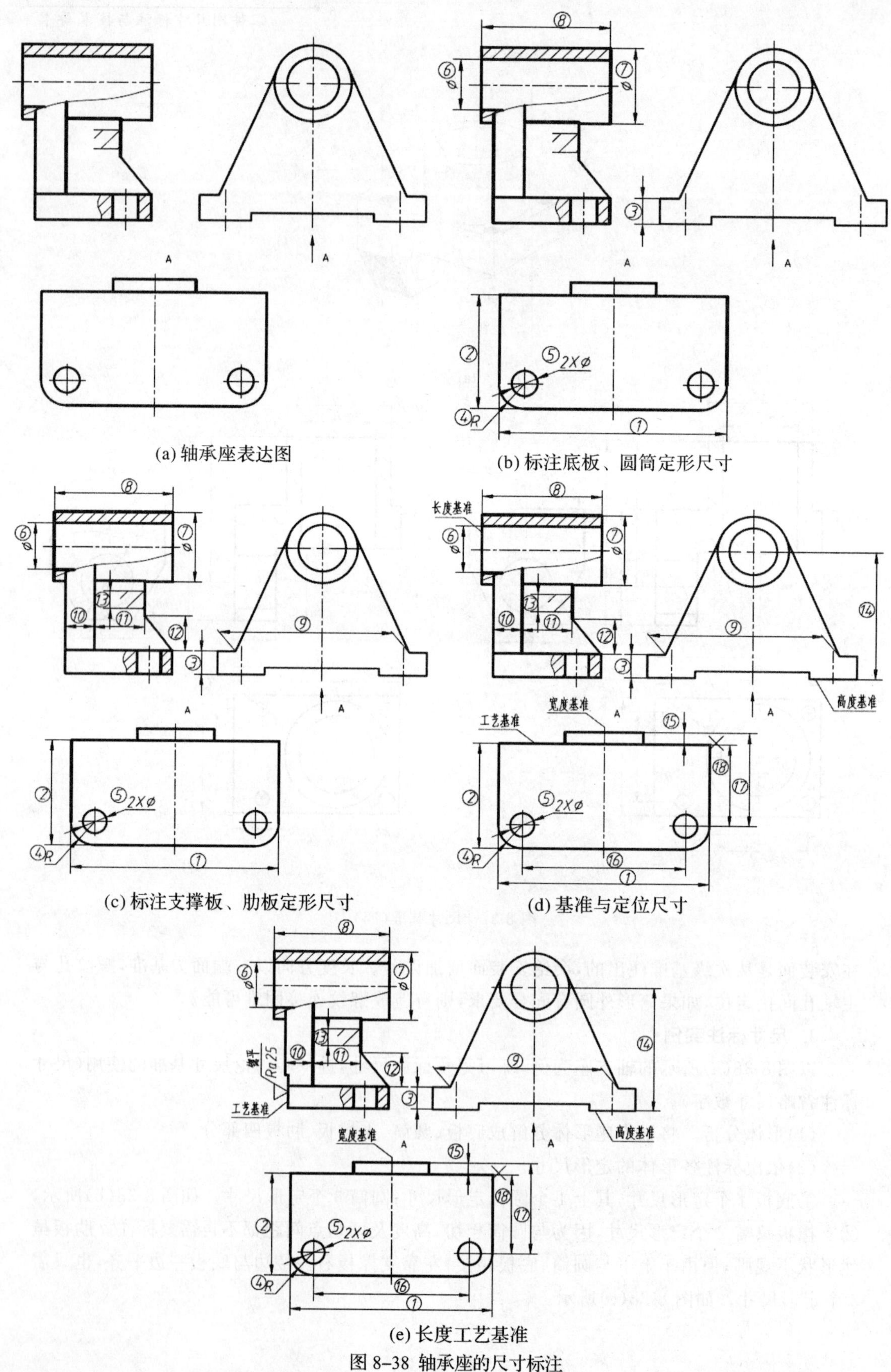

(a) 轴承座表达图

(b) 标注底板、圆筒定形尺寸

(c) 标注支撑板、肋板定形尺寸

(d) 基准与定位尺寸

(e) 长度工艺基准

图 8-38 轴承座的尺寸标注

(3)定位尺寸标注与分析。

首先标注机件形体最重要的定位尺寸:圆筒中心高。高度基准为形体底面。宽度需要标注定位尺寸的只有两小孔中心距,宽度基准为机件左右对称面。长度基准应该选择圆筒的左端面,因为机件形体属于典型铸造毛坯,铸造毛糙面是没有资格作主要尺寸基准的,而长度方向只有两个加工面,一般情况下应以左端面为基准。于是,从此基准面标注定位尺寸⑮、⑰,如果标注尺寸⑱为圆孔定位将是错误的。不过,此机件一般以尺寸⑱上方尺寸界线作工艺基准,但要对毛坯进行锪平加工。如图 8-38(e)所示。

(4)分析总体尺寸。在前三类尺寸标注中。总体尺寸已生成,不需再标注。检查整理各项尺寸,做到不重复不遗漏,图 8-38(d)即为标注完成图样(去除错误尺寸⑱)。

二、尺寸的清晰标注

尺寸不仅要标注完整,而且要求清晰、整洁,便于阅读和理解。因此必须注意尺寸线、尺寸界线和尺寸数字在图上的排列和布置。

1. 尺寸应尽量标注在视图外面,以免尺寸线、尺寸数字与视图的轮廓线相交。如图 8-39 所示。

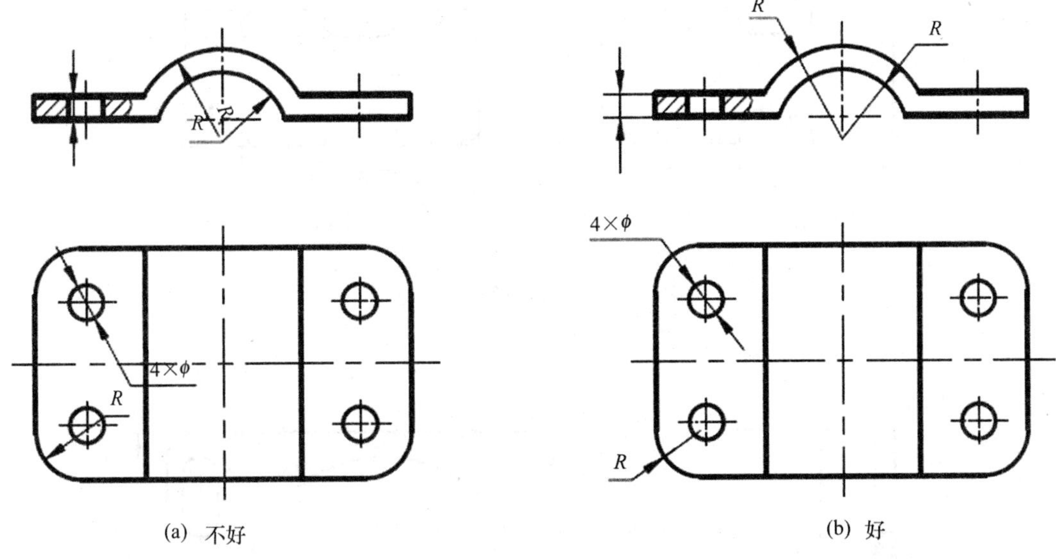

图 8-39 尺寸清晰标注(一)

2. 同心圆柱的直径尺寸,最好注在非圆的视图上。如图 8-40 所示。

3. 相互平行的尺寸,应按大小顺序排列,小尺寸在内,大尺寸在外。如图 8-41 所示。

4. 在剖视图中,内形尺寸与外形尺寸应分两侧标注。如图 8-42 所示。

5. 尺寸应尽量标注在表示该形体形状特征最明显的视图上。如图 8-43(a)带有圆孔和圆角的立板在主视图中反映其形状特征,因此,圆角半径 R 及其定位尺寸等有关尺寸,尽量注在主视图中。同样,底板上槽的形状特征体现在俯视图中,其有关尺寸,如两个安装槽的圆端半径 R、定位尺寸以及底板的长、宽尺寸,尽量在俯视图中标注;侧板的斜面在左视图中形状特征最明显,决定斜面的有关尺寸应在左视图中标注。图 8-43(b)所示尺寸未能标注在表示该形体形状特征明显的视图上,将给读图和查找尺寸带来不便,因而达不到清晰的要求。

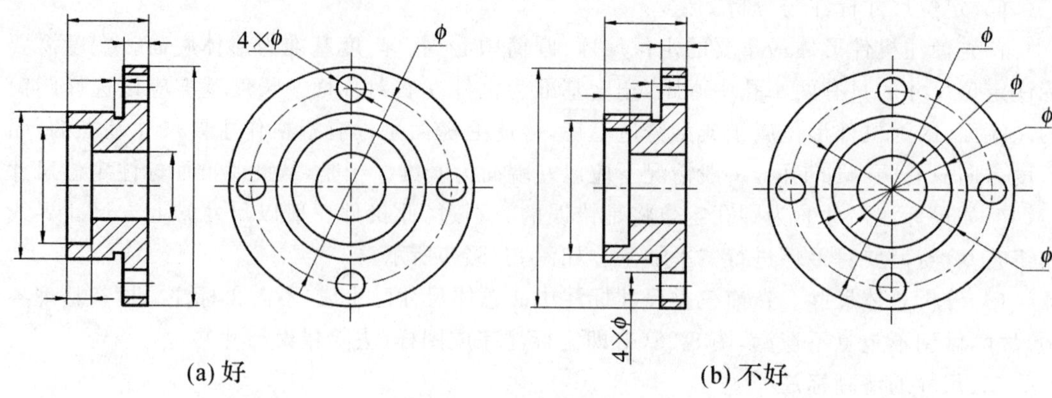

图 8-40　尺寸清晰标注(二)

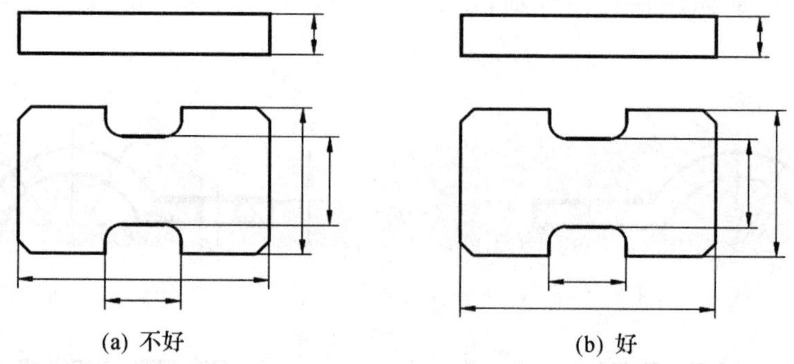

图 8-41　尺寸清晰标注(三)

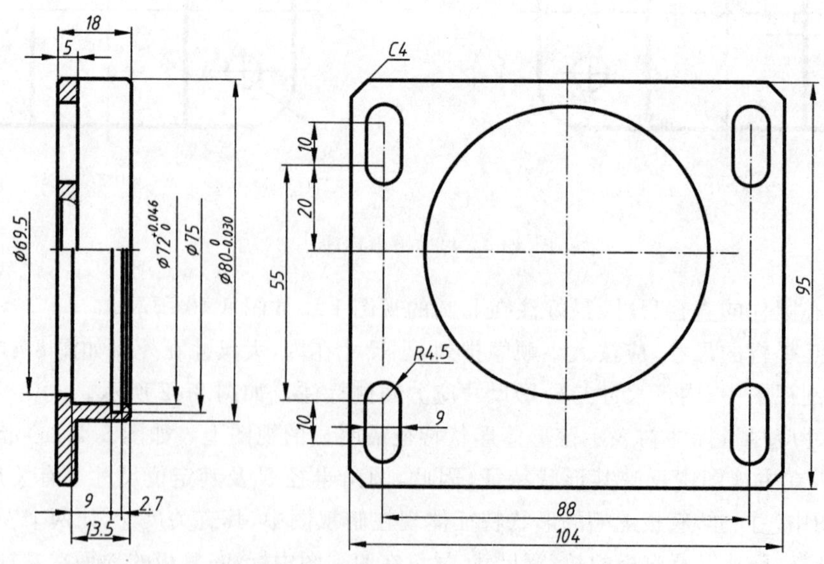

图 8-42　尺寸清晰标注(四)

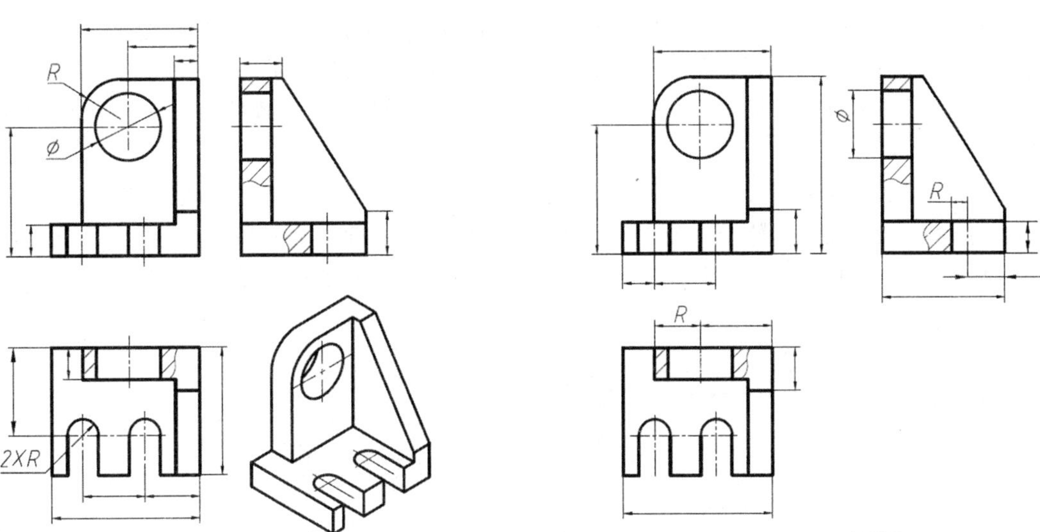

图 8-43　尺寸清晰标注(五)

三、尺寸标注的合理性

尺寸标注能否达到合理,在对有一定精度要求的零件图样进行标注时至关重要。零件设计、加工正确,但由于尺寸标注不合理导致设备失去精度、甚至无法装配屡见不鲜。但尺寸标注合理有赖于机械加工工艺的熟悉、设计能力的增长、精度测量等知识的积累。这里通过几个示例介绍一些基本规则,进一步提高要靠结合专业课程与经验慢慢领悟。

1. 重要尺寸要直接注出

重要尺寸包括中心高、中心距、配合轴颈长等影响装配精度的尺寸。这些尺寸不能以间接方式获得,应该直接注出。

图 8-44 实体图给出了一个滑轨装配结构,两条压块分别用两个螺钉连接在底板上。视

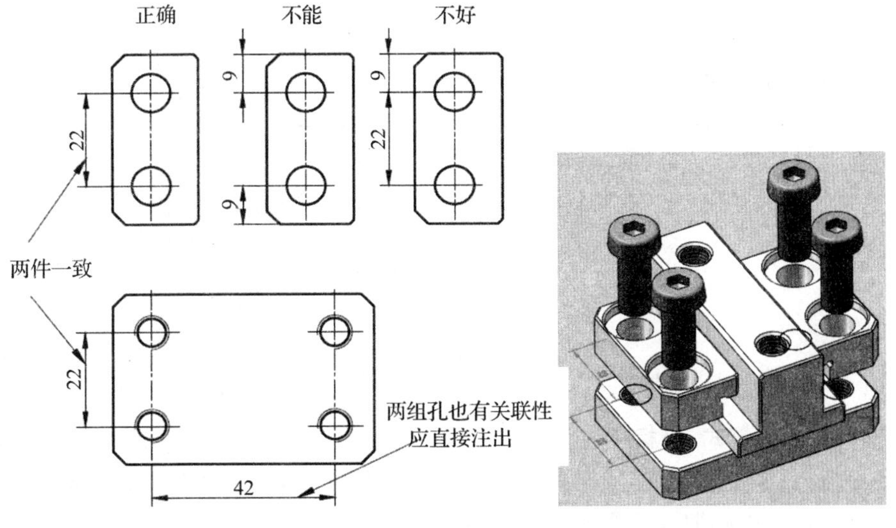

图 8-44　连接孔中心距要直接标注

图只给出了一个压块和底板的平面投影，此时上下两个零件上连接孔中心距22尺寸应该分别直接注出。如果如中间的压块投影图上尺寸注法，两个连接孔的中心距就属于间接获得的，压块长度误差过大就可能造成与底板连接不上。后一图可能导致端面安装不平齐，但不会影响连接。

图8-45所示零件为轴支座，其轴孔中心高要直接注出。轴支座往往成对使用，轴孔中心高一致性要求很高，即使单件使用时，轴上零件与其他零件关联度很高，轴孔中心高也总是加工时重点控制的尺寸。图中50直接标注是正确的，41间接标注是错误的。

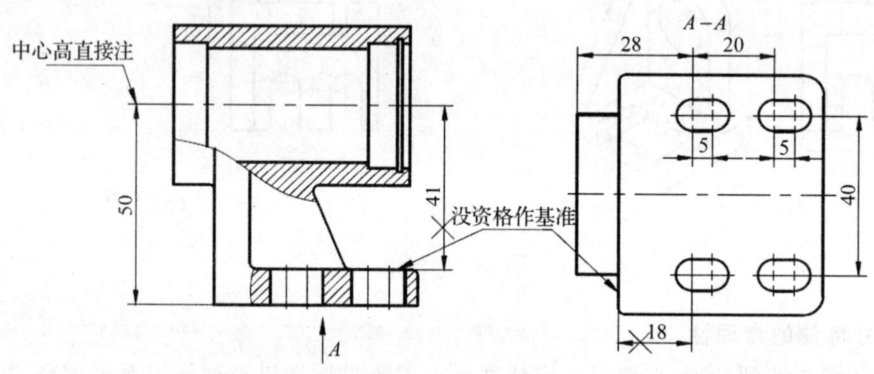

图8-45　中心高要直接标注

2. 铸、锻等毛坯面不能用作有一定要求的尺寸基准

铸、锻等毛坯在图样中的特征是边界都有圆角。图8-45中的尺寸41、尺寸18都是以毛坯面定位标注的，是错误的。另外，同方向毛坯面最好只有一个尺寸以基准面定位，如图8-46(a)所示，如果按图(b)错误注法，只有正确注法中50尺寸刚好铸造准确才行。但铸造件误差是比较大的，比如铸成了51，如果保证12，62做成63才行，如果保证62，12做成11才行。即12与62无法同时保证。

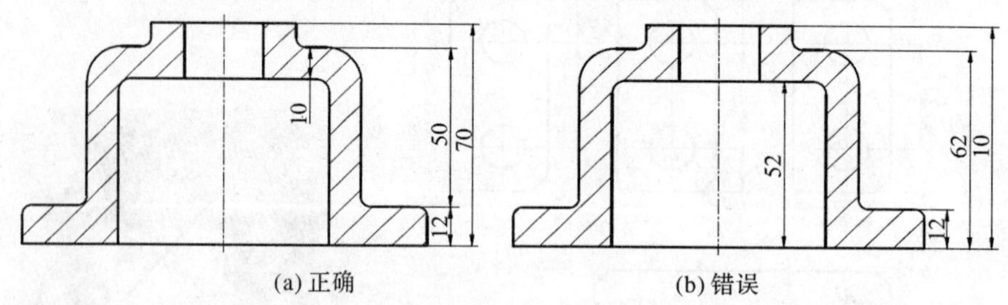

(a) 正确　　(b) 错误

图8-46　不能多个毛坯面以同一基准定位

3. 轴向尺寸的链式、坐标标注

图8-47(a)为坐标式标注，轴向尺寸全部以左端面为基准，常用于要求对同一基准尺寸正确的零件或加工中心加工的零件。

图8-47(b)为链式标注，轴向尺寸首尾相连，后尺寸引自前尺寸形成的次级基准。其明

显缺点是上级尺寸的误差会积累到下级尺寸。因此常用于要求各段尺寸精确或一次调定组合刀具加工的零件。

在不知零件用途时，(a)、(b)标注都是正确的，(a)比(b)获得的轴肩位置精度高，(b)比(a)获得的各轴段长度精度高。

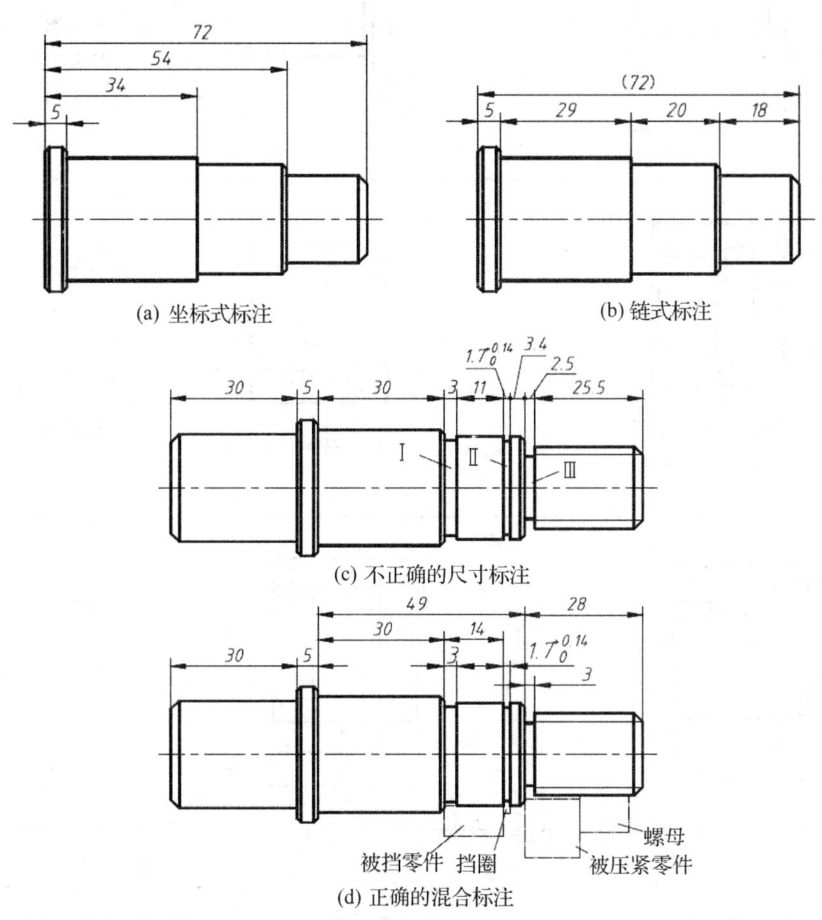

图 8-47　轴向尺寸的链式、坐标标注

零件 8-47(c)中Ⅰ为越程槽，Ⅲ为退刀槽，宽度尺寸属于自由公差，他们右端尺寸界线所在面不能作基准，Ⅱ为功能结构：挡圈槽，槽边与轴肩之间距离属控制尺寸，必须以轴肩为基准引出。以 3＋11 方式获得将因积累误差使该尺寸失控。尽管右端螺纹段一般不在意积累误差，但也不能采用 2.5＋25.5 方式标注。

图 8-47(d)轴向尺寸标注是合适的，采用的是工程上最常用混合式标注。当然，还可以加注一个总长参考尺寸(112)，方便下料。

4. 尺寸标注应方便加工和测量

例图与说明如表 8-4 所示。

表 8-4 尺寸标注方便加工和测量对比

加工或测量方便的图例	加工或测量不方便的图例	说明
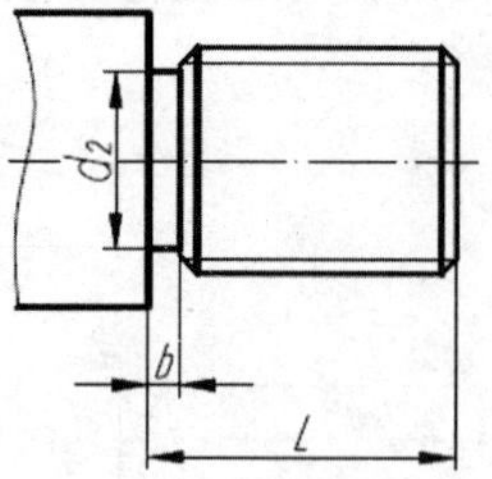 d_2 b L	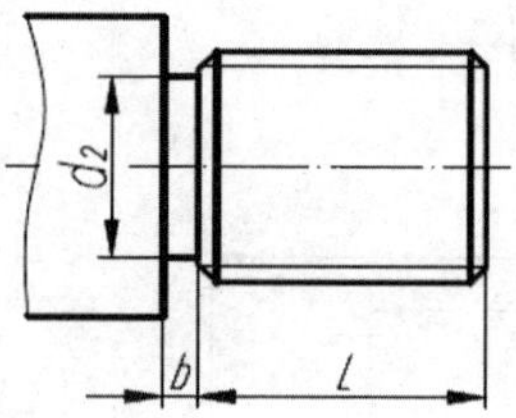 d_2 b L	正确加工顺序为:先加工 L 左端面,再车削退刀槽,最后加工螺纹。L 与 b 连续标注不符合加工顺序
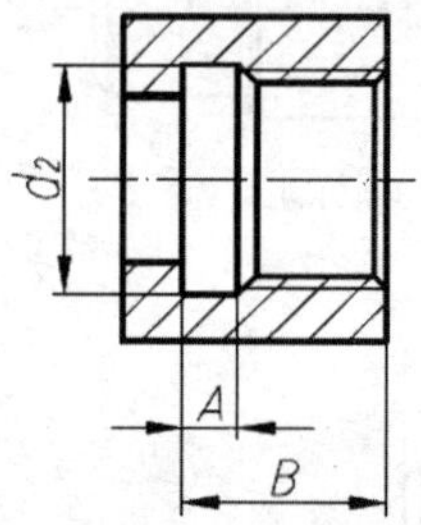 d_2 A B	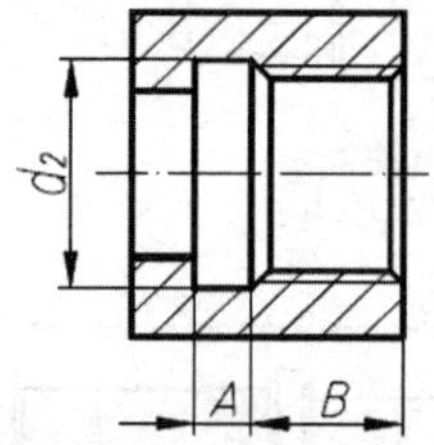 d_2 A B	正确加工顺序为:先加工 B 左端面,再车削退刀槽,最后加工内螺纹。A 与 B 连续标注不符合加工顺序
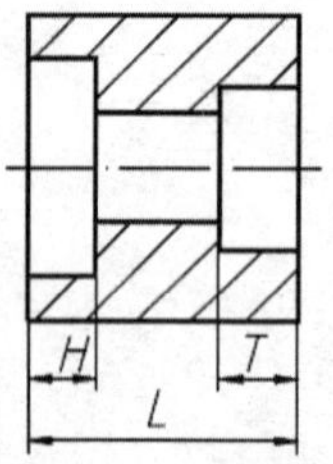 H T L	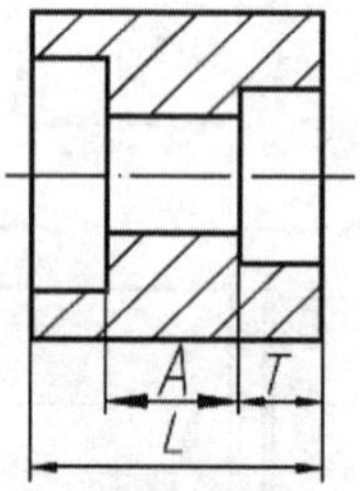 A T L	尺寸 A 不便测量
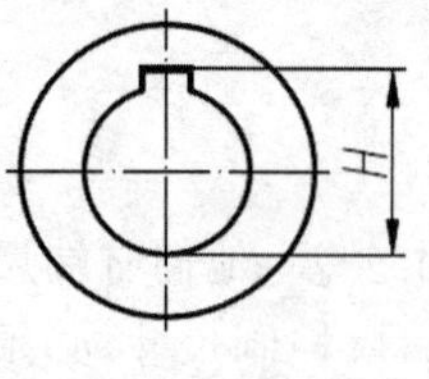 H	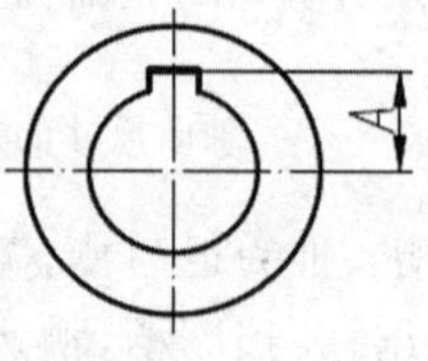 A	尺寸 A 不便测量

5. 不要注成封闭尺寸链

图样中在同一方向按一定顺序依次连接起来排成的尺寸标注形式称作尺寸链。按加工顺序来说,在一个尺寸链中总会有一个尺寸是在加工最后自然得到的,这个尺寸称作封闭环,如图 8-48 所表达轴零件的最右轴段长度尺寸未注,它就是在加工最后自然得到的尺寸,而且不会影响获得合格零件。封闭环是不注尺寸的,所以有人理解它为开放环。标注尺寸时,通常将不重要的尺寸作为封闭环,优先保证其他重要尺寸的精度,使加工误差最后积累

到封闭环上。当以外形尺寸作封闭环时，一般会标注这个尺寸，但要加上括号作为参考尺寸，例如把图 8-49 中的 L 标注成(L)。尺寸链上封闭环以外的其他尺寸称作组成环。如果尺寸链中所有各环都注上尺寸而成为封闭形式，如图 8-49 所示，则称封闭尺寸链。图 8-48(a)开放了尺寸链中的一环，是正确的。

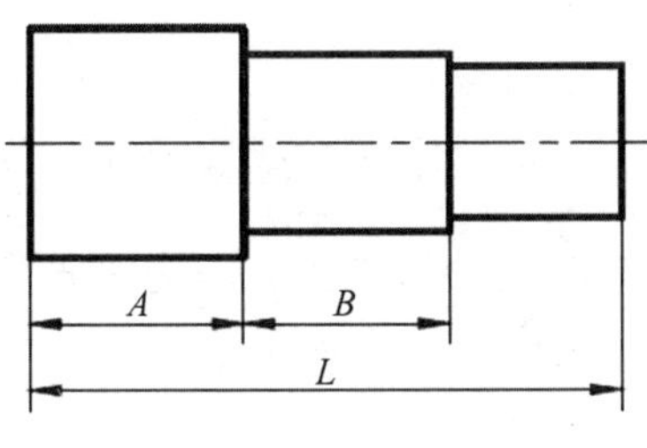

图 8-48　尺寸链的概念

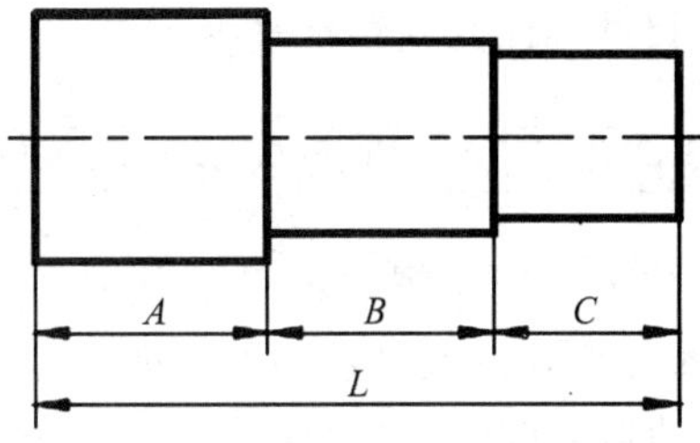

图 8-49　尺寸链误差计算

结合图 8-49，分析讨论注成封闭尺寸链带来的问题。

设 $L=150, A=60, B=50, C=40$

公差按一般尺寸 m 级，则各尺寸误差范围：

L：150±0.5，

A：60±0.3，

B：50±0.3，

C：40 ±0.3，

按 L 检验：加工成 149.5～150.5 合格；

按 $A+B+C$ 检验，则加工成 149.1～150.9 合格。

这往往会引起加工与检验的矛盾冲突。

8.1.5　零件上常见结构的尺寸标注

1. 螺纹的尺寸标注

在螺纹的画法中，对螺纹结构要素的表达是不完整的，还需要通过尺寸标注对螺纹的结构信息进行详细表述，才能使加工符合设计要求。螺纹的尺寸标注是信息量较多、相对复杂的尺寸标注，又是很常用的尺寸标注。

普通机械图样中，绝大多数的螺纹尺寸标注形式如图 8-50 所示。标注虽然简单，但其实也包含了螺纹全部结构要素详细信息，只是有些按规定省略标注了。详细解读如下：

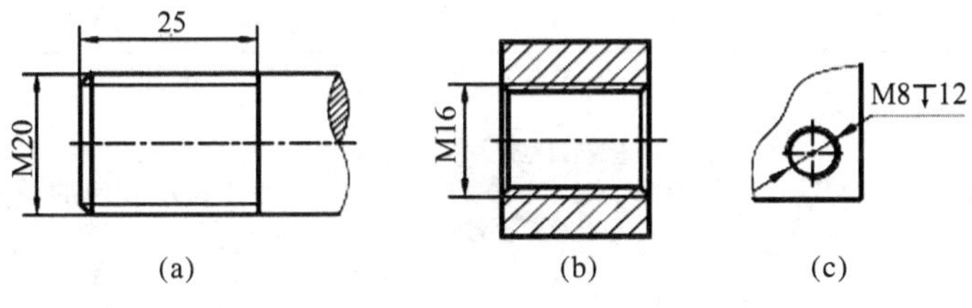

图 8-50　螺纹最常用标注

图中三处螺纹标注的含义是：M 代表螺纹牙型为三角形的普通螺纹；螺纹公称直径（大径）分别为 20mm、16mm、8mm；螺距均为粗牙；单线螺纹；右旋螺纹；外螺纹精度 6g、内螺纹精度 $7H$；旋合长度中等。由于工程实际中，如果没有特别的需求，螺纹都是粗牙、单线、右旋、精度 6g 和中等旋合长度，所以一般都作简单标注。当有特别需要时，则应该进行相应的标注，例如若(a)选择螺距为细牙的 1.5，则标注应为：$M20\times1.5$。

螺纹尺寸标注的完整格式为：

特征代号 公称直径 × 导程（P 螺距） 旋向 － 公差带代号 － 旋合长度代号

特征代号：表达螺纹牙型的代号，如：M 为三角形（普通）螺纹，Tr 为梯形螺纹等。表 8-5列举了常用的几种螺纹的特征代号及螺纹用途，供标注中查询使用。

公称直径：即螺纹的大径，按标准系列取优选值。

导程（螺距）：单线螺纹的导程（Ph）等于螺距（P），故只标注螺距。多线螺纹两者均要标注，由于多线螺纹的线数 $n = Ph / P$，在标注导程和螺距的同时，线数 n 即隐含其中。

旋向：右旋螺纹不标注，左旋螺纹标注 LH。

公差带代号：按顺序标注中径、顶径公差带代号，外螺纹默认为 $6g6g$，内螺纹默认为 $7H7H$，更高精度要求需标注。

旋合长度代号：有 L（长）、S（短）、N（中），当旋合长度为中等时，“N”可省略。

表 8-5 常用的几种螺纹的特征代号及用途

螺纹种类			特征代号	外形图	用途
联接螺纹	普通螺纹	粗牙	M		是最常用的联接螺纹
		细牙			用于细小的精密或薄壁零件
	非螺纹密封管螺纹		G		用于水管、油管、气管等薄壁管子上，用于管路的联接
传动螺纹	梯形螺纹		Tr		用于各种机床的丝杠，做传动用
	锯齿形螺纹		B		只能传递单方向的动力

标注举例

例 8-5 图 8-51(a)所示的是普通螺纹标注，标注螺纹的尺寸界线应从大经线引出，如果螺纹的标记符号过长，允许用引出线引出标注。所标螺纹为螺纹公称直径 20、螺距 1.5 的左旋普通螺纹，螺纹精度中径 5g 顶径 6g。单线、旋合长度中等。

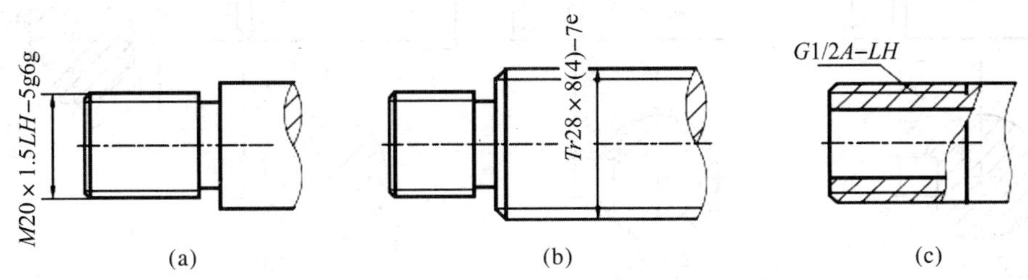

图 8-51 螺纹标注示例

图 8-51(b)所示的是梯形螺纹标注，由于梯形螺杆一般较长，且两端会有支撑轴段，所以常以大径轮廓线作标注的尺寸界线，如果螺纹的标记符号过长，同样允许用引出线引出标注。图中螺纹标注含义为：梯形螺纹，公称直径 28，导程 8 螺距 4，线数为 2，螺纹精度中径顶径均 7e。右旋、旋合长度中等。

图 8-51(c)所示的是一种管螺纹标注。管螺纹的标注格式与其他螺纹标注明显不同：其一，一定要用引出线从大经线引出标注。其二，尺寸数字只是尺寸代号，并非公称直径值，但由于尺寸代号与公称直径及螺距间具有一一对应的关系，熟练的技术工人是可以根据尺寸代号正确加工的。需要时可以查阅标准规格表。其三，尺寸代号是用英制单位的英寸表示采用此外管螺纹的管道的公称通径（1 英寸＝25.4 毫米）。图中管螺纹标注的含义为：所注螺纹为用于公称通径为 1 英寸管路连接的非螺纹密封的外管螺纹，精度等级 A 级，左旋螺纹。

管螺纹标注还有几种，一起简略给出，供区别选用。

G 1 *A* —*A* 级非螺纹密封外管螺纹，管路公称通径为 1 英寸

G 1/2 — 非螺纹密封内管螺纹，管路公称通径为 1/2 英寸

R_P 3/8 — 螺纹密封圆柱内管螺纹，管路公称通径为 3/8 英寸

R 1/4 —螺纹密封圆锥外管螺纹，管路公称通径为 1/4 英寸

R_C 1 — 螺纹密封圆锥内管螺纹，管路公称通径为 1 英寸

2. 键槽的尺寸标注

在 7.1.3 中已经知道，键槽的几何参数是根据用键的轴径查表获取的，这些数据在画图时可以直接使用，但由于检验测量的原因，键槽深度的尺寸需进行简单计算后才能标注。

(1)轴上键槽的标注

如图 8-52(a)所示的轴上键槽，根据轴径 d 查表得到的键槽宽 *b*、按规定选定的键长 *L* 可以直接注在图中，查表得到的键槽深度 t_1 不能直接标注，因为用普通量具很难准确测量 t 值，需要按图示方式以 $d\text{-}t_1$ 标注。

以直径ϕ50 轴、采用普通平键为例，从附表 23 查得平键尺寸 14×9；查得键槽宽 *b* 为 14，按正常连接 N9 查得公差$_{-0.043}^{\ 0}$，标注在断面图上；查得轴上槽深 t_1＝5.5，公差$_{\ 0}^{+0.2}$，按 $d-t_1$＝44.5 标注在断面图上，深度公差改注为$_{-0.2}^{\ 0}$；按轴上零件厚度确定键槽长度。如图

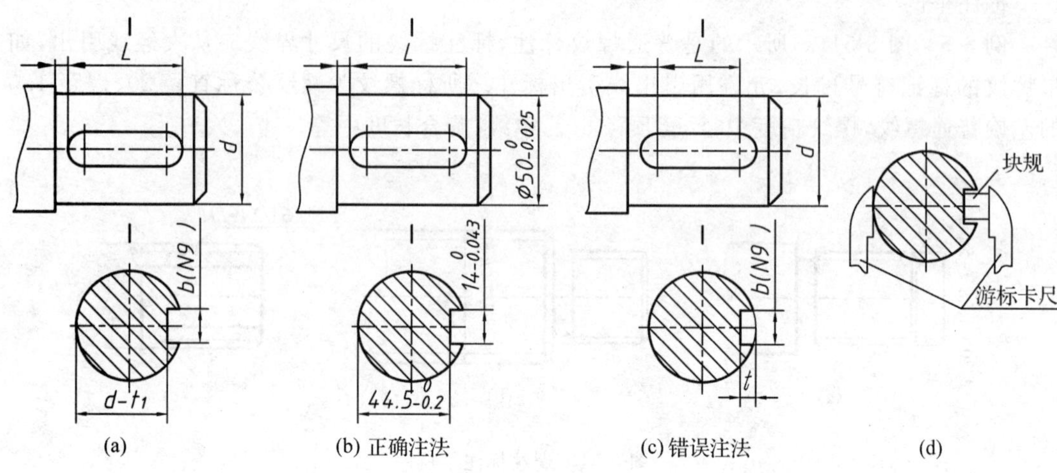

(a)　(b) 正确注法　(c) 错误注法　(d)

图 8-52　轴上键槽的尺寸注法与测量

8-52(b)所示。图 8-52(c)中直接标注 t_1，以及键槽长度 L 的注法都是错误的。

图 8-52(d)给出了键槽深度常用测量方法之一：在键槽中放置块规后用游标卡尺检测，再从卡尺读数中减去块规值。

(2)轮毂上键槽的标注

如图 8-53 所示的轮毂上的键槽采用省略轮类零件其他结构的简化画法，同样根据孔径 d 查表得到的键槽宽 b 和键槽深度 t_2，t_2 也不能直接标注，要按图示方式以 $d+t_2=$标注。如图 8-53(a)所示。

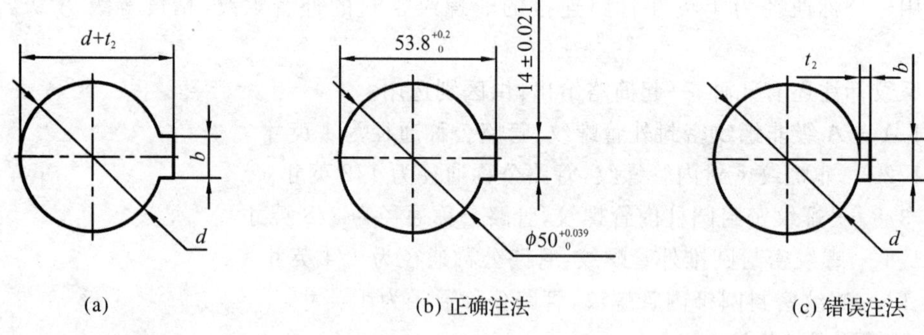

(a)　(b) 正确注法　(c) 错误注法

图 8-53　轮毂上键槽的尺寸注法

仍以直径ϕ50 轴孔、采用普通平键为例，从附表 23 查得键槽宽 $b=14$，按正常连接 JS9 查得公差 ±0.0215，标注在视图上；查得毂上槽深 $t_2=3.8$，公差$^{+0.2}_{0}$，按 $d+t_2=53.8$ 标注在视图上，如图 8-53(b)所示。图 8-53(c)中直接标注 t_2 是错误的。

3. 圆柱齿轮的尺寸标注及零件图

图 8-54 是齿轮零件图，齿轮的尺寸标注要注意其轮齿部分的特殊要求，齿轮轮齿部分的尺寸要求标注三个尺寸：齿顶圆 d_a、分度圆 d、齿宽 b。齿轮零件图除了要表示出齿轮的形状、尺寸和技术要求外，还要注明加工齿轮所需的基本参数。

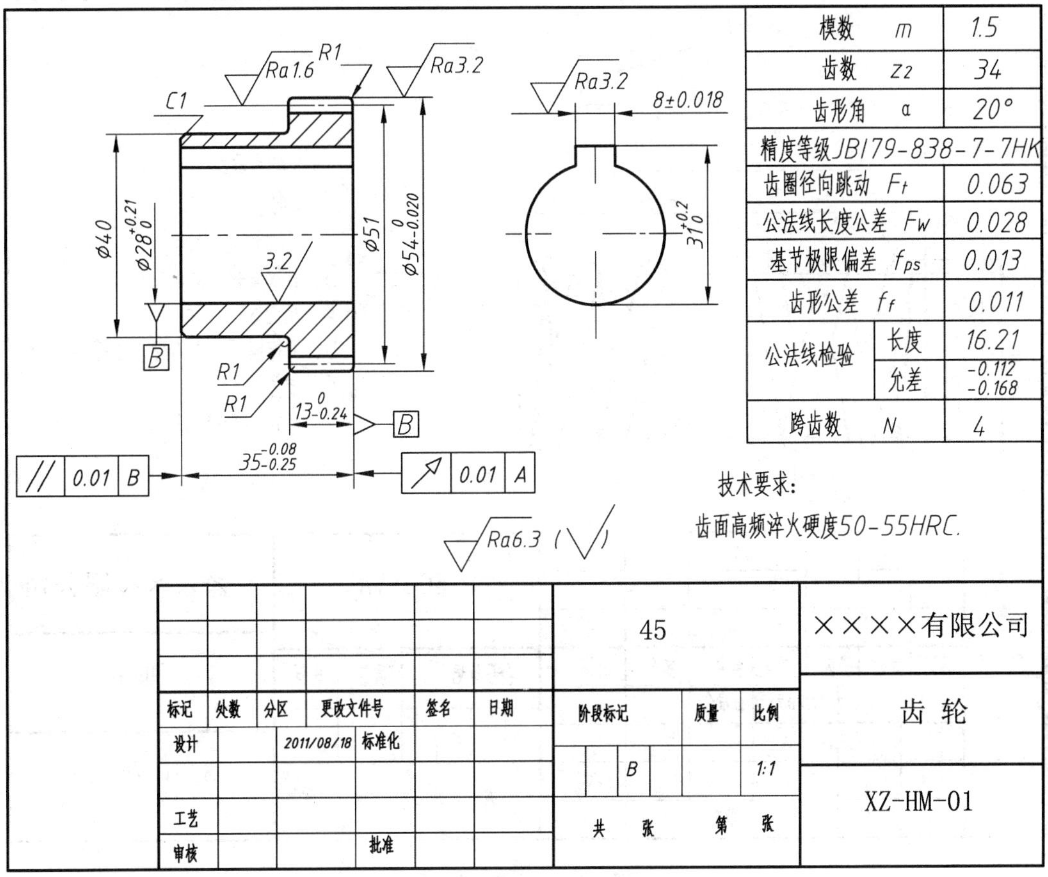

模数	m	1.5
齿数	z_2	34
齿形角	α	20°
精度等级	JB179-838-7-7HK	
齿圈径向跳动	F_r	0.063
公法线长度公差	F_W	0.028
基节极限偏差	f_{ps}	0.013
齿形公差	f_f	0.011
公法线检验	长度	16.21
	允差	$^{-0.112}_{-0.168}$
跨齿数	N	4

技术要求：
齿面高频淬火硬度50-55HRC.

						45	××××有限公司
标记	处数	分区	更改文件号	签名	日期	阶段标记 / 质量 / 比例	齿 轮
设计		2011/08/18	标准化			B / / 1:1	XZ-HM-01
工艺						共 张 第 张	
审核			批准				

图 8-54 圆柱齿轮零件图示例

4. 弹簧的尺寸标注

图 8-55 是弹簧零件图，弹簧的尺寸标注要标注出弹簧的材料直径 d、弹簧外径 D、节距 t 和自由高度 H_0，还要注明弹簧的其他参数和技术要求。

5. 工艺结构的尺寸标注

(1) 铸造圆角

铸造圆角是由铸造工艺决定的结构。铸造圆角可以在零件图中相应结构直接标出，通常情况下是在技术要求中说明，如“全部圆角 $R4$”；或少数标注在视图上，大部分相同的结构在技术要求中注明，如“未注圆角 $R3$～$R5$”。

(2) 倒角

对于常见的 45°倒角，可用符号“C”表示“45°倒角”，注成“$C1$”代表构成倒角截面的两直角边为 1mm，如图 8-56(a)所示；也可以在技术要求中注明，如“全部倒角 $C2$”、“其余倒角 $C1.5$”。非 45°倒角可以按照图 8-56(b)所示进行标注。

(3) 退刀槽和越程槽

退刀槽和越程槽通常可以按“$b\times\phi$”或“$b\times h$”的形式标注，如图 8-57 所示。“$b\times\phi$”的含义是槽宽为 b，槽底直径为ϕ；“$b\times h$” 的含义是槽宽为 b，由小径计槽深为 h。其具体尺寸需要查阅相应的手册。

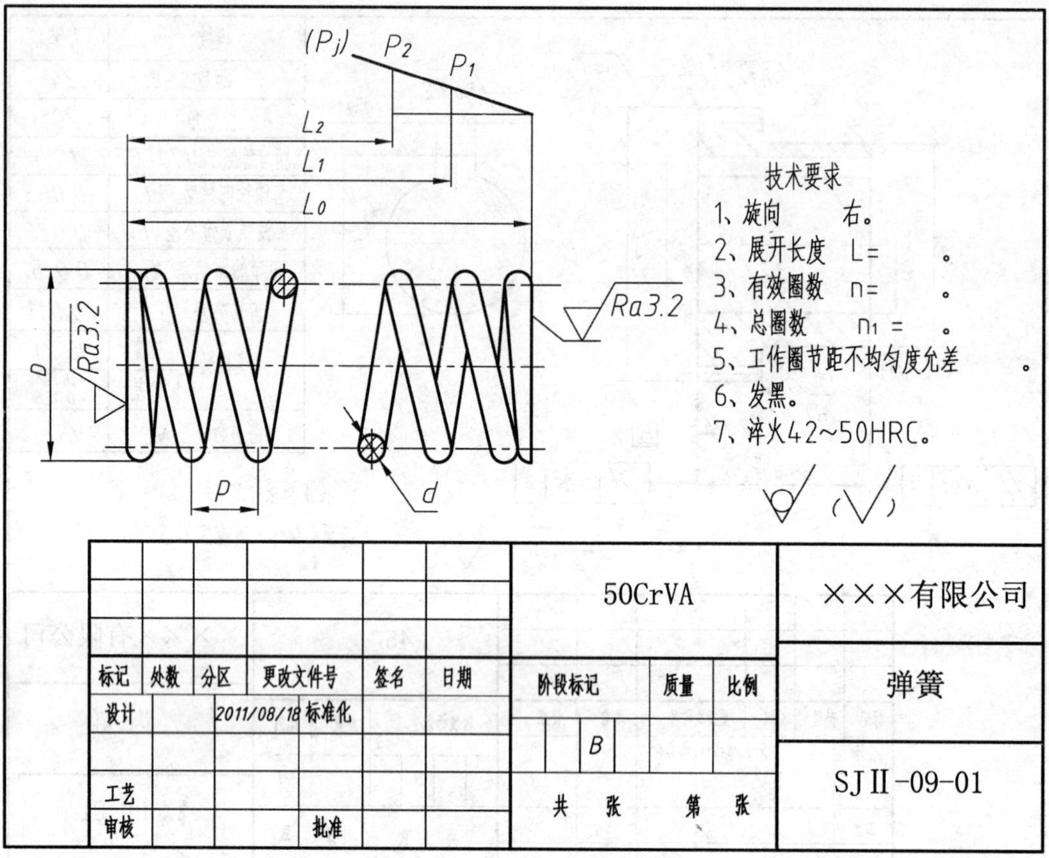

(P_j) P₂ P₁

L_2

L_1

L_0

D

Ra3.2

Ra3.2

P

d

技术要求

1、旋向　　右。
2、展开长度　L=　　。
3、有效圈数　n=　　。
4、总圈数　　n₁ =　　。
5、工作圈节距不均匀度允差　　。
6、发黑。
7、淬火42~50HRC。

						50CrVA				×××有限公司
标记	处数	分区	更改文件号	签名	日期	阶段标记		质量	比例	弹簧
设计		2011/08/18	标准化				B			SJⅡ-09-01
工艺						共　张		第　张		
审核			批准							

图 8-55　弹簧零件图

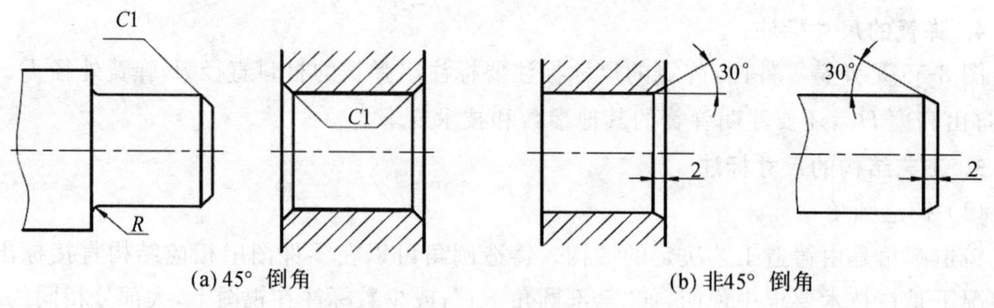

(a) 45° 倒角　　(b) 非45° 倒角

图 8-56　倒角的尺寸标注

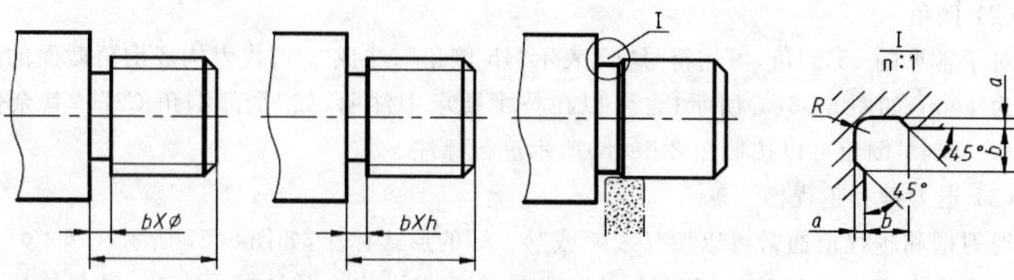

图 8-57　退刀槽和越程槽的尺寸标注

6. 常见孔的尺寸注法

零件上常见孔结构较多，如一些光孔、盲孔、螺孔、沉孔等，它们的尺寸注法已经基本标准化。表 8-6 为零件上常见孔的尺寸注法。熟悉这些常见结构的尺寸注法，也是掌握零件图尺寸标注的基本要求。

7. 中心孔

中心孔加工在轴的端部，作为工艺基准，一般用于工件的装夹、检验、装配的支撑定位。中心孔有标准结构，四种形式，可根据需要选用，在图纸上不必画出，具体形式和尺寸大小可查国家标准 GB/T 145-2001 规定，节选见附表 33。表示方法可按 GB/T 4459.5-1999 规定，只在轴端标注代号和数量，并用符号表明完工后是否保留。

表 8-6 零件上常见孔的尺寸注法

零件结构要素		旁注法		普通注法	说明
光孔	一般孔	4×ϕ4↧8	4×ϕ4↧10	6×ϕ4 8	4 个光孔，深度为 10
	锥销孔	锥销孔ϕ5 与××配做	推销孔ϕ5 与××配做		锥销孔通常在装配时两零件紧固一起加工
螺孔	通螺纹通孔	3×*M*6-7*H*	3×*M*6-7*H*	3×*M*6-7*H*	3 个公称直径为 6 的螺孔，螺纹精度 7H
	不通螺纹孔	3×*M*6-7*H*↧10 ↧13	3×*M*6-7*H*↧10 ↧13	3×*M*6-7*H* 10 13	有效螺纹深度为 10，底孔的深度为 13

续表

零件结构要素		旁注法		普通注法	说明
沉孔	柱头沉孔	4×φ6.6 ⌴φ12↧4.5	4×φ6.6 ⌴φ12↧4.5	φ12 4.5 6×φ6.6	通孔直径为6.6,沉孔直径为12,深4.5
	沉头沉孔	6×φ7 ⌵φ13×90°	6×φ7 ⌵φ13×90°	90° φ13 6×φ7	通孔直径为6,锥孔大端的直径为13,锥角为90°
	锪平孔	4×φ9 ⌴φ20	4×φ9 ⌴φ20	φ20 4×φ9	通孔直径为9,锪平孔直径为20,深度为锪平至基本不见毛面

如图8-58(a)的代号表示在轴的两端作出B型中心孔,$D=4$,$D_1=12.5$。符号表示完工后要保留中心孔。图8-58(b)的代号表示只在一端作出B型中心孔,符号表示在完工后中心孔保不保留都可以。图8-58(c)的代号表示只在一端作出A型中心孔,$D=1.6$,$D_1=3.35$,符号表示在完工后要去除中心孔。

如果需要设计非标准中心孔时,则应该绘图和进行相应的标注。如图8-58(d)所示。

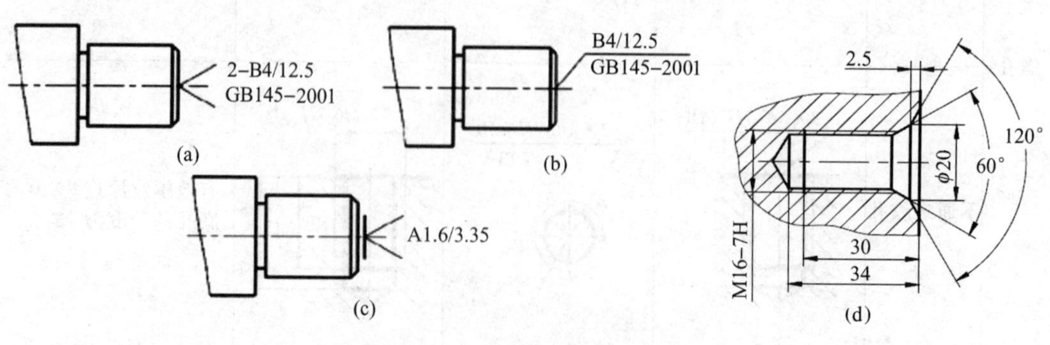

图8-58　中心孔标注示例

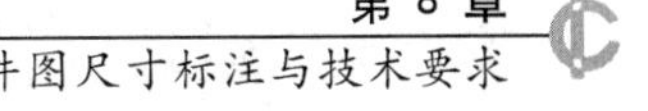

8.2 极限与配合及其注法

8.2.1 公差

1. 公差概念

由于工人技术水平、机床精度、环境与检测等原因，所加工零件的尺寸和图样标注的尺寸无法完全相同，即总是存在误差。正确的做法是给尺寸规定一个零件质量可以承受的、合理的变动范围。在加工中允许尺寸变化的最大误差量称作公差。工程上常用精度高低表示公差大小，零件要求加工的精度越高，尺寸公差值越小。

图 8-59(a)给出了一个标注了尺寸的轴零件的图例，图中有一个尺寸标注了尺寸变动范围，即公差，其他多数尺寸没有任何标注。这并不表示只有标注了尺寸变动范围的位置允许有误差，其他的位置不允许。工程图上的含义正相反，标注了公差的尺寸要求比未标注公差的尺寸要求严格。一张图纸上标注公差的尺寸越多。制造成本越高。因此，应该只为必要的尺寸标注合理的公差。

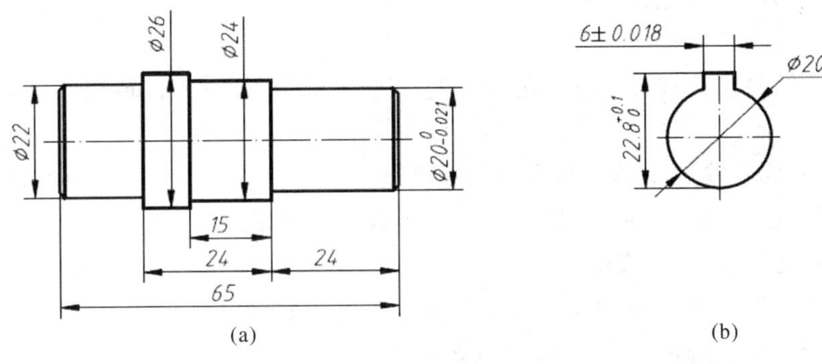

图 8-59　公差概念

图 8-59(a)标注公差尺寸的含义是：此段轴直径基本尺寸(也称作名义尺寸)为φ20，最大可以加工到φ20＋0＝φ20，最小可以加工到：φ20＋(－0.021)＝φ19.079，尺寸在此范围内为合格品。公差值为：0－(－0.021)＝0.021。

图 8-59(b)孔径尺寸标注公差的含义是：此孔直径基本尺寸为φ20，最大可以加工到φ20＋0.033＝φ20.033，最小可以加工到：φ20＋0＝φ20，尺寸在此范围内为合格品。公差值为：0.033-0＝0.033。

轴允许的公差值比孔小，说明轴的尺寸精度要求比孔高。

2. 尺寸公差术语(结合图 8-60)

基本尺寸—设计时确定的尺寸。如上例中的φ20。

实际尺寸—零件制成后实际测得的尺寸。

极限尺寸—允许零件实际尺寸变化的两个界限值。

最大极限尺寸—允许实际尺寸的最大值。如上例中 8-59(a)图的φ20，(b)图的φ20.033。

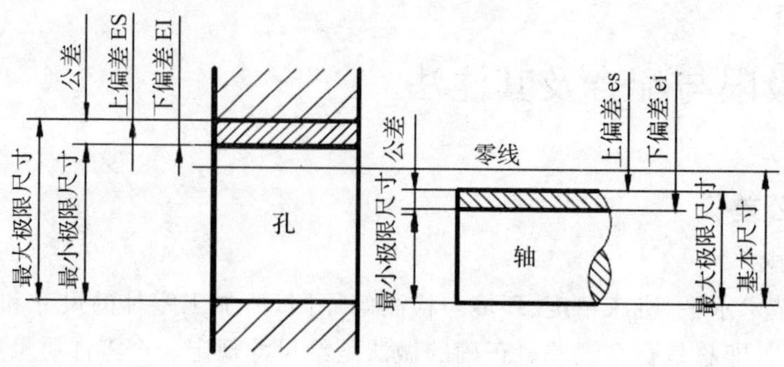

图 8-60　尺寸公差术语

最小极限尺寸—允许实际尺寸的最小值。如上例中 8-59(a)图的 ϕ19.079,(b)图的 ϕ20。

零件合格的条件:最大极限尺寸≥实际尺寸≥最小极限尺寸。

上偏差:上偏差 = 最大极限尺寸－基本尺寸。

其代号:孔和轴的上偏差分别记为:*ES* 和 *es* 。

下偏差:下偏差 = 最小极限尺寸－基本尺寸。

其代号:孔和轴的下偏差分别记为:*EI* 和 *ei* 。

上偏差和下偏差统称极限偏差,孔用大写字母 *ES* 和 *EI* 表示,轴用小字母 *es* 和 *ei* 表示。

尺寸公差(简称公差):允许实际尺寸的变动量。

公差 = 最大极限尺寸－最小极限尺寸 = 上偏差－下偏差。

由以上偏差、公差计算公式得出:

偏差的数值可正可负,公差的数值一定恒为正。

例 8-6　一根轴的直径为 $\phi60\pm0.015$,如图 8-61 所示,分析其各项尺寸公差术语及公差值。

分析得出各项尺寸为:

基本尺寸:ϕ60mm

最大极限尺寸:ϕ60.015mm

最小极限尺寸:ϕ59.985mm

零件合格的条件:

ϕ60.015mm ≥实际尺寸≥ϕ59.985mm

上偏差 = 60.015－60 = ＋0.015

下偏差 = 59.985－60 = －0.015

公差 = 0.015－(－0.015) = 0.030

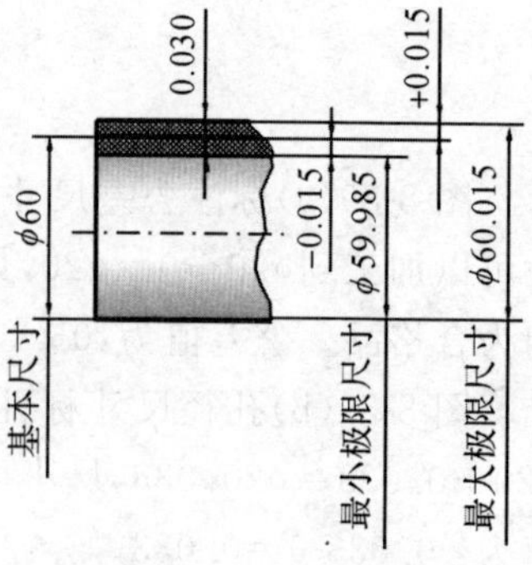

图 8-61　尺寸公差

3. 公差带及公差带图

公差带是公差的范围区域,用以表示尺寸允许变动的界限和范围。公差带图包含两项内容,不仅有公差带的范围区域,还示意出公差范围区域的方位。即公差带图直观地表示出公差的大小及公差带相对于零线的位置。如图 8-62 所示,表示了三个尺寸的公差带图:

$$\phi50\pm0.008 \qquad \phi50^{+0.024}_{+0.008} \qquad \phi50^{-0.006}_{-0.022}$$

第一个尺寸的极限偏差有正有负，其公差带上下对称地落在零线上；第二个尺寸的极限偏差均为正值，其公差带位于零线上方；第三个尺寸的极限偏差均为负值，故其公差带位于零线下方。

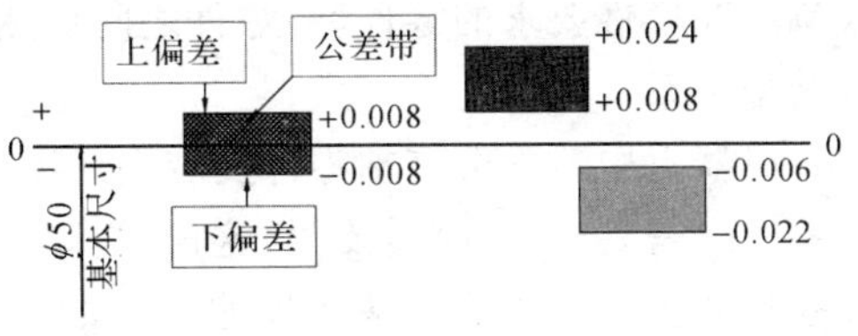

图 8-62　公差带表示法

4. 标准公差

公差的精度分级及其数值由国家标准规定。国家标准规定的、用于确定公差带（公差的范围）大小的任一公差称为标准公差。标准公差数值是由基本尺寸和公差等级所决定。公差等级表示尺寸精确程度。国家标准将公差等级分为 20 级，即 IT01、IT0、IT1、IT2……IT18。IT 表示标准公差，后面的阿拉伯数字表示公差等级。从 IT0 至 IT18，尺寸的精度依次降低，而相应的标准公差数值依次增大。

标准公差的数值见附录表 1。这些公差值是总结实践经验、理论分析制定的，在国际上也是统一的，设计者如无特殊原因，都应该根据设计精度需要，按表中数据选取公差值。

一般地，IT4 级以上为量具量仪超精级，5～8 级为常用精密级，9～11 为矿山机械、农用机械配合级。零件精度要求越高，其制造成本越高，在使用满足要求前提下，应尽可能选择较低的公差等级。

5. 未注公差尺寸的精度要求

在工程图样中有许多尺寸是没有标注公差的，这也不意味这些相对不重要的尺寸的误差没有限制，设计者一般应根据机器用途、工作场合、外观等要求，在用文字注写的技术要求中对未注公差尺寸规定一个统一的精度级别，以控制机器总体基础精度水平。国家标准(GB/T1804)对未注尺寸公差数值作出了规定，如表 8-7 所示。普通机械一般注写“未注尺寸按 GB/T1804-m 级”，约相当于 IT13 级。需要注意的是：不能简单规定统一的公差值，如写成“未注尺寸公差全部为±0.05 ”，这对 50 以上不重要尺寸属于要求过高了。

表 8-7　未注公差线性尺寸的极限偏差数值(GB/T1804-2000)

	0.5～3	＞3～6	＞6～30	＞30～120	＞120～400	＞400～1000	＞1000～2000	＞2000～4000
精密 *f*	±0.05	±0.05	±0.1	±0.15	±0.2	±0.3	±0.5	——
中等 *m*	±0.1	±0.1	±0.2	±0.3	±0.5	±0.8	±1.2	±2
粗糙 *c*	±0.2	±0.3	±0.5	±0.8	±1.2	±2	±3	±4
最粗 *v*	——	±0.5	±1	±1.5	±2.5	±4	±6	±8

8.2.2　零件的互换性与配合

1. 零件的互换性

同一批零件，不经挑选和辅助修配，任取一个就可顺利地装到机器上，满足机器的设计和使用性能要求，零件的这种在尺寸上与功能上可以相互代替的性质称为互换性。零件具有互换性，不仅有利于组织大规模的专业化生产，而且可以提高产品质量、降低成本和便于维修。互换性既是大批量生产、维修的基本要求，也是制定、遵循标准公差制造——标准化的结果。

2. 零件的配合

零件具有互换性除了体现在连接、安装结构及其尺寸上之外，更重要的是体现在机器更换满足互换性要求的零件后,零件之间仍然保持着合理的、多数情况下是轴与孔的较为精密的装配关系。

机器上中经常会有轴零件安装在某零件孔中的装配结构,因为使用要求不同,轴与孔的关系有时需要松,有时需要紧,这种"松"与"紧"往往是在轴与孔基本尺寸相同基础上,通过设定尺寸公差实现的。基本尺寸相同的、相互结合的孔和轴的公差带之间的关系,称为配合。基本尺寸不同的轴与孔装配在一起形成的关系不是配合。

(1)配合及类型

配合有三种类型:间隙配合、过盈配合、过渡配合。

设:δ=带孔零件内孔的实际尺寸-轴的实际尺寸,则:

1)间隙配合

当δ≥0,孔与轴的装配有间隙时称为间隙配合(包括最小间隙等于零的配合)。如图 8-63所示,孔的公差带始终在轴的公差带之上。

间隙配合的典型应用场合是如图 8-64 所示的工程机械液压缸中的伸缩运动配合,以及各活动关节轴与孔的配合。

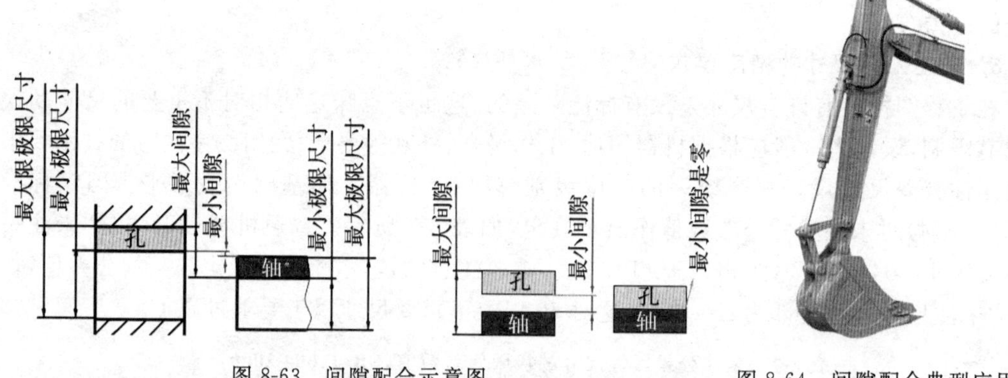

图 8-63 间隙配合示意图

图 8-64 间隙配合典型应用

2)过盈配合

当δ≤0,孔与轴的装配有过盈时称为过盈配合(包括最小过盈等于零的配合)。如图 8-65所示,孔的公差带在轴的公差带之下。

过盈配合的典型应用实例是如图 8-66 所示的钢丝钳的钳轴与一只钳脚紧固而不能松动的配合。

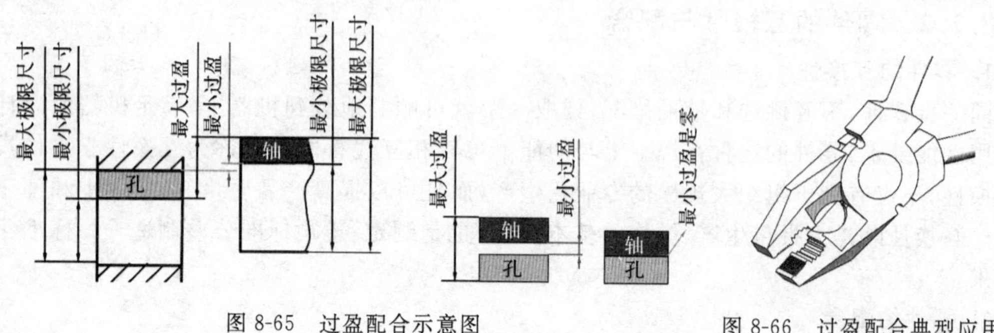

图 8-65 过盈配合示意图

图 8-66 过盈配合典型应用

3)过渡配合

孔与轴的装配可能有间隙也可能有过盈时,称为过渡配合。如图 8-67 所示,孔的公差带与轴的公差带相互交叠。

过渡配合主要用于本不希望有间隙,但又不允许过紧及有方便拆卸要求的场合,例如下一章将介绍的轴承内外圈与其装配零件的配合。

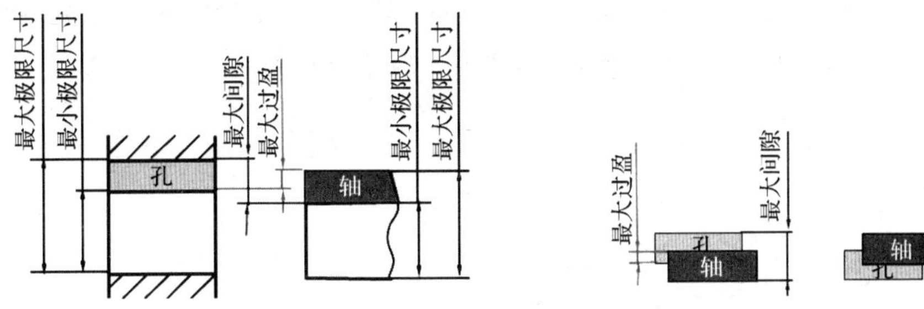

图 8-67　过渡配合示意图

(2) 基本偏差

图 8-68 给出了间隙、过渡、过盈三种配合的图例，对照标准公差表分析可知,孔采用 8 级精度($\phi28$ 对应公差 0.033),轴采用 7 级精度($\phi28$ 对应公差 0.021),在形成三种配合关系时始终未变,获得松紧不同的配合是通过改变公差带与“零线”的位置关系实现的。

在标准的极限与配合中,公差带相对零线位置的那个极限偏差定义为基本偏差。

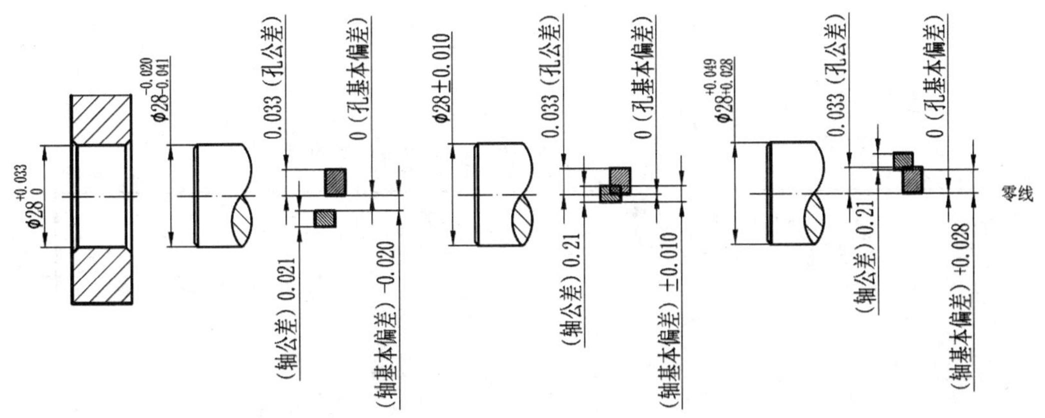

图 8-68　三种配合的公差带起点变化

基本偏差可以是上偏差或下偏差,一般指靠近零线的那个偏差。当公差带位于零线的上方时,基本偏差为下偏差;当公差带位于零线的下方时,基本偏差为上偏差;总之是靠近零线的那个偏差如图 8-69 所示。

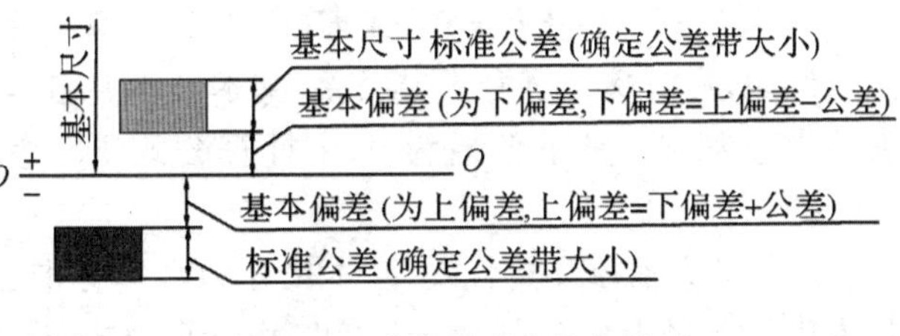

图 8-69　公差带大小及位置

国家标准为孔和轴规定了各 28 种基本偏差,并为每种基本偏差赋予了字母代号:孔的代号都是大写字母,轴的代号都是小写字母。如图 8-70、8-71 所示基本偏差系列图，确定了孔和轴的公差带位置。孔的基本偏差 $A \sim H$ 为下偏差，$J \sim ZC$ 为上偏差；轴的基本偏差 $a \sim h$ 为上偏差，$j \sim zc$ 为下偏差；其中 H 和 h 都挨着零线，前者被称为基准孔，它的下偏差为零，后者被称为基准轴，它的上偏差为零。JS 与 js 的公差带对称分布于零线两边，孔和轴的上、下偏差均为 $+IT/2$、$-IT/2$ 。基本偏差系列图直观绘出基本偏差——公差带从零线一侧起始线与零线距离位置分布及偏差代号，但图中所有的公差带另一端为开口，表示由设计者确定精度等级、决定封口位置后封闭。根据尺寸公差的定义，基本偏差和标准公差的计算式为：

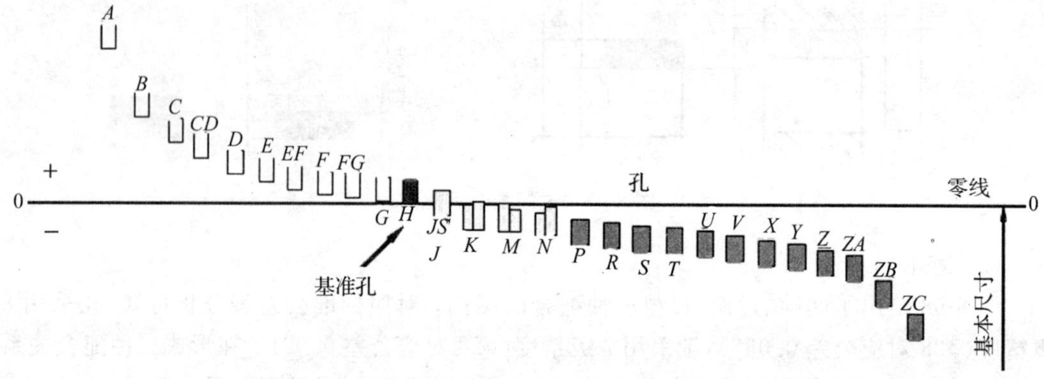

图 8-70　孔的基本偏差代号及其尺寸分布图

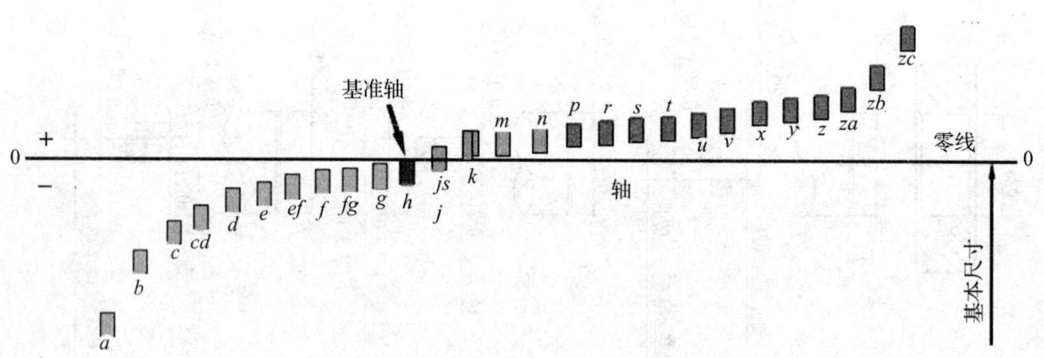

图 8-71　轴的基本偏差代号及其尺寸分布图

$$ES = EI + IT \text{ 或 } EI = ES - IT \text{ ；} es = ei + IT \text{ 或 } ei = es - IT \text{ 。}$$

例如，$\phi 12H8$ 为孔径及其公差，基本尺寸为 $\phi 12$，标准公差等级为 8，$IT8 = 0.027$；基本偏差代号为 H ，其下偏差为 0，由计算公式 $ES = EI + IT$ ，上偏差 $ES = 0 + 0.027 = 0.027$。

$\phi 20f7$ 为轴径及其公差，基本尺寸为 $\phi 20$，标准公差等级为 7，公差 $IT7 = 0.021$；基本偏差代号 f 的上偏差 $es = -0.002$，由计算公式 $ei = es - IT$ ，下偏差 $ei = -0.002 - 0.021 = -0.023$ 。

查 GB/T2008.4，图 8-68 三种配合例的孔尺寸全部可注成 $\phi 28H8$；轴尺寸分布可注成

$\phi 28f7$、$\phi 28js7$、$\phi 28r7$。组成的三种配合可注成间隙配合：$\phi 28H8/f7$；过渡配合：$\phi 28H8/js7$；过盈配合：$\phi 28H8/r7$。

我们把前面轴和孔的基本偏差分布图如图 8-72 所示，按 0 线重合叠加在一起再看，各种组合得到的配合状态就非常直观了。

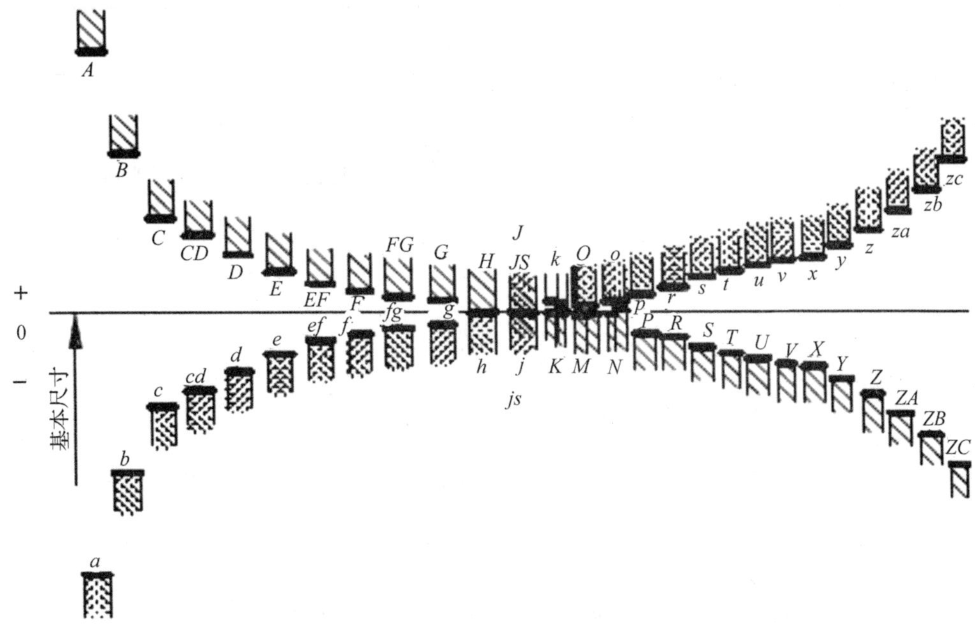

图 8-72 各种组合得到的配合状态

(3)配合与公差的标注

1)配合的标注

配合是作为机器设计的一个重要尺寸标注和技术要求标注在装配图当中的。一般装配图当中的所有选择配合的连接部位都应剖视、标注，或者作代表性剖视标注。配合要标注在两个相配连接结合处，空间受限时可以引出标注。标注基本形式是叠放方式，如图 8-73 所示。应用如图 8-74 所示。

基本尺寸 $\dfrac{\text{孔的公差带代号}}{\text{轴的公差带代号}}$

图 8-73 配合标注基本形式

$\phi 30\dfrac{H8}{f7}$ $\phi 40\dfrac{H7}{n6}$

图 8-74 配合标注应用

空间受限时也可以采用顺写方式，如图 8-82 所示。

配合标注只注写偏差代号，不注写数值。

2)零件尺寸公差的标注

零件的尺寸公差是根据在装配图上为其所选定的配合来查表标注的。图 8-75 给出了由配合到尺寸公差的标注过程，图 8-76 给出了零件尺寸公差的标注形式。

形式 1：直接注出基本尺寸及上、下偏差数值，直观，方便加工与检验。工程上最常用，尤其试制单件及小批生产用此法较多。

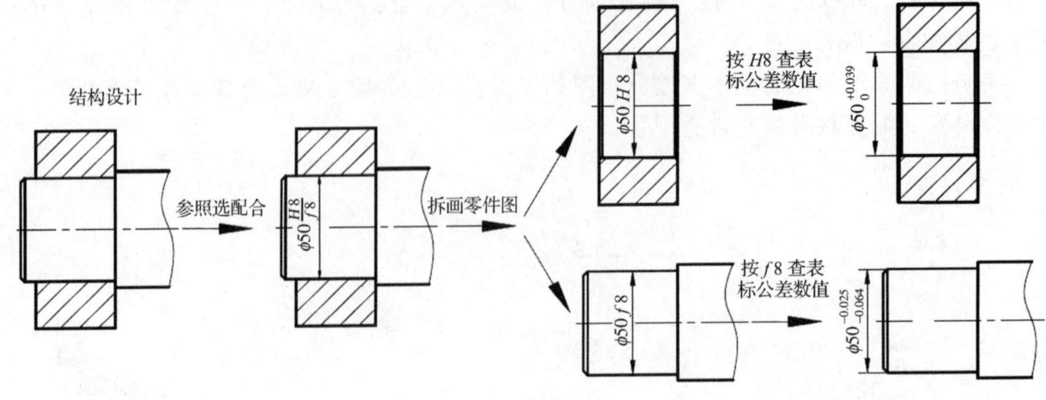

图 8-75　尺寸公差的标注过程

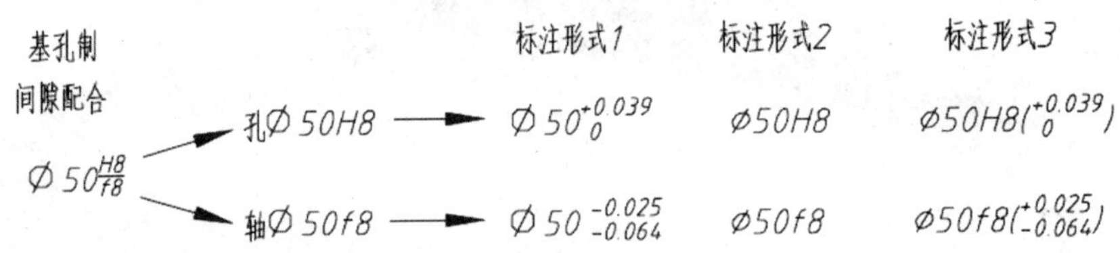

图 8-76　零件尺寸公差的标注形式

形式 2:在基本尺寸后注出公差带代号,配合精度指示明确,标注简单,但数值不直观,适用于量规检测的尺寸。

形式 3:在基本尺寸后,既注出公差带代号,又注出上、下偏差值,既指明配合精度又给出直观的公差数值,但标注繁琐,多占图样空间。

(4)规定注法

1) 极限偏差注在基本尺寸后面,并以上偏差在上、下偏差在下的叠放形式。

2) 极限偏差字高比基本尺寸小一号,下偏差与基本尺寸底线对齐。

3) 上、下偏差依小数点对齐,0 前面不能写+、－号,非 0 上、下偏差位数尽量相等。

4) 当上、下偏差数值相同时,可只写一个偏差数,其前加注±。

轴与孔公差的正确的标注示例如图 8-77(a)、(b)所示。图 8-77(c)给出了一些常见的标注错误其中①在 0 前面写了“-”号;②③小数点没有对齐;④上、下偏差位数不相等,还可能损失或抬高精度。⑤应注成±0.015;⑥在 0 前面写了“＋”号。

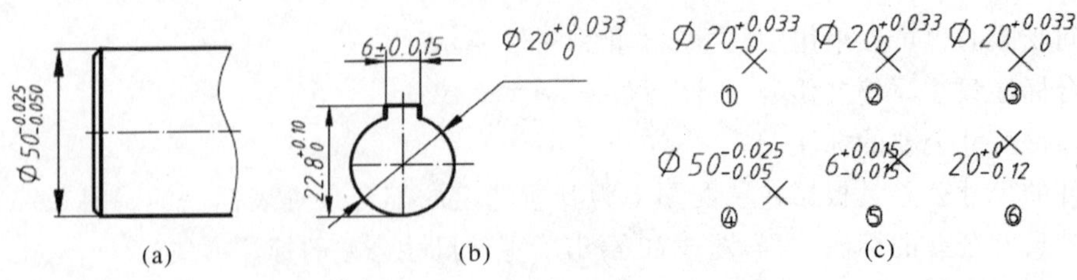

图 8-77　轴与孔公差标注示例

(5) 非圆结构处理

工程设计中经常有非圆结构，一般地，外凸、外形按轴类处理，内凹、内形按孔类处理，孔中心距注±形式。如图 8-78 所示。

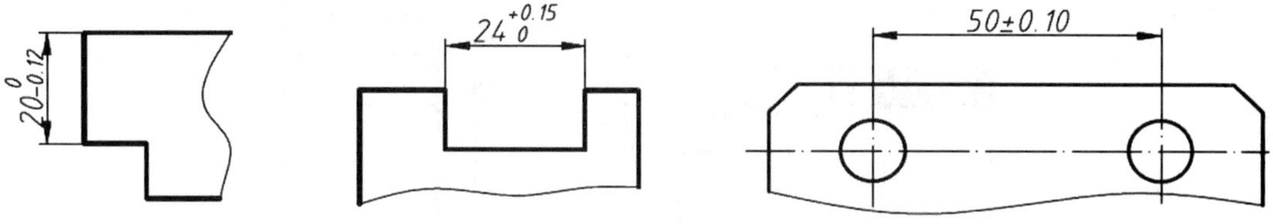

图 8-78　非圆结构公差处理

8.2.3　配合的基准制

国家标准规定了 28 种基本偏差和 20 个等级的标准公差，这对某个基本尺寸的孔或轴的配合，形成了大量的公差带。任取一对孔、轴的公差带都能形成一定性质的配合，如果任意选配，情况变化极多。这样，不便于零件的设计与制造。为此，国家标准又规定了配合制。所谓配合制是指同一个极限制的孔和轴所组成配合的一种制度，有基孔制和基轴制两种。

(1) 基孔制配合：固定孔的一个基本偏差：H，以其公差带与不同基本偏差的轴的公差带形成各种配合的制度。如图 8-79(a)所示。基孔制的孔称为基准孔，其基本偏差代号为

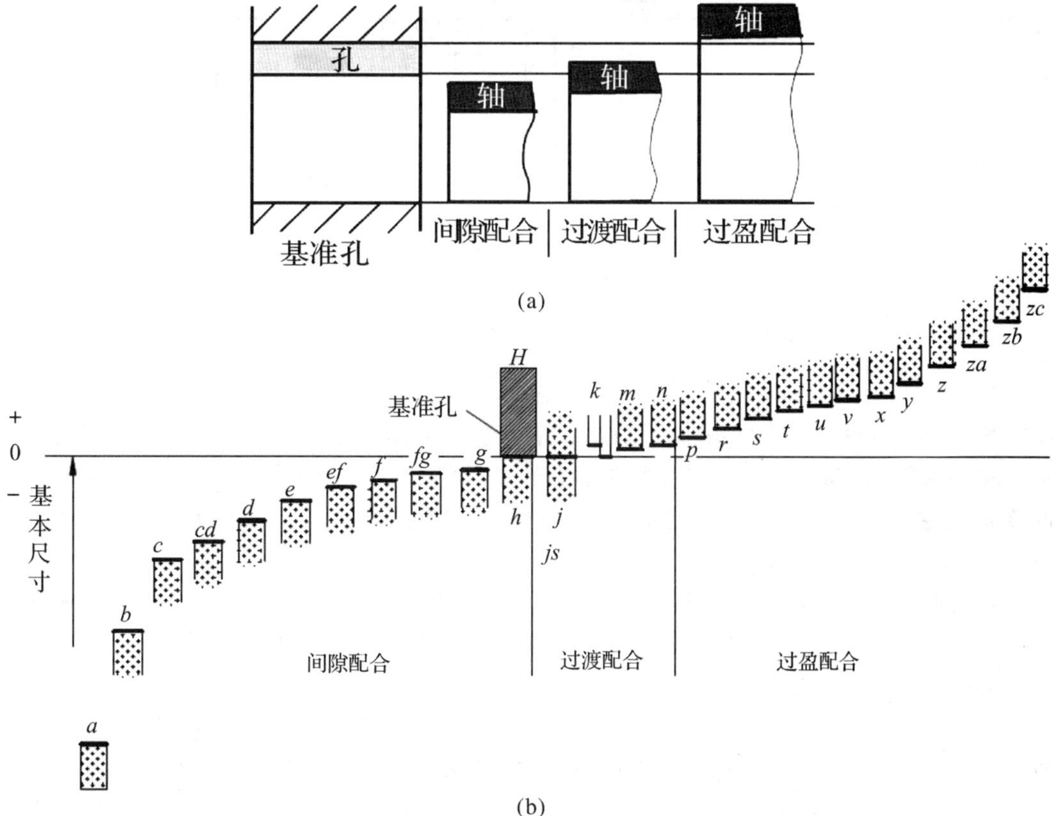

图 8-79　基孔制配合直观图

H，其下偏差为零。基准孔与基本尺寸相同的轴的 28 个基本偏差形成不同配合种类：与 $a\sim h$ 形成间隙配合，与 $j\sim n$ 形成过渡配合，与 $p\sim zc$ 形成过盈配合，如图 8-79(b)所示。

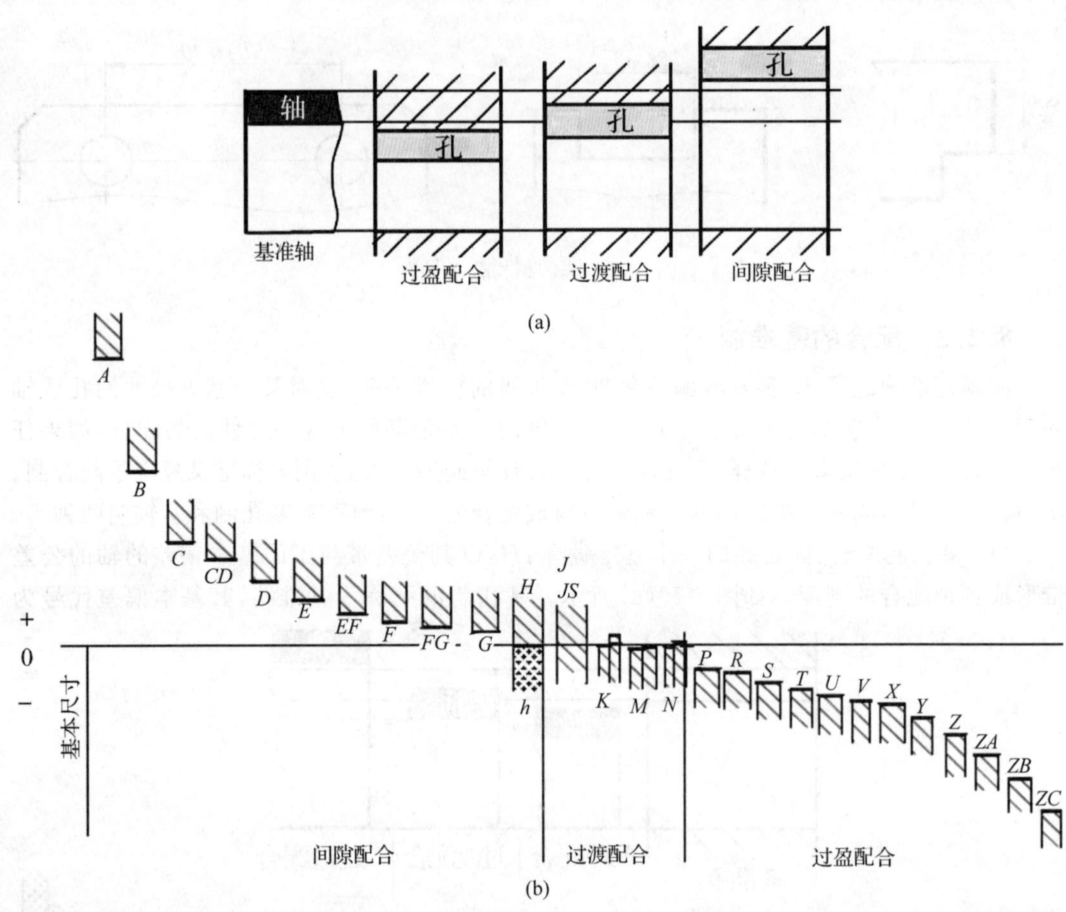

图 8-80　基轴制配合直观图

(2) 基轴制配合：固定轴的一个基本偏差：h，以其公差带与不同基本偏差的孔的公差带形成各种配合的制度。如图 8-80(a)所示。基轴制的轴称为基准轴，其基本偏差代号为 h，其上偏差为零。基准轴与基本尺寸相同的孔的 28 个基本偏差形成不同的配合种类：与 $A\sim H$ 形成间隙配合，与 $J\sim N$ 形成过渡配合，与 $P\sim ZC$ 形成过盈配合，如图 8-80(b)所示。

(3) 配合的基准制选用

基孔制是应优先采用的配合制度，这是因为加工较高精度的孔比加工相同精度的轴要困难，而准备孔量具或工具的成本要低。所以，工程上如无特别考虑都是采用基孔制。

基轴制是在几个必须或者经济上划算的场合采用的配合制度：

1)轴承外径与其安装孔配合的场合。轴承外径尺寸公差是按 h 制造的，精度 6 级以上，硬度很硬(61HRC 以上)，一般不允许再加工破坏其精度，即使想加工也很难。要想获得所需要的配合，只能把轴承外径作为基准轴，调整安装孔的偏差。如图 8-81 中 ϕ70J7 实际是 ϕ70J7/h6 的省略标注(轴承外径、内径都省略标注)，它规定的是以轴承外径为基准轴的过

渡配合。

2）需在同直径轴上获得多个不同配合的场合。图 8-82 表达的是为人熟知的老虎钳。老虎钳工作时，钳轴与一只钳脚要相对转动，与另一只钳脚要紧固不动，如果采用基孔制配合，钳轴直径必须加工成公差不同的两段才能满足要求，但如果采用基轴制配合，钳轴只需加工成统一直径，将本来就分别加工的两只钳脚的孔径加工成公差不同就可以了，这对大批量生产来说无疑是很划算的。因此，钳轴全长按 $h7$ 加工，一只钳脚与钳轴采用基轴制的一种较小间隙配合（$G7/h7$），另一只钳脚与钳轴采用基轴制的过盈配合（$R7/h7$）。如图 8-82 所示。

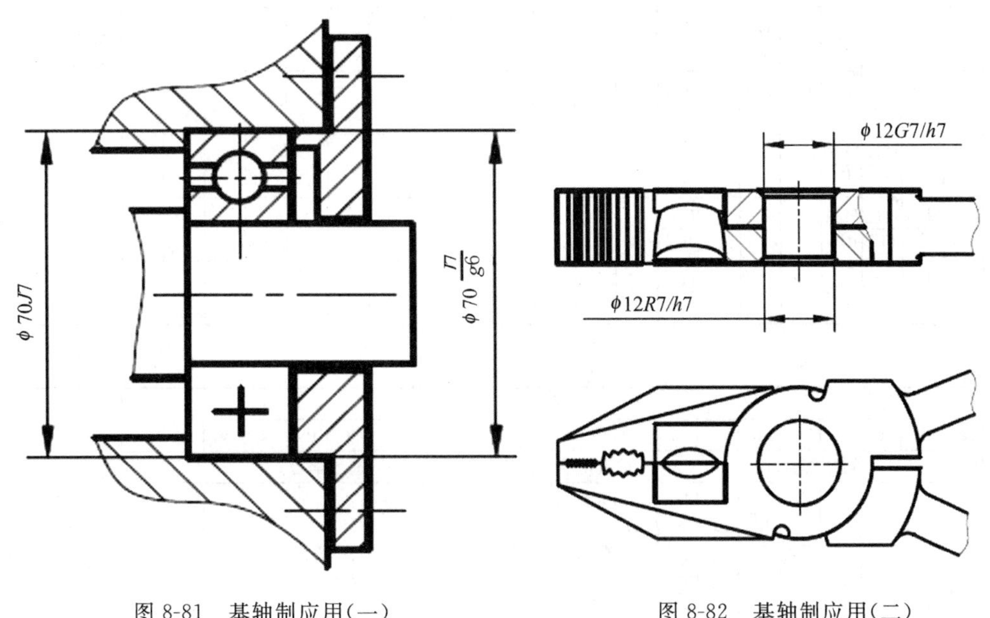

图 8-81　基轴制应用（一）　　　图 8-82　基轴制应用（二）

由于结构、功能设计的原因，工程上也有采用混合配合制度的少数场合。如图 8-81 所示的装配结构，轴承外径与其安装孔已按规定采用了基轴制的过渡配合，但右端的轴承压盖由于调整、拆装的原因需要与孔形成间隙配合，此时只能根据孔的基本偏差 $J7$，选择轴的基本偏差，图中采用了 $J7/g7$，形成松紧适当的间隙配合。

8.2.4　配合的制定

为所设计的机器的连接副制定配合类型是机械工程师的基本功，这项工作是在机器设计（绘制装配图）中完成的。合理地制定配合有赖于更多相关知识的学习和设计实践，这里简介几个常用的图表，可供设计时参照使用。

（1）配合优选表

为了标准化和减少加工成本等原因，国家标准给出了《配合优选表》，如表 8-8 所示，推荐在设计时优先选用。

表 8-8 配合优选表

基准孔	轴																					备注
	a	b	c	d	e	f	g	h	js	k	m	n	p	r	s	t	uv	x	y	z		
	间隙配合								过渡配合			过盈配合										
H6						H6/f5	H6/g5	H6/h5	H6/js5	H6/k5	H6/m5	H6/n5	H6/p5	H6/r5	H6/s5	H6/t5						
H7						H7/f6	▼H7/g6	▼H7/h6	H7/js6	▼H7/k6	H7/m6	▼H7/n6	▼H7/p6	H7/r6	▼H7/s6	H7/t6	▼H7/u6	H7/v6	H7/x6	H7/y6	H7/z6	
H8					H8/e7	▼H8/f7	H8/g7	▼H8/h7	H8/js7	H8/k7	H8/m7	H8/n7	H8/p7	H8/r7	H8/s7	H8/t7	H8/u7					
H8				H8/d8	H8/e8	H8/f8		H8/h8														标▼者为优先配合共13种
H9			H9/c9	▼H9/d9	H9/e9	H9/f9		▼H9/h9														
H10			H10/c10	H10/d10				H10/h10														
H11	H11/a11	H11/b11	▼H11/c11	H11/d11				▼H11/h11														
H12		H12/a12						H12/h12														

基准轴	孔																					备注
	a	b	c	d	e	f	g	h	js	k	m	n	p	r	s	t	uv	x	y	z		
	间隙配合								过渡配合			过盈配合										
h5						F6/h5	G6/h5	H6/h5	js6/h5	K6/h5	M6/h5	N6/h5	P6/h5	R6/h5	S6/h5	T6/h5						
h6						F7/h6	▼G7/h6	▼H7/h6	js7/h6	▼K7/h6	M7/h6	▼N7/h6	▼P7/h6	R7/h6	▼S7/h6	T7/h6	▼U7/h6					
h7					E8/h7	▼F8/h7		▼H8/h7	js8/h7	K8/h7	M8/h7	N8/h7	P8/h7									
h8				D8/h8	E8/h8	F8/h8		H8/h8														标▼者为优先配合共13种
h9				▼D9/h9	E9/h9	F9/h9		▼H9/h9														
h10				D11/h10				D10/h10														
h11	A11/h11	B11/h11	▼C11/h11	D11/h11				▼H11/h11														
h12		B12/h12						H12/h12														

（2）常用优先配合特性与选用

机械设计相关手册上大都编有常用优先配合特性说明、选用举例等，表 8-9 节选部分内容为例。

表 8-9 常用优先配合特性与选用

$H6/f5$	$F6/h5$	具有中等间隙，属于带层流、液体摩擦良好的转动配合，广泛适用于普通机械中转速不大，普通润滑脂或润滑油润滑的轴承，以及要求在轴上自由转动回轴向滑动的配合。如精密机床中变速箱、进给箱的旋转件的配合，或其他重要的滑动轴承，高精度齿轮轴套与轴承衬套等的配合。
$H6/g5$	$G6/h5$	具有很小的间隙，制造成本较高，用于自由移动，但不要求自由转动，行程不太大，要求保持很小的配合间隙，且要求精确定位的配合。如光学分度头主轴与轴承，刨床滑块与滑槽，蜗轮减速箱孔与轴承衬套等的配合。
$H7/g6$	$G7/h6$	具有很小的间隙，适用于有一定的相对运动，不要求自由转动，并且精确定位的配合，亦适应用转动精度高，但转速不高，以及转动时有冲击，但要求一定的同轴度或紧密性的配合，如机床的主轴与轴承，机床的传动齿轮与轴，中等精度分度头主轴与轴套，矩形花键的定心直径，可换钻套与钻模的配合。
$H8/g7$		具有很小的间隙，与 $H7/g6$ 相比，其精度略低。常用在柴油机汽缸体与挺杆，手电钻中的配合等。
$H6/h5$	$H6/h5$	最小间隙为零的间隙定位配合，适用于同轴度要求较高，工作时零件没有相对的结合，也适用于导向精度较高，工作时有微量缓慢轴向移动的结合，还适用于同轴度要求较高，有需经常拆卸的固定配合，如车床尾座体与套筒，高精度分度盘轴与孔配合等。
$H7/f7$	$F7/h6$	具有中等间隙，属于带层流、液体摩擦良好的转动配合，用于普通机械中转速不太高，要求较高精度，需要在轴上移动或转动的配合，如爪型离合器与轴，机床中一般轴与轴承、机床夹具、钻模、镗模的导套等的配合。
$H8/f7$	$F8/h7$	具有中等间隙，液体摩擦良好的转动配合，适用于中等转速及中等轴颈压力的一般精度的传动，但也可用于易于装配的长轴或多支承的中等精度的定位配合，如机床中轴向移动的齿轮与轴，离合器活动爪与轴等的配合。
$H8/f8$	$F8/h8$	具有中等间隙，液体摩擦比较好。适用于一般精度要求，中等转速的轴与轴承，或转速较高，支承跨距较大或多支承的传动轴和轴承的配合，如控制机构中的一般轴和孔，滑块和凹槽等的配合。
$H9/f9$	$F9/h9$	具有中等间隙，精度较低，液体摩擦较好的配合，适用于较低精度要求且需要在轴上灵活转动的零件，或用于转速较高的轴与轴承的配合。如手电钻中的配合，安全联轴器轮毂与套，低精度含油轴承与轴，减速器轴承密封圈与箱孔等要求较高的转动配合。
$H7/h6$	$H7/h6$	配合间隙较小，最小间隙为零的间隙定位配合，较好地对准中心，一般多用于常拆卸，或在调整时需要移动或转动的联结处，工作时滑移较慢，并要求较好的导向精度，例如，机床变速箱中的滑移齿轮和轴，离合器和轴，钻床横臂和立柱，风动工具活塞与缸体的配合。

8.3 形状与位置公差简介

1. 概念

由于各种因素的影响，任何零件在加工过程中不仅产生尺寸误差，也会产生形状和位置误差。图 8-83(a)的齿轮轴轴颈加工后轴线不是理想直线，产生的这种误差称为形状误差；而图 8-83(b)所示的齿轮轴加工后，轴颈的轴线与轮齿部分的端面不垂直，两端轴段轴线也不重合，这种误差称为位置误差。这两种情况都不能使齿轮轴与合格的孔零件正常装配，或不能正常工作。为保证机器质量，保证零件之间的可装配性，根据零件的实际需要，在图样上应合理地标出形状和位置误差的允许变动值，即形状和位置公差，简称形位公差。

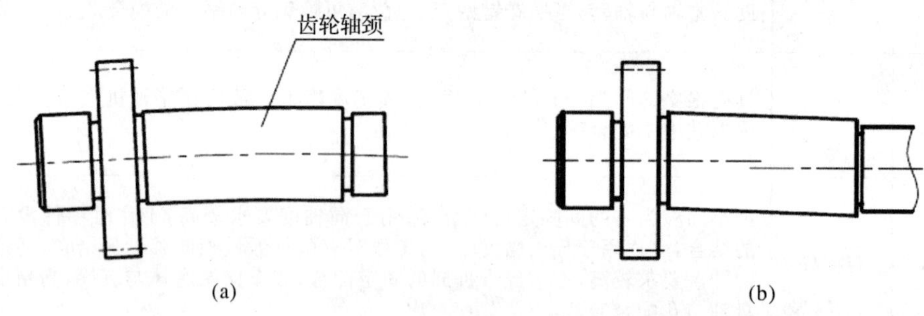

图 8-83 齿轮轴加工时产生的形状误差和位置误差

2. 形位公差符号

国家标准 GB/T 1182—1996 中规定的形状和位置公差为两大类，共 14 项，各项名称及对应符号如表 8-10 所示。

表 8-10 形位公差特征项目的符号

公差		特征项目	符号	有或无基准要求	公差		特征项目	符号	有或无基准要求
形状	形状	直线度	⏤	无	位置	定向	平行度	∥	有
		平面度	▱	无			垂直度	⊥	有
		圆度	○	无			倾斜度	∠	有
		圆柱度	⌭	无		定位	位置度	⌖	有或无
形状或位置	轮廓	线轮廓度	⌒	有或无			同轴（同心）度	◎	有
		面轮廓度	⌓	有或无			对称度	⌯	有
						跳动	圆跳动	↗	有
							全跳动	⌰	有

3. 标注方法

在图样中，形位公差一般采用框格进行标注，也可在技术要求中用文字进行说明。

(1)形位公差框格 形位公差要求在矩形框格内给出，框格的内容和各尺寸关系见图 8-84(a)和表 8-11，标注时公差框格与被测要素之间用带箭头的指引线(细实线)连接。基准符号的画法如图 8-84(b)所示，细实线方框中的字母为基准字母，与位置公差框格中的基准字母相对应，指示基准要素的三角形(空心或实心)与细实线方框之间用细实线连接。

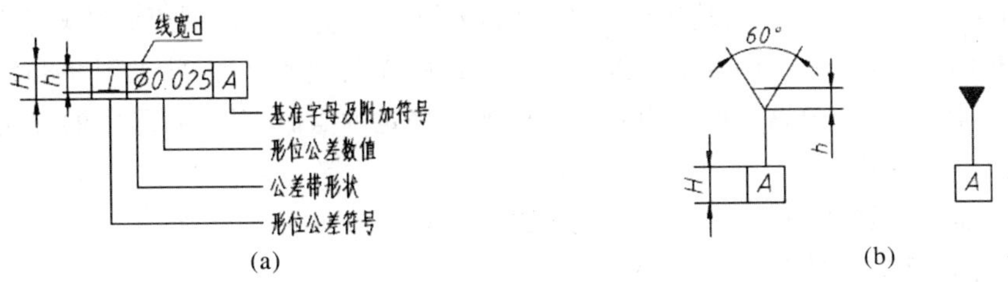

图 8-84 形位公差框格代号和基准符号

表 8-11 公差框格的线宽、框格高度及字体高度等关系(推荐尺寸)

特征	推荐尺寸
框格高度 H	5 7 10 14 20 28 40
字体高度 h	2.5 3.5 5 7 10 14 20
线条粗细 d	0.25 0.35 0.5 0.7 1 1.4 2

工程上推荐框格采用 0.25 或用图样细实线，字体高度 h 为 3.5 时框格高度 H 采用 5，字体高度 h 为 5 时框格高度 H 采用 7。

(2)被测要素 当被测要素为轮廓线或表面时，指引线的箭头应直接指在轮廓线、表面或它们的延长线上，并明显地与其尺寸线的箭头错开，如图 8-85(a)、8-85(b)所示。

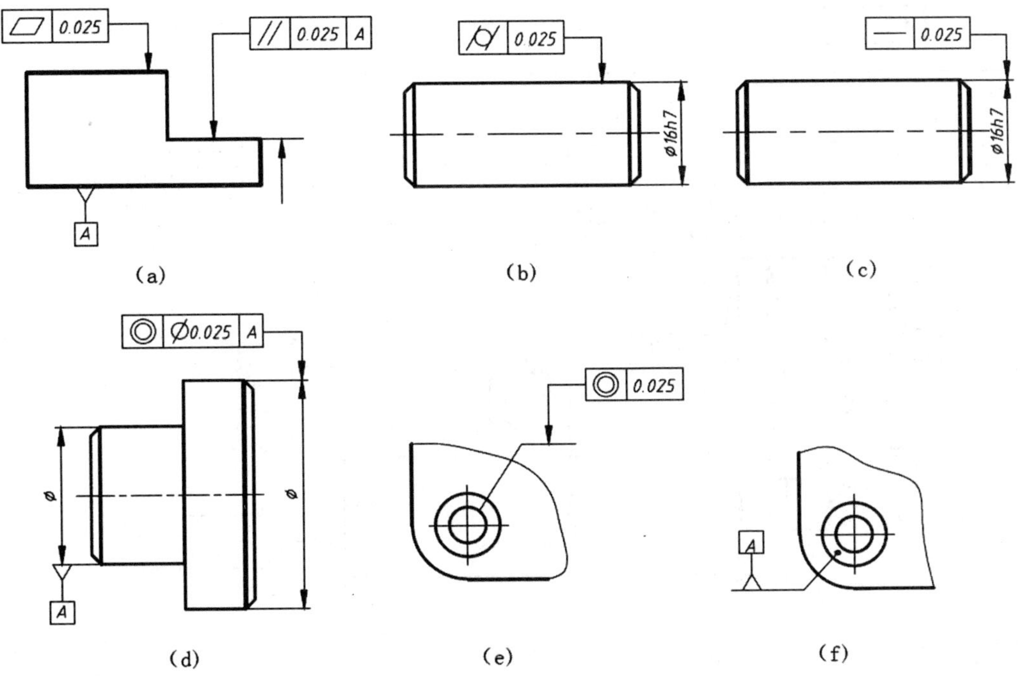

图 8-85 被测要素和基准要素的标注方法

当被测要素为轴线、中心平面或由带尺寸的要素确定的点时，指引线的箭头应与尺寸线的延长线重合，见图 8-85(c)、8-85(d)。

当指引线的箭头需要指向实际表面时，可直接指在带点(该点在实际表面上)的参考线上，如图 8-85(e)。

(3)基准要素 当基准要素为轮廓线或表面时，基准符号应标注在该要素的轮廓线、表面或它们的延长线上，基准符号中的细实线与其尺寸线的箭头应明显错开，如图 8-85(a)所示。

当基准要素为轴线、中心平面或由带尺寸的要素确定的点时，基准符号中的细实线与尺寸线一致，见图 8-85(d)。

基准符号也可标注在用圆点指向实际表面的参考线上，见图 8-85(f)。

4. 形位公差标注示例

在图 8-86 中，气门阀杆零件图上形位公差标注含义见表 8-12。

表 8-12　气门阀杆形位公差标注含义

形位公差内容	含　义
⌭ | 0.005	气阀杆部$\phi16^{-0.016}_{-0.034}$的圆柱度公差为 0.005
◎ | φ0.1 | A	螺纹孔 M8×1-7H 的轴线对$\phi16^{-0.016}_{-0.034}$的轴线的同轴度公差为φ0.1
↗ | 0.03 | A	*SR*75 的球面对$\phi16^{-0.016}_{-0.034}$轴线的圆跳动公差为 0.03
↗ | 0.1 | A	气阀杆部右端面对$\phi16^{-0.016}_{-0.034}$轴线的圆跳动公差为 0.1

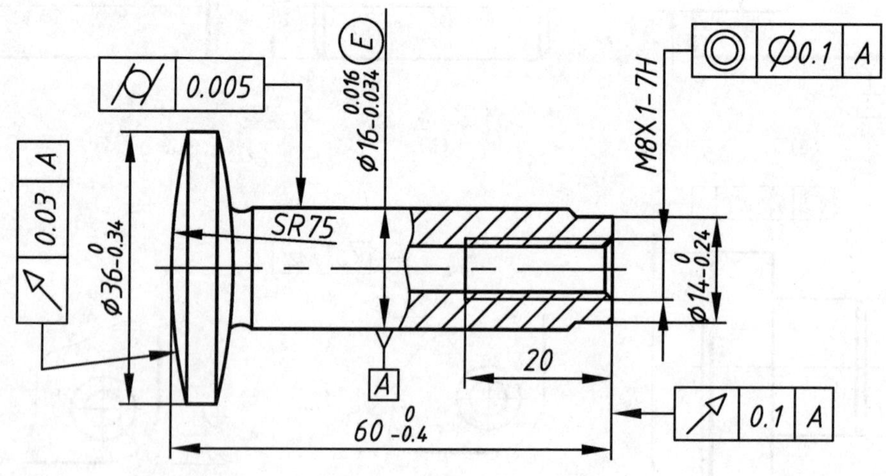

图 8-86　气门阀杆的形位公差标注

8.4 表面结构(GB/T131-2006)

正如日常能从用具、器械见到的一样,不同的用途、不同的部位的零件,其表面光洁程度是有很大差异的。这种差异是由于设计者设计、生产者制造的结果。因此,根据零件用途、使用场合的要求,制定合理的零件表面质量要求并标注在图样中,是设计人员一项重要设计内容。

零件表面质量要求是用表面结构符号和参数注写表达的。

1. 表面结构的概念

表面结构是表面粗糙度、表面波纹度、表面缺陷、表面几何形状的总称,结构参数对应三种轮廓:*R* 轮廓采用粗糙度参数,*W* 轮廓采用波纹度参数,*P* 轮廓采用原始轮廓参数。其中,粗糙度参数是评价零件表面质量的最常用参数。

顾名思义,表面粗糙度可以理解为表面粗糙程度,因为任何零件表面微观上都是不平整的,如切削加工零件时,由于刀具在零件表面上留下的刀痕及切削撕裂时材料的塑性变形等,会在加工表面形成密集峰谷状特征——称为表面粗糙度。工程实际中,表面越是粗糙,俗称表面精度低,反之称作表面精度高。

通常,零件上重要配合表面的表面精度要求较高,达到高精度要求往往需付出更多加工成本,因此,在满足零件使用要求前提下,应尽可能选用较大的粗糙度参数值。

2. 评定表面粗糙度的参数

国家标准 GB/T 3505 中规定了评定表面粗糙度的各种参数,最常用的评定参数为轮廓算术平均偏差 *Ra*。它是指在一个取样长度 *L* 范围内,轮廓偏距(*Y* 方向上轮廓线上的点与基准线之间的距离)绝对值的算术平均值,如图 8-87 所示。

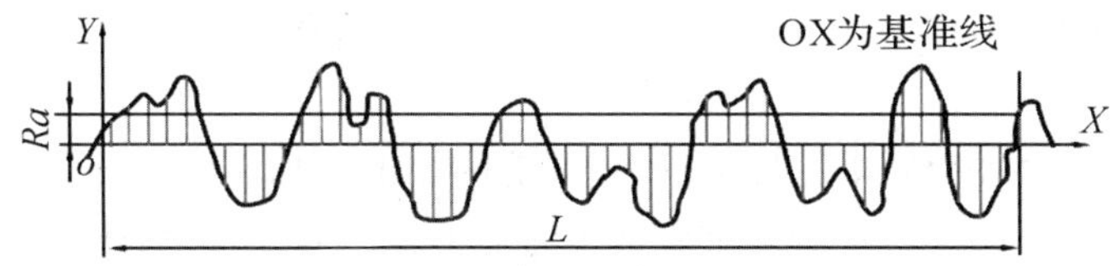

图 8-87 轮廓算术平均偏差 Ra 轮廓评定示意图

轮廓算术平均偏差 *Ra* 的参数值单位为微米(μm),*Ra* 数值越小零件表面越平整光滑,反之零件表面越粗糙。在第一系列中,Ra 数值从 0.012～100 共 14 个级别。见表 8-13。

表 8-13 表 *Ra* 及 l、l_n 的选用值(GB/T1032-1995)

Ra/μm	≥0.008−0.02	>0.02−0.1	>0.1−2.0	>2.0−10.0	>10.0−80
取样长度 *l*/mm	0.08	0.25	0.8	2.5	8.0
评定长度 *l*/mm	0.4	1.25	4.0	12.5	40
Ra(系列) μm	0.080 0.010 0.012 0.016 0.020 **0.025** **0.032** 0.040 **0.050** 0.063 0.080 **0.100** 0.125 0.160 **0.20** 0.25 0.32 **0.40** 0.50 0.63 **0.80** 1.00 1.25 **1.60** 2.0 2.5 3.2 4.0 5.0 **6.3** 8.0 10.0 **12.5** 16 20 25 32 40 **50** 63 80 **100**				

注:1. l_n 是被评定轮廓 X 轴方向上的长度。包括一个或几个取样长度。

2. *Ra* 数值中黑体字为第一系列,应优先选用。

3. 零件表面的表面粗糙度参数的制定

为零件的表面制定表面粗糙度要求，应考虑以下几个方面：

(1)根据零件表面工作特性

根据零件表面工作特性制定表面粗糙度要求的一般原则的工程通俗表述为：

①工作表面要比非工作表面(一般指非接触自由面，外观有特殊要求除外)光。

②摩擦表面要比非摩擦表面要光。摩擦速度越高、单位面积压力越大应越光。滚动摩擦表面比滑动摩擦表面要光。

③配合表面要比非配合表面光。

④对于间隙配合，间隙越小应越光。过盈配合为保证连接强度，受力越大其表面应越光。一般情况下，间隙配合表面比过盈要光。

⑤配合性质相同时，零件尺寸越小表面越光；轴比孔光。

⑥要求密封、耐腐蚀或具有装饰性的表面，要比非要求密封、耐腐蚀或具有装饰性的表面光。

实际设计时，可以查阅手册、案例，采用类比法规定零件表面的粗糙度参数值。比如有手册给出如表 8-14 的推荐表。

表 8-14　几种常见结构的最低表面粗糙度

常用结构表面名称	*Ra*	常用结构表面名称	*Ra*	常用结构表面名称	*Ra*
箱体安装面、结合面	6.3,3.2,1.6	滚动轴承配合面(G级)	轴颈 0.8 座孔 1.6	滑动导轮工作面	0.8
螺钉孔	12.5	齿轮齿廓(7、8 级)	0.8	拨叉与拨叉槽(类似滑键)	工作面 1.6 非工作面 6.3
销钉孔	1.6,0.8	齿轮孔与轴	0.8		
滑动轴承配合面	轴 0.4 孔 0.8	平键连接	侧 3.2 底 6.3		

大致分段的话：一般接触面 *Ra* 值取 3.2～6.3，配合面 *Ra* 值取 0.4～1.6，钻孔表面 *Ra* 值取 12.5～25。

(2)根据达到零件表面要求的最可行、最经济的加工工艺

零件各种类型结构表面，一般都有其常用的加工工艺方法，例如外圆柱面用车削方法加工，而不会用铣削；平面常用铣、刨、平面磨，不会用车削。不同的加工工艺方法能达到的最高表面精度是不同的，表面精度要求又是和加工成本成正比的，因此设计者应该根据零件表面结构及其常用加工工艺，制定满足零件使用的、又经济合理的零件表面粗糙度要求。

常用加工方法能达到的表面粗糙度见表 8-15，常用表面粗糙度 *Ra* 值与加工方法、应用举例见表 8-16。

表 8-15　常用加工方法能达到的表面粗糙度

加工工艺方法	精加工	半精加工	粗加工
车削	*Ra*0.25～1.6	1.6～12.5	6.3～25
滚刀铣	0.4～1.6	0.8～6.3	3.2～25
端面刀铣	0.25～1.6	0.4～6.3	3.2～12.5
刨	0.4～1.6	1.6～6.3	6.3～25
外圆磨	0.025～0.4	0.2～1.6	0.8～6.3
平面磨	0.025～0.4	0.4～1.6	3.2～

表 8-16　常用表面粗糙度值与加工方法、及其应用

<table>
<tr><th>Ra/μm</th><th>表面特征</th><th>表 面 形 状</th><th>获得表面粗糙度的方法举例</th><th>应 用 举 例</th></tr>
<tr><td>100</td><td rowspan="3">粗糙的</td><td>明显可见的刀痕</td><td rowspan="3">锯断、粗车、粗铣、粗刨、钻孔及用粗纹锉刀、粗砂轮加工等</td><td rowspan="3">管的端部断面和其他半成品的表面、带法兰盘的结合面、轴的非接触端面，倒角，铆钉孔等。</td></tr>
<tr><td>50</td><td>可见的刀痕</td></tr>
<tr><td>25</td><td>微见的刀痕</td></tr>
<tr><td>12.5</td><td rowspan="3">半光</td><td>可见加工痕迹</td><td rowspan="3">拉制（钢丝）、精车、精铣、粗铰、粗铰埋头空、粗剥刀加工、刮研</td><td rowspan="3">支架、箱体、离合器、带轮螺钉孔、轴或孔的退刀槽、量板、套筒等非配合面、齿轮非工作面、主轴的非接触外表面，IT8-IT10级公差的结合面。</td></tr>
<tr><td>6.3</td><td>微见加工痕迹</td></tr>
<tr><td>3.2</td><td>看不见加工痕迹</td></tr>
<tr><td>1.6</td><td rowspan="3">光</td><td>可辨加工痕迹的方向</td><td rowspan="3">精磨、金刚石车刀的精车、精铰、拉制、剥刀加工</td><td rowspan="3">轴承的重要表面、齿轮轮齿的表面、普通车床导轨面、滚动轴承相配合的表面、机床导轨面、发动机曲轴、凸轮轴的工作面、活塞外表面等 IT6-IT8 级公差的结合面。</td></tr>
<tr><td>0.8</td><td>微辨加工痕迹的方向</td></tr>
<tr><td>0.4</td><td>不可辨加工痕迹的方向</td></tr>
<tr><td>0.2</td><td rowspan="5">最光</td><td>暗光泽面</td><td rowspan="5">研磨加工</td><td rowspan="5">活塞销和涨圈的表面、分气凸轮、曲柄轴的轴颈、气门及气门座的支持表面、发动机汽缸内表面、仪器导轨表面、液压传动件工作面、滚动轴承的滚道、滚动体表面、仪器的测量表面、量块的测量面等。</td></tr>
<tr><td>0.1</td><td>亮光泽面</td></tr>
<tr><td>0.05</td><td>镜状光泽面</td></tr>
<tr><td>0.025</td><td>雾状镜面</td></tr>
<tr><td>0.012</td><td>镜面</td></tr>
</table>

(3)表面尺寸公差等级

一般情况下，配合表面的尺寸公差等级是规定表面粗糙度值的重要依据，往往公差要求越严，表面粗糙度精度要求越高。越高表面粗糙度精度要求配合表面，实现的高精度配合尺寸越真实有效，因为一个低表面粗糙度精度要求的高精度配合尺寸，很可能在初始的装配中或最初的运行时，就精度尽失。

表 8-17、表 8-18 分别给出了用于精密机械和用于普通机械的表面粗糙度值与公差等级关系表，供选用参考。

表 8-17　公差等级与表面粗糙度值(用于精密机械)

<table>
<tr><th rowspan="3">公差等级</th><th colspan="13">基本尺寸(mm)</th></tr>
<tr><th>−3</th><th>>3−6</th><th>>6−10</th><th>>10−18</th><th>>18−30</th><th>>30−50</th><th>>50−80</th><th>>80−120</th><th>>120−180</th><th>>180−250</th><th>>250−315</th><th>>315−400</th><th>>400−500</th></tr>
<tr><th colspan="13">表面粗糙度数值 Ra≤μm</th></tr>
<tr><td>IT6</td><td colspan="5">0.1</td><td colspan="4">0.2</td><td colspan="4">0.4</td></tr>
<tr><td>IT7</td><td colspan="2">0.1</td><td colspan="4">0.2</td><td colspan="4">0.4</td><td colspan="3">0.8</td></tr>
<tr><td>IT8</td><td colspan="3">0.2</td><td colspan="4">0.4</td><td colspan="6">0.8</td></tr>
<tr><td>IT9</td><td>0.2</td><td colspan="3">0.4</td><td colspan="5">0.8</td><td colspan="4">1.6</td></tr>
<tr><td>IT10</td><td colspan="2">0.4</td><td colspan="4">0.8</td><td colspan="3">1.6</td><td colspan="4">3.2</td></tr>
<tr><td>IT11</td><td colspan="3">0.8</td><td colspan="3">1.6</td><td colspan="5">3.2</td><td colspan="2">6.3</td></tr>
<tr><td>IT12</td><td>0.8</td><td colspan="2">1.6</td><td colspan="4">3.2</td><td colspan="6">6.3</td></tr>
</table>

表 8-18　公差等级与表面粗糙度值(用于普通机械)

<table>
<tr><td rowspan="2">公差等级</td><td colspan="13">基本尺寸(mm)</td></tr>
<tr><td>−3</td><td>>3−6</td><td>>6−10</td><td>>10−18</td><td>>18−30</td><td>>30−50</td><td>>50−80</td><td>>80−120</td><td>>120−180</td><td>>180−250</td><td>>250−315</td><td>>315−400</td><td>>400−500</td></tr>
<tr><td></td><td colspan="13">表面粗糙度数值 $Ra \leqslant \mu m$</td></tr>
<tr><td>IT6</td><td colspan="5">0.2</td><td colspan="4">0.4</td><td colspan="4">0.8</td></tr>
<tr><td>IT7</td><td colspan="2">0.2</td><td colspan="4">0.4</td><td colspan="4">0.8</td><td colspan="3">1.6</td></tr>
<tr><td>IT8</td><td colspan="3">0.4</td><td colspan="3">0.8</td><td colspan="4">1.6</td><td colspan="3">3.2</td></tr>
<tr><td>IT9</td><td colspan="4">0.8</td><td colspan="3">1.6</td><td colspan="5">3.2</td><td>6.3</td></tr>
<tr><td>IT10</td><td colspan="4">1.6</td><td colspan="4">3.2</td><td colspan="3">6.3</td><td colspan="2">12.5</td></tr>
<tr><td>IT11</td><td colspan="2">1.6</td><td colspan="3">3.2</td><td colspan="3">6.3</td><td colspan="5">12.5</td></tr>
<tr><td>IT12</td><td colspan="3">3.2</td><td colspan="4">6.3</td><td colspan="6">12.5</td></tr>
</table>

4. 表面粗糙度代(符)号及其注法

(1)表面粗糙度代号

表面粗糙度代号由表面粗糙度符号、表面粗糙度参数和其他有关数值组成。粗糙度符号是由基本符号添加图线所构成。基本符号如图 8-88 所示，图中 $H_1 \approx 1.4h$，$H_2 = 2H_1$，h—字高。表面粗糙度各符号的含义见表 8-19。

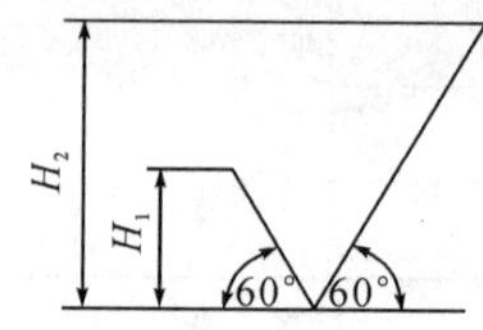

图 8-88　基本符号

表 8-19　表面粗糙度符号的意义

符号名称	符　号	含　义
基本图形符号		基本符号，表示表面可用如何方法获得。当不加注表面结构参数值或有关说明时，仅适用于简化代号标注，不能单独使用。
扩展图形符号		基本符号加一短划，表示表面是用去除材料的方法获得。如车、剪切、抛光、气割等。
		基本符号加一小圆，表示表面是用不去除材料的方法获得。如铸、冲压、粉末冶金等。或者是用于保持原供应状况的表面。
完整图形符号		在以上各种符号的长边上加一横线，以便注写对表面结构的各种要求。

表面粗糙度代号在普通机械加工图样中最基本、在常见的标注形式是采用单一要求的注法，如图 8-89 所示。图中示例标注的含义是：代号尖端指向的表面用去除材料的加工方法获得，要求 Ra 单向上限值为 1.6μm。当有进一步补充要求时，应按图 8-90 所示的位置规定注写相关内容。其中：

a 位置——注写表面结构单一要求，比如图 8-89 图例。

a 与 *b* 位置——注写两个或多个表面结构要求。

c 位置——注写加工方法，例如抛光、电镀等。

d 位置——注写表面纹理和方向。

e 位置——注写加工余量。

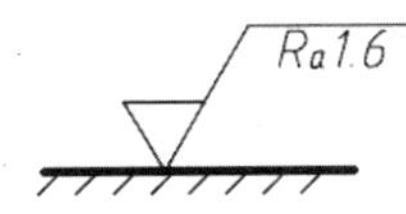

图 8-89　表面粗糙度单一要求注法

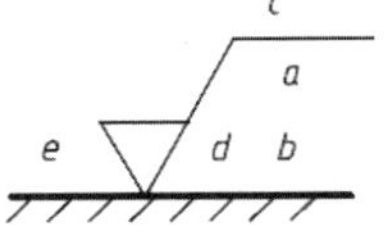

图 8-90　表面粗糙度补充要求注写位置

(2) 表面粗糙度代(符号)在图样上的注法

①在不同方向的表面上标注时，代号中的数字方向应与尺寸数字的方向一致。在朝上、朝左方向区域表面，代号与数字可以跟随所注表面转向。在朝下、朝右方向区域表面，须用引出线水平标注粗糙度代号。其他需要场合，也可用带箭头或黑点的引出线标注。如图 8-91 所示。

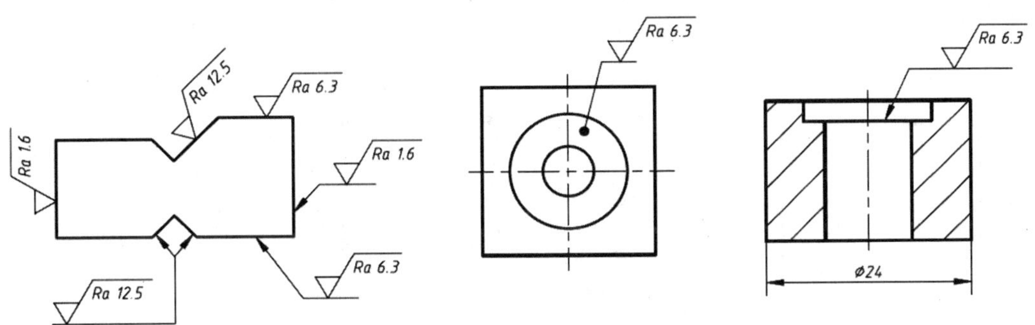

图 8-91　表面粗糙度注法(一)

② 同一图样上每一表面只注一次粗糙度代号，符号尖端指向材料内部，且应注在(尖端接触)可见轮廓线、尺寸界线、引出线或它们的延长线上，并尽可能靠近有关尺寸线。如图 8-92(a)所示。如果棱柱表面有不同的表面结构要求，则应分别单独标注，如图 8-92(c)右端榫头结构处。

不致引起误解时，表面结构要求可以标注在给定的尺寸线上，或标注在形位公差框格的上方。如图 8-93 与图 8-92(b)所示。

③ 零件中有若干个表面有相同的表面结构要求、图纸空间又有限时，可以用分类简化注法，如图 8-94(a)、图 8-94(b)所示。当零件的大部分(包括全部)表面具有相同的表面结构要求时，则其表面结构可以统一标注在图样的标题栏附近。此时(除全部表面有相同要求

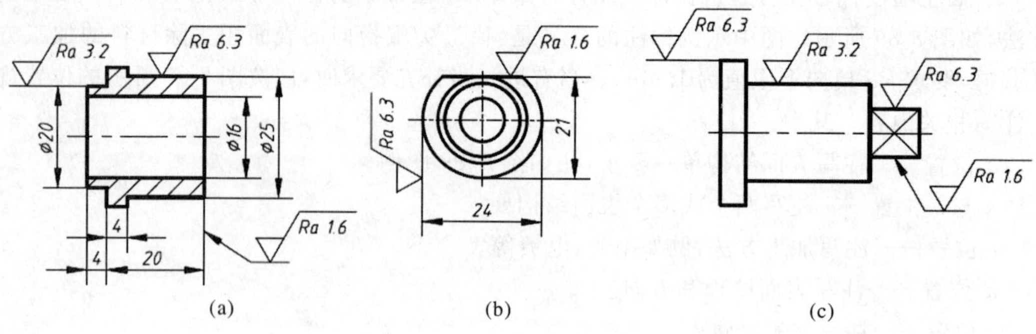

图 8-92　表面粗糙度注法(二)

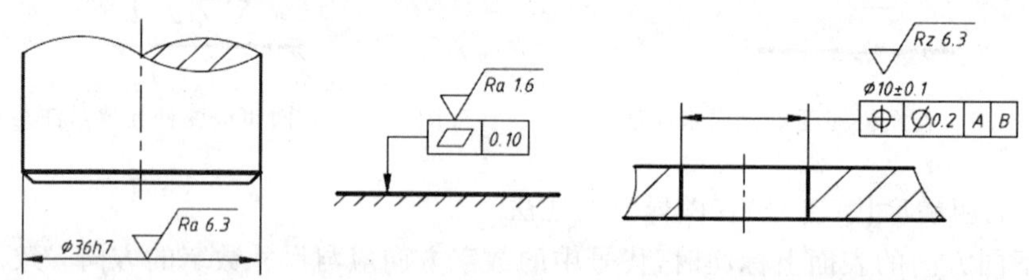

图 8-93　表面粗糙度注法(三)

外),表面结构要求的符号后面应有注写,内容两种中取一种:a 在括号内给出无如何其他标注的基本符号。b 在括号内给出不同的、已在图中注明的表面结构要求。如图 8-94 所示。

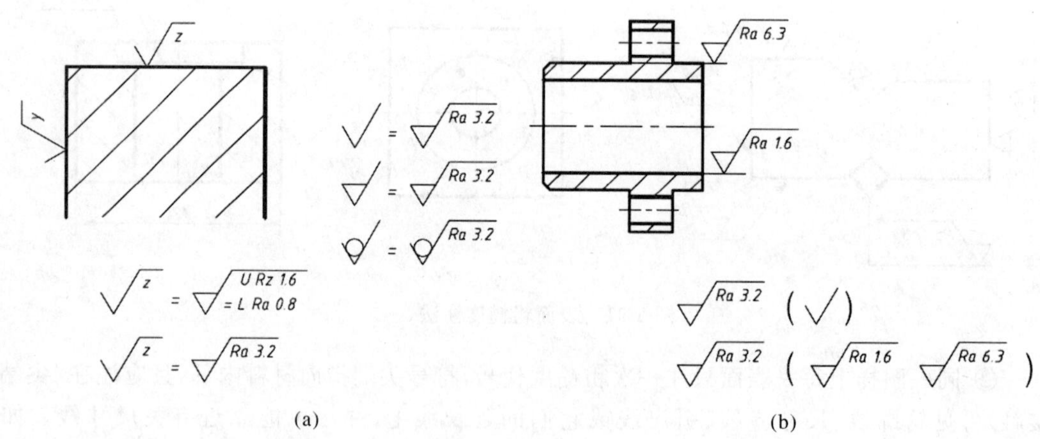

图 8-94　表面粗糙度注法(四)

④ 螺纹工作面的表面粗糙度要求要标注在螺纹标注的尺寸线上,如图 8-95(a)中 $Ra1.6$ 的标注,图中 $Ra6.3$ 的标注只是对螺纹顶径的表面粗糙度要求;对齿轮工作面的表面粗糙度要求要标注在齿轮分度圆直径标注的尺寸线上,如图 8-95(b)给出的是轴齿一体的齿轮局部视图,图中 $Ra1.6$ 要求的是齿面,图中 $Ra3.2$ 的标注只是对齿顶柱面的表面粗糙度要求。

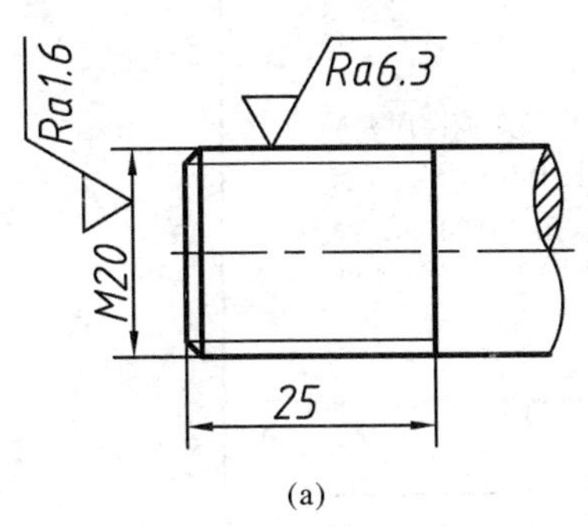

(a)

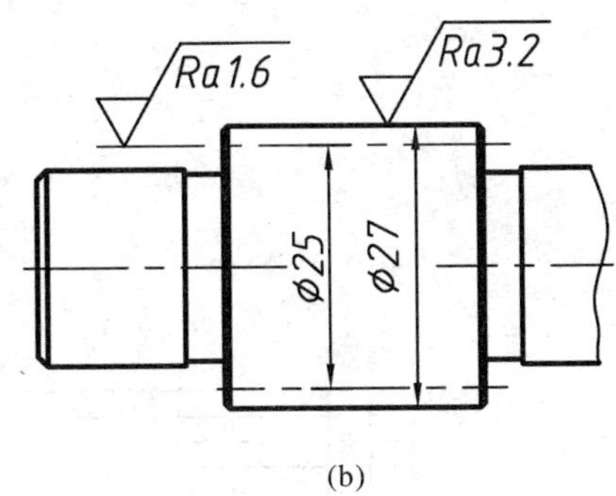

(b)

图 8-95　表面粗糙度注法(五)

例 8-7　表面粗糙度标注常见错误如图 8-96 所示。

错误 1:最左上 *Ra*3.2 的标注符号尖端指向了零件材料外部,违反了应指向材料内部的规定。

错误 2:孔内 *Ra*3.2 的标注符号尖端没有接触零件表面。

错误 3:两处 *Ra*3.2 的标注其实是零件同一表面,违反了每一表面只标注一次的规定。

错误 4:*Ra*6.4 的标注中的 6.4 不属于 *Ra* 系列值,应为 *Ra*6.3。

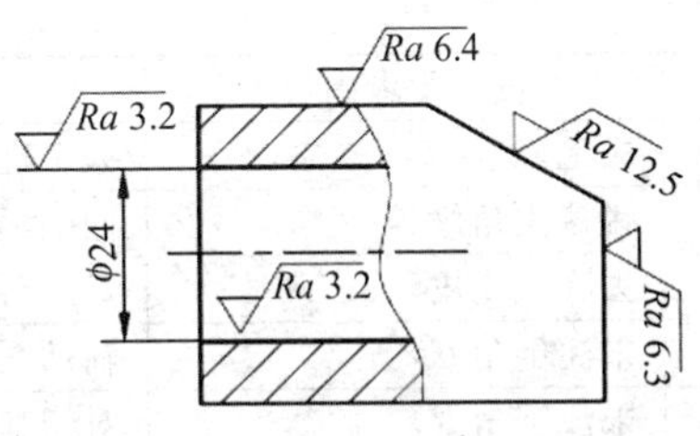

图 8-96　表面粗糙度标注错误举例

错误 5:标注 *Ra*12.5、*Ra*6.3 的两处均违反了符号方向的规定,应该用引线标注。

8.5　用文字表述的技术要求

工程图上总有些设计、制造相关要求无法在视图中注写,或在视图中注写不是最好,因此采用代(符)号、文字注写在图样中或图纸上规定的位置,统称为技术要求。用文字表述的技术要求是工程图样的重要内容,在绝大多数工程图纸中,都有注写,或为了辅助表达图样,或者为了进一步表达加工制造要求。文字技术要求放置在标题栏附近,字高一般比尺寸数字大一号,首先以居中或缩进方式冠题:技术要求,不加任何标点符号,然后另起行逐条书写。如果只有一条,不需编写序号 1。书写形式如图 8-97 所示,并参考本教材中相关图样。

技术要求的内容涉及机械工程的很多知识,有些不属于本课程范畴,学会合理撰写会给绘图带来方便。表 8-20 集中列举了最常用和典型的一些技术要求,供不同零件图样表达时参考,其中有些需要学习专业知识和积累实践经验后再理解使用。

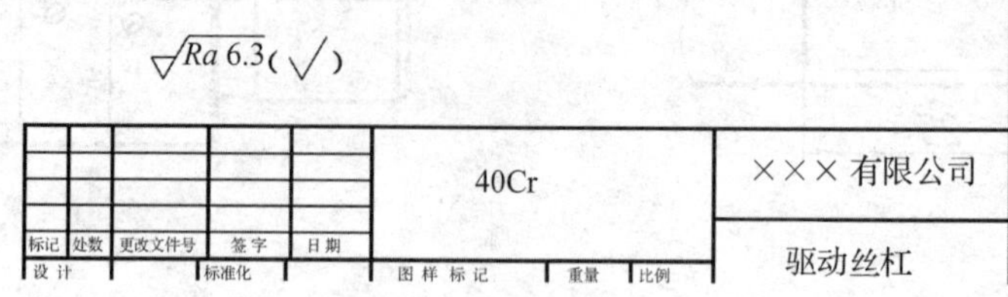

技术要求
1、 未注倒角C1
2、 淬火42~45HRC。
3、 一个螺距公差（包括周期性误差）0.021。
4、螺距积累误差全长上0.11。
5、 未注尺寸公差按GB/T1804–m。
Ra 6.3
40Cr
××× 有限公司
驱动丝杠
标记
处数
更改文件号
签字
日期
设计
标准化
图样标记
重量
比例

图 8-97　技术要求书写形式

表 8-20

	技术要求内容	说明
1	去毛刺	人工锉刀修整要求，防止切削毛刺妨碍安全、装配、电镀
2	锐棱尖角修钝	同上，要求略高。
3	去除氧化皮	对最后工序是热处理的零件表面清理要求，防止残存氧化皮影响使用
4	未注倒角 C×	辅助图样的加工要求，指画了倒角而未注处，相同均未注写“全部”
5	未注圆角 R×	对切削加工零件同上。对铸件一般写作：未注铸造圆角 R×～R××
6	所有孔(槽)均为通孔	辅助图样表达说明，用在孔(槽)较多、零件不太厚时
7	与零件×××配做	用于靠公差难以保证设计要求或不划算且单、少件生产时的加工建议
8	整体加工后线切割切分	用于保障设计要求和制造方便的加工建议
9	刮削后每平方厘米不少于 n 点	对用于滑动配合的较大面积平面的平面度、接触性加工检验要求
10	铸坯不得有砂眼、缩松、裂纹等妨害使用的缺陷	对铸件毛坯的铸造质量要求
11	人工时效处理	对铸件毛坯等的去应力热处理要求
12	调质 228～255HBS	对中碳钢(45)轴类零件提高韧性的热处理要求，低、高碳钢不可用
13	淬火 58～60HRC	对中、高碳钢及合金钢零件提高硬度的热处理要求，低碳钢不可用
14	高频淬火齿面硬度 46～52HRC	对中碳钢(45)齿轮零件热处理要求
15	渗碳深度 0.3mm	用于低碳钢、低合金钢提高表面硬度时的热处理要求
16	未注尺寸公差按 GB/T1804～m	辅助尺寸精度要求，用在对不注公差尺寸仍有所控制时，m 为中级
17	未注形位公差按 GB/T1184～k	辅助形位精度要求，用在对不注形位公差处仍有所控制时，k 为中级
18	表面喷塑	在零件表面喷制塑质保护层的表面处理方法
19	表面镀硬铬	在零件表面镀制高硬度铬质保护层的表面处理方法
20	发黑	在工件表面形成一层致密氧化膜的零件防锈化学表面处理方法

第 9 章　机械装配图

9.1　概　述

一台机器由若干个零件或部件装配而成，其中有一部分零件是专为该机器而设计的，需要根据绘制的零件图加工制造，称作专用件；另一部分是根据需要选用采购其他厂家生产的零件或部件，称作外购件。新机器在制造、采购齐零件后，设计者应该提供一张表达这些零件安装连接关系和装配要求的图样，供装配人员组装时使用，这样的图样被称为装配图。

如图 9-1 所示的是一个球阀，它是一个阀芯为球形的、主要用于流体管路开关的器件。球阀由 13 种零件组成，其中螺柱 6、螺母 7 是外购件，其他都是专用件。为了将 13 种零件正确、合格地组装成球阀，设计者给出了球阀的装配图，如图 9-2 所示。图样中表达了各零件所起的作用以及如何转动阀芯实现打开与关断管路，对指导装配工艺具有重要作用。

装配图是表达机器或部件的工作原理、零件之间的装配关系、必要的尺寸数据和技术要求的图样。装配图与零件图最直观的区别在于：装配图不再仅仅是一个零件的表达，而是按一定关系连接在一起的多个零件的表达。由于工程实际中机器的复杂程度差异很大，学习装配图绘制宜由简到繁。如图 9-3 所示的只有 4 个零件的钢丝钳（俗称老虎钳）的装配图，简单直观地将为人熟知的安装关系和工作原理清晰地表达出来，更容易用以了解装配图表达方法与内容。

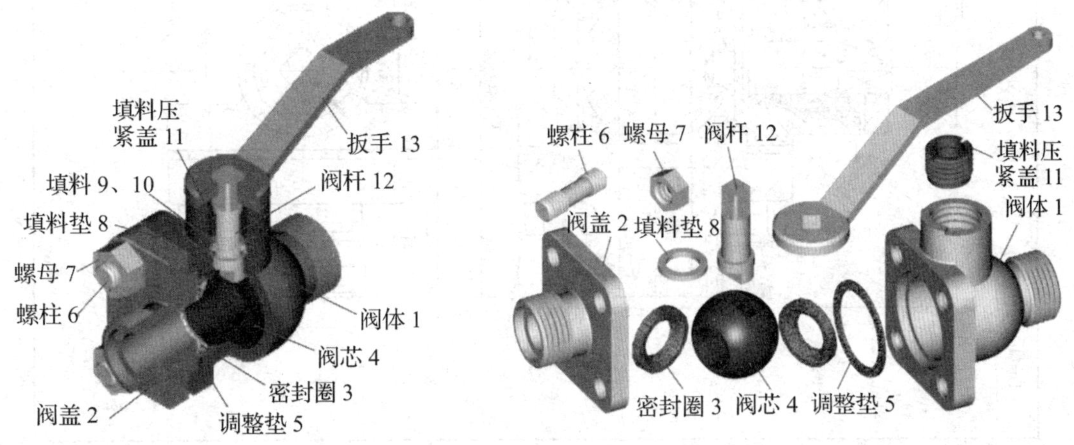

图 9-1 球阀及其零件

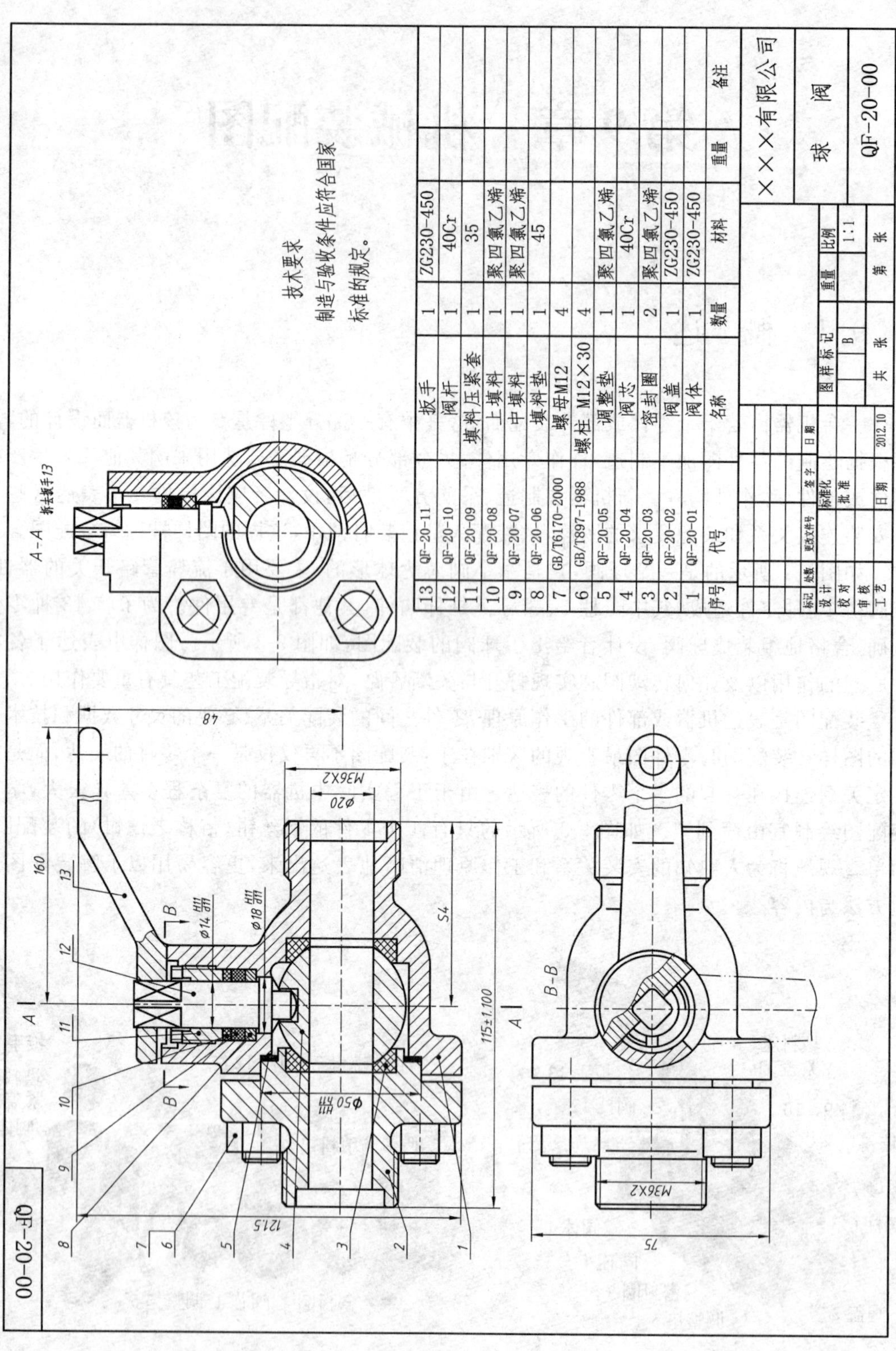

技术要求
制造与验收条件应符合国家标准的规定。
A-A
拆去扳手13
B-B
A
B
160
48
M36X2
φ20
φ14 H11/d11
φ18 H11/d11
54
115±1.100
φ50 H11/h11
121.5
75
序号 代号 名称 数量 材料 重量 备注
13 QF-20-11 扳手 1 ZG230-450
12 QF-20-10 阀杆 1 40Cr
11 QF-20-09 填料压紧套 1 35
10 QF-20-08 上填料 1 聚四氟乙烯
9 QF-20-07 中填料 1 聚四氟乙烯
8 QF-20-06 填料垫 1 45
7 GB/T6170-2000 螺母M12 4
6 GB/T897-1988 螺柱 M12×30 4
5 QF-20-05 调整垫 1 聚四氟乙烯
4 QF-20-04 阀芯 1 40Cr
3 QF-20-03 密封圈 2 聚四氟乙烯
2 QF-20-02 阀盖 1 ZG230-450
1 QF-20-01 阀体 1 ZG230-450
×××有限公司
球 阀
QF-20-00
比例 1:1
2012.10

图 9-2　球阀装配图

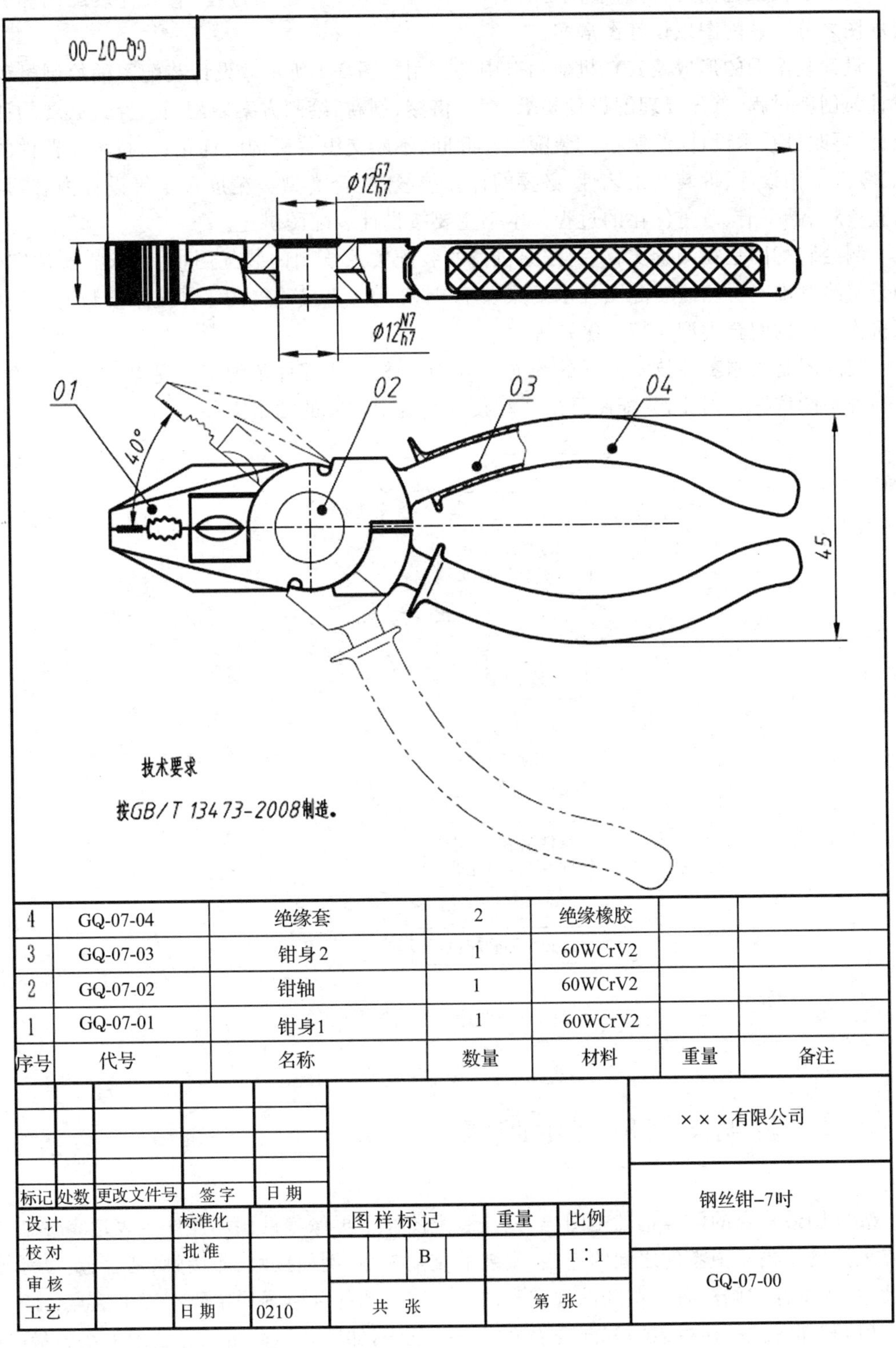

序号	代号	名称	数量	材料	重量	备注
4	GQ-07-04	绝缘套	2	绝缘橡胶		
3	GQ-07-03	钳身2	1	60WCrV2		
2	GQ-07-02	钳轴	1	60WCrV2		
1	GQ-07-01	钳身1	1	60WCrV2		

图 9-3　钢丝钳的装配图

装配图按表达内容，有总装配图、部件装配图之分。按绘图过程，有设计装配图和测绘装配图之分。装配图以设计图居多。

设计装配图的形成及其在机器制造中的作用如图 9-4 所示。设计装配图的绘制过程是设计与创新过程，首先要理解设计要求，然后借鉴、创新，绘制方案装配图。经过必要的评审论证，再改进技术设计，绘制正式装配图。此间，不断交织着机构的优化、新技术新器件的应用、零件结构设计、拆装及工艺性、必要的计算校核、配合类型与精度选定等设计内容，是不断查资料、翻手册、改进优化的过程。本书主要按设计装配图讲述。

测绘装配图是在测量实物后，按原机器的装配关系绘制的装配图，它要求忠实原零件，测量与绘制准确。测绘装配图技术要点在于：计算无法直接测得的零件技术参数、分析确定原机构采用的配合类型与精度级别等。

装配图是绘制零件技术图样的依据，又是制定机器或部件装配工艺规程、装配、检验、安装和维修的依据。因此，装配图是生产和技术交流中重要的技术文件。

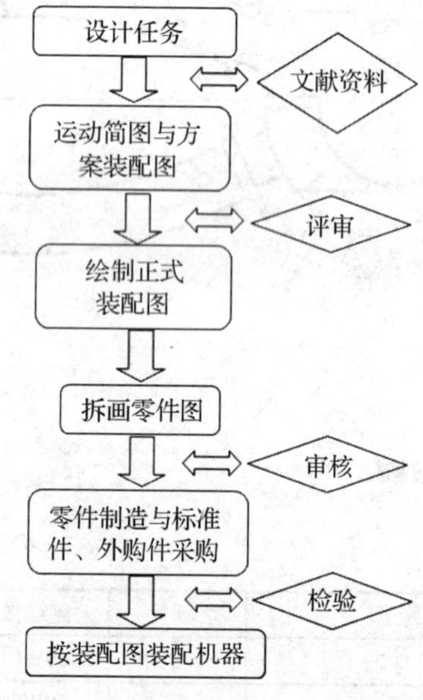

图 9-4 设计装配图的形成

9.2 装配图样的规定画法

装配图最重要的内容仍然是图样，只是装配图样不再像零件图那样详尽表达零件结构，重点表达的是机器中零件之间的连接、安装的装配关系，例如接触、非接触、啮合、定位等等。因此，装配图样的画法有一些新的规定和内容。装配图的规定画法主要有以下三点：

(1)相邻零件的接触表面和配合表面只画一条线，如图 9-5(a)所示。装配关系中最多的是接触关系，机器因此才稳定紧凑而不松松垮垮。两零件在机器中是接触关系时，相接触位置的轮廓线为两零件共用，所以只画一条线。配合关系中尽管有时会形成间隙，但也按接触

画图，因为配合关系的轴和孔的基本尺寸是一样的。

不接触表面必须画两条线，如图 9-5(b)所示。两相邻零件在机器中是非接触关系时，零件间会形成间隙，有些间隙是设计时刻意留出的，必须清楚表达，若间隙很小时可夸大表示。

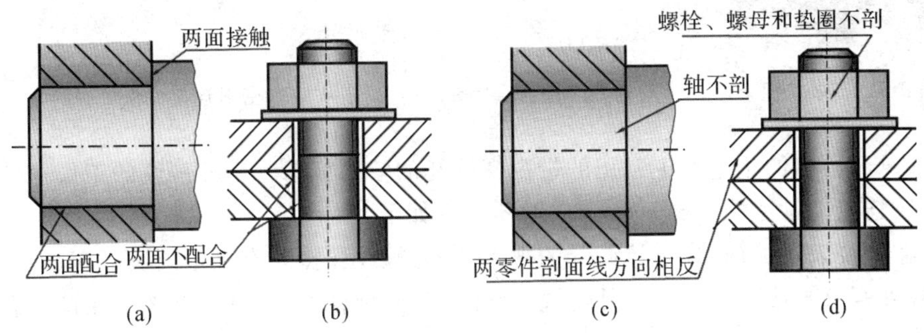

图 9-5 装配图的规定画法一

(2)剖视表达相接触零件时，剖面线的倾斜方向应相反，如图 9-5(b)、图 9-5(d)所示。图 9-3 主视图的局部剖视图中，两钳脚相接触，它们的剖面线方向相反。如果超过两个零件相接触，可以采用剖面线间隔不同处理，如图 9-16 所示。同一零件在不同视图上的剖面线，其方向和间隔则应一致。如图 9-2 中的阀体(零件序号 1)在三个视图中的剖面线方向、间隔都一致。

(3)标准件和实心件在被纵向剖切时(剖切平面通过零件的轴线时)，按不剖画图，如图 9-5(c)和图 9-5(d)所示；但是当标准件和实心件被横向剖切时(剖切平面垂直于零件的轴线时)，则应与普通零件一样，按剖视画法画出剖面线。

9.3 常用结构装配画法

一台机器由众多零件装配而成，一个零件不同部位可能与其他多个零件部位具有装配关系，这些装配关系按工作特性大致可分为连接、传动、支撑等。绘制装配图必须清楚表达实现这些装配关系的各种结构。

9.3.1 螺纹连接

1. 零件间螺纹连接的画法

螺纹连接是十分常用的、实现零件与零件静连接的结构，应用实例比比皆是。比如生活中常见的矿泉水瓶就是用螺纹结构旋紧密封的。如图 9-6 所示。图 9-7(a)、图 9-7(b)分别是瓶盖与瓶口的螺纹结构表达，图 9-7(c)为它们旋合密封的连接画法。

螺纹之所以经常用作零件之间的连接结构，是因为通常采用的连接螺纹都能自锁。螺纹自锁是指当螺纹副受轴向力时，螺纹工作面上的摩擦阻力大于松脱的切向分力。

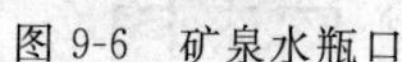

图 9-6　矿泉水瓶口

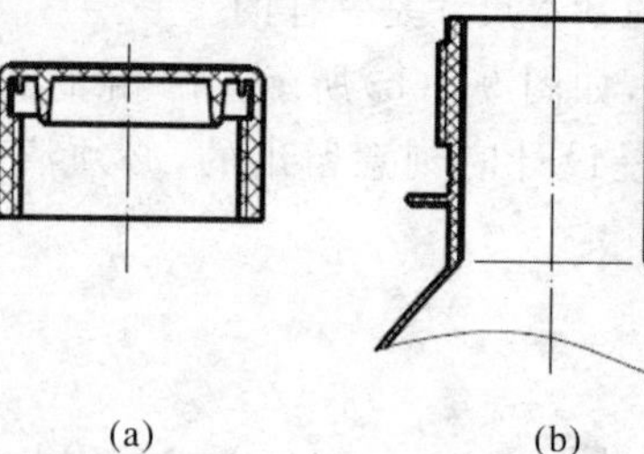

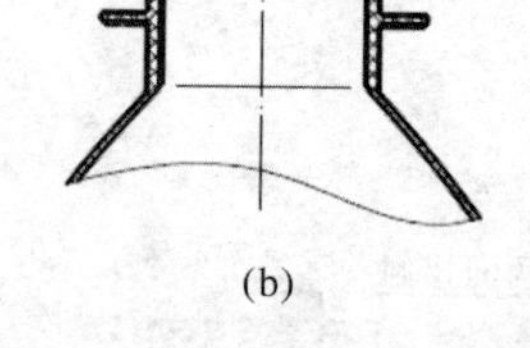

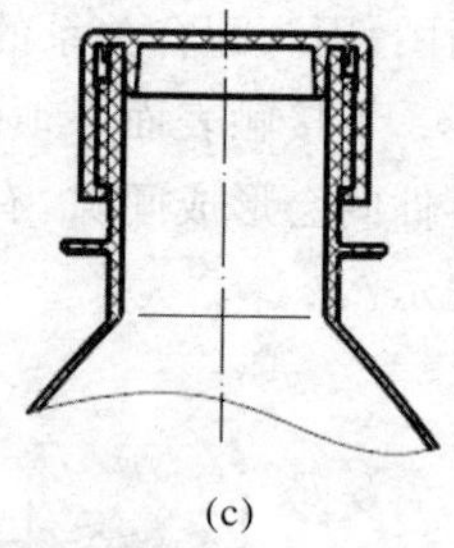

图 9-7　矿泉水瓶口密封连接画法

图 9-8(a)给出的是工程上常用的带内螺纹孔的活塞杆与一带外螺纹的工作杆件的局部视图，螺纹连接的画法图 9-8(b)所示。绘图要点如下：

(1)在剖视表达的内、外螺纹旋合的视图中，外螺纹保持原有规定画法不变，旋合部分的内螺纹被外螺纹画法覆盖——按外螺纹画法绘制，未旋合部分的内、外螺纹保持原有规定画法不变。

(2)剖视表达时，实心外螺纹杆件被纵向剖切按不剖绘图，被横向剖切，按剖视绘图。

(3)内螺纹的大径细实线与外螺纹的大径粗实线、内螺纹的小径粗实线与外螺纹的小径细实线必须对齐。这遵循了螺纹要素相同才能旋合。

(4)螺纹旋合必须定位，外螺纹杆件无螺纹部分的左端面接触螺纹孔零件右端面，表示螺纹已在定位状态。

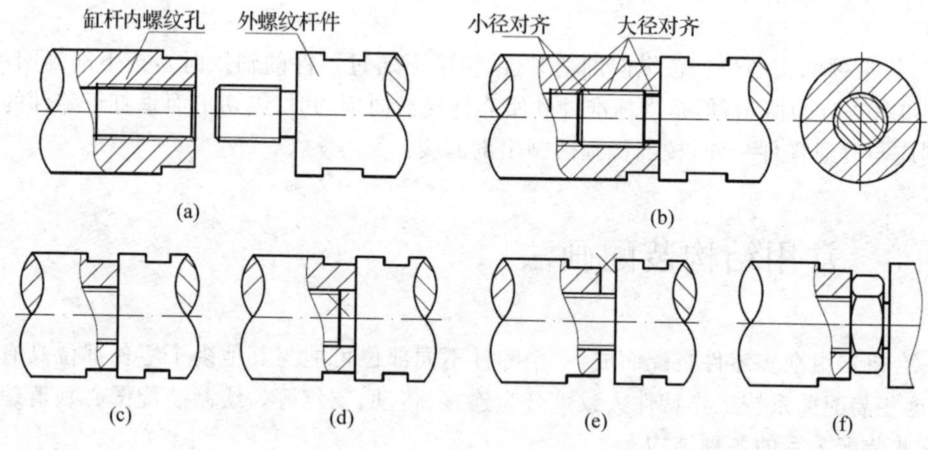

图 9-8　螺纹连接画法

表达螺纹连接时，内、外螺纹的倒角与退刀槽均可以省略不画，如图 9-8(c)所示。

另外，螺纹连接表达不能出现如图 9-8(d)、图 9-8(e)所示的错误画法：9-8(d)图中将外螺纹件螺纹终止线画进了内螺纹里面，显示螺纹终止线后面未加工螺纹的杆部也旋入了螺纹孔内，这是错误的。9-8(e)图中内螺纹件端与外螺纹的轴肩之间画有空隙，又没有其他定位措施，属于不稳定装配结构。这种场合，按图 9-8(f)所示采用一个锁紧螺母，是工程上常见的定位方法和画法之一。

当螺纹孔不通时，螺纹连接的画法除了遵循上述 4 个要点和保持不通螺纹孔底部画法

外，注意应绘制出旋入余量。如图 9-9 所示。旋入余量是为防止零件因加工误差导致螺纹下端顶紧、上部旋不到位而设置的。设计上旋入余量不得小于螺距，画图按(0.2～0.5)d。

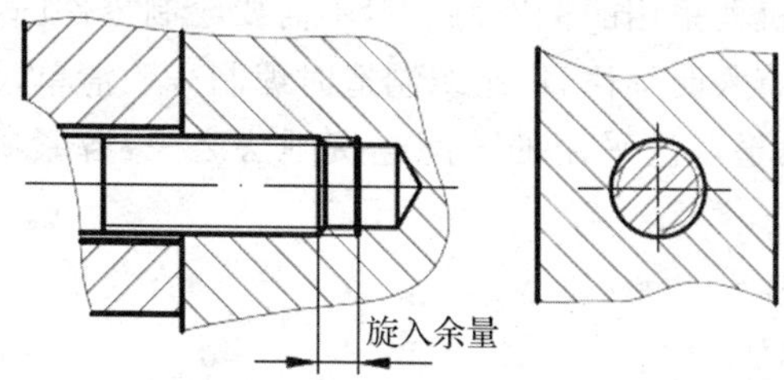

图 9-9　不通螺纹孔连接画法

2. 螺纹紧固件连接画法

螺纹紧固件主要是指通过螺纹旋合起到紧固、连接作用的辅助零件，包括螺栓、螺钉、螺柱、螺母、垫圈等，是一类非常重要和常用的标准件。实体图与标记示例如表 9-1 所示。更多规格和型号可查阅本书附录和相关手册。

表 9-1　常用螺纹紧固件

实体				
名称与标记示例	六角头螺栓 标记示例： 螺栓 GB/T5782 M6 ×30	双头螺柱螺柱 标记示例： 螺柱 GB/T189 M8 ×30	内六角圆柱头螺钉 标记示例： 螺钉 GB/T70 M6 ×45	开槽圆柱头螺钉 螺钉示例： GB/T65 M5×45
实体				
名称与标记示例	开槽沉头螺钉 标记示例： 螺钉 GB/T68 M5 ×45	紧定螺钉 标记示例： 螺钉 GB/T71 M5 ×20	六角螺母 标记示例： 螺母 GB/T6170 M8	六角开槽螺母 标记示例： 螺母 B/T6178 M12
实体				
名称与标记示例	平垫圈 标记示例： 垫圈 GB/T97.1 8	弹簧垫圈 标记示例： 垫圈 GB/T93 8	止动垫圈 标记示例： 垫圈 GB/T858 20	圆螺母 标记示例： 螺母 GB/T812 M20 ×1.5

标准件是按国家统一标准制造的、具有互换性的一类机器辅助零件，由专业厂家用专业设备制造，供用户购买使用。机器设备设计人员应根据需要合理地、尽量选用标准件，以降低制造成本，提高效率。机器采用的标准件一般不需要绘制零件图，可按规定标记正确注明它们的型号、规格、数量，填入明细栏，供组织制造时编制采购清单。

螺纹紧固件连接画法是广泛采用的装配连接画法之一，各紧固件连接画法绘制、说明如下。

(1)螺栓连接

1)螺栓组件连接的画法

螺栓组件是指最少时可由螺栓与螺母组成、需要时会加上垫圈的标准件套件，专门用于连接零件。此处以由螺栓、平垫圈、弹簧垫圈、螺母四种标准件构成的组件为例，平垫圈一般在接触面不平整或需要保护等情况下使用，弹簧垫圈则起一定的防松作用。

工程设计中，决定采用螺栓组件连接后，根据零件所需连接力、结构空间等因素，确定螺栓直径 d 与数量及型号，连接示意图如图 9-10(a)所示：螺栓加平垫圈后，穿过被连接件 1 与被连接件 2 上的连接孔，再套上弹簧垫圈、拧紧螺母，即实现了零件 1 与零件 2 的连接。这种连接主要用于两零件被连接处厚度不大，而受力较大，且需要经常拆装的场合。优点是零件工艺性较好，不足是要求两端都要有扳手操作空间。

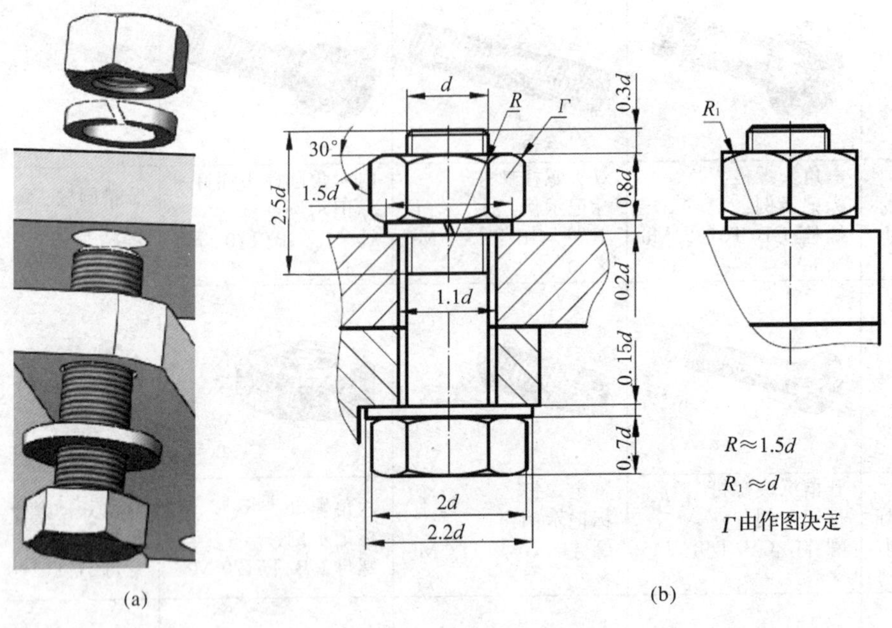

图 9-10　螺栓组件连接画法

螺栓组件连接画法可按图 9-10(b)给出的、相对螺栓直径 d 的倍数近似绘制各结构几何参数大小，当担心有干涉时应查取准确数值。按主视图采用全剖视图，画图过程如下：

① 先画主视图。绘制两个待连接零件相接触(工程图可能已有)，接触表面画一条线。根据选定螺栓公称直径 d，确定螺栓连接位置并绘制中心线，按约等于 $1.1d$ 绘制穿螺栓的连接通孔投影。如图 9-12(a)所示。零件图上连接孔直径真实取值与尺寸标注应遵照附录

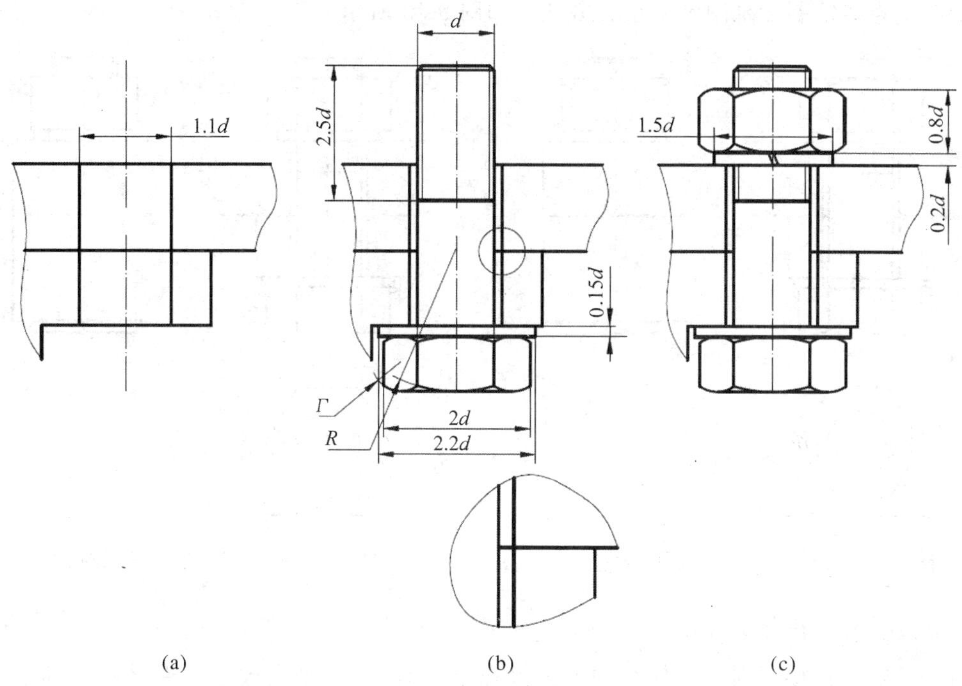

图 9-11　螺栓组件连接画图过程(一)

表 26 规定。

② 取螺栓长度为：$L \geqslant 1.45d + t_1$(被连接件 1 的厚度)$+t_2$(被连接件 2 的厚度)的公称长度系列值，按与孔轴线重合(称作同轴)、螺栓头底面与平垫圈一端面接触、平垫圈另一端面与被连接件接触，绘制螺栓、平垫圈投影图。螺栓头投影的中间两条对应六棱柱棱边的竖线与螺栓大径对齐。螺栓、垫圈处于被沿轴向纵剖切位置，依规定按不剖绘制。螺栓与螺栓孔基本尺寸不相同，因此两者轮廓线不能重合并且存在有间隙，必要时间隙还可以夸大绘制。绘制螺栓投影时，螺栓投影会遮去孔内的两被连接件接触线与轮廓线，但不是全部。如图 9-11(b)放大图所示。

③ 按弹簧垫圈端面与连接件接触、螺母端面与弹簧垫圈接触、螺母及弹簧垫圈轴线与螺栓轴线重合、标准件不剖，绘制螺母与垫圈投影图，螺母投影的中间两条对应六棱柱棱边的竖线也与螺栓大径对齐。螺母与垫圈的投影会遮去重叠部分的螺栓投影。弹簧垫圈开口向左倾斜(只有这样才有防松作用)约 20°，两条线如图自中心线画起或终止于中心线。如图 9-11(c)中所示。

④ 绘制剖面符号。被连接件 1 位于螺栓两侧的区域的剖面线应保持方向一致、间距一致。与之相邻被连接件 2 的剖面线方向应与其相反。如图 9-12 所示。

⑤ 绘制俯视图。绘制被连接件轮廓(工程图可能已有)，遵守对正原则绘制十字中心线，由内向外绘制外螺纹圆投影；绘制螺母正六边形，保持两边顶角与主视图螺母投影轮廓对正，允许另外顶角不对正。如图 9-12 所示。

⑥ 遵守高平齐、宽相等关系，按不剖视绘制左视图。完成绘图如图 9-12 所示。

工程图中经常采用简化画法，即不绘制螺栓头、螺杆、螺母的倒角，省去了各近似圆弧的绘制，会给直接绘制二维图带来很大方便。如图 9-13 所示。

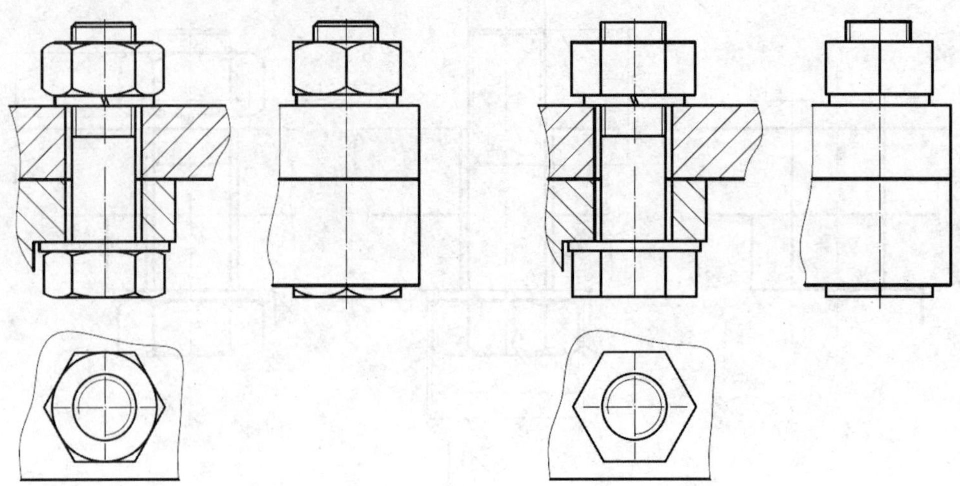

图 9-12　螺栓组件连接画图过程(二)　　　　图 9-13　螺栓组件连接简化画法

2)螺栓、螺钉连接的画法

螺栓、螺钉连接区别于螺栓组件的连接在于没有螺母，是在被连接件之一上加工螺纹孔，再用螺栓或螺钉把另外被连接件连接、压紧在此被连接件上。这种连接主要用于一端没有扳手空间，且较少拆装的场合。优点是零件数少，结构紧凑，精度稍好，不足是零件上加工螺纹孔不如加工通孔方便。

紧固件连接都有根据连接力、结构空间等因素，确定紧固件直径 d、数量、型号的过程，以及根据连接面状态、使用工况，决定是否加用垫圈、加用哪种垫圈。

① 螺栓连接画法

螺栓是最常用、最经济的螺纹紧固件，其六角头比较容易施加拧紧力，用在连接力大、中场合较多。螺栓连接画法例图如图 9-14 所示。图中未给出的螺栓各结构几何参数参照螺栓组件连接画法，仍根据与螺栓直径 d 的比例关系近似绘制。螺栓长度确定依据：

螺栓长度≥旋入螺孔深度＋被连接件厚度＋垫圈厚度，取公称长度系列值。

旋入深度基于连接力设计，因螺孔材料不同有所不同：

钢：$b_m \geqslant d$

铸铁：$b_m \geqslant 1.25d$

铝：$b_m \geqslant 2d$

如果加工螺纹孔的被连接件没有不得钻通的限制，零件又不是太厚，螺孔底孔一般应加工成通孔，攻丝的工艺性就要比不通孔好很多。攻丝深度比旋入深度多 1-2 个螺距。

当加工螺纹孔的被连接件不允许钻通，或零件太厚时，螺孔将加工成不通孔。连接画法按图 9-15 所示。图例扳手空间尺寸不符合普通外六角扳手要求，但符合套筒扳手的要求。

② 内六角螺钉连接画法

内六角螺钉最常用于需螺钉头部完全或部分沉入零件中的场合，或者空间等限制六角螺栓使用的场合，由于需用内六角扳手在螺钉头内施加拧紧力，故用在连接力中、小场合较多。优点是结构较紧凑。

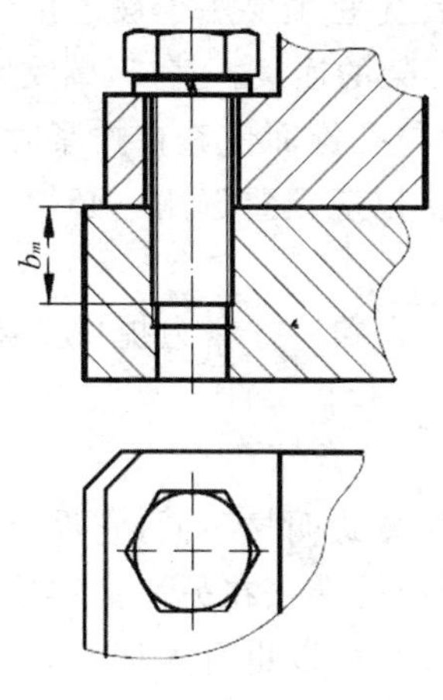

图 9-14　螺栓通孔连接画法

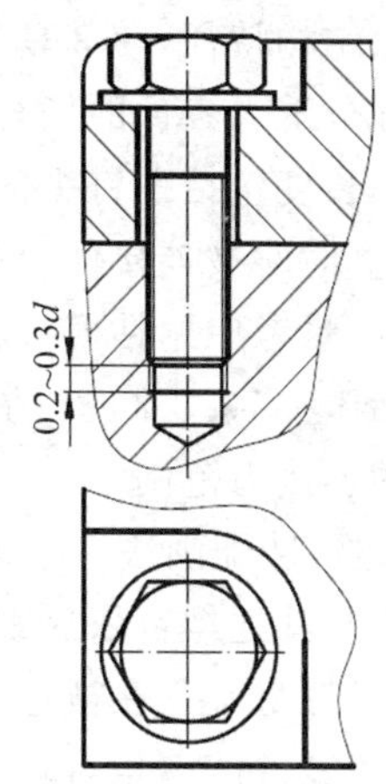

图 9-15　螺栓不通孔连接画法

图 9-16 所示结构为用内六角螺钉 3 将零件 2 紧固在零件 5 上，或可压紧零件 1，或可允许零件 1 在零件 2 与零件 5 形成的导槽内滑动。连接画法中新增画法为螺钉内六角头与沉孔结构大小，可按图中近似画法绘制。零件图上沉孔直径真实取值与尺寸标注应遵照附表 26 规定。螺钉长度选择原则与螺栓连接相同。

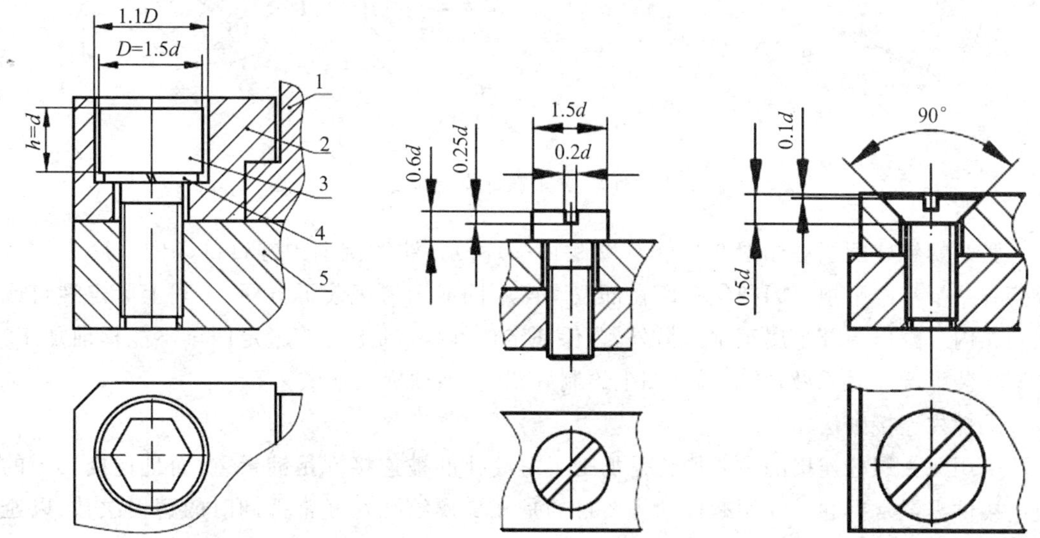

图 9-16　内六角螺钉连接画法　图 9-17　开槽圆柱头螺钉连接画法　图 9-18　开槽沉头螺钉连接画法

③ 开槽圆柱头螺钉、开槽沉头螺钉连接画法

开槽圆柱头螺钉(GB/T65)与开槽沉头螺钉(GB/T68)都属于小螺钉，公称直径很少用到 M6 以上，这是因为它们只能用螺丝刀拧紧，施加拧紧力有限。

开槽圆柱头螺钉常用于罩板、电器架等受力很小的薄型零件连接，螺孔有效螺纹可以只有 3、4 个螺距，螺钉尾端经常露头，如图 9-17 所示。

开槽沉头螺钉过孔也是常用于受力很小的薄型零件连接场合，如图 9-18 所示。但由于其头部底锥面结构特征，使其具有一些与众不同的特性：首先它主要用于被连接件较薄、螺钉头沉入或部分沉入零件的场合，因此很少用于罩板、电器架的连接。其二，螺纹紧固件中，只有它的公称长度包括螺钉头部。其三，它的螺钉头锥面与孔锥面使其在拧紧时有“定心”性质，成组配置时对被连接件上孔的位置精度要求很高，所以应慎重选用。必须采用时，单件可以配做，批量考虑用钻模，以降低成本。

国标号 GB/T 70.3-2000 的内六角沉头螺钉为提高沉头螺钉拧紧力提供了条件，扩大了沉头螺钉的连接力范围。

④ 紧定螺钉装配画法

紧定螺钉与其他螺钉依靠螺钉头压紧被连接件的工作方式明显不同，它没有法兰一样的头部，工作时钉身旋紧在被连接件上，用其前面的锥端、或柱端顶在另一被连接件的凹进部，以此限制两零件产生相对转动或滑动，如图 9-19(a)所示，所以也有人称之为止动螺钉。由于其止动能力有限，所以常常是用在受力很小或者基本不受工作力方向的止动。

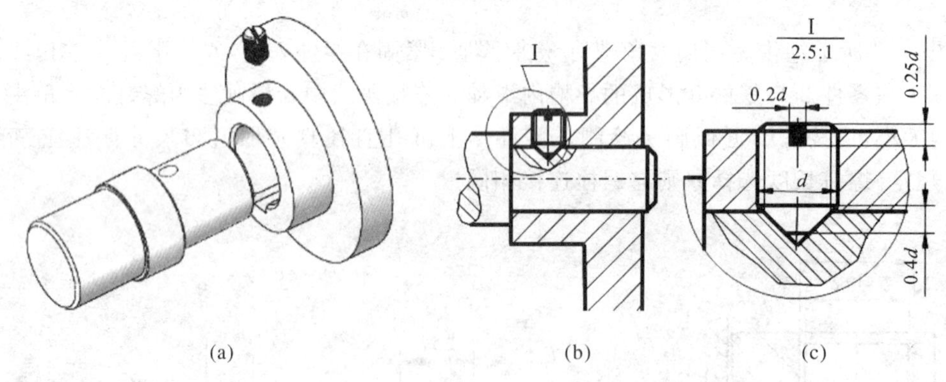

图 9-19　紧定螺钉装配画法

紧定螺钉装配画法如图 9-19(b)、图 9-19(c)所示，注意例图中螺钉锥端的锥度为 90°，并且有一个小的平顶。因螺纹孔所在部位厚度不同或因考虑装拆方便，工程上紧定螺钉或沉入孔内或露出头部都属正常。另外，为保证定位准确，轴上螺钉紧定凹坑不能提前加工，应该在装配调试时配做，轴的零件图上绘制好凹坑，但须标注配做。

⑤螺柱连接画法

采用双头螺柱连接的主要场合是加工了螺纹孔的被连接件足够贵重，而且连接其上的被连接件需经常拆卸。采用螺柱的主要目的是减少螺纹孔在经常拆卸时的磨损次数，以避免螺纹孔所在零件仅因螺纹孔失效而报废。连接示意图如图 9-20(a)所示。

螺柱也称作双头螺柱，因为它两端有螺纹，中间一段没有螺纹，如图 9-20(b)所示。螺柱连接画法中最需要注意的是螺柱下端的螺纹终止线必须与带螺孔零件端面平齐(螺孔不画倒角时)，如图 9-20(c)所示。不能出现如图 9-20(d)中 4 所示错误，这时的螺柱处于“不稳态”，起不到保护下面零件的作用，而且很容易松脱。另外，图 9-20(c)中螺柱底部采用了简化画法，即只绘制旋入余量，余量放大至 0.5d，不画钻孔余量，这在装配图的螺纹连接中可以普遍使用。

图 9-20(d)中标注了 7 处螺纹紧固件连接画法的常见错误，请读者自己分析。

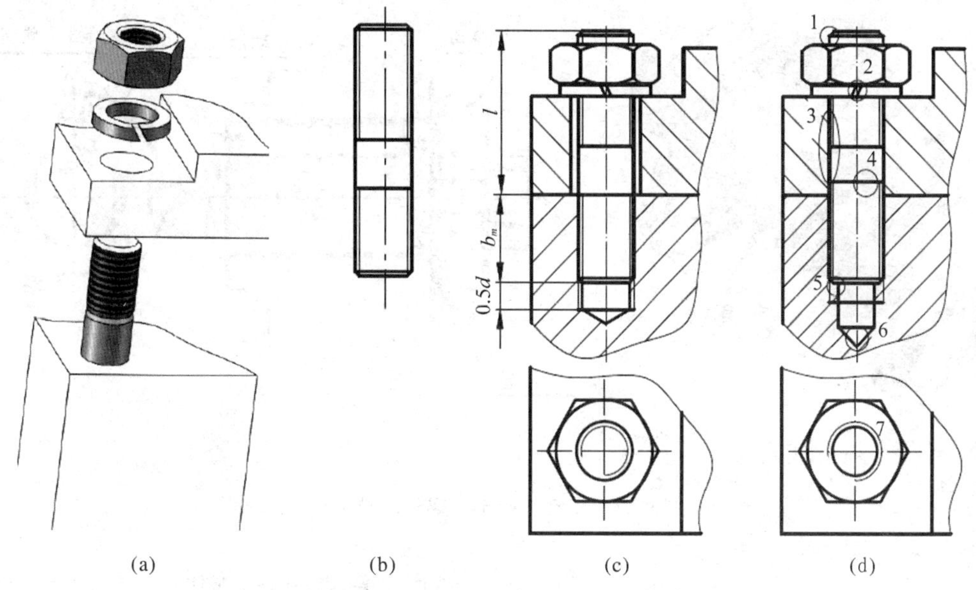

(a) (b) (c) (d)

图 9-20 螺柱连接画法

9.3.2 螺纹防松结构

螺纹副的自锁性在受到振动或冲击的工作条件下并不可靠,所以很多螺纹连接结构都会采取防松措施。最常用的除了前面提到的使用弹簧垫圈和将在“销”一节介绍的开槽螺母结合开口销结构外,这里再介绍两种基本结构。

1. 双螺母结构

它依靠两螺母拧紧后产生的轴向力,使螺母、螺杆之间的摩擦力增大,从而防止螺母自动松脱。画法如图 9-21 所示。其防松效果比弹簧垫圈好。再如,把图 9-19 中紧定螺钉加长,紧定后尾部再拧紧一个螺母,其功效与双螺母结构相同,工程上常用来给紧定螺钉防松。

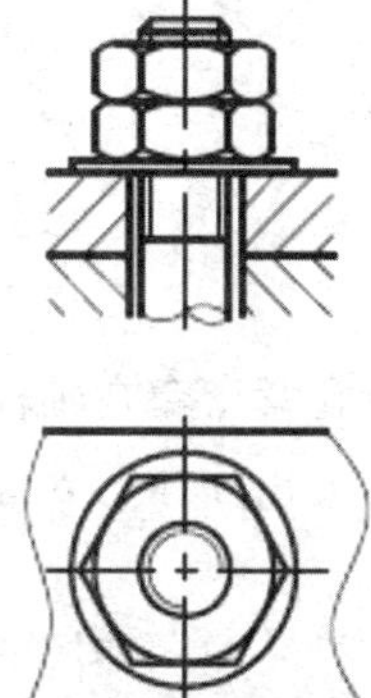

图 9-21 双螺母防松结构

2. 止动垫圈+圆螺母结构

参见图 9-22(a)结构示意图,为可靠压紧挡住带轮,采用止动垫圈(GB/T858)+圆螺母(GB/T812)锁紧结构:按圆螺母公称直径系列设计轴上外螺纹段,并按止动垫圈参数在轴上加工止动槽。装配时先装键、套轮,套进止动垫圈时将其内凸舌卡在止动槽中,旋紧、微调圆螺母,使一个垫圈翅条对准圆螺母一个外槽,折弯翅条入外槽,实现可靠锁紧。画法如图 9-22(b)所示。为了表达清楚、简单,工程上往往将螺母与垫圈也沿轴线剖开,分两侧表达内舌和外翅卡入槽中。此结构也常来用于锁紧轴承内圈。

9.3.3 密封连接结构

连接结构有时要求能实现密封。如图 9-23(a)所示结构,图右部被省略部分为有压流体腔,轴杆自腔内伸出并高速旋转工作,轴杆与腔体孔有 H8/f7 的配合不具备密封性,因此需要在此处设置密封结构。图中结构设计了一个弹性密封体塞在腔体突出柱体的沉孔内,密

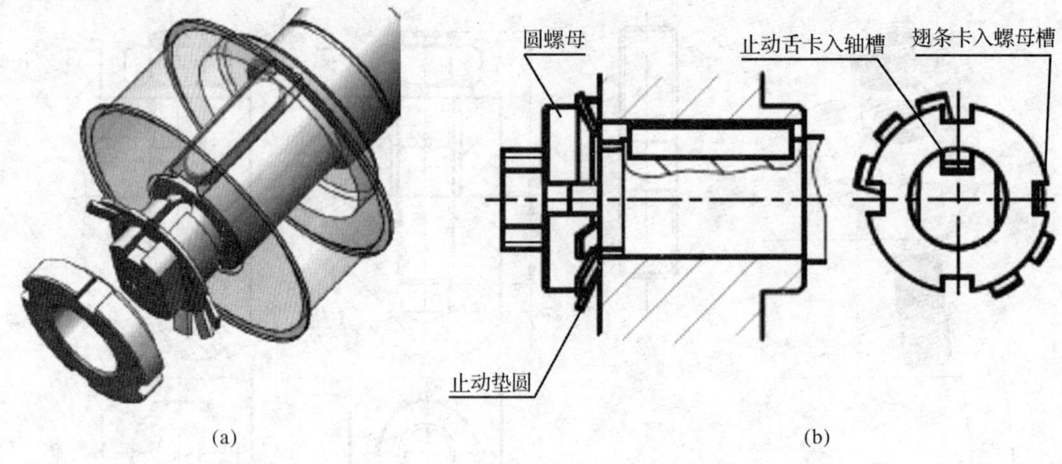

图 9-22　止动垫圈＋圆螺母防松结构

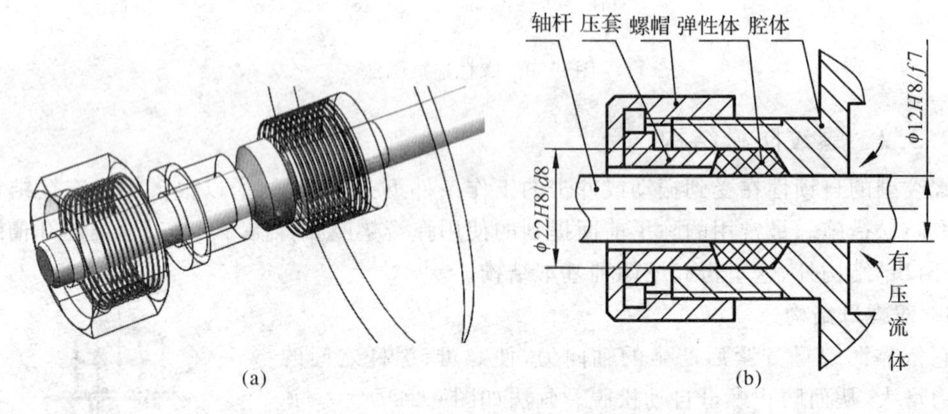

图 9-23　密封连接结构

封体内孔紧密套在轴杆上，一个压套装入沉孔，其前端抵在弹性体上，再用一个特制的螺帽旋合在突出柱体的外螺纹上，螺帽旋紧时其底部将压住压套尾端，调节螺母松紧可以调节密封效果。

连接装配图如图 9-23(b)所示，绘图要点讨论如下：

(1) 配合面、弹性体接触面、压套后接触面画一条线，压套内孔与轴杆、压套法兰外径与螺母小径有间隙画两条线。

(2) 螺帽与柱体的外螺纹内外均留有旋合余量，压套与柱体端面留有充足间隙，利于螺帽压紧力调整。

(3) 弹性体为非金属弹性材质，剖面符号用斜网格线，其余相邻件剖面线方向相反。

实际上，这个结构的螺帽应该采取防松措施，请读者考虑可以怎么做。

9.3.4　销连接画法

常用的销有圆柱销、圆锥销、开口销，都是标准件，表 9-2 列举了这三种销的图例和标记示例。圆柱销和圆锥销主要用于平面接触零件之间的定位，故在生产一线直接称作定位销。销孔都是装配时配做的，所以直孔工艺性好，圆柱销用量多。锥销重复定位精度比柱销高，所以经常拆卸的场合要用锥销，尽管锥孔工艺性不够好，如图 9-24(c)所示。定位销轴向没有承载能力，所以总是与紧固件一起、并且要成对使用，以完全限制平面移动和转动。如图 9-24(a)所示。销也可如图 9-24(b)所示用于零件之间的连接，但只能传递不大的扭矩。开口销多数用于禁止零件脱落的场合，也常与开槽螺母组合成防松结构，如图 9-24(d)所示。

表 9-2 常用的销的图例和标记

名称及标准编号	图　例	标记及说明
圆锥销 GB/T 119.1-2000	≈15°，c，c，l，d	销 GB/T 119.1 6m6×30 [表示圆柱销，公称直径 $d=6$，公差 m6，公称长度 $l=30$，材料为钢，不淬火，不经表面处理]
圆锥销 GB/T 117-2000	1:50，R_1，R_2，d，a，a，l	销 GB/T 117 10×60 [表示 A 圆锥销，其公称直径 $d=10$，公称长度 $l=60$，材料为 35 钢，热处理 28～38HRC、表面氧化]
开口销 GB/T 91-2000	允许制造的型式；b，l，a，a，c，d	销 GB/T 91 5×50 [表示开口销，其公称直径 $d=5$，长度 $l=50$，材料为低碳钢，不经表面处理]

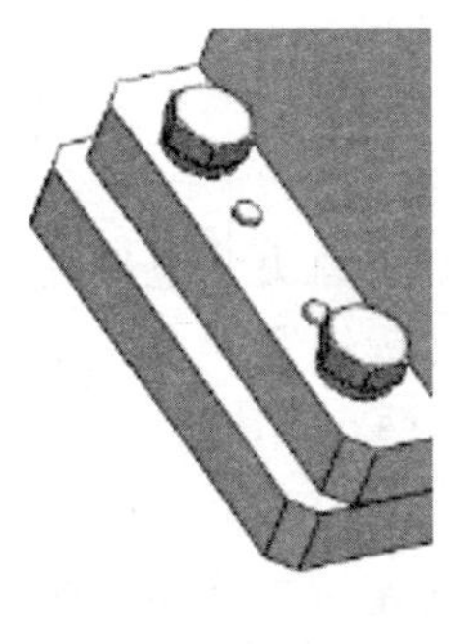

(a) 销配合螺栓定位

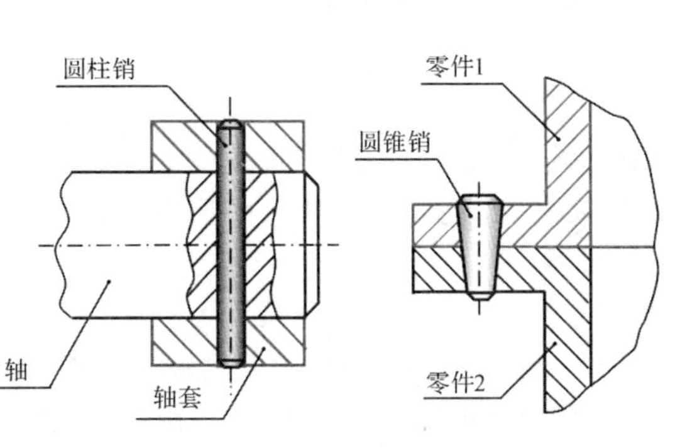

(b) 圆柱销连接

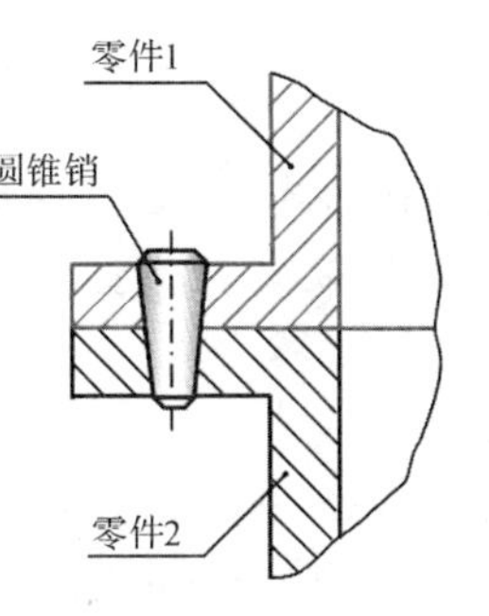

(c) 圆锥销定位

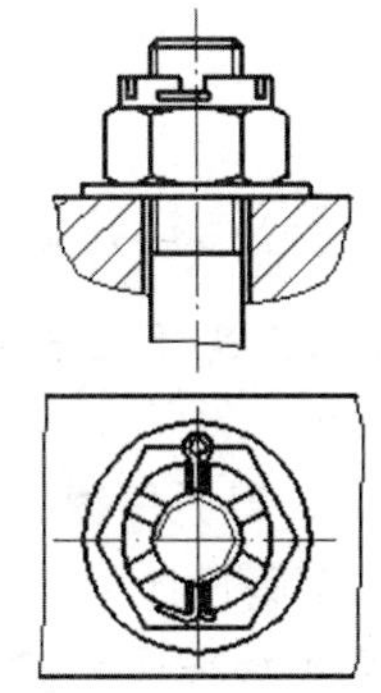

(d) 开口销配合螺母防松

图 9-24　销连接结构示意图

圆柱销、圆锥销的装配画法如图 9-25 所示。当剖切平面通过销的轴线作纵向剖切时，销按不剖画图。其中 9-25(b)图中的螺尾销用于只能从单面加力拆卸场合。

圆柱销直径公差有 $m6$、$h8$、$h11$ 三种，在机器中采用基孔制配合。销孔表面粗糙度精度在零件图中应标注 $Ra0.8$ 以上，经铰制达到。

圆锥销按小头直径标注规格，定位精度比圆柱销高，设计时最好考虑能反向加力拆卸。如图 9-25(c)所示。开口销装配画法如图 9-24(c)所示。销孔直径基本尺寸与销相同，零件图公差在直径小于等于$\phi1.2$ 时按 $H13$ 标注，直径大于$\phi1.2$ 时按 $H14$ 标注。开口销与孔的配合一般不在装配图中标注。

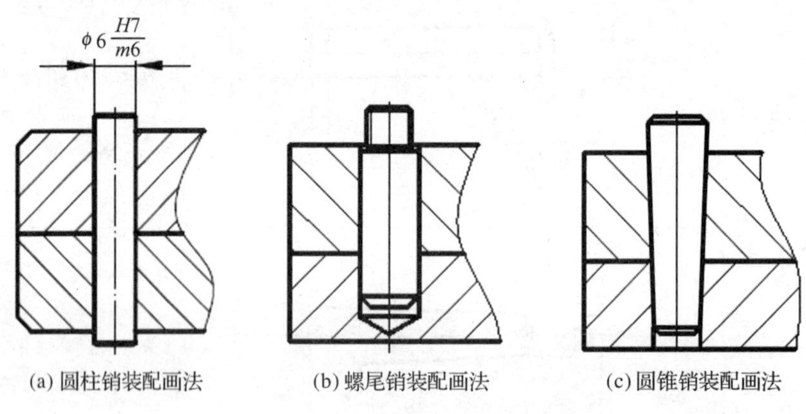

(a) 圆柱销装配画法　(b) 螺尾销装配画法　(c) 圆锥销装配画法

图 9-25　圆柱销圆锥销装配画法

9.3.5　键连接画法

1. 键的种类

键又是一种常用标准件，键的种类有普通平键、半圆键、钩头楔键等。如图 9-26 所示。

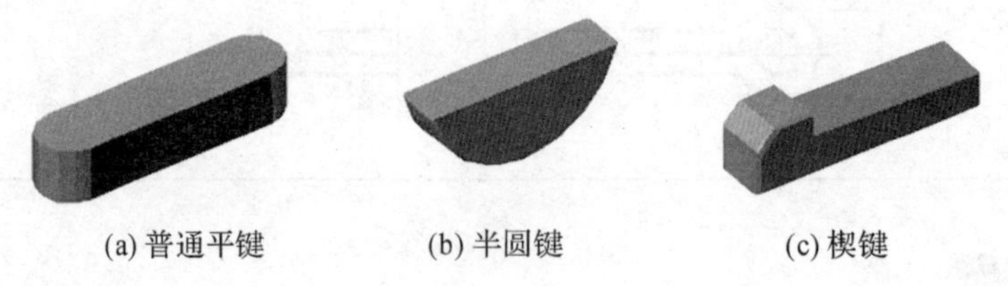

(a) 普通平键　(b) 半圆键　(c) 楔键

图 9-26　常用键

普通平键分为三种结构形式，如图 9-27 所示(倒角或倒圆未画)，A 型为圆头普通平键，B 型为方头普通平键，C 型为单圆头普通平键。普通平键的主要结构尺寸为键宽 b、键高 h、键长 L。

2. 普通平键的标记

工程设计中，先根据工作需要选定键的类型，再根据轴的直径查表，选定键规格。例如：选用 A 型普通平键的轴的直径为$\phi55$mm，查附录表 23 得出键的规格尺寸为：键宽 $b=16$；键高 $h=10$；键长范围 $L=45\sim180$。键的长度按比连接的轮毂长度短 5～10mm，选择 L 系列中的标准尺寸，这里假定取 50mm。此普通平键的标记为：键 16×50 GB1096—2003。

标记中按规定省略了圆头普通平键的级别符号 A，键高也可以省略。此标记用于填写

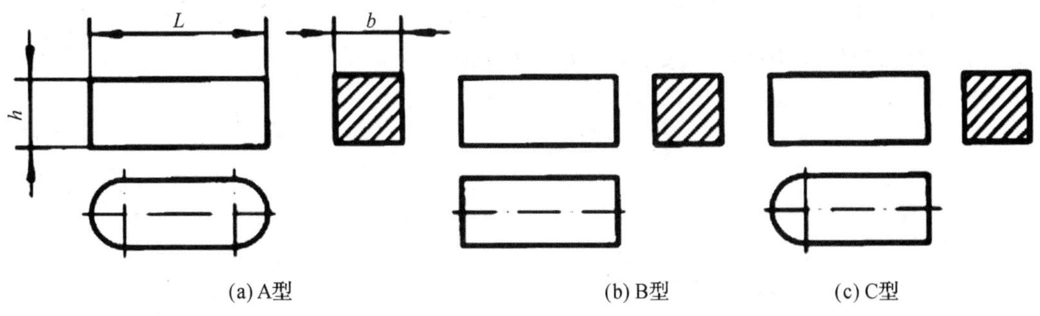

图 9-27　普通平键

入明细栏或其他技术文件中。

3. 普通平键连接的画法

键连接画法除了需遵循 7.1.3 键槽画法规定外，还应注意三个方面：

(1)采用键连接的位置一定过轴与孔的轴线作纵切剖视表达，此时除带孔件剖切开外，要对轴上键槽部位作局部剖视，以露出键。键不作剖视。如果需要作垂直轴线的横向剖切视图，键与轴被剖切面切过时均按剖视画图。键、轴、轮同时被横切时，三件剖面符号应不一致。如图 9-28 所示。

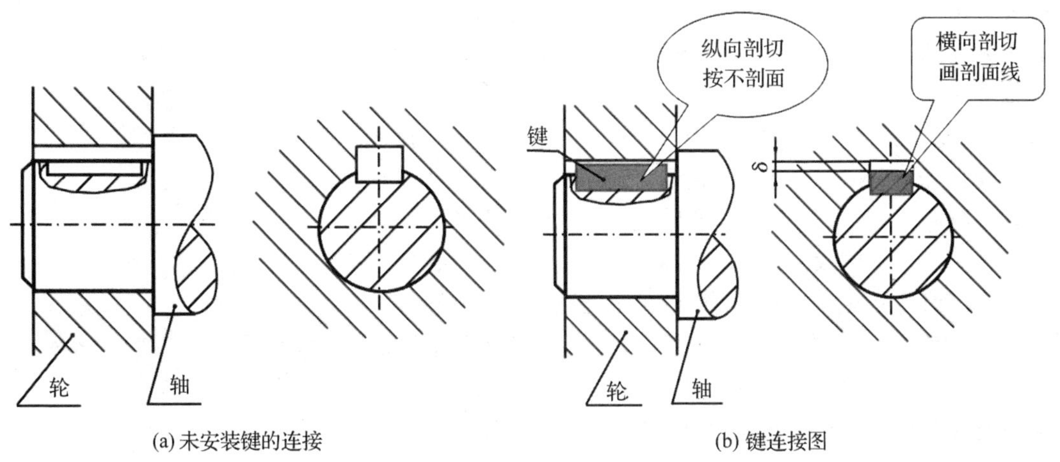

图 9-28　键连接装配图

(2)采用键连接的轴与孔一定是配合性质，而且键在其宽度方向与轴、毂的键槽也是配合性质，即基本尺寸相同，面相接触画一条线，但查表可知，轴上键槽深度与毂上键槽深度之和大于键高，这个间隙必须画出，并且只能画在毂的键槽底与键之间。如图 9-28(b)所示。仍以前面直径为ϕ55mm 的轴为例，键高 $h=10$，查得轴上键槽深 $t=6.0$，毂上键槽深 $t_1=4.3$，其间隙为：$\delta=t_1+t_2-h=0.3$。另外，轮毂端面一定要靠在轴肩上，即轴肩与轮毂端面不能有缝隙。

(3)键在其宽度方向分别与轴和毂的键槽有较松、一般、较紧三种连接配合，采用一般连接配合时装配图中可不标注，但在零件图中一定要标注尺寸公差。

9.3.6 矩形花键连接的画法

矩形花键的连接用剖视图表示，其连接部分按外花键画出。如图 9-29 所示。需要时，可在连接图中标注相应的连接花键代号，如上例的花键代号为：

$$6\times 23\ \frac{H7}{f7}\times 26\ \frac{H10}{a11}\times 6\ \frac{H11}{d10}$$

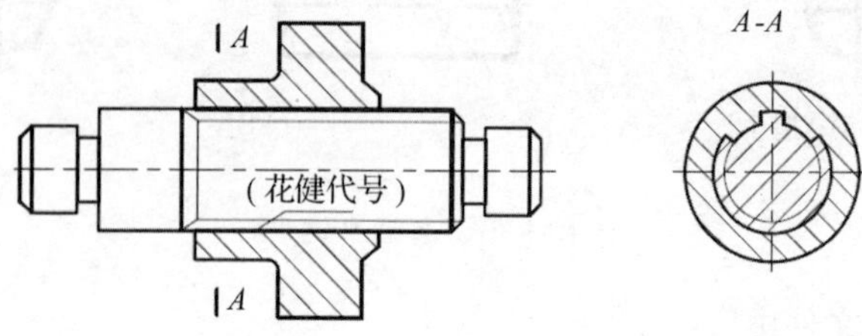

图 9-29　矩形花键连接画法与代号标注

9.3.7 导柱定位连接画法

立柱、导柱是机器中经常遇到的零件，它们与座板的连接结构也属于常用结构。绘图时既不能画成如图 9-30 所示的低级错误结构，一些时候也不能如螺栓连接一样径向留有很大间隙。以下介绍两种用螺纹副拉紧的单个导柱定位连接常用画法。

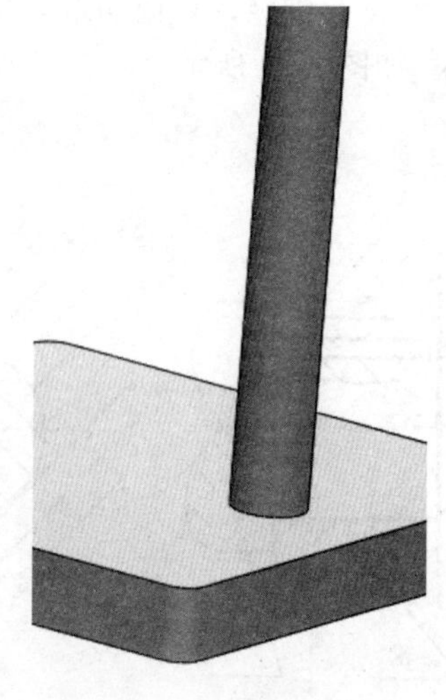

图 9-30　立柱连接错误结构

1. 直接配合定位连接 如图 9-31(a)所示，将连接孔加工成配合孔，在导柱连接端设置轴肩，加工一段配合轴和螺纹，视导柱工作要求选择配合的紧配程度，本例选择了不太紧的过渡配合。螺纹锁紧选择可靠的止动垫圈加圆螺母结构。绘图时注意轴肩靠紧底座上端面，配合轴段不能长于底座连接处厚度。如图 9-31(b)所示。如果底座有足够厚度，也可以在底座配合孔底段设置螺纹，直接旋紧定位，外加普通螺母锁紧。读者可以尝试绘制具体结构装配图。

2. 加套配合定位连接 图 9-31 所示画法结构简单，但定位面较短。在底板不厚又需获得较长定位段时，可以采用如图 9-32(a)所示的增设定位套结构。此例中没有新的绘图知识，读者可以自己分析图 9-32(b)的结构特点和画图要点。

9.3.8 齿轮啮合画法

作为力与运动传动的重要结构，齿轮传动广泛应用于机器装备中，齿轮啮合画法自然成为常用传动装配结构画法。

1. 一对圆柱齿轮啮合的画法

一对标准圆柱齿轮啮合工作的理想状态是两节圆相切，而标准圆柱齿轮的分度圆与节圆重合，因此，齿轮啮合画法中最重要的一点是两齿轮的分度圆相切。另外，两齿轮的模数

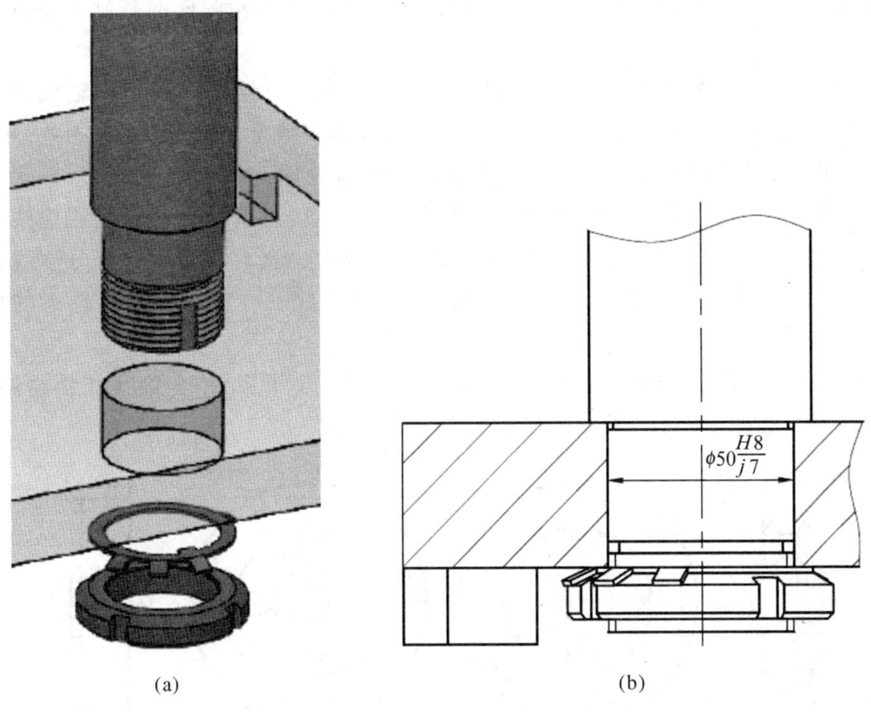

图 9-31　立柱直接配合定位连接

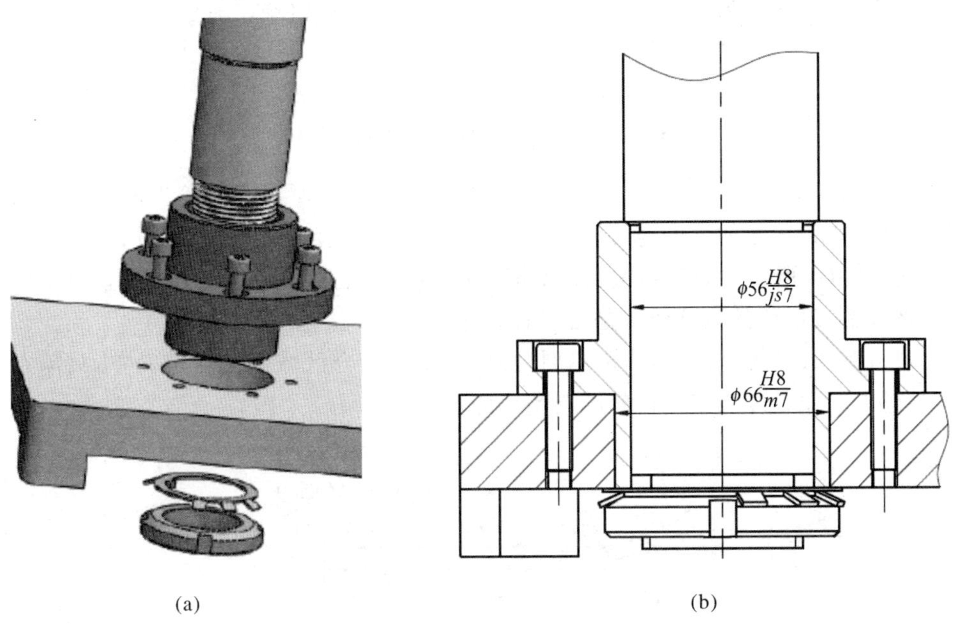

图 9-32　立柱加套配合定位连接

和压力角相等是它们正常啮合的必要条件，这意味着两齿轮的齿高参数完全一样。于是，圆柱齿轮啮合画法绘制如图 9-33 所示。在正确绘制单个圆柱齿轮图样的基础上，还应注意以下几点：

① 主视图一般选择非圆投影，采用剖视表达。首先平行绘制两齿轮中轴线，保证中心距为：$a=(d_1+d_2)/2$。接下来先完整绘制主动齿轮，再按啮合区分度线（点画线）重合绘制从动齿轮。啮合区按两轮齿同位重合、一个轮齿被遮盖处理：主动齿轮的分度线、齿顶线、齿根线保持不变，从动齿轮的分度线共用主动齿轮的分度线，齿顶线被遮盖画成虚线，齿根线保持原样。归纳一下，啮合区应画五条线：一条点画线——表示两齿轮重合分度线；三条粗实线——表示两齿轮的两齿根线与一齿顶线；一条点虚线——表示一被遮轮齿的齿顶线。如图 9-33(a)所示。

② 两齿轮啮合的圆投影画法规则简单，依与主视图高平齐、按分度线相切绘制两齿轮的圆投影即可。如图 9-33(b)所示。图中省画了齿根圆。

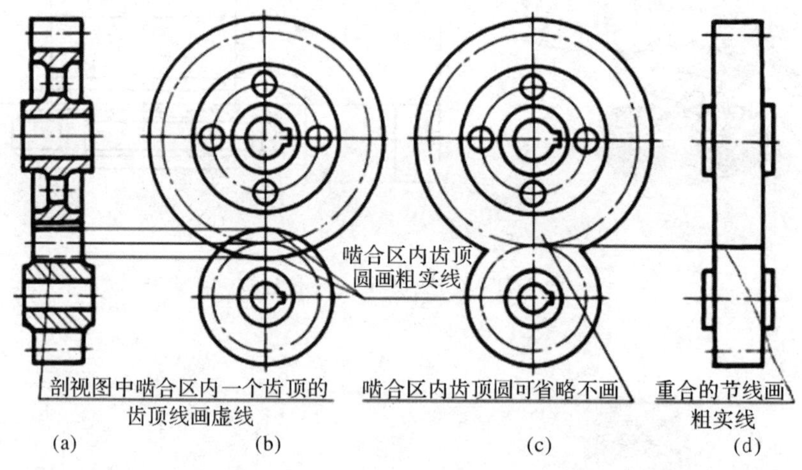

图 9-33　一对啮合圆柱齿轮的规定画法

由于齿根高和齿顶高相差 0.25 · m（m 为齿轮的模数），所以可见轮齿的齿顶线与另一齿轮被遮盖的轮齿齿根线之间应画出 0.25 · m 的间隙，两者不能重合，如图 9-34 所示。

③ 图 9-33(c)所示为简化画法，即两齿顶圆重叠到对方区域内部分均可省略不画。其实，主视图绘制成虚线的齿顶线也是可以省略的。

④ 如图 9-33(d)所示，非圆投影不剖视时，两轮齿啮合区域画法变得简单：只需在共用分度线处绘制一条长度等于厚齿轮的粗实线即可。

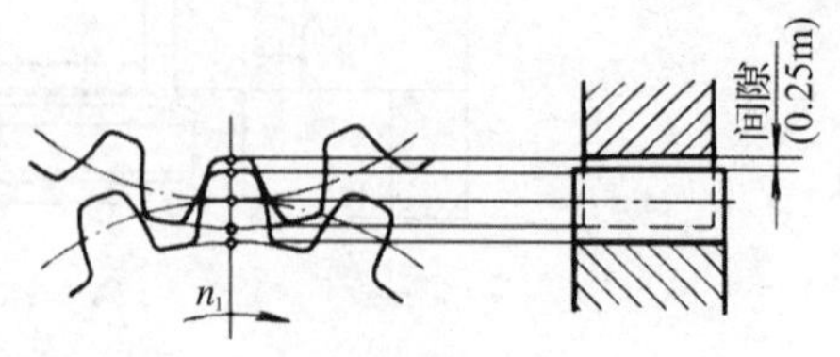

图 9-34　齿轮啮合与齿顶齿根间隙

2. 齿轮与齿条啮合的画法

齿轮与齿条啮合传动,可以把转动转换为直线运动,或把直线运动转换为转动。两者啮合画法与两圆柱齿轮啮合的画法基本相同,这时齿轮的分度圆应与齿条的分度线相切,如图 9-35 所示。

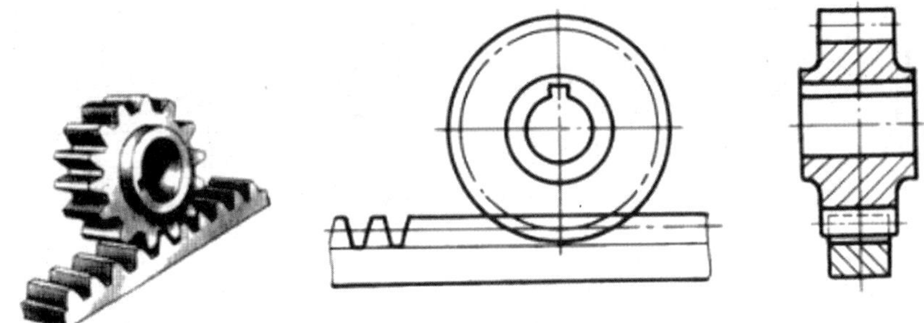

图 9-35 齿轮与齿条啮合画法

3. 直齿锥齿轮啮合画法

与圆柱齿轮两传动轴轴线方向一致不同,锥齿轮可以用来改变从动轴轴线方向。

图 9-36 所示为一对直齿锥齿轮啮合画法,两齿轮轴线相交成 90°,两分度圆锥面共顶点。视图表达思想与圆柱齿轮时相同,锥齿轮的主视图画成剖视图,剖切平面通过两啮合齿轮的轴线,在啮合区内,先完整绘制一个齿轮的投影图,另一个齿轮轮齿被遮挡的部分用虚线绘制,如图 9-36(a)中的主视图所示。虚线也可以省略不画,如图 9-36(b)所示。图 9-36(c)为不剖的主视图,啮合区内的节线用粗实线绘制。左视图常用不剖的外形视图表示,如图 9-36(b)所示。

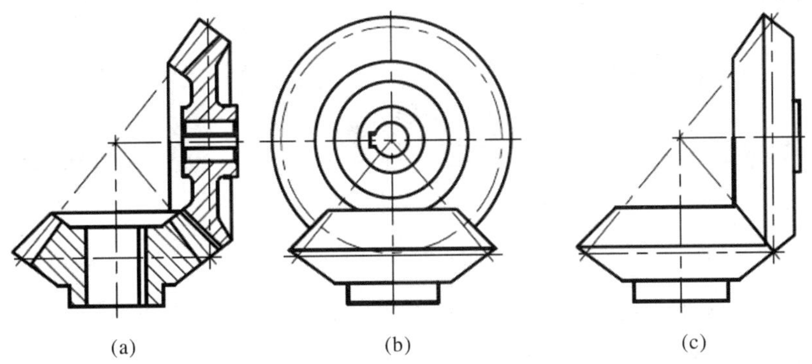

图 9-36 直齿锥齿轮啮合的画法

4. 蜗杆、蜗轮的啮合画法

蜗轮蜗杆副是一种常用大减速比转动传动结构。图 9-37 所示为蜗杆、蜗轮的啮合画法。在蜗杆投影为圆的视图中,表达方法如同螺纹连接,蜗杆与蜗轮的啮合部分按蜗杆画,但剖视时须画出蜗杆齿顶圆与蜗轮齿根的顶隙:$c=0.2 \cdot m$(m 为蜗轮蜗杆的模数)。在蜗轮投影为圆的视图中,表达方法如同齿轮啮合,蜗杆的节线与蜗轮的节线须相切,齿顶圆(线)可以互相交叠,交叠部分也可以省略。其啮合区如果剖开表达时,一般采用局部剖视图。

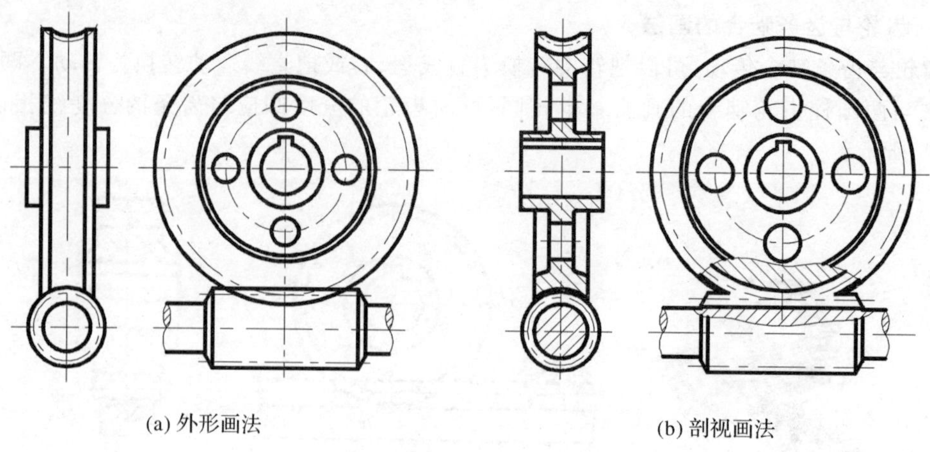
(a) 外形画法　　(b) 剖视画法

图 9-37　蜗杆、蜗轮的啮合画法

9.3.9　轴的支撑结构画法

轴是各类机器上常用的一类重要零件，基本结构形式如图 9-38(a)所示。轴有固定轴和运动轴之分：固定轴是指轴是固定的，零件安装在轴上，一般零件与轴有相对运动，也有零件不动场合。例如玩具风车(如图 9-38(b)所示)的轴是固定轴。运动轴是指轴和安装其上的零件一起运动，例如图 9-38(c)所示的发电风车的轴是和风叶一起转动的。

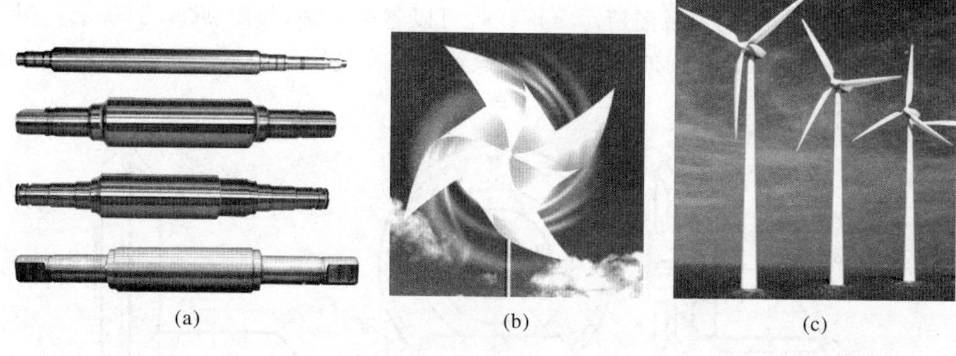
(a)　(b)　(c)

图 9-38　轴零件及应用

不论是固定轴还是运动轴，都一定要有支撑。由于轴大多数场合是卧式(水平放置)工作的，这里介绍卧式轴的几种基本支撑结构的装配画法。

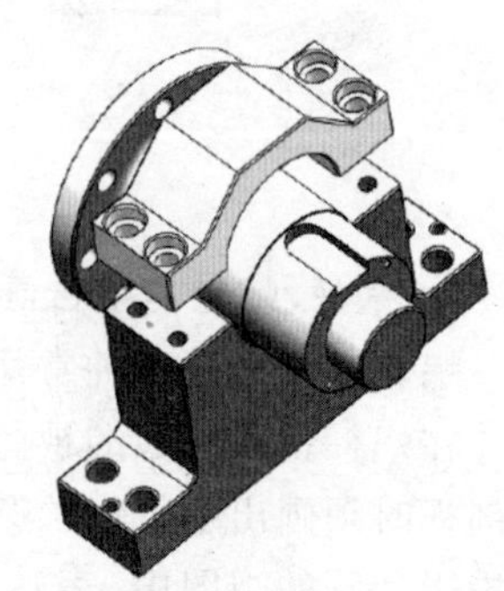
图 9-39　固定轴支座示意图

1. 固定支撑

(1) 专用轴支座　固定轴的支撑要确保轴在机器运行中固定不动，如图 9-39 所示是一种常用支撑夹紧结构的轴座装配示意图，结构装配画法如图 9-40 所示。被支撑夹紧的轴头零件与轴座、座盖紧密接触处共用轮廓线。牢固夹紧靠座与盖之间留有不大的缝隙，如放大图所示。此缝隙在装配图中也可以采用夸大画法放大画。轴被支撑时，轴的中轴线与支撑面一般有平

行度误差控制要求，因此轴座的零件图上，应标注轴线与底面的平行度公差。另外，两侧支撑的轴座的中心高尺寸一致性对轴的工况影响也很大，应通过标注公差加以控制。

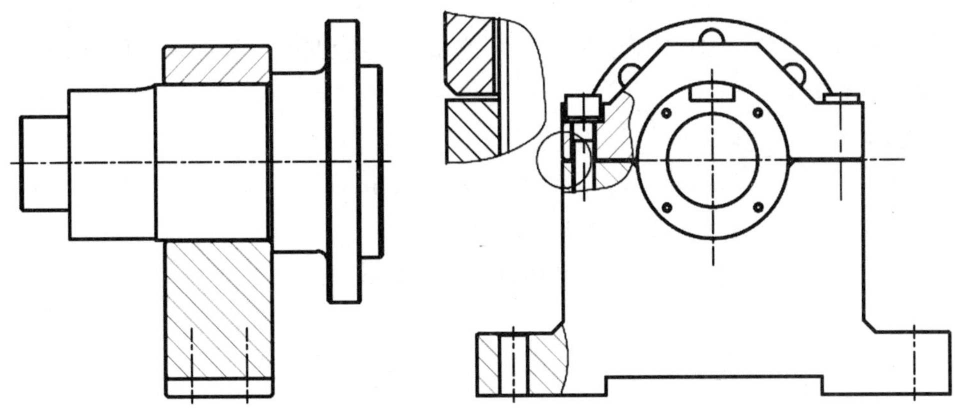

图 9-40　固定轴支座装配画法

(2) 标准轴支座　由于轴支座越来越多的需求，已可采购到标准尺寸系列的轴支座产品，支撑结构有如图 9-39 所示两体式的，也有如图 9-41 所示一体式的。装配结构比较简单，这里不再绘制装配画法。

2. 运动支撑

(1)滚动轴承支撑

1)滚动轴承及其分类

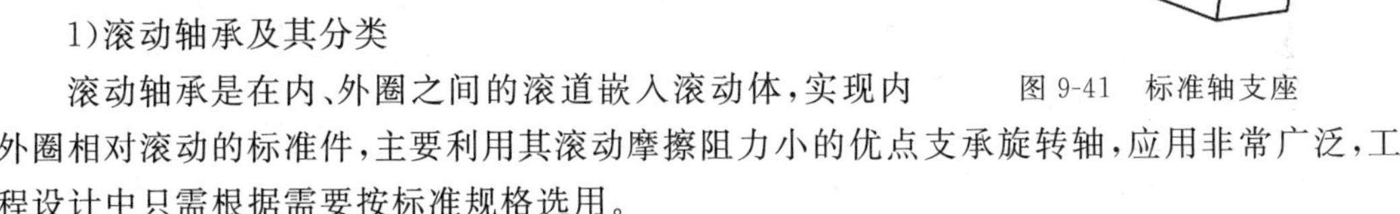

图 9-41　标准轴支座

滚动轴承是在内、外圈之间的滚道嵌入滚动体，实现内外圈相对滚动的标准件，主要利用其滚动摩擦阻力小的优点支承旋转轴，应用非常广泛，工程设计中只需根据需要按标准规格选用。

滚动轴承由内圈、外圈、滚动体和保持架等部分组成。常用的滚动轴承按受力方向可分为以下三种类型：

向心轴承—— 主要承受径向载荷，如图 9-42(a)所示深沟球轴承。

向心推力轴承—— 同时承受径向和轴向载荷，如图 9-42(b)所示圆锥滚子轴承。

推力轴承——只承受轴向载荷，如图 9-42(c)所示推力球轴承。

(a) 深沟球轴承

(b) 圆锥滚子轴承

(c) 推力球轴承

图 9-42　滚动轴承

2)滚动轴承的代号

设计者根据轴需承受的载荷类型和大小，选择滚动轴承的类型和尺寸，校核确定后标注代号标记。

滚动轴承的代号标记通常使用基本代号，它由轴承类型代号、尺寸系列代号、内径代号三部分构成，示例如下：

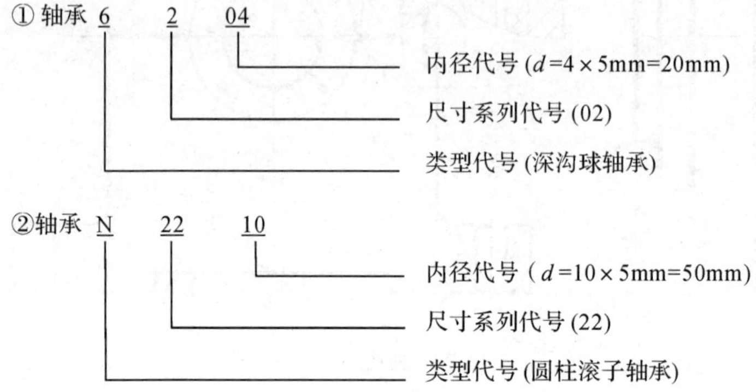

类型代号由数字或字母表示，如表 9-3 所示。

表 9-3 轴承类型代号

代号	轴承类型	代号	轴承类型
0	双列角接触球轴承	6	深沟球轴承
1	调心球轴承	7	角接触球轴承
2	调心滚子轴承和推力调心滚子轴承	8	推力轴承
3	圆锥滚子轴承	N	圆柱滚子轴承
4	双列深沟球轴承	U	外球面球轴承
5	推力球轴承	QJ	四点接触球轴承

注：在表中代号后或前加字母或数字表示该轴承中的不同结构。

尺寸系列代号由滚动轴承的宽(高)度系列代号组合而成。向心轴承、推力轴承尺寸系列代号，如表 9-4 所示。

表 9-4 滚动轴承尺寸系列代号

直径系列代号	向心轴承									推力轴承		
	宽度系列代号									宽度系列代号		
	8	0	1	2	3	4	5	6	7	9	1	2
	尺寸系列代号											
7	—	—	17	—	37	—	—	—	—	—	—	—
8	—	08	18	28	38	48	58	68	—	—	—	—
9	—	09	19	29	39	49	59	69	—	—	—	—
0	—	00	10	20	30	40	50	60	70	90	10	—
1	—	01	11	21	31	41	51	61	71	91	11	—
2	82	02	12	22	32	42	52	62	72	92	12	22
3	83	03	13	23	33	43	53	63	73	93	13	23
4	—	04	—	24	—	—	—	—	74	94	14	24
5	—	—	—	—	—	—	—	—	—	95	—	—

尺寸系列代号有时可以省略:除圆锥滚子轴承外,其余各类轴承宽度系列代号"0"均省略;深沟球轴承和角接触球轴承的 10 尺寸系列代号中的"1"可以省略;双列深沟球轴承的宽度系列代号"2"可以省略。

内径代号表示轴承的公称内径,如表 9-5 所示。

表 9-5　滚动轴承内径代号

轴承公称内径 d(mm)		内径代号
0.6～10(非整数)		用公称内径毫米数直接表示,在其与尺寸系列代号之间用"/"分开
1～9(整数)		用公称内径毫米数直接表示,对深沟球轴承及角接触轴承 7、8、9 直径系列,内径与尺寸系列代号之间用"/"分开
10～17	10	00
	12	01
	15	02
	17	03
20～480 (22、28、32 除外)		公称内径除以 5 的商数,商数为个位数,需要在商数左边加"0",如 08
≥500 以及 22、28、32		用尺寸内径毫米数直接表示,但在与尺寸系列代号之间用"/"分开

3) 滚动轴承的画法

国家标准规定,滚动轴承在装配图中采用简化画法和规定画法来表示,其中简化画法又分为通用画法和特征画法。在装配图中,若不需要表明滚动轴承的外形轮廓、载荷特征和结构特征,可采用通用画法来表示。即在由轴承内外径及宽度参数构成的矩形线框中央正立的十字形符号表示,十字形符号不应与线框接触;若要较形象地表示滚动轴承的结构特征,可采用特征画法来表示,通用画法和特征画法如表 9-6 所示。

在装配图中,若要较详细地表达滚动轴承的主要结构形状,可采用规定画法来表示。此时,轴承的保持架及倒角省略不画,滚动体不画剖面线,内外圈剖面线方向画成一致,间隔相同。一般只在轴的一侧用规定画法表达,在另一侧仍然按通用画法表示,如图 9-44 所示。

表 9-6　常用滚动轴承的画法

轴承类型代号	名称和标准号	查表得主要参数	规定画法 通用画法	特征画法
60000 型	深沟球轴承 GB/T1270 —1994	D d B	B, B/2, A, A/2, 60°, D	B, 2B/3, A, B/6, d, D

续表

轴承类型代号	名称和 标准号	查表得 主要参数	规定画法 通用画法	特征画法
30000 型	圆锥滚子 轴承 GB/T1297 —1994	D d O T C B		
50000 型	单向推力 球轴承 GB/T301 —1995	D d T		

如需绘制滚动轴承圆投影时，可按图 9-43 画法，只画出轴承内径、外径、滚动体直径及其分布圆直径。

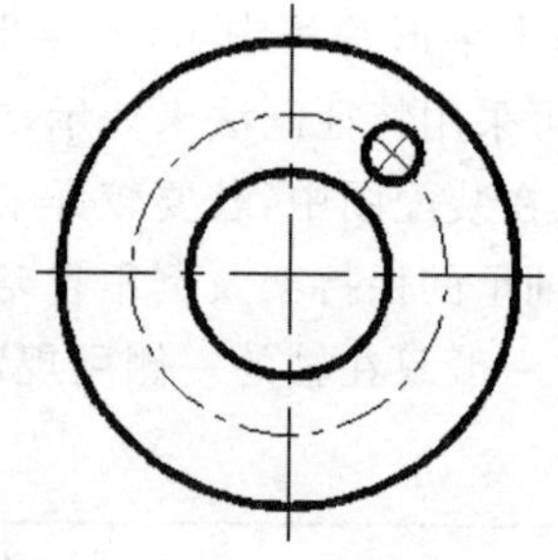

图 9-43　滚动轴承圆投影画法

4）滚动轴承支撑轴的装配画法

为了使轴、轴上零件运动平稳，采用球轴承或滚子轴承作支撑时，一般要支撑两点，即：球轴承总是成对使用的。本处选择支撑的一端为例讨论装配画法。

滚动轴承支撑的装配画法（其实就是滚动轴承支撑设计）要点有以下 4 条：

（1）轴承是易损件，在机器寿命期内会多次拆换，因此图样上轴承内圈和外圈一定要高出轴肩、孔肩，避免无处施加拆卸力。选用滚动轴承时、尤其在出零件图时，须遵守标准表有关台肩尺寸的规定。

（2）滚动轴承是靠其内外圈相对转动实现轴或轴上零件的小摩擦力、低功耗转动的，装配图绘制中不能出现妨碍轴承内外圈相对转动画法。

（3）滚动轴承在轴向应该完全定位，不能在工作时发生窜动或脱出。

（4）当滚动轴承初始轴向游隙不能满足机器运行精度时，应有轴向调隙的设计表达。

深沟球轴承支撑轴端的装配画法如图 9-44(a)所示。6005 轴承内圈套在一旋转轴左端部一段上，按规定取基孔制过渡配合，左端面靠在轴上为其设置的轴肩上。轴承内圈厚度高出轴肩一定值，为拆卸轴承提供承力点，切不可以为靠推拉外圈即可拆卸轴承。图 9-44(b)

所示图例中轴肩完全遮住轴承内圈，是错误的。轴承外圈镶嵌在一固定零件的ϕ47 孔内，按规定取基轴制过渡配合，其右端面用轴承压盖抵住，此时轴承与轴同时承受向左的推力。但由于旋转轴省略的右侧部分一定会有平衡此力的支撑，因此轴承与轴处在双向定位中。图 9-44(c)所示图例中轴承压盖既压住了外圈，也同时压住了内圈，内外圈无法相对转动，属于严重错误。

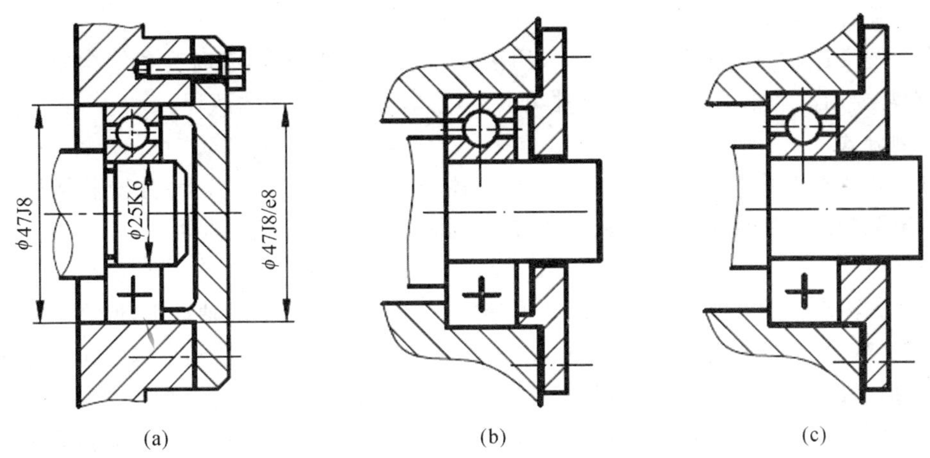

图 9-44　深沟球轴承支撑轴端装配画法

图 9-44(c)所示图例的轴承压盖法兰与固定零件端面之间有不大的空隙，当轴与轴承内圈完全固定时，旋动压盖螺栓会使轴承外圈相对内圈产生微小的位移，这个过程称作调隙。图 9-44(b)图与 9-44(c)图设置孔肩将使调隙无法进行。在有需要孔肩时，也不允许如图 9-44(b)图那样完全遮住轴承外圈。另外，为保证压盖工作端面与轴承轴线不产生过大垂直偏差，又要方便拆卸，在固定件孔已确定基本偏差为 $J8$ 情况下，只好选择混合制配合 $\phi 52\ J8/e8$。

当轴承支撑零件运行精度较低时，可以用简单安装方式。如图 9-45 所示，轴承外圈用孔肩与弹性挡圈(GB/T893.1)双向定位，内圈用平垫圈与开口销单向定位，缺点是轴向会有移动间隙。

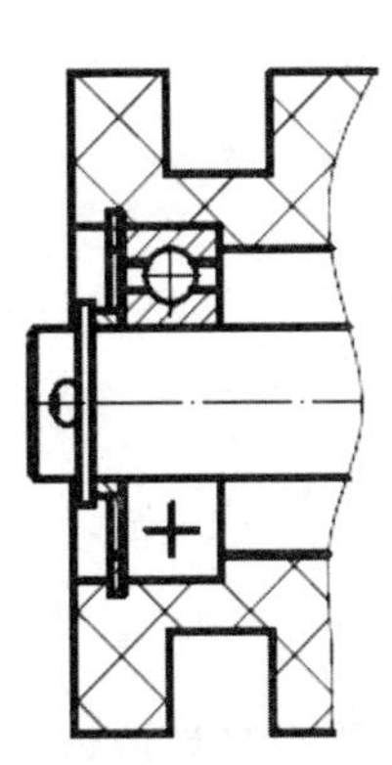

图 9-45 深沟球轴承简单装配画法

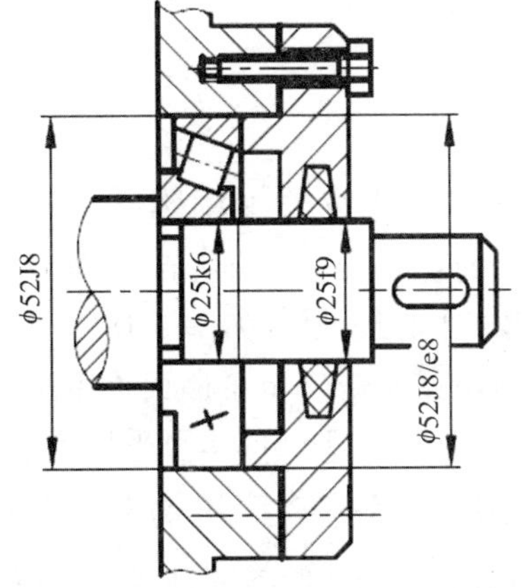

图 9-46 圆锥滚子轴承装配画法

圆锥滚子轴承支撑轴端的装配画法如图 9-46 所示。30205 轴承内圈定位方式与图 9-44(a)一样，但外圈定位必须采取可调隙方式，而不能采用如图 9-45 所示的简单定位。另外，由于圆锥滚子轴承不能带防尘圈，当有轴穿出压盖通孔时必须采取防尘措施。图 9-46中采用较简单的毡圈密封结构，该轴段按基本偏差 f 加工，又有利于轴承安装和拆卸。

(2) 滑动轴承支撑

在一些高速、重载、冲击等不适合采用滚动轴承的特别场合，有时为了结构简单和降低成本，常常要用滑动轴承。滑动轴承种类很多，这里只介绍常用的两种。

1)剖分式

剖分式滑动轴承画法如图 9-57 所示。常用于重载(轴径ϕ30 以上)且轴需从径向装拆场合。装配画法只要使轴颈与轴瓦内孔接触，轴肩靠在轴瓦的端面即可。

2)整体式

整体式滑动轴承在很宽的载荷范围内都可以使用，也有标准的轴承座，但许多是用于工程上称作“镶衬套”的常见装配结构中，如图 9-47(a)所示。这里的滑动轴承的作用是保护孔和轴，磨损可以更换。滑动轴承外圆柱面与零件孔采用偏过盈的过渡配合或者过盈配合。衬套内孔面与轴零件多形成间隙配合，有时有油槽，也有采用含油轴承。滑动轴承内外圆柱面与配合零件表面均按相接触绘制一条共用轮廓线。如图 9-47(b)、9-47(c)所示。其中(c)图滑动轴承带单侧定位挡边。

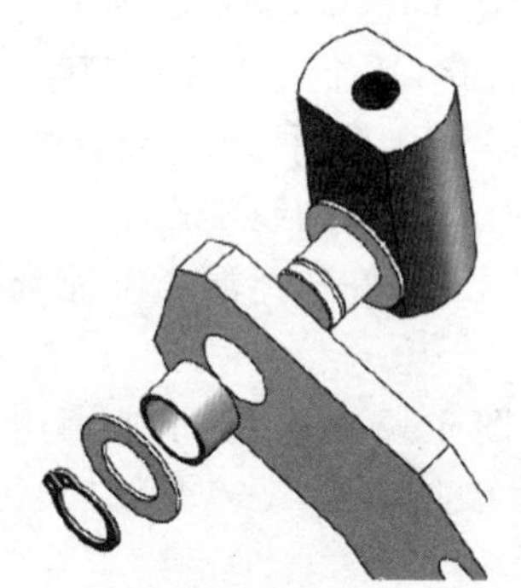

(a) 滑动轴承应用

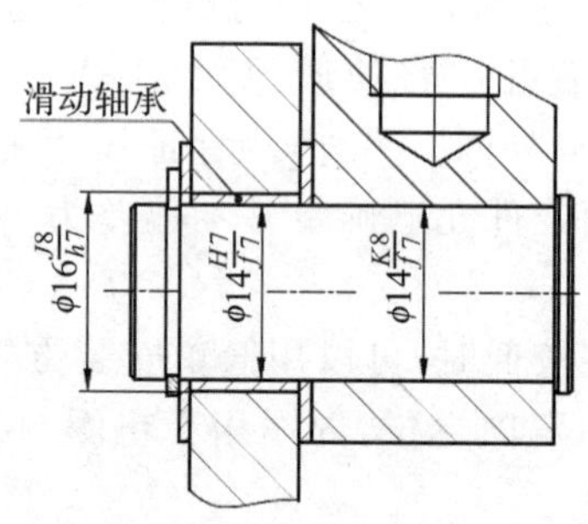

(b) 滑动轴承装配画法(一)

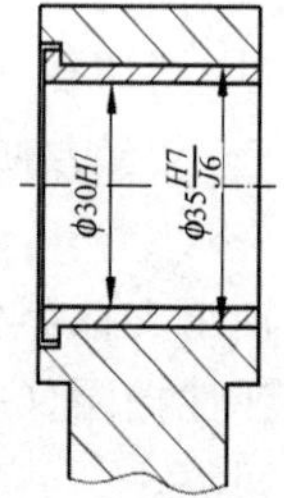

(c) 滑动轴承装配画法(二)

图 9-47 滑动轴承装配画法

9.3.10 弹簧装配结构画法

1. 中间各圈取省略画法后，后面被挡住的结构一般不画。可见部分只画到弹簧钢丝的剖面轮廓或中心线处。(如图 9-48(a))。

2. 簧丝直径≤2mm 的断面可用涂黑表示(如图 9-48(b))。

3. 簧丝直径<1mm 时，可采用示意画法(如图 9-48(c))。

9.3.11 其他装配结构及合理性

在设计和绘制装配图的过程中，还有一些通用的装配结构合理性应该注意，这里举几个例子加以说明，提醒初学者避免犯类似错误，更多的合理性设计需要在实践中学习掌握。

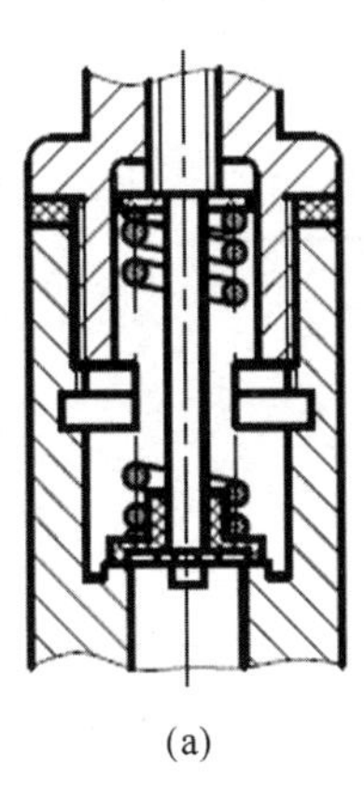

(a)

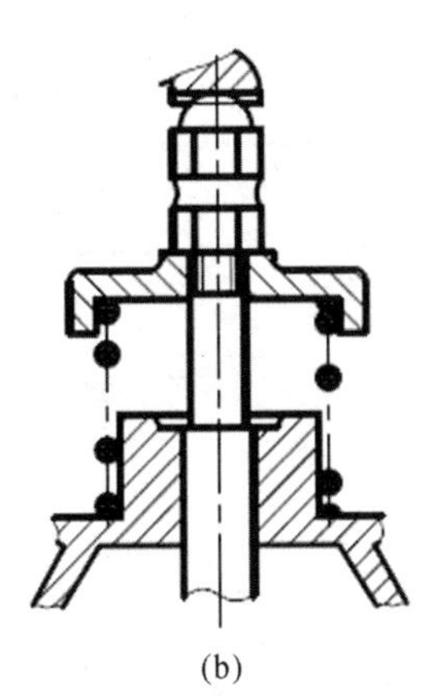

(b)

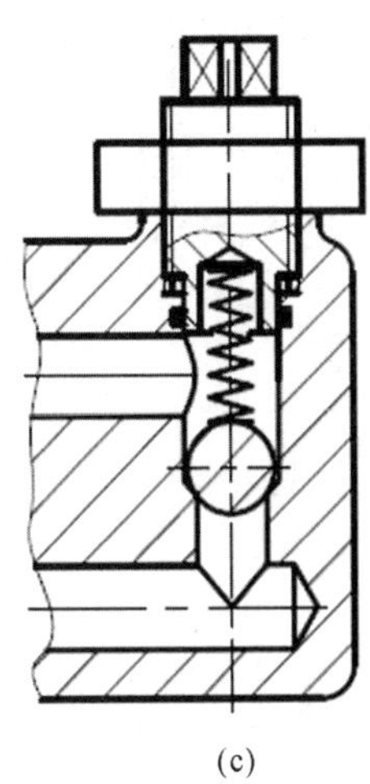

(c)

图 9-48　圆柱螺旋弹簧装配画法

(1)两零件表面之间,在同一方向上的接触面或配合面的数量,一般不得多于一个

图 9-49(a)中图样表明,设计者要求两零件在水平方向两个表面都接触,图 9-49(c)中图样表明,设计者要求两零件在高度方向两个表面都接触。但实际上,要实现同一方向上的两对表面同时保持接触是很困难的,这将会由于对两零件该方向尺寸的严苛要求导致加工成本急剧上升,而且会因不可避免的误差导致装配时接触面的不确定,从而影响设计目标。不如一开始就把接触面规定下来,其它面留足间隙。如图 9-49(b)(d)所示。

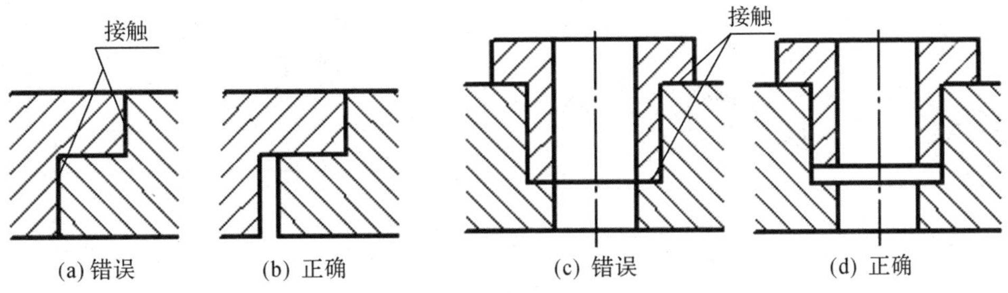

图 9-49　配合面的合理性

(2)定位销装配结构应方便拆卸

定位销还有一个重要作用,是在需要多次拆卸的场合,可以保证两零件重新装配时不必再次调试。为了装拆和加工的方便,在可能的条件下,应将销孔做成通孔,如图 9-50(b)、图 9-50(c)所示。图 9-50(a)图结构拆卸困难,若因下件不能钻通,可考虑使用螺尾销。

(3)紧固件接触面应平整

为了使螺栓、螺母、螺钉、垫圈等紧固件与被连接表面接触良好,在被连接件的表面应加工成凸台或沉孔等结构,如图 9-51 所示。

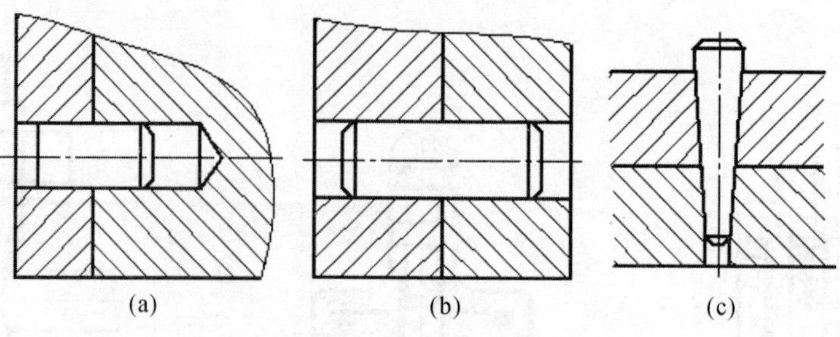

图 9-50　销定位的合理结构

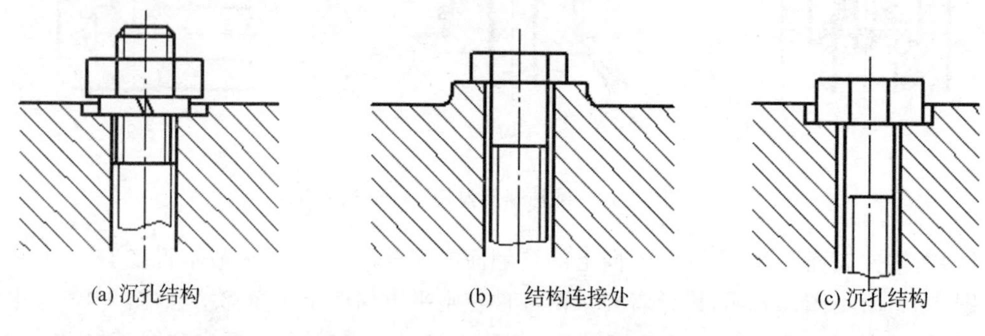

图 9-51　紧固件接触面平整结构

(4)应为装拆工具留足操作空间

如图 9-52 所示场合,要给扳手足够的操作空间,否则将影响安装调试。

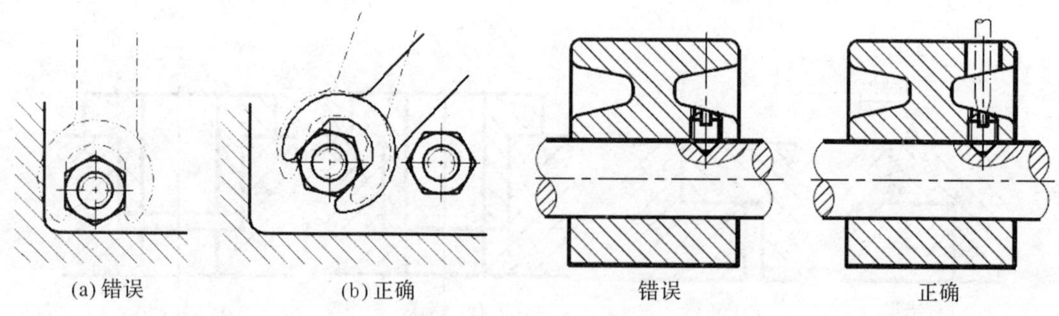

图 9-52　装配工具使用条件的合理性

(5)应考虑零件的安装空间

1)零件在安装过程中,需要一定范围的安装空间,如图 9-53 所示,如果没有足够的安装空间,螺钉是无法装入的。

2)如图 9-54 所示三幅图样中,图 9-54(a)所示的画法是不合理的,因为在实际装配中操作困难或根本无法操作。改进的方法可以有两种:

① 若结构允许,可在底座上设计出一个专为安装螺栓的工艺孔(大小为工具和手能够伸入),如图 9-54(b)所示;

② 改用螺柱连接,只要在底座上原来加工光孔处,加工螺孔,即可实现安装,如图 9-54(c)所示。

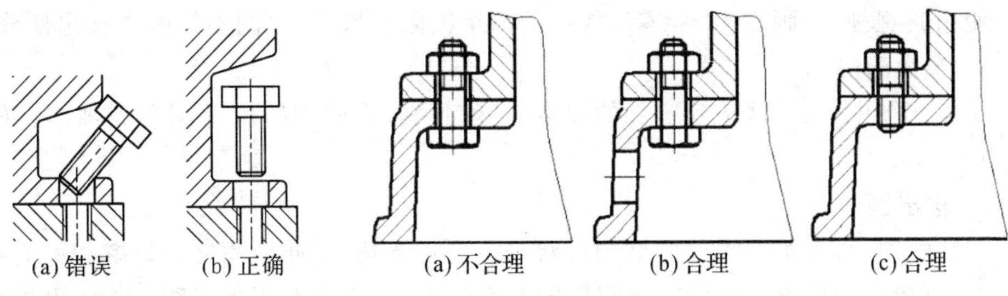

图 9-53　零件安装空间的合理性(一)　　图 9-54 零件安装空间的合理性(二)

9.4　装配图视图的特殊表达方法

1. 沿结合面剖切或拆卸画法

在装配图中可假想沿某些零件的结合面剖切或假想将某些零件拆卸后绘制图形，以表达装配体内部零件间的装配情况，需要说明时可加注“拆去××等”。

(1)拆卸与剖视结合

如图 9-57 所示，俯视图是假想拆去上面的轴承盖，用剖切面沿轴承盖与轴承座之间的空隙及上下轴衬接触面剖切，由于剖切面垂直于螺柱轴线，故在螺柱被截切处画上剖面线。

(2)部分拆卸

有时为了在某个视图上把装配关系或某个零件的形状表达清楚，或为了简化图形，假想将某些零件在该视图上拆去不画。如图 9-2 所示的左视图，为假想拆去 13 号零件扳手后画出的半剖视图。

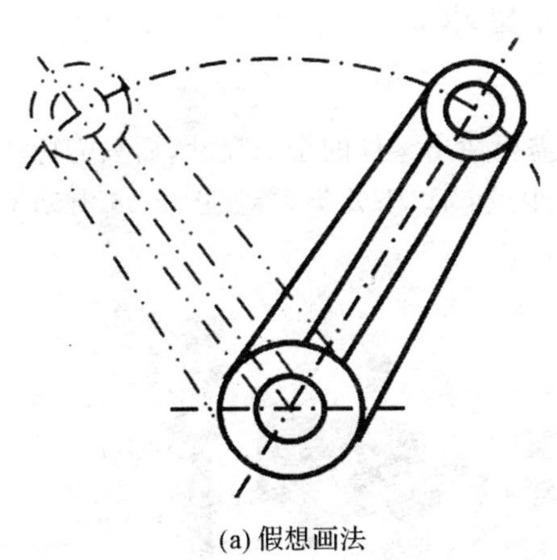

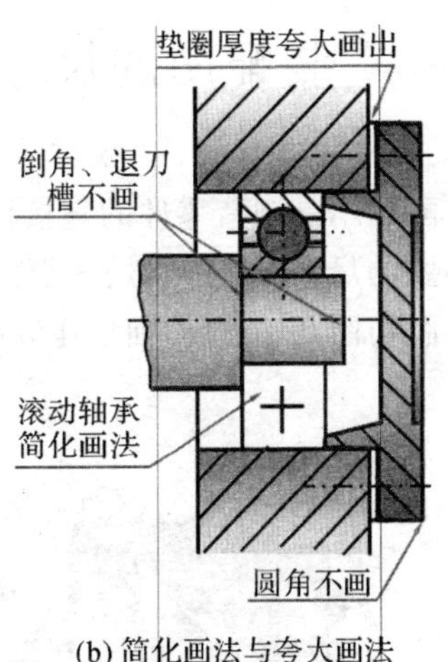

图 9-55　装配图特殊表达方法

2. 假想画法

为表达与本装配体有关但不属于本装配体的相邻辅助零部件，可用双点画线画出这些辅助零件的轮廓线。对于某些运动机件，当需要表明其运动范围或运动的极限位置时，也用双点画线表示。如图 9-55(a)所示为一个手柄的两个极限方向的表示方法；图 9-2 俯视图中同样使用假想画法，画出 13 号零件扳手的两个极限位置（因空间不足断去长出部分）。

3. 夸大画法

在装配图中，对于薄垫片零件的厚度、细丝弹簧、小间隙等可适当夸大画出。如图 9-55(b)所示。

4. 移出画法

在装配图中，当某个零件的结构形状未能表示清楚，而此结构又对理解装配关系有直接影响时，可单独画出该零件的一个视图或几个视图，但必须在所画视图上方注出该零件的编号、投射方向和视图名称。

5. 简化画法

(1)对于装配图中某些零件的部分工艺结构，如倒角、圆角、退刀槽等可省略不画。

(2)装配图中的滚动轴承可以采用如图 9-55(b)中的简化画法。

(3)对于若干相同规格的零件安装，如螺纹紧固件中的螺栓、螺母、垫片等连接，可仅详细的画出一组或几组，其余则以点画线表示其安装位置即可。

(4)外购成品件或另有装配图表达的组件，虽剖切平面通过其对称中心线，也可以简化为只画其外形轮廓。如油杯、传动系统中的电机等。

(5)被弹簧遮挡的结构，在不会引起误解处的剖面线符号等可以省略不画。

(6)可将带传动用粗实线表示，链传动用细点画线表示。

此外，在表达某些重叠的装配关系时，如多级传动变速箱时，可以假想将空间轴系按其传动顺序展开在一个平面上，画出剖视图，此画法称为展开画法，与机件表达方法中的展开画法一样，也必须加以标注。

9.5 装配图的尺寸标注与技术要求

装配图不是制造零件的直接依据，因此图中不需要注出零件的全部尺寸，而只需标注出一些必要的尺寸，这些尺寸按其作用的不同，大致可以分为以下几类（参照图 9-56 滑动轴承座实体图与图 9-57 滑动轴承座装配图）：

(a) 滑动轴承座

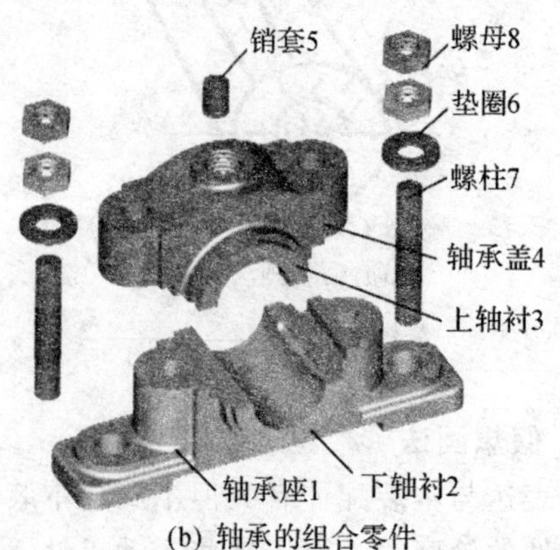

(b) 轴承的组合零件

图 9-56 滑动轴承座

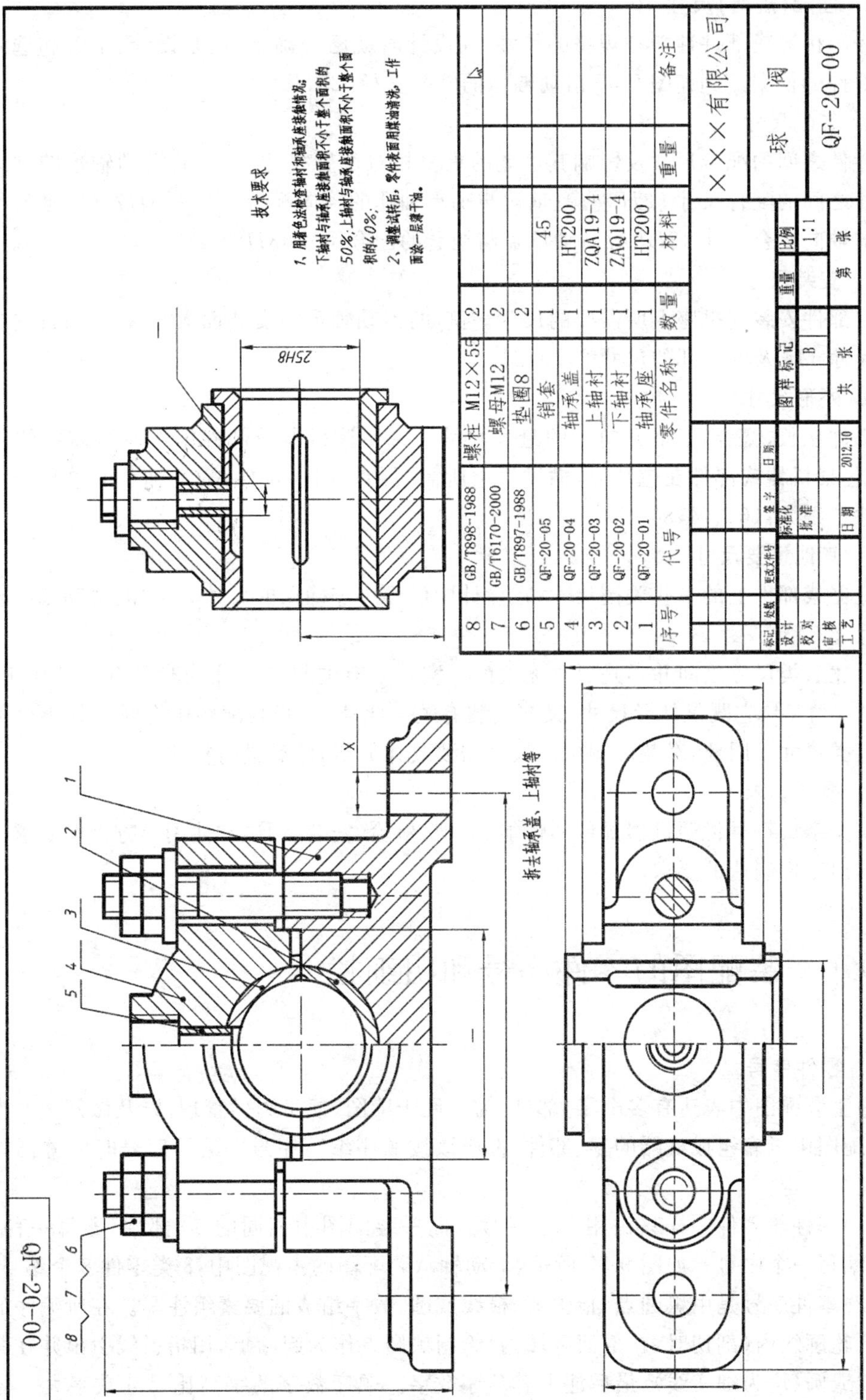

QF-20-00

8 7 6 5 4 3 2 1

25H8

X

拆去轴承盖、上轴衬等

技术要求

1、用着色法检查轴衬和轴承座接触情况；下轴衬与轴承座接触面积不小于整个面积的50%；上轴衬与轴承座接触面积不小于整个面积的40%；

2、调整试转后，零件表面用煤油清洗，工件面涂一层薄干油。

序号	代号	零件名称	数量	材料	重量	备注
8	GB/T898-1988	螺柱 M12×55	2			
7	GB/T6170-2000	螺母M12	2			
6	GB/T897-1988	垫圈8	2			
5	QF-20-05	销套	1	45		
4	QF-20-04	轴承盖	1	HT200		
3	QF-20-03	上轴衬	1	ZQA19-4		
2	QF-20-02	下轴衬	1	ZAQ19-4		
1	QF-20-01	轴承座	1	HT200		

标记	处数	更改文件号	签字	日期	图样标记	重量	比例	×××有限公司
设计		标准化						球　阀
校对		批准			B		1:1	
审核								QF-20-00
工艺		日期	2012.10		共　张	第　张		

图 9-57　滑动轴承座装配图

1. 性能(规格)尺寸

表示机器或部件性能和规格的尺寸,在设计时就已经确定,也是设计、了解和选用该机器或部件的依据。例如图 9-57 滑动轴承的轴孔直径$\phi 25H8$。

2. 装配尺寸

零件之间的配合尺寸及影响其性能的重要相对位置尺寸。例如:滑动轴承的轴承座与轴承盖之间的配合尺寸 $52H9/f9$;轴衬与轴承轴孔的径向配合尺寸$\phi 36H7/k6$;轴衬与轴承座孔的轴向配合尺寸 $42H9/f9$;轴承盖与销套的配合尺寸$\phi 8H8/js7$。

3. 安装尺寸

将部件安装到机座上所需要的尺寸。例如:滑动轴承的安装面大小 32×164;安装孔的定位尺寸 114 及安装孔的尺寸 2×ϕ12。

4. 外形尺寸

部件在长、宽、高三个方向上的最大尺寸。说明该机器或部件工作时所需要的空间大小,也包括机器或部件在包装、运输过程中所需要的空间。例如:滑动轴承的总长、总宽、总高尺寸分别为:164、54、80。

5. 其他重要尺寸

机器或部件上的一些关键尺寸,在设计中已经决定确保的尺寸。例如:滑动轴承轴孔的定位尺寸 34。

上述五类尺寸之间并不是孤立无关的。实际上有的尺寸往往同时具有多种作用,例如轴衬的尺寸 54,它既是外形尺寸,又与安装有关。此外,一张装配图中有时也并不全部具备上述五类尺寸。因此,对装配图中的尺寸需要具体分析,然后进行标注。

6. 技术要求

用文字或符号说明机器部件的性能、装配、检验、安装、调试和使用等方面的要求。注意不需提出零件制造的要求。

9.6 装配图的零件序号和明细栏

1. 零件序号

由于装配图中表达有多个零、部件,为了便于读图,便于图样管理,以及做好生产准备工作,装配图中所有组成机器的零、部件,都应该按顺序编写序号。编写序号时应遵循国家标准的有关规定:

(1)部件与零件一样只占用一个序号。同一装配图中相同的零、部件(即每一种零、部件)只编写一个序号。如图 9-57 所示,滑动轴承装配图的主视图中,8 类零件 8 个编号。

(2)零件序号是由黑圆点、指引线、横线或圆、数字组成的要素组注写。在所编序的零件的可见轮廓线内(剖切时,在剖面区域内)绘制黑圆点作为起始点,用指引线引出并在其末端画横线或圆(均为细实线),最后注上其顺序数字。顺序数字的字高比尺寸数字大一号或两号如图 9-58(a)所示。

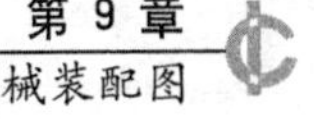

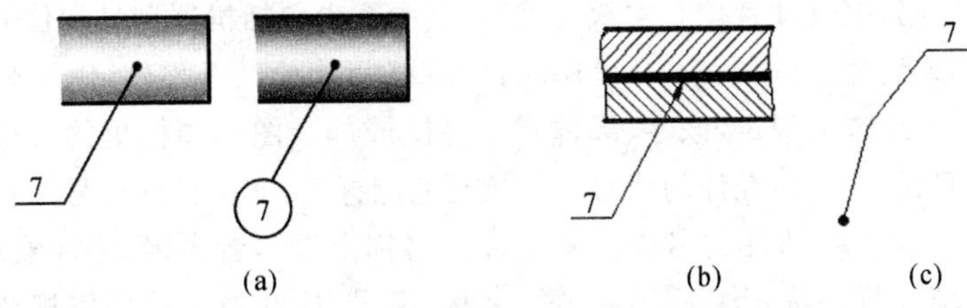

图 9-58 零件序号

1）绘制指引线的几点注意事项：

①当指引线通过有剖面的区域时，不应与剖面线平行，以避免与剖面线混淆。

②当所指零件很薄（如垫圈等）或涂黑的剖面，不便画黑圆点时，可用箭头替代且指向该零件的轮廓线，如图 9-58(b)所示。

③ 指引线可以画成折线，但只可曲折一次，如图 9-58(c)所示。

④指引线应尽量从一个视图中引出，线与线之间应该均匀分布，相互之间不能相交。末端的横线或圆必须水平或垂直方向对齐。

⑤一组螺纹紧固件可以采用公共指引线。其编号形式如图 9-57 滑动轴承装配图中零件编号 6、7、8 所示，或如图 9-59 所示。

2）编写序号数字的几点注意事项：

①先检查需要编号零件的指引线和横线，无重复无遗漏时，再统一填写数字序号。

②数字必须填写在指引线末端横线的上方或圆内。

③相同的零件只编一个序号，其数量填写在明细栏内。

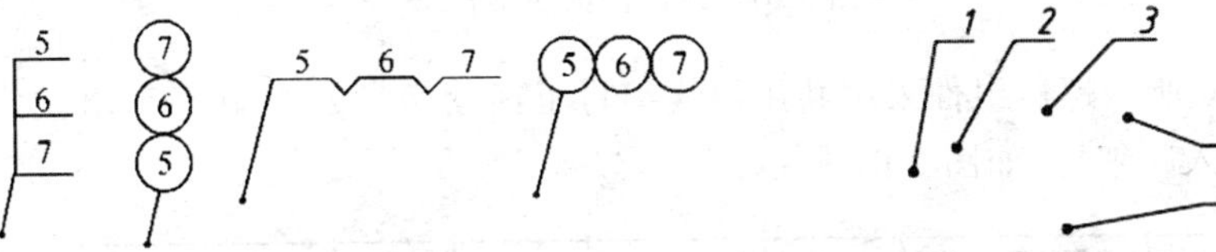

图 9-59 螺纹紧固件的编号形式　　图 9-60 零件序号的排列

④零件必须按顺序编号，注意序号数字不可随意跳跃，如图 9-57 主视图中，所有零件序号按顺序从左向右或者从右向左编号。如果零件类型较多，序号较长，排序队伍需要转向时，必须按顺时针或逆时针方向整齐排列，以方便零件的查找。如图 9-60 所示，为顺时针编排的零件序列号。

2. 装配图的明细栏与标题栏

明细栏（也称作明细表）是装配图较零件图增加的一项重要内容，设计者对于本图中全部零件的命名、编制代号、零件制造用材料、零件数量等重要内容都要填入明细栏。

(1)明细栏设置在标题栏的上方，长度与标题栏相等，自下而上填写，便于及时添加零件序号。当位置不够时，可将明细栏分段移置标题栏左边继续填写，如图 9-61 所示。

(2)图中依次标出的零件序号要顺次填入明细栏的序号栏内，每个零件在明细栏内的序号必须与视图中标注的序号相一致，以便管理和使用。

(3)明细栏的代号栏用来填写机器中零、部件的代号。每个专用件都要编制零件代号，这是它们的身份代码，由设计者按有关规定编写，其中至少包括机器型号和代号顺序号，以“×××——××”形式注写。例如：AK47-06，表示 AK47 型步枪某个零件，代号顺序号为 06。每个零、部件的代号一经这里确定，该零、部件在零件图或部装图标题栏里的代号就被规定下来了。外购件不用编制代号，标准件的代号一栏填写其国标号，非标件的代号一栏可以空白。

（4）名称一栏填写零、部件的名称。专用件的名称由设计者命名，应注意名称的专业性。标准件在这一栏填写规定标记。通用件填写名称、型号，应注意名称使用规范性。

（5）材料栏填写零件制造用材料牌号，应符合国家标准。标准件、通用件此栏空白。

（6）重量栏定型大批量生产机器的装配图可以填写，小批量试制机器不填。

（7）数量栏填写单台机器中该零件的数量。

（8）备注栏填写图样共用、推荐采购厂商等。

4	YK-150-03	副尺上卡	1	1Cr18Ni9Ti		
3	GB/T68-2000	螺钉	6	1Cr18Ni9Ti		
2	YK-150-02	尺身	1	1Cr18Ni9Ti		
1	YK-150-01	副尺架	1	1Cr18Ni9Ti		
序号	代号	名称	数量	材料	重量	备注

11	YK-150-09	
10	YK-150-08	
9	YK-150-07	
8	YK-150-06	
7	GB/T68-2000	
6	YK-150-05	
5	YK-150-04	
序号	代号	备注

									×××有限公司
标记	处数	更改文件号	签字	日期					游标卡尺
设计		标准化			图样标记		重量	比例	
校对		批准				B		2:1	TK-150-00
审核									
工艺		日期	0210		共 张		第 张		

图 9-61 装配图的明细栏

例如图 9-10 所示螺栓组件采用共用引线编写了连续序号 8、9、10、11，将选定的标准件型号、规格等填入明细栏，如图 9-62 所示。

11	GB/T6170-2000	螺母 M10		4	
10	GB/T93-2000	垫圈 10		4	
9	GB/T97.0-2000	垫圈 10		4	
8	GB/T5782-2000	螺栓 M10×40		4	
7	HDZ01-04-03	送料架上支脚	Q235A	2	
序号	代号	名称	材料	数量	备注

图 9-62 明细栏中标准件填法

明细栏中所填内容含义是：序号为 8 的标准件为精制六角头螺栓，性能等级为 8.8 级，表面氧化，产品等级 A 级，国标代号为 GB/T5782—2000，规格为公称直径 M10，普通粗牙螺纹，公称长度 40，单台本机器上用 4 只。

序号为 9 的标准件为平垫圈，钢制，硬度等级为 200HV 级，表面氧化，产品等级 A 级，国标代号为 GB/T97.1-2002，规格为公称直径 10（用于 M10 螺纹，实际直径 $\phi10.6$ 左右），单台本机器上用 4 只。

序号为 10 的标准件为弹簧垫圈，弹簧钢制，表面氧化，国标代号为 GB/T93—1987，规格为公称直径 10(用于 M10 螺纹，实际直径ϕ10.6 左右)，单台本机器上用 4 只。

序号为 11 的标准件为 Ⅰ 型六角螺母，性能等级为 8 级，不经表面，产品等级 A 级，国标代号为 GB/T6170—2000，规格为公称直径 M10，普通粗牙螺纹，单台本机器上用 4 只。

标题栏：装配图的标题栏与零件图标题栏只有两处不同：

(1)材料栏空白，有时允许把装配图表达的机器或部件名称写在这一栏，另一栏空白。这是因为作用不同的众多零件所采用的材料都已填写在明细栏里。

(2)零件代号栏所填总装图代号的基本形式是：××—00，部件装配图代号的形式是：××—××(部件在总装图中的代号顺序号)—00。从绘制图样角度讲，机器型号的命名代号是在总装图的代号栏产生的。如图 9-61 所示。

9.7 装配图的绘制

9.7.1 由设计任务绘制装配图

一台新机器的设计装配图的绘制过程就是机器的设计过程，不仅要用到制图知识，还需要用到力学、材料与热处理、机械制造工艺、机械设计等许多专业基础知识，这里通过一个简化的工程设计实例，省略方案设计过程和机构简图，简要介绍根据设计任务、边设计边绘制装配图的过程，介绍简单装配结构的应用，介绍零件构型的依据，介绍装配图各部分内容的完成过程，以使读者了解设计装配图绘制的全貌。其它专业知识省略不提。本例题的设计任务是设计一台小机器，取名“简易压装机”，把一个聚四氟乙烯环形零件压入一个芯轴零件的一端，取代人工装配。机器工作压力 100N，压入后环件内孔平整无翻边。工件尺寸与装配示意图如图 9-63 所示。

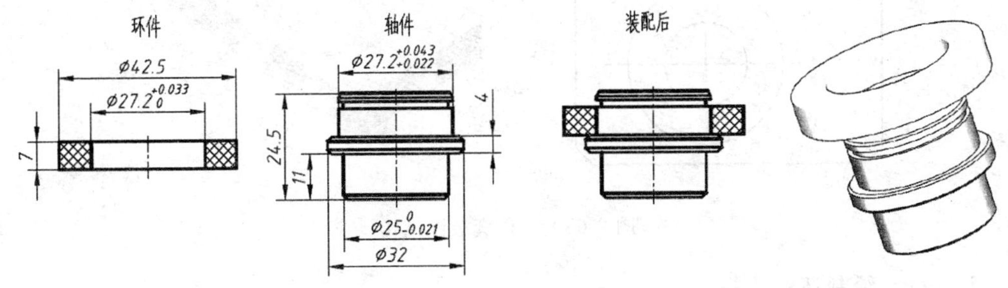

图 9-63　压装零件与装配示意图

机器操作方案是先放置并定位芯轴，再摆上环形零件，用机器的力量压装到位。设计装配图的绘制一般从实现设计功能的执行件开始，本设计从绘制放置、定位芯轴的底板开始，分步设计说明如下(每图中辅以装配示意图)。

1. 设计、绘制芯轴定位底板

首先绘制一块底板，大致确定一个平面尺寸(例题考虑印刷空间有意偏小)绘制俯视图(也可暂不画)，并在前后居中位置画一个直径等于芯轴直径的孔。板厚度按大于 11 取 15，主视图直接沿孔轴线剖视表达，并用双点画线把工件画在工作位置。如图 9-64 所示。

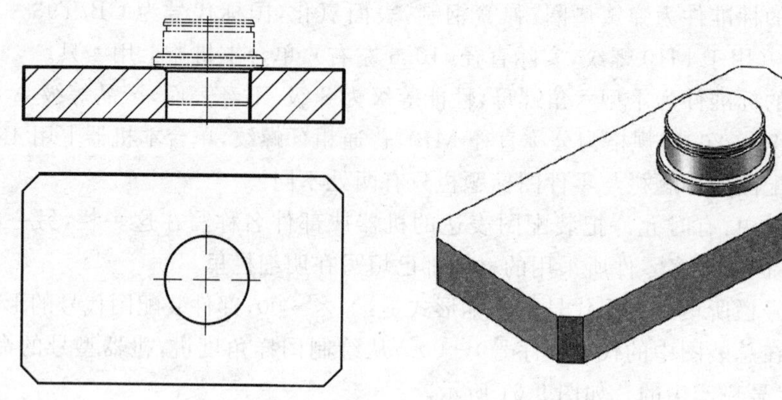

图 9-64 芯轴定位底板

2. 绘制耐磨定位套装配结构

直接用底板孔定位芯轴并不合适，因为频繁摆上、拿下工件会使孔产生磨损，因此而更换底板不划算。这里应该设计一个专用定位套，采用耐磨的材料和工艺，镶嵌在底板的孔内，磨损可以更换，还能保护台板。定位套内孔等于芯轴直径，外径与加大的底板孔配合，镶在孔内部分略短于底板厚度，上部带法兰边。定位套在主视图上同样全剖视，外径与底板孔接触画一条线，法兰边下表面与底板接触。绘制相应俯视图。如图 9-65 所示。

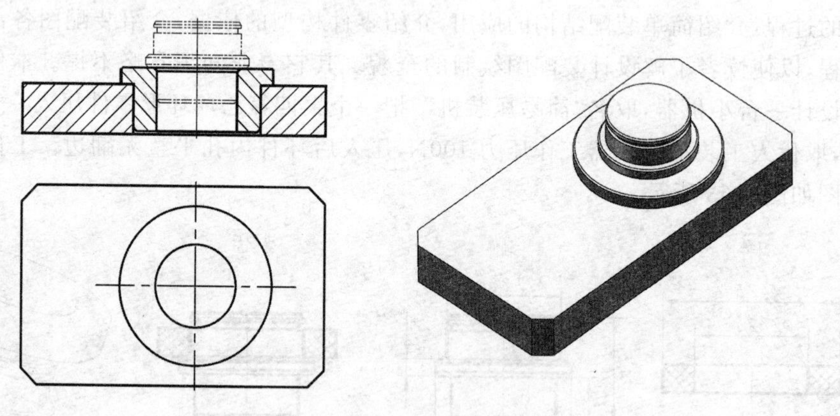

图 9-65 定位套装配结构

3. 设计、绘制环件压杆

把环件压入芯轴的压杆采用圆柱形，画在底板孔轴线正上方，初定一个长度。压杆下端面设计一个内孔结构并用局部剖视表达，由于有环件内孔平整无翻边要求，孔直径按与轴配合取ϕ27.2，深度大于环件压并后芯轴露出高度。绘制相应俯视图。如图 9-66 所示。

4. 绘制压环连接结构

直接用压杆压装环形件也不合适，因端面的磨损而更换压杆不划算，应该设计一个耐磨的压环安装在压杆端部，采用耐磨的材料和工艺，磨损可以更换。压环与压杆定位段采用过渡配合，并用紧定螺钉轴向定位。在主视图与压杆一起局部剖视。绘制相应俯视图。如图 9-67 所示。请注意紧定螺钉前端轴上不是如图 9-19 凹坑，而环形槽，思考一下为什么。

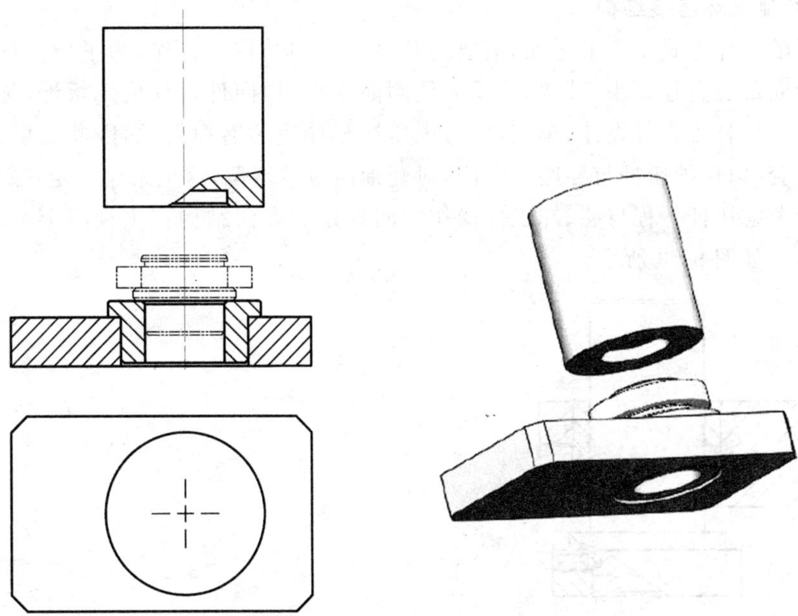

图 9-66　压杆初步结构

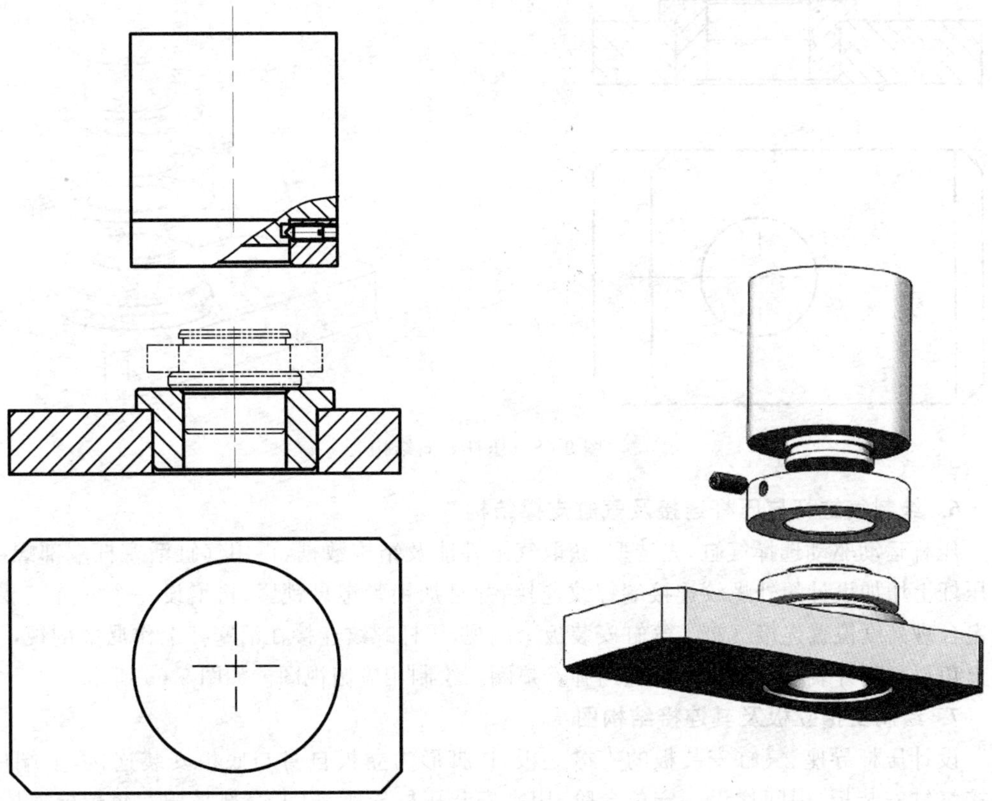

图 9-67　压环连接结构

5. 绘制压环连接结构

压杆的工作方式是上下运动,需要为其设计导向结构。首先,为了导向件不致过厚,压杆上部导向部分直径减小;其次,为了方便侧面支撑,导向件设计成厚板形,称作压杆导座,厚度按大于压杆段直径设计;第三,要考虑压杆与导座的磨损问题,因此这里设计一个材质较软的衬套,以保护压杆与导座。第四,衬套轴向应该定位,这里采用紧定螺钉。第五,导座高度位置考虑压杆行程与装、卸工件操作空间确定。导向结构在主视图上全剖视。绘制相应俯视图。如图 9-68 所示。

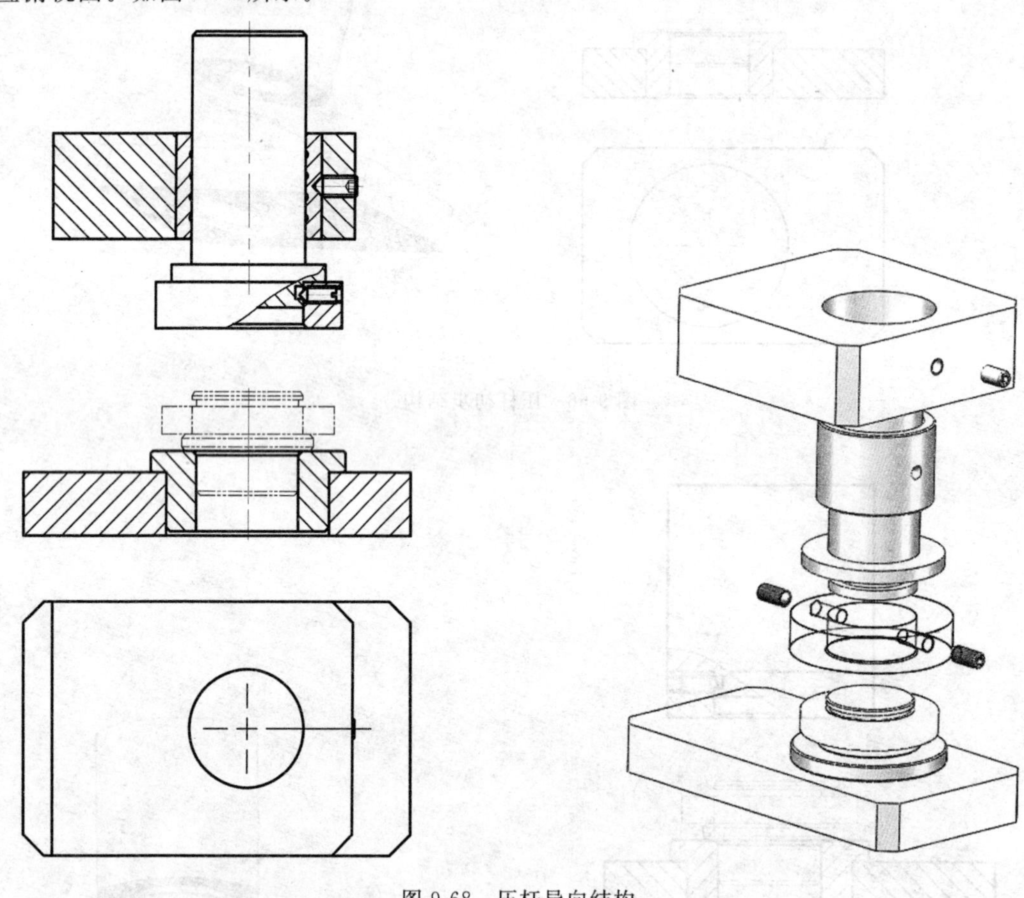

图 9-68　压杆导向结构

6. 绘制气缸杆与压杆连接及气缸支撑结构

压杆运动驱动选择气缸,先选型、获取气缸性能及结构数据,再用气缸活塞杆端部螺纹孔与压杆上增加设计的外螺纹连接端螺纹连接,并且加锁紧螺母锁紧,再增设一个气缸安装板,确定合理高度位置连接气缸。气缸安装板全剖视,压杆螺纹连接在活塞杆上作局部剖视,气缸左上角局部剖开表达气缸安装螺钉与弹簧垫圈。绘制相应俯视图。如图 9-69 所示。

7. 绘制支撑立板及其连接结构图

设计压杆导座、气缸安装板的支撑立板,L 脚形为立板自身与底板安装连接,上端用来连接气缸安装板,中间增设一定位台阶,用来安装压杆导座,以上全部采用六角螺栓连接,加弹簧垫圈防松。按俯视图标注位置,采用两个平行剖切面剖切,以获得包含螺栓连接的全剖主视图。绘制相应俯视图。如图 9-70 所示。

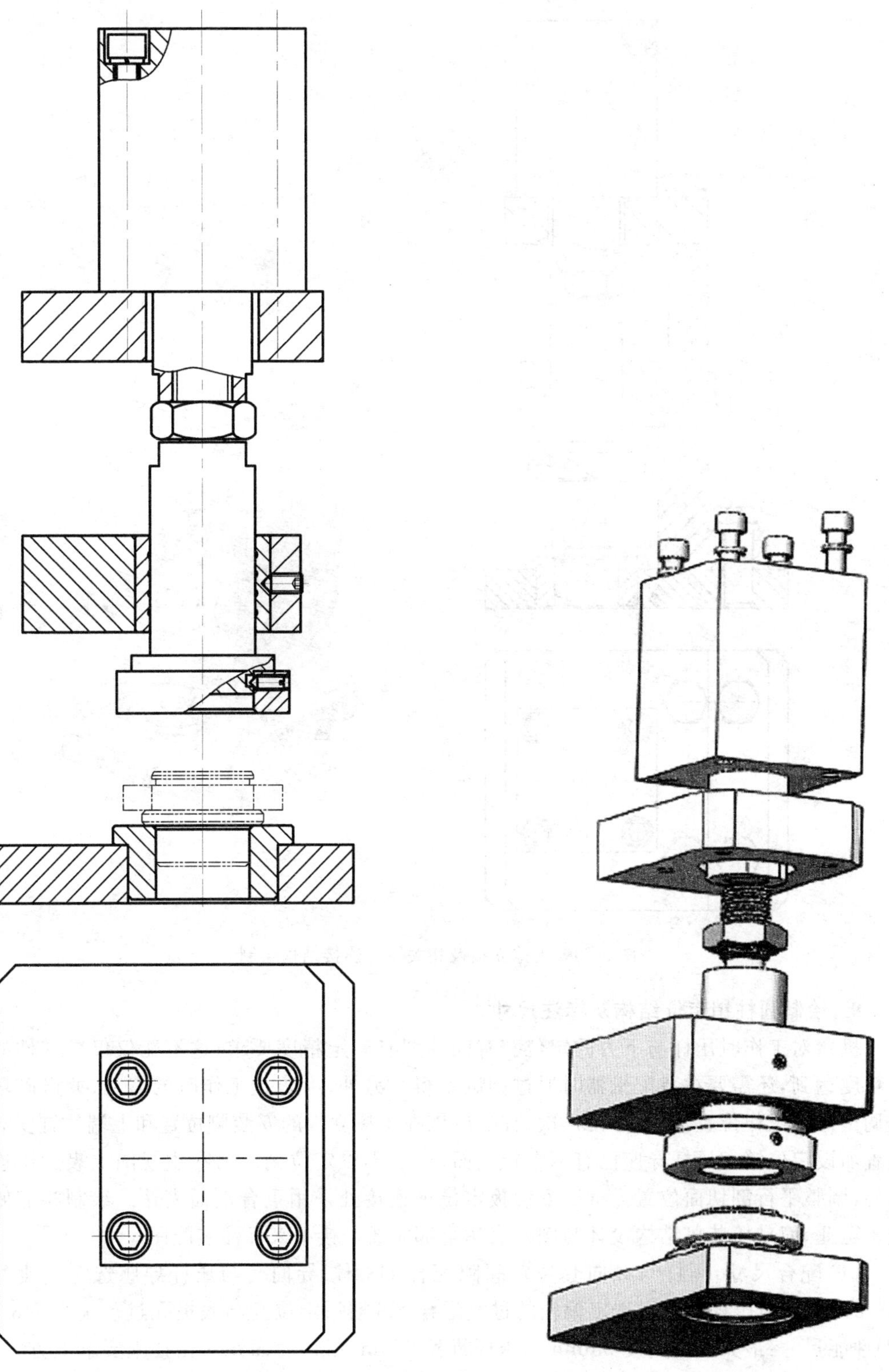

图 9-69　压杆螺纹连接及气缸安装结构绘制

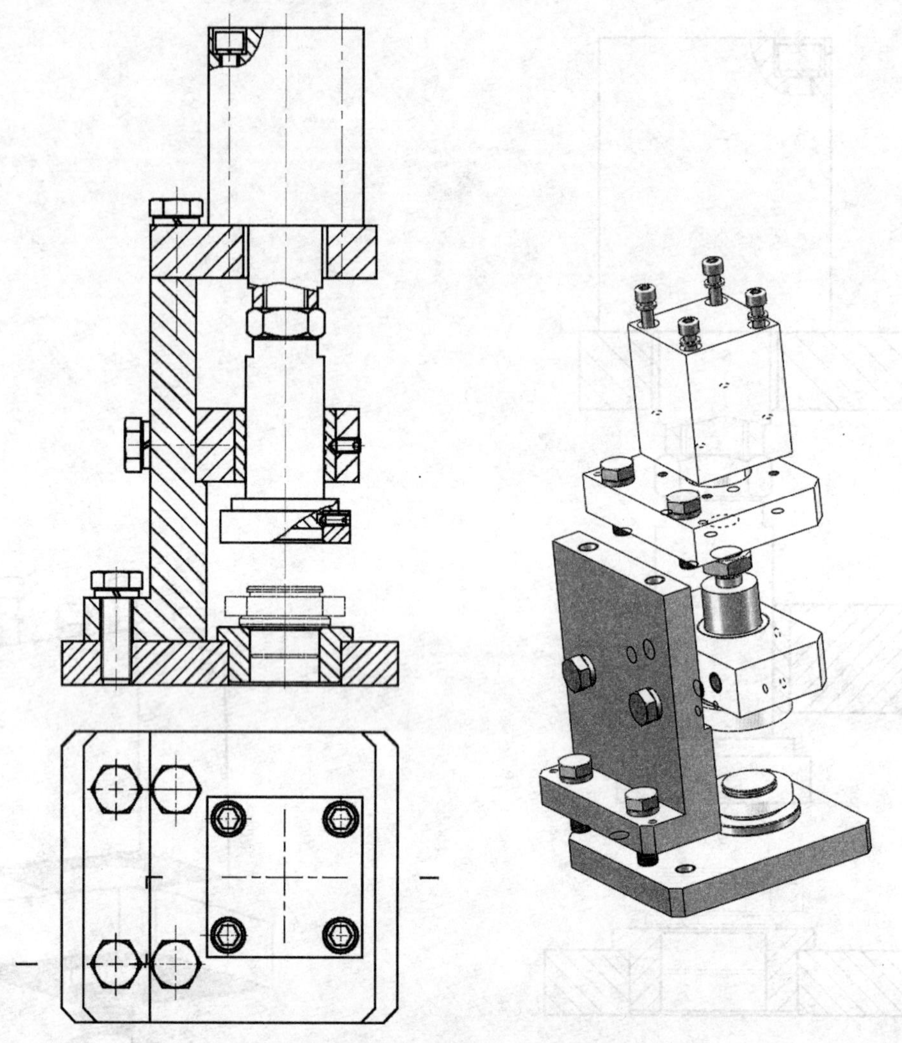

图 9-70　支撑立板及相关零件连接结构绘制

8. 绘制圆柱销定位结构及标注尺寸

机器对工作时压杆与下方的定位套有同轴度有一定精度要求，这不能仅仅靠零件的加工精度达到，还需要在装配机器时通过调试获得。另外，为防止工作时的震动、冲击破坏已经调整好的工作位置，也为方便再次装配，应该在支撑立板的安装脚位置和上端气缸安装板位置加设定位销。压杆导座已有两个定位面，可以不设定位销。为在主视图上表达销连接结构，调整平行剖切面位置。气缸安装板定位销连接处采用重合剖面表达。绘制相应俯视图。至此，简易压装机结构设计与图样表达全部完成。接下来标注装配图尺寸。

(1)配合尺寸：压杆与导向套选定间隙配合 H8/f7；导向套与压杆导座选定过渡配合 H8/k7；压环与压杆定位段选定偏松的过渡配合 H8/js7；定位套与底板孔过盈配合 H8/r7。(2)性能尺寸：最大封闭高度 35mm 与压杆行程 25mm 留待后面注写在技术要求上方。(3)总体尺寸：长、宽、高。

本步骤完成内容如图 9-71 所示。

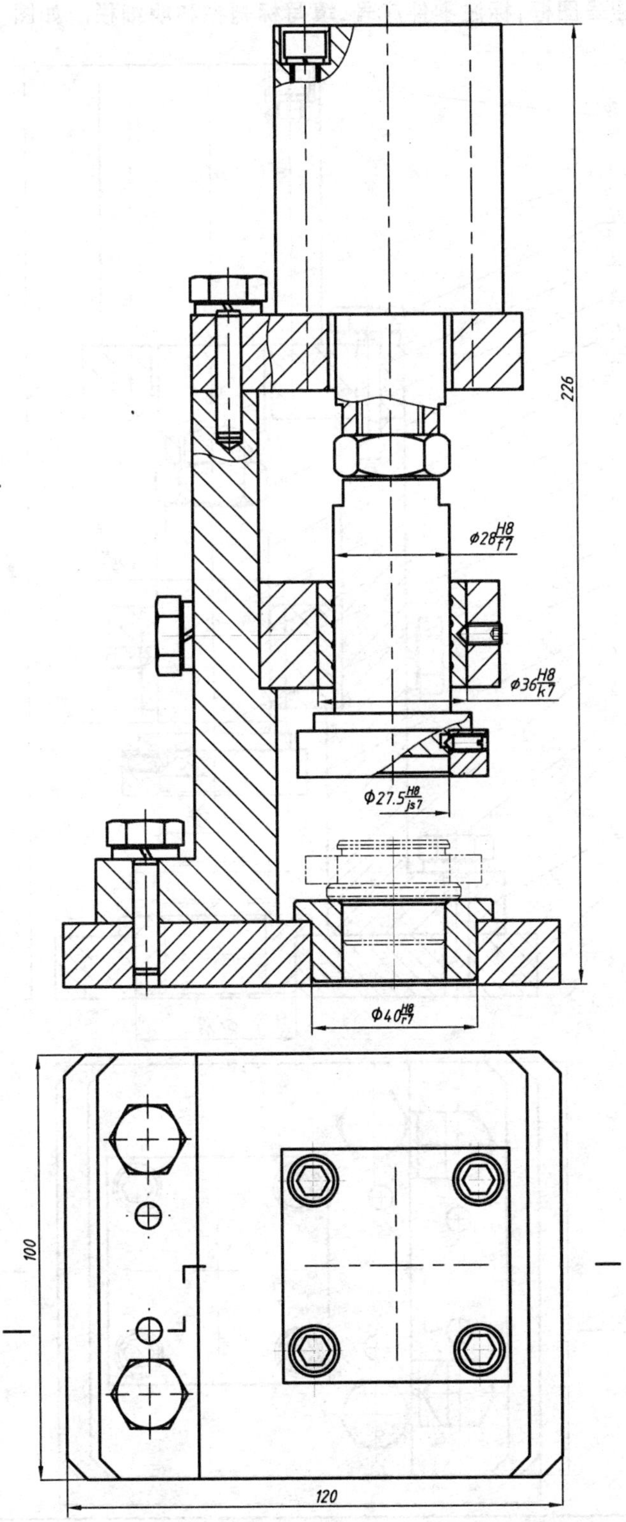

图 9-71　定位销装配结构与尺寸标注

9. 选择合适图号图框，标注零件序号，填写标题栏和明细栏。如图 9-72 所示。

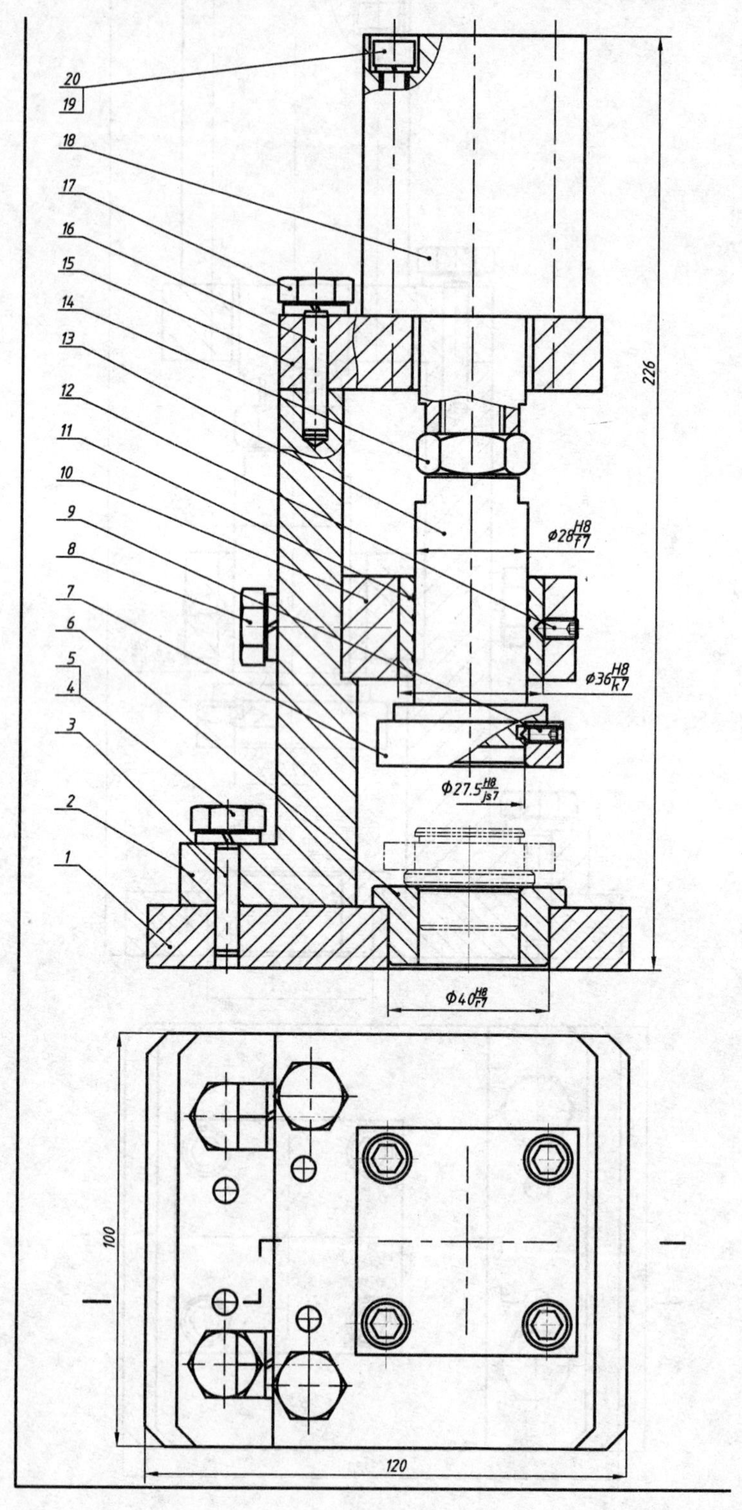

(a)

20	GB/T93-2000	垫圈 6	4		
19	GB/T70-2000	螺栓 M6×70	4		
18		气缸XX-40-25	1		(推荐生产商)
17	GB/T5782-2000	螺栓 M10×35	2		弹簧垫圈未注
16	GB/T119.2-2000	销 4×25 (m6)	2		
15	HD-ZZⅡ-JYM-08	气缸安装板	1	Q235	
14	GB/T6173-2000	螺母M16×1.5	1		
13	HD-ZZⅡ-JYM-07	压杆	1	45	
12	GB/T78-2000	M5×10	1		
11	HD-ZZⅡ-JYM-06	导座衬套	1	QSn4-4-4	
10	HD-ZZⅡ-JYM-05	压杆导座	1	45	
9	GB/T78-2000	螺钉M4×16	1		
8	GB/T5782-2000	螺栓 M10×30	2		弹簧垫圈未注
7	HD-ZZⅡ-JYM-04	压环	1	45	
6	HD-ZZⅡ-JYM-03	定位套	1	CrWMn	
5	GB/T93-2000	垫圈 10	2		
4	GB/T5782-2000	螺栓 M10×25	2		
3	GB/T119.2-2000	销 m6×25	2		
2	HD-ZZⅡ-JYM-02	支撑立板	1	Q235	
1	HD-ZZⅡ-JYM-01	底板	1	45	
序号	代号	名称	数量	材料	备注

								浙江科技学院
标记	处数	分区	更改文件号	签名	日期	阶段标记	质量 比例	简易压装机
设计		2012/1/30	标准化			S	1:2	HD-ZZⅡ-JYM-00
工艺						共 张	第 张	
审核			批准					

(b)

图 9-72 编写零件序号与填写明细栏

零件序号按顺时针方向编制、布置在图样左侧。不同部位的相同规格平垫圈、弹簧垫圈零件序号可以只标注首次出现者,其余在配用螺栓的备注栏注明。

填写标题栏:机器名称栏:简易压装模。代号栏:HD-ZZⅡ-JYM-00,其中 HD 为公司名名称代号,ZZⅡ为企业自制装备Ⅱ类,JYM 为简易压装模拼音字头,00 为装配图数字代号。其余按规定填写。

填写明细栏 自下而上,按零件序号逐一填写零件相关内容。其中代号栏中要为每个专用零件编制代号,零件代号前段均为 HD-ZZⅡ-JYM-,代号顺序号自 01 顺次编写。螺栓等标准件的代号栏填写标准号。气缸的代号栏空白。

数量栏按单台用零件数填写,未注序号的垫圈数量不能忘记统计。

材料栏的内容有待学习相关课程后理解掌握。

10. 撰写技术参数、技术要求。如图 9-73 所示。

技术参数

1、最大封闭高度35mm。

2、压杆行程25mm。

技术要求

1、调整压杆导座孔与气缸活塞杆同轴后加配序号16圆柱销。

2、用芯轴作工艺棒调整压杆与定位套孔同轴后加配序号3圆柱销。

3、紧定螺钉(序号12)紧定不得影响压杆运行。

4、导杆运行1万次加1此润滑油。

序号	代号	名称	数量	材料	备注
20	GB/T93-2000	垫圈 6	4		
19	GB/T70-2000	螺栓 M6×70	4		
18		气缸XX-40-25	1		(推荐生产商)
17	GB/T5782-2000	螺栓 M10×35	2		弹簧垫圈未注
16	GB/T119.2-2000	销 4×25 (m6)	2		
15	HD-ZZⅡ-JYM-08	气缸安装板	1	Q235	
14	GB/T6173-2000	螺母M16×1.5	1		
13	HD-ZZⅡ-JYM-07	压杆	1	45	
12	GB/T78-2000	M5×10	1		
11	HD-ZZⅡ-JYM-06	导座衬套	1	QSn4-4-4	
10	HD-ZZⅡ-JYM-05	压杆导座	1	45	
9	GB/T78-2000	螺钉M4×16	1		
8	GB/T5782-2000	螺栓 M10×30	2		弹簧垫圈未注
7	HD-ZZⅡ-JYM-04	压环	1	45	
6	HD-ZZⅡ-JYM-03	定位套	1	CrWMn	
5	GB/T93-2000	垫圈 10	2		
4	GB/T5782-2000	螺栓 M10×25	2		
3	GB/T119.2-2000	销 4×25 (m6)	2		
2	HD-ZZⅡ-JYM-02	支撑立板	1	Q235	
1	HD-ZZⅡ-JYM-01	底板	1	45	

标记	处数	分区	更改文件号	签名	日期	阶段标记	质量	比例	浙江科技学院
设计		2012/1/30	标准化			S		1:2	简易压装机
工艺						共 张		第 张	HD-ZZⅡ-JYM-00
审核			批准						

图 9-73 撰写装配图技术要求

注写技术参数：

1. 最大封闭高度 35mm。

2. 压杆行程 25mm。

技术要求内容为：

(1)调整压杆导座孔与气缸活塞杆同轴后加配序号 16 圆柱销。

(2)用芯轴作工艺棒调整压杆与定位套孔同轴后加配序号 3 圆柱销。

(3)紧定螺钉(序号 12)紧定不得影响压杆运行。

(4)压杆运行 1 万次加 1 次润滑油。

前三条是对装配调试提出的要求，第四条是机器保养维护要求。

简易压装机完成装配图由图 9-72(a)与图 9-73 合成。

9.7.2 由零件图绘制装配图

根据已有的零件图绘制装配图一般用于机器或部件测绘场合，在零件图测绘完成之后合成装配图。显然由零件图绘制装配图比绘制设计装配图简单，重要的是要搞清机器或部件的工作原理、零件之间安装连接关系，画图时遵循装配图样表达规则。另外，应合理推断或重新制定重要的配合关系，还须根据机器或部件性能和制造特点，制定装配技术要求。

与设计装配图沿功能设计自然选择表达方案与主视图投射方向不同，由零件图绘制装配图时，画图者要自己选择主视图的投射方向，以及确定视图的数量和所有视图的表达方法，以便清楚地反映部件的装配关系、工作原理和主要零件的结构形状。

主视图一般按机器或部件的工作位置选择，其他视图的选择应参照确定的主视图，再补充细节的装配关系、外形及局部结构的视图。当有装配示意简图时，示意简图的表达方向一般是最能充分展现零件连接关系的方向，因此也应该是装配主视图采用的投射方向。

绘图的方法可以如设计装配图一样，由功能实现与连接关系向外逐层扩展画出各个零件，最后完成总图，也可以如机器装配过程一样，先从外部体积较大的箱体、壳体等零件画起，再按装配关系逐次画出其他零件。后一方法多用于已有零件图“拼画”装配图场合，不足之处是需要擦除的内轮廓线较多。

以下以一小型锥芯旋塞阀为对象，介绍由零件图绘制装配图的步骤和要点。小旋塞阀零件图如图 9-74 所示，有 5 个专用件，两个标准件，装配示意简图如图 9-75 所示。

分析装配示意简图：阀可作为流体管路上的开关，旋塞阀与图 9-1、图 9-2 所示的球阀在截止原理上是一样的，都是转 90°开、关。结合零件图可知，本例旋塞阀是靠锥阀芯的圆孔与阀体孔通与不通实现管路开、关的，关断时锥面保证基本密封性，阀杆处加设密封体和压盖防止阀芯产生向上窜动间隙和泄露。垫圈用于防止阀芯转动时拖动密封体，所以不能随便用普通垫圈代用。压盖圆柱段外径与阀体孔有配合关系，内径与阀杆有间隙。压盖下端压紧密封体后，其法兰下端面还应留有空隙，一是预留的误差余量，还要留出运行中再次压紧弹性密封体的余量。

画图时选择装配示意简图投射方向作主视图投射方向，由外向内绘制。

(1)画阀体。规划图幅和摆放位置，采用与零件图相同比例，照零件图原样绘制阀体全剖主视图，注意所有的标注都不画，左视图、俯视图也暂不绘制。由于接下来肯定有图线因被遮盖而要擦掉，所以应该先用细、淡的图线绘图。如图 9-76 所示。

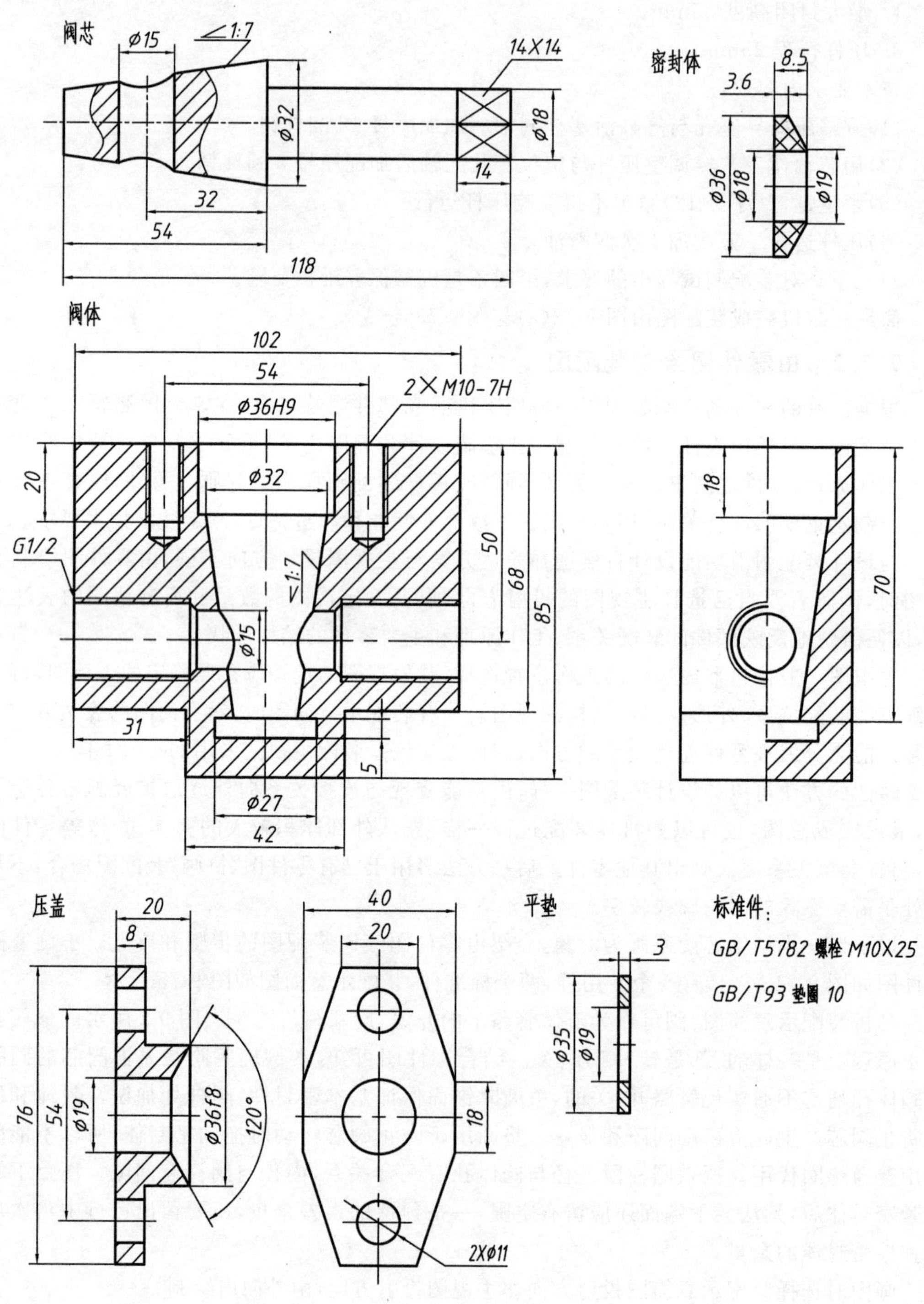
阀芯
φ15
∠1:7
14X14
φ32
φ18
14
32
54
118
密封体
8.5
3.6
φ36
φ18
φ19
阀体
102
54
φ36H9
2X M10-7H
φ32
20
G1/2
50
68
85
∠1:7
φ15
31
5
φ27
42
18
70
压盖
20
8
40
20
76
54
φ19
φ36f8
120°
18
2Xφ11
平垫
3
φ35
φ19
标准件:
GB/T5782 螺栓 M10X25
GB/T93 垫圈 10

图 9-74　旋塞阀零件图

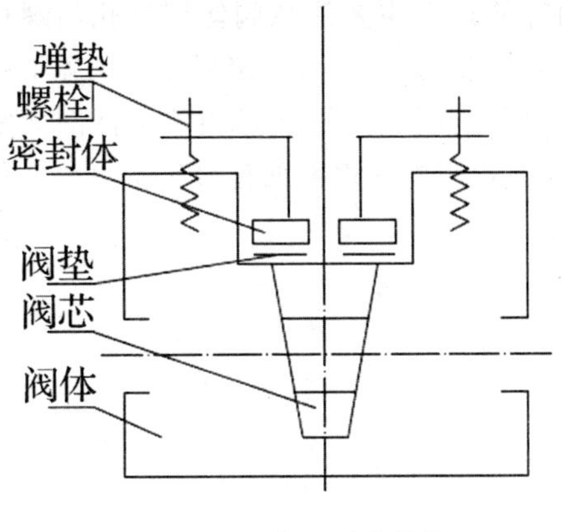

图 9-75　装配示意简图

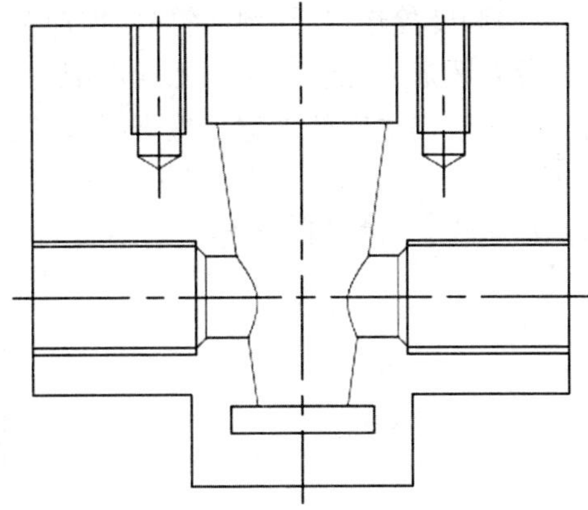

图 9-76　画阀体装配图(一)

(2)画装入阀芯。两零件定位位置取两件各自纵孔轴线与横孔轴线交点重合,阀孔保持局部剖视,其余实心不剖。阀体有两处图线分别被上部阀杆和锥芯底端遮盖,擦除。如图 9-77 所示。

(3)画装入其余专用件。先画装入垫圈,使之与阀芯同轴,全剖视,注意与阀杆及阀体孔均有空隙,阀杆遮住中央部分轮廓线,擦除,能预计到则可不画免擦。接下来画装入密封体,也与阀芯同轴,它与四周全接触,全剖视,阀杆遮住中央部分轮廓线,应能预计到,不画。最后画装入压盖,也与阀芯同轴,全剖视,下端锥面与密封体接触,阀杆遮住中央部分轮廓线,应能预计到,不画。如图 9-78 所示。

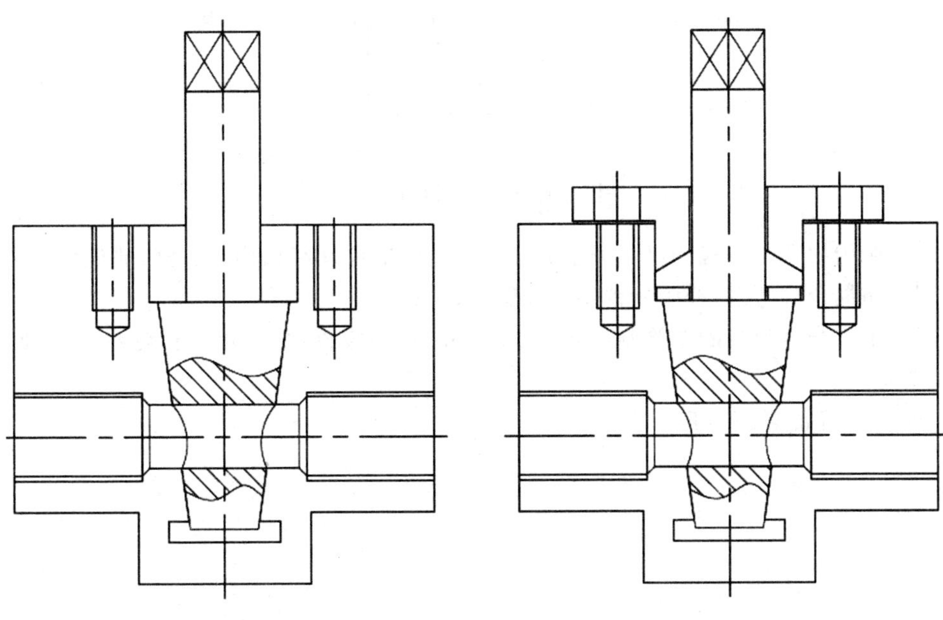

图 9-77　画阀体装配图(二)　　图 9-78　画阀体装配图(三)

(4)画螺栓连接、加剖面符号、描深粗实线。画螺栓连接主要注意阀体螺纹孔与螺栓重叠部分要改成外螺纹画法。螺栓不剖，将遮盖其后的轮廓线。另外，一定要保留压盖下端面与阀体上端面之间的缝隙。检查图形、图线无误后，填加剖面符号，注意相邻零件剖面线方向相反，投影面积大些零件剖面符号稍稀疏些，投影面积小些零件剖面符号稍密集些。最后描深粗实线。后描粗实线利于图面干净。如图 9-79 所示。

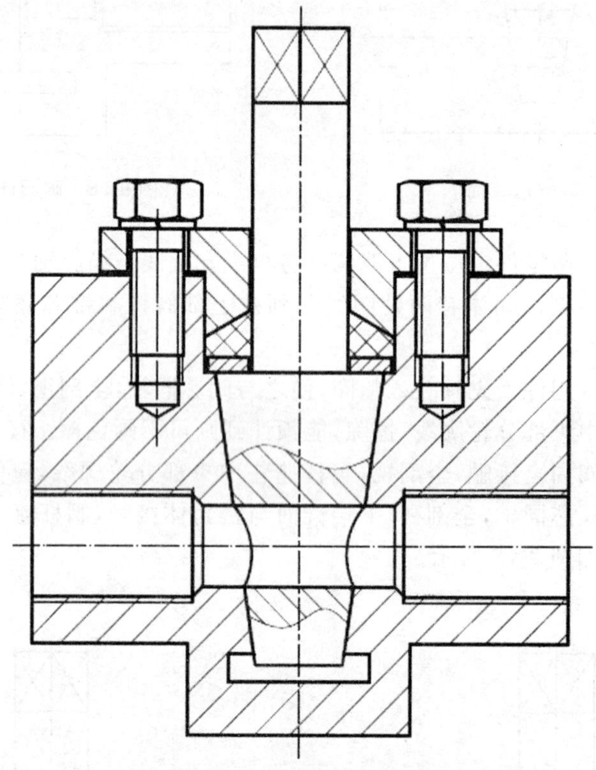

图 9-79　画阀体装配图(四)

(5)补画俯视图。主视图已经完全表达了旋塞阀的原理与结构，只是尚缺少整体宽度表达，从图样布局合理考虑，补画俯视图。如图 9-80 所示。

(6)接下来与设计装配图绘制相同：标注尺寸、标注零件序号、填写标题栏与明细栏、撰写技术要求。

完成装配图如图 9-80 所示。

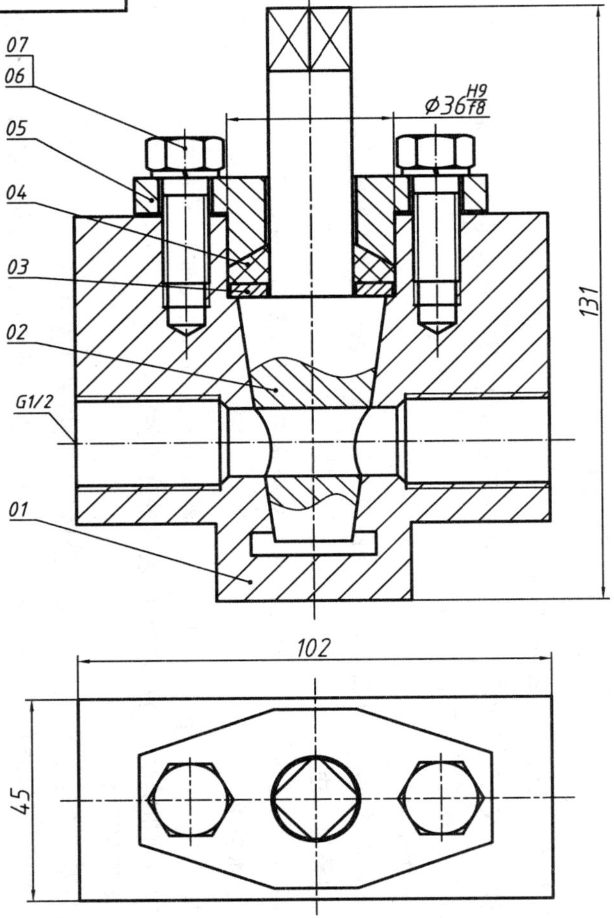

XP-15-00

07
06
05
04
03
02
G1/2
01
$\phi 36\frac{H9}{f8}$
131
102
45

技术参数

使用压力6Mpa

技术要求

1、阀芯与阀体孔配研后按企标试压。

2、螺栓用定力矩扳手设定XXNm拧紧。

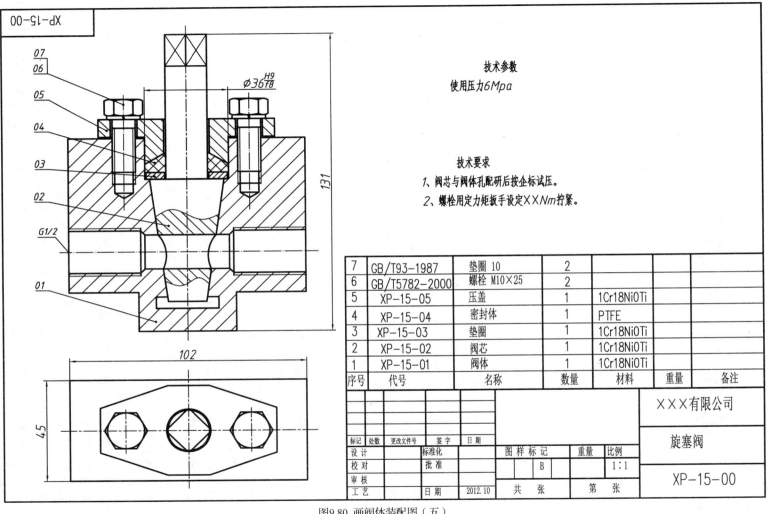

序号	代号	名称	数量	材料	重量	备注
7	GB/T93-1987	垫圈 10	2			
6	GB/T5782-2000	螺栓 M10×25	2			
5	XP-15-05	压盖	1	1Cr18Ni0Ti		
4	XP-15-04	密封体	1	PTFE		
3	XP-15-03	垫圈	1	1Cr18Ni0Ti		
2	XP-15-02	阀芯	1	1Cr18Ni0Ti		
1	XP-15-01	阀体	1	1Cr18Ni0Ti		

标记	处数	更改文件号	签字	日期				XXX有限公司
设计		标准化			图样标记	重量	比例	旋塞阀
校对		批准			B		1:1	
审核								XP-15-00
工艺		日期	2012.10		共 张	第 张		

图9 80 画阀体装配图（五）

第 10 章　绘制机械零件图

10.1　零件图的作用与内容

零件是组成机器的不可再拆分的基本单元，也是机器生产的最小加工单元。机器设计完成后，若要投入生产制造，先要绘制出每个专用零件的加工图样——零件图，这一设计环节也称作“出图”。

10.1.1　机械零件图的作用

(1)零件图首先是零件制造依据。零件是工人按照图纸上的要求进行制造的，如果需要多个工序加工，零件图会随着工艺卡在各工序流转直至零件制造完成。

(2)其次，零件图是检验依据。零件在制造的各工序及整件完成后，一般都设有一个判定零件是否合格的检验环节，以便及时剔除不合格品。检验的依据就是零件图给定的零件结构、尺寸大小以及技术要求。

(3)是机器设备使用、维护的重要技术文件。

(4)是技术存档、技术交流的重要技术文件。

10.1.2　机械零件图的内容

零件图不仅要表达出零件的详尽结构，还必须包含零件制造和检验所需的必要信息，因此一张完整的零件图应包含以下内容：

1. 一组视图

合理运用各种表达方法，用一组视图完整且简明地表达出零件形状及功能结构的图样。

2. 完整的尺寸

正确、完整、清晰、合理地标注出制造和检验零件时所需的全部尺寸。

3. 技术要求

用规定的代号、数字、字母和文字，注解说明零件在制造、加工、检验时需要达到的质量要求。如表面粗糙度、公差、热处理、表面处理等要求。

4. 标题栏

说明零件的名称、材料、数量以及绘图的比例和图号等内容。

如图 10-1 所示的是零件——安装连接板的零件图(截取标准图一部分以节省空间)。图中用两个视图表达零件形状，主视图取板厚方向，并采用两个平行剖切面的局部剖视图表示连接孔结构；俯视图取板面方向，表示板的形状和各连接孔的位置。该零件图有完整的尺寸标注，且多数尺寸标注在俯视图上，用来规定连接孔大小和位置。该零件精度要求不高，

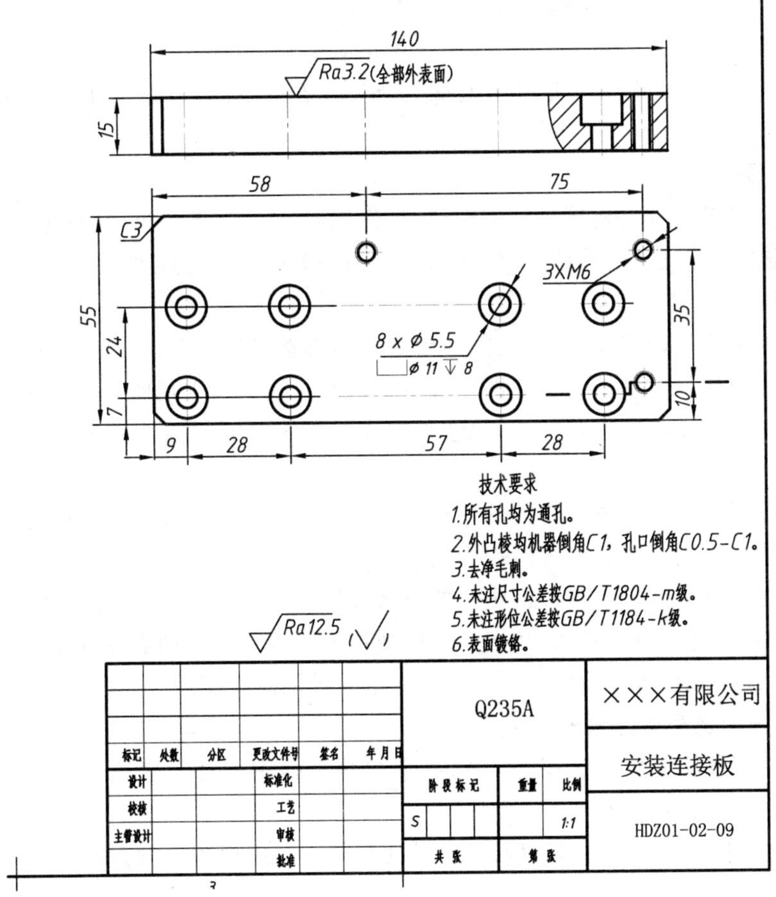

图 10-1　安装连接板零件图

没有特别公差要求的结构，除在图中标注一处表面粗糙度要求并作全部外表面要求外，其余的表面粗糙度要求注写在标题栏附近，尺寸公差、形位公差和其他技术要求统一注写在文字技术要求中。标题栏中填写了零件名称、材料以及图号、绘图比例和单位信息。

10.2　零件图的视图表达

每个零件都在机器或部件中承担着特定的功能，它的结构形状由其所承担的功能、安装连接需要、设计者的技术素养及美学修养决定。在实际机器设计中，零件的基本结构和形状是在机器结构设计时，即在绘制设计装配图时确定的，正如上一章 9.7 中设计例所示，从满足功能要求出发，逐步从零件的功能孔、端面、柱面、操作空间、连接结构等，还包括未阐述的强度、刚度、材料、工艺等影响要素，形成了零件的基本结构形状。因此，绘制机器零件的零件图时，一般不从零件构型设计做起，而是依照装配图进行“拆图”，进行必要的工艺完善。如果装配图是其他设计者绘制的，那需要读懂装配图中零件功能及连接关系、理解设计者的设计思想，才能正确拆画零件图。

10.2.1 视图表达方案的要求及确定方法

由于装配图的画法特点，其中的零件结构未必完整、清晰。因此，在设计绘制零件图时，必须根据零件的功能、结构形状、工作位置与加工工艺等，综合考虑零件图的视图表达方案。一般步骤如下：

1. 分析零件

首先清楚理解零件在机器中的工作位置、作用及主要功能结构，分析零件的形状、结构特征，明确需要重点表达的部位，分清各部位之间的关联关系，分析零件的基本加工工艺。

2. 主视图的选择

主视图顾名思义即主要视图，是图样中唯一不可省略的视图，因此，只有能最明显、最充分地反映零件形体最主要特征的视图才有资格选作主视图。主视图选得是否正确、合理，将直接关系到其他视图的数量及配置，也会影响读图和绘图的方便性。选择主视图一般应遵循以下原则：

1）主视图尽量最多地体现零件的形状特征，选择最明显、最充分地反映零件主要部分的形状及各组成部分相互位置的方向作为主视图的投射方向。

2）主视图的投影位置应符合工作位置或者加工位置。一般优先选择零件的工作位置，即与装配图的表达位置相一致。其次考虑切削加工位置。例如轴类零件主体是以轴线水平位置车削加工的，工程图总是按轴线水平方式绘制轴的主视图。

3. 其他视图及表达方法的选择

当一个主视图不足以表达零件全貌时，应选择其他视图补充表达。选择其他视图时应从以下几个方面考虑：

1）根据零件的复杂程度和结构特征，其他视图应对主视图中没有表达清楚的结构形状特征和相对位置进行补充表达。

2）选择其他视图时，应优先考虑选用基本视图，并尽量在基本视图中选择剖视。

3）对尚未表达清楚的局部形状和细小结构，可补充必要的局部视图和局部放大图，尽量按投影关系放置在有关视图的附近。

4）选择视图除考虑完整、清晰外，视图数量选择要恰当，以免主次不分，但有时为了保证尺寸标注能够正确、完整、清晰，也可适当增加某个图形。

4. 表达方案确定

根据视图的数量、零件的尺寸大小及其复杂程度等选择视图比例，确定图幅与布局。视图之间应留出标注的位置，布局时应考虑技术要求的位置。

10.2.2 零件图的绘制

一、拆画零件图

以 9.7 中图 9-72(a)所示简易压装机装配图为依据，拆画主要零件的零件图。

简易压装机属企业自制自用设备，工作精度、外观要求不高。零件主要采用一般通用机械加工工艺和普通机床加工制造，零件工艺结构、基础精度、外观设计等按此条件确定。

1. 绘制压杆零件图

(1)分析零件

压杆在装配图中序号 13，是简易压装机实现压装的核心零件，功能为压环形零件入轴

件，工作时在支撑孔中上下滑动，传递下压力。压杆为实心轴形，立式安装，上端以外螺纹与气缸杆连接，中段以滑动配合支撑，下端以轴肩定位套装压环。

(2)确定视图表达方案并绘制图样

压杆呈典型轴类零件结构特征，其基本加工方式如图 10-2 所示。应以其回转轴线水平放置绘制主视图，小头朝右符合车削加工走刀顺序。螺纹段长度应包括：不小于螺纹大径的旋入深度、锁紧螺母厚度、退刀槽、调整余量，合计 30，于是零件总长确定。图样用主视图加一个断面图表达，按装配图基本设计完成内容补充绘制，不剖视。如图 10-3 所示。

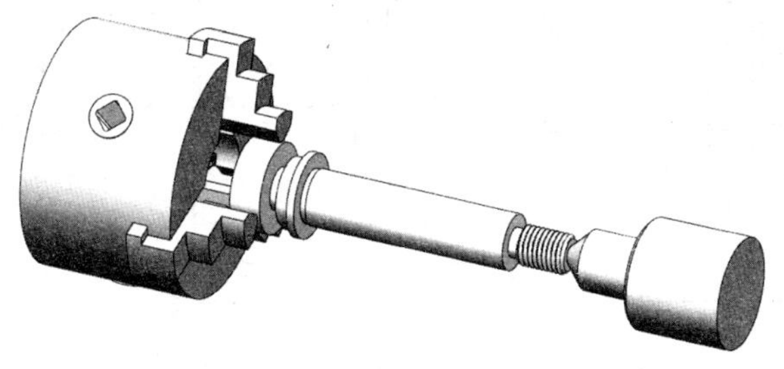

图 10-2　轴的车削加工

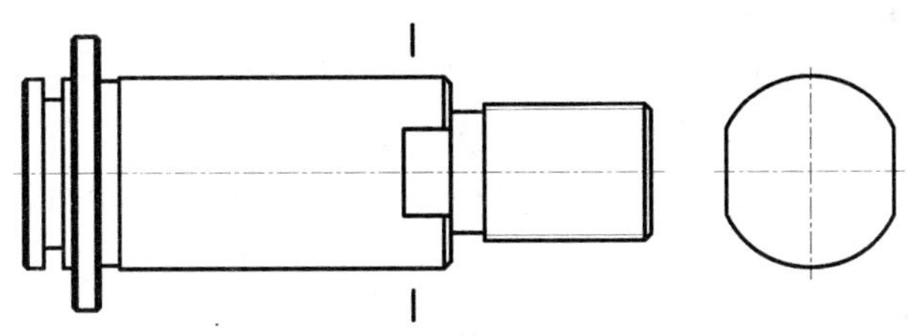

图 10-3　压杆主视图

绘制零件图时，需补齐装配图中省略的工艺结构，并对零件设计进一步完善，因此图 10-3中的图样与在装配图中不完全相同。图 10-3 中主视图从左到右改进内容有：最左端增设一倒角，为安装压环提供导向；法兰形轴段设置倒角为了安全与外观；滑动工作段需磨削加工，在其左根部增设一越程槽；滑动工作段靠右端增设一对平面，为拧紧、拆卸螺纹提供扳手工作面，也因此增加了一个断面图(省略剖面线)；端面倒角则为装入导向套提供导向；螺纹端面倒角为了导向与安全。

(3)标注尺寸

轴类零件标注尺寸，径向的主要基准为回转轴线，因此可直接注出各直径尺寸：注ϕ27.5；ϕ22 槽底是按留出少许不与紧定螺钉干涉余量确定的；注ϕ40；越程槽深度ϕ17.7 查附表 31 确定；注外径ϕ28；退刀槽深度 0.4 查附表 32 确定；外螺纹按气缸活塞杆螺纹孔规格，标注细牙 1.5 螺距。另外，因为ϕ28 柱面磨削需要，以及三段有特别精度要求轴段还将有同轴要求，所以要在两端加工中心孔，选择为 B 型，按规定形式标注。

轴向即长度方向需要分析确定主要尺寸基准。从装配图上可以看出，轴向的各端面、轴肩面除了安装压环的轴肩属接触面，其余全是自由面，因此只有压环安装定位面有资格作轴向主要尺寸基准。但车削加工的工艺基准是零件右端面。于是，由基准面向左注 1.5、注 7.5，向右注 86.5，再由各辅助基准注 30、注 3、注 52.5，再注退刀槽宽 4.5(3 倍螺距)、注越程槽宽 3，再注总长(94)作为参考尺寸。标注两处 C1 倒角，其余三处 C0.5 留在文字技术要求再统一注写。如图 10-4 所示。

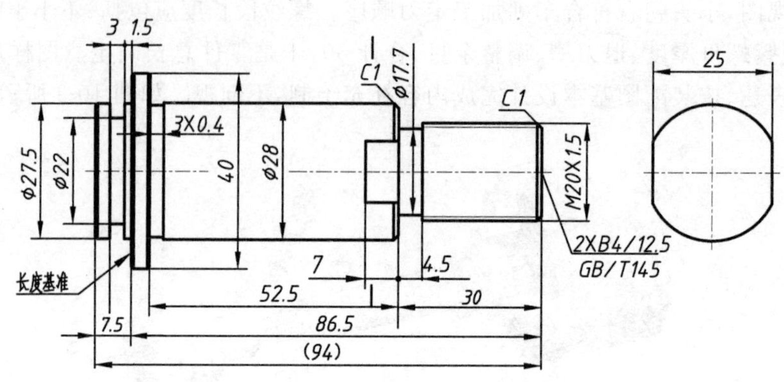

图 10-4　压杆主视图标注尺寸

(4)注写技术要求

1)标注公差。直径尺寸ϕ27.5 要依照装配图中选定的过渡配合，按 $js7$ 查表加注公差±0.012；ϕ28 要依照装配图中选定的间隙配合，按 $f7$ 查表加注公差；考虑螺纹连接对机器工作精度影响，螺纹中径公差比普通提高 1 级注成 $5g6g$。

2)标注形位公差。为保证压杆顺畅滑动，也为了方便机器装配调试，应该要求三段有特别精度要求轴段在加工中尽量同轴，于是，选$\phi28f7$ 轴段轴线作基准，按 6 级精度查表，标注ϕ27.5、$M20\times1.5$ 同轴度公差。另外，如果压环定位面与压杆轴线严重不垂直，可能导致被压零件周向受力偏载，压合质量不合格。因此，仍以$\phi28f7$ 轴段轴线作基准，按 6 级精度查表，标注端面垂直度公差。

3)标注表面粗糙度。$\phi28f7$ 轴段滑动配合，应属本零件表面结构精度要求最高处，按表 8-17 取 $Ra0.4$，磨削获得。$\phi27.5js7$ 轴段静配合，磨削不便，取普通车削能达的最高表面粗糙度 $Ra1.6$ 也能满足使用要求。同样原因，与之垂直的长度尺寸基准面也取 $Ra1.6$。其余取 $Ra6.3$，按规定注法置于标题栏附近。

4)注写文字技术要求。第 1 条未注倒角 $C0.5$，对图中绘制而未标注的三处 $C0.5$ 统一注写。第 2 条去净毛刺，防止残存毛刺影响装配和外观。第 3 条淬火 46～48HRC，提高耐磨性和寿命。第 4、5 条未注尺寸公差按 GB/T1804-m 级与未注形位公差按 GB/T1184-k 级，对未注的尺寸、形位公差有所控制。第 6 条发黑，进行一般的防锈表面处理。

(5)填写标题栏。标题栏的内容部分已在装配图明细栏中规定，这里比照填写。名称：压杆；代号：HD-ZZII-JYM-07；材料：45。填好绘图比例和单位名称，并在阶段标记第一栏填写 S，表示研发试制阶段。

压杆零件图绘制完成如图 10-5 所示。图中断面图离开对齐剖切线位置后加了标注。

标题栏中设计人、审核人、批准人需手写签名，所以一部机器或部件的一套图纸绘制完成，应该交付审核，直至修改无误后打印出图，会签后交付进行零件加工。

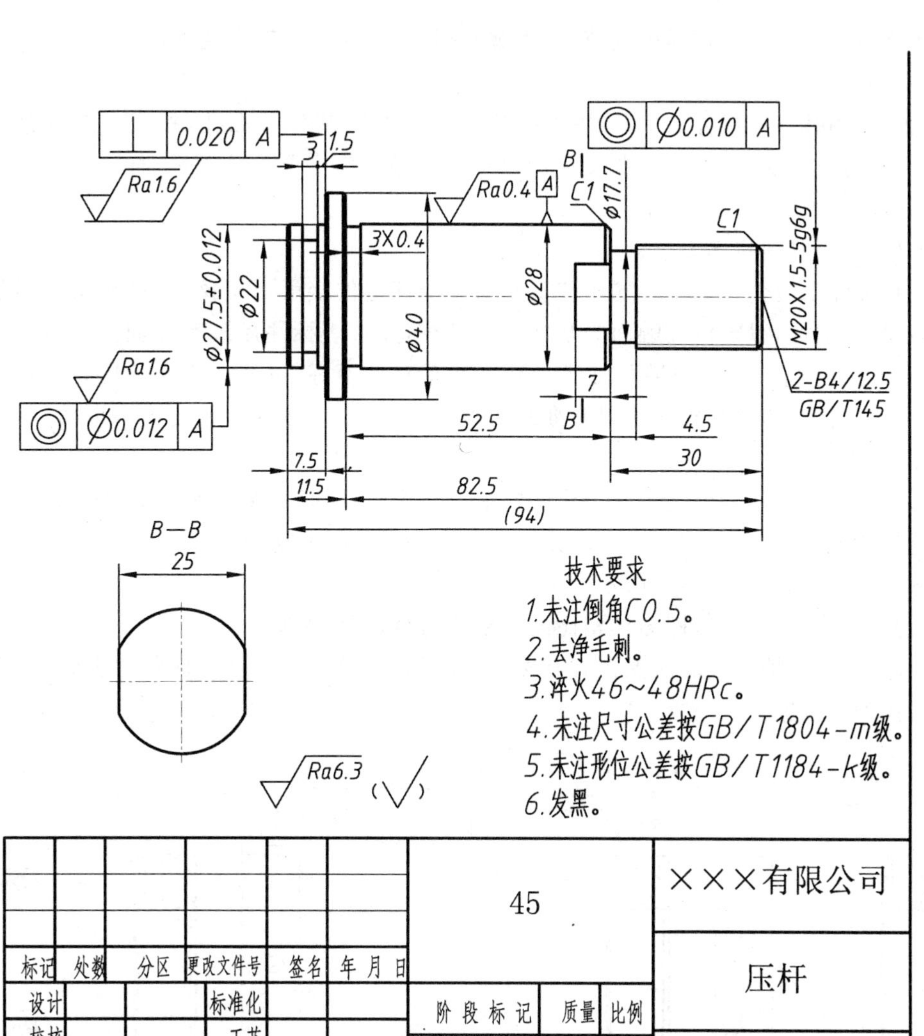

图 10-5　压杆零件图

2. 绘制压环零件图

(1)分析零件 压环在装配图中序号 7,是简易压装模压装执行零件,直接与被装环形件接触,容易磨损,称作易损件,要求零件要耐磨且更换方便,应该加工多件备用。零件为空心圆柱形,因为短、薄也称环形,套装在压杆下端,靠紧压杆定位面,柱体垂直轴线加工有一对螺纹孔,用于拧入紧定螺钉给自身定位。

(2)确定视图表达方案并绘制图样

环形零件主要加工工序为车削,也应以回转轴线水平放置绘制主视图。零件上两螺纹孔对称分布,用一个全剖主视图就能充分表达零件结构。如图 10-6(a)所示。

a 图中左端孔口倒角是原有的,增设一右端孔口倒角为与其配合的压杆安装提供导向;压环两端面外圆倒角属安全与外观考虑。如果是商品机器,加工两螺纹孔的外柱面应先加工平面，再钻孔攻丝，这样更规范，更美观，只是将增加一个表达视图。

(3)标注尺寸

标注内孔直径尺寸$\phi 27.5$，并依照装配图中选定其为基准孔，按 $H8$ 查表直接标注公差$^{+0.025}_{0}$；标注$\phi 46$；标注 $C1$。长度方向以定位接触面作主要尺寸基准，标注 3.5；标注 11；标注 $2\times M4$。如图 10-6(b)所示。

(4)注写其他技术要求

1)标注形位公差　压环的压装工作面及压杆定位接触面应该平行，尽量不增加压装力偏载误差，因此，以定位接触面为基准，按 6 级精度查表标注压装工作面平行度公差。由于压环以过渡配合装配，如果孔轴线与基准面垂直性不好，也会产生新的压装工作面倾斜偏差，所以要标注压环孔轴线相对基准面的垂直度公差，仍按 6 级精度查表取值，主要由车削工序保证。

2)标注表面粗糙度　压装工作面要求应该光整，同时为保证平行度，两侧端面用平面磨床磨削，取表面粗糙度 $Ra0.8$。内孔配合面取普通车削最高的 Ra1.6。其余取 $Ra6.3$，置于标题栏附近。如图 10-6(c)所示。

文字技术要求与压杆图样相比没有新的内容，不再说明。

(5)标题栏填写只需注意图样代号为 HD-ZZII-JYM-04，以下标题栏省略，只保留一段框线代表其位置。

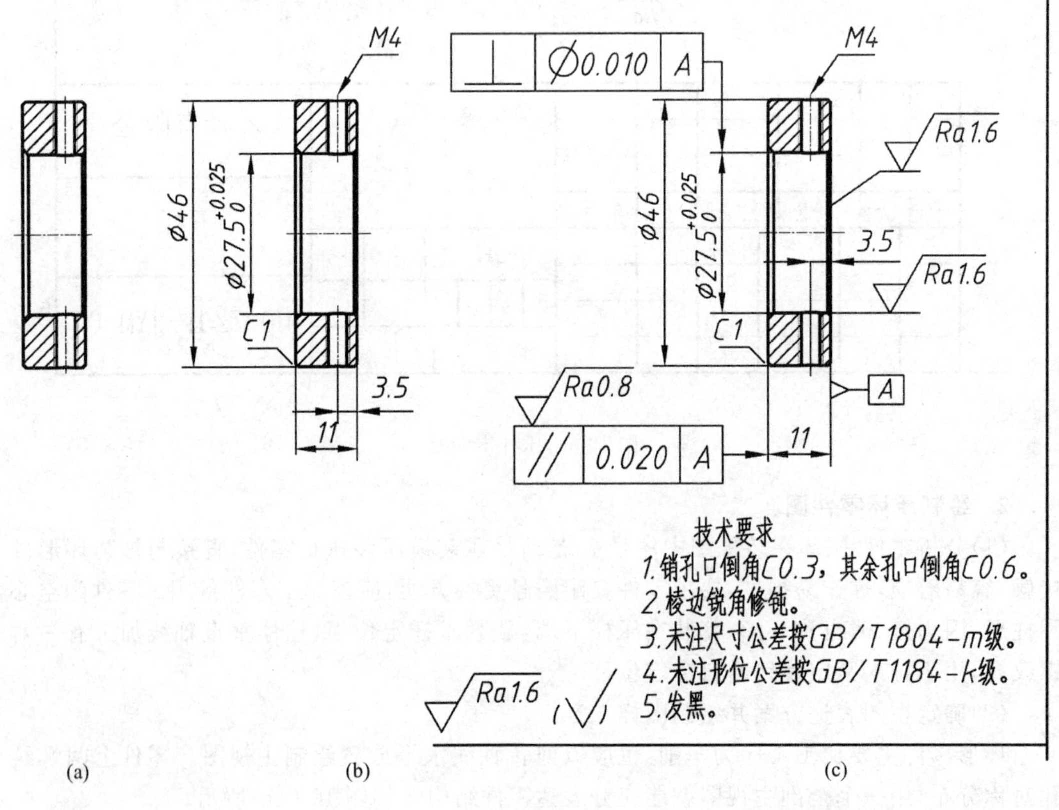

图 10-6　压环零件图

3. 绘制压杆导座零件图

(1)分析零件　压杆导座在装配图中序号 10,功能是为压杆提供支撑导向,是对机器精度、运行状况有重要影响的零件,安装调试理想状态下受力很小。零件为长方体形,属于常用的厚板类零件,其上最重要的功能结构是它的导向孔。压杆导座以悬臂方式定位支撑在支撑立板上,通过导向孔内镶嵌的衬套为压杆上下滑动提供支撑导向。其上一对安装连接螺纹孔与衬套定位螺纹孔处于同一个平面内。

(2)确定视图表达方案并绘制图样

如果没有特别考虑,应以压杆导座在装配图中的工作位置进行投影表达,因此取其在装配图主视图中的全剖图作零件图主视图,并且在原剖面左边再作一次局部剖切(俗称重叠剖面。因位置明显省略标注),用来表露螺纹连接孔高度的位置,因为仅凭绘制中心线方式往往不够确切。然后绘制俯视图,用来表达平板平面形状、支撑导向孔及其他孔的位置关系。俯视图中对靠前一个螺纹连接孔和紧定螺纹孔作局部剖视表达。如图 10-7(a)所示。

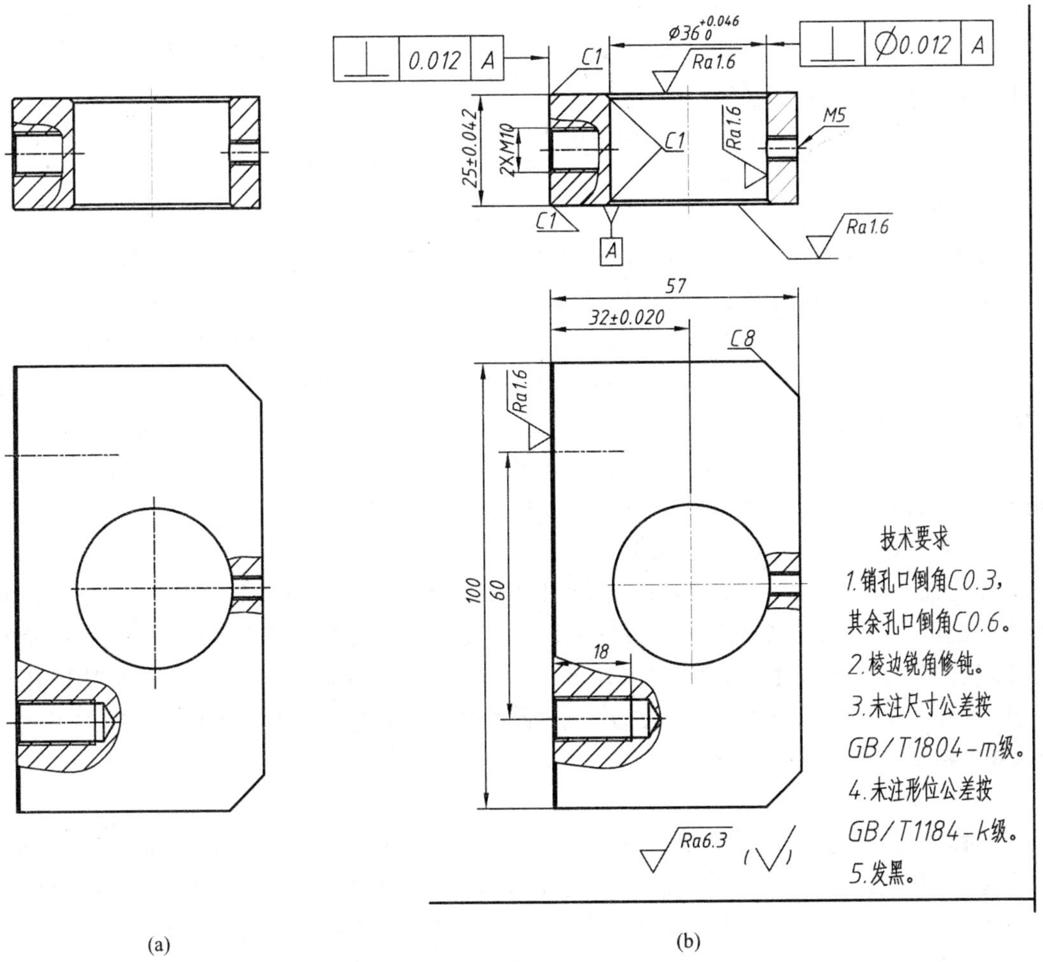

(a)

(b)

图 10-7　压杆导座零件图

(a)图中增设导向孔孔口倒角,方便其配合的衬套安装。注意圆投影不画倒角圆;左端面上下倒角是为了防止与支撑立板的定位底角干涉。

(3)标注尺寸与技术要求

1)标注尺寸及其公差　标注导向孔直径尺寸$\phi 36$，并依照装配图中选定其为基准孔查表标注公差$\phi 36^{+0.046}_{0}$；标注其他定形尺寸；标注$C1$。高度标注25 ± 0.042，避免误差过大影响其在支撑立板上的定位精度及连接。长度方向应以左端安装面作主要尺寸基准，标注主要定位尺寸32 ± 0.020。

2)标注形位公差　分析装配图可知，压杆导座下端面支撑在支撑立板的台肩上，因此下端面为零件高度主要尺寸基准，长度基准面靠在支撑立板立面上，先假定支撑立板支撑台肩与立面没有形位误差，要保证压杆运动与被装环形件端面垂直，则导向孔轴线必须与高度基准面垂直，而且长度基准面也必须与高度基准面垂直。于是，标注高度基准面为基准，按6级精度查表取值，标注导向孔轴线和零件右端的长度基准面相对基准面的垂直度公差。

3)标注表面粗糙度　压杆导座没有运动配合面，应避免磨削加工，取上下端面、左端面、导向孔的表面粗糙度$Ra1.6$，其余取$Ra6.3$，置于标题栏附近。

4)文字技术要求　平板零件加工容易形成尖锐毛刺、飞边以及尖角，压杆导座比较接近操作空间，要求修钝将更安全。

不含标题栏的压杆导座完整图样如图10-7(b)所示。

4. 绘制支撑立板零件图

(1)分析零件

支撑立板在装配图中序号2，功能是为压杆导座、气缸安装板提供安装支撑面，同样是对机器精度、运行状况有重要影响的零件，工作时受弯曲力矩和拉力。零件基本为长方体形，也属于常用的厚板类零件，立式工作，其上重要的功能结构是它的下安装面、中间台肩面和顶安装面。支撑立板底脚加工有一对螺栓连接通孔和一对销孔，用来通过螺栓将其连接到机器底板上和调整后定位。立板中间台肩为悬臂安装的压杆导座提供了水平定位面与铅垂定位安装面。顶端为气缸安装板提供了水平定位安装面，其上加工有一对螺纹孔和一对销孔，均为盲孔，用作气缸安装板连接安装和调整后定位。

(2)确定视图表达方案并绘制图样

因为没有特别考虑，以支撑立板在装配图中的工作位置方式进行投影表达，因此可以取其在装配图主视图中的全剖图作零件图主视图。由于中间台肩处两个连接孔和底脚倒角的关系，用三视图表达零件才足够充分、确切。左视图采用两处局部剖视，进一步描述销孔与螺孔、通孔。结构上在竖立方向上增设一个“台肩”，其实只是靠上的非工作面稍微加工低一些，减少精加工面。如图10-8所示。

(3)标注尺寸与技术要求

1)标注尺寸及其公差。高度方向应以主视图立板底面作主要尺寸基准；长度方向的压杆导座端面安装定位面为设计基准，应以立板主视图右端面作工艺基准；宽度方向以对称面为基准，标注各定形定位尺寸。各尺寸精度自由公差即可，只有两处销孔按H7查表标注公差，并且底脚销孔加注配铰，要求此销孔可以提前钻好，但应留铰孔余量；顶面销孔加注配作，要求此销孔不能提前加工，只能在装配调试机器符合规定运行精度后，沿上方零件已有孔位置钻孔、铰孔达到标注要求。

2)标注形位公差。从装配图和前一零件讨论可知，支撑立板距底面55的台肩和靠紧压

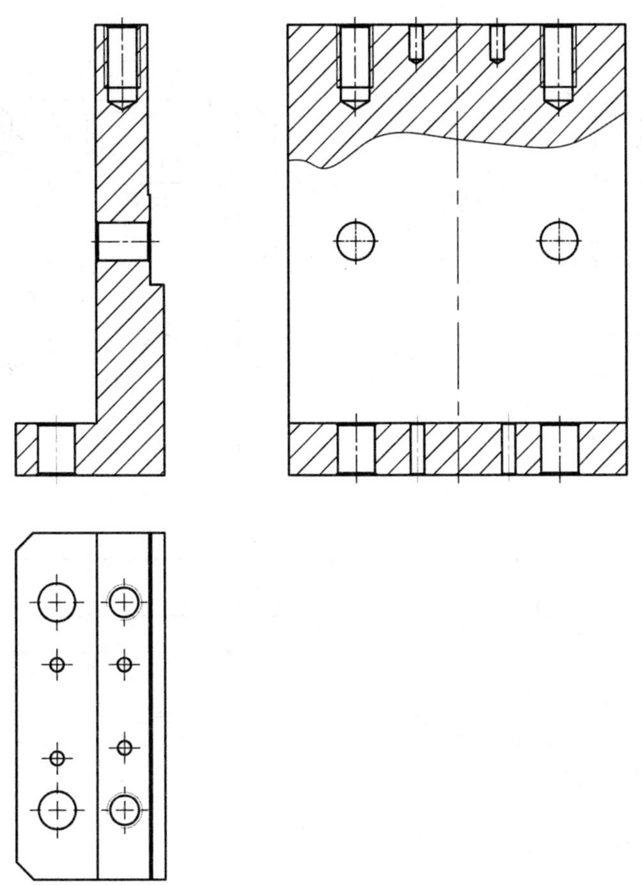

图 10-8　支撑立板三视图

杆导座端面的安装立面两处位置精度对压杆导座的安装精度有重要影响，因此以零件下端面为基准，按 6 级精度查表取值，标注台肩相对基准面的平行度公差、标注安装立面相对基准面的垂直度公差。另外，零件顶面是气缸安装板的安装面，它与底面的平行度误差将影响气缸活塞杆运动垂直度，因此也按 6 级精度查表取值，标注顶面相对底面的平行度公差。

3)标注表面粗糙度。取 4 处安装面表面粗糙度为 Ra1.6，销孔表面按铰制取 Ra0.8，其余取 Ra6.3，置于标题栏附近。

不含标题栏的支撑立板完整图样如图 10-9 所示。

二、典型零件读图与分析

从众多形状各异的零件中，按照结构特征、功能范围、加工工艺方法的不同，大致可以归纳出几类比较典型的零件类型：轴(套)类、轮(盖、平板)类、箱体类、叉架类。分类讨论零件结构特点，分析表达规律，有利于正确理解和掌握不同零件的表达规则，合理运用差异表达方法，提高表达效率和能力。

1. 轴(套)类零件的表达方法

(1)用途与特点

轴主要用于支撑各种轮等转动件，结构上表现为不同直径的回转体轴段同轴(个别不同

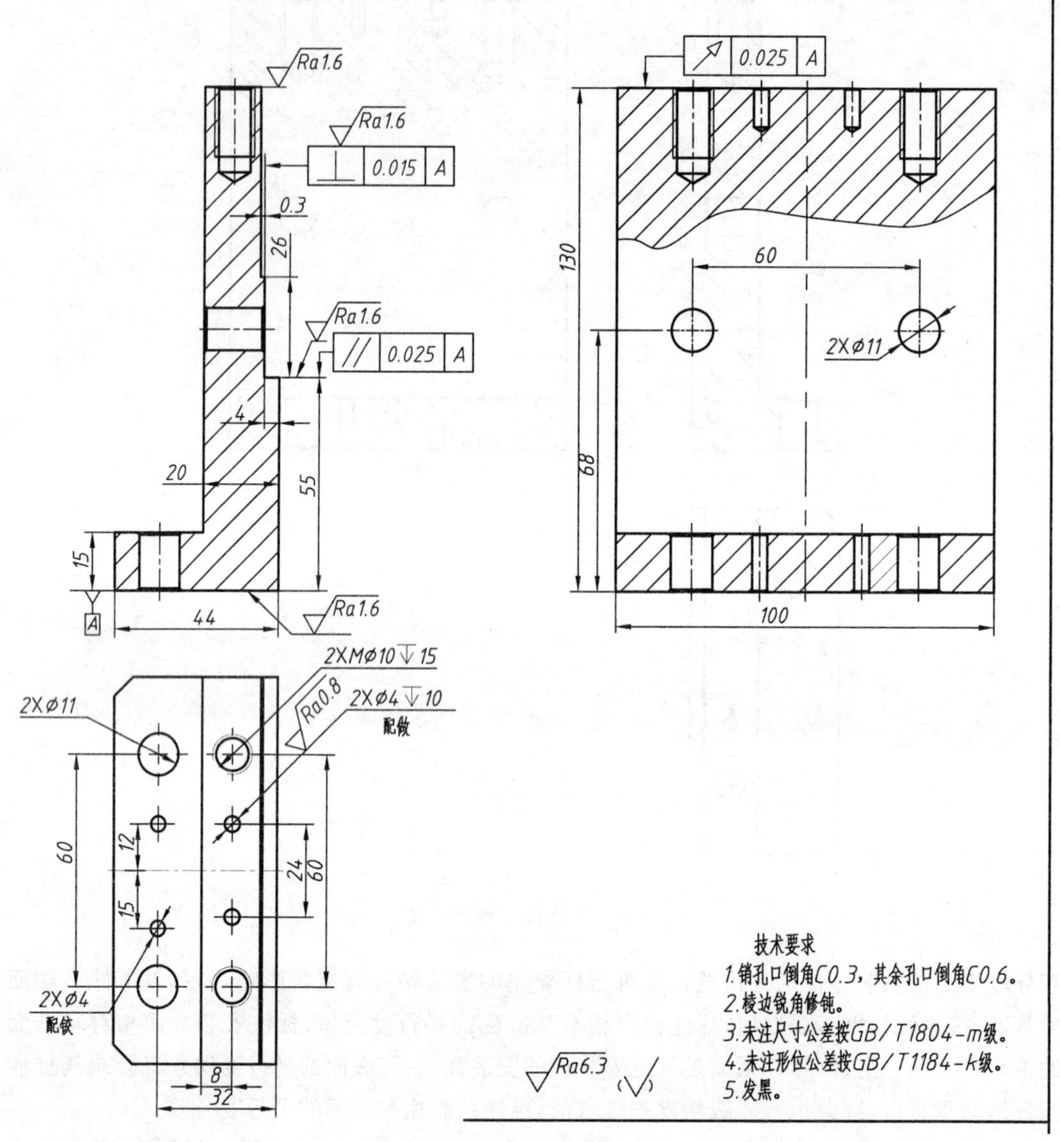

图 10-9　支撑立板零件图

轴)串接，且轴向尺寸大于径向尺寸。如图 9-38(a)所示。轴类零件还包括导柱、圆柱连杆等与轴结构相近的零件。如图 10-5 所示。套类零件可以看作是空心的轴，一般用于轴支撑、定位、连接等。它们有一些相同的局部结构，如轴肩、倒角、螺纹、退刀槽或砂轮越程槽等结构。还有的有中心孔。轴上一般都有键槽。轴套零件主体一般由圆棒料车削和(或)磨削加工而成。

(2)表达规律

图样基本形式是一个主视图＋移出断面图，有时还有局部剖视、局部放大图等。主视图采用加工位置，轴线水平放置，一般不需要俯视图。用断面图来表达键槽结构。

尺寸标注表现为混合式，轴线作为径向尺寸基准，轴向主要尺寸基准常为重要的轴肩。

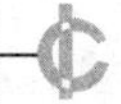

一般离轴肩较远的小头直径为工艺基准。主要尺寸由设计基准注出，其余尺寸按工艺要求标注。

轴径通常有配合要求，需标注公差，而且往往需要标注圆柱度、同轴度、跳动等形位公差，对表面粗糙度的控制要求也较高。

总之，轴类零件图图样相对简单，标注很多，精度要求较高。

(3)齿轮轴零件图(图 10-10)读图分析

1)表达方法

主视图按加工位置轴线水平放置。齿轮轴由 4 段构成，其中最粗一段为斜齿轮。将直径较小、长度较长的一端朝右，符合车削工艺顺序。轴上键槽以反映腰形实形方式，投影在轴对称位置，这和一般装配图中反映键装配关系的位置相差 90°，如果键槽朝上或朝下，零件图上就要增加一个局部剖视图。两端标准中心孔不绘制，用标注表示。视图中倒角全绘制为 30°，是什么原因？

辅助视图只用了一个 A-A 断面图，表达和标注键槽深度与宽度。

2)尺寸分析

各直径尺寸以轴线为径向基准标注。其中 3 处轴径基本尺寸相同也分别标注，尤其配合公差不同的相邻轴径，并用细实线隔开。斜齿齿轮按端面分度圆直径、端面齿顶圆直径标注。两端中心孔用代号注写。中心线与尺寸数字重叠部分已全部断开。

轴向尺寸以齿轮左端凸缘 60 端面轴肩为主要尺寸基准，标注出齿轮两凸缘端面轴肩之间尺寸和到工艺基准的尺寸 212，再由工艺基准标注了零件总长 237 和外伸轴段长度 82，再由辅助基准标注其他结构尺寸，其中包括配合公差不同的区分位置尺寸 25，30°倒角采用非 45°倒角标注方式。

3)解读技术要求

要理解图样中技术要求的含义及其标注的缘由，一般应了解零件的用途和各结构承担的功能。图 10-11 给出了齿轮轴所工作的齿轮减速器拆卸画法的俯视装配全剖图，齿轮轴为图中序号 22 的零件，结合第 9 章讲授的装配结构的画法，应该可以逐步读懂齿轮轴上零件的装配关系以及齿轮减速器的工作原理。

装配图简单分析如下：齿轮轴齿轮两边的ϕ50 轴段分别装有圆锥滚子轴承，轴承内圈端面靠紧齿轮凸缘端面(这就是凸缘端面作长度基准的原因，因为其他端面均为自由面)。轴承外圈装在减速器箱体上，可以通过端盖调整轴承间隙。图中下侧端盖镶有防尘圈。

于是知道，直径尺寸的公差要求除一处源于与防尘圈的间隙配合外，其余均源于偏过盈的过渡配合。当然，根据直径与公差数值查表也能确定其基本偏差代号和精度级别。

齿轮参数与有关精度要求按国标在绘图区的右上角列出表给出，内容多数属于精度与测量、机械设计课程讲授的知识。

齿轮轴 3 个 m6 公差轴段标注了圆柱度形状公差和同轴度位置公差要求，可以判断为出于装配、运行精度和运行工况的考虑。齿轮两凸缘端面标注了关于 A-B 基准轴线的跳动(功效同垂直度)公差要求，应是防止因轴承内圈安装基准误差导致轴的运行误差和轴承工况变差。

图中最高表面粗糙度要求只有 Ra1.6，严格说与公差级别不匹配，是不合理的。此图样是企业用于大批量生产的零件图，生产企业一定出于成本考虑，只用精车而省去磨削工序。

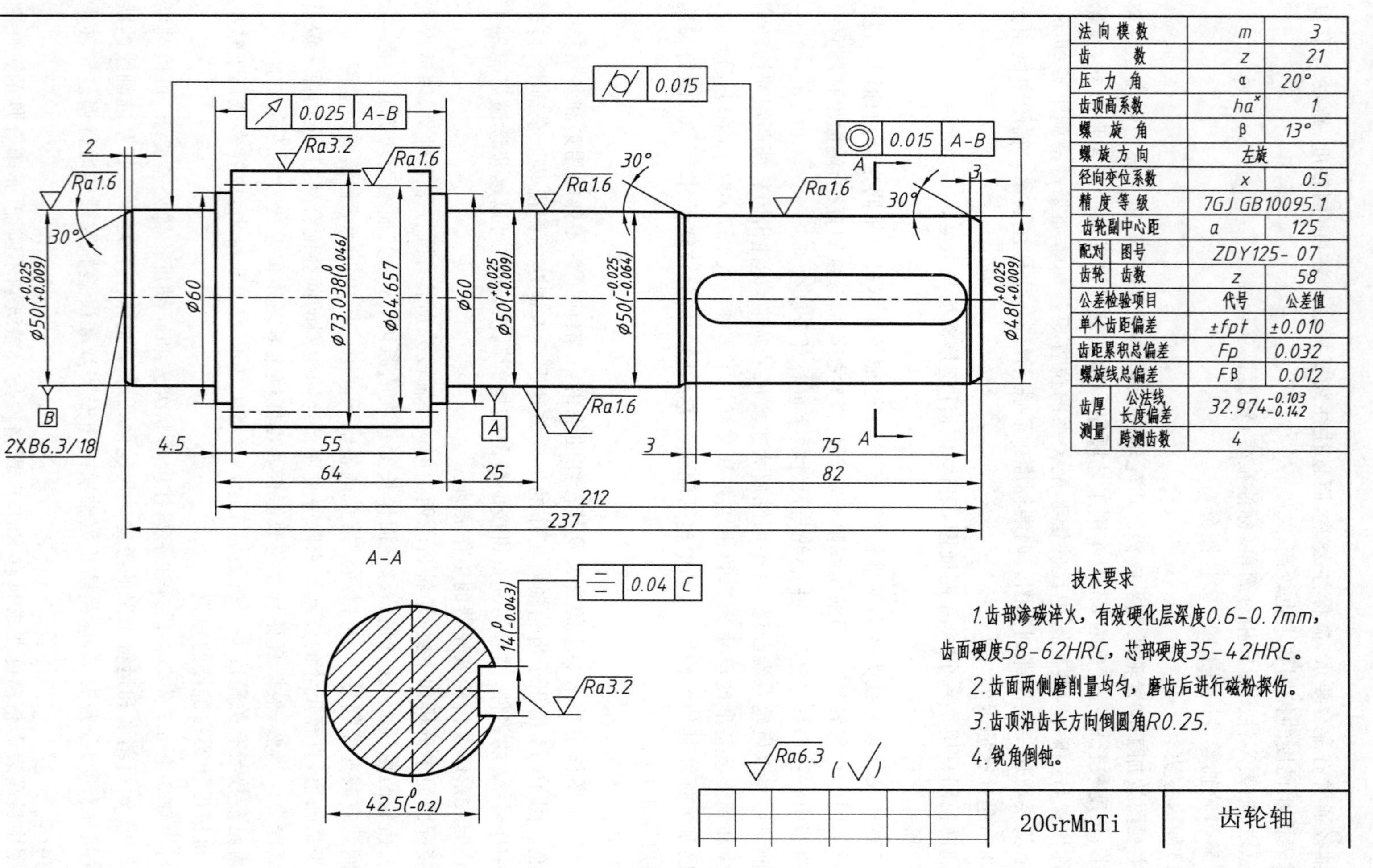

法向模数 m 3
齿数 z 21
压力角 α 20°
齿顶高系数 ha* 1
螺旋角 β 13°
螺旋方向 左旋
径向变位系数 x 0.5
精度等级 7GJ GB10095.1
齿轮副中心距 a 125
配对 图号 ZDY125-07
齿轮 齿数 z 58
公差检验项目 代号 公差值
单个齿距偏差 ±fpt ±0.010
齿距累积总偏差 Fp 0.032
螺旋线总偏差 Fβ 0.012
齿厚测量 公法线长度偏差 32.974-0.103-0.142
跨测齿数 4
A-A
技术要求
1.齿部渗碳淬火，有效硬化层深度0.6-0.7mm，
齿面硬度58-62HRC，芯部硬度35-42HRC。
2.齿面两侧磨削量均匀，磨齿后进行磁粉探伤。
3.齿顶沿齿长方向倒圆角R0.25.
4.锐角倒钝。
20GrMnTi
齿轮轴

图10-10 齿轮轴零件图

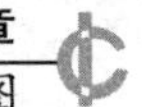

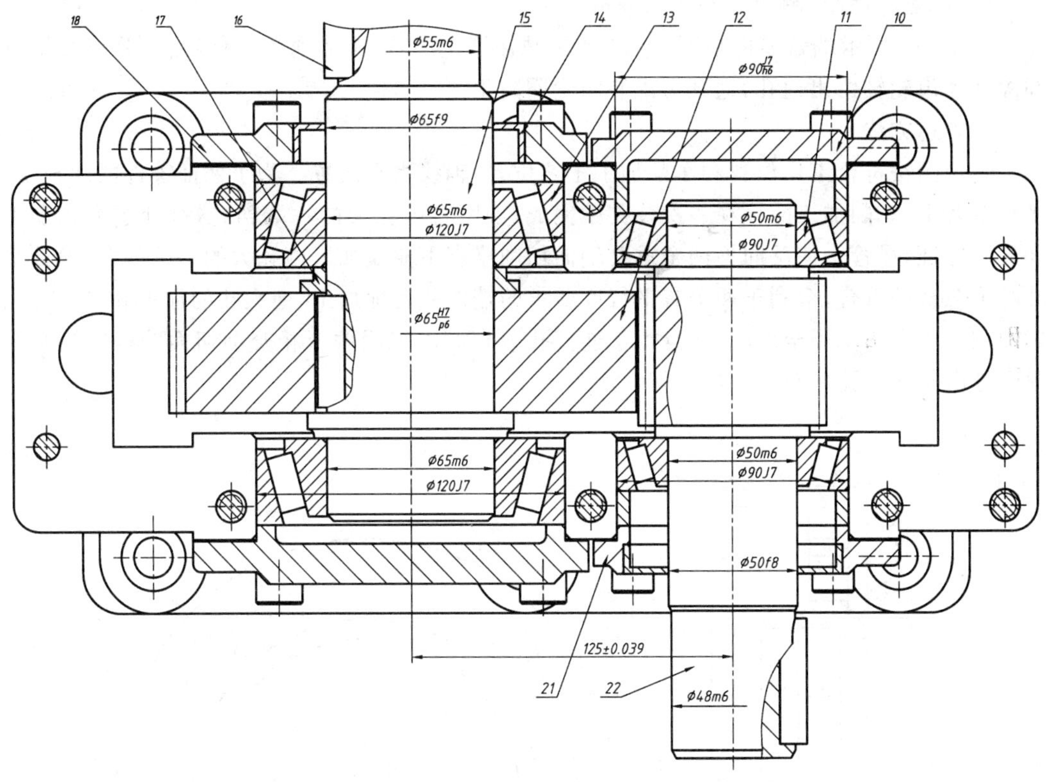

图 10-11　齿轮减速器的全剖装配俯视图

而且这也是配合面公差采用更偏于过盈的 m6 而不是通常的 k6 的原因所在。

文字技术要求中，前两条是根据零件材料 20CrMnTi(低碳合金钢)特性，制定相应的渗碳淬火热处理方式，及规定探伤检验要求。齿顶沿齿长方向倒圆角 R0.25，属于在已有投影图中无法表达和标注的内容。

2. 轮(盖、板)类零件的表达方法

(1)用途与特点

轮(盖、板)类零件主要包括厚度相对截面小的一类零件，但不包括薄板件。截面形状分为圆形与非圆形。圆形一般包括各种齿轮、皮带轮、手轮、端盖、法兰盘、阀盖等。有的空心的盖结构上就是带法兰的套，但盖类零件必须有连接法兰和连接孔，套不一定有；套类零件必须是空心，盖不一定。圆形轮(盖)类零件主体也是由不同直径的回转体同轴串接组成，只不过其厚度相对于直径小得多。非圆形盖(板)类零件主要包括非圆的盖板与支撑板等。

(2)表达规律

轮类零件外周有齿、槽等功能结构，中心有安装孔。盖类零件周边通常分布一些连接孔、槽等。它们在视图表达时，圆形件一般与轴套类零件一样选择过回转轴线的剖视图作主视图，轴线水平放置，再根据需要增加适当的其他视图。如图 10-12 所示的端盖零件图。不通盖(板)类零件的视图表达重点是各类孔的位置与分布，通常以厚度方向作主视图，或用几个平行的剖切面剖视，或用局部剖视，以大截面的板面作俯视图或左视图。圆形零件的尺寸尽量标注在非圆投影图上，平板零件孔及其位置尺寸尽量标注在大截面投影图上。

(3)端盖零件图(图 10-12)读图分析

图 10-12 所示端盖零件是图 10-11 所示减速器中序号 21 的通盖零件,用途是调整轴承间隙并为齿轮轴留出通孔,通孔可配装防尘圈防尘。

1)表达方法

主视图按符合工作位置和车削加工工艺位置,轴线水平放置。为了保证零件的同轴度、平行度要求,车削加工应该在一次装夹中完成,如图将内孔大的一端朝右,有利于大孔加工和尺寸保证,尽管会使反向另两个重要端面切削略有不便。如果内孔大的一端朝左,设计基准与工艺基准重合,会利于两个有平行度要求的端面的切削加工,但大孔的加工和测量都比较困难。主视图采用全剖视,并且由于连接孔分布原因采用两个相交剖切面获得。绘制左视图是由于连接孔分布和外周有切除加工。

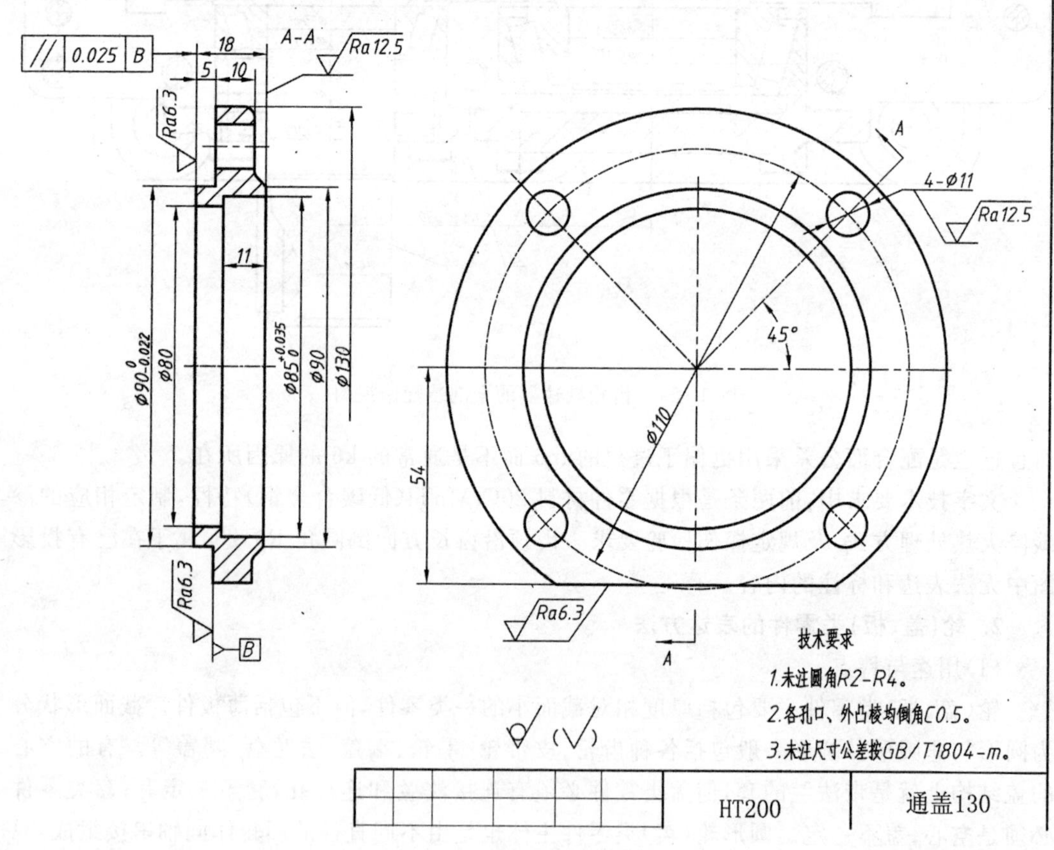

图 10-12　端盖零件图

2)尺寸分析

各直径尺寸以轴线为径向基准标注,而且尽量标注在非圆投影上,只有 4 个连接孔及其所在分布圆直径尺寸标注在圆投影上,这符合结构尺寸集中标注原则。另外应注意,尺寸 54 不能参照键槽深度尺寸标注方式将一条尺寸界线放置在外圆弧上,那将可能因未注公差的ϕ130 直径误差使其产生很大偏差,而加工键槽的轴的误差很小,键槽深度允许误差相对较大,两者应区别对待。

轴向尺寸以端盖左端面为主要尺寸基准，自基准面直接标注的尺寸有 5 和 18。

3)解读技术要求

从图 10-11 装配图知道，直径尺寸ϕ90 的公差要求源于与轴承外圈安装孔的间隙配合要求。直径尺寸ϕ85 的公差要求源于与防尘圈的过盈配合要求。

端盖ϕ130 右端面标注了平行度公差要求，是防止用端盖调整轴承间隙时因安装误差导致轴承及轴的运行工况变差。标注同轴度要求应该是不想让防尘圈过于偏心运行，尽管防尘圈有较好弹性。

图中最高表面粗糙度要求为 Ra6.3，因为没有运动配合需求。图中未注表面的表面粗糙度要求为保持铸件的供货状态，按规定注写在标题栏附近。

文字技术要求中，第一条是针对铸造毛坯的质量要求。第二条是对零件整体倒角要求。因为图中空间比较紧张，也没有对倒角严格要求的需要，所以图中不绘制也不标注，在文字技术要求中统一注写。

3. 叉架类零件的表达方法

(1)用途与特点

叉架类零件包括拨叉、支架、连杆等，一般在机器操纵控制系统中起连动、支撑等作用。零件的结构大致可分为工作部分、安装支撑部分和连接部分。工作面(轴线)与安装面(轴线)多拉开一定距离，时常成一定角度，甚至有时成空间角度，中间用连接部分再把这两部分衔接起来。为了减轻重量、节省空间等目的，连接部分常采用材料少、刚度好的肋板结构，多数形状不规则，因此大都先用模锻、铸造方法获得毛坯，再用专用夹具定位加工，因此在加工面常设有凸台、凹坑等结构，以减少加工量。

(2)表达规律

主视图优先选择最能反映其形状特征的视图作为主视图的投射方向，按工作位置摆放。由于工作部分与安装支撑部分形状基本规则，一般用局部剖视表达。中间连接部分常用断面图表达肋、板的截面形状。另外还常用局部视图、斜视图等辅助表达。尺寸标注时工作部分与安装固定部分往往“自成一体”，两者用定位尺寸关联。另外要注意把铸(锻)件非加工面注成“内部尺寸”，在同一方向上只安排有一个尺寸与加工面有联系。

总之，叉架类零件图样特点是形状不规则，小的辅助视图较多，尺寸复杂，精度不高。

(3)托脚零件图(图 10-13)读图分析

1)表达方法

图示托脚零件的工作部分为由两个凸台构成工作平面的一端，另一端通过圆柱孔安装支撑。主视图按工作位置放置，凸台构成的工作平面朝上，安装圆柱孔轴线与其垂直。工作部分与安装支撑部分均采用局部剖视，剖切面位置明显，不用标注。俯视图用来表达宽度方向结构关系。局部视图 B 表达两个基本视图仍未能表达的安装孔外圆柱面上凸台端面结构。断面图清楚表达连接部分截面结构。

2)尺寸分析

工作部分有自己完整的定形定位尺寸：长 114、宽 50、高 8+2=10、两凸台长各 30、凸台上孔尺寸及其定位尺寸。安装支撑部分也有自己完整的定形定位尺寸：孔径ϕ35、圆柱体外径ϕ55、高 60、以及外圆柱面上凸台及其孔尺寸。连接部分除了断面图上结构尺寸外，高度尺寸 106、11、54 与俯视图长度尺寸 32 决定了工作部分安装支撑部分的位置、距离，主视图

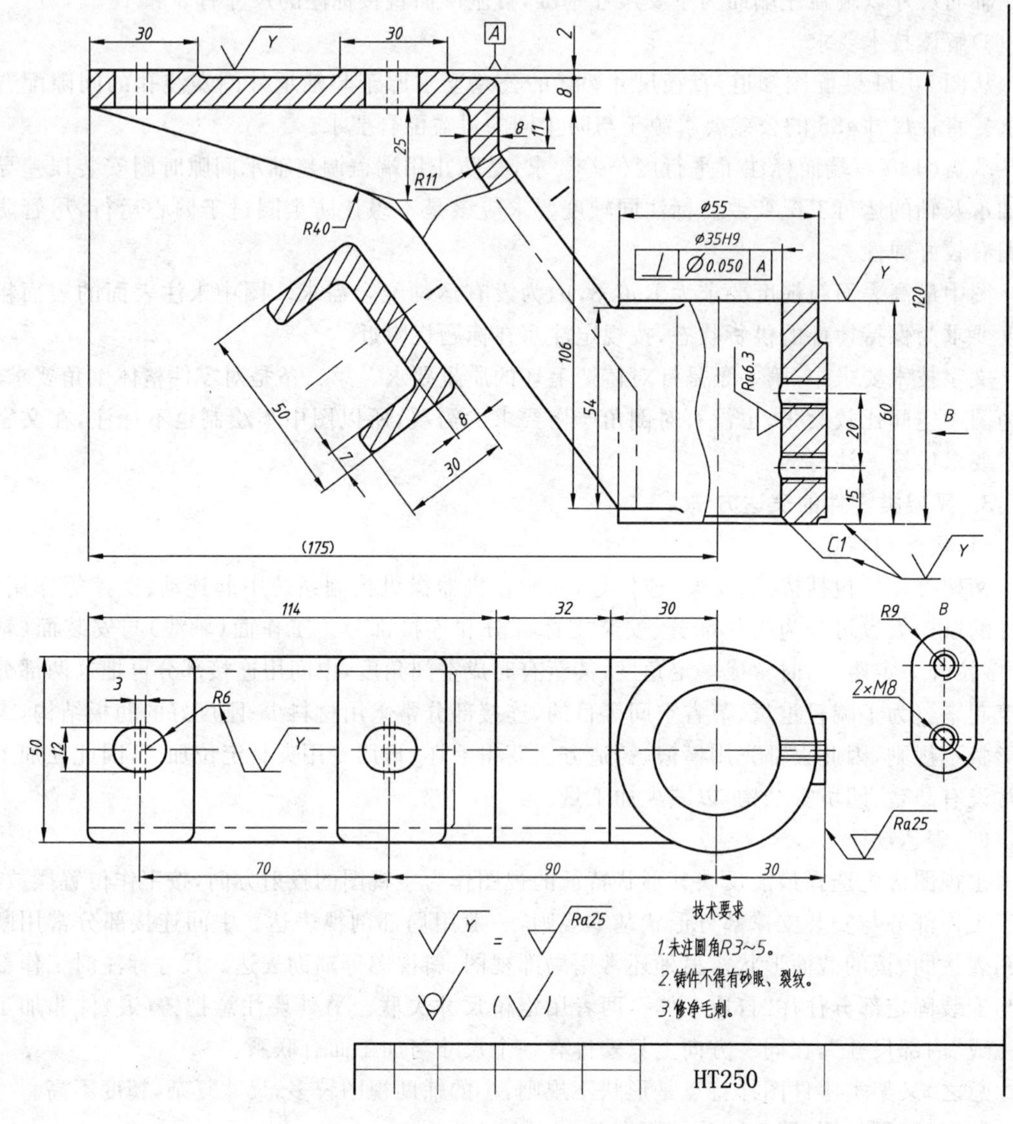

图 10-13　托脚零件图

虚拟交点尺寸 25 决定了工作台板下支撑肋的斜边终到位置。

长度方向以安装孔ϕ35 轴线作主要尺寸基准，直接定位工作部分一个孔，再注出两孔中心距是合理的。高度方向以工作部分顶面作主要尺寸基准。高度方向尺寸较多，加工面较多，尺寸标注要小心，图中把尺寸 106、25、11、54 注成铸造内部尺寸（即由铸造决定，与加工面无关联）是合理的。如果把 25 改注成 35，或把 11 改注成 21（如图 10-14(a)所示）就不可以了。因为铸件毛坯的误差往往是很大的，在对顶面加工时，不要说同时保证 2、21、35 三个尺寸，要同时保证任何两个尺寸都是非常困难的。例如铸造来的毛坯如图 10-14(b)所示，凸台符合预留加工余量 2mm 要求，但虚拟交点①低了 1mm，R 中心②高了 1mm，于是，如果加工时保证尺寸 2，那尺寸 21 处将只有 20，尺寸 35 处将有 36。任何一个尺寸合格都将使另两个尺寸不合格。实际上，尺寸 21、35 的误差对零件使用几乎没有任何影响，只要如图

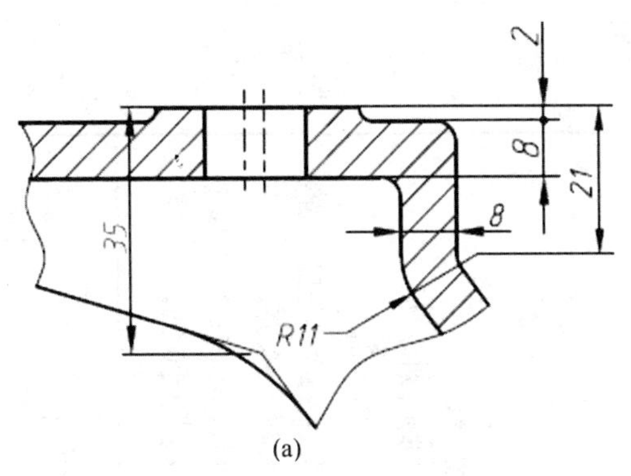

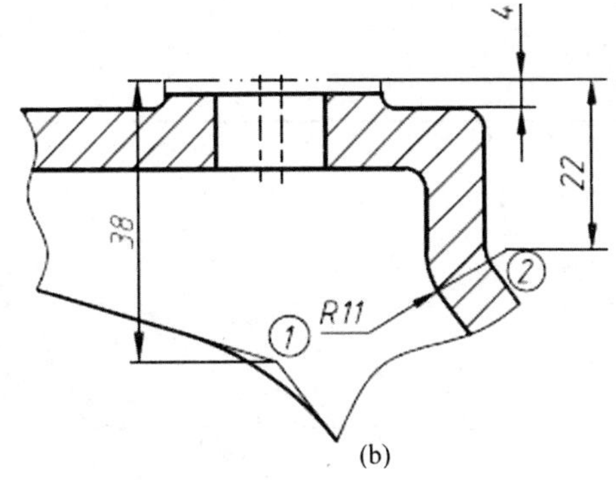

图 10-14　托脚尺寸标注错误

10-13 所示标注，就不会出现加工时的矛盾了。

3)解读技术要求

零件整体精度要求不高，有公差要求尺寸只有一个 9 级精度安装圆柱孔，该孔轴线有以顶面为基准的垂直度公差要求。

图中表面粗糙度要求为 Ra25 的表面较多，采用简化、集中标注方法，按规定注写在标题栏附近。

4. 箱体类零件的表达方法

(1)用途与特点

箱体类零件在机器中主要用来支承、包容和保护运动零件或其他零件，典型零件包括阀体、泵体、减速箱箱体、液压缸体以及其他各种用途的箱体机壳等。箱体零件突出特征是内部有包容空腔，能与箱盖组成封闭箱，支撑、安装其他零件的结构如轴承孔等设置在腔壁上，相应位置有时设计有凸台等结构。大的箱体自身有底座、底脚，有的甚至当作机身，小的箱体有的连接结构设在端部。箱体类零件多为铸件，内外结构比较复杂，加工工序比较多。

(2)表达规律

主视图一般按工作位置摆放，并以反映其形状特征最明显的方向作为主视图的投射方向。完整表达箱体零件，一般需要三个或三个以上的基本视图，并要根据结构特点，选用剖视图、断面图、局部视图等多种形式辅助表达。尺寸标注也有如叉架类零件图样应该注意的问题，还应注意主要尺寸基准和工艺基准的使用。

总之，箱体类零件图是图样最复杂、尺寸关系最多的一类零件图，对绘图者技术素养要求较高。

(3)球阀体零件图(图 10-15)读图分析

1)表达方法

图 10-15 所示零件图是第 9 章图 9-2 所示球阀的 1 号零件——阀体。阀体即是球阀的壳体。结合装配图分析阀体结构：内径ϕ43 处为包容球形阀芯的内腔，左右与流体管路相通，内腔底部与阀盖(2 号零件)上对称布局的两处$\phi 35^{+0.16}_{0}$台阶孔各安装一个密封圈(3 号零件)，托举夹持住球芯，形成开、关皆可靠密封的核心功能结构。阀体左端设计成方形凸缘，利用方形四角布置连接螺纹孔，这是一种常用的节省空间和材料的结构。内腔左端口部加工了$\phi 50^{+0.16}_{0}$深 5 的台阶孔(俗称止口)，用来保证阀体与阀盖两$\phi 35^{+0.16}_{0}$台阶孔同轴，也属于

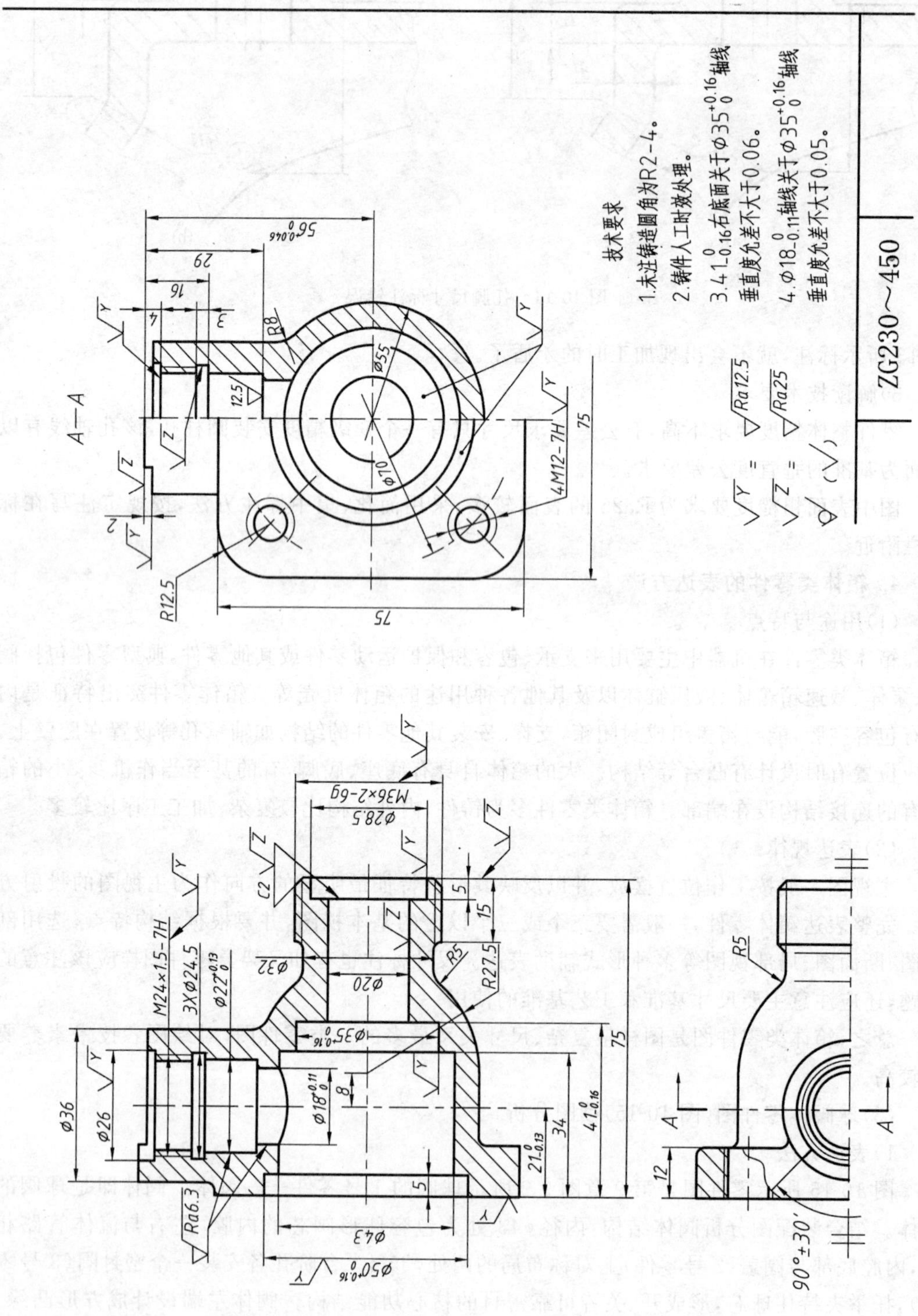

技术要求

1.未注铸造圆角为R2-4。

2.铸件人工时效处理。

3.$41_{-0.16}^{\ 0}$右底面关于$\phi35_{\ 0}^{+0.16}$轴线垂直度允差不大于0.06。

4.$\phi18_{-0.11}^{\ 0}$轴线关于$\phi35_{\ 0}^{+0.16}$轴线垂直度允差不大于0.05。

Y = Ra12.5

Z = Ra25

(√)

ZG230～450

图 10-15 球阀体

常用设计结构。内腔向上有一支路，用来容纳转动阀芯的阀杆及其密封系统。其中$\phi 18^{+0.11}_{0}$与阀杆有配合关系，起到对阀杆径向主定位作用。其余阶梯孔用来装配密封填料、填料压紧套。此支路外形为直径$\phi 36$圆柱体结构，下端与阀体外形 S$\phi 27.5$ 球体、$\phi 55$ 圆柱体相贯，顶端有 90°扇形限位凸块，用来限制扳手即阀杆—球阀芯的旋转角度。阀体右端有用于连接管道系统的外螺纹 M36×2，内部阶梯孔$\phi 28.5$ 是用来放置密封圈的。根据以上分析，确定阀体结构形状如图 10-16所示。

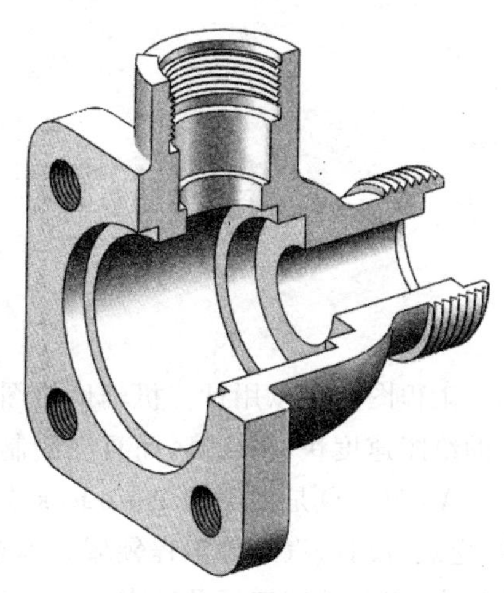

图 10-16　阀体立体图

阀体主视图的摆放位置及投影方向与装配图保持一致，同样采用全剖视图，主要表达其内部结构。再用俯视图来表达外部结构。俯视图采用了省略对称结构的一半的简化画法，并用局部剖视图表达了螺纹通孔。左视图主要用来表达安装连接部分的结构形状，再次用半剖视图表达内部结构则主要为了分担一部分尺寸标注，因为主视图尺寸已过于密集了。真正工程图比例应该再放大一些才合适。

2)尺寸与技术要求分析

主要尺寸有：

以阀体水平轴线为高度方向尺寸基准，注出直径尺寸$\phi 50^{+0.16}_{0}$、$\phi 35^{+0.16}_{0}$、$\phi 20$ 和 M36×2 等；在左视图上注出水平轴线到顶端的高度尺寸 $56^{+0.460}_{0}$。

以阀体垂直孔的轴线为长度方向尺寸基准，注出直径尺寸$\phi 36$、M24×1.5、$\phi 22^{+0.13}_{0}$、$\phi 18^{+0.11}_{0}$，以及该轴线到左端面的距离 $21^{0}_{-0.13}$。

以阀体前后对称平面为宽度方向尺寸基准，注出阀体的圆柱体外形尺寸$\phi 55$、左端面方形凸缘外形尺寸 75×75，以及四个螺纹孔的定位尺寸$\phi 70$；俯视图上 45°±30′为扇形限位块的角度定位尺寸。

通过上述尺寸分析可以看出，阀体中的一些主要尺寸多数都标注了公差代号或极限偏差数值，如上部阶梯孔$\phi 22^{+0.13}_{0}$与填料压紧套有配合关系、$\phi 18^{+0.11}_{0}$与阀杆有配合关系，与此对应的表面粗糙度要求也较高，Ra 的最大允许值为 6.3μm。阀体左端和空腔右端的阶梯孔$\phi 50^{+0.16}_{0}$、$\phi 35^{+0.16}_{0}$分别与密封圈有配合关系。因为密封圈的材料是塑料，所以相应的表面粗糙度要求稍低，Ra 值为 12.5μm。零件上不太重要的加工表面的表面粗糙度 Ra 值为 25μm。

主视图中对于阀体的形位公差要求是：空腔右端(尺寸 $41^{0}_{-0.16}$ 右尺寸界线所在面)与对水平轴线的垂直度公差为 0.06；$\phi 18^{+0.11}_{0}$圆柱孔轴线对$\phi 35^{+0.16}_{0}$圆柱孔轴线的垂直度公差为 0.05mm。$\phi 50^{+0.16}_{0}$圆柱孔轴线对$\phi 35^{+0.16}_{0}$圆柱孔轴线的垂直度公差为 0.08。由于图中空间过于拥挤，阀体的形位公差用文字表述，注写在文字技术要求中。

第 11 章　AutoCAD 制图

工程图样可以用计算机辅助绘图来代替手工绘制。与手工绘制工程图样相比，计算机辅助绘图速度快、精度高，而且在绘制过程中能够重用图形，更易于交流与管理。

AutoCAD 是由美国 Autodesk 公司开发的计算机辅助绘图软件，目前广泛应用于机械、建筑、模具、汽车等工程领域。本章以 AutoCAD 2010 版为蓝本，介绍 AutoCAD 二维绘图功能、相关基础知识及其在机械工程图样中的应用。

11.1　AutoCAD 操作基础

11.1.1　AutoCAD 工作空间

AutoCAD 提供了三种绘图环境(工作空间)：二维草图与注释、三维建模、AutoCAD 经典。通过状态栏中的“切换工作空间”按钮可以快速切换工作空间。

AutoCAD 2010 默认的工作空间是“二维草图与注释”空间，如图 11-1 所示。

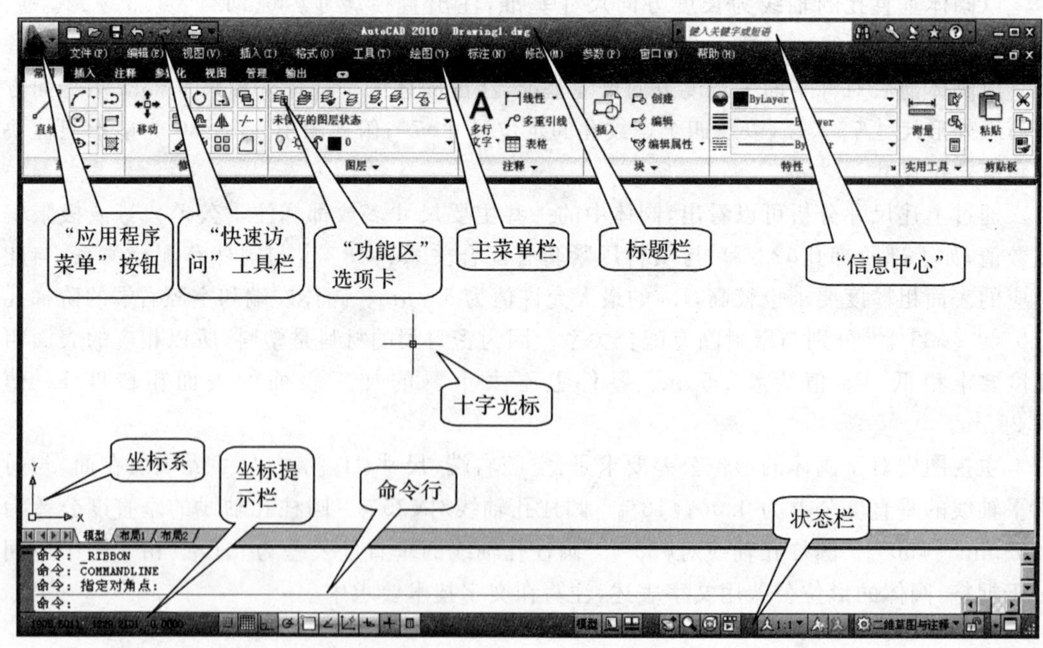

图 11-1　“二维草图与注释”空间

1. “应用程序菜单”按钮

该按钮位于 AutoCAD 操作界面左上角。单击该按钮将打开“应用程序菜单”,可以快速创建、打开或保存文件,访问图形实用工具(如图形特性、修改文件等)打印或发布文件,访问“选项”对话框等。双击该按钮可以快速关闭 AutoCAD。

2. 标题栏

“标题栏”位于应用程序窗口最上面,显示当前活动的图形文件名称信息。

3. “快速访问”工具栏

“快速访问”工具栏位于 AutoCAD 主窗口的顶部,在“应用程序菜单”按钮的右侧。主要包括一些最常用的工具,如新建,打开、保存、撤销、重做、打印等。

4. 功能区

AutoCAD 将常用工具按任务标记到各面板(如“绘图”、“修改”等面板)中,各面板又被组织到各选项卡(如“常用”、“插入”、“注释”等)中,最后由各选项卡组成功能区(如图 11-2 所示)。功能区选项卡默认位于绘图窗口上方。

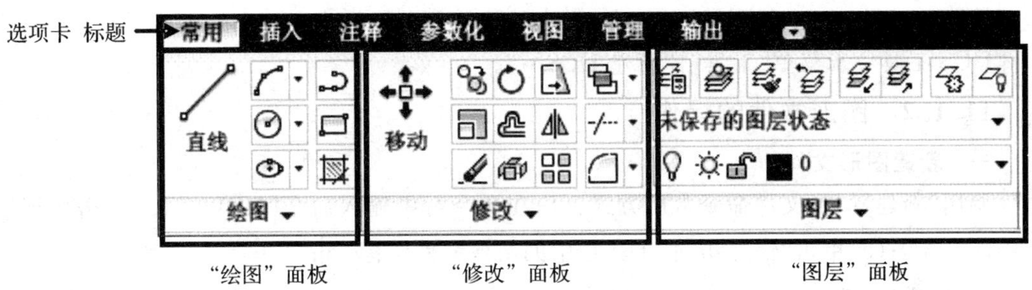

图 11-2　功能区

功能区中的选项卡、面板及面板中的图标可以由用户根据需要调整和定制。

5. 状态栏

状态栏由三个区域组成:左侧的图形坐标区域(动态显示当前的坐标值);中间的绘图辅助工具区;右侧为模型、布局、导航工具以及用于快速查看和注释缩放的工具按钮。

在状态栏上,单击鼠标右键,会弹出快捷菜单,通过该菜单可以定制状态栏上的图标。

6. 绘图区

绘图区类似于徒手绘图中的图纸,是 AutoCAD 中绘图、编辑和显示图形的区域。

7. 文本窗口和命令行

“命令行”用于接收用户输入的命令。命令执行过程中,AutoCAD 会在命令行窗口和绘图区动态给出提示用户下一步应进行的操作的信息。

AutoCAD 文本窗口是一个浮动的窗口,按 F2 可以打开或关闭。利用文本窗口可以查看当前 AutoCAD 任务的全部历史命令。内容是只读的,但可以将历史命令复制到命令行中。

8. 十字光标

AutoCAD 光标有三种形状,鼠标移动到绘图窗口时便会出现如图 11-3(a)所示光标;调用绘图类命令后,光标会变成图 11-3(b)所示;调用修改类命令后,光标会变成图 11-3(c)所示。

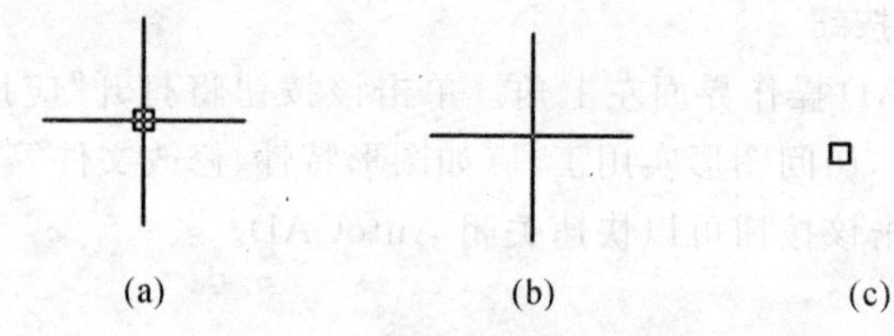

图 11-3 十字光标

9. 坐标系

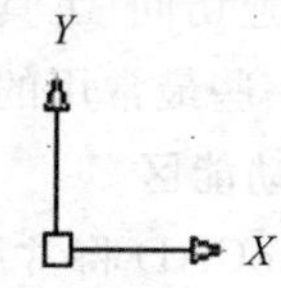

图 11-4 世界坐标系

坐标系的作用是确定图形对象的位置。AutoCAD 采用两种坐标系:世界坐标系（WCS)和用户坐标系（UCS)。绘图窗口左下角的坐标系图标,就是世界坐标系(WCS)。二维视图时,其 X 轴水平,Y 轴垂直。WCS 的原点为 X 轴和 Y 轴的交点(如图 11-4 所示)。图形文件中的所有对象(包括用户坐标)均由其 WCS 坐标定义。

AutoCAD 中所有坐标输入以及其他许多操作,均参照当前的 UCS,如绝对坐标和相对坐标输入、水平标注和垂直标注的方向、文字对象的方向等。

UCS 工具位于菜单“工具”|“新建 UCS…”。

11.1.2 图形文件的操作

一、新建图形文件

调用“新建”图形文件命令常用方式:(1)在命令行中输入命令“NEW”;(2)单击快捷键＜Ctrl＞＋N;(3)单击“快速访问”工具栏中的新建文件图标;

调用“新建”图形文件命令后,系统会弹出“选择样板”对话框。从样板文件“名称”框中选择样板文件,然后单击“打开”,系统就会基于所选样板创建一个新的图形文件。

二、打开图形文件

可以通过以下几种方式调用“打开”图形文件命令:(1)命令“OPEN”;(2)快捷键＜Ctrl＞＋O;(3)单击“快速访问”工具栏中的打开文件图标;

三、关闭图形

双击“应用程序菜单”按钮,或单击标题栏右侧的,或在命令行中输入 close。

如果当前文件尚未保存,则系统会弹出对话框以提示保存当前的图形文件。

11.1.3 鼠标的操作

(1)左键。左键一般作为拾取键。在选择状态下,将方框形光标移动到某个目标上,单击鼠标左键,即可选中该对象;在绘图状态下,在绘图区某个位置单击鼠标左键,可确定光标具体位置;在功能区工具图标或菜单上单击鼠标左键,即可调用该命令。

(2)滚轮(中键)。转动滚轮,将放大或缩小图形,默认情况下,缩放增量为 10%。按住滚轮并拖动鼠标,则平移图形。

(3)右键。通常单击右键将弹出快捷菜单。在不同的区域单击右键,弹出的快捷菜单是不同的。通过定制,系统可区分快速单击鼠标右键(单击鼠标右键后,快速释放)和慢速单击鼠标右键(单击鼠标右键后,250 秒后释放右键)。快速单击鼠标右键可相当于按＜Enter＞键(推荐方式),而慢速单击鼠标右键仍弹出快捷菜单。

11.1.4 命令的操作

一、调用命令

(1)直接在命令行中输入命令或命令别名

直接在命令行中输入命令名或命令别名,然后按＜Enter＞键或空格键。例如要绘制半径为 50 的圆,具体操作过程如下:

命令:CIRCLE↙(↙表示按＜Enter＞键,下同)
CIRCLE 指定圆的圆心或[三点(3P)/两点(2P)/切点、切点、半径(T)]:在绘图区中指定圆心
指定圆的半径或[直径(D)]＜189.6029＞:50

命令提示信息中各符号基本含义如下:

/	分隔命令提示中的各个选项。
()	圆括号中的字母为该选项的代号,输入该字母并按＜Enter＞键即可选择该选项。
＜＞	尖括号中的内容是当前默认值。直接按＜Enter＞键,系统按默认选项(值)进行操作。

为方便操作,为此 AutoCAD 提供了命令别名,就是用命令的第一个或前几个字母来代替命令。常用的命令别名如表 11-1 所示:

表 11-1 常用命令别名

功能	圆	线	复制	删除	放弃	修剪
命令名	CIRCLE	LINE	COPY	ERASE	UNDO	Trim
别名	C	L	CO	E	U	Tr

(2)单击菜单命令

依次用鼠标左键单击菜单,如:“绘图”|“圆”|“圆心、半径”。

(3)单击功能区中的命令图标

“常用”选项卡的“绘图”面板中,单击右侧,然后选择圆心、半径。

二、重复、放弃与重做命令

(1)重复命令

● 按＜Enter＞键或快速单击鼠标右键(需定制,下同),可重复执行上一条命令。

● 利用键盘上的↑、↓键选择以前执行过的命令,按＜Enter＞键即可执行所选命令。

(2)终止命令

按键盘左上角的 Esc 键,可终止正在执行的命令。

快速单击鼠标右键或＜Enter＞键或空格键也可终止正在执行的命令。

(3)放弃命令

1)快捷键＜Ctrl＞+Z;2)命令 UNDO(或 U);3)单击菜单击“编辑”|“放弃”或“快捷访问”工具栏上的按钮。

(4)重做命令

恢复上一个用 UNDO(或 U)命令放弃的效果。常用调用方式有:(1)REDO 命令;(2)单击“快捷访问”工具栏上的按钮。

11.1.5 数据的输入

一、点的输入

1. 命令行输入点的坐标值

点的坐标可以用直角坐标、极坐标、球坐标和柱坐标来表示。绝对坐标是相对于当前的用户坐标系来说的，即直接给出点在当前坐标系中的坐标值。相对坐标是相对于某一点(最近输入的点)的位移，即给出相对某一点的增量值。

1)直角坐标法

笛卡尔坐标系的绝对坐标形式为：x，y 如图 11-5 所示，(注意不能在汉字输入模式下输入逗号)。例如：点 P(3，4)在 AutoCAD 命令行直接输入点的坐标值：3，4；点 P(5，6)在 AutoCAD 命令行直接输入点的坐标：5，6。

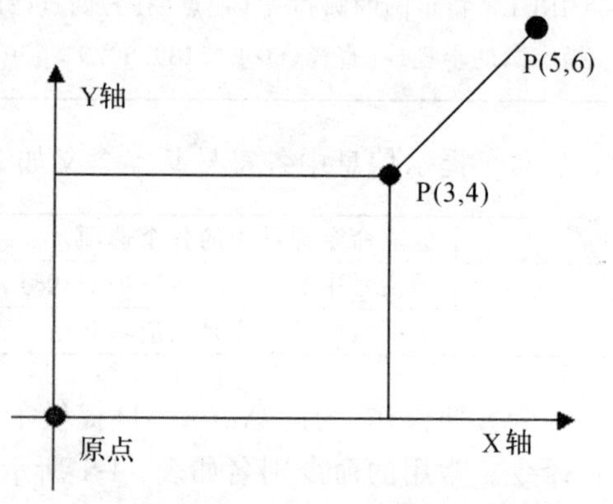

图 11-5 笛卡儿坐标系

笛卡尔坐标系的相对坐标形式为：@x，y。例如输入 P(3，4)后要输入点 P(5，6)，可以用相对坐标的形式@2，2。

2)极坐标法

极坐标系是由一个极点和一个极轴构成，如图 11-6 所示，极轴的方向为水平向右。平面上任何一点 P 都可以由该点到极点的连线长度 L(＞0)和连线与极轴的交角 a(极角，逆时针方向为正)来定义，即用一对坐标值(L＜a)来定义一个点，其中“＜”表示角度。

例如：图 11-6 中，P 点到极坐标原点的距离为 5，PO 与极轴的夹角为 30°，因此 P 点的极坐标系的绝对坐标形式为(5＜30)。Q 点到 P 点的长度为 2，PQ 连线与极轴的夹角为，所以 Q 点可以用相对于 P 点的相对坐标来表示，其表示形式为：@。

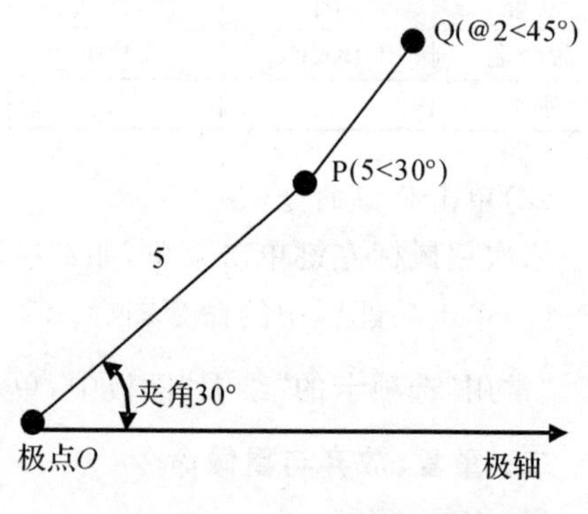

图 11-6 极坐标系

2. 动态栏中输入点的坐标

单击状态栏上的 DYN 按钮，系统打开动态输入功能，当需要输入点时，系统会动态显示动态输入框。例如绘制直线，在指定直线第一点时，光标附件会动态地显示“指定第一点”以及后面的坐标框，坐标框内的值是光标所有位置(如图 11-7 所示)，会随光标的移动而改变。两个坐标文本框之间可以通过单击键盘上的＜Tab＞键来切换。

默认设置下，第二个点和后续点的默认设置为相对极坐标，不需要输入@符号。如图 11-8 所示，指定长度与角度值即可确定直线的端点。长度与角度框文本间也通过单击键盘上的＜Tab＞键来切换。

提示：角度框中的角度是图中圆弧(虚线)所对角度。

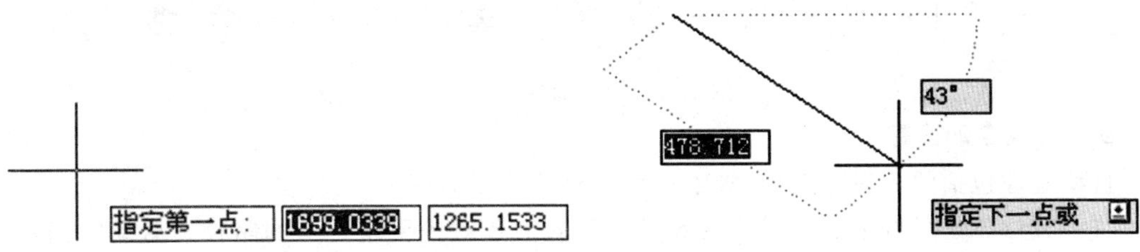

图 11-7　动态输入栏:绝对直角坐标　　图 11-8　动态输入栏:相对极坐标

二、距离值的输入

对于长度、宽度、高度、半径等距离值,可以通过以下几种方式输入:(1)在命令行或动态输入栏中输入数值;(2)在屏幕上点取两点,以两点距离值作为所需的数值。通常采用第 1 种方式。如图 11-8 中,在距离框中直接输入 50,即可准确地在指定方向上绘制长度为 50mm 的直线段。

三、角度值的输入

(1)在命令行或动态输入栏中输入数值;(2)在屏幕上点取两点,以第一点到第二点连线与 X 轴的夹角值作为所需的角度值。通常采用第 1 种方式。如图 11-8 中,在角度框中直接输入 45,即可准确在指定方向上绘制指定长度直线段。

11.1.6　绘图辅助功能设置

一、正交模式

单击状态栏图标 或快捷键(F8)可以打开或关闭"正交模式"。"正交模式"下利于快速绘制水平直线或铅垂直线。

二、栅格和捕捉

启用"捕捉模式",AutoCAD 将在绘图区域生成一个"隐藏"的栅格,光标只能落在隐藏"栅格"的节点上。使用"捕捉模式"有助于用户精确地定位点。

"栅格"和"捕捉"的间距等参数可以在"设置"对话框的"草图设置"对话框中设置。

三、对象捕捉

使用"对象捕捉"可精确定位于端点、圆心、切点、圆弧的端点、中点等特殊点。

1. 对象捕捉设置

单击状态栏上的"对象捕捉"图标按钮 或使用快捷键(F3)可打开或关闭"对象捕捉"功能。

2. 临时捕捉

非常用捕捉模式可通过"对象捕捉快捷菜单"或"对象捕捉工具栏"临时指定,只对当前点有效。

"对象捕捉工具栏"调用:单击菜单"工具"|"工具栏"|"AutoCAD"|"对象捕捉"即可打开"对象捕捉工具栏",如图 11-9 所示。

"对象捕捉快捷菜单"调用:在提示输入点时,同时按下 SHIFT 键和鼠标右键,将弹出对象捕捉快捷菜单。

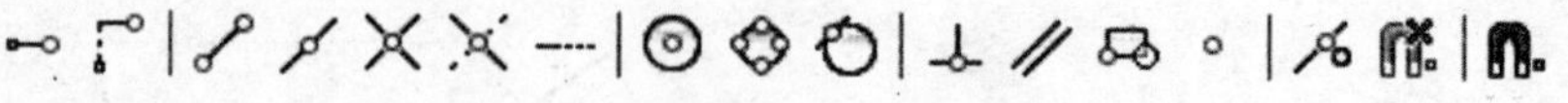

图 11-9　对象捕捉工具栏

四、对象自动追踪

自动追踪包括两个追踪选项：极轴追踪和对象捕捉追踪。

“极轴追踪”是指按指定的极轴角或极轴角的倍数对齐要指定点的路径。启动“极轴追踪”，光标移动时，如果接近极轴角，将显示对齐路径和工具提示，如图 11-10 所示。

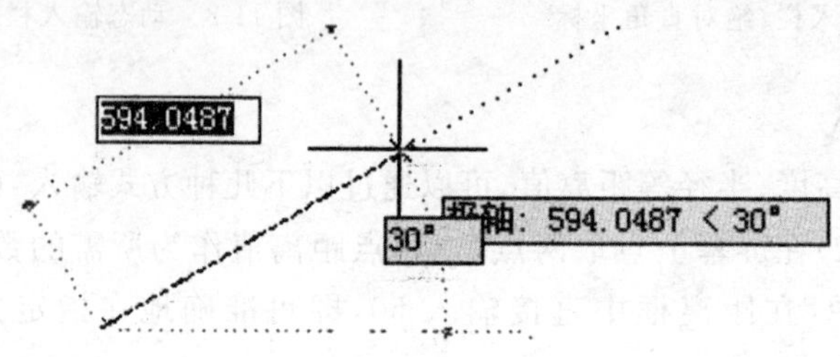

图 11-10　“极轴追踪”时显示距离和角度的工具栏提示

提示：极轴角是与角度基准所夹的角度。在“图形单位”对话框中设置角度基准方向。

“对象捕捉追踪”是以捕捉到特殊位置点为基点，按指定的极轴角或极轴角的倍数对齐要指定点的位置，如图 11-11 所示。使用对象捕捉追踪，可以沿着基于对象捕捉点的对齐路径进行追踪。已获取的点将显示一个小加号（+），一次最多可以获取七个追踪点。

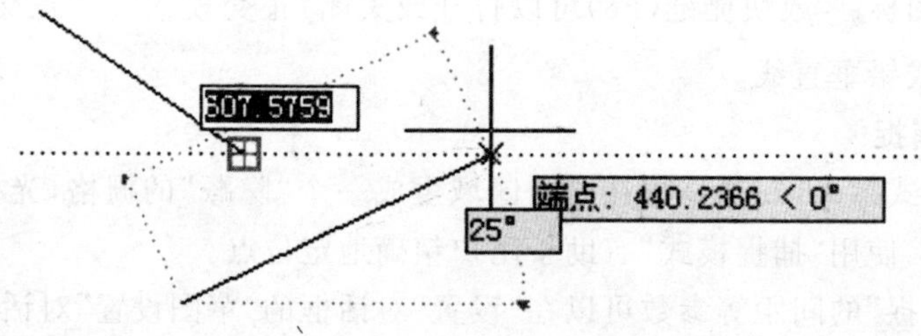

图 11-11　对象捕捉追踪

默认情况下，对象捕捉追踪将设置为正交。对齐路径将显示在始于已获取的对象点的 0°、90°、180°和 270°方向上。可以使用极轴追踪角代替。

使用快捷键(F10)或状态栏上的图标按钮可打开或关闭极轴追踪功能。

使用快捷键(F11)或状态栏上的图标按钮可打开或关闭对象捕捉追踪。

“草图设置”对话框|“极轴追踪”选项卡，可以对增量角度、附件角度等进行设置。

11.1.7　视图操作

一、平移视图

平移视图相当于移动图纸。平移视图操作不会改变图形对象在坐标系中的位置。可以通过以下几种方式调用“平移视图”命令：(1)“状态栏”上的按钮；(2)功能区“视图”标签|

“导航”面板|按钮;(3)命令 PAN。

调用“平移”命令后,绘图区域中的光标变成手形形状,表示进入实时平移模式。按住鼠标,并移动鼠标,图形将随鼠标的移动而移动。

按 Esc 或 Enter 键可退出平移状态。

二、视图缩放

视图缩放就是改变图形在视窗中显示的大小。视图缩放不会改变图形中对象的绝对大小,它仅改变图形显示的比例。可以通过以下几种方式调用“视图缩放”命令:(1)“状态栏”上的按钮;(2)功能区“视图”标签|“导航”面板的“缩放”下拉式菜单中选择;(3)命令 zoom。

调用命令后,命令行中提示信息如下:

命令:zoom↙
指定窗口的角点,输入比例因子 (nX 或 nXP),或者
[全部(A)/中心(C)/动态(D)/ /上一个(P)/比例(S)/窗口(W)/对象(O)] <实时>:

---

(1)局部放大图形。输入 W(即“窗口”选项),指定放大区域(矩形)的两个角点,系统将把矩形窗口框定的图形放大到充满整个视图窗口,如图 11-12 图所示。

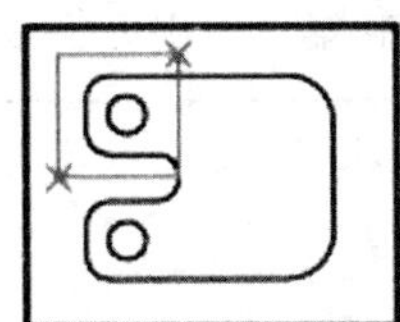
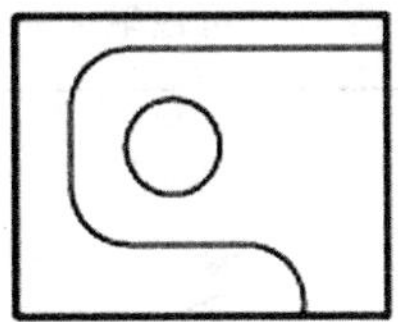

图 11-12　局部放大图形

(2)将图形全部显示在视图窗口。输入 E(即“范围”选项)并按<Enter>键,图形将全部显示在视图窗口;输入 A(即“全部”选项)并按<Enter>键,所有对象(包括图形、坐标系、栅格界限等)将全部显示在视图窗口中。

(3)返回上一次的显示。输入 P(即“上一个”选项)并按<Enter>键,将快速返回到上一次显示的视图。

(4)缩放所选对象。输入 O(即“对象”选项),选择对象后按<Enter>键,系统将尽可能大地显示选定的对象并使其位于视图的中心。

(5)实时缩放图形。实时缩放图形通常采用鼠标滚轮的方式:向上滚动滚轮为放大,向下滚动滚轮为缩小。

11.2　基本绘图工具

11.2.1　点

一、设置点样式

AutoCAD 提供了 20 种点的显示形状,并由“点样式”控制点的显示形状和大小。

选择菜单“格式”|“点样式”，将弹出“点样式”对话框；指定点的样式及点的大小后，单击“确定”按钮。

二、绘制单点

所谓“单点”工具，就是调用命令一次只能创建一个点。

选择菜单“绘图”|“点”|“单点”即可调用“单点”工具。

调用“单点”工具后，在命令行(或动态输入框)中输入点的坐标并按<Enter>键即可在该坐标创建一点。

调用“单点”工具后，在绘图区域单击鼠标左键，在单击处也将创建一点。

提示：输入点的坐标时，可以指定点的全部三维坐标。如果省略 Z 坐标值，则假定为当前标高。

三、创建定数等分点

沿选定对象等间距放置点或块。可被等分的对象包括圆弧、圆、椭圆、椭圆弧、多段线和样条曲线。

命令：DIVIDE↙

选择要定数等分的对象：(选择图 11-13 中的直线)

输入线段数目或[块(B)]：4↙(可以输入从 2 到 32,767 的数字，输入 b 则可插入块)

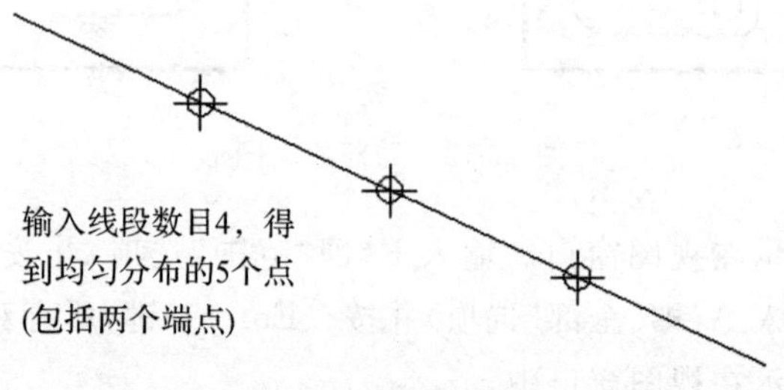

输入线段数目4，得
到均匀分布的5个点
(包括两个端点)

图 11-13　创建定数等分点

提示：定数等分点并不能将对象等分成单独的对象，仅仅是标明定数等分的位置。

四、定距等分点

沿选定对象按指定测量值放置点或块。

命令：measure↙

选择要定距等分的对象：(选择图 11-14 中的直线)

指定线段长度或[块(B)]：30↙(直线长 100，指定长度 30 后，创建 3 个点，剩余长度为 10)

提示：系统以距离鼠标拾取位置最近的端点作为起始端点。

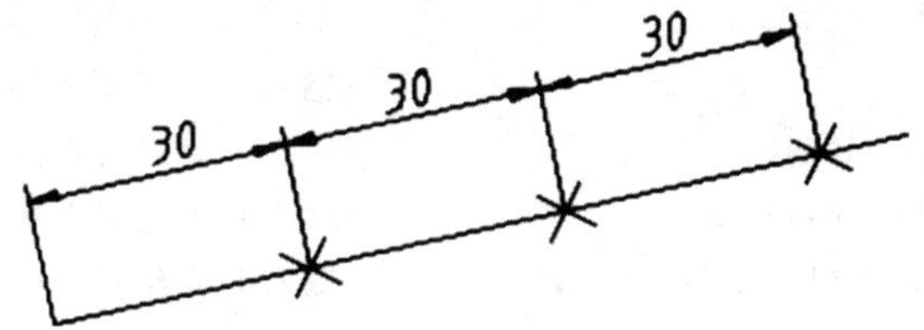

图 11-14　创建定距等分点

11.2.2　直线

例 11-1　绘制如图 11-15 的简单直线。

```
命令:line↙
指定第一点:63,42↙(输入第一点的坐标)
指定下一点或[放弃(U)]:@40<30↙(第二点以极坐标下的相对坐标方式给出)
指定下一点或[放弃(U)]:↙            (结束绘制)
```

图 11-15　直线段

例 11-2　绘制如图 11-16 所示的图形。

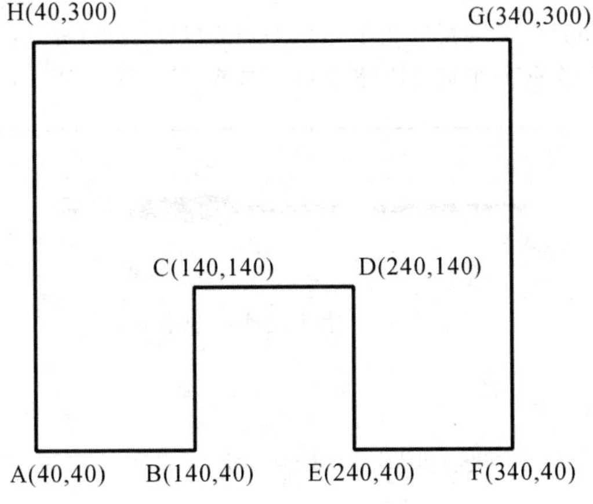

图 11-16　连续绘制线段

```
命令：line↙
指定第一点：40,40↙                                    （输入 A 点绝对坐标）
指定下一点或[放弃(U)]：140,40↙                        （输入 B 点绝对坐标）
指定下一点或[放弃(U)]：140,140↙                       （输入 C 点绝对坐标）
指定下一点或[闭合(C)/放弃(U)]：240,140↙               （输入 D 点绝对坐标）
指定下一点或[闭合(C)/放弃(U)]：240,40↙                （输入 E 点绝对坐标）
指定下一点或[闭合(C)/放弃(U)]：340,40↙                （输入 F 点绝对坐标）
指定下一点或[闭合(C)/放弃(U)]：340,300↙               （输入 G 点绝对坐标）
指定下一点或[闭合(C)/放弃(U)]：40,300↙                （输入 H 点绝对坐标）
指定下一点或[闭合(C)/放弃(U)]：c↙                     （闭合图形）
```

11.2.3 多段线

“多段线”用于绘制一组相连的具有宽度的直线段或圆弧线，这组相连的直线段或圆弧线在 AutoCAD 中是作为一个对象看待的。直线段或圆弧段的首尾宽度还可以不同。

例 11-3 绘制如图 11-17 所示的箭头。

```
命令:pline↙
指定起点：  指定起点(选择 A 点)
当前线宽为 0.000
指定下一点或[圆弧(A)/闭合(C)/半宽(H)/长度(L)/放弃(U)/宽度(W)]:w↙
指定起点宽度:5↙
指定端点宽度:5↙
指定下一点或[圆弧(A)/闭合(C)/半宽(H)/长度(L)/放弃(U)/宽度(W)]:(选择 B 点)
指定下一点或[圆弧(A)/闭合(C)/半宽(H)/长度(L)/放弃(U)/宽度(W)]:w↙
指定起点宽度:20↙
指定端点宽度:0↙
指定下一点或[圆弧(A)/闭合(C)/半宽(H)/长度(L)/放弃(U)/宽度(W)]:(选择 C 点)
指定下一点或[圆弧(A)/闭合(C)/半宽(H)/长度(L)/放弃(U)/宽度(W)]:↙(结束命令)
```

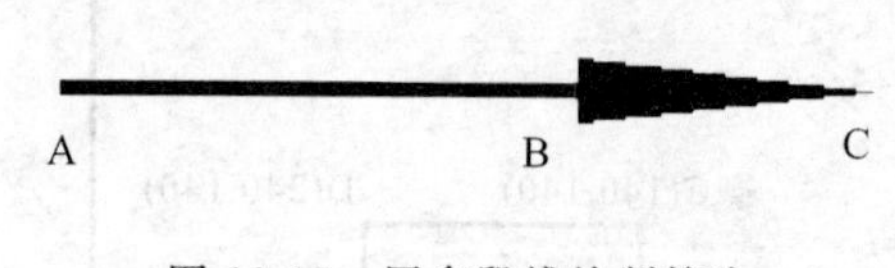

图 11-17 用多段线绘制箭头

11.2.4 矩形

例 11-4 绘制 40×20 的矩形，如图 11-18(a)所示。

```
命令:Rectangle↙
指定第一角点或[倒角(C)/标高(E)/(圆角(F)/厚度(T)/宽度(W)]:(屏幕上任取一点 A)
指定另一角点或[尺寸(D)]:@40,20↙
```

例 11-5 绘制带圆角(圆角半径为 5mm)的 20×40 的矩形,如图 11-18(b)所示。

命令:Rectangle↙
指定第一角点或[倒角(C)/标高(E)/(圆角(F)/厚度(T)/宽度(W)]:C↙
指定矩形的第一个倒角距离:5↙
指定矩形的第二个倒角距离:5↙
指定第一角点或[倒角(C)/标高(E)/(圆角(F)/厚度(T)/宽度(W)]:(屏幕上任取一点 B)
指定另一角点或[尺寸(D)]:@40,−20↙

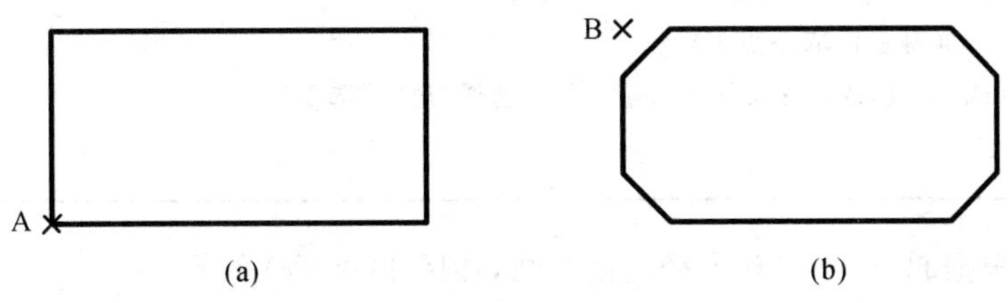

图 11-18 创建带倒角和圆角的矩形

11.2.5 正多形

命令:polygon。

"正多形"工具可以绘制 3~1024 条边的正多边形,提供三种绘制正多边形的方式,如图 11-19 所示。

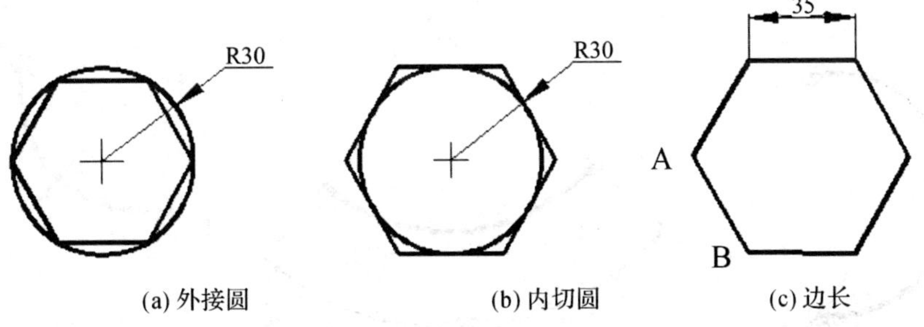

图 11-19 根据边长绘制正六边形

11.2.6 圆弧

AutoCAD 提供了 11 种绘制圆弧工具。常用的绘制方式有:根据三点绘制圆弧;根据起点、圆心和角度绘制圆弧;根据起点、终点和半径绘制圆弧。

例 11-6 根据三点绘制圆弧,如图 11-20(a)所示。

命令:arc↙

ARC 指定圆弧的起点或[圆心(C)]:(屏幕上任取一点 A)

指定圆弧的第二点或[圆心(C)/端点(E)]:(屏幕上任取一点 B)

指定圆弧的端点:(屏幕上任取一点 C)

例 11-7 根据起点、圆心和角度绘制圆弧,如图 11-20(b)所示。

命令:arc↙

ARC 指定圆弧的起点或[圆心(C)]:(屏幕上任取一点 D)

指定圆弧的第二点或[圆心(C)/端点(E)]:C↙(选择"圆心"选项)

指定圆弧的圆心:(屏幕上任取一点 E)

指定圆弧的端点或[角度(A)/弦长(L)]:a↙ (选择"角度"选项)

指定包含角:90↙

例 11-8 根据起点、终点和半径绘制圆弧,如图 11-20(c)所示。

命令:arc↙

ARC 指定圆弧的起点或[圆心(C)]:(屏幕上任取一点 F)

指定圆弧的第二点或[圆心(C)/端点(E)]:e↙

指定圆弧的圆端心:(屏幕上任取一点 G)

指定圆弧的圆心或[角度(A)/方向(D)/半径(R)]:r↙

指定圆弧的半径:30↙

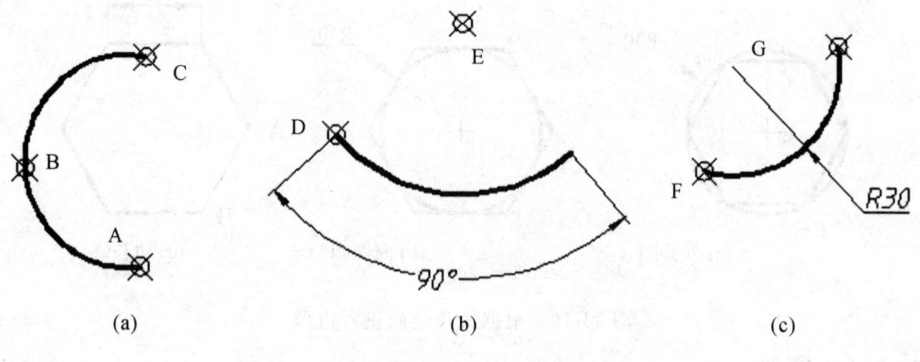

图 11-20 创建圆弧

11.2.7 圆

"圆"工具用于创建一个整圆。常用的画圆方式有:圆心半径、相切—相切—半径等方式。按系统默认的圆心半径方式,在屏幕上点取圆心,再输入半径值即可画得整圆。

例 11-9 根据两线相切绘制已知半径的圆，如图 11-21 所示。

```
命令：c↙
CIRCLE 指定圆的圆心或[三点(3P)/两点(2P)/切点、切点、半径(T)]：t↙
指定对象与圆上的第一个切点：(选择一个几何对象)
指定对象与圆上的第二个切点：(选择一个几何对象)
指定圆的半径：20↙
```

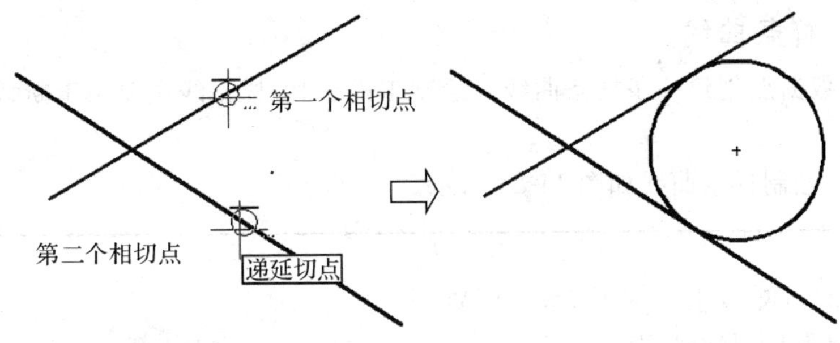

图 11-21 “相切-相切-半径”方式创建圆

11.2.8 椭圆和椭圆弧

AutoCAD 提供了 2 种绘制椭圆的方式和 1 种绘制椭圆弧的方式。

例 11-10 根据椭圆的两个端点绘制椭圆，如图 11-22 所示。

```
命令：ellipse↙
指定椭圆的轴端点或[圆弧(A)/中心点(C)]：(屏幕上任取一点 A，作为轴的一个端点)
指定轴的另一个端点：(屏幕上任取一点 B，作为轴的另一个端点)
指定轴的另一条半轴的长度或[旋转(R)]：30↙
```

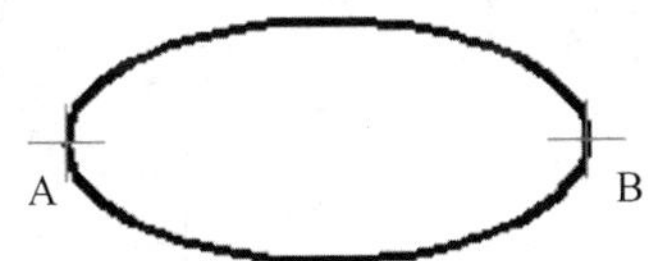

图 11-22 利用“椭圆”工具创建椭圆

例 11-11 绘制椭圆弧，如图 11-23 所示。

```
命令：ellipse↙
指定椭圆的轴端点或[圆弧(A)/中心点(C)]：a↙
指定椭圆弧的轴端点：(屏幕上任取一点 A，作为轴的一个端点)
指定轴的另一端点：(屏幕上任取一点 B，作为轴的另一个端点)
指定另一条半轴长度或[旋转(R)]：30↙
指定起始角度或[参数(P)]：30↙
指定终止角度[参数(P)/包含角度(I)]：270↙
```

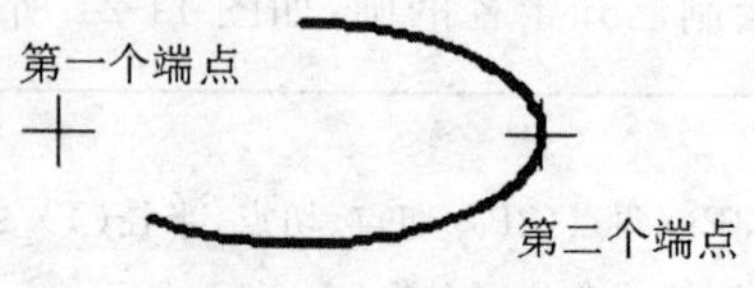

图 11-23　椭圆弧

11.2.9　样条曲线

通过拟合数据点创建一条样条曲线。绘制工程图时，样条线主要用于断裂线、截交线和相贯线等。

例 11-12　绘制样条曲线如图 11-24 所示。

命令：_spline↙
指定第一个点或[对象(O)]：(屏幕上任取一点 A)
指定下一点：(屏幕上任取一点 B)
指定下一个点或[闭合(C)/拟合公差(F)] <起点切向>：(屏幕上任取一点 C)
指定下一个点或[闭合(C)/拟合公差(F)] <起点切向>：(屏幕上任取一点 D)
指定下一个点或[闭合(C)/拟合公差(F)] <起点切向>：↙
指定切点方向：(屏幕上任取一点 E)
指定端点方向：(屏幕上任取一点 F)

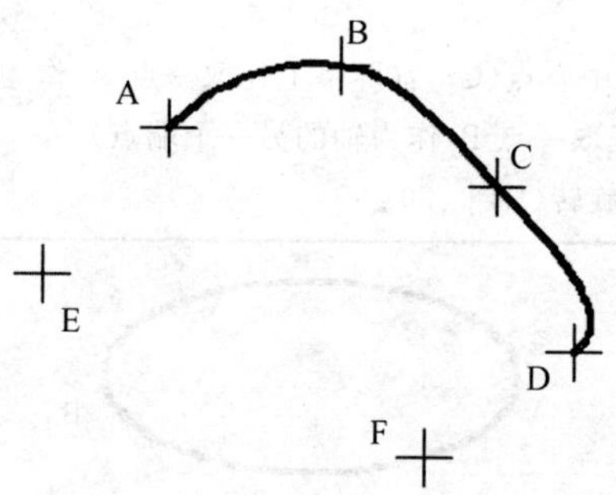

图 11-24　创建样条曲线

11.2.10　选择对象的方法

调用编辑命令(如移动、删除等)后，鼠标将变成一个小方块(AutoCAD 中称之为“拾取框”)，进入对象选择状态(Select Objects)，同时命令行中会出现“选择对象：”提示。

AutoCAD 提供了近二十种对象选择方法。要查看或指定选择方法时，可以在命令行中显示“选择对象：”提示后，输入？并按<Enter>键，命令行将显示以下提示信息：

需要点或窗口(W)/上一个(L)/窗交(C)/框(BOX)/全部(ALL)/栏选(F)/圈围(WP)/圈交(CP)/编组(G)/添加(A)/删除(R)/多个(M)/前一个(P)/放弃(U)/自动(AU)/单个(SI)/子对象(SU)/对象(O)

(1)直接选择.将拾取框移动到目标对象上,然后单击鼠标左键即可选择该对象。已经被选取的对象将以虚线显示。

(2)窗口选择。指定矩形窗口的两个对角点,所有包含在窗口内的对象都将被选中。

(3)窗交选择。指定矩形窗口的两个对角点,所有包含于窗口内或与矩形窗口相交的对象都将被选中。“拉伸”操作时,就需要使用“窗交”方式选择拉伸对象的。

(4)框选择。是“窗口”和“窗交”选项的结合。当从左到右指定矩形窗口的两个对角点,系统采用“窗口选择”方式;反之,当从右到左指定矩形窗口两个对象点,系统采用“窗交选择”方式。

(5)全部选择。在命令行中输入“ALL”后按<Enter>键,就可以选中全部图形对象(冻结层除外)。

(6)在选择集中添加或删除对象。选择对象后,这些对象就构成了一个集合,称之为选择集。要删除选择集中的对象,只需先按住<shift>键,然后用鼠标左键选择欲取消的几何对象。

11.3 编辑图形对象的位置

11.3.1 移动

将选中的图形移动到新的位置。移动过程中需要指定移动的方向和距离。

例 11-13 移动正六边形,如图 11-25 所示。

```
命令:move ↙
选择对象:(选择正六边形)
选择对象:↙
指定基点或位移:(选择基点)
指定位移的第二个点或<用第一点作为位移>:(选择第二点)
```

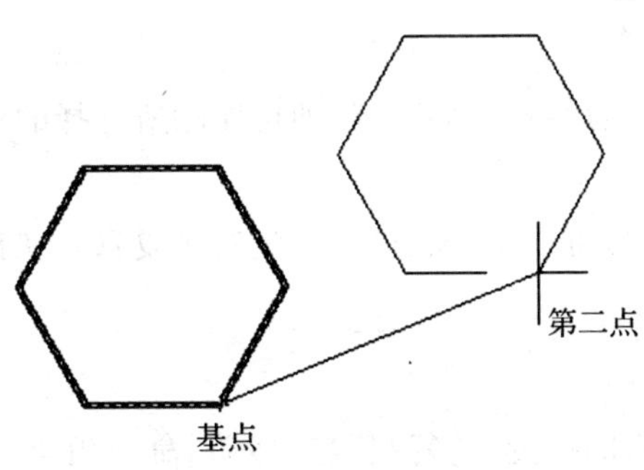

图 11-25 移动正六边形

1)移动操作中要求选择基点和第二点。基点到第二点的方向是移动的方向，两点间的距离是移动的距离。

2)如果在“指定位移的第二点”提示下按<Enter>键，第一点(基点)的坐标值将被作为X、Y、Z相对位移值。如：第一点(基点)的坐标是(30,50)，在“指定位移的第二点”提示下按<Enter>键，则对象将相对于当前位置向X方向移动30个单位，向Y方向移动50个单位。

11.3.2 旋转

将选中的图形绕基点旋转一个角度。

例11-14 将图11-26矩形体绕A点逆时针旋转90°。

命令：rotate↙

UCS当前的正角方向：ANGDIR=逆时针 ANGBASE=0↙

选择对象：(选择矩形体)

选择对象：↙

指定基点：(选择A点)

指定旋转角度或[参照(R)]：90

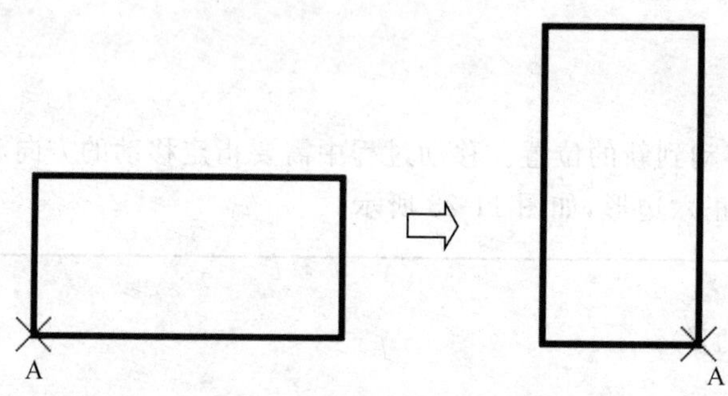

图11-26 将矩形绕A点转90°

11.3.3 删除与恢复

一、删除

选择欲要删除的对象，然后按<Del>键，即可删除所选择的对象。

二、恢复

若不小心误删除了对象，可以用“恢复”命令进行恢复：(1)快捷工具栏“放弃”按钮；(2)命令u；(3)快捷键<Ctrl>+Z

11.3.4 复制

将选中的图形复制到新的位置。“复制”与“移动”命令相似，不同之处在于“复制”操作保留了原对象。

11.3.5 镜像

将所选图形基于指定的轴线对称复制或翻转。

例 11-15 打开文件:镜像.dwg,利用镜像工具,基于图 11-27(a)图创建(b)图

命令:mirror↙
选择对象:(左边的两个同心圆及两条相切线)
选择对象:↙
指定镜像线的第一点:1
指定镜像线的第二点:2
是否删除源对象?[是(Y)/(否)(N)]<N>:

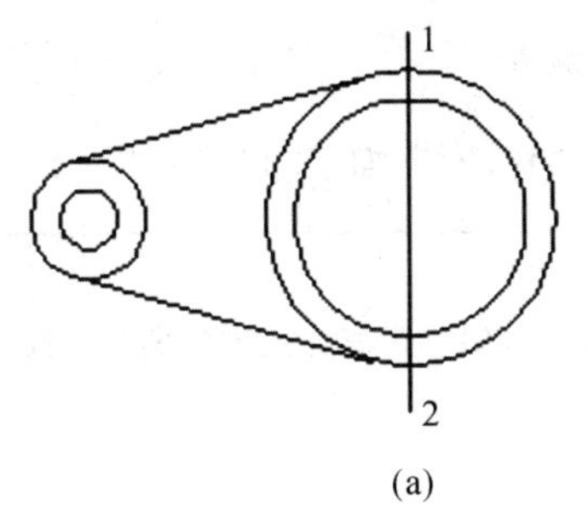

(a)

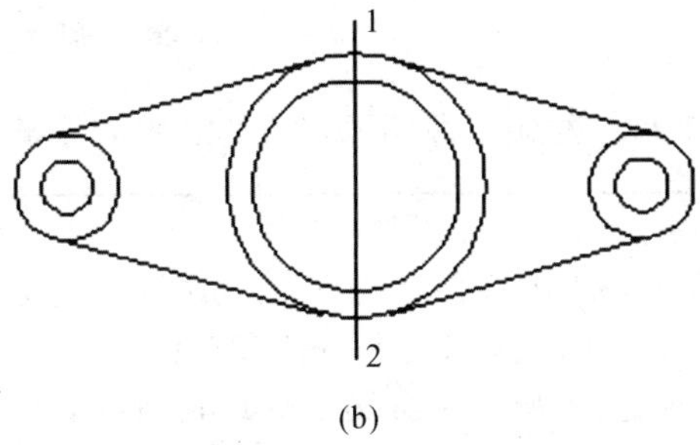

(b)

图 11-27 镜像

是/否:执行镜像操作后,删除/保留原始对象。

11.3.6 偏移

偏置(Offset)是一种常见的几何体操作,其定义是将曲线上的每一个点沿着该点处的法向移动一定距离,从而形成一条新的曲线,如图 11-28 所示。

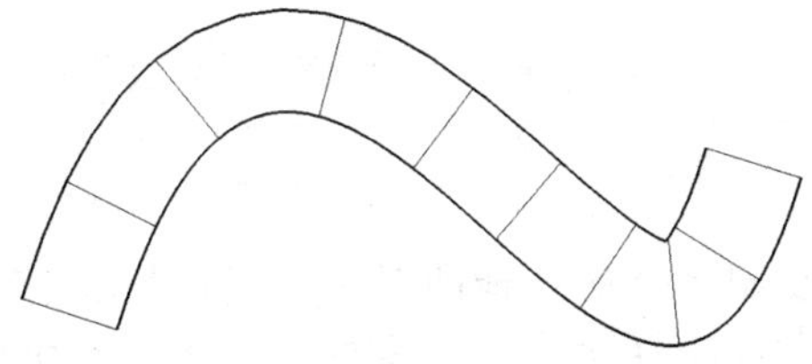

图 11-28 偏移曲线的定义

AutoCAD 中偏移曲线时,可以指定偏移距离或指定偏移曲线通过的点。

例 11-16 绘制一段圆弧和点,然后以"通过点"方式偏移,如图 11-29 所示。

命令:offset↙
指定偏移距离或[通过(T)/删除(E)/图层(L)] <通过>:↙(使用"通过"方式偏移曲线)
选择要偏移的对象或<退出>:(选择圆弧)
指定点通过点:(屏幕上任取一点 A,作为偏移直线通过的点)
选择要偏移的对象或<退出>:↙

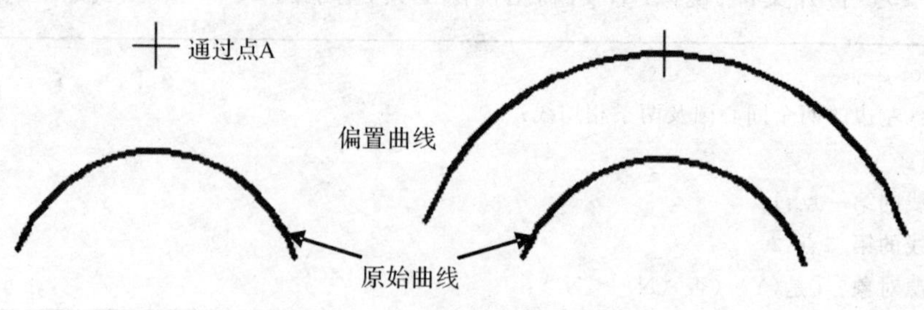

图 11-29 “通过点”方式偏移

例 11-17 绘制一段圆弧,然后以“设置距离”方式偏移曲线,如图 11-30 所示。

命令:offset↙

指定偏移距离或[通过(T)/删除(E)/图层(L)] <通过>:10↙(以偏移距离方式创建偏移曲线)

选择要偏移的对象或<退出>:(选择图形)

指定点以确定偏移所在一侧:(在圆弧上方任取一点)

选择要偏移的对象或<退出>:↙

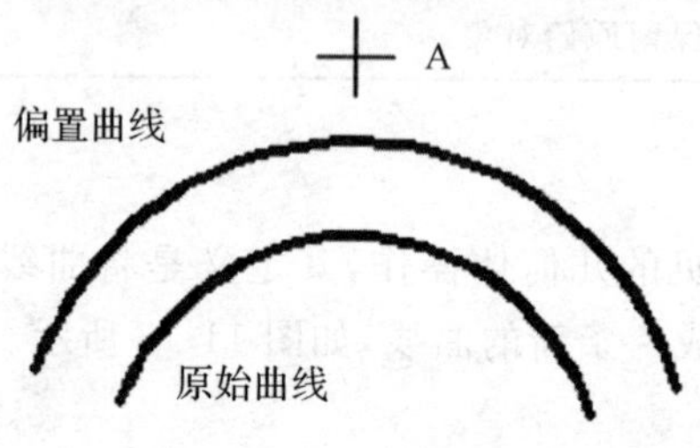

图 11-30 “距离”方式偏移

11.3.7 阵列

“阵列”工具可以一次复制多个所选择的对象,并将对象按矩形或环形排列。“矩形阵列”需要指定阵列的行数和列数以及行间距和列间距;“环形阵列”需要指定阵列的圆心和阵列的数目等。

例 11-18 以矩形阵列方式复制三角形,如图 11-31 所示。

1)打开文件:矩形阵列.dwg,然后调用“阵列”工具,弹出如图 11-31(a)所示“阵列”对话框;

2)选择阵列对象:单击“选择对象”图标,然后选择绘图区域中的三角形对象;按<Enter>键返回“阵列”对话框;

3)指定阵列类型与阵列参数:在对话框中选择“矩形阵列”,并且行数=3,列数=5,行间距=70,列间距=30,旋转角度=0;

4)单击“预览”按钮,AutoCAD 在绘图区中将显示矩形阵列结果(如图 11-31(b)所示),按<Enter>键确认。

(a)

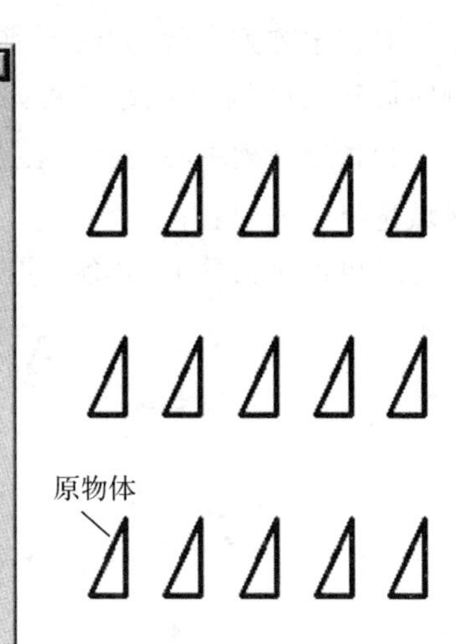

(b)

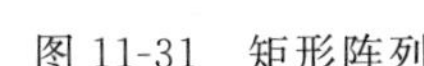

图 11-31 矩形阵列

例 11-19 以环形阵列方式复制三角形,如图 11-33 所示。

1)打开文件:矩形阵列.dwg,然后调用“阵列”工具,在弹出的“阵列”对话框选择“环形阵列”,结果如图 11-32 所示。

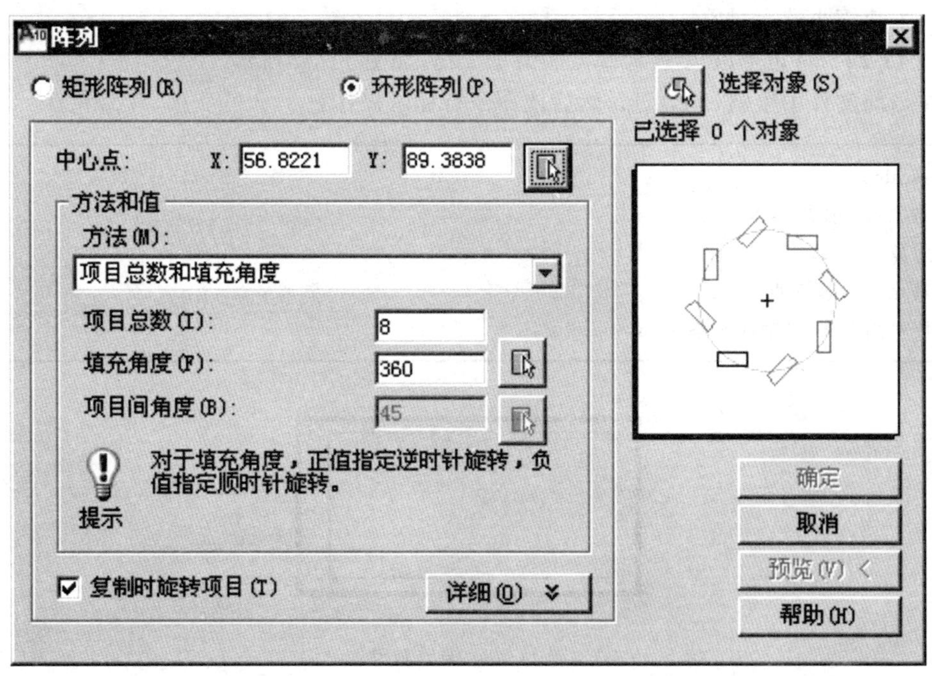

图 11-32 环形阵列

2)选择阵列对象:单击“选择对象”图标,然后选择绘图区域中的三角形对象;按<Enter>键返回“阵列”对话框;

3)指定阵列参数:方法=项目总数填充角度,项目总数=8,填充角度=360,若选中“复制时旋转项目”则阵列结果将如图 11-33(a)所示,反之则如图 11-33(b)所示;

4)指定阵列中心:在“中心点”文本框中直接输入 x、y 坐标,或单击按钮然后在绘图区域选择阵列中心;

5)单击对话框上的“预览”按钮查看环形阵列结果,按<Enter>键确认。

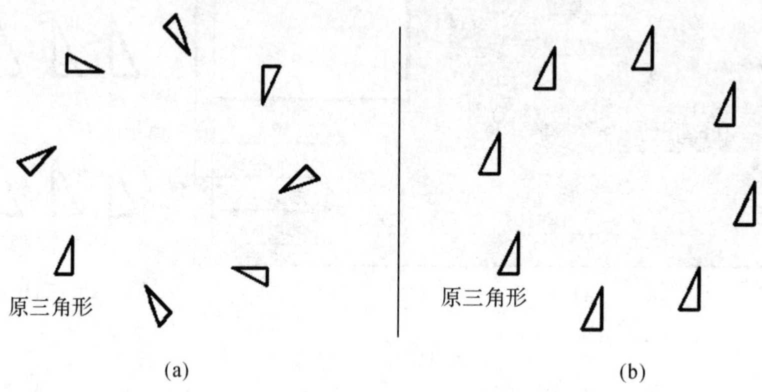

图 11-33　圆环阵列

11.3.8　缩放

放大或缩小选定对象。

例 11-20　将矩形以 A 点为基点放大 1.2 倍,如图 11-34 所示。

在当前文件中绘制一个矩形,然后依命令行提示操作:

命令:scale↙
选择对象:(选择矩形体)
选择对象:↙
指定基点:(选择 A 点)
指定比例因子或[复制(C)/参照(R)]:1.2↙

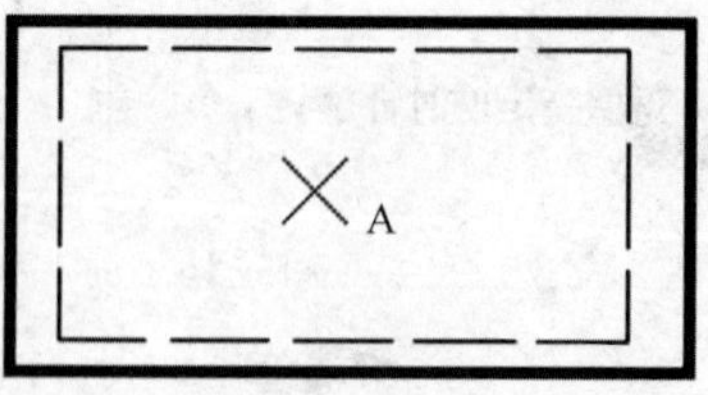

图 11-34　缩放对象

基点是缩放操作的中心,比例因子大于 1 将放大对象,介于 0 和 1 间将缩小对象。

11.3.9 拉伸

拉伸与选择窗口相交的对象。

例 11-21 绘制一个三角形，然后将三角形右端点向右拉伸 20，如图 11-35 所示。

```
命令：stretch↙
选择对象：(以“窗交”方式选择拉伸对象：先选择 A 位置点作为矩形框起点，然后选择 B 位置点作为对角点，如图 11-35(a)所示)
选择对象：↙(结束选择)
指定基点或位移：(选择三角形右端点为拉伸基准点，如图 11-35(b)所示)
指定位移的第二个点：(输入 20 为拉伸距离，然后按<Enter>键，结果如图 11-35(c)所示)
```

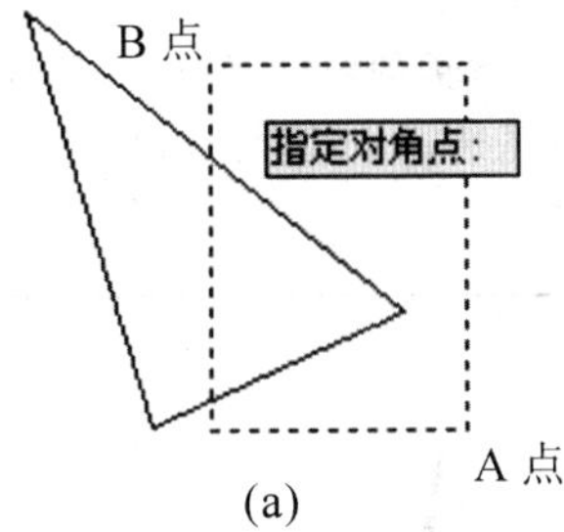

(a)

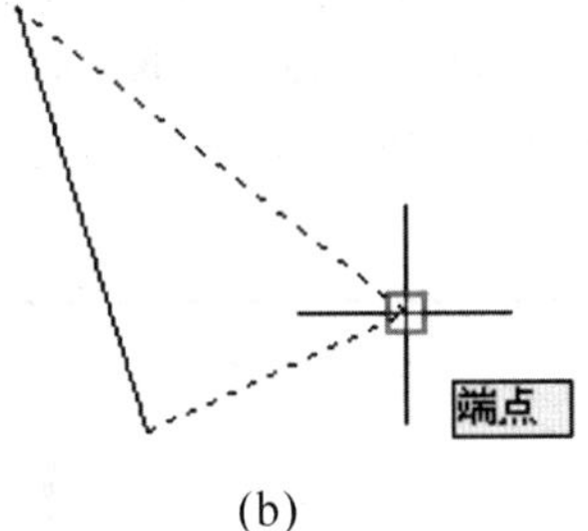

(b)

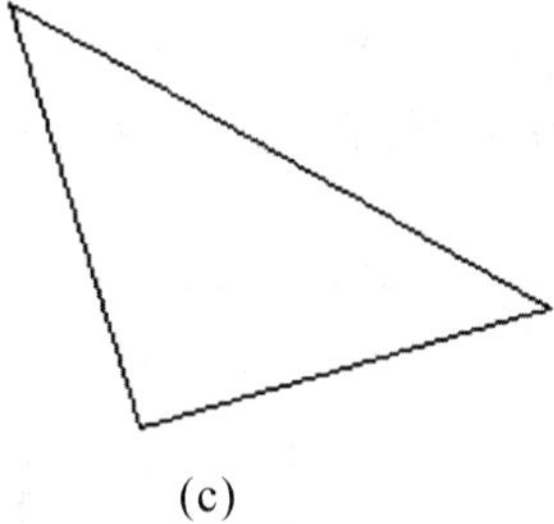
(c)

图 11-35 “拉伸”操作

使用拉伸命令时，必须用交叉多边形或交叉窗口的方式来选择对象。如果将对象全部选中，则该命令相当于“move”命令。如果选择了部分对象，则“stretch”命令只移动选择范围内的对象的端点，而其他端点保持不变。可用于“stretch”命令的对象包括圆弧、椭圆弧、直线、多段线线段、射线和样条曲线等。

11.3.10 修剪

以所选的几何对象为边界切割所选对象，然后舍弃鼠标选中的这一部分。

例 11-22 如图 11-36 所示，绘制 a、b、c 三条直线，然后以直线 a 为边界修剪直线 b 并延长直线 c。

```
命令：tr↙
当前设置：投影=UCS 边=无
选择剪切边…
选择对象：(选择作为边界的几何对象，如图 11-36 所示直线 a)
选择对象：↙(结束选择剪切边)
选择要修剪的对象或按住 Shift 键选择要延伸的对象，或[投影(P)/边(E)/放弃(U)]：(选直线 b)
选择要修剪的对象或按住 Shift 键选择要延伸的对象，或[投影(P)/边(E)/放弃(U)]：(按住 Shift 键的同时，选择直线 c)
选择要修剪的对象或按住 Shift 键选择要延伸的对象，或[投影(P)/边(E)/放弃(U)]：↙
```

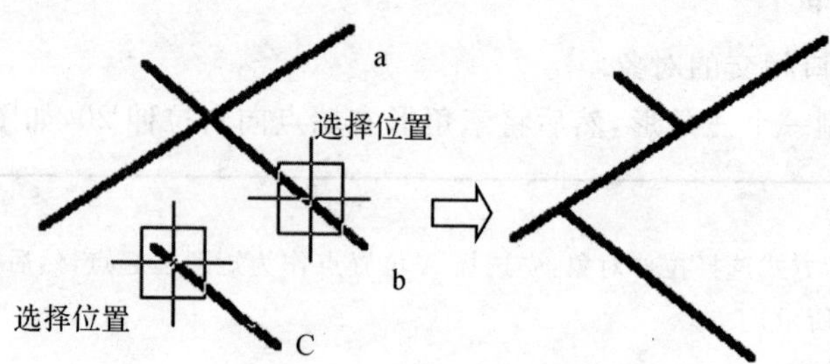

图 11-36 修剪和延伸对象

(1)修剪工具可以实现“延伸”所选对象的功能:只需选择对象时按住 Shift 键。

(2)当 AutoCAD 提示选择边界的边时,直接按<Enter>键,然后选择要修剪的对象,AutoCAD 将以最近选择的对象作为边界来修剪该对象。如图 11-37 所示,A、B、C、D 是选择修剪对象时鼠标的选择位置。

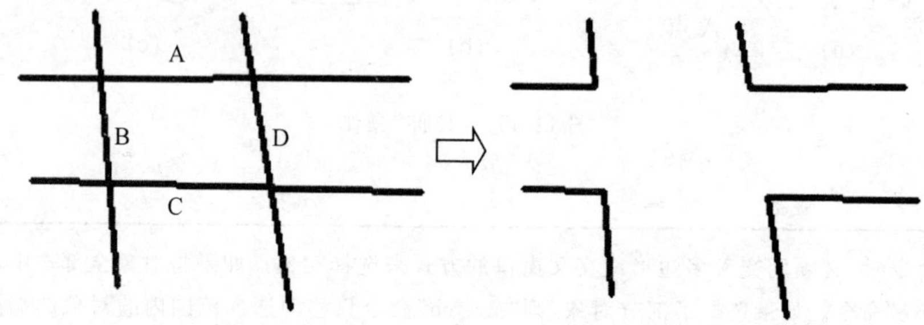

图 11-37 以指定的对象为边界进行修剪

11.3.11 延伸

将所选择的对象延长至指定的边界。

例 11-23 以直线 a 为边界,延伸线段 b、c、d,并修剪 e,如图 11-38 所示。

命令:ex↙

当前设置:投影=UCS 边=无

选择剪切边…

选择对象:(选择作为边界的几何对象,如所示直线 a)

选择对象:↙

选择要修剪的对象或按住 Shift 键选择要延伸的对象,或[投影(P)/边(E)/放弃(U)]:(选 b、c、d)

选择要修剪的对象或按住 Shift 键选择要延伸的对象,或[投影(P)/边(E)/放弃(U)]:(按 Shift 键选择直线 e)

选择要修剪的对象或按住 Shift 键选择要延伸的对象,或[投影(P)/边(E)/放弃(U)]:↙

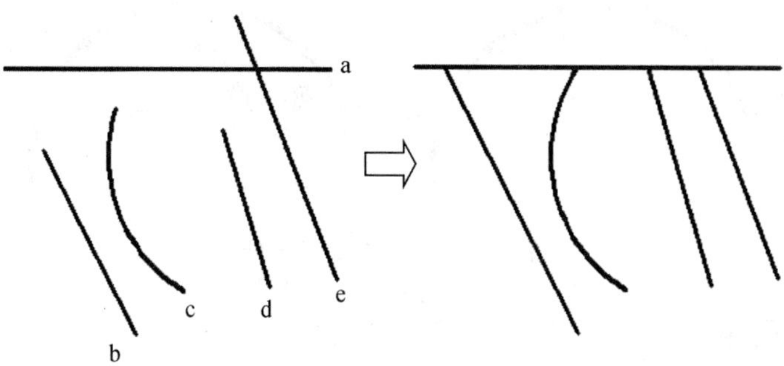

图 11-38 以指定的对象为边界进行修剪或延伸

延伸工具可以实现“修剪”所选对象的功能。

11.3.12 打断

用指定的两点打断所选择的对象，并删除两点之间的线段；或将一个对象打断成两个具有同一端点的对象。如果这些点不在对象上，则会自动投影到该对象上。“打断”通常用于打断中心线或剖面线等，以便为块或文字腾出空间。

例 11-24 使用两点打断直线，如图 11-39 所示。

```
命令：break↙
选择对象：选择直线
指定第二个打断点或[第一点(F)]：f↙
指定第一个断点：(选择 A 点)
指定第二个断点：(选择 B 点)
```

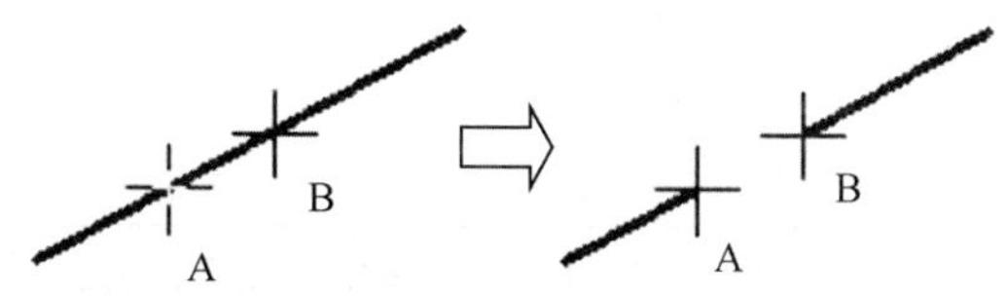

图 11-39 “两点”打断直线

例 11-25 用点 A 将直线打断，如图 11-40 所示。

```
命令：break↙
选择对象：选择直线
指定第二个打断点或[第一点(F)]：_f(系统自动显示)
指定第一个断点：(选择 A 点)
指定第二个断点：@(系统自动显示)
```

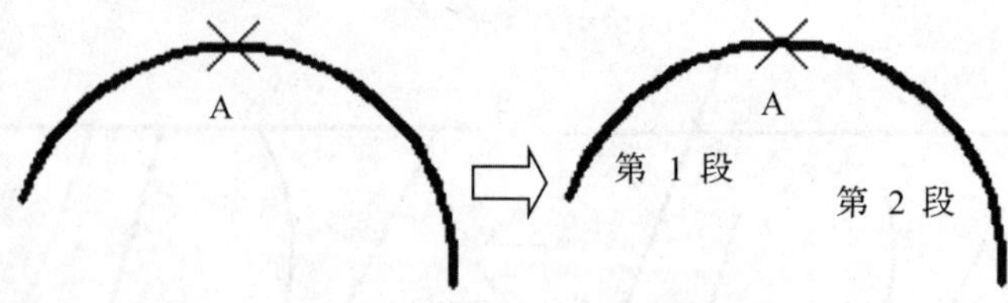

图 11-40 “单点”打断直线

11.3.13 倒角

在两条相交直线的相交位置添加倒角。利用倒角功能可以削平尖角。

例 11-26 打开“倒角.dwg”文件,距离-距离方式倒角,如图 11-41 所示。

命令:chamfer↙

(修剪模式)当前倒角 距离 1=0.000,距离 2=0.000

选择第一条直线或[多段线(P)/距离(D)/角度(A)/修剪(T)/方法(M)/多个(U)]:d↙

指定第一个倒角距离<0.000>10↙

指定第二个倒角距离<10.000>↙(通常,AutoCAD 会以最近输入的数值作为当前的默认值)

选择第一条直线或[多段线(P)/距离(D)/角度(A)/修剪(T)/方法(M)/多个(U)]:(选择线 a)

选择第二条直线:(选择线 b)

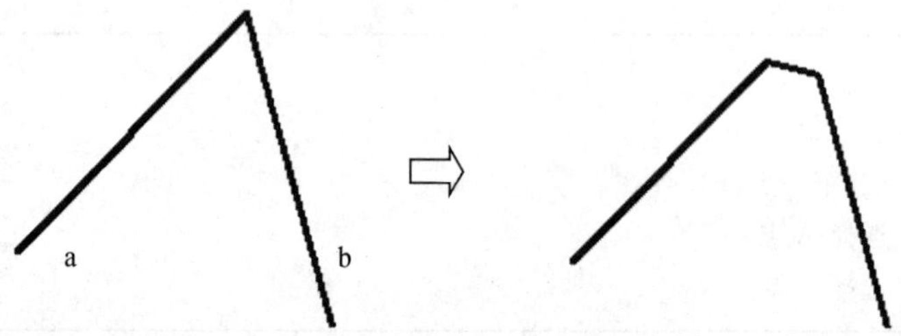

图 11-41 距离-距离方式倒角

---

(1)倒角距离大于线段时,命令将无法执行。如果两个倒角距离都设定为 0,则可以使两直线相交连接。

(2)修剪(T)选项可以控制 AutoCAD 是否将选定边修剪到倒角线端点,如图 11-42 所示。

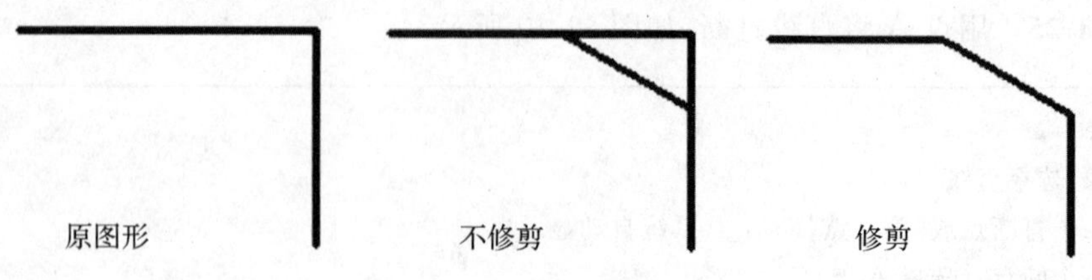

图 11-42 倒角的“修剪”选项

11.3.14 圆角

“圆角”是用指定半径的圆弧光滑连接两个对象。操作的对象包括：直线、多段线、样条线、圆和圆弧等。

例 11-27 打开“圆角.dwg”文件，倒半径为 5 的圆角，如图 11-43 所示。

命令：fillet↙
选择第一个对象或[多段线(P)/半径(R)/修剪(T)/多个(U)]：r↙(调用“半径”选项)
指定圆角半径<0.000> 5↙(输入半径值)
选择第一个对象或[多段线(P)/半径(R)/修剪(T)/多个(U)]：(选择第一条边)
选择第二个对象：(选择第二条边)

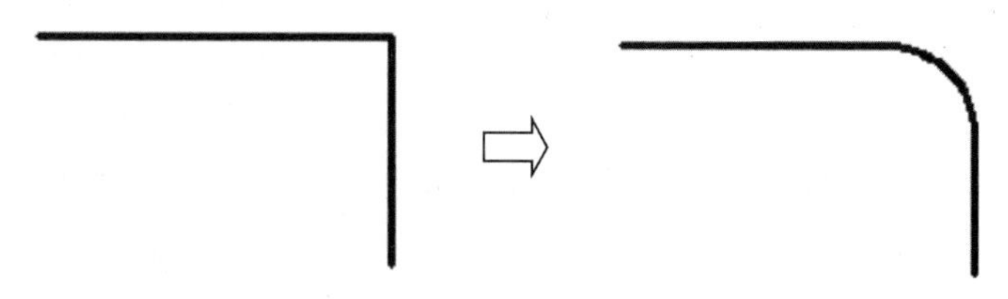

图 11-43 添加“圆角”

(1)若半径大于线段时，命令将无法执行。若半径为 0，将不产生过渡圆弧，而是将两个对象拉至相交。
(2)选择多段线(P)可以给多段线同时倒圆角。

11.3.15 分解

调用“分解”命令后，选择待分解的对象，即可将块或尺寸分解成单个图元，将多段线分解成单个直线或弧。

11.3.16 特性修改与特性匹配

每一个对象都有其特性，如图层、颜色、线型、坐标等。“特性”选项板是显示选择对象特性的工具，可以直接在“特性”选项板中修改对象本身的特性。

通过：(1)快捷键<Ctrl>+1；(2)右键单击对象，然后在快捷菜单中选择“特性”；(3)双击对象，即可打开“特性”选项板。

通过“特性”选项板可直接用来编辑对象：修改对象的图层、颜色、线型比例和线宽，编辑文字和文字特性，编辑打印样式等。

例 11-28 使用“特性”选项板，将圆的半径改为 25，最后放弃修改。

(1)在当前文件中绘制一个圆(半径任意)；

(2)双击圆，打开“特性”选项板，将“半径”文本框中的值修改为 25，并按<Enter>键，圆的半径将变成 25，绘图区的圆的大小也随之改变。

(3)右键单击“特性”选项板(不要在标题栏及具体的条目上)，在弹出的快捷菜单中选择“放弃”，可以发现圆的半径值恢复到原来的值，绘图区中圆的大小也恢复到原来的大小。

11.3.17 特性匹配

“特性匹配”类似于 Word 中的“格式刷”,“特性匹配”是将源对象的格式特性复制给目标对象,从而使目标对象的格式特性与源对象相同。可以复制的特性包括:图层、颜色、线型、线型比例以及标注、文字和图案填充的特性。

11.4 图 层

11.4.1 图层的作用

“图层”类似于透明的图纸。AutoCAD 可以将图形的不同部分置于不同的“图层”中,由这些“图层”叠加起来就形成完整的工程图样。如图 11-44(a)所示,图层 A 上绘制一个蓝色的三角形,图形 B 上绘制一个绿色的矩形,图层 C 上绘制一个红色的圆;图 11-44(b) 是 A、B、C 三个图层叠加后的效果。

每个“图层”都设置有自身的颜色、线型及线宽等属性,当在某个“图层”上绘图时,图形

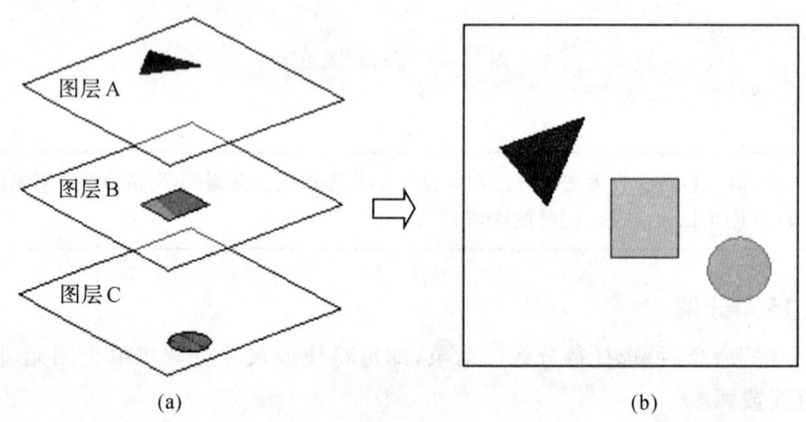

图 11-44 各“图层”叠加起来形成完整的图形

默认采用当前“图层”的颜色、线型和线宽。修改“图层”的属性,就可以改变“图层”上图形对象的颜色、线型及线宽等。因此利用“图层”工具可对图层内的对象属性进行统一编辑。

“图层”是用户管理图形对象的有力工具。创建工程图样时,应按相关标准将各种图样的各种元素进行分组,并将不同组的元素分别放在不同的图层。“图层”划分合理,图形信息就清晰,对以后的修改、观察、计算及打印都带来很大的便利。

11.4.2 图层特性管理器

“图层特性管理器”是管理图层特性的工具。通过命令:Layer 或别名 La,即可调用如图 11-45所示“图层特性管理器”对话框。

在“图层特性管理器”对话框中,可以创建新图层、删除图层、设置当前图层、更改图层特性等。

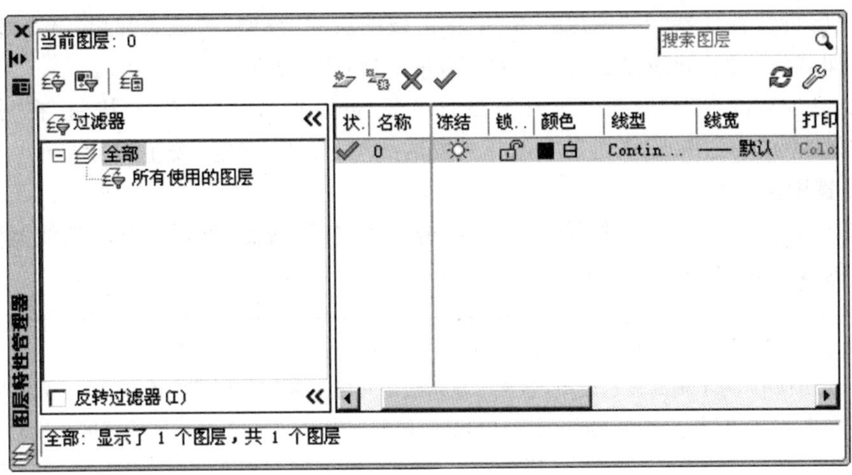

图 11-45　图层特性管理器

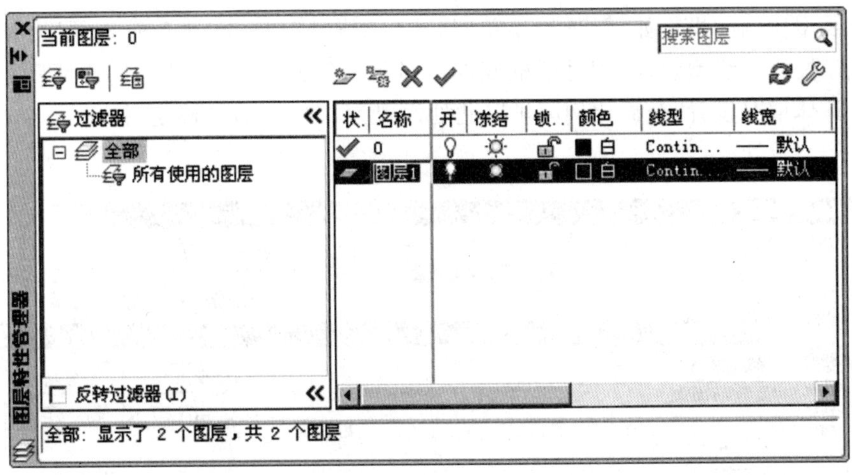

图 11-46　新建图层

1. 创建图层

在“图层特性管理器”中，单击“新建图层”按钮，在“图层”列表中就会出现一个新的图层(如图 11-46 所示)，且名称处于编辑状态，可以立即输入新图层名。

提示：新图层默认的特性(线型、颜色、开关状态等)与“图层列表”中当前选定“图层”的特性相同，因此创建图层前，应先选中与新图层特性最相近的图层，以减少后续设置的操作。

2. 设置图层颜色

在“图层特性管理器”的“图层列表”中单击该图层的“颜色”项，在弹出的“选择颜色”对话框选择一种颜色，按“确认”按钮即可。

3. 设置图层线型

在“图层特性管理器”的“图层列表”中单击该图层的“线型”项就会弹出“选择线型”对话框，从“已加载的线型”列表中选择一种线型，并按“确认”按钮即可。

如果“已加载的线型”列表中没有需要的线型，可以单击“加载(L)”按钮，在“加载或重载线型”对话框的“可用线型”列表中选择需要的线型，单击“确定”按钮即可。

4. 设置图层线宽

在“图层特性管理器”的“图层列表”中单击该图层的“线宽”项，就会弹出“线宽”对话框，选择所需的线宽并按“确定”按钮。

---

(1)默认线宽值为0.25mm，该值由系统变量LWDEFAULT设置。

(2)在AutoCAD中，为了提高显示效率，通常不显示线的宽度。要显示线的宽度，还需要选择状态栏上的“线宽”按钮。“线宽”按钮处于“按下”状态时，显示线的宽度，反之则不显示线的宽度。

---

5. 设置线型比例

在AutoCAD中绘制的非连续线如虚线、点划线、中心线等，如果过短，则将不能显示完整线型图案。

设置线型比例的操作如下：选择菜单“格式”|“线型”，打开“线型管理器”对话框；单击“显示细节”按钮，“线型管理器”对话框底部将显示“详细信息”，如图11-47所示；根据所绘制图形的具体情况设置“全局比例因子”(此处设置为3.0)；单击“确定”按钮。

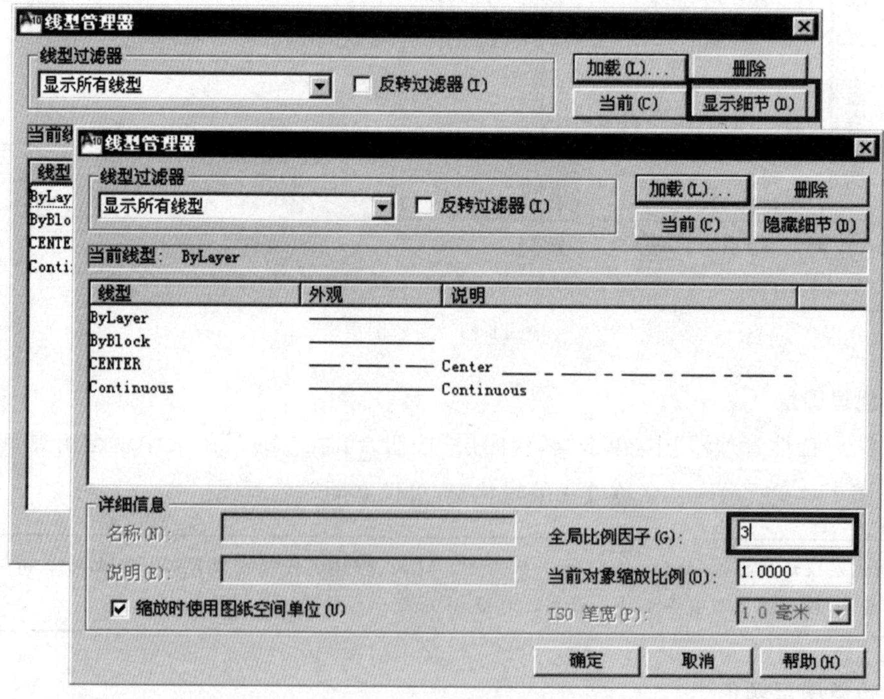

图11-47 “线型管理器”对话框 11.4.3 管理图层

11.4.3 图层的管理

1. 图层的状态控制

(1)打开/关闭:被关闭图层上的对象全部不可见,不可选择、不可编辑或打印。当图形重新生成时,被关闭的图层上的对象将一起重新生成。

(2)冻结/解冻:冻结图层与关闭图层相似,被冻结图层上的对象也是不可见、不可编辑,也不可打印的。但与关闭图层不同,当重新生成图形时,系统不会重新生成该图层上的对象。因而,冻结图层可以加快缩放、平移等操作的速度。

(3)锁定/解锁:锁定图层,图层上的内容可见,可选择,并且还能添加新对象,但不能编辑修改锁定图层上的对象。

可以通过以下两种方式控制控制图层的状态:

- 在"图形特性管理"对话框中,单击"图层"的特征图标来控制图层状态。
- "常用"选项卡|"图层"面板"图层控制"下拉列表中(如图 11-48 所示),单击"图层"前面的特征图标来控制图层的状态。

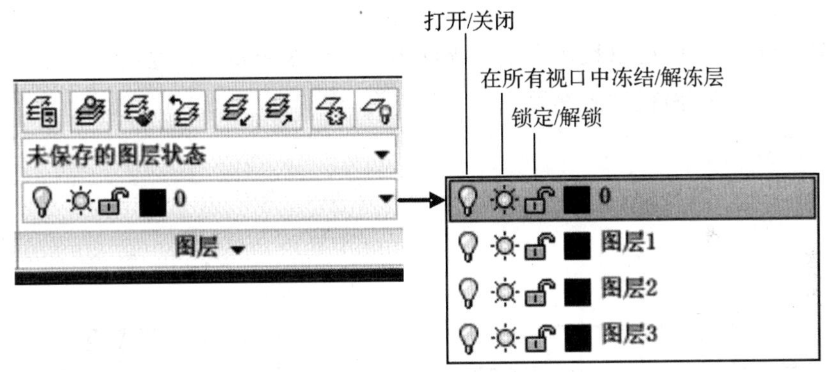

图 11-48 "图层控制"下拉列表

2. 设置当前图层

AutoCAD 中,图形是绘制在当前图层上的。因此,绘图时经常需要重新设置当前图层。可以通过以下几种方式设置当前图层:

- 在"图形特性管理"对话框中选择想设为当前层的图层,然后单击"置为当前"按钮,所选的图层前将出现"√"号;单击"确定"按钮,退出对话框。
- "常用"选项卡|"图层"面板的"图层控制"下拉列表中,选择欲置为当前的图层。

11.4.4 修改对象所属的图层

在实际绘图可以先在 0 层上绘制完图形,然后再更改到其应在的图层。操作方法如下:选择要更改图层的对象,然后在"常用"选项卡|"图层"面板的"图层控制"下拉列表(如图 11-49 所示)选择目标图层。

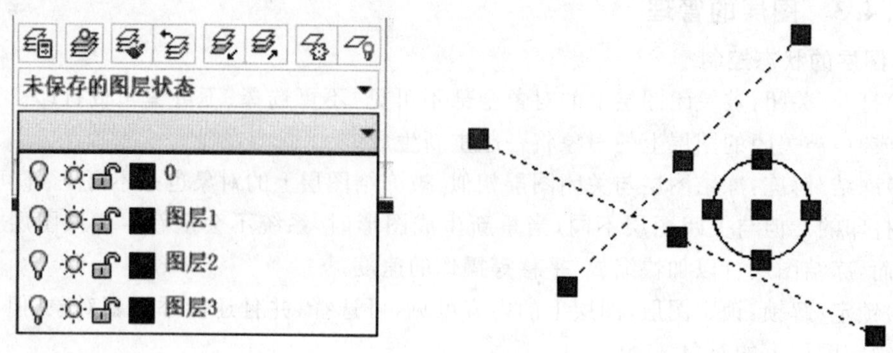

图 11-49　通过“图层”面板修改对象所属图层

11.5　定义图案填充

利用图案填充工具，可以快速完成工程图中的剖面线等特征的绘制。通过：(1)功能区："常用"选项卡|"绘图"面板|"图案填充…"图标；(2)命令"bhatch"或命令别名 h，即可调用"图案填充"工具。

例 11-29　填充剖面线. dwg（如图 11-50(a)所示），使用“图案填充”命令完成剖面线填充。

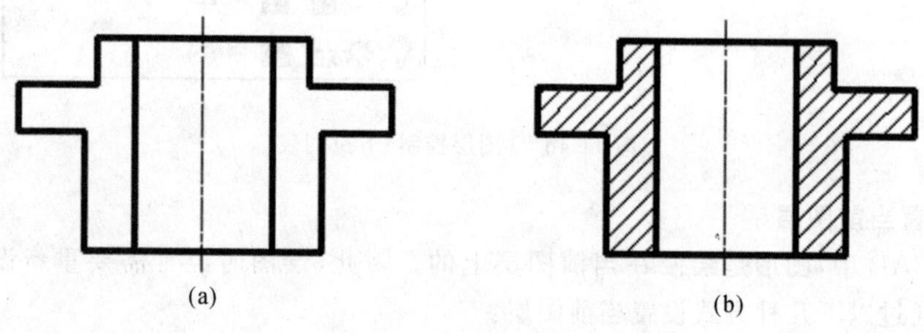

图 11-50　填充剖面线

(1)切换到“剖面线”图层；

(2)调用“图案填充”工具，弹出“图案填充”对话框，并作如下设置：

①指定填充图案：“类型”下拉列表中选择“预定义”，然后在“图案”下拉列表中选择 ANSI31；

提示：金属零件和塑料零件的剖面线在 AutoCAD 中的填充图案分别是 ANSI31 和 ANSI37。

---

②指定填充区域：单击“拾取点”按钮，然后分别在左、右两个封闭区域内部单击左键，AutoCAD 会自动分析边界集并确定包围该点的闭合边界，按<Enter>键结束拾取点并

返回到“图案填充和渐变色”对话框；

③设置角度、比例及其他参数：“比例”文本框中输入 2，其余参数采用默认值。

(3)单击“确定”按钮完成图案填充，结果如图 11-50(b)所示。

(4)编辑填充图案的比例：双击填充的图案，系统将弹出“图案填充和渐变色”对话框，将“比例”设置为 3，单击“确定”按钮。

双击填充的图案，将弹出“图案填充和渐变色”对话框，修改填充选项，单击“确定”按钮即可。

11.6 图　块

11.6.1 图块的作用

图块(简称块)是一个或多个对象组成的集合。如 AutoCAD 中，用“矩形”工具绘制的矩形是一个块，尺寸标注也是一个块。图块在 AutoCAD 中是把多个构成对象作为一个整体来处理的，除非将图块分解，否则无法编辑修改图块中的对象。

“图块”只能在当前图形文件中使用，若要在其他图形文件中使用，需要将图块制作为块文件；通过“设计中心”，也可以相互复制图块。

11.6.2 创建图块

调用“创建图块”工具的命令：block。

例 11-30 将图 11-51 所示图形定义为块，插入点为 A 点。

图 11-51 将图形定义成块

(1)打开文件：表面粗糙度符号.dwg，然后调用块工具，弹出如图 11-52 所示“块定义”对话框。

(2)在“名称”文本框中输入图块的名称：表面粗糙度符号。

(3)单击“拾取点”图标，然后选择图 11-51 中的 A 点作为基点。

(4)单击“选择对象”图标，然后选择图 11-51 中所有对象，按＜Enter＞键返回“块定义”对话框。

(5)接受其他默认设置，按击“确定”按钮即可创建块。

(6)单击菜单“文件”|“另存为”，以“插入块-表面粗糙度符号.dwg”为名保存。

11.6.3 插入图块

“插入图块”操作将创建一个称为块参照的对象(因为参照了存储在当前图形文件中的块定义)。插入图块时，可以确定其位置、调整比例因子和旋转角度。

调用“插入”工具命令：insert 或命令别名 i。

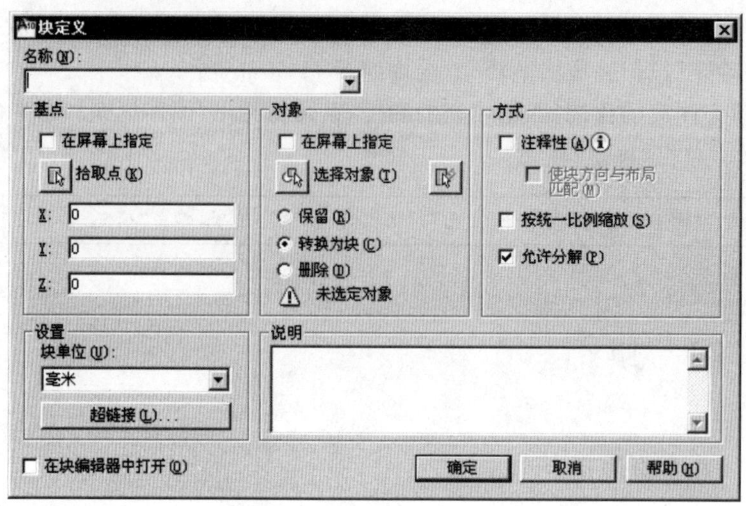

图 11-52 “块定义”对话框

例 11-31 将例 11-30 中所创建的块,插入到图形中。

(1)新建一文件,然后调用插入块工具(别名 i)。

(2)单击“名称”右侧的按钮 浏览(B)... ,在弹出的“选择图形文件”对话框中选择要输入的块,如:“F:\表面粗糙度符号. dwg”。

(3)选中对话框中“在屏幕上指定”。

(4)取消缩放比例、旋转,并在 X、Y、Z 文本框中输入 1(即指定各个方向上的缩放比例均为 1),旋转角度设置为 0(即不旋转)。

(5)单击“确定”按钮,然后在图形中合适位置处单击左键,即可将块插入到该点。

11.7 文本标注

AutoCAD 字库中,可标注符合国家制图标准的中文字体是:gbcbig. shx,英文字体是:gbenor. shx 和 gbeitc. shx。其中 gbenor. shx 用于标注正体,gbeitc. shx 用于标注斜体。国家标准还规定字体的号数分为 20、14、10、7、5、3. 5、2. 5、1. 8 共 8 种,其数值为字的高度(单位为 mm),字的宽度为字体高度的 2/3。一般 3、4、5 号图纸,应采用 3. 5 号字,而 0、1、2 号图,应采用 5 号字。在 AutoCD 绘制的工程也必须符合国家标准。

11.7.1 文字样式的设置

通过功能区“常用”选项卡|“注释”面板|“文字样式”图标,即可调用“文字样式”管理器,通过“文字样式”管理器,可以创建、修改、删除、重命名、指定当前的文字样式。

例 11-32 创建符合国标,且字体高度为 3.5 的文字样式。

(1)选择“格式”|“文字样式”,系统将弹出如图 11-53 所示“文字样式”对话框。

(2)单击“新建”按钮,弹出如图 11-53 所示对话框。在“样式名”文本框中输入:工程字

图 11-53 “新建文字样式”对话框

—35,然后单击“确定”按钮返回“文字样式”对话框。

(3)在“样式”下拉列表中选择刚创建的样式名称:工程字—35,然后在“SHX 字体”下拉列表框中选择“gbeitc. shx”;选中“使用大字体”复选框(“字体样式”变成“大字体”下拉列表框),在“大字体”列表框中选择“gbcbig. shx”;字体高度设置为 3.5,宽度比例为 1.000,如图 11-54 所示。设置过程中,对话框左下角可以预览文字样式的效果。

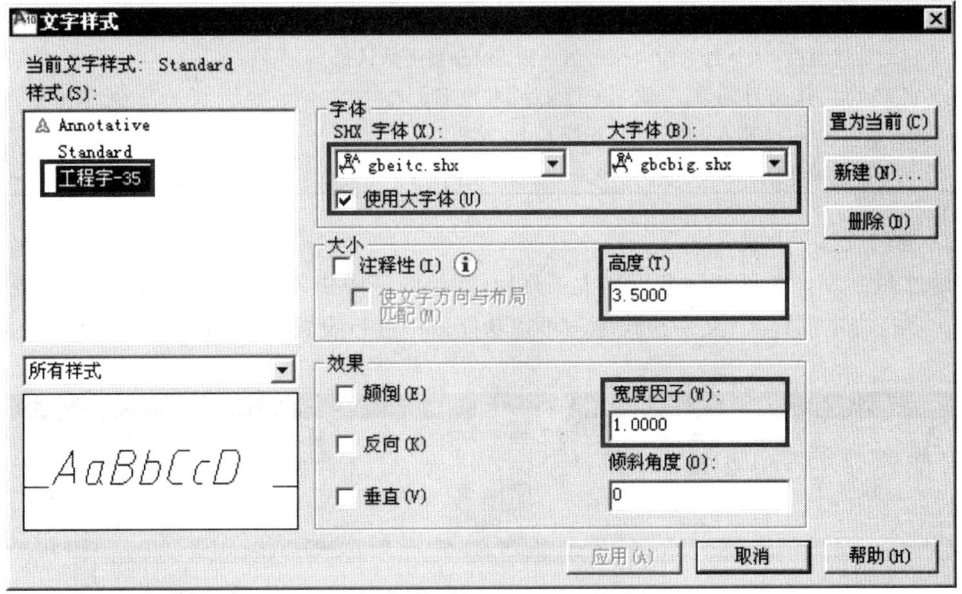

图 11-54 “工程图 3.5”样式设置

(4)单击“应用”按钮,完成文字样式的设置;单击“关闭”按钮退出对话框。

用同样的方法,创建“工程字—5”(字高设置为 5)、“工程字—7”(字高设置为 7)、“工程字”(字高设置为 0)。

提示:(1)文字样式默认高度设置为非 0 时,标注样式对话框“文字”选项卡中的“文字高度”将不可更改;设置为 0 时,创建文字时,需要指定字高。(2)gbeitc. shx 和 gbcbig. shx 是 AutoCAD 为中国专门开发的字库。(3)只有选中“使用大字体”,才能指定亚洲语言的大字体文件。另外只有在“字体名”中指定 SHX 文件,才能使用“大字体”。(4)大字体也可采用目前网上流行的工程汉字字库,只需下载该字库并复制到 AutoCAD 安装目录下的 Fonts 中即可。

11.7.2 文本标注

AutoCAD 中,提供两种文字输入工具:单行文本 DText 和多行文本 MText。输入文字时同步显示在屏幕中。“单行文本”工具可创建单行或多行文字,常用于创建标注文本、标题栏文字等。“多行文本”创建或修改多行文字对象,常用于创建技术要求、注释等文本。

1. 创建单行文本

“单行文本”工具可以创建一行或多行文字，但每一行文字都是一个独立的对象（故称为单行文本），所以可以对每一行的文字单独进行旋转、对正和大小调整等操作。

例 11-33 在 AutoCAD 中创建文字高度为 7，旋转角度为 0°的单行文本。

命令：dtexted↙

输入 DTEXTED 的新值<2>：1↙（将系统变量 DTEXTED 置为 1）

命令：dtext↙

当前文字样式：“Standard”文字高度：2.5000 注释性：否

指定文字的起点或[对正(J)/样式(S)]：（在绘图区域中单击鼠标左键，确定文字的起点）

指定高度<2.5000>：7↙（输入文字高度或按 Enter 接受默认值）

指定文字的旋转角度<0>：↙（输入倾角值或按 Enter 接受默认值）

输入文字：AutoCAD 立体词典↙（输入一行文字，并按 Enter）

输入文字：立体词典↙（输入一行文字，并按 Enter 结束）

输入文字：↙（不输入任何文字，按 Enter 结束单行文本命令）

---

2. 多行文本

通过命令 Mtext 可调用多行文本工具后，在绘图区中指定一个矩形区域用来放置多行文字。多行文本的样式、文字格式等均可在功能区中进行设置，如图 11-55 所示。

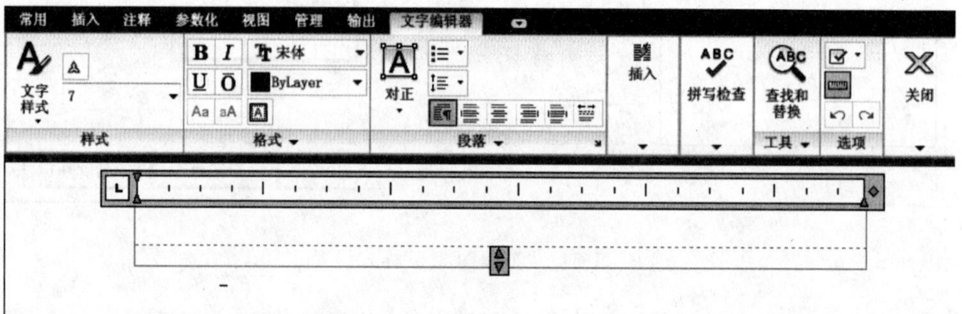

图 11-55 “多行文本”输入界面

例 11-34 使用多行文字编写技术要求。

(1)调用“多行文本”工具，使用鼠标左键指定矩形区域的两个角点，如图 11-56 所示。

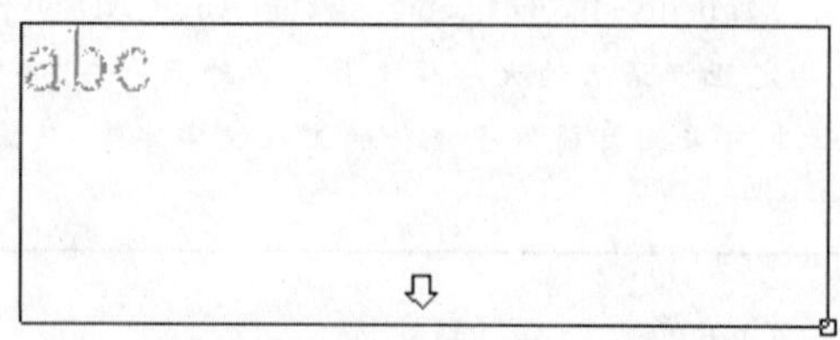

图 11-56 确定多行文本的输入范围

(2)在“样式”面板中选择例 9-1 中创建的“工程字－7”样板。

(3)在文字框中输入多行文字的内容，并进行适当排版，如图 11-57 所示。

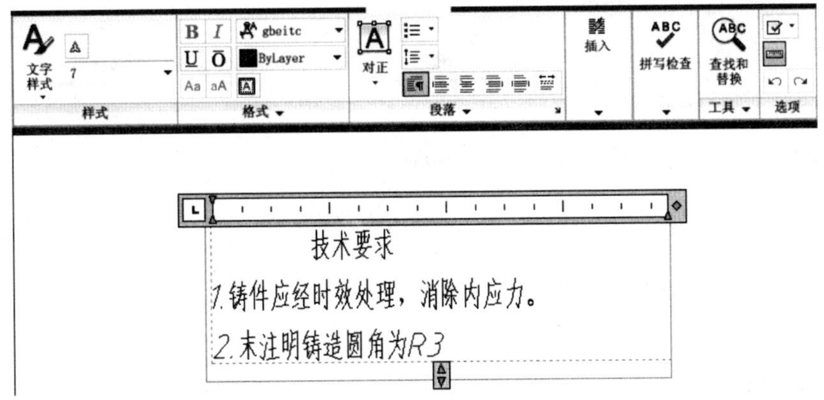

图 11-57　输入技术要求

(4)在“多行文本”对话框外单击鼠标左键，将保存多行文本中的内容并退出对话框。

3. 特殊字符的输入

可以在文字字符串中使用控制信息来插入特殊字符，每个控制信息都通过一对百分号引入，但控制代码只能使用标准 AutoCAD 字体。常用的控制代码如表 11-2 所示。

表 11-2　特殊字符控制代码

控制代码	功能	示例	屏幕显示
%%o	控制是否加上划线	%%o123	$\overline{\text{ABCD}}$
%%u	控制是否加下划线	%%u123ABCD	$\underline{\text{ABCD}}$
%%d	绘制度符号（°）	123%%d	123°
%%p	绘制正/负公差符号（±）	123%%p1	123±1
%%c	绘制圆直径标注符号（ϕ）	%%c123	ϕ123
%%%	绘制百分号（%）	123%%%	123%

11.7.3　编辑文本

1. 编辑文本的样式

无论单行文本还是多行文本，其外观均受“文字样式”控制，修改“文字样式”即可修改文本的外观。

2. 编辑单行文本

双击单行文本，将弹出如图 11-58 所示“编辑文字”对话框，修改单行文本的内容，然后单击“确定”即可。

3. 编辑多行文本

双击多行文本，将进入创建“多行文本”界面，参照多行文本的设置方法编辑文字、修改外观等，然后在对话框外单击鼠标左键退出对话框。

图 11-58 “编辑文字”对话框

11.8 尺寸标注

AutoCAD 提供多种尺寸标注工具，并使用“标注样式”控制尺寸标注的格式和外观。

11.8.1 标注样式

标注样式控制标注的格式和外观，用它可以建立和强制执行图形的绘图标准，并有利于对标注格式及其用途的修改。标注样式的新建、修改、设置为当前等操作通过“标注样式管理器”来实现。

例 11-35 创建符合国标的通用机械制图尺寸标注样式。

分析：符合国标的机械制图尺寸标注样式包括两部分：通用机械制图尺寸标注样式及专用于角度标注、半径和直径标注的样式。

(1)单击菜单“格式”|“标注样式”，弹出“标注样式管理器”对话框。

(2)在对话框中单击“新建”按钮，在打开的“创建新标注样式”对话框中的“新样式名”文本框中输入“工程标注”，“基础样式”采用“Standard”，其他采用默认设置。如图 11-59 所示。

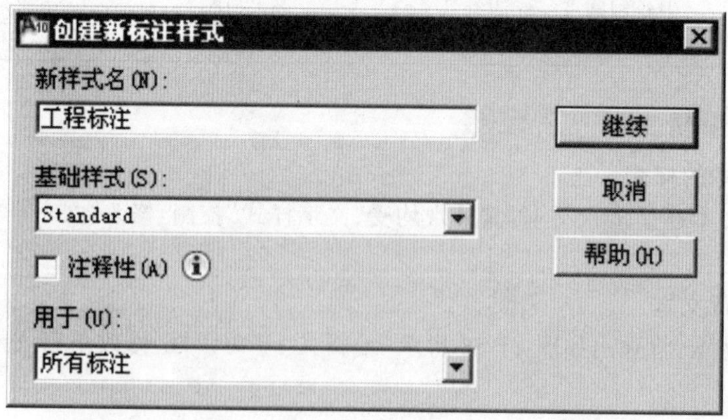

图 11-59 “创建新标注样式”对话框

(3)单击“继续”按钮，打开“新建标注样式：工程标注”对话框。在“线”选项卡中，将“基线间距”设置为 7、“超出尺寸线”设置为 2、“起点偏移值”设置为 0，其余采用默认值。如图 11-60 所示。

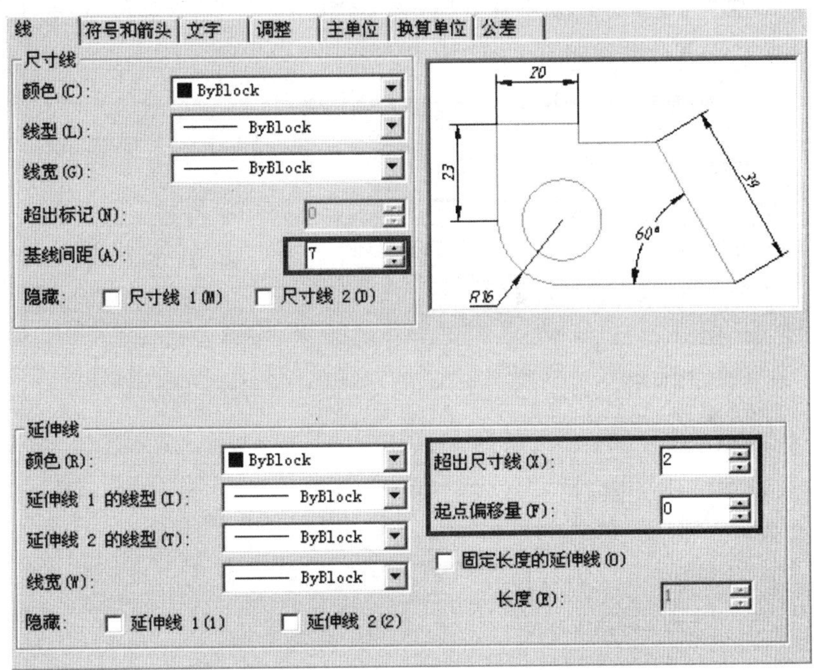

图 11-60 “标注样式一线”选项卡

(4)单击“符号和箭头”选项卡，将“箭头大小”设置为 3.5、“圆心标志”选项组中选择“标记”，并将大小设置为 3.5，其余采用默认值。如图 11-61 所示。

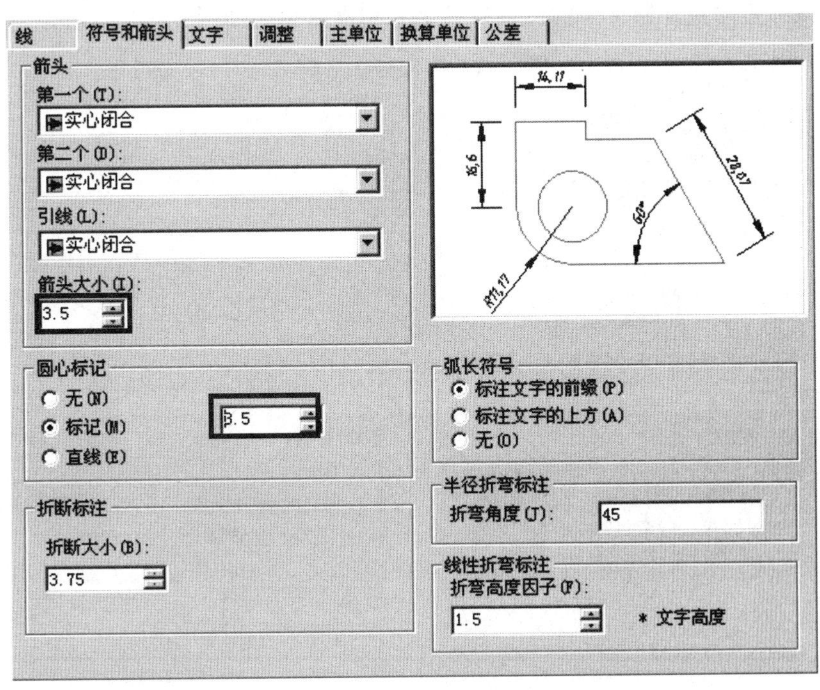

图 11-61 “标注样式一符号和箭头”选项卡

(5)单击“文字”选项卡，将“文字样式”设置为“工程字”、“文本高度”设置为 3.5、“从尺寸线偏移”设置为 1，其余设置如图 11-62 所示。

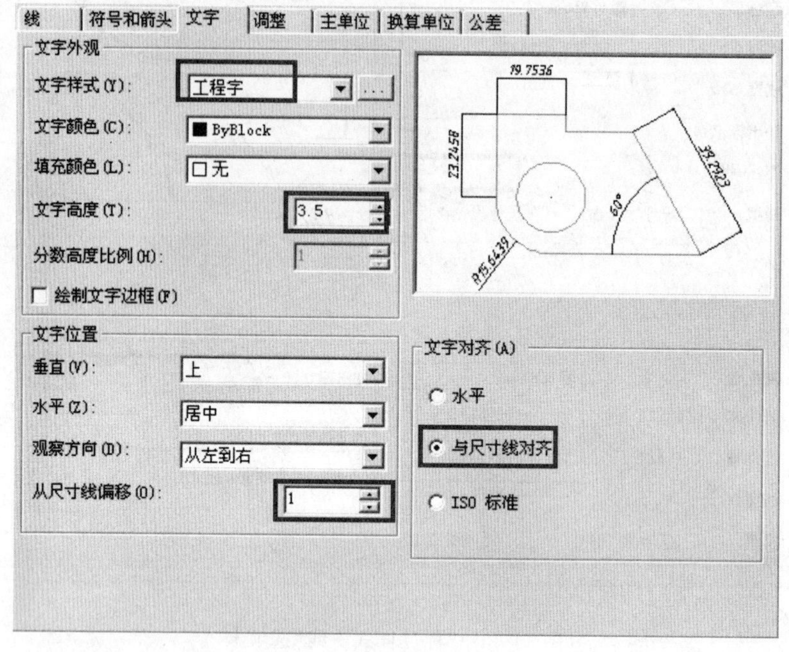

图 11-62 “标注样式一文字”选项卡

(6)单击“调整”选项卡，选择“文字”单选按钮、选择“手动放置文字”(启用该选项，标注尺寸时，由鼠标拖动来控制文字的位置)，其余采用默认值。如图 11-63 所示。

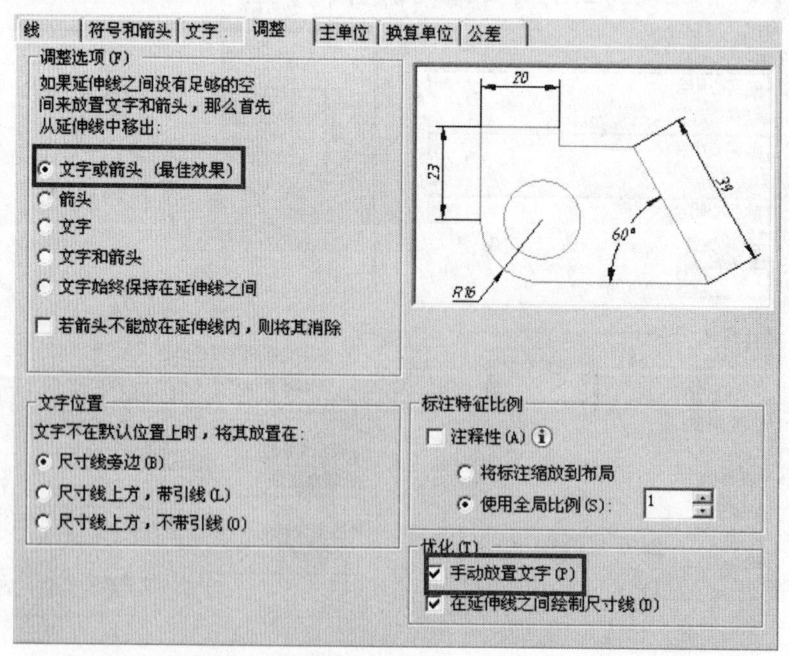

图 11-63 “标注样式一调整”选项卡

(7)单击“主单位”选项卡，将“精度”设置为 0 或 0.0(提示：零件的误差由公差来控制，而不是绘图精度的位数)，选择“小数分隔符”下拉列表中的“句点”，其余采用默认值。如图 11-64 所示。

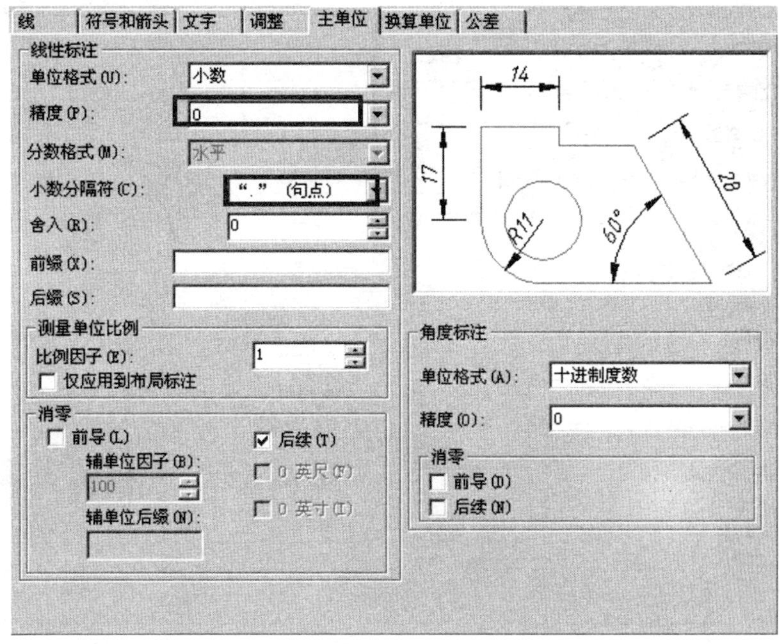

图 11-64 “标注样式一主单位”选项卡

(8)单击“确定”按钮，完成“工程标注”标注样式的设置。

例 11-36 创建符合国标的角度、半径及直径尺寸标注样式。

基于例 11-35 创建的“工程标注”标注样式，创建适用于标注角度的板。

国标规定：标注角度时，角度的数字一律写成水平方向，一般应标注在尺寸线的中断处。半径及直径尺寸的数字一般也写成水平方向，位于尺寸线的上方。

(1)在“标注样式管理器”对话框中，单击“新建”按钮，在弹出的“创建新标注样式”对话框中，“基础样式”下拉列表中选择“工程标注”、“用于”下拉列表中选择“角度标注”，如图 11-65 所示。

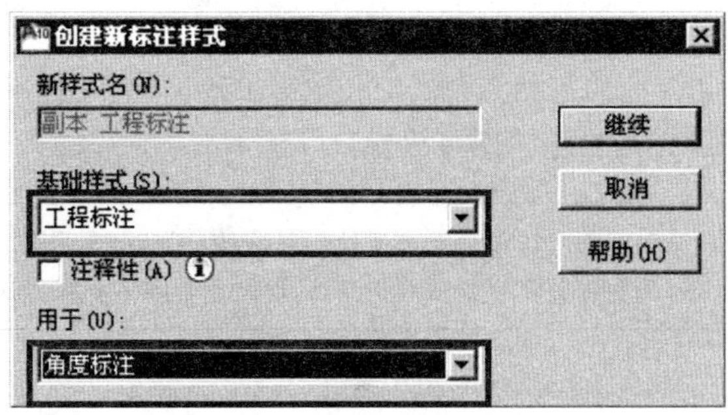

图 11-65 “创建新标注样式”

（2）单击“继续”按钮，弹出“新建标注样式”对话框，在“文字”选项卡中，选择“文字对齐”选项组中的“水平”单选钮，其余采用默认值。如图 11-66 所示。

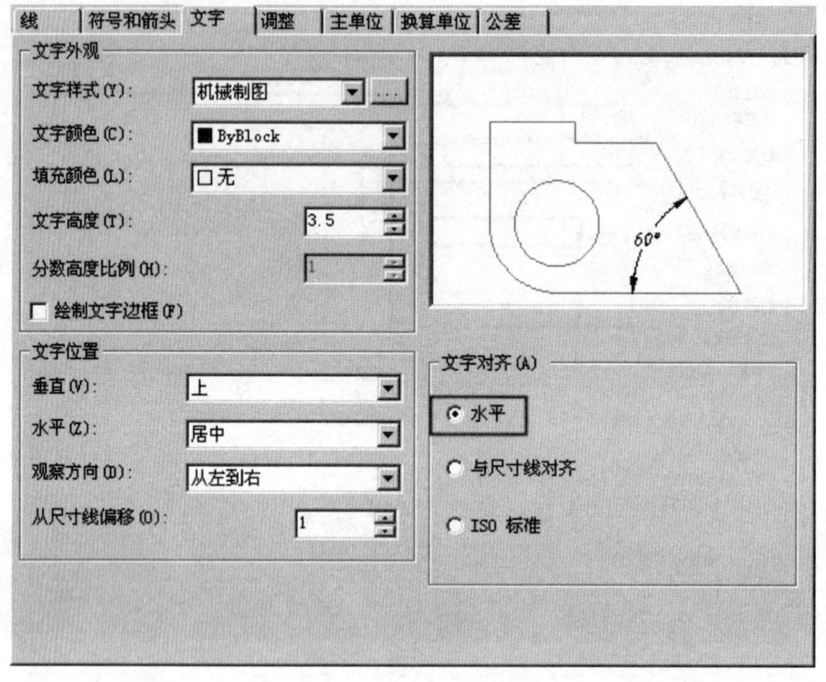

图 11-66 “新建标注样式：机械制图：角度一文字”选项卡

（3）单击“确定”按钮，返回“标注样式管理器”。

（4）同样步骤，可以创建“半径”、“直径”标注样式，在“文字”选项卡中，选择“文字对齐”选项组中的“水平”单选钮，其余采用默认值；单击“确定”。

（5）单击“关闭”按钮，退出“标注样式管理器”。

11.8.2 标注尺寸

1. 标注线性尺寸

可以用“线性”工具创建水平、竖直或倾斜方向的尺寸。标注时，若要使尺寸线倾斜，则输入 R 选项，然后输入尺寸倾斜角度即可。

（1）调用“标注线性尺寸”命令 imlinear。

（2）指定第一条尺寸界线的起始点（如 A 点）、第二条尺寸界线的起始点（如 B 点），拖动光标至合适位置（如 C 点），单击左键即可放置尺寸线放置。

提示：（1）标注过程中，可以随时修改标注文字及文字的倾斜角度，可以动态调整尺寸线的位置。（2）如果修改了系统自动标注的文字，就会失去尺寸标注的关联性，即尺寸数字不再随标注对象的改变而改变。

---

2. 对齐标注

对齐标注主要用于标注倾斜对象，其尺寸线与倾斜的标注对象平行，如图 11-67 所示。

“对齐”标注选项与“线性”选项基本相同，“对齐”标注的尺寸线与两点的连线平行。命

令:dimaligned

3. 基线标注

基线标注是指所有尺寸都是从同一点开始的标注,它们共用一条尺寸界线,如图 11-68、图 11-69 所示。

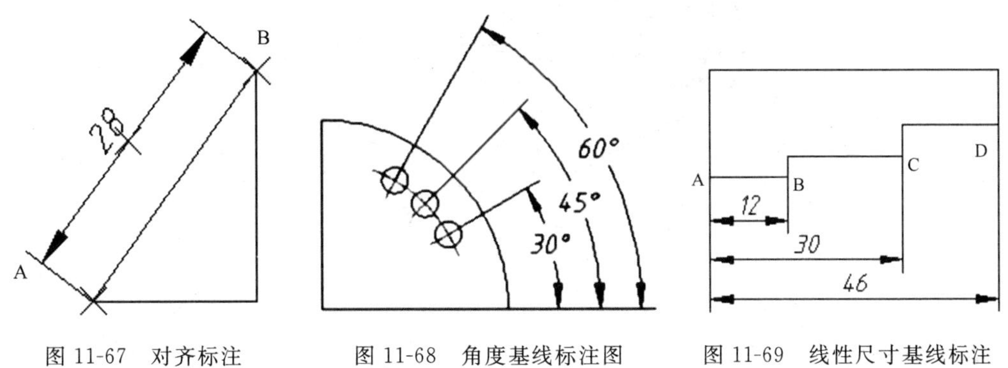

图 11-67　对齐标注　　图 11-68　角度基线标注图　　图 11-69　线性尺寸基线标注

命令:dimbaseline。

“基线标注”操作示例

打开:“基线标注.dwg”文件,如图 11-69 所示;调用“线性”标注工具标注尺寸 12;再调用“基线标注”工具,当 AutoCAD 提示“指定第二条延伸线原点或[放弃(U)/选择(S)] <选择>:”时,选择 C 点,即可创建尺寸 30;再选择 D 点即可创建尺寸 46。

4. 连续标注

连续标注是一系列首尾相连的标注形式,如图 11-70 所示。

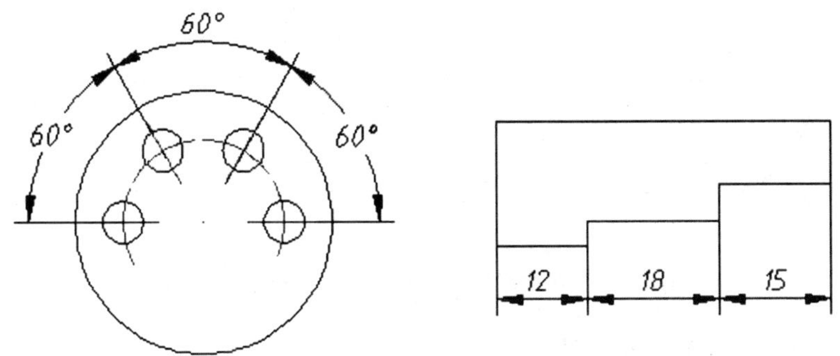

图 11-70　连续标注

命令: dimcontinue

5. 标注径向尺寸

径向尺寸指圆或圆弧的半径尺寸和直径尺寸。标注径向尺寸时,AutoCAD 会自动在直径(或半径)标注文字前面加上 Φ(或 R)符号,如图 11-71 所示。

直径标注命令:dimdiameter

“直径”标注操作示例 1:

打开“径向尺寸标注.dwg”文件;调用“直径”标注工具;选择要标注的圆,将标注文字移

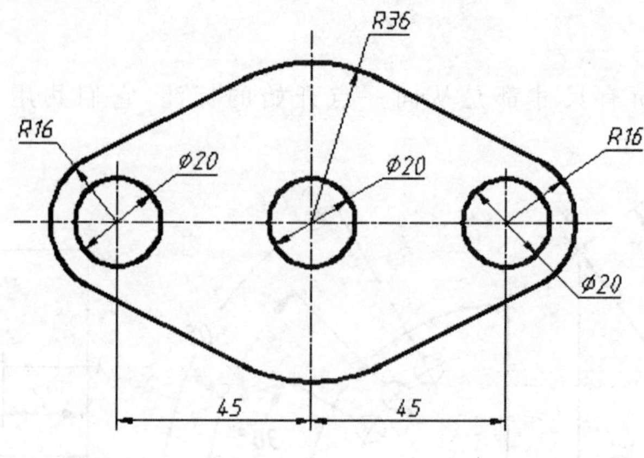

图 11-71　径向尺寸

动至合适的位置，单击左键，如图 11-71 所示。

直径尺寸也用“线性”标注在非圆表示的视图上标注：

“直径”标注操作示例 2

1)调用“线性”标注工具；

2)指定第一尺寸界线的起始点 A，选择第二条尺寸界线的起始点 B；

3)在命令行中输入 T，调用“文字 T”选项，再输入“%%C〈〉”；

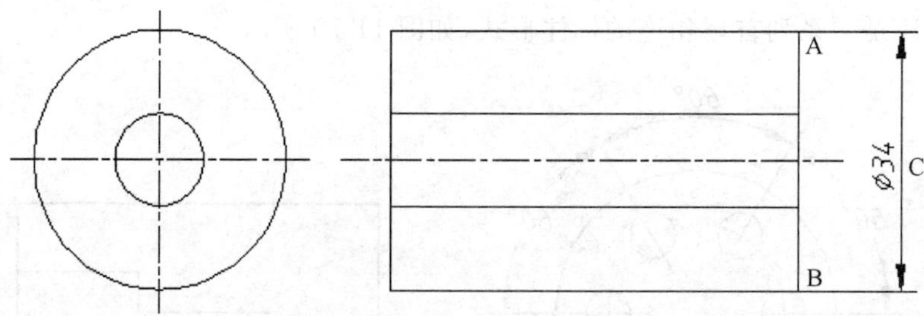

图 11-72　在非圆表示的视图上用线性标注直径

4)在 C 处单击左键放置尺寸线，结果如图 11-72。

提示：①尖括号＜　＞表示采用 AutoCAD 的测量值，也可以直接输入%%C34。但只有采用 AutoCAD 的测量值的才可以设置为“关联”；②也可在创建线性尺寸后，再将其修改为直径尺寸：双击线性尺寸，在弹出的“特性”对话框的“文字替代”文本框中输入%%C＜＞；③直径应尽可能标注在非圆视图上。

11.8.3　标注半径尺寸

半径标注与直径标注相似，命令：dimradius

11.8.4　标注角度型尺寸

AutoCAD 中，可以通过拾取两条连线、3 个点或一段圆弧来创建角度尺寸。

标注角度型尺寸命令：dimangular

“角度”标注操作示例：

1)打开“角度标注.dwg”。

2)拾取两条连线标注角度：调用“角度”标注工具；选择左侧的斜线为第一条边，选择右侧的斜线为第二条边；在合适位置处单击左键放置尺寸线，结果如图 11-73(a)图所示。

3)标注圆弧：调用“角度”标注工具；选择圆弧，AutoCAD 直接标注圆弧所对的圆心角；在合适位置处单击左键放置尺寸线，结果如图 11-73(b)图所示。

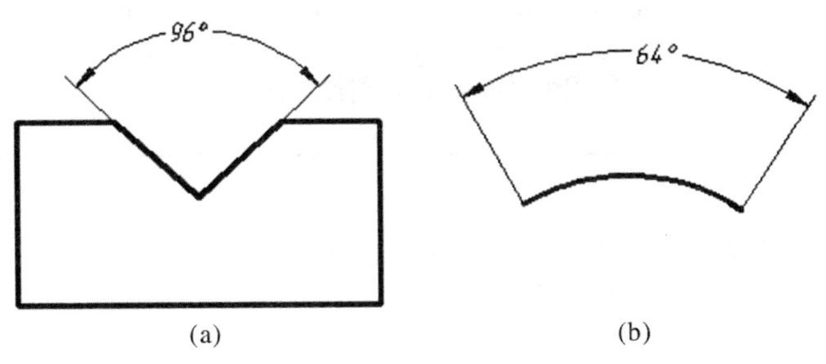

图 11-73　角度标注

11.8.5　快速标注

“快速”标注可以快速创建成组的基线、连线、阶梯的坐标标注，快速标注多个圆、圆弧及编辑标注的布局。

“快速”标注工具命令条目：qdim

“快速”标注操作示例：

打开“快速标注.dwg”文件；调用“快速”标注工具，然后从左到右框选要标注的几何图形(提示：不包括中心线)；单击<Enter>键，并拖动鼠标到适合位置处单击左键以放置尺寸线。如图 11-74 所示。

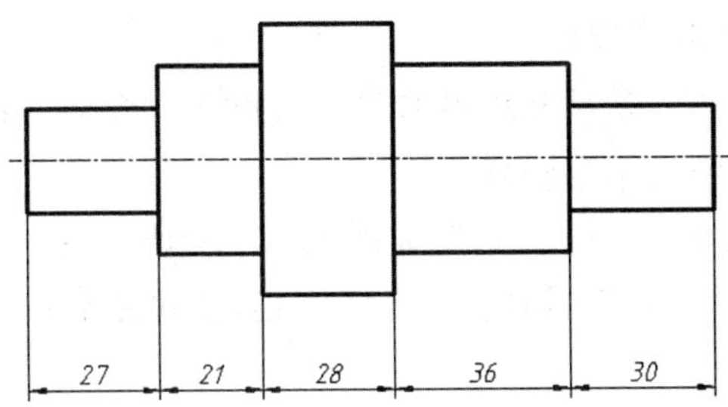

图 11-74　快速标注一连续标注

11.8.6　引线标注

引线标注由箭头、引线、基线(引线与标注文字间的线)、多行文字或图块组成。使用引线标注可以方便创建多种注释类型(如多行文本、公差)的引线标注，如图 11-75 所示。

“引线”标注工具命令：qleader

“引线”标注操作示例：

创建如图 11-75(a)所示的引线标注。

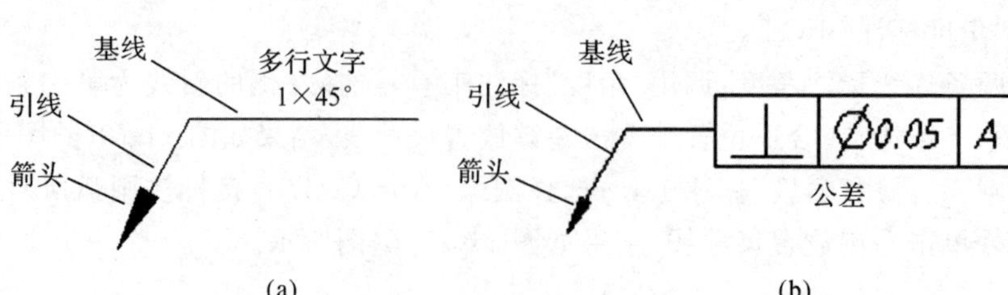

图 11-75　快速引线标注

命令：QLEADER↙
指定第一个引线点或[设置(S)] <设置>：(指定第一点：箭头位置)
指定下一点：(指定第二点：弯折位置)
指定下一点：(指定第三点：基线终点位置)
输入注释文字的第一行 <多行文字(M)>：1×45%%d(输入多行文字)
输入注释文字的下一行：↙(按<Enter>键结束引线标注)

引线的形式、箭头的外观、注释的类型由“qleader”命令中的“[设置(s)]”选项控制。

11.8.7　尺寸公差与形位公差标注

尺寸公差与形位公差是机械制图中的重要内容。

1. 标注尺寸公差

尺寸公差通常用堆叠文字方式标注公差：标注尺寸时，利用“多行文本”选项打开多行文本编辑器，然后采用堆叠文字方式标注公差。

例 11-37　标注公差

1)打开“公差标注.dwg”文件；

2)单击图标⊢⊣；指定第一条尺寸边界的起始点和第二条尺寸边界的起始点后；输入 m，并按<Enter>键，启动多行文本编辑器；

3)输入“%%C34＋0.010～－0.010”(如图 11-76(a)所示)；

4)选中“＋0.010～－0.010”，并在其上单击右键，在快捷菜单中选择“堆叠”，AutoCAD 将以公差格式显示；

5)单击左键，然后拖动鼠标到合适位置单击左键以放置尺寸线。结果如图 11-76(b)所示。

2. 标注形位公差

标注形位公差可使用 TOLERANCE 命令及 QLEADER 命令，前者只能产生公差框格，而后者既能形成公差框格又能形成标注指引线。因此常用 qleader 命令创建形位公差。

例 11-38　用引线标注方式创建形位公差。

1)打开“公差标注.dwg”；

2)输入 qleader 命令，按<Enter>键；

3)按<Enter>键，弹出“引线设置”对话框(如错误！未找到引用源。所示)，在“注释”

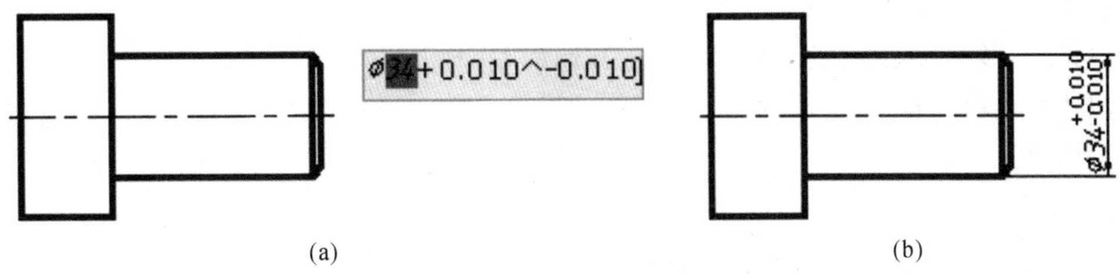

图 11-76　堆叠文字方式标注公差

选项卡中，将“注释类型”设置为“公差”，单击“确定”按钮退出对话框。

4）指定箭头位置（A 处）、弯折位置（B 处）及基线终点位置（C 处）后，将弹出“形位公差”对话框（如图 11-77 所示），在“符号”类型选择“垂直度”、公差值输入 0.05，基准 1 中输入 A。

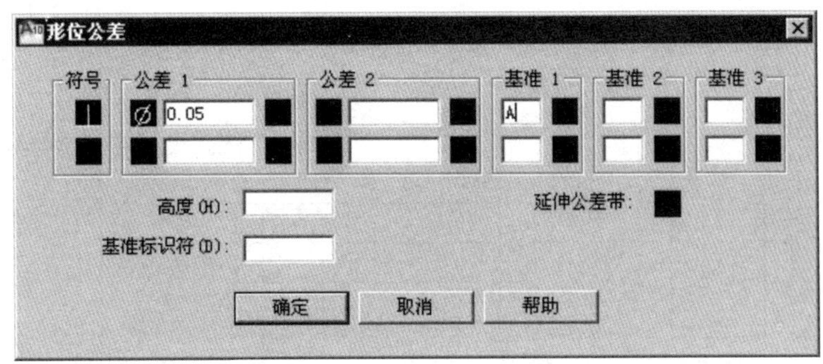

图 11-77　“形位公差”对话框

5）单击“确定”按钮，完成形位公差标注，结果如图 11-78 所示。

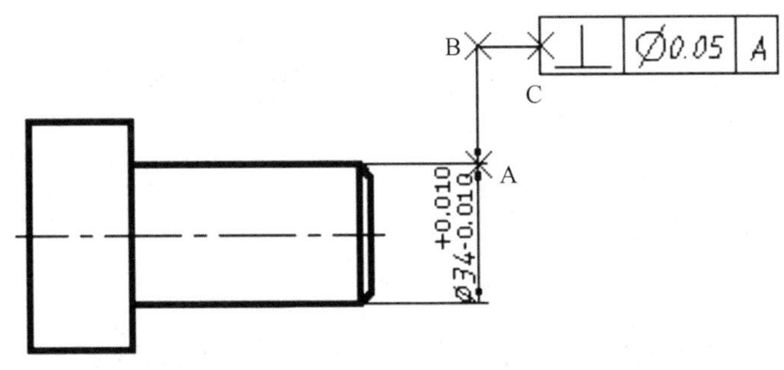

图 11-78　标注形位公差

11.8.8　编辑尺寸标注

1. 利用夹点调整标注位置

进入夹点这种编辑模式后，利用尺寸线两端或标注文字所在处的夹点来调整标注位置。

2. 修改尺寸标注文字

修改尺寸标注样式，所有由此样式控制的尺寸标注都将发生变化。修改单个尺寸标注文字的最佳方法是使用 DDEDIT 命令。发出该命令后，用户可以连续地修改想要编辑的尺寸。

例 11-39 修改尺寸标注文字

1)打开“形位公差标注一结果.dwg”,并调用 DDEDIT 命令;

2)选择形位公差,将弹出图 11-78 所示的形位公差,可将公差值修改为 0.06,然后单击“确定”按钮

11.9 工程图绘制实例

例 11-40 绘制如图 11-79 所示旋转阀阀杆。

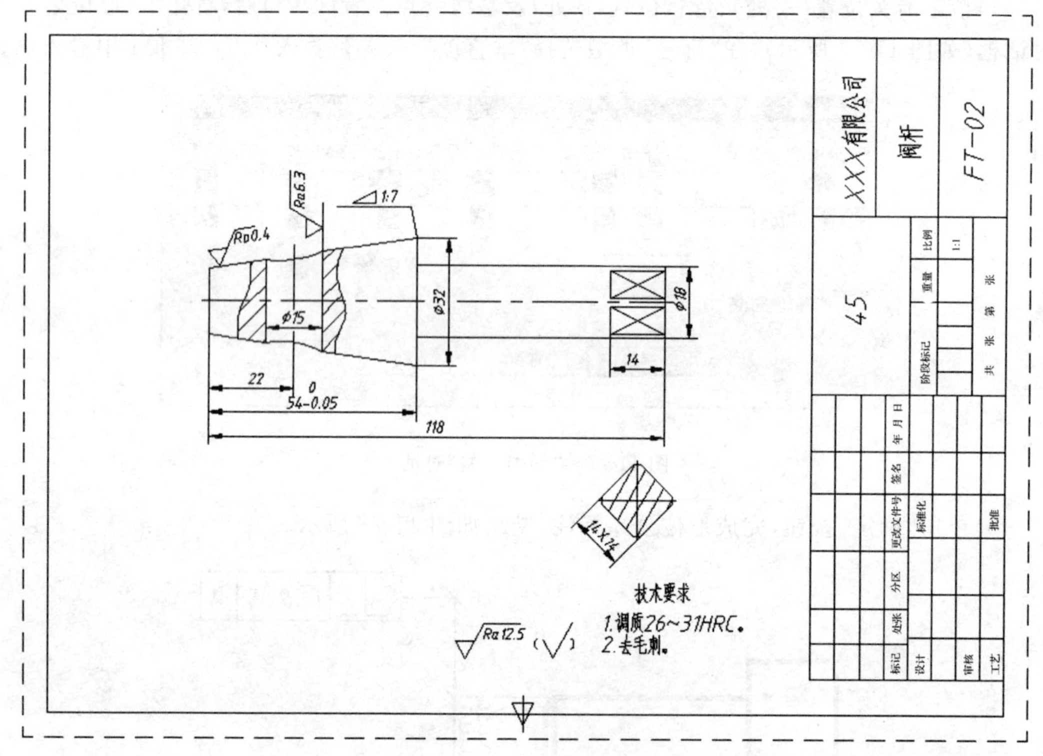

图 11-79 旋转阀阀杆

一、基于样板文件“GBA4.dwt”,新建文件,并保存为“阀杆.dwg”。

二、绘制中心线和辅助线。

(1)在辅助线层;调用“直线”工具,绘制一条长为 118 的水平直线和一条过水平直线左端点长约为 22 的铅垂直线,如图 11-80 所示。

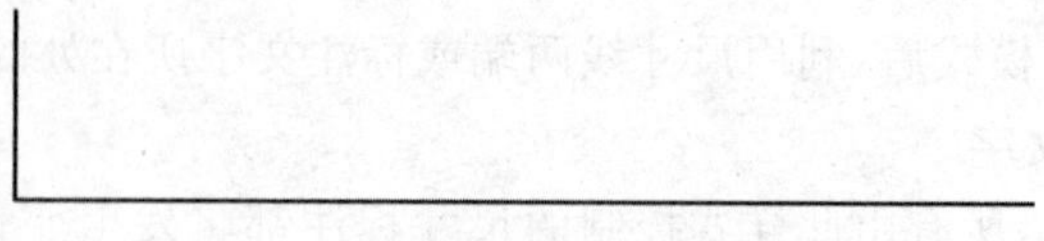

图 11-80 绘制定位直线

(2)调用“偏移”工具,将水平直线向上分别偏移 9、14、16;将铅垂直线向右分别偏移 22、40、54、118(偏移 14 和 40 是为了绘制锥度为 1∶7 的直线)。再将水平直线和偏移 22 得到铅垂直线移到“中心线层”。如图 11-81 所示。

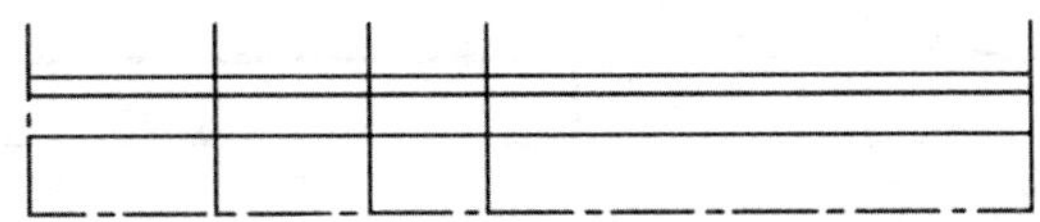

图 11-81　绘制中心线和辅助线

三、绘制主要轮廓线。

(1)切换到“粗实线”图层,然后连接相关节点,如图 11-82 所示。

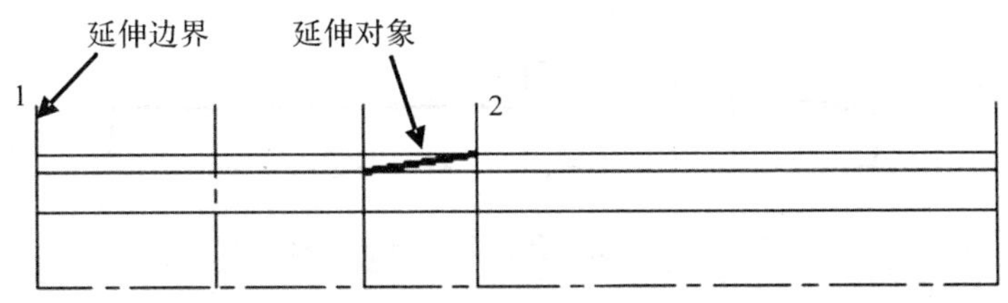

图 11-82　绘制 1∶7 斜线

(2)调用“延伸”工具,以铅垂直线为边界,延伸斜线。结果如图 11-83 所示。

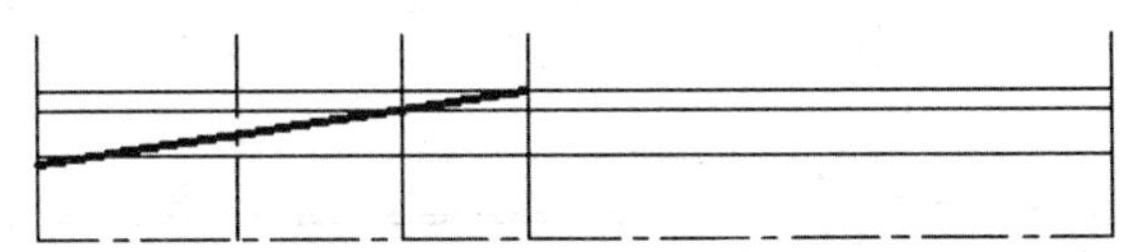

图 11-83　延伸斜线

(3)调用直线工具,连接相关节点,完成主要轮廓线的绘制,结果如图 11-84 所示。

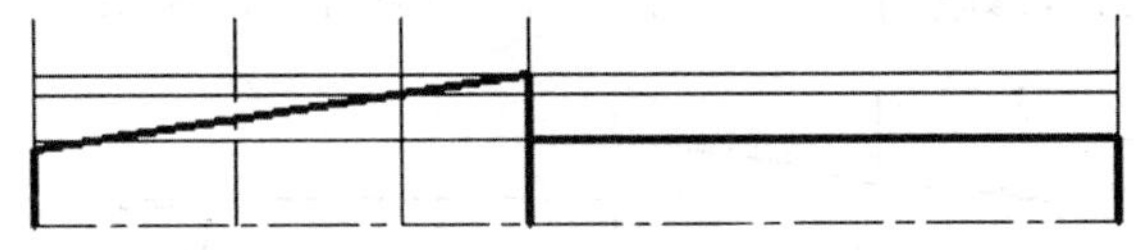

图 11-84　完成主要轮廓线的绘制

(4)隐藏辅助线。结果如图 11-85 所示。

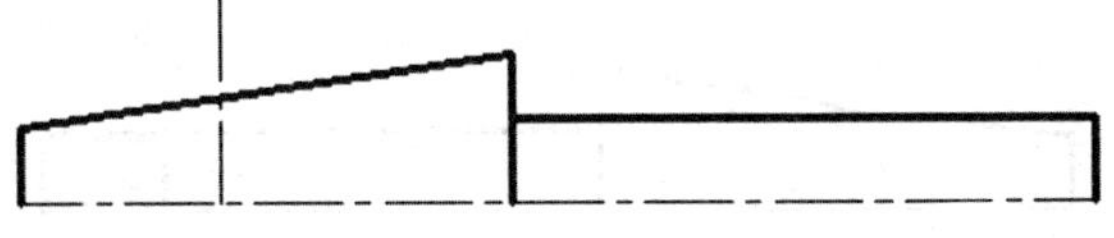

图 11-85　隐藏辅助线

四、绘制孔特征。

(1)将铅垂中心线向左、向右分别偏移距离 7.5,如图 11-86 所示。

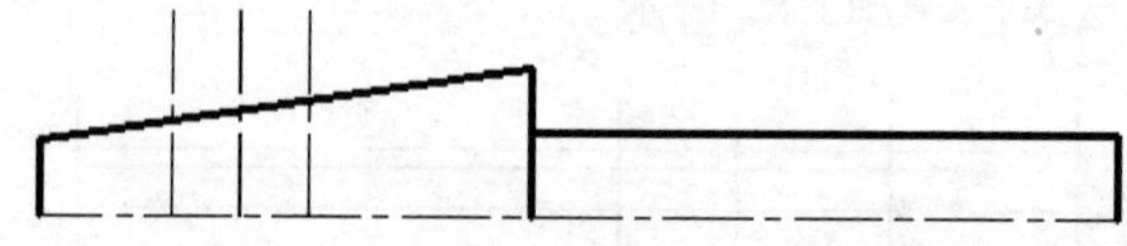

图 11-86 将铅垂中心线向左、右各偏移 7.5

(2)调用"修改"工具,以铅垂直线 1、2 为边界修剪锥度为 1∶7 的斜线;调用"三点圆弧"工具,绘制一条圆弧近似代替圆柱孔与圆锥的相贯线,最后删除铅垂直线 1、2。最终结果如图 11-87 所示。

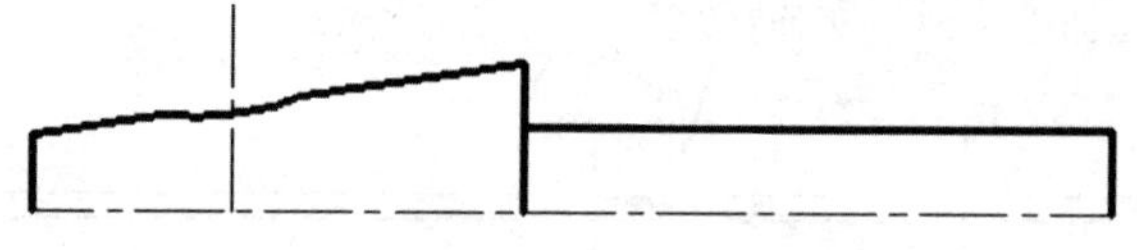

图 11-87 创建圆柱孔与圆锥的相贯线

五、绘制阀杆右端的矩形小平面。方形或矩形小平面可用对角交叉细实线表示,标注时用"B×B"注出即可。

(1)调用"偏移"工具,将铅垂直线 AB 向左偏移 14,得到 CD,将水平直线 CA 向下偏移 1、8;如图 11-88 所示。

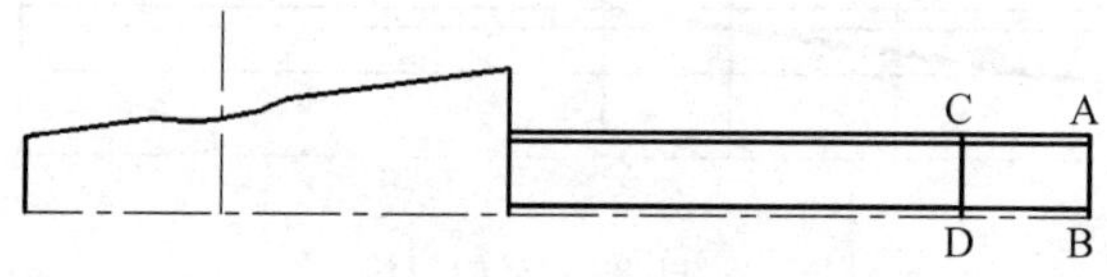

图 11-88 偏移 AB、AC 直线

(2)调用"修剪"工具,修改,获得矩形小平面。如图 11-89 所示。

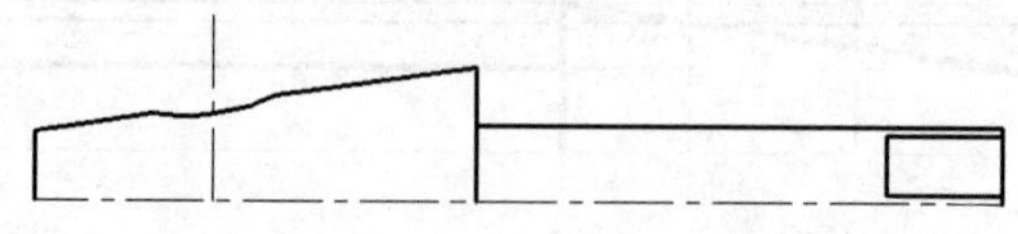

图 11-89 修剪直线,绘制矩形小平面

(3)在细实线层",用直线工具连接矩形小平面的对角点,如图 11-90 所示。

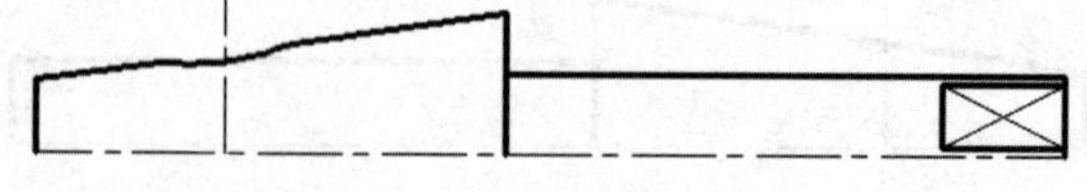

图 11-90 完成阀杆右端的矩形小平面的绘制

六、调用"镜像"工具,以水平中心线以上部分图形为镜像对象,以水平中心线为镜像线

完成镜像，结果如图 11-91 所示。

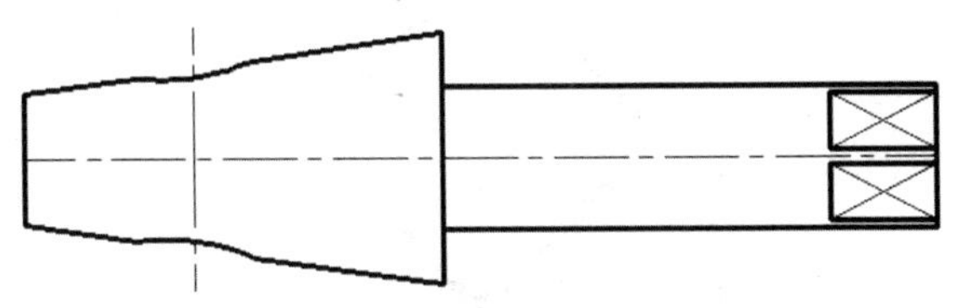

图 11-91 镜像复制

七、为更清楚地表示圆柱孔结构，应对圆柱孔部分进行局部剖视。

(1)在粗实线层调用直线工具，连接 AB、CD，如图 11-92 所示。

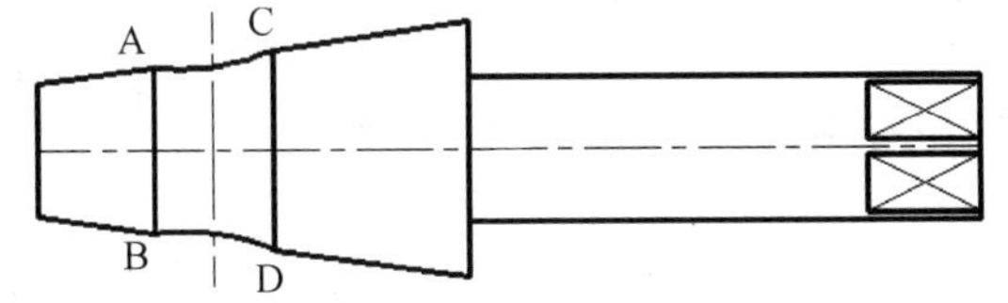

图 11-92 绘制局部剖视中圆柱孔结构

(2)在细实线层调用“样条线”工具，绘制局部视图分界线。

(3)在剖面线层填充剖面线(ANSI31)。最终结果如图 11-93 所示。

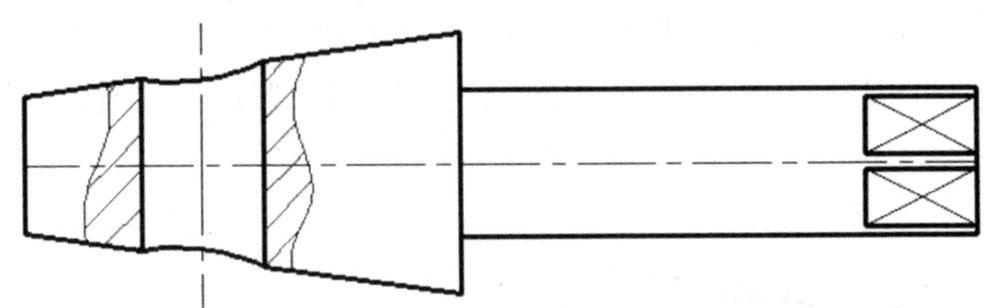

图 11-93 圆柱孔部分局部剖视

八、绘制移出剖面。

(1)在粗实线层，调用“圆”工具，在剖切位置的正下方绘制一个半径为 9 的圆。

(2)在绘图区域任意位置绘制一个 14×14 的矩形，将矩形旋转 45°。

(3)将矩形移动至目标位置：以矩形对角线的中心点与圆心重合。如图 11-94 所示。

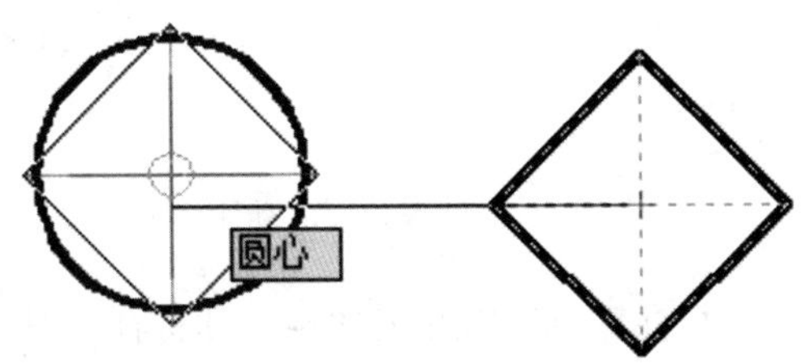

图 11-94 移动矩形

(4)调用“修剪”工具(别名 tr)，修剪圆和矩形，得到如图 11-95 所示的剖面结构。

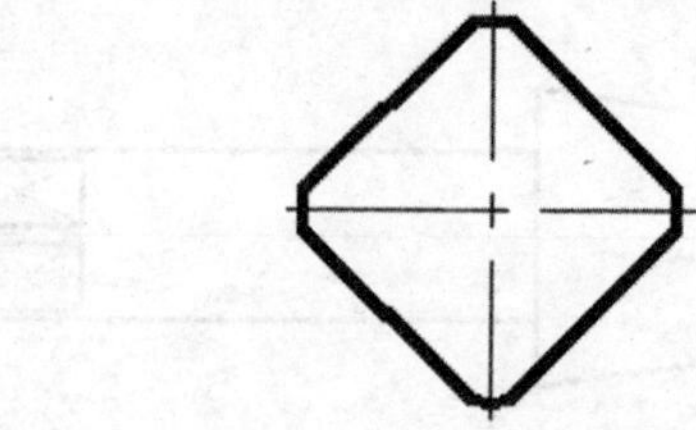

图 11-95　修剪矩形和圆

(5)调用“填充图案”工具，填充剖面图案，角度设置为 15°，如图 11-96 所示。

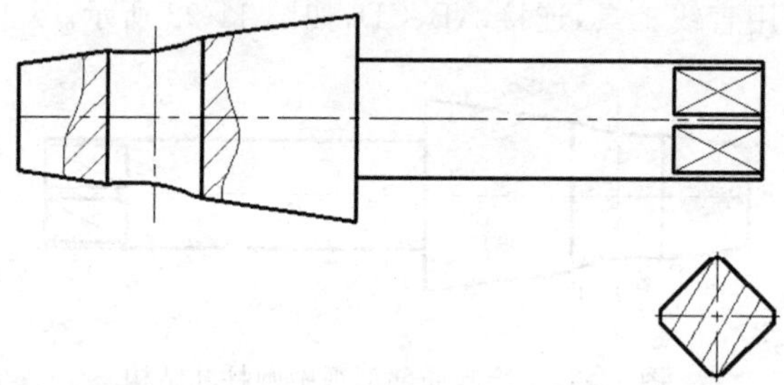

图 11-96　绘制移出剖面

九、修改中心线的长度。

(1)调用“拉长”工具，将中心线两端各延长 2 个单位。

(2)单击铅垂中心线，夹点上单击左键，然后向上(下)移动到合适位置。

十、完成尺寸标注。

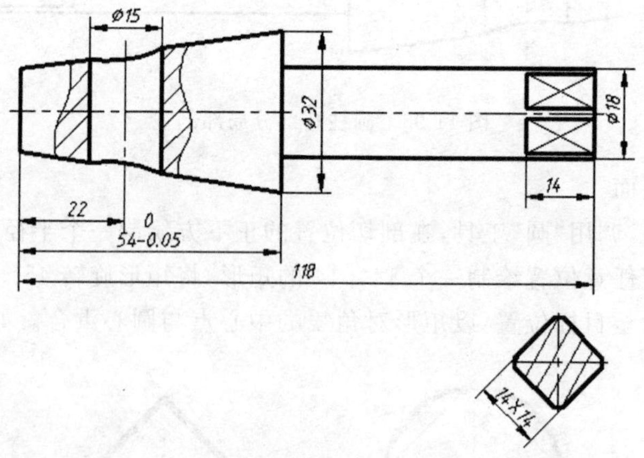

图 11-97　线性尺寸标注

(1)在标注层单击“线性”标注图标，完成线性尺寸标注，如图 11-97 所示。

提示：①标注直径 15、18、32 时，需要用%%C<>来替代标注文字：选择标注，并在其上单击右键；选择“特性”，在“特性”选项板的“文字替代”文本框中输入%%C<>。②带有极限偏差的长度尺寸 54 的极限偏差输入方法如下：双击尺寸 54，然后在“特性”选项板中，将标注样式“工程标注”改更为“工程标注-极限偏差”，然后在“公差下偏差”右侧的文本框中输入其偏差值“0.05”（注意，由于 AutoCAD 中下偏差本身默认为负，因此输入偏差值时只需输入正的数值即可）。

(2)调用“快速引线”工具，标注斜度。如图 11-98 所示。

(3)调用完成粗糙度标注：插入粗糙度块。

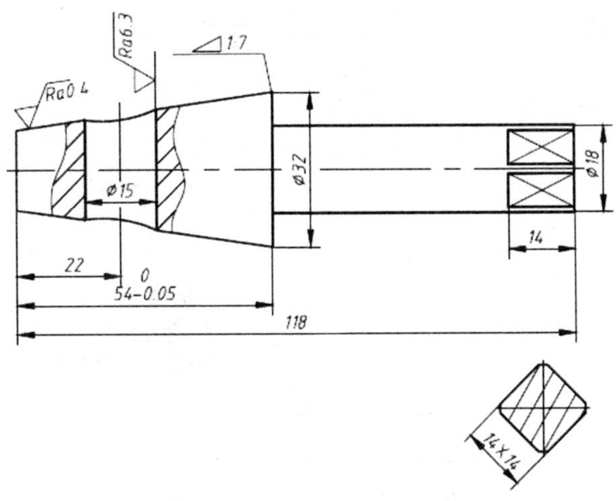

图 11-98　阀杆标注

十一、完成布局，最终结果如图 11-79 所示。

(1)根据零件图的尺寸，选择“A4 横向”布局，然后调整图形在布局中的位置和大小。

(2)填写标题栏和技术要求。

十二、保存文本。

例 11-41　绘制一个模数 m=3，齿数为 20 的标准直齿圆柱齿轮(如图 11-99 所示)。

分析：标准直齿圆柱齿轮结构比较简单，一般是先画好主视图，然后再画左视图。

一、计算标准直齿圆柱齿轮的几何尺寸。

分度圆直径：d= 60mm，齿顶圆直径：d_a=66mm，齿根圆直径：d=52.5mm。

二、以 GBA4.dwt 为样板，新建文件并在 0 层绘图，最后调整图层。

三、绘制主视图。

(1)调用直线工具，然后绘制一条长为 150 的水平中心线和长为 80 铅垂中心线。

(2)调用画圆工具，以中心线的交点为圆心，绘制直径为 60 的分度圆。

(3)调用圆工具，以分度圆的圆心为圆心，分别绘制直径为 66 的齿顶圆、直径为 52.5 的齿根圆、直径为 40 的圆形凸台以及直径为 24 的圆孔。如图 11-100 所示。

(4)画主视图上的键槽。查得轮毂上的键槽高度为 3.3mm，宽度为 8mm，所以将水平中心线向上偏移 15.3，将铅垂中心线向左右各偏移 4。调用直线工具，连接主视图上的节点，然后删除上一步产生的偏移线。调用修剪工具，对圆孔对行修剪，如图 11-101 所示。

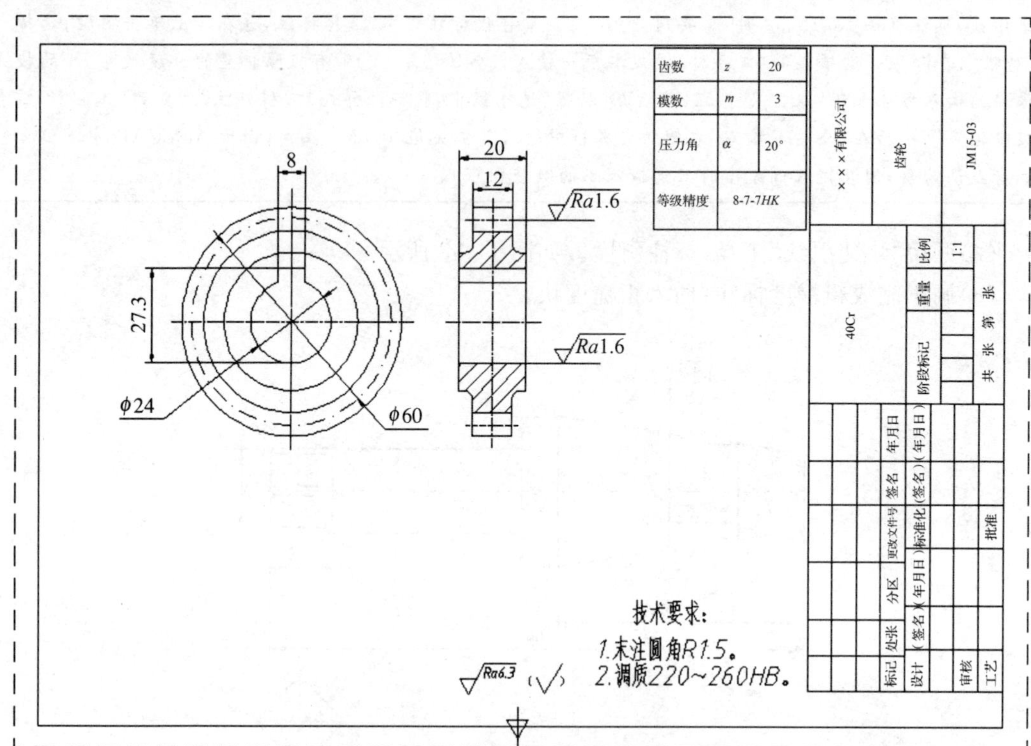

图 11-99　标准直齿圆柱齿轮

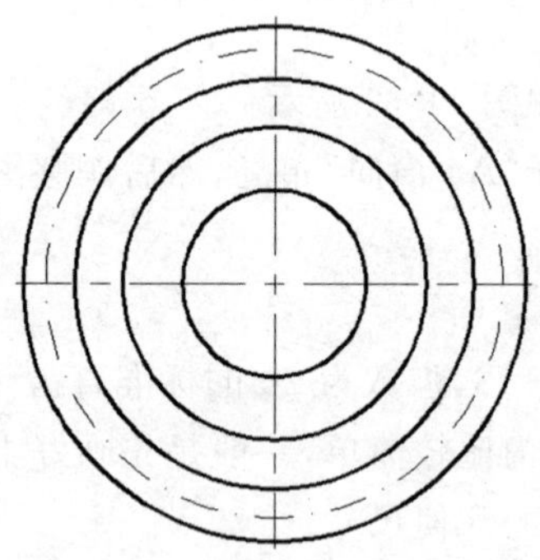

图 11-100　绘制主视图上齿根圆、分度圆、齿根圆、凸台及圆孔

四、绘制左视图。

(1)将主视图上的铅垂中心线向右偏移 60,64、70,作为齿轮轴向方向的三条辅助线。

(2)调用直线工具,根据主视图画出齿顶圆、齿根圆、圆凸台、键槽以及孔在左视图上的对应直线段(只画右半,然后镜像)。画出左视图上的分度线。如图 11-102 所示。

(3)删除三条铅垂偏移线,以 2 作为倒圆角半径,完成倒圆角操作。然后完成镜像操作。如图 11-103 所示。

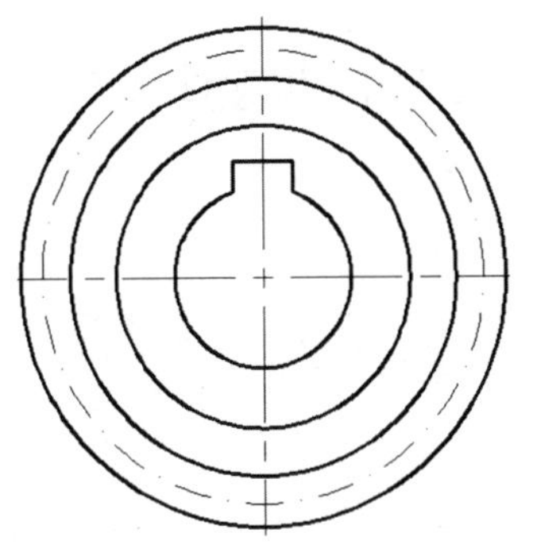

图 11-101　画主视图上的键槽

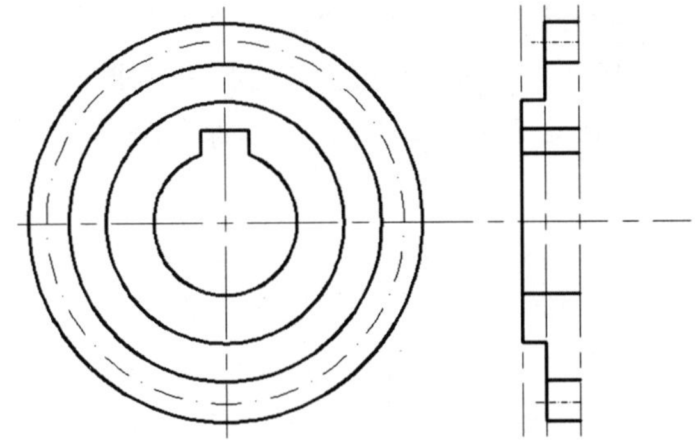

图 11-102　绘制左视图主要轮廓线

五、调用“填充图案”工具 h，选图案 ANSI31，完成添加剖面线，如图 11-104 所示。

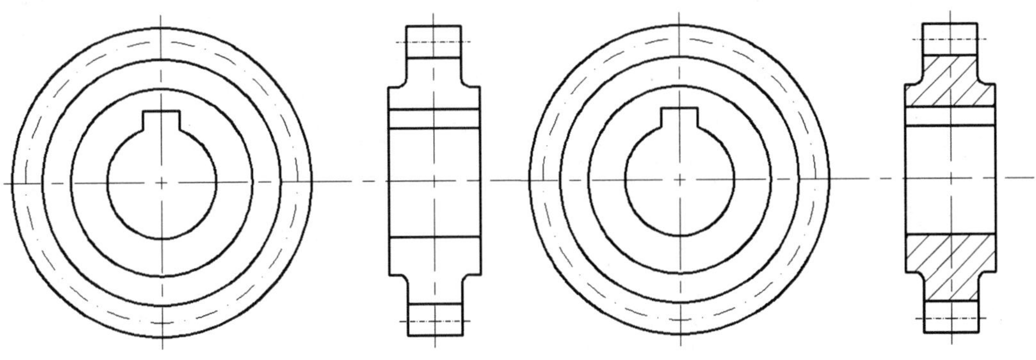

图 11-103　左视图轮廓线

图 11-104　添加剖面线

六、调用“打断”工具、“拉长”工具以及“夹点”编辑功能，完成修整工作。

七、完成尺寸标注。如图 11-105 所示尺寸标注。

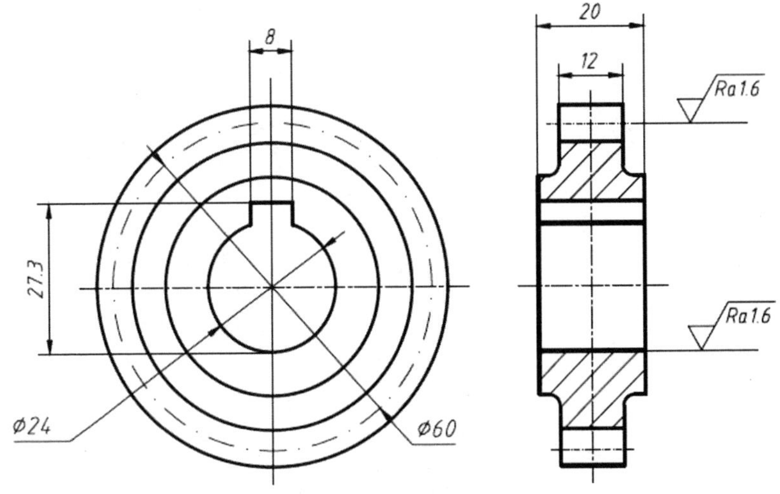

图 11-105　齿轮尺寸标注

八、调整对象图层，完成出图。

把个图线放入对应图层。填写技术要求与齿轮参数。完成图样如图 11-99 所示。

九、按快捷键＜＜Ctrl＞＞＋S，保存图形。

附　　录

一、标准公差

附表1　标准公差数值(摘自 GB/T1800.3-1998)

基本尺寸/mm		公差等级																			
大于	至	IT01	IT0	IT1	IT2	IT3	IT4	IT5	IT6	IT7	IT8	IT9	IT10	IT11	IT12	IT13	IT14	IT15	IT16	IT17	IT18
		μm													mm						
	3	0.3	0.5	0.8	1.2	2	3	4	6	10	14	25	40	60	0.10	0.14	0.25	0.40	0.60	1.0	1.4
3	6	0.4	0.6	1	1.5	2.5	4	5	8	12	18	30	48	75	0.12	0.18	0.30	0.48	0.75	1.2	1.8
6	10	0.4	0.6	1	1.5	2.5	4	6	9	15	22	36	58	90	0.15	0.22	0.36	0.58	0.90	1.5	2.2
10	18	0.5	0.8	1.2	2	3	5	8	11	18	27	43	70	110	0.18	0.27	0.43	0.70	1.10	1.8	2.7
18	30	0.6	1	1.5	2.5	4	6	9	13	21	33	52	84	130	0.21	0.33	0.52	0.84	1.30	2.1	3.3
30	50	0.6	1	1.5	2.5	4	7	11	16	25	39	62	100	160	0.25	0.39	0.62	1.00	1.60	2.5	3.9
50	80	0.8	1.2	2	3	5	8	13	19	30	46	74	120	190	0.30	0.46	0.74	1.20	1.90	3.0	4.6
80	120	1	1.5	2.5	4	6	10	15	22	35	54	87	140	220	0.35	0.54	0.87	1.40	2.20	3.5	5.4
120	180	1.2	2	3.5	5	8	12	18	25	40	63	100	160	250	0.40	0.63	1.00	1.60	2.50	4.0	6.3
180	250	2	3	4.5	7	10	14	20	29	46	72	115	185	290	0.46	0.72	1.15	1.85	2.90	4.6	7.2
250	315	2.5	4	6	8	12	16	23	32	52	81	130	210	320	0.52	0.81	1.30	2.10	3.20	5.2	8.1
315	400	3	5	7	9	13	18	25	36	57	89	140	230	360	0.57	0.89	1.40	2.30	3.60	5.7	8.9
400	500	4	6	8	10	15	20	27	40	63	97	155	250	400	0.63	0.97	1.55	2.50	4.00	6.3	9.7
500	630			9	11	16	22	32	44	70	110	175	280	440	0.70	1.10	1.75	2.8	4.4	7.0	11.0
630	800			10	13	18	25	36	50	80	125	200	320	500	0.80	1.25	2.00	3.2	5.0	8.0	12.5
800	1000			11	15	21	28	40	56	90	140	230	360	560	0.90	1.40	2.30	3.6	5.6	9.0	14.0
1000	1250			13	18	24	33	47	66	105	165	260	420	660	1.05	1.65	2.60	4.2	6.6	10.5	16.5
1250	1600			15	21	29	39	55	78	125	195	310	500	780	1.25	1.95	3.10	5.0	7.8	12.5	19.5
1600	2000			18	25	35	46	65	92	150	230	370	600	920	1.50	2.30	3.70	6.0	9.2	15.0	23.0
2000	2500			22	30	41	55	78	110	175	280	440	700	1100	1.75	2.80	4.40	7.0	11.0	17.5	28.0
2500	3150			26	36	50	68	96	135	210	330	540	860	1350	2.10	3.30	5.40	8.6	13.5	21.0	33.0

一、极限与配合

附表 2　孔极限偏差表节选(GB/T 1800.2—2009)　　（单位：μm）

基本偏差代号		C	D	F	G	H				K	N	P	S	U
公称尺寸/mm		极限偏差												
大于	至	11	9	8	7	7	8	9	11	7	7	7	7	7
—	3	+120 +60	+45 +20	+20 +6	+12 +2	+10 0	+14 0	+25 0	+60 0	0 −10	−4 −14	−6 −16	−14 −24	−18 −28
3	6	+145 +70	+60 +30	+28 +10	+16 +4	+12 0	+18 0	+30 0	+75 0	+3 −9	−4 −16	−8 −20	−15 −27	−19 −31
6	10	+170 +80	+76 +40	+35 +13	+20 +5	+15 0	+22 0	+36 0	+90 0	+5 −10	−4 −19	−9 −24	−17 −32	−22 −37
10	14	+205 +95	+93 +50	+43 +16	+24 +6	+18 0	+27 0	+43 0	+110 0	+6 −12	−5 −23	−11 −29	−21 −39	−26 −44
14	18													
18	24	+240 +110	+117 +65	+53 +20	+28 +7	+21 0	+33 0	+52 0	+130 0	+6 −15	−7 −28	−14 −35	−27 −48	−33 −54
24	30													−40 −61
30	40	+280 +120	+142 +80	+64 +25	+34 +9	+25 0	+39 0	+62 0	+160 0	+7 −18	−8 −33	−17 −42	−34 −59	−51 −76
40	50	+290 +130												−61 −86
50	65	+330 +140	+174 +100	+76 +30	+40 +10	+30 0	+46 0	+74 0	+190 0	+9 −21	−9 −39	−21 −51	−42 −71	−76 −106
65	80	+340 +150											−48 −78	−91 −121
80	100	+390 +170	+207 +120	+90 +36	+47 +12	+35 0	+54 0	+87 0	+220 0	+10 −25	−10 −45	−24 −59	−58 −93	−110 −146
100	120	+400 +180											−66 −101	−131 −166
120	140	+450 +200	+245 +145	+106 +43	+54 +14	+40 0	+63 0	+100 0	+150 0	+12 −28	−12 −52	−28 −68	−77 −117	−155 −195
140	160	+460 +210											−85 −125	−175 −215
160	180	+480 +230											−93 −133	−195 −235
180	200	+530 +240	+285 +170	+122 +50	+61 +15	+46 0	+72 0	+115 0	+290 0	+13 −33	−14 −60	−33 −79	−105 −151	−219 −265
200	225	+550 +260											−113 −159	−241 −287
225	250	+570 +280											−123 −169	−267 −313
250	280	+620 +300	+320 +190	+137 +56	+69 +17	+52 0	+81 0	+130 0	+320 0	+16 −36	−14 −66	−36 −88	−138 −190	−295 −147
280	315	+650 +330											−150 −202	−330 −382
315	355	+720 +360	+350 +210	+151 +62	+75 +18	+57 0	+89 0	+140 0	+360 0	+17 −40	−16 −73	−41 −98	−169 −226	−369 −426
355	400	+760 +400											−187 −244	−414 −471
400	450	+840 +440	+385 +230	+165 +68	+83 +20	+63 0	+97 0	+155 0	+400 0	+18 −45	−17 −80	−45 −108	−209 −272	−467 −530
450	500	+880 +480											−229 −292	−517 −580

附表 3　轴的极限偏差表节选(GB/T 1800.2—2009)　　　　(单位:μm)

基本偏差代号		c	d	f	g	h				k	n	p	s	u
公称尺寸/mm		极限偏差												
大于	至	11	9	7	6	6	7	9	11	6	6	6	6	6
—	3	−60 −120	−20 −45	−6 −16	−2 −8	0 −6	0 −10	0 −25	0 −60	+6 0	+10 +4	+12 +6	+20 +14	+24 +18
3	6	−70 145	−30 −60	−10 −22	−4 −12	0 −8	0 −12	0 −30	0 −75	+9 +1	+16 +8	+20 +12	+27 +19	+31 +23
6	10	−80 −170	−40 −76	−13 −28	−5 −14	0 −9	0 −15	0 −36	0 −90	+10 +1	+19 +10	+24 +15	+32 +23	+37 +28
10	14	−95 −205	−50 −93	−16 −34	−6 −17	0 −11	0 −18	0 −43	0 −110	+12 +1	+23 +12	+29 +18	+39 +28	+44 +33
14	18													
18	24	−110 −240	−65 −117	−20 −41	−7 −20	0 −13	0 −21	0 −52	0 −130	+15 +2	+28 +15	+35 +22	+48 +35	+54 +41
24	30													+61 +48
30	40	−120 −280	−80 −142	−25 −50	−9 −25	0 −16	0 −25	0 −62	0 −160	+18 +2	+33 +17	+42 +26	+59 +43	+76 +60
40	50	−130 −290												+86 +70
50	65	−140 −330	−100 −174	−30 −60	−10 −29	0 −19	0 −30	0 −74	0 −190	+21 +2	+39 +20	+51 +32	+72 +53	+106 +87
65	80	−150 −340											+78 +59	+121 +102
80	100	−170 −390	−120 −207	−36 −71	−12 −34	0 −22	0 −35	0 −87	0 −220	+25 +3	+45 +23	+59 +37	+93 +71	+146 +124
100	120	−180 −400											+101 +79	+166 +144
120	140	−200 −450	−145 −245	−43 −83	−14 −39	0 −25	0 −40	0 −100	0 −250	+28 +3	+52 +27	+68 +43	+117 +92	+195 +170
140	160	−210 −460											+125 +100	+215 +190
160	180	−230 −480											+133 +108	+235 +210
180	200	−240 −530	−170 −285	−50 −96	−15 −44	0 −29	0 −46	0 −115	0 −290	+33 +4	+60 +31	+79 +50	+151 +122	+265 +236
200	225	−260 −550											+159 +130	+287 +258
225	250	−280 −570											+169 +140	+313 +284
250	280	−300 −620	−190 −320	−56 −108	−17 −49	0 −32	0 −52	0 −130	0 −320	+36 +4	+66 +34	+88 +56	+190 +158	+347 +315
280	315	−330 −650											+202 +170	+382 +350
315	355	−360 −720	−210 −350	−62 −119	−18 −54	0 −36	0 −57	0 −140	0 −360	+40 +4	+73 +37	+98 +62	+226 +190	+426 +390
355	400	−400 −760											+244 +208	+471 +435
400	450	−440 −840	−230 −385	−68 −131	−20 −60	0 −40	0 −63	0 −155	0 −400	+45 +5	+80 +40	+108 +68	+272 +232	+530 +490
450	500	−480 −880											+292 +252	+580 +540

附表 4 一般公差 未注尺寸公差 GB/T1804—2000

	0.5～3	>3～6	>6～30	>30～120	>120～400	>400～1000	>1000～2000	>2000～4000
精密 f	±0.05	±0.05	±0.1	±0.15	±0.2	±0.3	±0.5	——
中等 m	±0.1	±0.1	±0.2	±0.3	±0.5	±0.8	±1.2	±2
粗糙 c	±0.2	±0.3	±0.5	±0.8	±1.2	±2	±3	±4
最粗 v	——	±0.5	±1	±1.5	±2.5	±4	±6	±8

三、几何公差

附表 5 形位公差(直线度和平面度公差值;平行度、垂直度和倾斜度公差值)

主参数 [L、d(D)/mm]	— ▱						∥ ⊥ ∠					
	公差等级											
	4	5	6	7	8	9	4	5	6	7	8	9
	公差值/μm						公差值/μm					
<=10	1.2	2	3	5	8	12	3	5	8	12	20	30
>10～16	1.5	2.5	4	6	10	15	4	6	10	15	25	40
>16～25	2	3	5	8	12	20	5	8	12	20	30	50
>25～40	2.5	4	6	10	15	25	6	10	15	25	40	60
>40～63	3	5	8	12	20	30	8	12	20	30	50	80
>63～100	4	6	10	15	25	40	10	15	25	40	60	100
>100～160	5	8	12	20	30	50	12	20	30	50	80	120
>160～250	6	10	15	25	40	60	15	25	40	60	100	150
>250～400	8	12	20	30	50	80	20	30	50	80	120	200
>400～630	10	15	25	40	60	100	25	40	60	100	150	250
>630～1000	12	20	30	50	80	120	30	50	80	120	200	300
>1000～1600	15	25	40	60	100	150	40	60	100	150	250	400
>1600～2500	20	30	50	80	120	200	50	80	120	200	300	500
>2500～4000	25	40	60	100	150	250	60	100	150	250	400	600
>4000～6300	30	50	80	120	200	300	80	120	200	300	500	800
>6300～10000	40	60	100	150	250	400	100	150	250	400	600	1000

注:主参数 L、d(D)是指被测要素的长度或直径。

附录 6　形位公差(圆度和圆柱度公差值;同轴度、对称度、圆跳动和全跳动公差值)

主参数 $d(D)$/mm	○ ⌭													主参数 $[d(D)、B、L]$/mm	◎ ⌯ ↗ ⌰											
	公差等级														公差等级											
	0	1	2	3	4	5	6	7	8	9	10	11	12		1	2	3	4	5	6	7	8	9	10	11	12
	公差值/μm														公差值/μm											
≤3	0.1	0.2	0.3	0.5	0.8	1.2	2	3	4	6	10	14	25	≤1	0.4	0.6	1.0	1.5	2.5	4	6	10	15	25	40	60
>3～6	0.1	0.2	0.4	0.6	1	1.5	2.5	4	5	8	12	18	30	>1～3	0.4	0.6	1.0	1.5	2.5	4	6	10	20	40	60	120
>6～10	0.12	0.25	0.4	0.6	1	1.5	2.5	4	6	9	15	22	36	>3～6	0.5	0.8	1.2	2	3	5	8	12	25	50	80	150
>10～18	0.15	0.25	0.5	0.8	1.2	2	3	5	8	11	18	27	43	>6～10	0.6	1	1.5	2.5	4	6	10	15	30	60	100	200
>18～30	0.2	0.3	0.6	1	1.5	2.5	4	6	9	13	21	33	52	>10～18	0.8	1.2	2	3	5	8	12	20	40	80	120	250
>30～50	0.25	0.4	0.6	1	1.5	2.5	4	7	11	16	25	39	62	>18～30	1	1.5	2.5	4	6	10	15	25	50	100	150	300
>50～80	0.3	0.5	0.8	1.2	2	3	5	8	13	19	30	46	74	>30～50	1.2	2	3	5	8	12	20	30	60	120	200	400
>80～120	0.4	0.6	1	1.5	2.5	4	6	10	15	22	35	54	87	>50～120	1.5	2.5	4	6	10	15	25	40	80	150	250	500
>120～180	0.6	1	1.2	2	3.5	5	8	12	18	25	40	63	100	>120～250	2	3	5	8	12	20	30	50	100	200	300	600
>180～250	0.8	1.2	2	3	4.5	7	10	14	20	29	46	72	115	>250～500	2.5	4	6	10	15	25	40	60	120	250	400	800
>250～315	1.0	1.6	2.5	4	6	8	12	16	23	32	52	81	130	>500～800	3	5	8	12	20	30	50	80	150	300	500	1000
>315～400	1.2	2	3	5	7	9	13	18	25	36	57	89	140	>800～1250	4	6	10	15	25	40	60	100	200	400	600	1200
>400～500	1.5	2.5	4	6	8	10	15	20	27	40	63	97	155	>1250～2000	5	8	12	20	30	50	80	120	250	500	800	1500

注:主参数 $d(D)$、B、L 是指被测要素的直径、宽度及间距。当被测要素为圆锥面时,主参数 $d(D)$ 指圆锥面的平均直径;

主参数 $d(D)$ 是指被测轴(孔)的直径。

四、螺纹

附表 7　普通螺纹的基本牙型和基本尺寸(摘自 GB/T193—2003、B/T196—2003)

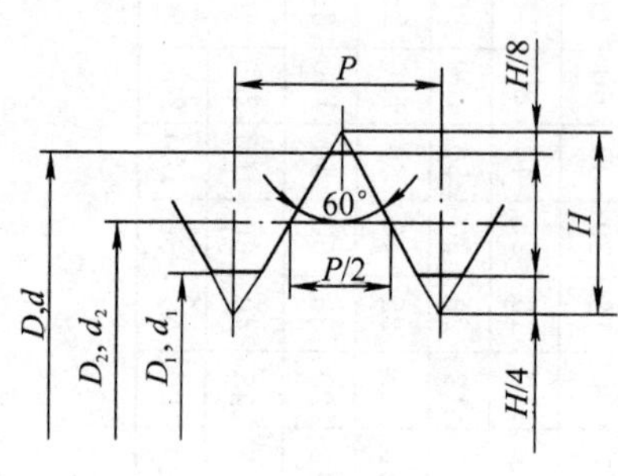

$$H=\frac{\sqrt{3}}{2}P$$

$$D_2=D-2\times\frac{3}{8}H=D-0.6495P$$

$$d_2=d-2\times\frac{3}{8}H=d-0.6495P$$

$$D_1=D-2\times\frac{5}{8}H=D-1.0825P$$

$$d_1=d-2\times\frac{5}{8}=d-1.0825P$$

标记示例

右旋粗牙普通螺纹,直径为 24 mm,螺距 3 mm 的标记:M24

左旋细牙普通螺纹,直径为 24 mm,螺距 2 mm 的标记:M24×2 LH

mm

公称直径 D、d		螺距 P		粗牙小径 D_1、d_1	公称直径 D、d		螺距 P		粗牙小径 D_1、d_1
第一系列	第二系列	粗牙	细牙		第一系列	第二系列	粗牙	细牙	
3		0.5	0.35	2.459		22	2.5	2,1.5,1,(0.75),(0.5)	19.294
	3.5	(0.6)		2.850					
4		0.7	0.5	3.242	24		3	2,1.5,1,(0.75)	20.752
	4.5	(0.75)		3.688		27	3	2,1.5,1,(0.75)	23.752
5		0.8		4.134	30		3.5	(3),2,1.5,1,(0.75)	26.211
6		1	0.75,(0.5)	4.917		33	3.5	(3),2,1.5,(1),(0.75)	29.211
8		1.25	1,0.75,(0.5)	6.647	36		4	3,2,1.5,(1)	31.670
10		1.5	1.25,1,0.75,(0.5)	8.376		39	4		34.670
12		1.75	1.5,1.25,1,(0.75),(0.5)	10.106	42		4.5	(4),3,2,1.5,(1)	37.129
	14	2	1.5,(1.25),1,(0.75),(0.5)	11.835		45	4.5		40.129
16		2	1.5,1,(0.75)(0.5)	13.835	48		5		42.587
	18	2.5	2,1.5,1,(0.75)(0.5)	15.294		52	5		46.587
20		2.5		17.294	56		5.5	4,3,2,1.5,(1)	50.046

注:1. 优先选用第一系列,括号内尺寸尽可能不用。第三系列未列入。

2. 中径 D_2、d_2 未列入。

附录 8 螺纹密封的管螺纹(摘自 GB/T7306.1—2000)

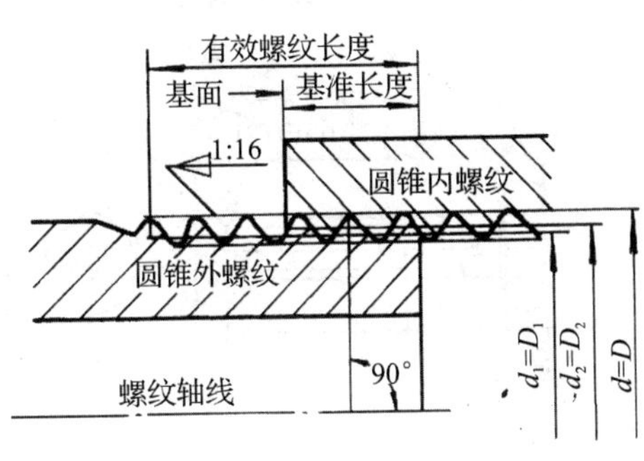

标记示例

1. 尺寸代号为 $1\frac{1}{2}$ 的右旋圆锥内螺纹:

   $R_c 1\frac{1}{2}$

2. 尺寸代号为 $1\frac{1}{2}$ 的左旋圆锥外螺纹:

   $R1\frac{1}{2}-LH$

3. 尺寸代号为 $1\frac{1}{2}$ 的右旋圆柱内螺纹:

   $R_p 1\frac{1}{2}$

mm

尺寸代号	每 25.4 mm 内所含的牙数 n	螺距 P	牙高 h	基本直径或基准平面内的基本直径			基准距离(基本)	外螺纹的有效螺纹不小于
				大径(基本直径) $d=D$	中径 $d_1=D_1$	小径 $d_1=D_1$		
1/16	28	0.907	0.581	7.723	7.142	6.561	4	6.5
1/8	28	0.907	0.581	9.728	9.147	8.566	4	6.5
1/4	19	1.337	0.856	13.157	12.301	11.445	6	9.7
3/8	19	1.337	0.856	16.662	15.806	14.950	6.4	10.1
1/2	14	1.814	1.162	20.955	19.793	18.631	8.2	13.2
3/4	14	1.814	1.162	26.441	25.279	24.117	9.5	14.5
1	11	2.309	1.479	33.249	31.770	30.291	10.4	16.8
$1\frac{1}{4}$	11	2.309	1.479	41.910	40.431	38.952	12.7	19.1
$1\frac{1}{2}$	11	2.309	1.479	47.803	46.324	44.845	12.7	19.1
2	11	2.309	1.479	59.614	58.135	56.656	15.9	23.4
$2\frac{1}{2}$	11	2.309	1.479	75.184	73.705	72.226	17.5	26.7
3	11	2.309	1.479	87.884	86.405	84.966	20.6	29.8
4	11	2.309	1.479	113.030	111.551	110.072	25.4	35.8
5	11	2.309	1.479	138.430	136.951	135.472	28.6	40.1
6	11	2.309	1.479	163.830	162.351	160.872	28.6	40.1

注:第五列中所列的是圆柱螺纹的基本直径和圆锥螺纹在基本平面内的基本直径;第六、七列只适用于圆锥螺纹。

五、螺栓

附表 9 六角头螺栓—A 和 B 级(摘自 GB/T5782—2000)、

六角头螺栓—C 级(GB/T 5780—2000)

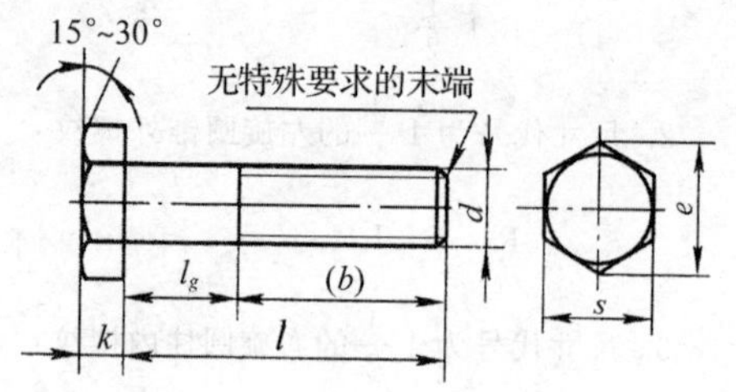

六角头螺栓—A 和 B 级(GB/T 5782—2000)

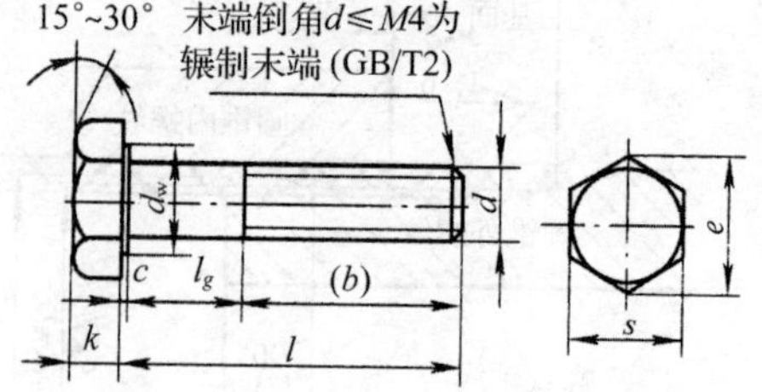

标记示例

螺纹规格 d=M12、公称长度 l=80 mm、性能等级为 8.8 级,表面氧化、A 级的六角头螺栓:

螺栓 GB/T 5782 M 12×80 mm

mm

螺纹规格 d			M3	M4	M5	M6	M8	M10	M12	M16	M20	M24	M30	M36	M42
b参考	l≤125		12	14	16	18	22	26	30	38	46	54	66	—	—
	125<l≤200		18	20	22	24	28	32	36	44	52	60	72	84	96
	l>200		31	33	35	37	41	45	49	57	65	73	85	97	109
c_{max}			0.4	0.4	0.5	0.5	0.6	0.6	0.6	0.8	0.8	0.8	0.8	0.8	1
d_{wmin}	产品等级	A	4.57	5.88	6.88	8.88	11.63	14.63	16.63	22.49	28.19	33.61	—	—	—
		B	4.45	5.74	6.74	8.74	11.47	14.47	16.47	22	27.7	33.25	42.75	51.11	59.95
e_{min}	产品等级	A	6.01	7.66	8.79	11.05	14.38	17.77	20.03	26.75	33.53	39.98	—	—	—
		B、C	5.88	7.50	8.63	10.89	14.20	17.59	19.85	26.17	32.95	39.55	50.85	60.79	71.3
k 公称			2	2.8	3.5	4	5.3	6.4	7.5	10	12.5	15	18.7	22.5	26
s_{max} 公称			5.5	7	8	10	13	16	18	24	30	36	46	55	65
l(商品规格范围)			20~30	25~40	25~50	30~60	40~80	45~100	50~120	65~160	80~200	90~240	110~300	140~360	160~400
l 系列			12,16,20,25,30,35,40,45,50,55,60,65,70,80,90,100,110,120,130,140,150,160,180,200,220,240,260,280,300,320,340,360,380,400,420,440,460,480,500												

注:1. A 级用于 d≤24 mm 和 l<10d 或≤150 mm 的螺栓;B 级用于 d>24 mm 和 l>10d 或>150 mm 的螺栓。

2. 螺纹规格 d 范围:GB/T 5780—2000 为 M5~M64;GB/T 5782—2000 为 M1.6~64。

3. 公称长度 l 范围:GB/T 5780—2000 为 25~500;GB/T 5782—2000 为 12~500。

4. 材料为钢的螺栓性能等级有 5.6、8.8、9.8、10.9 级,其中 8.8 级为常用。

六、螺钉

附表 10　内六角圆柱头螺钉(摘自 GB/T70.1—2008)

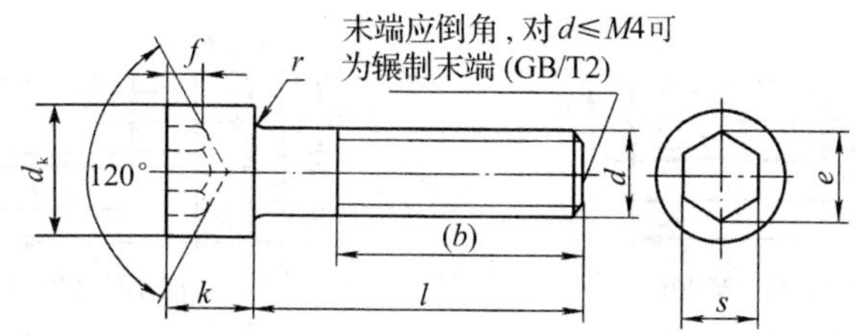

标记示例

螺纹规格 d=M5，公称长度 l=20 mm，性能等级为 8.8 级，表面氧化的内六角圆柱头螺钉：

螺钉 GB/T 70.1 M5×20

mm

螺纹规格 d	M3	M4	M5	M6	M8	M10	M12	M14	M16	M20
P(螺距)	0.5	0.7	0.8	1	1.25	1.5	1.75	2	2	2.5
b 参考	18	20	22	24	28	32	36	40	44	52
d_k	5.5	7	8.5	10	13	16	18	21	24	30
k	3	4	5	6	8	10	12	14	16	20
t	1.3	2	2.5	3	4	5	6	7	8	10
s	2.5	3	4	5	6	8	10	12	14	17
e	2.87	3.44	4.58	5.72	6.86	9.15	11.43	13.72	16.00	19.44
r	0.1	0.2	0.2	0.25	0.4	0.4	0.6	0.6	0.6	0.8
公称长度 l	5～30	6～40	8～50	10～60	12～80	16～100	20～120	25～140	25～160	30～200
l≤表中数值时，制出全螺纹	20	25	25	30	35	40	45	55	55	65
l 系列	2.5,3,4,5,6,8,10,12,16,20,25,30,35,40,45,50,55,60,65,70,80,90,100,110,120,130,140,150,160,180,200,220,240,260,280,300									

注：螺纹规格 d=M1.6～M64。

附表 11　开槽圆柱头螺钉(GB/T65—2000)、开槽沉头螺钉(GB/T68—2000)、开槽盘头螺钉(GB/T67—2008)、十字槽盘头螺钉(GB/T 818—2000)

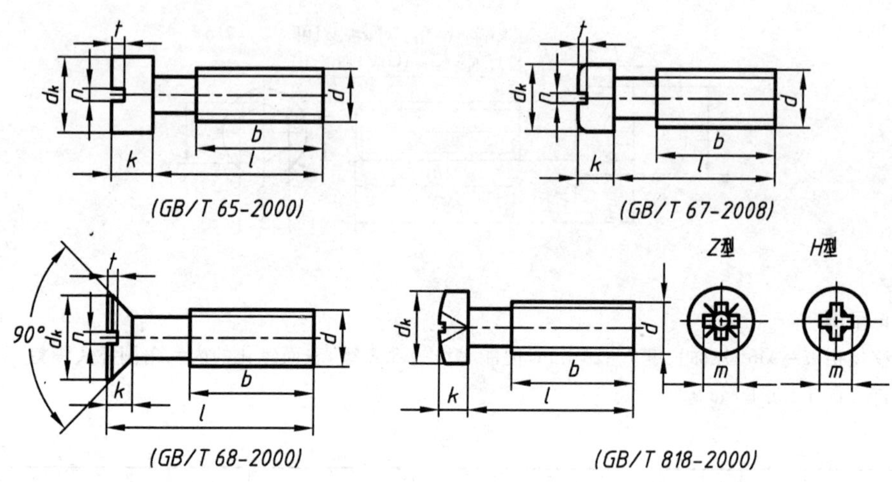

(GB/T 65-2000)　(GB/T 67-2008)　(GB/T 68-2000)　(GB/T 818-2000)

螺纹规格 d			M1.6	M2	M2.5	M3	M4	M5	M6	M8	M10
d_{kmax}(公称)		GB/T 65—2000	3.0	3.8	4.5	5.5	7.0	8.5	10.0	13.0	16.0
		GB/T 67—2008	3.2	4.0	5.0	5.6	8.00	9.50	12.00	16.00	20.00
		GB/T 68—2000	3.6	4.4	5.5	6.3	9.4	10.4	12.6	17.3	20.0
		GB/T 818—2000	3.2	4.0	5.0	5.6	8.0	9.5	12.0	16.0	20.0
k_{max}(公称)		GB/T 65—2000	1.1	1.4	1.8	2	2.6	3.3	3.9	5.0	6.0
		GB/T 67—2008	1.00	1.30	1.50	1.80	2.40	3.00	3.6	4.8	6.0
		GB/T 68—2000	1	1.2	1.5	1.65	2.7	2.7	3.3	4.65	5.0
		GB/T 818—2000	1.3	1.6	2.1	2.4	3.1	3.7	4.6	6.0	7.5
b_{min}(公称)		GB/T 65,GB/T 67 GB/T 68,GB/T 818	25				38				
开槽	n(公称)	GB/T 65—2000 GB/T 67—2008 GB/T 68—2000	0.4	0.5	0.6	0.8	1.2	1.2	1.6	2	2.5
	t_{min}	GB/T 65—2000	0.45	0.6	0.7	0.85	1.1	1.3	1.6	2	2.4
		GB/T 67—2008	0.35	0.5	0.6	0.7	1	1.2	1.4	1.9	2.4
		GB/T 68—2000	0.32	0.4	0.5	0.6	1	1.1	1.2	1.8	2
十字槽 GB/T818	H 型	m(参考)	1.7	1.9	2.7	3	4.4	4.9	6.9	9	10.1
		插入深度	0.95	1.2	1.55	1.8	2.4	2.9	3.6	4.6	5.8
	Z 型	m(参考)	1.6	2.1	2.6	2.8	4.3	4.7	6.7	8.8	9.9
		插入深度	0.9	1.42	1.5	1.75	2.34	2.74	3.46	4.5	5.69
l(公称)	商品规格范围	GB/T 65—2000	2～16	3～20	3～25	4～30	5～40	6～50	8～60	10～80	12～80
		GB/T 67—2008	2～16	2.5～20	3～25	4～30	5～40	6～50	8～60	10～80	12～80
		GB/T 68—2000	2.5～16	3～20	4～25	5～30	6～40	8～50	8～60	10～80	12～80
		GB/T 818—2000	3～16	3～20	3～25	4～30	5～40	6～45	8～60	10～60	12～60
	全螺纹范围	GB/T 65,GB/T 67	l<=30				l<=40				
		GB/T 68—2000	l<=30				l<=45				
		GB/T 818—2000	l<=25				l<=40				
	系列值	2,2.5,3,4.5,5,6,8,10,12,(14),16,20,25,30,35,40,45,50,(55),60,(65),70,(75),80									

附表 12 内六角锥端紧固螺钉(GB/T78—2007)、内六角平端紧固螺钉(GB/T78—2007)

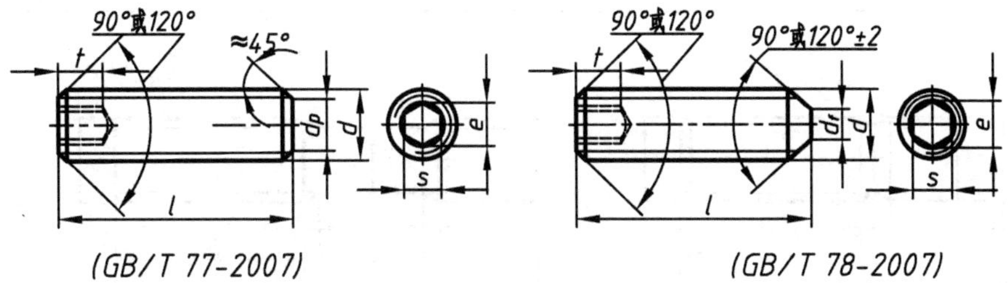

(GB/T 77-2007)　　(GB/T 78-2007)

标记示例：

螺纹规格 d=M16、公称长度 l=12 mm、性能等级为33H、表面氧化的内六角平端紧定螺钉：

螺钉GB/T 77-2000 M6X12 或 螺钉GB/T 77 M6X12

螺纹规格 d		M1.6	M2	M2.5	M3	M4	M5	M6	M8	M10	M12	M16	M20	M24
d_{pmax}		0.80	1.00	1.50	2.00	2.50	3.50	4.00	5.50	7.00	8.50	12.0	15.0	18.0
d_f		0	0	0	0	0	0	1.5	2	2.5	3	4	5	6
e_{min}		0.809	1.011	1.454	1.733	2.303	2.873	3.443	4.583	5.723	6.863	9.149	11.429	13.716
s		0.7	0.9	1.3	1.5	2	2.5	3	4	5	6	8	10	12
公称长度	GB/T 77	2～8	2～10	2～12	2～16	2.5～20	3～25	4～30	5～40	6～50	8～60	10～60	12～60	14～60
l	GB/T 78	2～8	2～10	2.5～12	2.5～16	3～20	4～25	5～30	6～40	8～50	10～60	12～60	14～60	20～60
公称长度 l<=右表内值时，GB/T 78 两端制成 120°，其他为端头制成 120°。公称长度 l>右表内值时，GB/T 78 两端制成 90°，其他为端头制成 90°。	GB/T 77	2	2.5	3	3	4	5	6	6	8	12	16	16	20
	GB/T 78	2.5	2.5	3	3	4	5	6	8	10	12	16	20	25
l 系列		2、2.5、3、4、5、6、8、10、12、(14)、16、20、25、30、35、40、45、50、(55)、60												

注：尽可能不采用括号内的规格。

七、双头螺柱

附表 13　双头螺柱 $b_m=1d$(GB/T897—1988)、$b_m=1.25d$(GB/T898—1988)、$b_m=1.5d$(GB/T899—1988)、$b_m=2d$(GB/T900—1988)

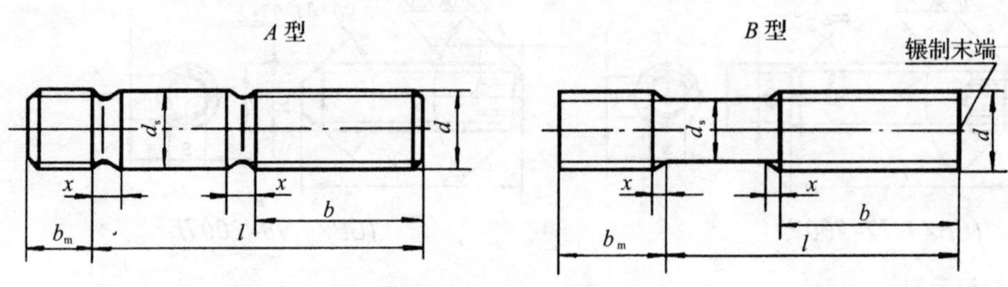

末端按 GB 2 规定;d_s≈螺纹中径(仅适用于 B 型);$x_{max}=1.5P$(螺距)

标记示例

两端均为粗牙普通螺纹,$d=10$ mm,$l=50$ mm,性能等级为 4.8 级,不经表面处理,B 型,$b_m=1.25d$ 的双头螺柱：　　螺柱 GB/T 898 M10×50

旋入机体一端为粗牙普通螺纹、旋螺母一端为螺距 $P=1$ mm 的细牙普通螺纹,$d=10$ mm,$l=50$ mm,性能等级为 4.8 级、不经表面处理,A 型,$b_m=1.25d$ 的双头螺柱：

螺柱 GB/T 898 AM10—M10×1×50

螺纹规格	b_m				L/b
	GB/T 897—1988 $b_m=1d$	GB/T 898—1988 $b_m=1.25d$	GB/T 899—1988 $b_m=1.5d$	GB/T 900—1988 $b_m=2d$	
M5	5	6	8	10	16 ～ 22/10, 25 ～ 50/16
M6	6	8	10	12	20 ～ 22/10, 25 ～ 30/14,32～75/18
M8	8	10	12	16	20 ～ 22/12, 25 ～ 30/16,32～90/22
M10	10	12	15	20	25 ～ 28/14, 30 ～ 38/16, 40 ～ 120/26,130/32
M12	12	15	18	24	25 ～ 30/16, 32 ～ 40/20, 45 ～ 120/30,130～180/36
(M14)	14	18	21	28	30 ～ 35/18, 38 ～ 50/25, 55 ～ 120/34,130～180/40
M16	16	20	24	32	30 ～ 35/20, 40 ～ 55/30, 60 ～ 120/38,130～200/44

注:1. 尽可能不采用括号内的规格;

2. P——粗牙螺纹的螺距。

八、螺母

附表 14　六角螺母—C 级(GB/T41—2000)、1 型六角螺母—A 和 B 级(GB/T6170—2000)

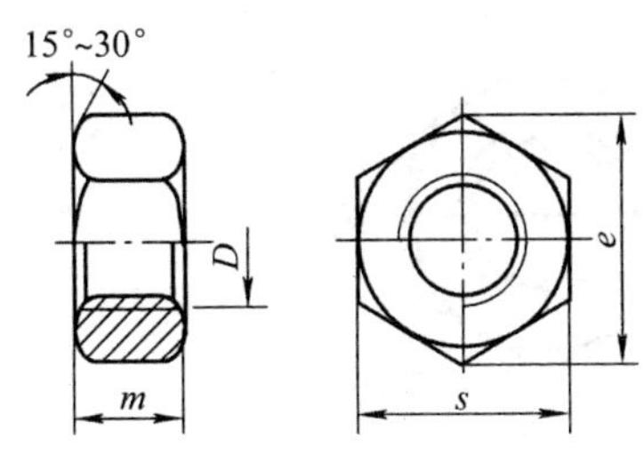

标记示例

螺纹规格 D＝M12、性能等级为 5 级、不经表面处理、C 级的六角螺母：

螺母 GB/T 41 M12

螺纹规格 D＝M12，性能等级为 8 级，不经表面处理，A 级的 1 型六角螺母：

螺母 GB/T 6170 M12

mm

螺纹规格 D		M3	M4	M5	M6	M8	M10	M12	M16	M20	M24	M30	M36	M42
e	GB/T 41—2000	—	—	8.63	10.89	14.20	17.59	19.85	26.17	32.95	39.55	50.85	60.79	71.3
	GB/T 6170—2000	6.01	7.66	8.79	11.05	14.38	17.77	20.03	26.75	32.95	39.55	50.85	60.79	71.3
s	GB/T 41—2000	—	—	8	10	13	16	18	24	30	36	46	55	65
	GB/T 6170—2000	5.5	7	8	10	13	16	18	24	30	36	46	55	65
m	GB/T 41—2000	—	—	5.6	6.4	7.9	9.5	12.2	15.9	18.7	22.3	26.4	31.9	34.9
	GB/T 6170—2000	2.4	3.2	4.7	5.2	6.8	8.4	10.8	14.8	18	21.5	25.6	31	34

注：A 级用于 $D\leqslant16$。B 级用于 $D>160$ 产品等级 A、B 由公差取值决定，A 级公差数值小。材料为钢的螺母：GB/T 6170—2000 的性能等级有 6、8、10 级，8 级为常用；GB/T 41—2000 的性能等级为 4 和 5 级。这两类螺母的螺纹规格为 M5～M64。

附表 15　六角薄螺母—A 和 B 级(摘自 GB/T6172.1—2000)

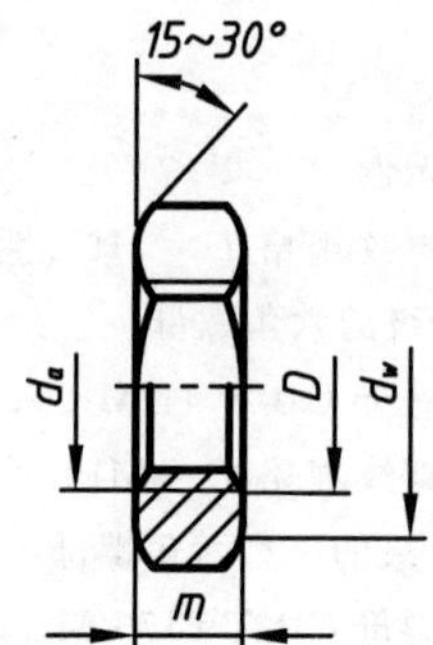

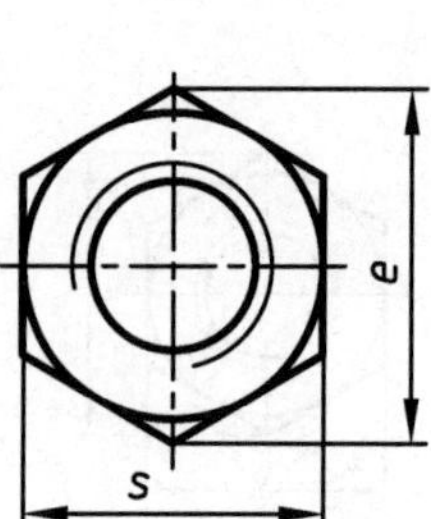

1) β=15° -30°
2) θ=110° -120°

螺纹规格 D		M1.6	M2	M2.5	M3	M4	M5	M6	M8	M10	M12
P[1)]		0.35	0.4	0.45	0.5	0.7	0.8	1	1.25	1.5	1.75
d_a	min	1.6	2	2.5	3	4	5	6	8	10	12
	max	1.84	2.3	2.9	3.45	4.6	5.75	6.75	8.75	10.8	13
d_w	min	2.4	3.1	4.1	4.6	5.9	6.9	8.9	11.6	14.6	16.6
e	min	3.41	4.32	5.45	6.01	7.66	8.79	11.05	14.38	17.77	20.03
m	max	1	1.2	1.6	1.8	2.2	2.7	3.2	4	5	6
	min	0.75	0.95	1.35	1.55	1.95	2.45	2.9	3.7	4.7	5.7
s	公称＝max	3.2	4	5	5.5	7	8	10	13	16	18
	min	3.02	3.82	4.82	5.32	6.78	7.78	9.78	12.73	15.73	17.73

螺纹规格 D		M16	M20	M24	M30	M36	M42	M48	M56	M64
P[1)]		2	2.5	3	3.5	4	4.5	5	5.5	6
d_a	min	16	20	24	30	36	42	48	56	64
	max	17.3	21.6	25.9	32.4	38.9	45.4	51.8	60.5	69.1
d_w	min	22.5	27.7	33.2	42.8	51.1	60	69.5	78.7	88.2
e	min	26.75	32.95	39.55	50.85	60.79	71.3	82.6	93.56	104.86
m	max	8	10	12	15	18	21	24	28	32
	min	7.42	9.10	10.9	13.9	16.9	19.7	22.7	26.7	30.4
s	公称＝max	24	30	36	46	55	65	75	85	95
	min	23.67	29.16	35	45	53.8	63.1	73.1	82.8	92.8

1)P—螺距

附表 16　1 型六角开槽螺母—A 和 B 级(摘自 GB/T6178—1986)　　mm

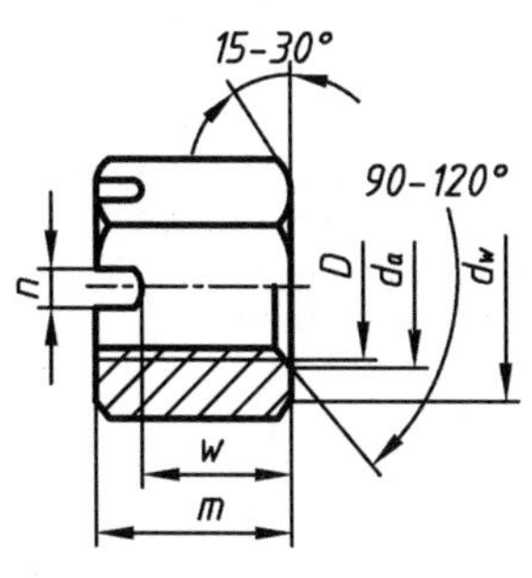

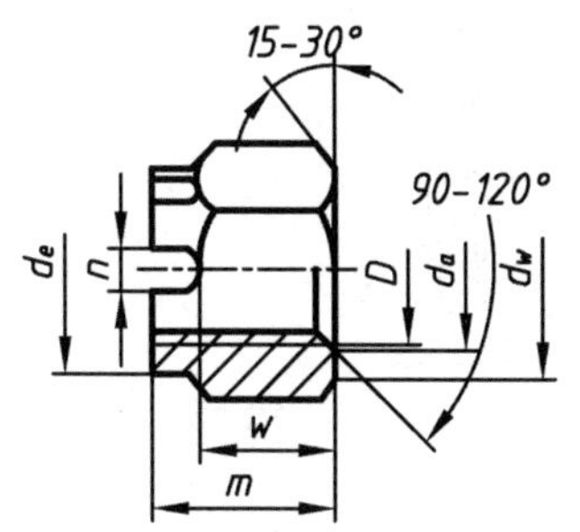

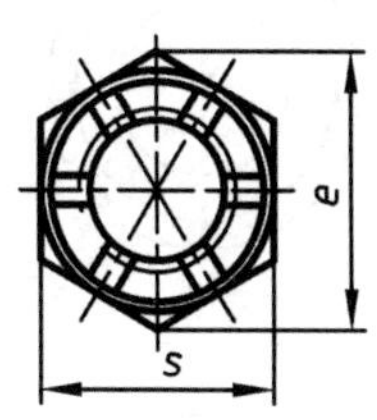

螺纹规格 D		M4	M5	M6	M8	M10	M12	(M14)	M16	M20	M24	M30	M36
d_a	max	4.6	5.75	6.75	8.75	10.8	13	15.1	17.3	21.6	25.9	32.4	38.9
	min	4	5	6	8	10	12	14	16	20	24	30	36
d_e	max	—	—	—	—	—	—	—	—	28	34	42	50
	min	—	—	—	—	—	—	—	—	27.16	33	41	49
d_w	min	5.9	6.9	8.9	11.6	14.6	16.6	19.6	22.5	27.7	33.2	42.7	51.1
e	min	7.66	8.79	11.05	14.38	17.77	20.03	23.35	26.75	32.95	39.55	50.85	60.79
m	max	5	6.7	7.7	9.8	12.4	15.8	17.8	20.8	24	29.5	34.6	40
	min	4.7	6.4	7.34	9.44	11.97	15.37	17.37	20.28	23.16	28.66	33.6	39
n	min	1.2	1.4	2	2.5	2.8	3.5	3.5	4.5	4.5	5.5	7	7
	max	1.8	2	2.6	3.1	3.4	4.25	4.25	5.7	5.7	6.7	8.5	8.5
s	max	7	8	10	13	16	18	21	24	30	36	46	55
	min	6.78	7.78	9.78	12.73	15.73	17.73	20.67	23.67	29.16	35	45	53.8
w	max	3.2	4.7	5.2	6.8	8.4	10.8	12.8	14.8	18	21.5	25.6	31
	min	2.9	4.4	4.9	6.44	8.04	10.37	12.37	14.37	17.37	20.88	24.98	30.38
开口销		1×10	1.2×12	1.6×14	2×16	2.5×20	3.2×22	3.2×26	4×28	4×36	5×40	6.3×50	6.3×63

注:尽可能不采用括号内的规格。

附表 17 圆螺母(摘自 GB/T812—1986)

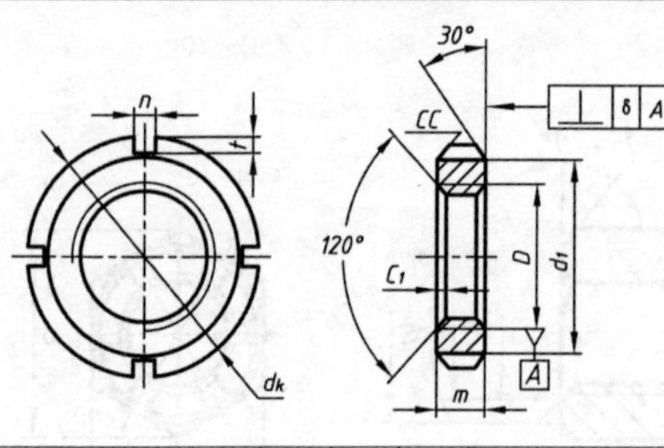

标记示例:

螺纹规格D=M16x1.5、材料为45钢、槽或全部热处理后35-45HRC表面氧化的圆螺母:

螺母 GB/T 812-1988 M16X1.5

或 螺母 GB/T 812 M16X1.5

<table>
<tr><th>D</th><th>d_k</th><th>d_1</th><th>m</th><th>n</th><th>t</th><th>C</th><th>C_1</th><th>D</th><th>d_k</th><th>d_1</th><th>m</th><th>n</th><th>t</th><th>C</th><th>C_1</th></tr>
<tr><td>M10×1</td><td>22</td><td>16</td><td rowspan="6">8</td><td rowspan="3">4</td><td rowspan="3">2</td><td rowspan="7">0.5</td><td rowspan="22">0.5</td><td>M64×2</td><td>95</td><td>84</td><td rowspan="3">12</td><td rowspan="2">8</td><td rowspan="2">3.5</td><td rowspan="19">1.5</td><td rowspan="19">1</td></tr>
<tr><td>M12×1.25</td><td>25</td><td>19</td><td>M65×2 *</td><td>95</td><td>84</td></tr>
<tr><td>M14×1.5</td><td>28</td><td>20</td><td>M68×2</td><td>100</td><td>88</td><td rowspan="6">10</td><td rowspan="6">4</td></tr>
<tr><td>M16×1.5</td><td>30</td><td>22</td><td rowspan="8">5</td><td rowspan="8">2.5</td><td>M72×2</td><td>105</td><td>93</td><td rowspan="5">15</td></tr>
<tr><td>M18×1.5</td><td>32</td><td>24</td><td>M75×2 *</td><td>105</td><td>93</td></tr>
<tr><td>M20×1.5</td><td>35</td><td>27</td><td>M76×2</td><td>110</td><td>98</td></tr>
<tr><td>M22×1.5</td><td>38</td><td>30</td><td rowspan="12">10</td><td>M80×2</td><td>115</td><td>103</td></tr>
<tr><td>M24×1.5</td><td>42</td><td>34</td><td rowspan="7">1</td><td>M85×2</td><td>120</td><td>108</td></tr>
<tr><td>M25×1.5*</td><td>42</td><td>34</td><td>M90×2</td><td>125</td><td>112</td><td rowspan="5">18</td><td rowspan="4">12</td><td rowspan="4">5</td></tr>
<tr><td>M27×1.5</td><td>45</td><td>37</td><td>M95×2</td><td>130</td><td>117</td></tr>
<tr><td>M30×1.5</td><td>48</td><td>40</td><td>M100×2</td><td>135</td><td>122</td></tr>
<tr><td>M33×1.5</td><td>52</td><td>43</td><td rowspan="7">6</td><td rowspan="7">3</td><td>M105×2</td><td>140</td><td>127</td></tr>
<tr><td>M35×1.5*</td><td>52</td><td>43</td><td>M110×2</td><td>150</td><td>135</td><td rowspan="6">14</td><td rowspan="6">6</td></tr>
<tr><td>M36×1.5</td><td>55</td><td>46</td><td>M115×2</td><td>155</td><td>140</td><td rowspan="4">22</td></tr>
<tr><td>M39×1.5</td><td>58</td><td>49</td><td rowspan="10">1.5</td><td>M120×2</td><td>160</td><td>145</td></tr>
<tr><td>M40×1.5</td><td>58</td><td>49</td><td>M125×2</td><td>165</td><td>150</td></tr>
<tr><td>M42×1.5</td><td>62</td><td>53</td><td>M130×2</td><td>170</td><td>155</td></tr>
<tr><td>M45×1.5</td><td>68</td><td>59</td><td>M140×2</td><td>180</td><td>165</td><td rowspan="3">26</td></tr>
<tr><td>M48×1.5</td><td>72</td><td>61</td><td rowspan="6">12</td><td rowspan="6">8</td><td rowspan="6">3.5</td><td>M150×2</td><td>200</td><td>180</td><td rowspan="6">16</td><td rowspan="6">7</td></tr>
<tr><td>M50×1.5*</td><td>72</td><td>61</td><td>M160×3</td><td>210</td><td>190</td><td rowspan="5">2</td><td rowspan="5">1.5</td></tr>
<tr><td>M52×1.5</td><td>78</td><td>67</td><td>M170×3</td><td>220</td><td>200</td><td rowspan="4">30</td></tr>
<tr><td>M55×2*</td><td>78</td><td>67</td><td>M180×3</td><td>230</td><td>210</td></tr>
<tr><td>M56×2</td><td>85</td><td>74</td><td rowspan="2">1</td><td>M190×3</td><td>240</td><td>220</td></tr>
<tr><td>M60×2</td><td>90</td><td>79</td><td>M200×3</td><td>250</td><td>230</td></tr>
</table>

注:1. 槽数 n:当 D<=M100×2 时,n=4;当 D>=M105×2 时,n=6;

2. 标有 * 者仅用于滚动轴承锁紧装置。

九、垫圈

附表 18 平垫圈—C 级(GB/T95—2002)、平垫圈—A 级(GB/T97.1—2002)、倒角型—A 级(GB/T97.2—2002)、小垫圈—A 级(GB/T848—2002)

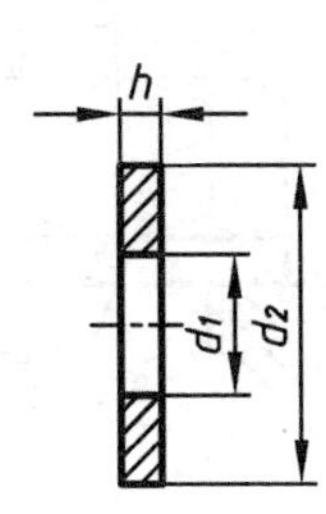

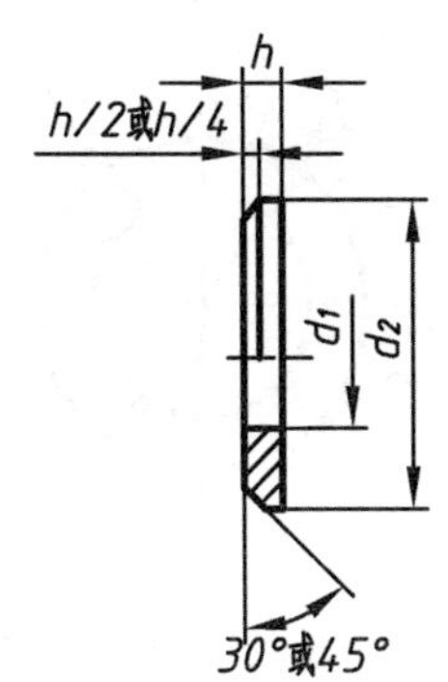

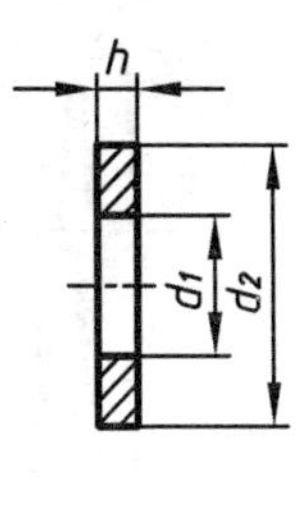

(GB/T 95-2002、GB/T 97.1-2002)　　(GB/T 97.2-2002)　　(GB/T 848-2002)

<table>
<tr><th colspan="2">公称规格(螺纹大径 D)</th><th>4</th><th>5</th><th>6</th><th>8</th><th>10</th><th>12</th><th>16</th><th>20</th><th>24</th><th>30</th><th>36</th><th>42</th><th>48</th><th>56</th><th>64</th></tr>
<tr><td rowspan="4">$d_{1\min}$
(公称)</td><td>GB/T 848</td><td rowspan="2">4.3</td><td rowspan="3">5.3</td><td rowspan="3">6.4</td><td rowspan="3">8.4</td><td rowspan="3">10.5</td><td rowspan="3">13</td><td rowspan="3">17</td><td rowspan="3">21</td><td rowspan="3">25</td><td rowspan="3">31</td><td rowspan="3">37</td><td>—</td><td>—</td><td>—</td><td>—</td></tr>
<tr><td>GB/T 97.1</td><td rowspan="3">45</td><td rowspan="3">52</td><td rowspan="3">62</td><td rowspan="3">70</td></tr>
<tr><td>GB/T 97.2</td><td>—</td></tr>
<tr><td>GB/T 95</td><td>4.5</td><td>5.5</td><td>6.6</td><td>9</td><td>11</td><td>13.5</td><td>17.5</td><td>22</td><td>26</td><td>33</td><td>39</td></tr>
<tr><td rowspan="4">$d_{2\max}$
(公称)</td><td>GB/T 848</td><td>8</td><td>9</td><td>11</td><td>15</td><td>18</td><td>20</td><td>28</td><td>34</td><td>39</td><td>50</td><td>60</td><td>—</td><td>—</td><td>—</td><td>—</td></tr>
<tr><td>GB/T 97.1</td><td>9</td><td rowspan="3">10</td><td rowspan="3">12</td><td rowspan="3">16</td><td rowspan="3">20</td><td rowspan="3">24</td><td rowspan="3">30</td><td rowspan="3">37</td><td rowspan="3">44</td><td rowspan="3">56</td><td rowspan="3">66</td><td rowspan="3">78</td><td rowspan="3">92</td><td rowspan="3">105</td><td rowspan="3">115</td></tr>
<tr><td>GB/T 97.2</td><td>—</td></tr>
<tr><td>GB/T 95</td><td>9</td></tr>
<tr><td rowspan="4">$h_{\max}$
(公称)</td><td>GB/T 848</td><td>0.5</td><td>1</td><td colspan="3">1.6</td><td>2</td><td>2.5</td><td>3</td><td colspan="2">4</td><td>5</td><td>—</td><td>—</td><td>—</td><td>—</td></tr>
<tr><td>GB/T 97.1</td><td>0.8</td><td rowspan="3">1</td><td rowspan="3" colspan="2">1.6</td><td rowspan="3">2</td><td rowspan="3">2.5</td><td rowspan="3" colspan="2">3</td><td rowspan="3" colspan="2">4</td><td rowspan="3">5</td><td rowspan="3" colspan="2">8</td><td rowspan="3" colspan="2">10</td></tr>
<tr><td>GB/T 97.2</td><td>—</td></tr>
<tr><td>GB/T 95</td><td>0.8</td></tr>
</table>

附表 19　标准型弹簧垫圈(摘自 GB/T93—1987)

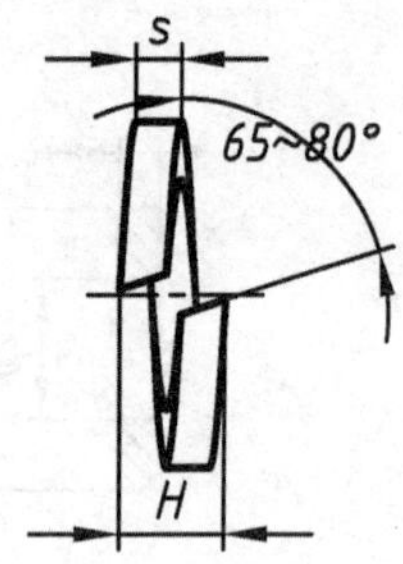

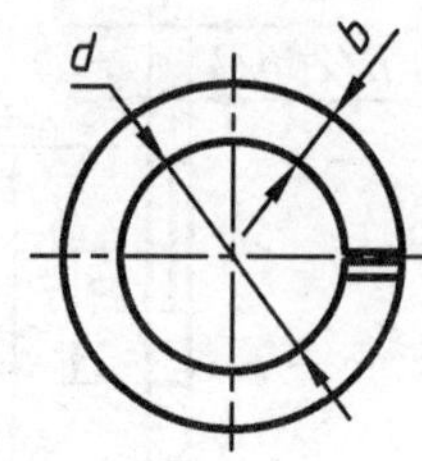

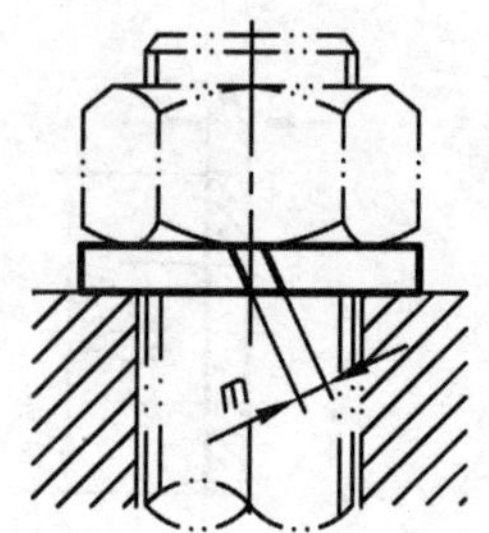

mm

规格(螺纹大径)	d		S(b)			H		m
	min	max	公称	min	max	min	max	≤
2	2.1	2.35	0.5	0.42	0.58	1	1.25	0.25
2.5	2.6	2.85	0.65	0.57	0.73	1.3	1.63	0.33
3	3.1	3.4	0.8	0.7	0.9	1.6	2	0.4
4	4.1	4.4	1.1	1	1.2	2.2	2.75	0.55
5	5.1	5.4	1.3	1.2	1.4	2.6	3.25	0.65
6	6.1	6.68	1.6	1.5	1.7	3.2	4	0.8
8	8.1	8.68	2.1	2	2.2	4.2	5.25	1.05
10	10.2	10.9	2.6	2.45	2.75	5.2	6.5	1.3
12	12.2	12.9	3.1	2.95	3.25	6.2	7.75	1.55
(14)	14.2	14.9	3.6	3.4	3.8	7.2	9	1.8
16	16.2	16.9	4.1	3.9	4.3	8.2	10.25	2.05
(18)	18.2	19.04	4.5	4.3	4.7	9	11.25	2.25
20	20.2	21.04	5	4.8	5.2	10	12.5	2.5
(22)	22.5	23.34	5.5	5.3	5.7	11	13.75	2.75
24	24.5	25.5	6	5.8	6.2	12	15	3
(27)	27.5	28.5	6.8	6.5	7.1	13.6	17	3.4
30	30.5	31.5	7.5	7.2	7.8	15	18.75	3.75
(33)	33.5	34.7	8.5	8.2	8.8	17	21.25	4.25
36	36.5	37.7	9	8.7	9.3	18	22.5	4.5
(39)	39.5	40.7	10	9.7	10.3	20	25	5
42	42.5	43.7	10.5	10.2	10.8	21	26.25	5.25
(45)	45.5	46.7	11	10.7	11.3	22	27.5	5.5
48	48.5	49.7	12	11.7	12.3	24	30	6

注：1. 尽可能不采用括号内的规格

2. m 应大于 0

附表 20 圆螺母止动垫圈(GB/T858—1988)

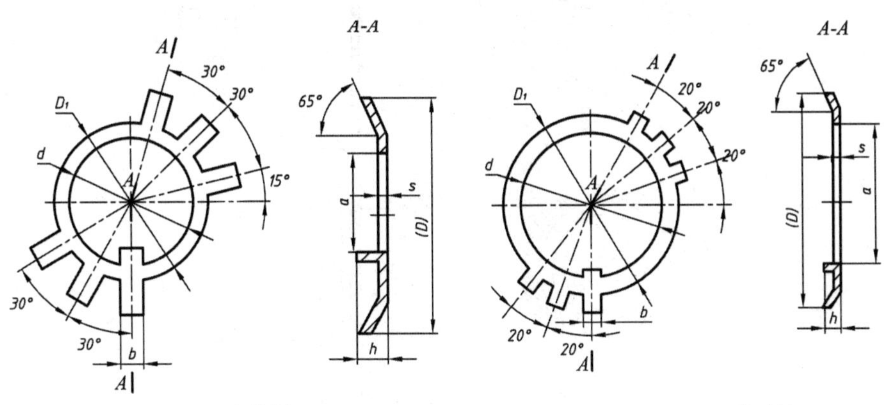

d≤100　　　　　　d>100　　　　mm

<table>
<tr><th>规格(螺纹大径)</th><th>d</th><th>D(参考)</th><th>D1</th><th>S</th><th>h</th><th>b</th><th>a</th></tr>
<tr><td>10</td><td>10.5</td><td>25</td><td>16</td><td rowspan="11">1</td><td rowspan="4">3</td><td rowspan="3">3.8</td><td>8</td></tr>
<tr><td>12</td><td>12.5</td><td>28</td><td>19</td><td>9</td></tr>
<tr><td>14</td><td>14.5</td><td>32</td><td>20</td><td>11</td></tr>
<tr><td>16</td><td>16.5</td><td>34</td><td>22</td><td rowspan="8">4.8</td><td>13</td></tr>
<tr><td>18</td><td>18.5</td><td>35</td><td>24</td><td rowspan="5">4</td><td>15</td></tr>
<tr><td>20</td><td>20.5</td><td>38</td><td>27</td><td>17</td></tr>
<tr><td>22</td><td>22.5</td><td>42</td><td>30</td><td>19</td></tr>
<tr><td>24</td><td>24.5</td><td>45</td><td>34</td><td>21</td></tr>
<tr><td>25[1)]</td><td>25.5</td><td>45</td><td>34</td><td>22</td></tr>
<tr><td>27</td><td>27.5</td><td>48</td><td>37</td><td rowspan="11">5</td><td>24</td></tr>
<tr><td>30</td><td>30.5</td><td>52</td><td>40</td><td>27</td></tr>
<tr><td>33</td><td>33.5</td><td rowspan="2">56</td><td rowspan="2">43</td><td rowspan="18">1.5</td><td rowspan="7">5.7</td><td>30</td></tr>
<tr><td>35[1)]</td><td>35.5</td><td>32</td></tr>
<tr><td>36</td><td>36.5</td><td>60</td><td>46</td><td>33</td></tr>
<tr><td>39</td><td>39.5</td><td rowspan="2">62</td><td rowspan="2">49</td><td>36</td></tr>
<tr><td>40[1)]</td><td>40.5</td><td>37</td></tr>
<tr><td>42</td><td>42.5</td><td>66</td><td>53</td><td>39</td></tr>
<tr><td>45</td><td>45.5</td><td>72</td><td>59</td><td>42</td></tr>
<tr><td>48</td><td>48.5</td><td rowspan="2">76</td><td rowspan="2">61</td><td rowspan="8">7.7</td><td>45</td></tr>
<tr><td>50[1)]</td><td>50.5</td><td>47</td></tr>
<tr><td>52</td><td>52.5</td><td rowspan="2">82</td><td rowspan="2">67</td><td rowspan="7">6</td><td>49</td></tr>
<tr><td>55[1)]</td><td>56</td><td>52</td></tr>
<tr><td>56</td><td>57</td><td>90</td><td>74</td><td>53</td></tr>
<tr><td>60</td><td>61</td><td>94</td><td>79</td><td>57</td></tr>
<tr><td>64</td><td>65</td><td rowspan="2">100</td><td rowspan="2">84</td><td>61</td></tr>
<tr><td>65[1)]</td><td>66</td><td>62</td></tr>
<tr><td>68</td><td>69</td><td>105</td><td>88</td><td rowspan="3">9.6</td><td>65</td></tr>
<tr><td>72</td><td>73</td><td rowspan="2">110</td><td rowspan="2">93</td><td rowspan="2">7</td><td>69</td></tr>
<tr><td>75[1)]</td><td>76</td><td>71</td></tr>
</table>

附表 21 孔用弹性挡圈-A 型(GB893.1—86)

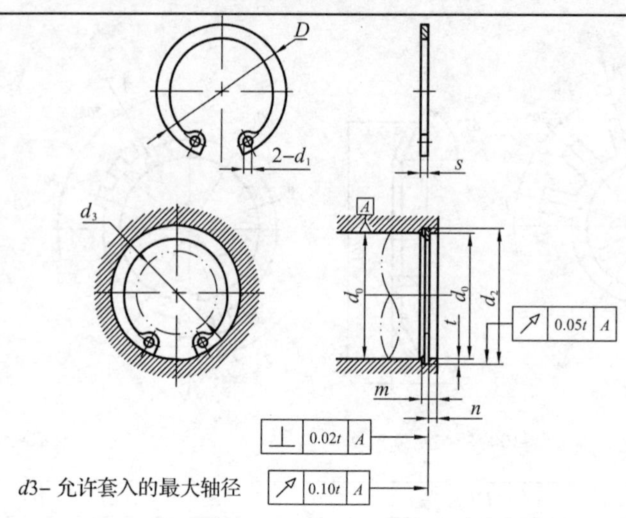

$d3$- 允许套入的最大轴径

mm

孔径 d_0	挡圈						沟槽(推荐)					轴 $d_1<$
	D		S		$b\sim$	d_1	d_2		m		$n>$	
	基本尺寸	极限偏差	基本尺寸	极限偏差			基本尺寸	极限偏差	基本尺寸	极限偏差		
8	8.7	+0.36 −0.1	0.6	+0.04 −0.07	1	1	8.4	+0.99 0	0.7	+0.14 0	0.6	2
9	9.8				1.2		9.4					
10	10.8		0.8	+0.04 −0.10	1.7	1.5	10.4	+0.11 0	0.9			
11	11.8						11.4					3
12	13						12.5				0.9	4
13	14.1					1.7	13.6					
14	15.1		1	+0.05 −0.13	2.1		14.6		1.1			5
15	16.2						15.7				1.2	6
16	17.3						16.8					7
17	18.3	+0.42 −0.13					17.8					8
18	19.5						19	+0.13 0			1.5	9
19	20.5				2.5	2	20					10
20	21.5						21					
21	22.5						22					11
22	23.5						23					12
24	25.9	+0.42 −0.21	1.2				25.2	+0.21 0	1.3		1.8	13
25	26.9				2.8		26.2					14
26	27.9						27.2					15
28	30.1	+0.50 −0.25			3.2		29.4				2.1	17
30	32.1						31.4	+0.25 0				18
31	33.4					2.5	32.7				2.6	19
32	34.4						33.7					20
34	36.5	+0.50 −0.25	1.5	+0.06 −0.15	3.6		35.7		1.7			22
35	37.8						37				3	23
36	38.8						38					24
37	39.8						39					25
38	40.8						40					26
40	43.5	+0.90 −0.39			4		42.5				3.8	27
42	45.5					3	44.5					29
45	48.5				4.7		47.5					31

附表 22 轴用弹性挡圈(A 型)(摘自 GB894.1—86)

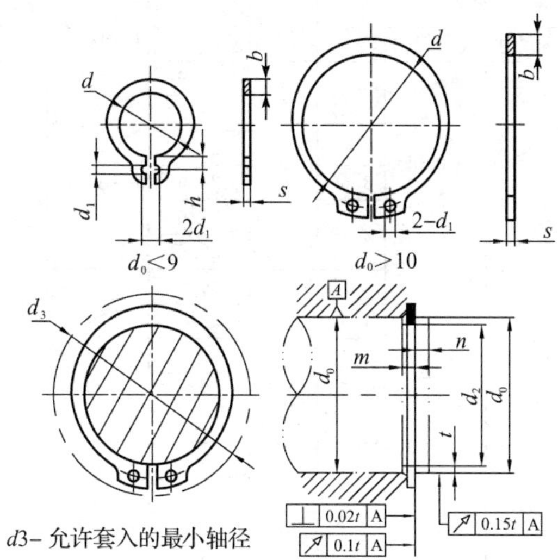

d3- 允许套入的最小轴径

(1)

mm

轴径 d_0	挡圈							沟槽(推荐)					孔
	d		S		$b\approx$	d_1	h	d_2		m		$n\geq$	$d_3\geq$
	基本尺寸	极限偏差	基本尺寸	极限偏差				基本尺寸	极限偏差	基本尺寸	极限偏差		
3	2.7	+0.04 −0.15	0.4	+0.03 −0.06	0.8	1	0.95	2.8	0 −0.04	0.5	+0.14 0	0.3	7.2
4	3.7				0.88		1.1	3.8					8.8
5	4.7		0.6	+0.04 −0.07	1.12		1.25	4.8	0 −0.048	0.7			10.7
6	5.6				1.32	1.2	1.35	5.7				0.5	12.2
7	6.5	+0.06 −0.18					1.55	6.7	0 −0.058				13.8
8	7.4		0.8	+0.04 −0.10			1.6	7.6		0.9		0.6	15.2
9	8.4				1.44		1.65	8.6					16.4

(2)

mm

轴径 d_0	挡圈						沟槽(推荐)					孔
	d		S		$b\sim$	d_1	d_2		m		$n\geq$	$d_1<$
	基本尺寸	极限偏差	基本尺寸	极限偏差			基本尺寸	极限偏差	基本尺寸	极限偏差		
10	9.3	+0.10 −0.36	1	+0.05 −0.13	1.44	1.5	9.6	0−0.058	1.1	+0.14 0	0.6	17.6
11	10.2				1.52		10.5	0 −0.11			0.8	18.6
12	11				1.72		11.5					19.6
13	11.9				1.88	1.7	12.4				0.9	20.8
14	12.9						13.4					22
15	13.8				2.00		14.3				1.1	23.2
16	14.7				2.32		15.2				1.2	24.4
17	15.7				2.48		16.2					25.6
18	16.5						17				1.5	27
19	17.5					2	18					28
20	18.5	+0.13 −0.42			2.68		19	0 −0.13				29
21	19.5						20					31
22	20.5						21					32

续表

轴径 d_0	档圈 d 基本尺寸	档圈 d 极限偏差	档圈 S 基本尺寸	档圈 S 极限偏差	$b\approx$	d_1	沟槽(推荐) d_2 基本尺寸	沟槽(推荐) d_2 极限偏差	沟槽(推荐) m 基本尺寸	沟槽(推荐) m 极限偏差	$n>$	孔 $d_1<$
24	22.2	+0.21 −0.42	1.2	+0.05 −0.13	3.32	2	22.9	0 −0.21	1.3	+0.14 0	1.7	34
25	23.2						23.9					35
26	24.2						24.9					36
28	25.9				3.60		26.6				2.1	38.4
29	26.9				3.72		27.6					39.8
30	27.9						28.6					42
32	29.6				3.92	2.5	30.3	0 −0.25			2.6	44
34	31.5	+0.25 −0.50	1.5	+0.06 −0.15	4.32		32.3		1.7			46
35	32.2				4.52		33				3	48
36	33.2						34					49
37	34.2						35					50
38	35.2				5.0		36					51
40	36.5	+0.39 −0.90					37.5				3.8	53
42	38.5					3	39.5					56
45	41.5						42.5					59.4
48	44.5						45.5					62.8
50	45.8		2	+0.06 −0.18	5.48		47		2.2		4.5	64.8
52	47.8						49					67
55	50.8	+0.46 −1.10					52	0 −0.30				70.4
56	51.8				6.12		53					71.7
58	53.8						55					73.6
60	55.8						57					75.8
62	57.8						59					79
63	58.8		2.5	+0.07 −0.22			60		2.7			79.6
65	60.8						62					81.6
68	63.5				6.32		65					85

十、键

附表 23 平键和键槽的断面尺寸(GB/T1095—2003)、普通平键的形式及尺寸(GB/T1096—2003)

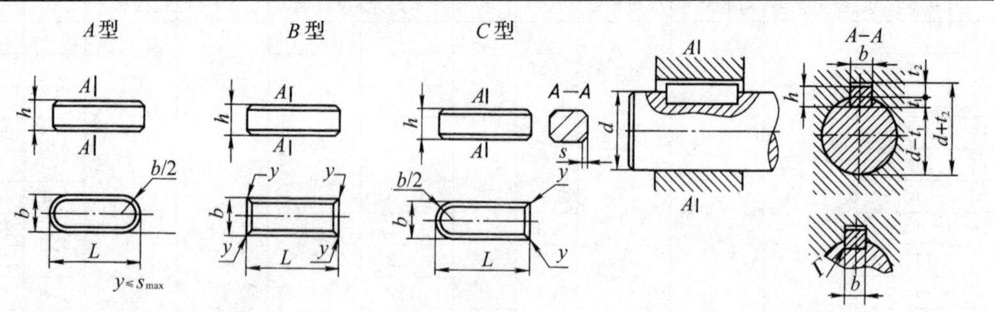

标记示例

GB/T 1096 键 16×10×100:b=16 mm,h=10 mm,l=100,圆头普通 A 型平键。

GB/T 1096 键 B16×10×100:宽度 b=16 mm,高度 h=10 mm,长度 l=60,普通 B 型平键。

GB/T 1096 键 Cl6×10×100:宽度 b=16 mm,高度 h=10 mm,长度 l=60,普通 C 型平键。

mm

轴	键		键槽												倒角或倒圆 s
	基本尺寸		槽宽 b						深度				半径 r		
			基本尺寸 b	极限偏差					轴 t_1		毂 t_2				
				正常联结		较松联结		紧密联结							
公称直径 d	宽度 b (h8)	高度 h 矩形(h11) 方形(h8)		轴 N9	毂 JS9	轴 H9	毂 D10	轴和毂 P9	基本尺寸	极限偏差	基本尺寸	极限偏差	min	max	
自 6～8	2	2	2	−0.004 −0.029	±0.0125	±0.025 0	+0.060 +0.020	−0.006 −0.031	1.2	+0.1 0	1	+0.10 0	0.08	0.16	0.16～0.25
>8～10	3	3	3						1.8		1.4				
>10～12	4	4	4	0 −0.030	±0.015	+0.030 0	+0.078 0.030	−0.012 −0.042	2.5		1.8				
>12～17	5	5	5						3.0		2.3		0.16	0.25	0.20～0.40
>17～22	6	6	6						3.5		2.8				
>22～30	8	7	8	0 −0.036	±0.018	+0.036 0	+0.098 0.040	−0.015 −0.051	4.0	+0.2 0	3.3	+0.20 0			
>30～38	10	8	10						5.0		3.3		0.25	0.40	0.40～0.60
>38～44	12	8	12	0 −0.043	±0.0215	+0.043 0	+0.120 +0.050	−0.018 −0.061	5.0		3.3				
>44～50	14	9	14						5.5		3.8				
>50～58	16	10	16						6.0		4.3				
>58～65	18	11	18						7.0		4.4				
>65～75	20	12	20	0 −0.052	±0.026	+0.052 0	+0.149 +0.065	−0.022 −0.074	7.5		4.9		0.40	0.60	0.60～0.80
>75～85	22	14	22						9.0		5.4				
>85～95	25	14	25						9.0		5.4				
>95～110	28	16	28						10.0		6.4				
>110～130	32	18	32	0 −0.062	±0.031	+0.062 0	+0.180 +0.080	−0.026 −0.088	11.0		7.4				
>130～150	36	20	36						12.0	+0.3 0	8.4	+0.3 0	0.70	1.00	1.00～1.20
>150～170	40	22	40						13.0		9.4				
>170～200	45	25	45						15.0		10.4				
>200～230	50	28	50						17.0		11.4				
b、h 基本尺寸	2,3,4,5,6,8,10,12,14,16,18,20,22,25,28,32,36,40,45,50,56,63,70,80,90,100														
L 基本尺寸	6,8,10,12,14,16,18,20,22,25,28,32,36,40,45,50,56,63,70,80,90,100,110,125,140,160,180,200,220,250,280,320,360,400,450,500														

注：键的极限偏差：宽 (b) 用 hq；高 (h) 用 h11；长 (L) 用 h14。平键的轴槽长度公差用 H14。

十一、销

附表 24　圆柱销不淬硬钢和奥氏体不锈钢(GB/T119.1—2000)、淬硬钢和马氏体不锈钢(GB/T119.2—2000)、圆锥销(GB/T117—2000)

1. 圆柱销

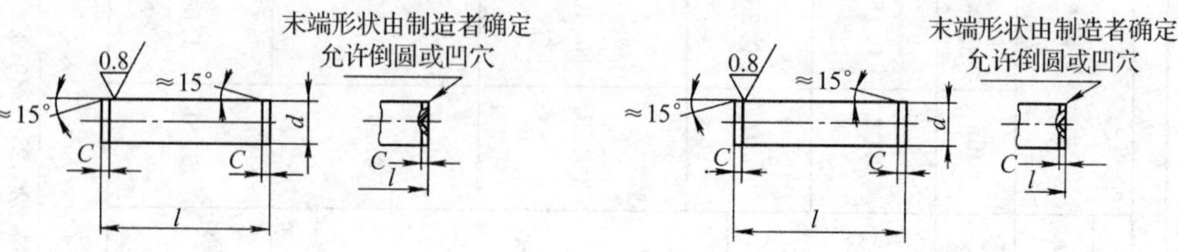

标记示例

(1)公称直径 d=6 mm,公差为 m6、公称长度 l=30 mm,材料为钢、不经淬火、不经表面处理的圆柱销:销 GB/T 119.1　6 m6×30

(2)公称直径 d=6 mm、公差为 m6、公称长度 l=30 mm、材料为钢、普通淬火(A 型)、表面氧化处理的圆柱销:销 GB/T 119. 2　6×30

2. 圆锥销(GB/T 117—2000)

图示为 A 型

A 型(磨削)锥面表面粗糙度 Ra<0. 8 μm。

B 型(切削或冷镦)锥面表面粗糙度 Ra≤3. 2 μm。

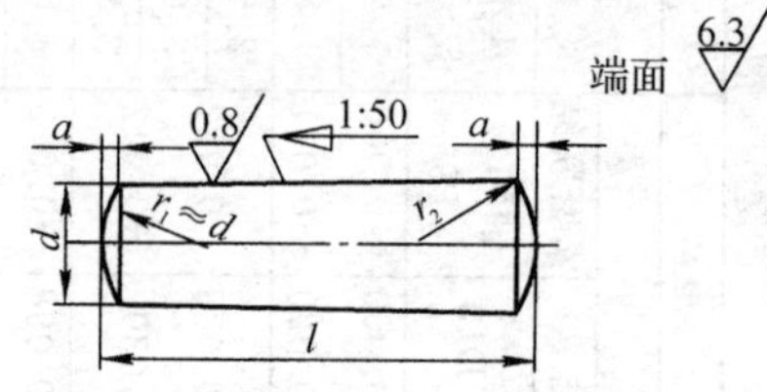

标记示例

公称直径 d=6 mm,公称长度 l=30 mm,材料为 35 钢,热处理硬度 28～38 HRC,表面氧化处理的 A 型圆锥销:销 GB/T 117 6×30

mm

圆柱销	d		0.8	1	1.2	1.5	2	2.5	3	4	5	6	8	10	12	16	20
	c≈		0.16	0.2	0.25	0.3	0.35	0.4	0.5	0.63	0.8	1.2	1.6	2	2.5	3	3.5
	l	GB/T 119.1	2～8	4～10	4～12	4～16	6～20	6～24	8～30	8～40	10～50	12～60	14～80	18～95	22～140	26～180	35～200
		GB/T 119.2	—	3～10	—	4～16	5～20	6～24	8～30	10～40	12～50	14～60	18～80	22～100	26—	40—	50—
圆锥销	d		0.8	1	1.2	1.5	2	2.5	3	4	5	6	8	10	12	16	20
	a≈		0.1	0.12	0.16	0.2	0.25	0.3	0.4	0.5	0.63	0.8	1	1.2	1.6	2	2.5
	l(商品规格范)		5～12	6～16	6～20	8～24	10～35	10～35	12～45	14～55	18～60	22～90	22～120	26～160	32～180	40～200	45～200
l(公称)系列			2,3,4,5,6,8,10,12,14,16,18,20,22,24,26,28,30,32,35,40,45,50,55,60,65,70,75,80,85,90,95,100,120,140,160														

附表 25 开口销(摘自 GB/T91—2000)

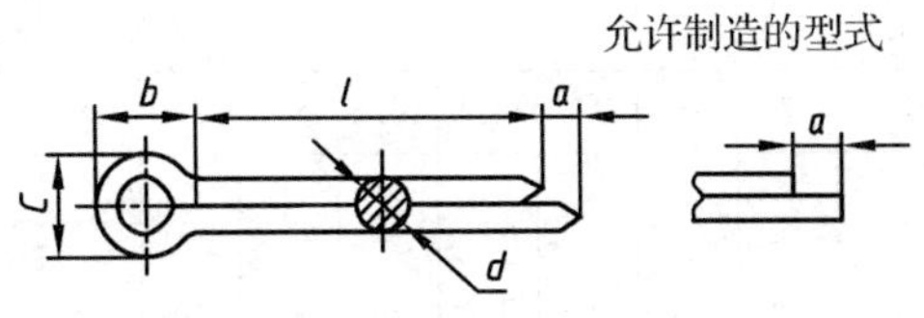

标记示例:
公称直径 d=5mm、长度 l=50mm、材料为低碳钢、不经表面处理的开口销:
销 GB/T 91-2000 5×50
或 销 GB/T91 5×50

mm

公称规格		0.8	1	1.2	1.6	2	2.5	3.2	4	5	6.3	8	10	13	16	20
d_{max}		0.7	0.9	1.0	1.4	1.8	2.3	2.9	3.7	4.6	5.9	7.5	9.5	12.4	15.4	19.3
a_{max}		1.6		2.5				3.2	4				6.3			
c	最大	1.4	1.8	2.0	2.8	3.6	4.6	5.8	7.4	9.2	11.8	15.0	19.0	24.8	30.8	38.5
	最小	1.2	1.6	1.7	2.4	3.2	4.0	5.1	6.5	8.0	10.3	13.1	16.6	21.7	27.0	33.8
适用的螺栓直径	>	2.5	3.5	4.5	5.5	7	9	11	14	20	27	39	56	80	120	170
	≤	3.5	4.5	5.5	7	9	11	14	20	27	39	56	80	120	120	—
b	≈	2.4	3	3	3.2	4	5	6.4	8	10	12.6	16	20	26	32	40
l(商品规格范)		5~16	6~20	8~25	8~32	10~40	12~50	14~63	18~80	22~100	32~125	40~160	45~200	71~250	112~280	160~280
l(系列)		4,5,6,8,10,12,16,18,20,22,25,28,32,36,40,45,50,56,63,71,80,90,100,112,125,140,160,180,200,224,250,280														

十二、紧固件通孔及沉孔尺寸

附表 26　紧固件通孔及沉孔尺寸(摘自 GB/T5277—1985、GB/T152.2-152.4—1998)

螺栓或螺钉直径 d		3	3.5	4	5	6	8	10	12	14	16	20	24	30	36
通孔直径 d_h (GB/T 5277—1985)	精装配	3.2	3.7	4.3	5.3	6.4	8.4	10.5	13	15	17	21	25	31	37
	中等装配	3.4	3.9	4.5	5.5	6.6	9	11	13.5	15.5	17.5	22	26	33	39
	粗装配	3.6	4.2	4.8	5.8	7	10	12	14.5	16.5	18.5	24	28	35	42
六角头螺栓和六角螺母用沉孔 (GB/T 152.4—1988)	d_2	9	—	10	11	13	18	22	26	30	33	40	48	61	71
	t	只要能制出与通孔轴线垂直的圆平面即可													
沉头用沉孔 (GB/T 152.4—1988)	d_2	6.4	8.4	9.6	10.6	12.8	17.6	20.3	24.4	28.4	32.4	40.4	—	—	—
开槽圆柱头用的圆柱头沉孔 (GB/T 152.3—1988)	d_2	—	—	8	10	11	15	18	20	24	26	33	—	—	—
	t	—	—	3.2	4	4.7	6	7	8	9	10.5	12.5	—	—	—
内六角圆柱头用的圆柱头沉孔 (GB/T 152.3—1988)	d_2	6	—	8	10	11	15	18	20	24	26	33	40	48	57
	t	3.4	—	4.6	5.7	6.8	9	11	13	15	17.5	21.5	25.5	32	38

十三、滚动轴承

附表 27　深沟球轴承外形尺寸(摘自 GB-T 273.3—1999)

标记示例：

滚动轴承 61806 GB/T 273.3—1999

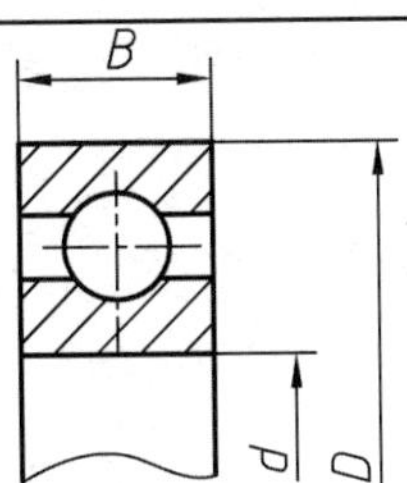

轴承型号	尺寸/mm		
	d	D	B
6000 型		18 系列	
61800	10	19	5
61801	12	21	5
61802	15	24	5
61803	17	26	5
61804	20	32	7
61805	25	37	7
61806	30	42	7
61807	35	47	7
61808	40	52	7
61809	45	58	7
61810	50	65	7
61811	55	72	9
61812	60	78	10
61813	65	85	10
61814	70	90	10
61815	75	95	10
61816	80	100	10
61817	85	110	13
61818	90	115	13
61819	95	120	13
61820	100	125	13
61821	105	130	13
61822	110	140	16
61824	120	150	16
61826	130	165	18
61828	140	175	18
61830	150	190	20
6000 型		19 系列	
61900	10	22	6
61901	12	24	6
61902	15	28	7
61903	17	30	7
61904	20	37	9
61905	25	42	9
61906	30	47	9
61907	35	55	10
61908	40	62	12
61909	45	68	12
61910	50	72	12
61911	55	80	13

轴承型号	尺寸/mm		
	d	D	B
61912	60	85	13
61913	65	95	13
61914	70	100	16
61915	75	105	16
61916	80	110	16
61917	85	120	18
61918	90	125	18
61919	95	130	18
61920	100	140	20
61921	105	145	20
61922	110	150	20
61924	120	165	22
61926	130	180	24
61928	140	190	24
61930	150	210	28
16000 型		00 系列	
16001	12	28	7
16002	15	32	8
16003	17	35	8
16004	20	42	8
16005	25	47	8
16006	30	55	9
16007	35	62	9
16008	40	68	9
16009	45	75	10
16010	50	80	10
16011	55	90	11
16012	60	95	11
16013	65	100	11
16014	70	110	13
16015	75	115	13
16016	80	125	14
16017	85	130	14
16018	90	140	16
16019	95	145	16
16020	100	150	16
16021	105	160	18
16022	110	170	19
16024	120	180	19
16026	130	200	22
16028	140	210	22
16030	150	225	24

附表 28　圆锥滚子轴承外形尺寸(摘自 GB/T273.1—2003)

标记示例:

滚动轴承 30207 GB/T 273.3—2003

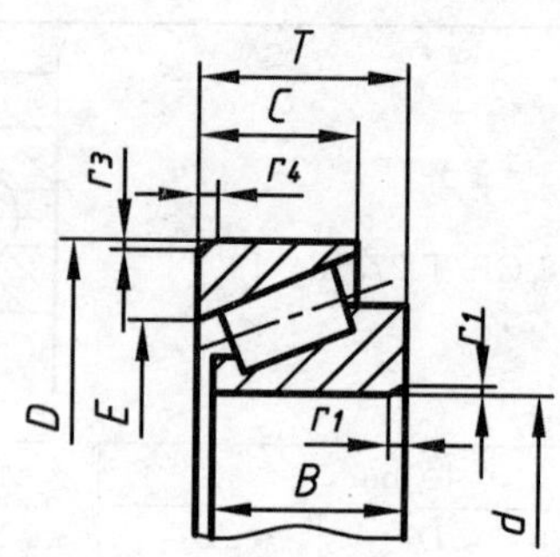

轴承型号	d	D	T	B	C	α	E
02 系列							
30205	25	52	16.25	15	13	14°02′10″	41.135
30206	30	62	17.25	16	14	14°02′10″	49.990
30232	32	65	18.25	17	15	14°	52.500
30207	35	72	18.25	17	15	14°02′10″	58.884
30208	40	80	19.75	18	16	14°02′10″	65.730
30209	45	85	20.75	19	16	15°06′34″	70.440
30210	50	90	21.75	20	17	15°38′32″	75.078
30211	55	100	22.75	21	18	15°06′34″	84.197
30212	60	110	23.75	22	19	15°06′34″	91.876
30213	65	120	24.25	23	20	15°06′34″	101.934
30214	70	125	26.25	24	21	15°38′32″	105.748
30215	75	130	27.25	25	22	16°10′20″	110.408
03 系列							
30305	25	62	18.25	17	15	11°18′36″	50.637
30306	30	72	20.75	19	16	11°51′35″	58.287
30307	35	80	22.75	21	18	11°51′35″	65.769
30308	40	90	25.25	23	20	12°57′10″	72.703
30309	45	100	27.25	25	22	12°57′10″	81.780
30310	50	110	29.25	27	23	12°57′10″	90.633
30311	55	120	31.5	29	25	12°57′10″	99.146
30312	60	130	33.5	31	26	12°57′10″	107.769
30313	65	140	36	33	28	12°57′10″	116.846
30314	70	159	38	25	30	12°57′10″	125.244
30315	75	160	40	37	31	12°57′10″	134.097
13 系列							
31305	25	62	18.25	17	13	28°48′39″	44.130
31306	30	72	20.75	19	14	28°48′39″	51.771
31307	35	80	22.75	21	15	28°48′39″	58.861
31308	40	90	25.25	23	17	28°48′39″	66.984
31309	45	100	27.25	25	18	28°48′39″	75.107
31310	50	110	29.25	27	19	28°48′39″	82.747
31311	55	120	31.5	29	21	28°48′39″	89.563
31312	60	130	33.5	31	22	28°48′39″	98.236
31313	65	140	36	33	23	28°48′39″	106.539
31314	70	150	38	35	25	28°48′39″	113.449
31315	75	160	40	37	26	28°48′39″	122.122

附表 29 推力轴承外形尺寸(摘自 GB/T273.2—2006)

标记示例：

滚动轴承 51107 GB/T 273.2—2006

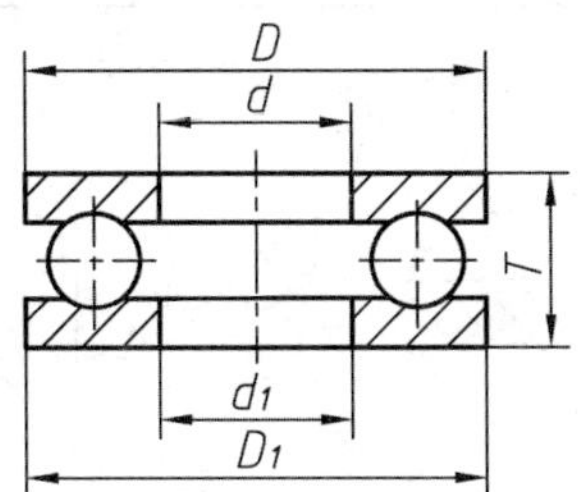

轴承型号	尺寸/mm				
	d	D	T	$d_{1\min}$	$D_{1\min}$
11 系列					
51100	10	24	9	11	24
51101	12	26	9	13	26
51102	15	28	9	16	28
51103	17	30	9	18	30
51104	20	35	10	21	35
51105	25	42	11	26	42
51106	30	47	11	32	47
51107	35	52	12	37	52
51108	40	60	13	42	60
51109	45	65	14	47	65
51110	50	70	14	52	70
51111	55	78	16	57	78
51112	60	85	17	62	85
51113	65	90	18	67	90
51114	70	95	18	72	95
51115	75	100	19	77	100
51116	80	105	19	82	105
51117	85	110	19	87	110
51118	90	120	22	92	120
51120	100	135	25	102	135
51122	110	145	25	112	145
51124	120	155	25	122	155
51126	130	170	30	132	170
51128	140	180	31	142	178
51130	150	190	31	152	188
12 系列					
51200	10	26	11	12	26
51201	12	28	11	14	28
51202	15	32	12	17	32
51203	17	35	12	19	35
51204	20	40	14	22	40
51205	25	47	15	27	47
51206	30	52	16	32	52
51207	35	62	18	37	62
51208	40	68	19	42	68
51209	45	73	20	47	73
51210	50	78	22	52	78
51211	55	90	25	57	90
51212	60	95	26	62	95
51213	65	100	27	67	100
51214	70	105	27	72	105
51215	75	110	27	77	110
51216	80	115	28	82	115
51217	85	125	31	88	125
51218	90	135	35	93	135
51220	100	150	38	103	150
51222	110	160	38	113	160
51224	120	170	39	123	170
51226	130	190	45	133	187
51228	140	200	46	143	197
51230	150	215	50	153	212
13 系列					
51304	20	47	18	22	47
51305	25	52	18	27	52
51306	30	60	21	32	60
51307	35	68	24	37	68
51308	40	78	26	42	78
51309	45	85	28	47	85
51310	50	95	31	52	95
51311	55	105	35	57	105
51312	60	110	35	62	110
51313	65	115	36	67	115
51314	70	125	40	72	125
51315	75	135	44	77	135
51316	80	140	44	82	140
51317	85	150	49	88	150
51318	90	155	50	93	155
51320	100	170	55	103	170
51322	110	190	63	113	187
51324	120	210	70	123	205
51326	130	225	75	134	220
51328	140	240	80	144	235
51330	150	250	80	154	245
14 系列					
51405	25	60	24	27	60
51406	30	70	28	32	70
51407	35	80	32	37	80
51408	40	90	36	42	90
51409	45	100	39	47	100
51410	50	110	43	52	110
51411	55	120	48	57	120
51412	60	130	51	62	130
51413	65	140	56	68	140
51414	70	150	60	73	150
51415	75	160	65	78	160

十四、零件上常见工艺结构

附表 30　零件的倒角与倒圆(GB/T6403.4—2008)　mm

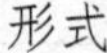

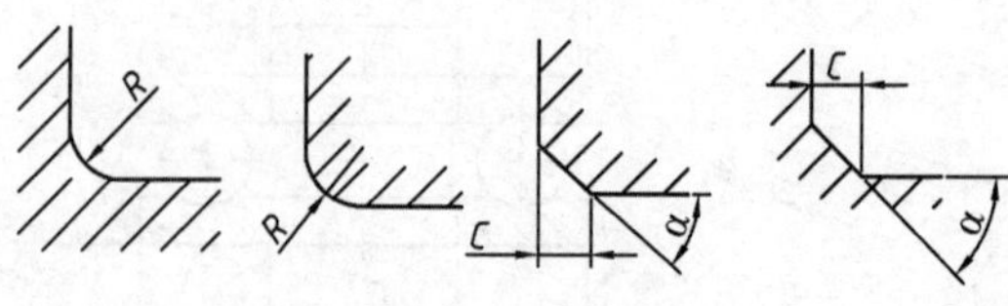

装配形式

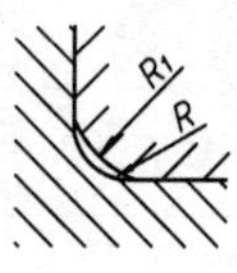

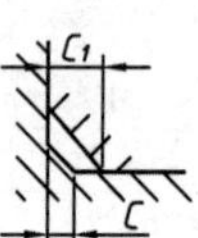

$C_1>R$　　$R_1>R$　　$C<0.58R_1$　　$C_1>C$

d 或 D	<3	>3~6	>6~10	>10~18	>18~30	>30~50	>50~80	>80~120	>120~180
C 或 R	0.2	0.4	0.6	0.8	1.0	1.6	2.0	2.5	3.0
d 或 D	>180~250	>250~320	>320~400	>400~500	>500~630	>630~800	>800~1000	>1000~1250	>1250~1600
C 或 R	4.0	5.0	6.0	8.0	10	12	16	20	25

附表 31　砂轮越程槽(GB/T6403.5—2008)　mm

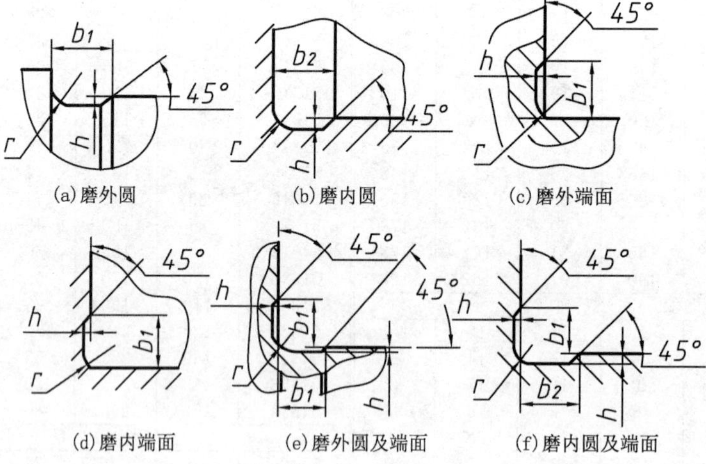

(a)磨外圆　(b)磨内圆　(c)磨外端面

(d)磨内端面　(e)磨外圆及端面　(f)磨内圆及端面

b_1	0.6	1.0	1.6	2.0	3.0	4.0	5.0	8.0	10
b_2	2.0	3.0		4.0		5.0		8.0	10
h	0.1	0.2		0.3	0.4		0.6	0.8	1.2
r	0.2	0.5		0.8	1.0		1.6	2.0	3.0
d	~10			>10~50		>50~100		>100	

注:1.越程槽内两条直线相交处,不允许产生尖角。

2.越程槽深度 h 与圆弧半径 r,要满足 r≤3h。

附表 32 普通螺纹退刀槽和倒角(GB/T3—1997)

mm

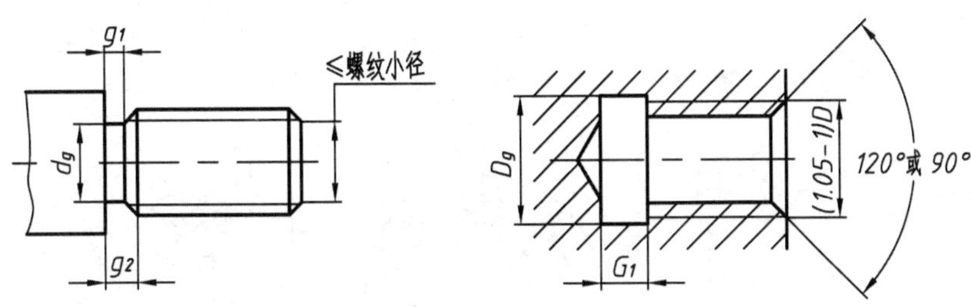

螺距	外螺纹			内螺纹		螺距	外螺纹			内螺纹	
	g_{2max}、g_{1min}		d_g	G_1	D_g		g_{2max}、g_{1min}		d_g	G_1	D_g
0.5	1.5	0.8	$d-0.8$	2	$D+0.3$	1.75	5.25	3	$d-2.6$	7	$D+0.5$
0.7	2.1	1.1	$d-1.1$	2.8		2	6	3.4	$d-3$	8	
0.8	2.4	1.3	$d-1.3$	3.2		2.5	7.5	4.4	$d-3.6$	10	
1	3	1.6	$d-1.6$	4	$D+0.5$	3	9	5.2	$d-4.4$	12	
1.25	3.75	2	$d-2$	5		3.5	10.5	6.2	$d-5$	14	
1.5	4.5	2.5	$d-2.3$	6		4	12	7	$d-5.7$	16	

附表 33 中心孔(GB/T145—2001)

mm

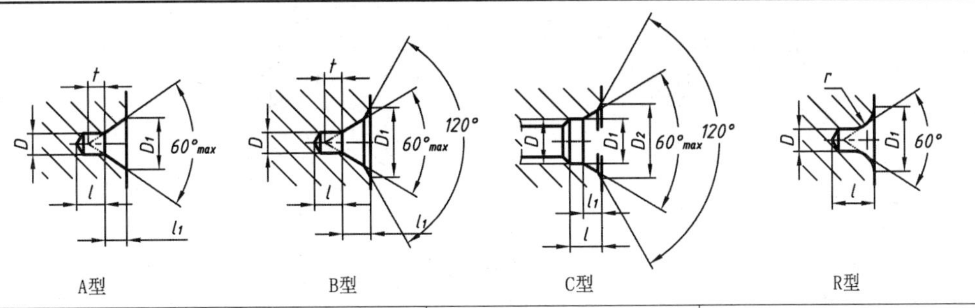

A型　B型　C型　R型

A型				B型				C型					R型				
D	D_1	参考		D	D_1	参考		D	D_1	D_2	t	l_1(参考)	D	D_1	l_{min}	r	
		l_1	t			l_1	t									max	min
(0.50)	1.06	0.48	0.5	1.00	3.15	1.27	0.9	M3	3.2	5.8	2.6	1.8	1.00	2.12	2.3	3.15	2.50
(0.63)	1.32	0.60	0.6	(1.25)	4.00	1.60	1.1	M4	4.3	7.4	3.2	2.1	(1.25)	2.65	2.8	4.00	3.15
(0.80)	1.70	0.78	0.7	1.60	5.00	1.99	1.4	M5	5.3	8.8	4.0	2.4	1.60	3.35	3.5	5.00	4.00
1.00	2.12	0.97	0.9	2.00	6.30	2.54	1.8	M6	6.4	10.5	5.0	2.8	2.00	4.25	4.4	6.30	5.00
(1.25)	2.65	1.21	1.1	2.50	8.00	3.20	2.2	M8	8.4	13.2	6.0	3.3	2.50	5.30	5.5	8.00	6.30
1.60	3.35	1.52	1.4	3.15	10.00	4.03	2.8	M10	10.5	16.3	7.5	3.8	3.15	6.70	7.0	10.00	8.00
2.00	4.25	1.95	1.8	4.00	12.50	5.05	3.5	M12	13.0	19.8	9.5	4.4	4.00	8.50	8.9	12.50	10.00
2.50	5.30	2.42	2.2	(5.00)	16.00	6.41	4.4	M16	17.0	25.3	12.0	5.2	(5.00)	10.60	11.2	16.00	12.50
3.15	6.70	3.07	2.8	6.30	18.00	7.36	5.5	M20	21.0	31.3	15.0	6.4	6.30	13.20	14.0	20.00	16.00
4.00	8.50	3.90	3.5	(8.00)	22.40	9.36	7.0	M24	25.0	38.0	18.0	8.0	(8.00)	17.00	17.9	25.00	20.00
(5.00)	10.60	4.85	4.4	10.00	28.00	11.66	8.7						10.00	21.20	22.5	31.50	25.00
6.30	13.20	5.98	5.5														
(8.00)	17.00	7.79	7.0														
10.00	21.20	9.70	8.7														

注:1. 括号内的尺寸尽量不采用;

2. A 型、B 型中 t 值不应小于 t 值。

附表 34　扳手空间(摘自 JB/ZQ 4005—1997)

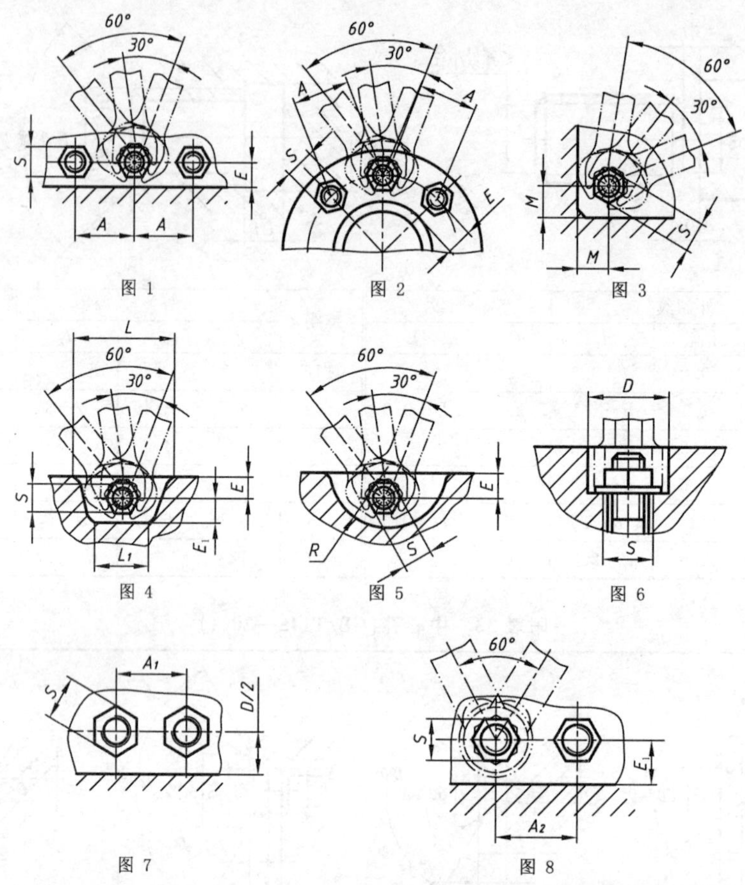

图 1　图 2　图 3　图 4　图 5　图 6　图 7　图 8

螺纹直径 d	S	A	A_1	A_2	E	E_1	M	L	L_1	R	D
3	5.5	18	12	12	5	7	11	30	24	15	14
4	7	20	16	14	6	7	12	34	28	16	16
5	8	22	16	15	7	10	13	36	30	18	20
6	10	26	18	18	8	12	15	46	38	20	24
8	13	32	24	22	11	14	18	55	44	25	28
10	16	38	28	26	13	16	22	62	50	30	30
12	18	42	—	30	14	18	24	70	55	32	—
14	21	48	36	34	15	20	26	80	65	36	40
16	24	55	38	38	16	24	30	85	70	42	45
18	27	62	45	42	19	25	32	95	75	46	52
20	30	68	48	46	20	28	35	105	85	50	56
22	34	76	55	52	24	32	40	120	95	58	60
24	36	80	58	55	24	34	42	125	100	60	70
27	41	90	65	62	26	36	46	135	110	65	76
30	46	100	72	70	30	40	50	155	125	75	82
33	50	108	76	75	32	44	55	165	130	80	88
36	55	118	85	82	36	48	60	180	145	88	95
39	60	125	90	88	38	52	65	190	155	92	100
42	65	135	96	96	42	55	70	205	165	100	106
45	70	145	105	102	45	60	75	220	175	105	112
48	75	160	115	112	48	65	80	235	185	115	126
52	80	170	120	120	48	70	84	245	195	125	132
56	85	180	126	—	52	—	90	260	205	130	138
60	90	185	134	—	58	—	95	275	215	135	145